现代分析检测技术丛书

Light Scattering Technology for Food Property, Quality and Safety Assessment

光散射技术及其在食品性质、质量和安全评价中的应用

［美］卢仁富（Renfu Lu） 主 编
潘磊庆 屠 康主 译

中国轻工业出版社

图书在版编目（CIP）数据

光散射技术及其在食品性质、质量和安全评价中的应用/（美）卢仁富（Renfu Lu）主编；潘磊庆，屠康主译. —北京：中国轻工业出版社，2022. 7

ISBN 978 - 7 - 5184 - 2671 - 3

Ⅰ. ①光… Ⅱ. ①卢… ②潘… Ⅲ. ①光散射—应用—食品检验—研究 Ⅳ. ①TS207. 3

中国版本图书馆 CIP 数据核字（2019）第 208454 号

责任编辑：张　靓　王宝瑶
策划编辑：张　靓　　责任终审：白　洁　　封面设计：锋尚设计
版式设计：砚祥志远　　责任校对：朱燕春　　责任监印：张　可

出版发行：中国轻工业出版社（北京东长安街 6 号，邮编：100740）
印　　刷：三河市万龙印装有限公司
经　　销：各地新华书店
版　　次：2022 年 7 月第 1 版第 1 次印刷
开　　本：787 × 1092　1/16　印张：24. 75
字　　数：540 千字
书　　号：ISBN 978 - 7 - 5184 - 2671 - 3　定价：138. 00 元
邮购电话：010 - 65241695
发行电话：010 - 85119835　传真：85113293
网　　址：http：//www. chlip. com. cn
Email：club@ chlip. com. cn
如发现图书残缺请与我社邮购联系调换
190909K1X101ZYW

译者序

食品中的光学散射（光散射）是光在食品及生物介质中传播方向发生变化的现象。通常光的吸收与散射并存于食品光学现象中，吸收现象与食品的化学成分有关，而散射现象与食品的结构特征有关，这成为检测食品结构、质地、流变、化学和感官特性的技术和方法的有力依据。

本书是爱尔兰都柏林大学孙大文（Da－Wen Sun）教授主编的现代食品工程丛书中重要的一册，由美国农业部农业研究院（USDA－ARS）甜菜和豆类研究中心主任、资深研究员卢仁富（Renfu Lu）教授及其同仁共同完成，充分体现了食品领域中光学知识和技术应用的前瞻性、系统性和实用性。本书从光学理论、光在食品及生物材料中的传输理论、食品中光学特性参数、基于光学特性的食品品质与安全评估等方面进行了详细阐述。在翻译过程中，我们始终遵循“尊重原文、语言规范、术语统一”的原则，旨在将国际光散射技术在食品领域中的新知识、新理论、新观点、新进展、新技术、新应用传达给广大读者。

本书共16章，由潘磊庆和屠康主译；前言及“符号及其术语”由南京农业大学屠康翻译；第1章、第2章、第3章和第4章由南京农业大学潘磊庆翻译；第5章由山西农业大学孙海霞翻译；第6章由南京财经大学刘强翻译；第7章由南京财经大学何学明翻译；第8章由山西农业大学薛建新翻译；第9章由南京农业大学屠康翻译；第10章由山西农业大学张淑娟翻译；第11章由中国农业大学彭彦昆翻译；第12章由西北农林科技大学郭文川翻译；第13章、第14章、第15章和第16章由江南大学朱启兵、黄敏翻译。全书由潘磊庆统稿。

本书原版主编美国农业部农业研究院的卢仁富（Renfu Lu）教授在百忙之中对全书进行了认真审阅，在此深表感谢。

本书可作为高等学校和科研院所食品科学与工程、食品质量与安全等专业的本科生、研究生的参考用书，也可以供相关专业研究生和食品科学、食品分析及食品生产加工领域的科技人员参考。

鉴于译者水平有限，书中难免有遗漏和不妥之处，恳请读者批评指正。

潘磊庆

“现代食品工程丛书”主编简介

孙大文（Da－Wen Sun），中国致公党中央委员，中国侨联特聘专家，中华人民共和国国务院侨务办公室专家咨询委员会委员，欧洲人文和自然科学院（欧洲科学院）（Academia Europaea）院士，爱尔兰皇家科学院（Royal Irish Academy）院士，波兰科学院（Polska Akademia Nauk）外籍院士，国际食品科学院（IAFoST）院士，国际农业与生物系统工程科学院（iAABE）院士，国际制冷科学院正式成员（Academician），国际著名期刊 *Food and Bioprocess Technology* 创刊者和主编，现任华南理工大学教授、博导，现代食品工程研究中心主任，广东省冷链食品智能感知与过程控制工程技术研究中心主任，广东省食品智能质控与过程技术装备国际暨港澳台合作创新平台主任，广东省省级现代农业（农产品无损检测及精深加工）产业技术研发中心主任，广东省农产品品质智能感知与精准控制现代农业科技创新中心主任，广东省农产品保鲜物流共性关键技术创新团队首席科学家，爱尔兰都柏林大学（UCD）食品和生物系统工程终身教授。

1982 年孙大文先生于华南理工大学机械工程专业获学士学位，1985 年获硕士学位，1988 年获化学工程博士学位，1989—1995 年，分别在德国斯图加特大学，英国贝尔法斯特女王大学，英国纽卡斯尔大学和英国谢菲尔德大学任职。1995 年起，受聘于爱尔兰都柏林大学（UCD），成为在爱尔兰第一个获得永久教职的华人，并极快地从讲师晋升为正教授，是爱尔兰有史以来的第一位华人终身教授。2010 年，当选在爱尔兰被视为最高荣誉的爱尔兰皇家科学院院士，为推动中国食品技术的发展、培养年轻人才，付出了大量心血，做出了重要贡献。同年，又被推选为素有农业工程界的“奥林匹克”之称的国际农业与生物系统工程委员会（International Commission of Agricultural and Biosystems Engineering，CIGR）候任主席，并于 2013—2014 年担任 CIGR 主席，成为首位出任该重要国际机构主席的中国科学家，并于 2011 年再获殊荣，被增选为欧洲科学院（Academia Europaea）院士，成为首次当选该院院士的欧洲华人科学家，2012 年又当选为国际食品科学院（IAFoST）院士，2016 年 12 月，他当选为国际农业与生物系统工程科学院（IAABE）首任院长，成为 IAABE 的创院院长，同时也成为 IAABE 现有 33 名院士之一，2017 年 12 月，当选为波兰科学院外籍院士，这是波兰政府授予的最高终身荣誉，2018 年 4 月，被增选为国际制冷科学院正式成员（Academician）。

孙大文先生于 2000 年、2006 年和 2016 年三度被授予 CIGR 杰出奖，2007 年被授予印度食品科学家及技术人员协会会士荣誉称号，2008 年获 CIGR 成就奖，2010 年被授予 CIGR 最高奖项—CIGR 会士荣誉称号，并于2004 年被英国皇家机械工程师学会授予“食品工程师年度人物”大奖，2010 年 12 月底，被 32 个国家的 152 家中文媒体共同评为“2010 年全球海外华人社区十大新闻人物”，2013 年 3 月，获颁由凤凰卫视、中国新闻社等富有影响力的十余家中文媒体共同评选的“2012—2013 世界因你而美丽——影响世界华人大奖”，与诺贝尔文学奖得主莫言、神舟九号飞行乘组等获奖个人和团体同台领奖，2013 年 5 月，荣获国际食品保护协会（IAFP）颁发的冷冻食品基金会冷冻研究奖（Frozen Food Foundation Freezing Research Award），成为美国本土科学家之外首位获得该著名奖项的科学家，2015 年 6 月，被授予国际工程与食品协会（International Association of Engineering and Food，IAEF）终身成就奖（IAEF Lifetime Achievement Award），这一奖项是为表彰世界上杰出工程师为食品工程贡献一生而设立的，2016 年 6 月，被授予“国际农业与生物系统工程委员会（CIGR）名誉主席”称号。

他致力于农产品贮藏加工及保鲜、质量安全快速检测、生物过程模拟和优化等方面的研究，为农产品加工过程的快速检测、品质控制以及节能增效做出了突出贡献，在 *Chemical Society Reviews*（IF = 54.564）等学术期刊和国际会议上发表了 1000 篇论文，其中 SCI 论文 600 余篇（SCI 的 H 指数为 106，Google Scholar 的 H 指数为 131），2015—2021 年连续七年获科睿唯安“高被引科学家”称号，出版专著 17 部，许多学术著作已成为计算机视觉、计算流体力学建模、真空冷却等领域研究人员的标准参考资料。自 2011 年底回华南理工大学工作至今，孙大文先生以华南理工大学食品科学与工程学院为作者单位的论文中，有高被引论文 38 篇，JCR 一区论文 144 篇，高被引论文数占学院比例 46.34%，为华南理工大学农学入选国家双一流学科做出了突出贡献，主持国家“十二五”科技支撑计划项目，国家“十三五”重点研发专项，国家国际科技合作专项，宁夏回族自治区重点研发计划重大科技项目等三十多项科研项目，3 年间（2019—2021 年）共培养全球农学科睿唯安“高被引科学家”2 人，其团队获批牵头组建国家热带特色健康食品国际科技合作基地、广东省农产品冷链物流装备工程实验室、广东省农产品保鲜物流共性关键技术创新团队、广东省冷链食品智能感知与过程控制工程技术研究中心等国家与省级科研平台 9 个，显著体现了其在农学学科的国际化水准和高层次人才培育水平。

“现代食品工程丛书”前言

食品工程是综合应用物理科学与产品特性知识的交叉学科领域。食品工程师为食品产品的高效生产和商业化提供了必要的技术支持。食品工程师进行工艺设计和设备选型，将农业原料和成分转换成安全、方便、营养的食品产品。食品工程领域的研究内容不断变化并迅速发展以满足市场需求。

在食品工程的发展中面临诸多挑战，例如利用计算材料学和纳米技术等现代工具和知识开发新产品和新工艺，但提高食品质量、安全性和保障仍然是食品工程研究中的关键问题。新的包装材料、包装技术和食品保藏技术不断出现，为食品安全提供了更有效的保障。过程控制和自动化是食品工程中的首要任务，先进的监测和控制系统可以促进食品生产的自动化和灵活性。此外，节约能源和尽量减少环境问题也是重要的食品工程研究内容，在废弃物管理、能源的有效利用、减少食品生产中废水的产生和排放方面已经取得了重大进展。

本丛书介绍了食品工程领域的一些最新进展，涵盖了食品制造工程学中经典单元操作内容；液体和固体食品的运输和贮藏方面的进展；食物的加热、冷藏和冷冻，食物中的质量传递，食品工程化学和食品生物化学方面的动力学分析和应用；脱水、热处理、非热处理、挤压、液态食品浓缩、膜工艺以及膜在食品加工中的应用；库存管理中的保质期和电子指标；食品加工中的可持续技术；包装、清洁和卫生设施等。丛书面向专业的食品科学家与研究食品工程问题的学者和研究生，可以作为高等院校和研究机构的学生和研究人员的重要参考资料。

丛书的编者是来自世界各地的顶尖工程师和科学家。丛书内容反映了市场的需求，介绍了食品工程中的尖端技术，所有章节均由具有学术和专业资格的国际知名专家撰写，用易于理解的方式在每一章中全面阐述与主题相关的食品工程领域关键技术，并提供参考文献以便读者获取更多信息。

丛书主编

孙大文（Da - Wen Sun）

本书主编简介

卢仁富（Renfu Lu）现任美国农业部农业研究院（USDA - ARS）下属的甜菜和豆类研究中心主任和资深研究员，并担任美国密歇根州立大学生物系统和农业工程系兼职教授，在浙江大学（原浙江农业大学）获得工程学士学位（1981 年），分别在美国康奈尔大学和美国宾夕法尼亚大学获得农业工程硕士（1987 年）和博士学位（1990 年）。他的研究重点是水果和蔬菜收获和品质无损检测技术研究，在声学、近红外光谱、高光谱成像、光散射、机械和光学特性测量、结构光成像、苹果机器人收获和果园分选技术的开发和应用等方面做出了许多原创性的贡献。他撰写或合著了 141 篇同行评审期刊论文，获得 2 项专利，参与编写 17 本书、105 篇会议论文集和 33 篇其他出版物。根据美国斯坦福大学研究人员发布的全球各学科顶尖科学家的多指标评价方法，卢博士在 2021 年全球顶尖 2% 的农学与农业类科学家（共 64212 人）中排名第 113 位（https：//elsevier. digitalcommonsdata. com/datasets/btchxktzyw/3），他曾担任美国农业和生物工程学会（ASABE）出版委员会（2016—2018 年）、学术期刊委员会（2014—2016 年）和食品与加工工程分会（2012—2013 年）主席，国际期刊 *Transactions of the ASABE* 和 *Journal of Applied Engineering in Agriculture* 食品与加工工程版块副主编（2002—2009 年）和主编（2009—2015 年），由于他的杰出科研贡献，先后获得美国联邦实验室联盟（FLC）颁发的技术开发与推广成就奖（2009 年），美国农业和生物工程学会雨鸟年度工程概念奖（2019 年）和 10 个期刊和会议论文奖（1997—2019 年），以及美国宾夕法尼亚大学农学院杰出校友奖（2011 年），并于 2013 年被选为 ASABE 会士。

本书编写人员

Ben Aernouts

Department of Biosystems

KU Leuven—University of Leuven

Leuven, Belgium

Haiyan Cen

College of Biosystems Engineering and Food Science

Zhejiang University

Zhejiang, China

Kuanglin Chao

U. S. Department of Agriculture Agricultural Research Service (USDA/ARS)

Beltsville Agricultural Research Center

Environmental Microbial and Food Safety Laboratory

Beltsville, Maryland

Czarena Crofcheck

Department of Biosystems and Agricultural Engineering

University of Kentucky

Lexington, Kentucky

Kirk David Dolan

Department of Food Science and Human Nutrition

Department of Biosystems and Agricultural Engineering

Michigan State University

East Lansing, Michigan

Xiaping Fu

College of Biosystems Engineering and Food Science

Zhejiang University

Zhejiang, China

Moon S. Kim

U. S. Department of Agriculture Agricultural Research Service (USDA/ARS)

Beltsville Agricultural Research Center

Environmental Microbial and Food Safety Laboratory

Beltsville, Maryland

Andrzej Kurenda

Institute of Agrophysics

Polish Academy of Sciences

Lublin, Poland

Changying Li

College of Engineering

University of Georgia

Athens, Georgia

Pei-Shih Liang

U. S. Department of Agriculture Agricultural Research Service (USDA/ARS)

Western Regional Research Center

Albany, California

Renfu Lu

U. S. Department of Agriculture Agricultural Research Service (USDA/ARS)

Sugarbeet and Bean Research Unit
East Lansing, Michigan

Fernando Mendoza
Department of Plant, Soil and Microbial Sciences
Michigan State University
East Lansing, Michigan

Nghia Nguyen-Do-Trong
Department of Biosystems
KU Leuven—University of Leuven
Leuven, Belgium

Tu San Park
Department of Agricultural and Biosystems Engineering
The University of Arizona
Tucson, Arizona

Yankun Peng
College of Engineering
China Agricultural University
Beijing, China

Piotr Mariusz Pieczywek
Institute of Agrophysics
Polish Academy of Sciences
Lublin, Poland

Jianwei Qin
U. S. Department of Agriculture Agricultural Research Service (USDA/ARS)
Beltsville Agricultural Research Center
Environmental Microbial and Food Safety Laboratory
Beltsville, Maryland

Anna Rizzolo
Unità di ricerca per I processi dell'industria agroalimentare
Consiglio per la ricerca in agricoltura e l'analisi dell'economia agraria (CREA-IAA)
Milan, Italy

Wouter Saeys
Department of Biosystems
KU Leuven—University of Leuven
Leuven, Belgium

Maristella Vanoli
Unità di ricerca per I processi dell'industria agroalimentare
Consiglio pre la ricerca in agricoltura e l'analisi dell'economia agraria (CREA-IAA)
Milan, Italy
and
Istituto di Fotonica e Nanotecnologie Consiglio Nazionale delle Ricerche (IFN-CNR)
Milan, Italy

Weilin Wang
Monsanto Company
St. Louis, Missouri

Rodrigo Watté
Department of Biosystems
KU Leuven—University of Leuven
Leuven, Belgium

Lijuan Xie
College of Biosystems Engineering and Food Science
Zhejiang University
Zhejiang, China

Gang Yao
Department of Bioengineering
University of Missouri
Columbia, Missouri

Yibin Ying
College of Biosystems Engineering and Food Science
Zhejiang University
Zhejiang, China

Jeong-Yeol Yoon
Department of Agricultural and Biosystems Engineering
The University of Arizona
Tucson, Arizona

Artur Zdunek
Institute of Agrophysics
Polish Academy of Sciences
Lublin, Poland

前　　言

光散射是光在介质中改变传播方向的一种现象，当光入射在粗糙的表面上、在折射率不同的光学非均匀介质中传播、从一种光学均质介质进入另一种折射率不同的均质介质中或者光子在介质中遇到散射粒子时，就会发生这种现象。大多数食品和生物材料在结构和组成上是不均匀的，其细胞结构（即细胞器和细胞膜）起着散射作用。因此，光在穿透组织或被吸收之前会经历多次散射。食品和生物材料中的光散射通常伴随或耦合着分子或原子对光子的吸收，然后这些光子被转换成另一种形式的能量（如热、化学反应、荧光等）。光吸收与食品的化学成分有关，而光散射（或弹性散射）主要是与食品的结构特征有关的物理现象。光散射取决于食品的密度、成分和细胞结构（大小、形状和空间分布）等因素。由于光吸收和光散射是交织在一起的，并且与光的波长有关，因此它们的测量和量化可以为确定食品的结构、流变/机械、化学和感官特性提供强有力的手段。

在本书中，光散射技术被广泛地定义为基于光传输原理和理论或利用光散射现象以实现各种应用目的而发展的技术。根据这一定义，我们便不考虑常规的近红外光谱技术，因为其常用的测量结构既不是基于光传输理论，也不是直接利用光散射现象，然而，这里的分界线并不总是清晰的，因为在空间分辨技术中，基于光纤的可见光和近红外光谱通常用于测量混浊食品和生物材料的光学吸收和散射特性（见本书第 5 章和第 7 章）。

有大量的研究活动应用了各种基于光散射的技术来评估食品和农产品的结构、流变和感官特性、质量属性以及安全性。关于光散射的专著内容涉及食品和农业学科的不同方向。基于人们对光散射技术越来越感兴趣，编者邀请来自世界各地的学者在 2010 年美国农业和生物工程学会（ASABE）年会上组织了第一次题为“光散射技术用于食品质量和安全评估”的特别技术会议。会议受到了相关研究人员的极大关注，自那时起，美国农业和生物工程学会在其年会上就这一专题举行定期技术会议。尽管人们对用于食品和农业的光散射技术的兴趣和研究活动日益增加，但没有一本书专门讨论这一问题。此外，虽然已经出版了许多关于食品和农业应用光学技术的书籍，但很少有一本书全面介绍食品和农产品中光传输的基本原理、理论和模型。

本书向读者概述了光在食品和生物材料中传输的原理和理论，并全面回顾了光散射技术在食品和农业中应用的最新进展。本书的每一章都是由来自世界各地各自领域的专家撰写。前 4 章介绍了光在食品和生物材料中传输的基本概念、原理、理论和模型。第 5 章和第 6 章描述了用于测定食品的光吸收和散射特性的参数估计方法和基本技术（侵入式或离体）。第 7 章概述了用于测定食品和生物材料光学性质的空间分辨光谱技术。第 8 章主要介绍了用于测量食品光学性质和质量或成熟度的时间分辨光谱技术。第 9 章介绍了果蔬无损质量评价的实用散射光谱分析技术。第 10 章介绍了光在肌肉中的传输理论，用于确定肉制品和肉类类似物组织的光学特性。第 11 章介绍了光散射技术在评估肉类品质和安全方面的应用。第 12 章总结了光散射在牛乳和乳制品加工中应用的研究现状。第 13 章概述了动态光散射的概念、原理及其在食品微观结构和流变性测量中的应用。第 14 章介绍了动态光散射的一种特殊形式——生物散斑技术——在评估果蔬品质方面的应用。第 15 章介绍了拉曼散射的概念和原理，详细介绍了拉曼散射光谱和成像技术在食品质量安全评价中的应用。第 16 章是本书的最后一章，重点介绍了光散射技术在检测食源性病原体方面的应用。

本书是为有兴趣学习光传输的基本概念、原理和理论并获得用于食品和农产品的测量和表征的光散射技术的深入知识的研究生、研究人员和从业人员而编写的。没有高等数学背景的读者则可以跳过前四章，直接转到关于特定应用主题的其他章节。希望本书可以激发食品研究人员和相关从业人员探索光散射技术的兴趣，以解决在食品性质、质量和安全评估领域的各种问题。

最后，感谢美国农业部农业研究院（USDA/ARS）允许我担任本书的主编。感谢所有的章节编者对本书的杰出贡献，如果没有他们的热情参与和通力合作，这个图书项目是不可能成功的。特别感谢我的妻子 Shexing 的理解和支持，这样我就可以腾出更多的时间来写这本书。还要感谢我的两位博士生，Aichen Wang 和 Yuzhen Lu，他们校对了第 1 章到第 3 章，并帮助准备了第 3 章中的几幅图。

主编

符号及其术语

$a=\mu_s/(\mu_a+\mu_s)$　传输反射率

A　面积，m^2

c_0　真空中的光速，m/s

c　组织或介质中的光速，m/s

d　样品的距离、厚度或颗粒的直径，m

$D=1/[3(\mu_a+\mu'_s)]$　扩散系数,cm 或 m

E　能量，J

$\boldsymbol{E}_0$，$\boldsymbol{E}$　表面辐照度，W/m^2

$E(\boldsymbol{r}_1, \boldsymbol{r}_2)$　$\boldsymbol{r}_1$，$\boldsymbol{r}_2$点辐照度，W/m^2

g　各向异性因子

h　普朗克常数（6.62618×10^{-34} J·s）

I　辐射强度，W/m^2

I_0　入射辐射强度，W/m^2

$J(\vec{r}, t)$　通量，W/m^2

k　波数，1/m

$L(\vec{r}, \vec{s}, t)$　辐射亮度，$W/sr\text{-}m^2$

$l=1/\mu_t$　平均自由程，cm 或 m

n　折射率

N　光子数或光散射或吸收粒子数

$p(\vec{s}'\cdot\vec{s})$,$p(\theta)$　单次散射的相位函数，1/sr

P　辐射功率，W

Q　辐射能，J

r　极坐标系中距原点的半径或距离，m

$\vec{r}$　向量位置（x，y，z），m

R　Remittance, backscattering, or reflectance with appropriate subscription

s　距离，m

$\vec{s}$　向量位置（x，y，z），m

t　时间，s

T　Transmission with appropriate subscription

T_c　准直透射率

T_d　漫透射比

$U(\boldsymbol{r}, t)$　矢量位置 $\boldsymbol{r}$ 和时间 t 处的电场,V/m

v　速度，m/s

V　体积，m^3

W　辐射能密度，J/m^3

x，y，z　直角坐标，m

$\delta = 1/\mu_t$　准直光的穿透深度（衰减的平均自由程），m

φ　方位角

Φ　通量率，W/m^2

θ　偏角或极角

λ　波长，nm

μ_a　吸收系数，1/cm 或 1/m

μ_s　散射系数，1/cm 或 1/m

$\mu'_s = \mu_s(1-g)$　约化散射系数，1/cm 或 1/m

$\mu_t = \mu_a + \mu_s$　总衰减系数，1/cm 或 1/m

$\mu'_t = \mu_a + \mu'_s$　约化总衰减散射系数，1/cm 或 1/m

$\mu_{eff} = [3\mu_a(\mu_a + \mu_s)]^{1/2}$　有效衰减系数，1/cm 或 1/m

υ　频率，每秒循环数，1/s

ρ　密度，kg/m^3

ω　立体角，sr

目录 CONTENTS

1　光与光学理论导论

2　光与食品及生物材料的相互作用

3　食品和生物材料中的光传输理论

4　食品中光传输的蒙特卡罗模拟

5　测定食品光学性质的参数估计方法

6　测量食品光学吸收和散射性质的基本技术

7　基于空间分辨光谱技术的食品光学性质测量

8　时间分辨光谱技术测量食品光学性质和质量

9　散射光谱分析在果蔬品质检测中的应用

10　光在肉类和人造肉中的传输理论和应用

11　基于散射光谱的肉类品质与安全评估

12 光散射在牛乳和乳制品加工中的应用

13 动态光散射法测定食品的微观结构和流变性

14 基于生物散斑技术的果蔬品质评价

15　基于拉曼散射的食品品质与安全评估

16　基于光散射的食源性病原体检测

1　光与光学理论导论

Renfu Lu

1.1 光的基础知识

光在我们的日常生活中无处不在。没有光，地球上就没有生命。几千年来，人类一直被光学现象所吸引，并试图认识和利用光更好地满足生活需求。光及其与物质相互作用的研究被称为光学，是现代物理学、工程学和生命科学的一个重要研究领域。在20世纪中，人们已经取得了许多关于光学现象、光学理论和技术的重要进展。到了21世纪，随着计算机、互联网和无线技术的快速发展，我们目睹了许多新的光学技术的出现，它们在检测或诊断、制造、产品加工、通信、能源生产等方面的应用不断扩大。

本章介绍光和光学理论的基本特征，简要概述光散射技术及其在食品和农业产品中的应用。在我们的日常生活中，光这个词通常指可见光，它只覆盖了电磁光谱中非常窄的一部分。在本书中，我们大部分关于光散射技术的讨论都集中在可见光和近红外区域，因为这个光谱区域的光可以在食品和生物材料中进行多次散射和长距离传播。

在经典电磁理论中，光被视为电磁辐射，包括电矢量波和磁矢量波。光波的特性主要有频率（υ）、波长（λ）和光速（c）。无论频率或波长如何，光以300000km/s的速度在真空中传播。然而，在介质中，光的传播速度比在真空中慢；它的实际速度取决于波的类型、波长以及介质的特性。由于光从一种介质进入另一种介质时速度会改变，所以光线不再沿直线方向传播，而是在进入第二介质后改变行进方向。这种重要的现象称为折射。关于食品和生物材料中的光散射和传播，将在后面的章节中进一步讨论。

除少数特殊情况外，经典电磁理论充分描述了光的波动特性、普遍现象及其与物质的相互作用。另一方面，现代量子理论认为光由不同频率的光子或光子包组成。光子携带电磁能量，但静止时质量为零。光子的能量 E 与频率 υ 成正比（与波长 λ 成反比），可用式（1.1）表示：

$$E = h\upsilon = \frac{hc}{\lambda} \tag{1.1}$$

式中 E——能量，J

h——普朗克常数，6.62618×10^{-34} J·s

υ——频率，1/s

c——介质中的光速，m/s

λ——波长，m

这种波-光子对偶性质为我们现在所知的几乎所有光学现象都提供了最完整的解释，广泛应用于研究光与物质的相互作用，以及生物和食品材料中。

由于光子的能量由波长决定，不同波长的光子所携带的能量大小不同，因此它们与物质相互作用时的表现也不同。太阳或黑体发射的电磁辐射包含较大频率（或波长）范围的光。电磁波谱通常根据波长或频率按照能量的递减顺序划分为不同的区域，包括γ射线、X射线、紫外线（UV）、可见光、红外线、微波和无线电波（图1.1）。这些区域的主要特征及其典型应用将在后文中简要讨论。

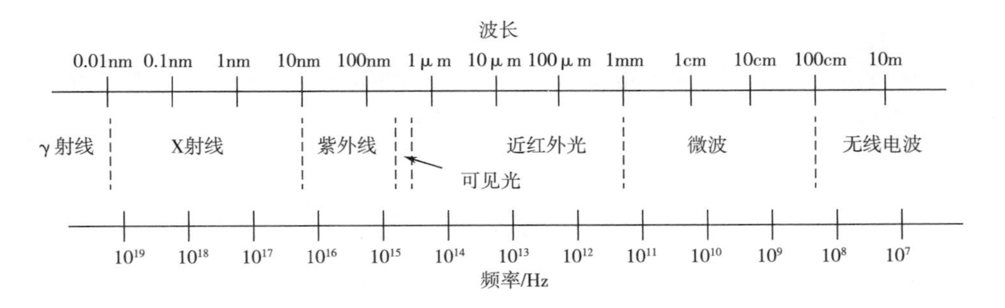

图 1.1 从 γ 射线到无线电波的电磁辐射谱

1.1.1 γ 射线和 X 射线

γ 射线和 X 射线是电磁波谱中最强大的电磁辐射。γ 射线覆盖波长小于 10pm（$1pm = 10^{-12}m$）或相应频率大于 3×10^{19}Hz 的电磁波，而 X 射线覆盖的波长在 0.01 ~ 10nm（$1nm = 10^{-9}m$）或频率范围为（3×10^{19}） ~ （3×10^{16}） Hz。γ 射线和 X 射线都是电离辐射，可以从原子或分子中释放出电子，并可以永久地损伤或破坏活细胞。它们可以直线行进，且路径不受电场或磁场的影响。γ 射线和 X 射线通常可以深入物质中，渗透程度取决于它们的能量和穿过的介质。由于其低吸收性和“透视”物体的能力，基于 X 射线的技术（如 X 射线成像、计算机断层摄影或 CT 等）被广泛用于医学诊断和食品检测中。γ 射线在天文学和物理学中用于研究高能物体或区域、食物辐射和医学诊断成像。

1.1.2 紫外线

紫外线是电磁波谱的一部分，其波长在 10 ~ 400nm［（3×10^{16}） ~ （8×10^{14}） Hz］，比可见光短但比 X 射线长。阳光中含有紫外线，但大部分都被臭氧层和大气吸收。紫外线也可以通过电弧和光源产生，如水银蒸气灯、日光灯和黑光。虽然不像 X 射线那样强大，但紫外线可以加热物质，引起化学反应，使物质发光或发出荧光，并且可以破坏活组织。紫外线可以进一步分为 UV - C 射线（10 ~ 280nm），UV - B 射线（280 ~ 315nm）和 UV - A 射线（315 ~ 400nm）。UV - C 射线是最有害的，但几乎完全被大气吸收。UV - B 射线对生命体有害并且可以破坏脱氧核糖核酸（DNA）。UV - A 射线能使皮肤细胞老化并破坏 DNA，但它们也能通过诱导皮肤中维生素 D 的产生而对生命体产生有益的影响。

由于紫外线能引起化学反应，激发材料荧光，所以紫外线应用较为广泛。基于紫外线的荧光光谱和成像广泛应用于环境监测、DNA 测序、遗传分析、临床诊断、食品安全和质量检测及植物健康监测等领域。紫外线可用于物体表面及水体的消毒和净化，也可应用于药物治疗等。通常，紫外线在生物组织中的穿透性差，因此不适合检测生物材料的内部结构和化学特性。

1.1.3 可见光和红外线

可见光波长为400~750nm，对应的频率范围为（8×10^{14}）~（4×10^{14}）Hz。人眼对可见光最敏感，因此人类可以看到周围环境中的物体。可见光区域波长的变化为人类提供了一种色彩感，范围从紫色（400~450nm），蓝色（450~500nm），绿色（500~570nm），黄色（570~600nm），橙色（600~620nm），到红色（620~750nm）（图1.2）。

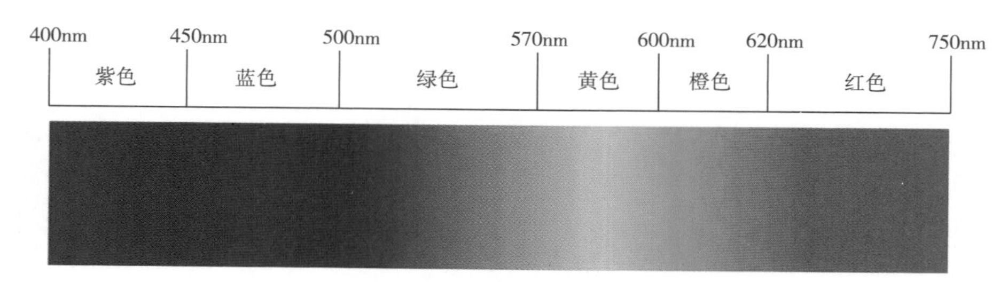

图1.2 400~750nm的可见光谱

红外线是指波长在750nm和1mm之间的光，对应的频率范围在（3×10^{11}）~（4×10^{14}）Hz。红外线可以进一步分为3个部分：近红外光（750~2500nm），中红外光（2.5~10μm）和远红外光［（1×10^{-3}）~1mm］。

可见光和近红外光的光子与材料的相互作用模式是相似的，它们主要以分子振动和振荡的形式发生。由于植物组织中存在色素（类胡萝卜素、花青素和叶绿素），许多植物产品吸收特定波长的可见光。水在可见光和红外波段有多个吸收峰，如750，970，1450，1940nm等。近红外光与氢键如N—H、C—H、O—H和F—H等具有强相互作用，这些氢键在植物和动物产品以及其他许多生物材料中都很丰富。在过去的几十年中，近红外光谱（NIRS）已广泛用于食品和农产品的成分分析、化学或功能成像、生物医学诊断以及过程控制和监测中。700~1400nm的可见光和近红外光在植物和动物组织中具有良好的穿透性（范围从几毫米到几厘米）。在生物医学领域，这个光谱区域被称为“诊断窗口”。本书中介绍的大多数光散射技术利用可见光和近红外光，因为此波段的光子能够在被吸收或从介质出来之前经过长距离传播和多次散射。

1.1.4 微波

微波是指波长范围为1~（1×10^{3}）mm的电磁辐射，频率范围为300GHz（1GHz=10^9Hz）~300MHz（1MHz=10^6Hz）。因此，从波长的角度来看，“微波”一词在技术上是不恰当的。水蒸气和氧气在该区域具有强吸收性，在40GHz以上尤为突出。液体中具有偶极矩的分子吸收微波辐射，但不会引起物质电离，因此，通常对于人类和生物材料是安全的。微波已经在通信［卫星、雷达、移动电话、无线局域网（WAN）、全球定位系统（GPS）等］、食物加热和干燥（2.45GHz附近的微波炉）以及性质检测（即通过介电特性检测食品和农业材料中水分含量和其他成分）中得到广泛应用。微波辐射源的产生有多种途径，包括磁控管（用于加热食物的微波炉）、速调管、行波管、回旋管等。

1.1.5　无线电波

无线电波波长为 1 ~ （100×10^3）m，响应频率从 3GHz 到 3kHz，这是电磁频谱中最长的。不同波长的无线电波具有不同的传播特性。无线电波能量低，但在许多材料中具有优异的穿透性，因为那些材料不吸收无线电波。无线电波已广泛应用于无线电通信和数据传输，如电视、广播、移动电话、无线网络和雷达、通信卫星等。

1.2　光学理论

为了研究食品和生物材料中的光散射和传播特性，开发测量光散射和吸收特性的仪器，有必要适当地理解和应用光学理论，例如从简单的射线理论到电磁波理论和量子理论。因此，本节旨在简要概述这些理论的主要特征和应用范围，建议有兴趣了解更多光学理论知识的读者阅读相关参考书。

如上文所述，在经典和现代光学理论中，光被视为电磁辐射和光子包。这种波粒二象性为解释光与物质相互作用时的不同现象提供了基础。在时间轴的基础上，光学理论可分为射线理论（几何理论）、波动理论、电磁理论和量子理论（图 1.3）。射线理论是最早用于描述光与尺寸远大于光束的物体的相互作用的理论。射线理论近似地描述了我们日常生活中易观察到的各种现象，例如当光从一种介质传播到另一种介质时发生反射和折射、成像等。该理论提供了光的大概位置和方向。然而，射线理论在解释许多更小空间尺度上发生的现象方面存在局限性。因此，波动理论在 17 世纪和 18 世纪发展起来了，并解释了如干涉和衍射之类的现象。波动理论把光在介质中传播看作是位置和时间的标量函数（或波函数）。然而，它不能充分解释介电材料之间边界处光的反射和折射，也不能解释如偏振和相干性之类的现象——这需要将光作为矢量波处理。在电磁理论中，光在两个相互耦合的矢量波中传播，即电波和电磁波，它们都以光速传播。因此，波动理论被认为是电磁理论的一个特例或近似情况。电磁理论使我们能够建立光速和光传播材料的电磁特性之间的联系。它解释了几乎所有在实验中遇到的现象。然而，该理论并不能预测光与物质相互作用的所有结果，特别是在分子或原子水平上。量子理论出现于 19 世纪晚期，并在 20 世纪初期成熟，它提供了一种终极理论，解释了光与物质相互作用的所有现象的结果。它使我们能够理解光与生物材料在分子甚至亚原子水平上的基本相互作用。它解释了许多涉及光与生物材料相互作用后吸收和发射的现象，例如荧光、磷光和非弹性散射（例如拉曼光谱）。量子理论也为许多现代发现和技术突破奠定了基础，如激光、分子光谱技术、纳米技术等。在下面的小节中，我们简要总结了每种理论的

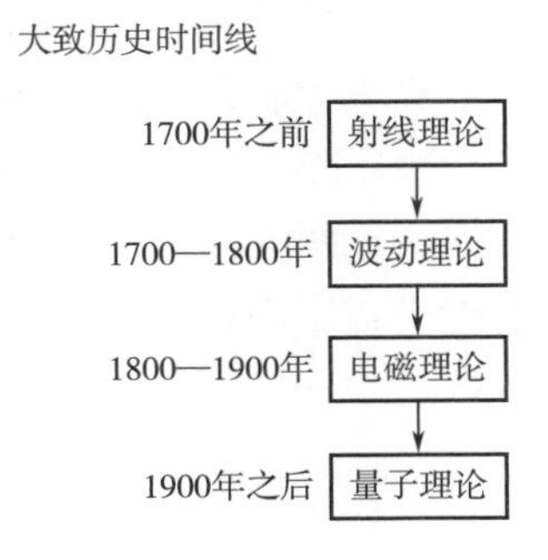

图 1.3　光学理论发展的大致时间轴

主要特征，这些特征是理解、发展和应用各种光散射技术对食品特性、质量和安全性评估所必需的。

1.2.1 射线理论

射线理论是四种光学理论中最简单的：它解释了我们在日常生活中观察或经历的一些基本现象。该理论足以解释那些尺寸比光波长大得多的可见物体的情况。射线理论是解释两种不同光学性质的介质在界面或边界处光反射和折射的基础。它为光纤中的图像形成和光传输提供了充分的解释。

假设一束光从折射率为 n_1 的第一介质（比如空气）传播到折射率为 n_2 的第二介质中，介质的折射率描述了介质中光的速度相对于真空中光的速度，它是无量纲的，如式（1.2）所示：

$$n = \frac{c_0}{c} \tag{1.2}$$

式中 n——介质的折射率

c——介质中的光速

c_0——真空中的光速

由于在介质中传播的光速不可能快于真空中的速度，因此介质的折射率大于1。对于食品和生物材料，折射率在1.30～1.50，对于水，折射率为1.33。光速从一种介质到另一种介质会发生变化，其行进方向也会发生变化。由于食物和生物材料的成分是不均匀的，光传播方向的改变会产生折射、反射以及在较小程度上的散射。散射是一种复杂的现象，我们将在第2章和第3章中详细讨论。折射率被认为是研究食品和生物材料中光传播的基本性质参数。

由于光束以斜角入射平面或两种光学均匀介质之间的界面上（如恒定、均匀的折射率），介质2中的光传播方向会偏离介质1中的原路线。光在传播方向上的偏移，称折射，取决于两种介质的折射率的相对值，如式（1.3）所示。光在两种均匀介质之间的折射受折射定律影响如图1.4和式（1.3）所示：

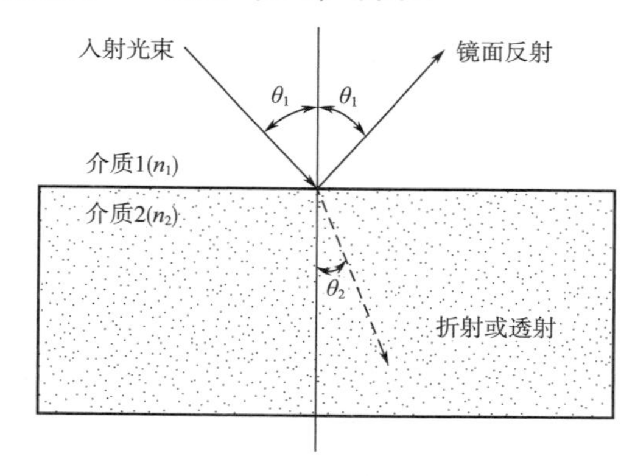

图1.4　在具有 n_1 和 n_2 折射率的两种光学均匀介质的平面界面上的反射和折射

$$\sin\theta_2 = \frac{n_1}{n_2}\sin\theta_1 \tag{1.3}$$

式中　θ_1——第一介质表面法线的入射角，°

θ_2——第二介质的折射角，°

一部分光也以与入射角度相同的角度在界面处反射，称为镜面反射，并且镜面反射的量取决于入射角以及两种介质折射率的相对值。根据电磁理论，可以用一组方程计算介质 1 向介质 2 透射的光量和界面反射的光量。

现代光纤技术中一个具有重要意义的特殊情况是全内反射。当光从光学密度较大的介质（具有较大折射率）传递到光学密度较小的介质（具有较小折射率）并且入射角相对于表面法线的角度大于特定的临界角（图 1.5），光不能通过第二介质，完全被反射。该临界角（θ_c）可以根据式（1.4）的反射定律确定：

$$\sin\theta_i = \frac{n_2}{n_1}\sin\theta_t \tag{1.4}$$

当 $\sin\theta_t = 1$ 或 $\theta_t = 90°$时，相应的角度 θ_i称为临界角 θ_c，即

$$\theta_c = \sin^{-1}\left(\frac{n_2}{n_1}\right) \tag{1.5}$$

因此，当光入射角等于或大于 θ_c时，所有光将被反射回来，无法通过第二介质。

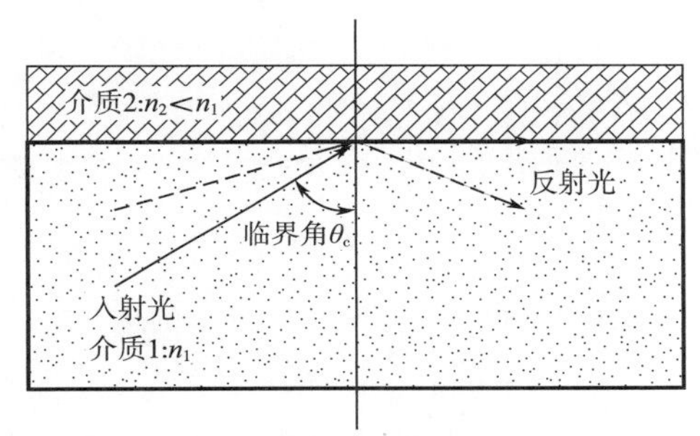

图 1.5　当光入射角大于或等于临界角θ_c并且第一介质的折射率大于第二介质的折射率（即 $n_1>n_2$）时，发生全内反射

现代光纤通信、基于光纤的探测器和内窥镜都是基于全内反射原理，这种原理可以保证远距离传输光信号而不产生或几乎没有损耗。

1.2.2　波动理论

在波动理论中，光被视为标量波。光波的传播依赖著名的波动方程，见式（1.6）：

$$\nabla^2 u(\vec{r},t) = \frac{1}{c^2}\frac{\partial^2 u(\vec{r},t)}{\partial t^2} \tag{1.6}$$

式中　∇^2——拉普拉斯算子 =（$\partial^2/\partial x^2$）+（$\partial^2/\partial y^2$）+（$\partial^2/\partial z^2$）

$u(\vec{r},t)$——波函数，取决于空间位置 $\vec{r}(x, y, z)$ 和时间 t

c——在介质中传播的光速，即$c=c_0/n$，其中 c_0是真空中的光速，n 是介质的折射率

光强或辐射强度 $I(\vec{r},t)$ 定义为单位面积的光功率（W/m^2），与波函数的平方成正比：

$$I(\vec{r},t) = |u(\vec{r},t)|^2 \tag{1.7}$$

式（1.7）建立了光强与波函数之间的关系，并解释了波函数的物理意义，这一点在式（1.6）中没有说明。辐射强度 $I(\vec{r},t)$ 等辐射量的定义将在第3章中进一步说明。

由于式（1.6）中的波动方程是线性的，因此叠加原理适用。这意味着当两个或多个光波同时出现在同一区域时，总波函数是各个波函数的总和。当两个或两个以上的波叠加形成一个较大或较小振幅的波时，就会发生干涉。当两个波函数引起光强度增加时，干涉被称为相长干涉或相干干涉；当产生的波低于单波函数的波时，称相消干涉。两个波函数之间的相位差决定了它们是相干还是相消（图1.6）。干涉原理可用于解释许多自然现象，例如被称为“条纹”的明暗带，是由区域中多个波共存引起的。光学干涉已广泛应用于现代光学仪器中，用于光学、无线电和声学干涉测量。

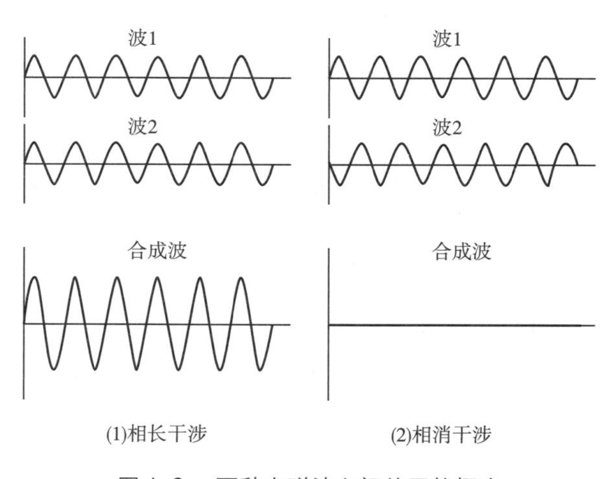

图1.6　两种电磁波之间的干扰概念

衍射是一种干涉形式，发生在光波遇到与其波长相当的障碍物或狭缝时，或光在折射率变化的介质中传播时。例如当平面波穿过宽度等于波长的狭缝时，它会变成球面波（图1.7）。在许多光谱仪器中，采用衍射光栅将入射的宽频带光分散为不同波长；衍射光的形式取决于光栅上元素的结构和数量。散斑是激光照射粗糙表面或分子运动的生物材料表面时发生的另一种重要现象（见第14章）。

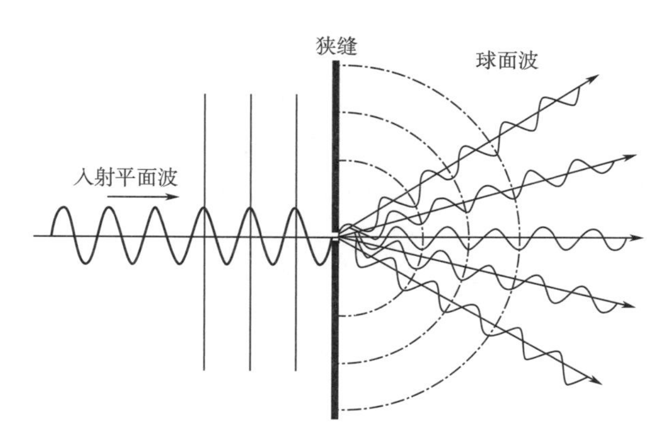

图1.7　当平面波通过与波长具有相同比例的狭缝时，会变成球面波的衍射

1.2.3 电磁波理论

虽然波动理论可以解释关于光的大多数实验现象，但它在解释如偏振之类的现象方面具有局限性。在这种现象中，光波仅在一个或多个方向上振荡。英国科学家詹姆斯·克拉克·麦克斯韦（James Clark Maxwell，1831—1879）首次证明了电磁辐射由电场和磁场组成，这两个磁场以波矢量的形式光速传播。电波和磁波彼此正交，垂直于光在空间中传播的方向（图 1.8）。

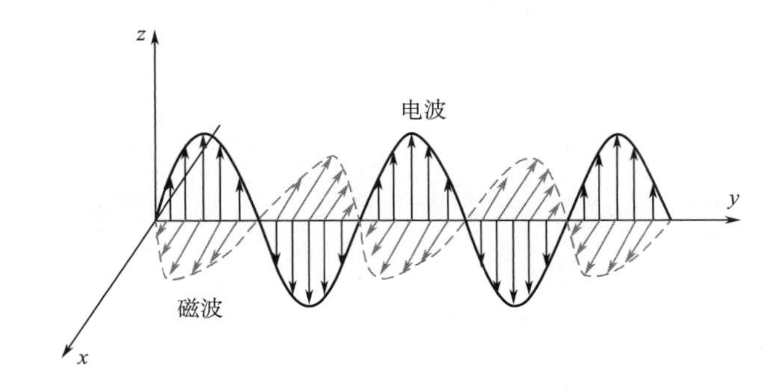

图 1.8 电磁辐射在空间中以相同光速且垂直的电波和磁波进行传播

电磁理论对几乎所有的实验或自然现象提供了全面的解释。电磁波的方程，也称麦克斯韦方程组，是一组电场和磁场的偏微分方程：

$$\nabla \cdot E = \frac{\rho_c}{\epsilon} \text{（高斯定律，Gauss's law）} \tag{1.8}$$

$$\nabla \cdot B = 0 \text{（高斯磁性定律，Gauss's law for magnetism）} \tag{1.9}$$

$$\nabla \times E = -\frac{\partial B}{\partial t} \text{（法拉第感应定律，Faraday's law of induction）} \tag{1.10}$$

$$\nabla \times B = \mu\left(J + \epsilon\frac{\partial E}{\partial t}\right) \text{（安培回路定律，Ampere's circuital law）} \tag{1.11}$$

其中$\nabla \cdot$称散度：

$$\nabla \cdot = \frac{\partial}{\partial x} + \frac{\partial}{\partial y} + \frac{\partial}{\partial z} \tag{1.12}$$

和$\nabla \times$是一个向量场，称旋度：

$$\nabla \times E = i\left(\frac{\partial H_z}{\partial y} - \frac{\partial E_y}{\partial z}\right) + j\left(\frac{\partial E_x}{\partial z} - \frac{\partial E_z}{\partial x}\right) + k\left(\frac{\partial E_y}{\partial x} - \frac{\partial E_x}{\partial y}\right) \tag{1.13}$$

式中 E——电场，为矢量

B——磁场，为矢量

ρ_c——电流电荷

J——电流密度

ϵ——介电常数

μ——自由空间的介电常数

关于向量和导数概念以及各种数学符号的简要描述在第 3 章的附录中给出。式

（1.8）~式（1.11）的推导和详细解释可以在许多本科生和研究生的光学教科书中找到。需要指出的是，式（1.6）中的波动方程是麦克斯韦方程组的特例。因此，电磁理论包含了波动理论，使我们能够解释许多其他无法通过波动理论解释的现象。

麦克斯韦方程组显示了电磁波的相互依赖性。电场的能量密度（U_E）可以通过以下方程计算：

$$U_E = \frac{1}{2}\epsilon E^2 \tag{1.14}$$

并且磁场的能量密度（U_B）由式（1.15）给出：

$$U_B = \frac{1}{2\mu_0}B^2 = \frac{1}{2}\epsilon E^2 \tag{1.15}$$

电场和磁场的总能量密度（U）是 U_B 和 U_E 的总和：

$$U = U_E + U_B = \epsilon E^2 \tag{1.16}$$

电磁场的辐射强度（I）是介质中光的速度（c）乘以能量密度的时间平均值（1/2）ϵE_0^2：

$$I = \frac{1}{2}c\epsilon E_0^2 \tag{1.17}$$

如上文所述，偏振是我们日常生活、科学和工业应用中经常遇到的重要现象。阳光是非偏振的，也就是说，它的波向各个方向随机振荡。当它被反射到一个表面时，反射光（镜面反射）达到一定程度的偏振。因此，戴上一副偏光太阳镜可以让我们滤除一些偏振、镜面反射，让我们更清晰地看到物体。一些晶体在一种偏振状态下吸收光，但它们在另一种正交状态下透射光。这种现象称二向色，被用于制造偏振滤光片或偏振器。双折射是指材料的反射率取决于光的偏振和传播方向的现象。当光进入双折射材料时，它被偏振成两条相互垂直的光线。双折射在光学器件中有许多应用，例如液晶显示器、光调制器、偏振滤光片等。

1.2.4 量子理论

电磁理论提供了在经典光学背景下最完整的光现象描述。然而，它未能解释光与纳米级物质的相互作用。量子理论，也称量子机制或量子物理，本质上能够解释所有物理现象。它通过解释原子和原子水平上光与物质的相互作用而超越了经典电磁理论。量子理论提供了一个完整的数学框架，用于描述光行为及其与物质的相互作用和能量交换。

在量子理论中，光同时表现波状和粒子状行为。当光在空间或介质中传播时，它表现得像电磁波，由电场和磁场组成。与此同时，量子理论将光视为光子。光子在静止时没有质量，并且携带控制其偏振特性的电磁能量和动量（或自旋）。光子通过电场作用于原子和分子中的电荷和偶极子，使它们振动或加速，从而与物质相互作用。原子和分子只能采用量子理论确定的特定离散能级。光子有两种方法可以与物质发生相互作用。在第一种方法中，当光子的能量等于原子的两个允许能级之间的差值时，光子可被原子吸收（或湮灭），从而将其提高到更高的能级。在第二种方法中，原子可以转变回原始能级或较低能级，从而有新光子的发射或产生，其能量等于能级之间的差值。原子和分子不断经历这些向上和向下的能量转换，其中一些是由热激发引起的并且导致发射和吸收。因此，温度高于绝对零度的所有物体都会发射或吸收电磁辐射。

根据量子力学，在没有时变相互作用的情况下，质量为 m 的物理系统允许能级 E 由薛定谔方程控制：

$$-\frac{\hbar^2}{2m}\nabla^2\psi(\vec{r}) + V(\vec{r})\psi(\vec{r}) = E\psi(\vec{r}) \tag{1.18}$$

式中 $\hbar$ ——$\upsilon/(2\pi)$

$\psi(\vec{r})$ ——复波函数

$V(\vec{r})$ ——势能

E——被光子能量量化为离散能级的能量

对于双原子分子（例如 CO_2、N_2和 HCl），离散的能级可表示为：

$$E_\upsilon = \left(\upsilon + \frac{1}{2}\right)\hbar\omega,$$

$$(\upsilon = 0,1,2,\cdots) \tag{1.19}$$

式中 ω——振高频率 $\omega = (k/m_r)^{1/2}$，m_r 为系统减少的质量

υ——能量等级

在多原子分子的情况下，将有许多允许的能级，可以近似为一系列双原子的振动、独立的振动和简谐振动，如式（1.20）所示：

$$E(\nu_1,\nu_2,\nu_3,\cdots) = \sum_{i=1}^{3N-6}(\nu_i + 1)\hbar\,\omega$$

$$(\nu_1,\nu_2,\nu_3,\cdots = 0,1,2,\cdots) \tag{1.20}$$

在任何一个振动状态（ν_1，ν_2，ν_3，…），当能量水平从 0 转换为 1 时，都被认为是基本状态转换。当转换从基态到 $\nu_1=2$，3，…，并且所有其他态都为零时，称倍频转换。从基态到同时 $\nu_i=1$ 和 $\nu_j=1$ 的状态的转变称组合带。

近红外光谱（NIRS，750～2500nm）是一种广泛用于食品和农产品成分和质量分析的技术，它基于分子倍频和组合振动。近红外光的振动谱带非常宽，吸收能力较弱。中红外光谱（2.5～25μm）主要基于基本振动和相关的旋转－振动结构，而远红外光谱（25～1000μm）基于旋转振动。

物体可能由于热效应（加热）、化学反应、电能、光子吸收或电离辐射而发光。物体由非热源发出的光线称冷光。根据非热源的类型，发光可分为光致发光（由于光子吸收发光），电致发光（由于电能发光），化学发光（由于化学反应发光）等。

光致发光与光辐射和吸收有关，光辐射和吸收是光子被物质吸收的辐射过程，然后它释放或发射相同或更低频率（或更低能级）的光。光致发光过程的进一步描述见第 2 章。

1.3 光散射及其在食品和农业领域中的应用

在介绍了光学和光学理论的基本概念之后，现在简要概述光散射技术及其在食品和农业领域中的应用。

自然界中充满了光散射现象，例如在阳光明媚的日子里，天空看起来特别蓝，是因为大气中的微粒散射蓝光占主导地位；牛乳看起来是白色的，是因为它含有的脂肪球和酪蛋白胶束（蛋白质）的尺寸范围与可见光的波长相当，这些颗粒是可见光（从蓝色到红色）的良好散射体；脱脂牛乳看起来偏蓝是因为已经去除了较大的脂肪球，这些脂肪球是较长可见光的良好散射体；精加工过的小麦或米粉看起来比整粒小麦或米粒碎片更白，是因为米粉中的细颗粒是更好的可见光散射体。

当光子撞击一个粒子或具有不同折射率的两种介质之间的界面时，它可能被粒子吸收并随后转换成另一种形式的能量（如热量），这种现象被称为吸收，或者它被分散到不同的方向然后撞击另一个粒子，直到它从介质中出来或被吸收。吸收是物质对光子的湮灭，它取决于介质的化学成分。水、蛋白质、颜料等能吸收特定波长的光。然而，粒子或介质对光子的散射是一个物理过程，很大程度上取决于光子的波动特性和它们穿过的介质的结构特性（包括密度、粒径或形状和成分等）。

光散射有两种类型：弹性散射和非弹性散射。弹性散射是指光子与粒子相互作用后，频率不变或没有发生净能量交换的散射事件，而非弹性散射中光子与材料中的分子或原子相互作用后，获得或失去能量，进而改变频率。拉曼散射是一种非弹性散射现象。

光散射及其应用的研究已经成为一个重要的领域，它跨越了许多学科，从化学和生物学到物理学，到气候学和天文学，再到食品和农业，不同学科的研究人员经常使用不同的方法来研究光散射现象，并开发出不同的技术来确定或测量不同应用的光散射特性。尽管存在这些差异，但光散射研究都是基于前文所述的光学理论。尽管在大多数情况下，使用电磁理论就足够了，但为了研究光散射现象，我们需要用到上述四种光学理论中的一种或多种。在本书中，光散射技术被广泛地定义为根据光传输原理和理论，或利用光散射现象达到各种应用目的的技术。

与其他（利用近红外光谱的）相关技术相比，光散射的研究起步缓慢。在强大的计算机技术出现之前，测量食品和生物材料的光散射性质是相当困难或不方便的。光散射的测量主要局限于配备有复杂光学仪器的物理、化学和生物医学研究实验室。生物医学研究人员一直处于开发和利用现代光学方法和技术的最前沿。有一个值得注意的例外是近红外光谱。近红外光谱技术最初由一个农业工程师团队在20世纪的50年代末到60年代进行研究，以满足市场对快速定量测量食品和农产品成分和质量的日益增长的需求。Karl Norris是美国农业部农业研究院（USDA/ARS）的农业工程师，被许多人认为是现代近红外光谱技术之父。到20世纪70年代，近红外光谱已成为分析实验室中食品成分和质量属性的重要分析工具。在20世纪的80年代到90年代间，近红外光谱仪器的硬件和软件在数字技术出现后得到迅速发展，现在已作为常规仪器用于化学成分和功能分析。

虽然光散射在近红外光谱（NIRS）中被用于测量不透明或扩散的生物和食品材料，但在数据采集和预处理过程中，光散射在很大程度上被忽略或当作噪声或无用的信号而被消除或者尽量避免。在早期的研究中，人们对测量和利用光散射特性没有太多关注，这可能是因为测量光散射特性具有挑战性，因为散射常常与吸收交织在一起，而且两者很难分离。此外，光散射测量还需要复杂的数学模型和算法，如果没有强大的计算机技术，就很难实现。Birth 和他在美国农业部农业研究院的同事是最早认识到光散射特性在食品和农产品质量评估中的作用的人。在 20 世纪 70 年代末到 80 年代早期，他们发表了几篇基于 Kubelka - Munk 模型（见第 6 章）对食品和农产品散射特性进行测量的论文。在 20 世纪 90 年代，近红外光谱技术的研究和应用呈指数级增长，但只有零星的研究活动在文献中报道了光散射用于食品性质、质量和安全评估。

然而，在生物医学领域的光散射研究中，情况完全不同。自 20 世纪 80 年代后期以来，已有大量关于利用或量化生物组织中光传播和散射的科学论文。并且开发了几种新颖的光学技术以及适当的理论用于体内测量生物组织的光学散射和吸收特性。在空间分辨、时间分辨和频域光谱技术的发展方面取得了重大进展。具有漫射光的功能成像也在生物医学研究界获得了极大的关注。

受生物医学领域研究的启发，21 世纪以来，食品和农业工程师开始重新对光散射研究产生兴趣，来自世界各地的几个研究小组积极从事基于光散射的技术开发和应用，包括空间分辨、空间频域和时间分辨技术，以测量或表征食品和农产品的性质和质量。本书第 7 章至第 11 章详细介绍了这些技术及其在食品质量和安全评估中的应用。

除了上述光散射技术，我们还看到了其他基于光散射的技术的重要研究活动，特别是动态光散射（DLS）和拉曼散射，用于食品特性、质量和安全检测。DLS 也称光子关联光谱学，由于胶体溶液中的微粒和大分子都经历布朗运动，而布朗运动是由微粒与溶剂分子的碰撞引起的，因此被用来研究胶体溶液中微粒的大小和结构。该技术在 20 世纪 60 年代激光问世后受到了广泛关注。DLS 的早期研究主要由化学和物理学的研究人员完成。自 20 世纪 90 年代以来，已有大量研究报道使用 DLS 表征胶体食品的结构和微观流变学特性（见第 13 章）。DLS 还发现了其在植物材料中的应用，因为它们含有由布朗运动产生的运动粒子。生物散斑是一种基于 DLS 原理的技术，已被用于食品特别是水果和蔬菜的质量评估和检测（见第 14 章）。

拉曼散射是非弹性散射的一种形式，它与散射介质的结构和化学性质密切相关。拉曼光谱已成为食品和农产品组成分析和病原体检测重要的实验室用具。近年来，拉曼散射成像越来越多地用于检测食品和农产品中的化学成分、掺假和病原体（见第 15 章）。

随着新型和更有效的基于光散射的技术的开发，我们期望看到它们在食品和农业领域中的应用日益增加。以下列举了基于光散射的食品特性、质量和安全评估技术的部分应用情况。

（1）用积分球技术和反向加倍算法测量食品的光学散射和吸收特性。

（2）通过空间分辨和空间频率域技术测量食品的光学特性、结构和质量。

（3）使用时间分辨反射光谱法测量园艺产品的光散射和吸收特性，评估其成熟度和采后质量。

（4）表征肉类和肉类似物的肌肉结构和特性变化。

（5）用 DLS 技术测定食品的结构和微观流变学特性。

（6）光散射用于牛乳和乳制品的结构和成分分析。

（7）利用生物散斑技术对水果和蔬菜的质量进行评估和监测。

（8）利用拉曼散射技术评估食品质量和安全性。

（9）通过弹性散射和拉曼散射检测食品中的病原体。

1.4 小结

光散射是光子与物质相互作用的结果，它依赖于物质的结构和化学成分。光散射在评估食品和农业材料的性质、质量和安全性方面取得了重大进展，并得到了广泛的应用。要了解光散射现象并开发有效的测量技术，重要的是要掌握光的基本知识及其与生物材料的相互作用。因此，在这个介绍性章节中，我们简要介绍了光的基本概念和各种光学理论。在第 2 章和第 3 章中，我们将进一步详细描述混浊食品和生物材料中光散射和传播的原理和理论。

参考文献

[1] Birth，G. S. The light scattering properties of foods. Journal of Food Science，1978，16：916 –925.

[2] Birth，G. S. Diffuse thickness as a measure of light scattering. Applied Spectroscopy，1982，36：675 –682.

[3] Birth，G. S.，C. E. Davis and W. E. Townsend. The scatter coefficient as a measure of pork quality. Journal of Animal Science，1978，46：639 –645.

[4] Hecht，E. Optics，4th edition. Reading，MA：Addison-Wesley，2002.

[5] Saleh，B. E. A. and M. C. Teich. Fundamentals of Photonics，2nd edition. New York：Wiley-Interscience，2007.

[6] Tuchin，V. Tissue Optics：Light Scattering Methods and Instruments for Medical Diagnosis，Bellingham，WA：SPIE，2007.

[7] Williams，P. and K. Norris（eds.）. Near-Infrared Technology in the Agricultural and Food Industry，2nd edition. St. Paul，MA：AACC International Press，2001.

2 光与食品及生物材料的相互作用

Renfu Lu

2.1 引言

食物以各种形式被生产和消费，为人类提供必要的营养和能量以及感官享受。食物可以根据其来源（植物源、动物源）、结构或物理特性（固体、半固体和液体）、成分（纤维、凝胶、淀粉、油质和结晶）或者采后加工程序（原料、初加工、经加工的烹饪配料和深加工）分为不同种类。在美国农业部（USDA）制定的膳食指南中，食品被分为五大类：水果、蔬菜、谷物、蛋白质食品和乳制品。根据光学性质，食物也可分为透明（如食用油和饮料）、半透明（果冻、果汁）、混浊或不透明（水果、蔬菜、坚果、谷物、肉类、乳制品等）。在透明食品中，光直接穿过材料而不改变方向或散射；而在混浊或不透明的食品中，光在被吸收或从产品中重新出现之前，会经历多次散射，并在每次散射时改变方向。绝大多数食物都是不透明的，这意味着光可以在其中经历多次散射。光穿透混浊食品的能力主要取决于其吸收和散射性质，例如研究表明，光可以穿透长达几厘米的苹果果实组织，这种透光模式目前已应用于一些商业水果分选分级设备中，可检测苹果等水果的内部质量和状态。

食品和生物材料，如水果、蔬菜和动物肉类，是由具有类似功能的细胞组成的，这些细胞聚在一起形成组织。动物组织可分为四种类型：肌肉、结缔组织、神经组织和上皮组织。植物组织被广泛地分为表皮组织、基本分生组织和维管组织。细胞的基本结构、功能以及生物单位或生物材料的“构件”尺寸通常为1～100μm。细胞由细胞膜及其包围的细胞质组成。细胞器构成细胞的内部结构，具有所有生命体所需的各种重要功能。细胞膜含有蛋白质和核酸等生物分子，其功能是保护细胞不受周围环境的伤害。这些细胞结构具有不同的生物学功能，并且在化学成分和大小（从纳米级到微米级）上有很大的差异。因此，它们在生物组织中对光的吸收和散射有很大的影响。

当光照射到组织上时，它与组织中的各种细胞成分相互作用，而相互作用的模式取决于单个细胞成分的结构和化学性质。当光子穿过组织时，它们会遇到细胞结构，这些细胞结构充当散射或吸收粒子的角色，结构中的分子导致光子的传播方向或吸收改变。这个过程不断重复，因为光子持续在细胞结构中移动，直到它们被完全吸收或从组织中重新出现。因此，生物和食品材料中光传递的研究是组织聚集体中光的吸收和散射的量化。每种生物或食品都有其独特的结构和化学特性，而这些结构和化学特性又决定了其光的吸收和散射特性。

本章讨论光与生物和食品材料相互作用过程中发生的基本现象，这些现象为不同的光散射技术奠定了基础，这些光散射技术已被开发用于食品和农产品的性能、质量和安全评估。我们首先讨论光在两种光学均匀介质界面上的反射和透射，然后讨论食品和生物材料表面的漫反射和透射，最后我们以吸收和散射的形式介绍光与食品和生物材料相互作用的基本概念，讨论三种散射类型，即瑞利散射、米氏散射和拉曼散射，并讨论它们对测定食品和农产品的性质和质量的影响。

2.2　反射与透射

2.2.1　反射和透射的菲涅耳方程

在第1章中，我们简要地讨论了两种具有不同反射率的光学均匀介质界面上光的折射和反射。界面处光的折射遵循折射定律。由于散射与光在两种介质之间的界面或介质中的粒子的折射、反射和透射密切相关，所以我们将在此处花费更多篇幅来介绍这种重要现象，也就是菲涅耳反射和透射，并给出计算反射率和透射率的数学方程。

如图2.1所示为折射率为 n_2 的介质平面斜角入射光的反射和透射情况。根据折射定律［第1章中的式（1.3）］，一部分入射光以与入射角 θ_1 相同的角度在表面反射，而剩余的光将进入介质并以角度 θ_2 传播。

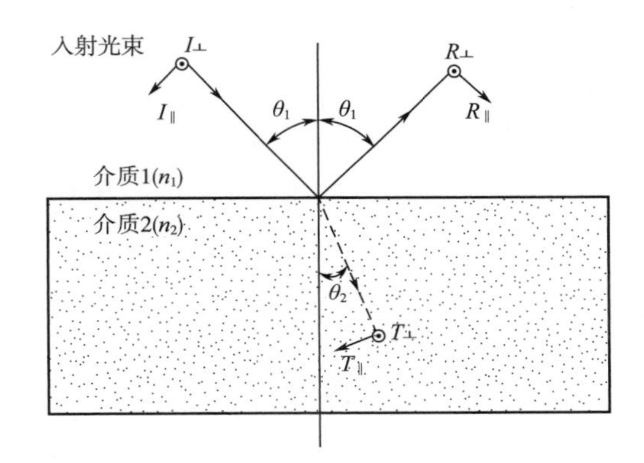

图2.1　光束分别入射在折射率为 n_1 和 n_2 的两种光学均匀介质的平面或界面上的菲涅耳反射和透射

注：I、R 和 T 分别表示入射光、反射光和透射光强度，下标 ∥ 和 ⊥ 表示平行和垂直的光分量，符号⊙表示垂直于光入射平面的光分量。

虽然根据菲涅耳定律给出了光反射和折射的示意图，但是它并不能量化光被反射和透射的数量信息。为了确定反射率和透射率，我们必须使用麦克斯韦方程组和与这些方程相关的边界条件，入射光的强度为 I，在垂直于入射面和平行于入射面两个电场的作用下，入射光发生偏振（图2.1），因此，反射光和透射光也会有垂直和平行的分量。在不做详细讨论的情况下，我们简单地给出了下面的方程来计算光在两种介质之间的界面上反射或透射的光的分量，用它们的平行分量和垂直分量来表示。这些方程的详细推导可以在许多应用光学教科书中找到。

在界面处反射的平行光分量 $r_\parallel$ 的分数如式（2.1）所示：

$$r_\parallel = \frac{n_2\cos\theta_1 - n_1\cos\theta_2}{n_1\cos\theta_1 + n_2\cos\theta_2} \tag{2.1}$$

垂直光分量的分数 $r_\perp$ 如式（2.2）所示：

$$r_\perp = \frac{n_1\cos\theta_1 - n_2\cos\theta_2}{n_1\cos\theta_1 + n_2\cos\theta_2} \tag{2.2}$$

传输到第二介质中的平行光分量 $t_{\parallel}$ 的分数如式（2.3）所示：

$$t_{\parallel} = \frac{n_1}{n_2}(1 + r_{\parallel}) = \frac{2n_1\cos\theta_1}{n_1\cos\theta_2 + n_2\cos\theta_1} \tag{2.3}$$

垂直光分量 $t_{\perp}$ 的分数如式（2.4）所示：

$$t_{\perp} = 1 + r_{\perp} = \frac{2n_1\cos\theta_1}{n_1\cos\theta_1 + n_2\cos\theta_2} \tag{2.4}$$

因此，入射光的两个偏振态的总反射率 R 和透射率 T 由式（2.5）和式（2.6）给出：

$$R_{\parallel} = |r_{\parallel}|^2 \text{ 和 } R_{\perp} = |r_{\perp}|^2 \tag{2.5}$$

$$T_{\parallel} = 1 - R_{\parallel} \text{ 和 } T_{\perp} = 1 - R_{\perp} \tag{2.6}$$

由式（2.1）~式（2.4）可知，被反射或透射的光的比例在很大程度上取决于入射角以及两种介质的反射指数的比值。斜入射角的透射率和总反射率可由式（2.7）和式（2.8）计算：

$$T = 1 - R = 1 - \frac{1}{2}\left[\frac{\tan^2(\theta_1 - \theta_2)}{\tan^2(\theta_1 + \theta_2)} + \frac{\sin^2(\theta_1 - \theta_2)}{\sin^2(\theta_1 - \theta_2)}\right] \tag{2.7}$$

和

$$R = \frac{R_{\parallel} + R_{\perp}}{2} = \frac{1}{2}\left[\frac{\tan^2(\theta_1 - \theta_2)}{\tan^2(\theta_1 + \theta_2)} + \frac{\sin^2(\theta_1 - \theta_2)}{\sin^2(\theta_1 - \theta_2)}\right] \tag{2.8}$$

通常当光从折射率为 n_2 的介质入射到界面上时，总反射率计算见式（2.9）：

$$R = \frac{R_{\parallel} + R_{\perp}}{2} = \left(\frac{n_1 - n_2}{n_1 + n_2}\right)^2 \tag{2.9}$$

通过界面传输的透射率由式（2.10）给出：

$$T = 1 - R = \frac{4n_1n_2}{(n_1 + n_2)^2} \tag{2.10}$$

式（2.9）和式（2.10）的推导利用了折射定律［式（1.3）］。因此，当一束光从空气（$n_1 = 1.0$）垂直入射到水（$n_2 = 1.35$）或生物组织（$n_2 \approx 1.33$）时，大约只有2%的入射光被反射，而98%的光被漫反射或透射到水或组织中。

式（2.7）~式（2.10）只适用于光学均匀或透明材料的完美平坦表面（没有散射）。当光入射到这样的表面时，所有的反射光都会以与入射角相等的角度离开。这种反射称为镜面反射或菲涅耳反射。镜面反射赋予物体表面光泽度或有光泽的感觉。虽然所有的表面都有镜面反射，但只有非吸光金属材料（如铝或银）的抛光表面才能高效率地产生镜面反射。所有其他材料，即使是完美抛光，也不能高效地进行镜面反射，因为大部分光线要么在表面被反射成不同的角度，要么进入介质，然后在被吸收之前散射到不同的方向，或者从介质中重新出来。

在大多数情况下，镜面反射是没有用的，应该在测量中避免。然而，在一些情况下，镜面反射可以提供与食品的状况和质量相关的重要信息。例如许多生鲜食品（如苹果、橙子、茄子、番茄等）在达到成熟阶段时会在表面产生一层薄薄的天然蜡（图2.2）。对于这些产品，光泽度或反光度可以反映它们的状况或保质期。此外，光泽还可以增加某些食品如苹果的美学吸引力。因此，美国苹果产业在采后包装过程中常用人造蜡涂抹苹果，用来提高产品的视觉吸引力。

由于光泽度是评估许多工业和食品产品质量和状况的重要参数，因此有较多光泽

图2.2　新鲜食品（苹果、橙子、茄子和番茄）具有不同程度的光泽度

技术和商业仪器用于各种产品测量，包括汽车涂层、家具涂层、塑料、金属、纸张和食品。光泽度的测量需要检测产品表面的镜面反射率。大多数商业化的光泽度测量仪器仅适用于具有平坦表面的产品。对于食品和农产品，它们的表面通常是不规则的或弯曲的，要准确测量这些产品的光泽度是具有挑战性的事情。因此，人们已经为农业和食品（例如苹果、香蕉、番茄、茄子、洋葱和青椒）开发了专门的光泽度测量技术。在美国农业部卢仁富（Renfu Lu）的实验室中组装了使用可见光/近红外光谱仪和光纤光/探测器的光泽测量装置，用于测量苹果的光泽度（图2.3）。后来，又开发了一种基于成像技术的改进装置，用于测量苹果和其他食品的光泽度（尚未发表）。

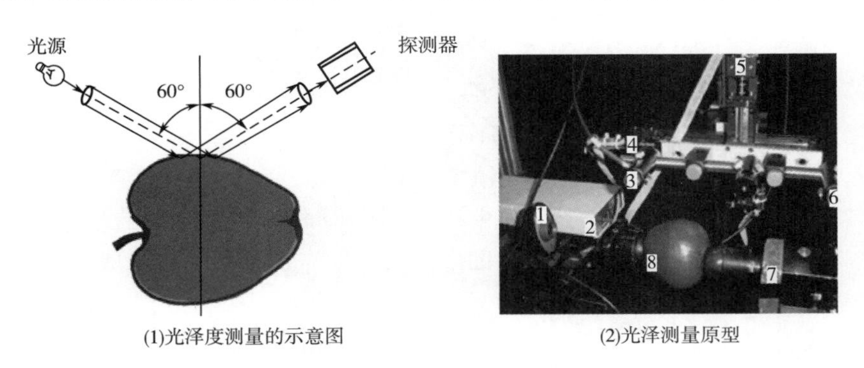

图2.3　苹果果实光泽度的测量

1—摄像机　2—可见光和近红外光谱仪　3—准直光源　4，5—水平和垂直电动平台　6—光检测透镜　7—水果支架/旋转器　8—样品

2.2.2　漫反射和透射

在推导反射和透射的菲涅耳方程时，我们假设两种介质之间的界面（甚至在微观水平上）是完全平坦的，而介质是光学均匀的（即每一种介质的折射率都是常数）。然

而，大多数食品和生物材料的表面和内部结构都不符合这些标准。因此，入射光在两种介质的界面上的实际交互作用要复杂得多。

考虑两个最可能在现实世界中遇到的情况（图 2.4）。一种情况如图 2.4（1）所示，光学均匀介质的表面粗糙，当光入射到粗糙表面时，小部分光将按照菲涅耳定律反射，大部分入射光将被粗糙表面以不同角度反射回来，这称为漫反射。剩下的光将被折射并在介质中传输。在第二种情况下，如图 2.4（2）所示，表面粗糙，介质不是光学均匀的（大多数食品和生物材料属于这类光学介质），镜面反射和漫反射都会发生在粗糙表面。同时，当光进入光学不均匀介质时，散射和吸收将同时在介质中发生。这样，光将被分散到不同的方向；幸存的光子将经历多次散射事件，并从入射区域或其相邻区域重新出现，或从介质的相对侧出现，通常称为透射。重新发射的光将从不同方向的表面射出，并且也作为漫射光出现。因此，严格地说，在这两种情况下有两种类型的漫反射：一种是由于表面的粗糙度，可以称为表面漫反射，而另一种是由介质内的光散射和粗糙表面引起的，可称为体漫反射。在实际应用中，难以分离两种类型的漫反射。然而，应该指出，这两种类型的漫反射带有介质的不同信息。例如表面漫反射可用于评估表面的粗糙度或纹理，而体漫反射可用于评估内部组织的特性。

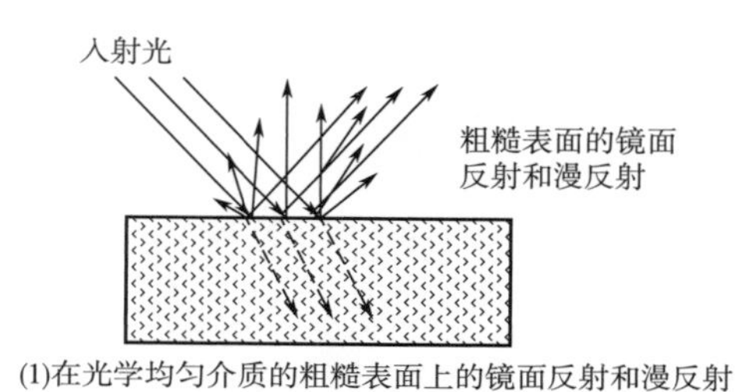

(1)在光学均匀介质的粗糙表面上的镜面反射和漫反射

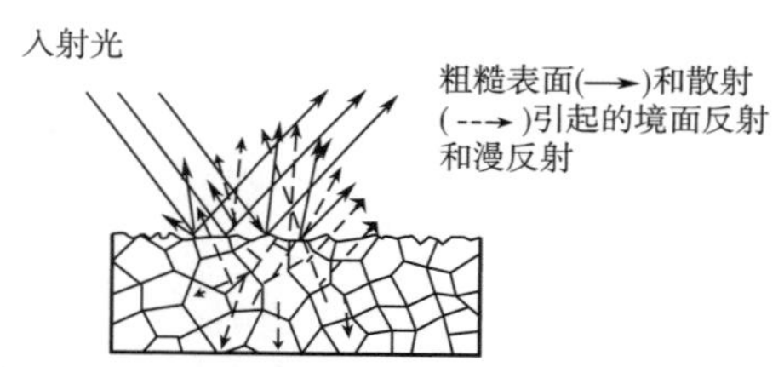

(2)来自粗糙表面的镜面反射和漫反射以及在光学不均匀介质中的散射

图 2.4　在两种介质上发生漫反射

虽然大多数表面都有漫反射，但有一种特殊类型的表面，称“朗伯表面”或“无光泽表面”，从这样的表面观察到的辐射强度或漫反射率与观察者位置和表面法线之间角度的余弦成正比［图 2.5（1）］，见式（2.11）：

$$I(\theta) = I_0\cos\theta \tag{2.11}$$

式中　I_0——在正常位置观察到的表面元素 ds 的辐射强度

$I(\theta)$——从非法线角度 θ（$-90°\leqslant\theta\leqslant90°$）观察到的辐射强度

根据式（2.11），我们可以进一步得出结论，正常位置（P_0）的每单位角度的辐射强度等于从角度 θ［$P(\theta)$］的位置观察到的辐射强度［式（2.12）］。

$$P_0 = \frac{I_0}{d\omega_0} = \frac{I}{d\omega_0 \cos\theta} = \frac{I_0 \cos\theta}{d\omega_0 \cos\theta} = \frac{I_0}{d\omega_0} = P(\theta) \tag{2.12}$$

严格地说，式（2.12）中的角度 $d\omega_0$应该用立体角代替。由于在第3章才会引入立体角的概念，这里我们简单地假设表面元素具有单位宽度以简化讨论。

式（2.12）表明朗伯表面的辐射在所有方向上都是均匀的，如图2.5（2）所示。因此，从任何角度观察朗伯表面时，它都具有相同的表观辐亮度。换句话说，当人眼从不同角度观察物体时，它具有相同的亮度。太阳近似朗伯辐射器，因为从不同的地方观看时它的亮度几乎相同。黑体是完美的朗伯辐射体。未加工的木材表现得近似朗伯反射，但并非所有粗糙表面都显示朗伯特征。标准反射面板，如 Spectralon 面板（Labsphere Inc.，North Sutton，NH，USA），通常用于成像或光谱校准，具有几乎完美的朗伯反射。一些食品和生物材料的表面可以近似处理为朗伯表面。在使用基于高光谱成像的空间分辨技术（见第7章）测量具有曲面的果实光学吸收和散射特性时，Qin 和 Lu 提出了一种方法来校正水果曲面的反射测量，就是假设苹果果实表面的反射服从朗伯余弦定律。

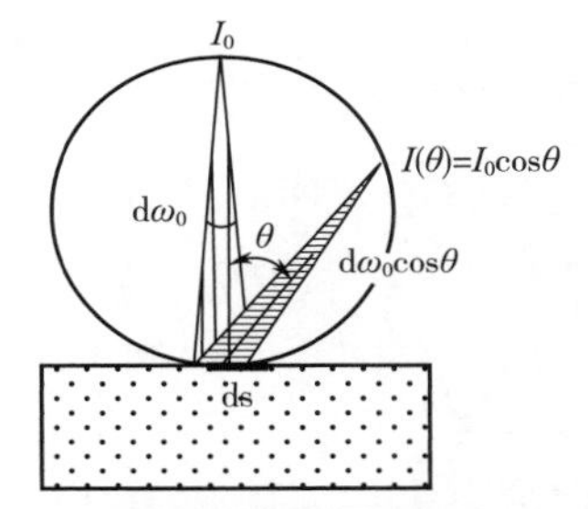

(1)从法线到表面角度为θ处测量的朗伯表面辐射亮度遵循余弦定律

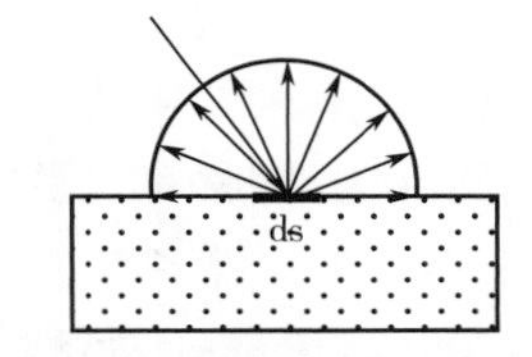

(2)朗伯表面的漫反射率在所有方向上均匀

图2.5　朗伯表面漫反射

表面和物体的漫反射不仅取决于产品的表面特性，更重要的是取决于其光学吸收和散射特性。因此，测量可见/近红外光谱漫反射可以为食品和农产品的成分分析和质量评估提供有效的手段。在传统的可见光/近红外光谱中，光谱测量主要采用三种传感模式（反射、透射和漫反射），如图2.6所示。每种传感模式都需要不同的仪器设置，在测量食品和农产品时可能会有不同的含义。例如在反射模式实施中，使用光纤技术时，检测光纤和光传输光纤通常集成在同一探头中，或者检测探头测量来自入射光束照射同一区域的漫反射光［图2.6（1）］，因此，所测到的信号包含表面和物体的漫反射。该探测模式易于实现，在食品和农产品中得到了广泛应用。然而，由于大部分测量光可能来自表面或非常接近表面的区域，因此反射模式无法有效地检测内部组织不均匀的食品样本，特别是表面和近表层的性质或情况差异明显时。在透射模式下［图2.6（2）］，被测光能够通过整个样品，并从光入射区域的对面重新出现。因此，与反射模式相比，透射率测量倾向于提供关于产品内部状况的更多信息。然而，实现透射模式更具挑战性，因为它需要一个高强度光源来获得足够的输出信号。此外，光程长度直接受样品的大小和形状影响，这会使光谱数据分析复杂化。在漫反射模式［图 2.6（3）］中，传感探头的位置使得它测量的反射光与光入射区域相隔特定距离。这种传感模式具有控制光程长度的灵活性，在反射和透射模式之间提供了良好的折中。一些研究表明，相互作用模式在反射和透射模式下提供了更好的测量结果。

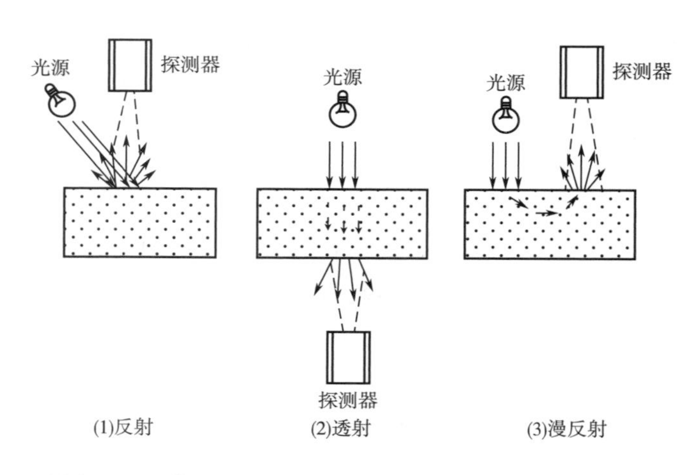

图 2.6　通常用于可见光/近红外光谱测量的三种传感模式

虽然，可见光/近红外光谱的三种传感模式在食品和农产品的成分和性质评价中得到了广泛应用，但它们只能提供食品和生物材料中光吸收和散射聚集效应的近似测量。基于这些传感模式的光谱测量具有经验性，因为所获得的数据依赖于照明和探测探头的设置，而这往往在不同的仪器制造商之间有所不同。此外，传统的可见光/近红外光谱不能提供关于吸收和散射特性的单独信息，但许多需要了解化学结构或物理特性的应用是有这种需求的。

本书介绍的光散射技术主要是基于光传输的原理和理论，或利用光散射现象来评价食品产品。如后续的章节所示，光散射技术通常需要测量光在空间、时间或频域的强度分布，因此与传统的可见光/近红外光谱技术相比，它们在仪器和实验设置要求上不可避免地更加复杂和苛刻。因此，光散射技术也提供了一些特殊的、传统的光谱技术无法实现的应用前景。

2.3　吸收

2.3.1　光子的吸收和发射

吸收是指光子被原子、电子或分子湮灭，并转换成另一种形式的能量，如热能、化学能、荧光或磷光。只有当光子的能级与原子或分子的特定量子态相匹配时，才会发生吸收。那些频率与能级不匹配的光子被传输或散射。吸收光子能量后，分子会瞬间从基态转变为激发态（约 10^{-15}s），这种转变取决于光子的能量，如式（2.13）所示：

$$E = h\upsilon = h\frac{c}{\lambda} \tag{2.13}$$

式中　E——光子的能量，J

h——普朗克常数，6.62618×10^{-34}J·s

c——光速，3.0×10^{8}m/s

υ——光子的频率，1/s

λ——波长，m

根据量子理论，吸收可以发生在三种形式的能量转换中：电子、振动和旋转。电子跃迁发生在原子和分子中，而振动跃迁和旋转跃迁仅发生在分子中。电子跃迁通常更活跃，发生在紫外线、可见光和近红外光区域。振动和旋转跃迁通常发生在与可见光和红外区域对应的较低能级。这些转换发生的光谱区域称吸收带，它们依赖于生物组织中的特定分子或原子。近红外光谱研究分子在近红外区域（750～2500nm）由于振动或旋转跃迁引起光子吸收。在近红外和中红外区域，水是主要的吸收发色团（图2.7）。

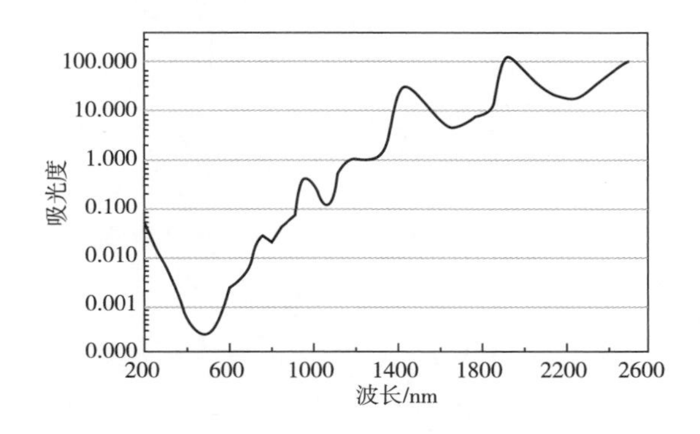

图2.7　水在波长为200～2600nm处的吸收系数光谱

激发态只能维持很短的时间［范围在（1×10^{-12}）～（1×10^{-8}）s］，然后激发态分子开始衰减到较低的能级。在能量衰减过程中，系统释放的能量等于两种状态的能量差。能量的释放可能以热或新光子的形式发生（称光致发光）。光子的发射或光致发光可能发生在一个或多个过程中，如图2.8所示。在一个过程中［图2.8（1）］，被激发的分子通过释放与被吸收分子能量相同的光子，返回到原始的较低的能级。这个过程不涉及系统的净能量损失或增益。瑞利散射就是这样一个过程，我们将在后面的章节中详细描述，它被称为弹性散射，因为在过渡过程中没有能量的净变化。在第二个过程中，如图2.8（2）所示，通过电子或振动跃迁，分子从基态瞬间被激发为激发态。处于激发态的分子经过非辐射弛豫，也称为内转换，在此过程中激发能以热的形式耗散。这种分子可以在很长一段时间内保持中间状态，然后发射通常低于原始辐射频率的新光子返回原始基态，这个过程称荧光。由于叶绿素的存在，植物性材料发出荧光。当像苹果这样的植物产品被紫外线照射时，会发出长波可见光。由于叶绿素荧光与植物材料中叶绿素的物化活性有关，因此，它可用于评价植物产品的生长、成熟、采后质量和状况。在第三个能量转移过程［图2.8（3）］中，分子吸收光子后上升到更高的虚态。当被激发的分子回到原始状态时，产生不同频率的光子并散射。散射光子比吸收光子具有更高（称反斯托克斯散射）或更低（斯托克斯散射）的能量，这个过程称拉曼散射。拉曼散射是非弹性散射，因为光子与分子之间存在能量交换。我们在后文中将进一步讨论拉曼散射。

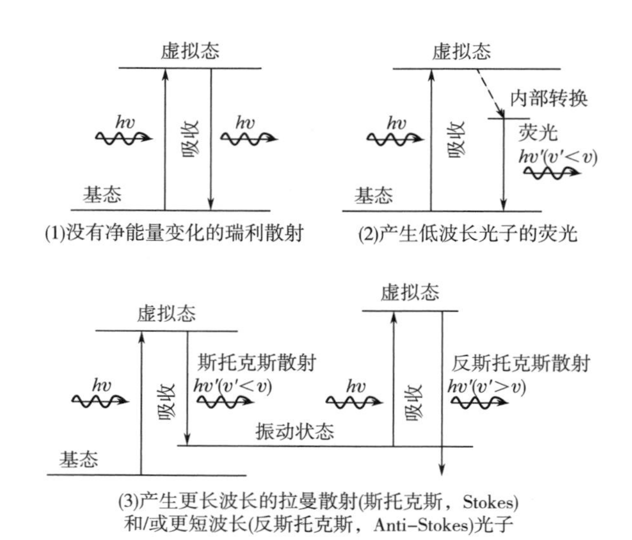

图 2.8　三种形式的光致发光，由入射光子吸收能量 $h\upsilon$ 产生

2.3.2　吸收系数

为了表征食物或生物材料对光的吸收特性，需要介绍一个被称为吸收系数（μ_a）的参数。考虑通常入射在吸收介质上的平面波光束（即在垂直于行进方向的任何平面中具有均匀强度），如图 2.9 所示，假设介质均匀分布着 N 个相同的光吸收颗粒。进入介质的总能量 P_{in} 由式（2.14）给出：

$$P_{in} = I_0 A \tag{2.14}$$

式中　A——入射区域横截面积

I_0——单位面积的入射能量

当光束遇到介质中的每个粒子时，小部分光被吸收。离开介质的净能量 P_{out} 可由式（2.15）给出：

$$P_{out} = I_0(A - N\sigma_a) \tag{2.15}$$

式中　σ_a——每个颗粒的有效吸收横截面积，m^2 或 cm^2

N——N 个相同的光吸收颗粒

因此，介质吸收的能量 P_{abs} 计算见式（2.16）：

$$P_{abs} = P_{in} - P_{out} = I_0 N\sigma_a \tag{2.16}$$

于是，我们可以通过式（2.17）定义吸收系数 μ_a：

$$\mu_a = N\sigma_a = \frac{P_{abs}}{I_0} \tag{2.17}$$

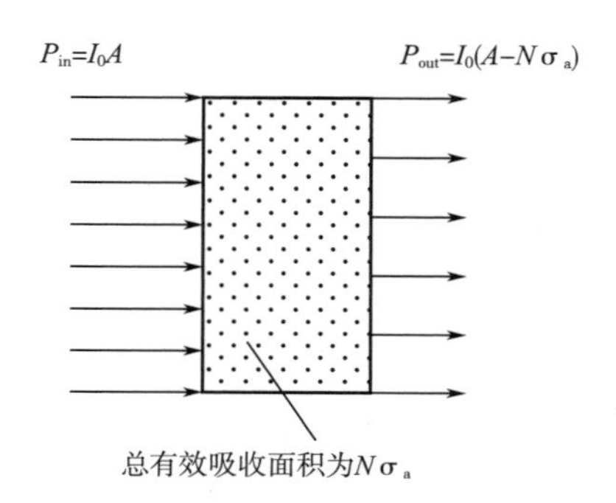

图 2.9　吸收概念以在均匀介质中吸收颗粒的有效横截面积表示

N—吸收颗粒的数量

σ_a—平均颗粒的有效吸收面积

A—入射区域横截面积

吸收系数（μ_a）的单位为1/m，更常见的是1/cm或1/mm。

式（2.17）表明，吸收系数实质上是介质单位体积中所有吸收粒子的总有效吸收截面积。值得注意的是，有效吸收横截面积不等于颗粒的实际几何横截面积。

平均自由路径l_a表示光子在被吸收之前，在两个吸收粒子之间需要经过的平均距离，为式（2.17）的倒数，即式（2.18）：

$$l_a = \frac{1}{\mu_a} \tag{2.18}$$

虽然上述吸收系数的定义和表达式有助于研究含有吸收粒子的介质中光的传播，但当介质被认为是均匀的时，可以推导出更直接的吸收系数表达式。其次，考虑如图2.9所示的情况，介质被认为是均匀的，厚度为s。当具有均匀强度I_0的准直光束通过介质时，朗伯－比尔定律指出介质中光强度的变化或衰减与光行进的距离成正比，见式（2.19）：

$$\mathrm{d}I(x) = -\mu_a I(x)\mathrm{d}x \tag{2.19}$$

式中　$\mathrm{d}I(x)$——准直光束强度的微分变化，其初始强度为I_0

　　　$\mathrm{d}x$——准直光束在均匀吸收介质中行进的无穷小的距离

通过重新排列式（2.19）后进行积分，得到式（2.20）：

$$I = I_0 \exp(-\mu_a s) \tag{2.20}$$

式（2.20）表明，当准直光束通过纯吸收介质时，其强度随着光行进的距离呈指数减小，并且光强度的减小速率由吸收系数μ_a确定。

在实际应用中，透射率测量通常用于确定吸收系数，可由式（2.21）表示：

$$T = \frac{I}{I_0} = \exp(-\mu_a s) \tag{2.21}$$

式中　T——无量纲单位的透射率

吸光度（Abs）或光密度（OD）是近红外光谱中常用的量，由式（2.22）给出：

$$\mathrm{Abs} = \mathrm{OD} = \lg\left(\frac{I_0}{I}\right) = -\lg T \tag{2.22}$$

关于利用朗伯－比尔定律测量食品中的光学特性会在第6章中进一步讨论。

2.4 散射

由于离散粒子的存在和/或折射率的变化，光经过光学上不均匀的介质后发生散射，导致光在介质中的传播方向发生变化。散射受材料中粒子的密度、大小和细胞结构的影响，因此，散射可以用来检测食品和生物材料的结构特征和组成。

食品和生物材料中的散射有两种类型：弹性散射和非弹性散射。在弹性散射中，材料与光子相互作用后不会改变其状态，并且从粒子散射的所有光子都保持相同的波长。瑞利散射和米氏散射都是弹性的。拉曼散射是非弹性的，因为被分子或粒子散射的光子并不具有与原始光子相同的波长。

2.4.1 瑞利散射

瑞利散射以英国物理学家瑞利勋爵（John William Strutt，1842—1919）的名字命名；当光子与小于辐射波长的粒子相互作用时发生瑞利散射。瑞利散射是由粒子的电极化引起的。电磁波的振荡电场作用于粒子内部的电荷，使它们以相同的频率运动。因此粒子变成辐射偶极子，导致光的散射。地球的高层大气中含有许多微小的气态粒子，它们导致太阳光的散射。因此，我们看到了蓝色的天空或黄色色调的太阳。

当具有强度I_0的非偏振光入射到具有直径d（$d<\lambda$，λ是光的波长）的单个球形颗粒上时，被散射到另一角度θ后，光的强度I由式（2.23）给出：

$$I = I_0 \frac{1+\cos^2\theta}{2s^2}\left(\frac{2\pi}{\lambda}\right)^4\left(\frac{n^2-1}{n^2+1}\right)^2\left(\frac{d}{2}\right)^6 \tag{2.23}$$

式中　I——散射光强度
I_0——入射光强度
d——球形颗粒直径
θ——散射光角度
λ——光的波长
n——粒子的折射率
s——粒子到探测器的距离

瑞利散射截面积σ_s是通过式（2.23）中的所有角度获得的：

$$\sigma_s = \frac{2\pi^5}{3}\frac{d^6}{\lambda^4}\left(\frac{n^2-1}{n^2+2}\right)^2 \tag{2.24}$$

式（2.23）表明散射光的强度与λ^4成反比，这意味着短波长的散射要比长波长的散射强得多，这就解释了为什么天空看起来是蓝色的，因为紫外线和蓝光被上层大气中的气体强烈散射，而不是其他波长较长的可见光。式（2.24）还表明有效散射截面积不同于颗粒的实际直径，它取决于入射光的波长和折射率。

在生物材料中，只有胶原纤维和膜上的条纹在100nm或以下，因此，瑞利散射只适用于这些超微结构成分。

2.4.2　米氏散射

米氏散射是以德国物理学家古斯塔夫·米氏（Gustav Mie，1861—1957）的名字命名的。米氏根据麦克斯韦方程组，提出了均匀介质球中光散射的理论处理方法。米氏散射理论适用于大小与光波长相当的粒子。生物材料中的大多数细胞结构在几纳米到几微米之间。因此，米氏散射理论可以很好地描述光在生物和食品材料中的散射。

（1）散射系数　为了描述光的散射粒子或混浊介质具有不同的折射率，我们需要引入另一个参数，即散射系数（μ_s）。遵循与2.3.2节定义吸收系数同样的步骤，我们可以将散射系数μ_s定义为介质单位体积的相同散射粒子的总数N乘以每个粒子有效散射截面积σ_s，即式（2.25）：

$$\mu_s = N\sigma_s = \frac{P_{sca}}{I_0} \tag{2.25}$$

式中　μ_s——散射系数
P_{sca}——由介质中的颗粒聚集体散射的光能
N——介质单位体积相同的散射粒子总数

σ_s——每个粒子的有效散射截面积

与吸收系数一样，散射系数的单位也是 m^{-1}或 cm^{-1}。散射的平均自由路径是μ_s的倒数，如式（2.26）所示：

$$l_s = \frac{1}{\mu_s} \tag{2.26}$$

散射的平均自由路径 l_s是光在散射发生之前在两个散射粒子之间传播的平均距离。

同样地，光在光学均匀散射介质中的散射可以用朗伯 - 比尔定律来描述，见式（2.27）：

$$I = I_0\exp(-\mu_s s) \tag{2.27}$$

式中 I——散射光强度

μ_s——散射系数

I_0——准直入射光束的强度

s——散射介质的厚度

（2）散射相函数和各向异性因子　当光子撞击散射粒子时，一般会改变传播方向(但也有例外，即光子在撞击粒子后继续向前运动而不发生偏转，称弹道散射)。根据量子理论，光子被粒子散射的实际方向是一个随机过程，光子可能会直接前进而没有方向变化（前向散射，$\theta=0°$），或者它可能会完全向后（后向散射，$\theta=180°$）。在绝大多数的情况下，光子将偏转角度为 θ 的入射方向，θ 范围在 0° ~ 180° （或 -180° ~0°）(图 2.10)。在球面坐标系统中，除了偏转角度 θ，第二个方位角度 φ 需要完全描述光子传播方向情况。然而，一般假定散射情况与方位角无关。

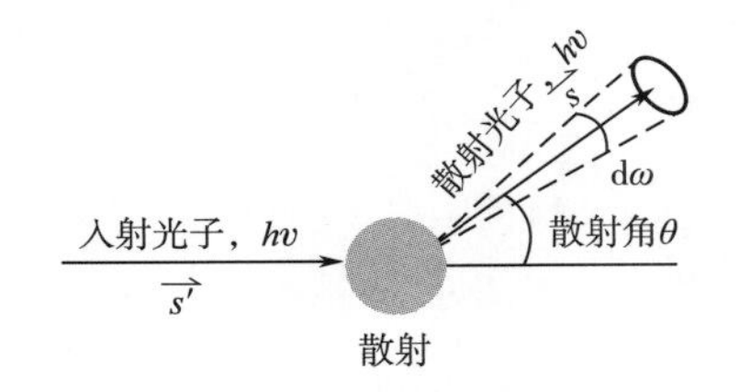

图 2.10　当具有 $h\nu$能量的入射光子沿着方向 $\vec{s}'$ 撞击散射体时发生散射时，然后散射到 $\vec{s}$ 方向

当大量光子撞击粒子后，最终会出现一致的散射轮廓。这个散射轮廓代表所有在粒子散射情况中的累积效应，是一个偏转角度 θ 的函数，通常称为散射相位函数，可表示为 p（θ）。散射相函数 p（θ）取决于粒子的大小、形状和粒子的方向，且对于每一个粒子来说都是独一无二的。由于单光子的散射粒子是一个随机过程，p（θ）是一个概率分布，必须满足以下条件：

$$\int_0^{\pi} p(\theta)2\pi\sin\theta\mathrm{d}\theta = 1 \tag{2.28}$$

当散射为各向同性时（即粒子向各个方向均匀散射光子），由式（2.28）可以很容易地得到散射相函数：

$$p(\theta) = \frac{1}{4\pi} \tag{2.29}$$

瑞利散射近似于各向同性散射。在以分散为主的生物材料中（即 $\mu_s \gg \mu_a$），光子经历足够多次的散射之后，散射通常被认为是各向同性的。

食品和生物材料中的大多数光散射不是各向同性的。实际上，它是强烈的前向散射，称各向异性散射。使用光学设备，如角光度计，可以在实验中通过测量薄组织样品的光散射角分布以确定散射相函数。为了确保准确性，样品的厚度必须不超过 1/（$\mu_s+\mu_a$）。这种样品的制备也是极其困难的。因此，人们致力于各种形式散射相函数的研究，如 Henyey - Greenstein 和 Delta - Eddington，以描述混浊介质中光散射的角度依赖特征。

在讨论散射相函数之前，有必要引入另一个表征光散射剖面的重要参数，即各向异性因子 g。它提供了一种测量散射各向异性程度的方法。让我们再次考虑散射情况，光子包以零度角（$\theta=0°$）撞击粒子后，随粒子分散，偏转角度 θ，如图 2.10 所示。小部分光子保持原方向，与 $\cos\theta$ 有关。由于散射相函数考虑的是平均散射角，引入平均散射角 g 是符合逻辑的，有式（2.31）：

$$g = \int_0^{\pi} p(\theta)\cos\theta 2\pi\sin\theta d\theta = \langle \cos\theta \rangle \tag{2.30}$$

其中

$$\int_0^{\pi} p(\theta) 2\pi\sin\theta d\theta = 1 \tag{2.31}$$

各向异性因子 g 通常表示为 $\cos\theta$ 的函数，可以从式（2.30）求导得到式（2.32）：

$$g = \int_{-1}^{1} p(\cos\theta)\cos\theta d(\cos\theta) \tag{2.32}$$

其中

$$\int_{-1}^{1} p(\cos\theta) d(\cos\theta) = 1 \tag{2.33}$$

各向异性因子 g 的值在 $-1\sim1$，其中 $g=-1$ 是全部后向散射，$g=0$ 是各向同性散射，而 $g=1$ 表示全部前向散射，$g=0$ 仅表示积分为 $-1\sim1$，因为 $g=0$ 的倒数不一定正确。对于大多数食品和生物材料，g 值为 0.7 ~0.9，这意味着前向散射占主导地位。

Henyey - Greenstein 提出了一个描述星际尘埃云中小颗粒散射的角依赖关系的表达式——Henyey - Greenstein 散射相函数，已被证明适用于描述生物组织中粒子的角散射，并被广泛用于研究光在生物材料中的传播。Henyey - Greenstein 散射相函数表示为偏转角 θ 和各向异性因子 g 的函数，见式（2.34）：

$$p(\theta) = \frac{1}{4\pi}\frac{1-g^2}{(1+g^2-2g\cos\theta)^{3/2}} \tag{2.34}$$

式（2.34）通常也表示为 $\cos\theta$ 的函数，如式（2.35）所示：

$$p(\cos\theta) = \frac{1}{2}\frac{1-g^2}{(1+g^2-2g\cos\theta)^{3/2}} \tag{2.35}$$

如图 2.11 所示为 Henyey - Greenstein 散射相函数［式（2.34）］作为各种 g 值的散射角 θ 的函数。对于各向同性散射，图中的线恒定为 1/（4π）。

研究还提出了对 Henyey - Greenstein 散射相函数和其他形式的散射相函数的修改。有关这些功能的详细讨论可以在第 4 章中找到。

此时，引入另一个称为约化散射系数的散射参数也很有帮助，即 μ_s'，它是散射系数 μ_s 和各向异性因子 g 的集总参数，见式（2.36）：

$$\mu_s' = \mu_s(1-g) \tag{2.36}$$

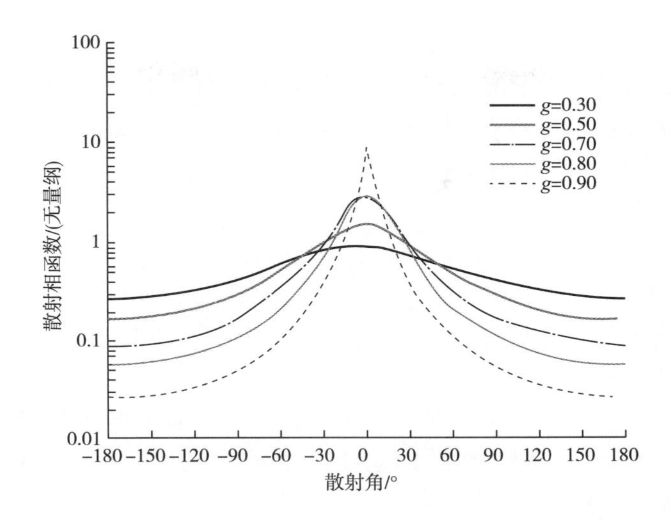

图 2. 11　各向异性因子 g 值不同时，Henyey – Greenstein 散射相函数与散射角的关系

引入 μ_s' 是有必要的，在以散射为主的情况下，减少了处理食品和生物材料所需的独立光学性质参数的数目，因此光子传播可以近似为扩散过程。在这种情况下，散射在初始步骤之后变为各向同性，可以通过简化理论，即扩散近似理论充分地描述光在介质中的传播。第 3 章用扩散近似理论详细讨论了光在散射主导介质中的传输。

（3）米氏散射　米氏散射为任意尺寸球体的散射问题提供了一个框架和数值解。该理论来源于著名的麦克斯韦方程组，它可以计算粒子内外的电场和磁场，以及与粒子相互作用后光的角分布。提供关于球体的信息（即直径、密度和折射率）之后，米氏散射可以计算球体的散射效率、有效散射截面面积和各向异性因子。米氏散射的推导在数学上非常复杂，因此这里略过。米氏散射的数学推导可从麦克斯韦方程组中找到。计算三重散射的电脑程式码可在多个网站免费下载。

2. 4. 3　拉曼散射

散射光子使波长偏离原始激发光子，即发生拉曼散射或拉曼散射效应。拉曼散射以印度物理学家拉曼（C. V. Raman，1888—1970）的名字命名，他在 20 世纪 20 年代发现了这种现象。

拉曼散射发生在强光束撞击分子时。当光子以基态、振动态、旋转态或激发态激发分子时，它会在短时间内进入一个虚的、高能量的状态。当受激分子立即松弛时，就会产生非弹性散射光子。非弹性散射光子比原光子具有更低的（斯托克斯散射）或更高的（反斯托克斯散射）频率。在拉曼散射中，散射光子的最终状态与原始光子的状态不同［图2. 8（3）］。最终光子的能量或波长位移是由激发的虚能态与散射光子的最终态之差决定的。这与荧光发射不同，在荧光发射中，处于激发态的分子在弛豫过程中经历一系列内部转换，然后在返回到原始基态时发射光子。拉曼散射可以由可见光和红外波段任意波长的光源激发，而荧光只能由较短的紫外光激发。荧光过程发出的光一般比激发光能量低或波长长，而拉曼散射发出的光能量或波长可能比激发光低或高。

可利用拉曼光谱分析材料。拉曼光谱测量产生拉曼散射光谱，光谱取决于样品中的分子及其状态。因此，拉曼光谱对食品中液体和固体成分的分析和鉴定具有重要的意义。各种拉曼散射技术已经开发出来，并用于食品和农产品的成分、质量和安全检测。本书第 15 章对拉曼散射技术进行了全面的综述。

2.5 小结

当光从一种光学均匀介质传递到另一种光学均匀介质时，在界面处发生反射、折射或透射，这可以由一组菲涅耳方程和折射定律描述。当光束入射到均匀或非均匀材料的未抛光或粗糙表面时，会发生镜面反射和漫反射。食品和生物材料是由充满水和空隙的细胞组成。细胞具有不同的细胞结构，是不均匀的，当光与细胞相互作用时，细胞会散射和/或吸收粒子，而水和空隙可以被视为光学均匀的。因此，当光线照射到食物和生物材料的组织时，就会发生散射和吸收，造成表面和内部的漫反射。为了充分描述食品和生物材料的吸收和散射特性，除了折射率外，还需要三个光学参数，即吸收系数、散射系数和各向异性因子。正向散射在大多数生物和食品中占主导地位，它使 700 ~ 1400nm 光谱区域的可见光和近红外光在被吸收或从组织中重新出现之前，能够穿透组织很远。散射可能以弹性或非弹性的形式发生。瑞利散射和米氏散射具有弹性，因为它们不涉及光子和分子之间的净能量交换。当粒子的尺寸小于辐射的波长时，就会发生瑞利散射。米氏散射可以很好地描述食品和生物材料中的光散射，它适用于任何大小的粒子。拉曼散射涉及光子和分子之间的能量交换，它是非弹性的。由于光的散射和吸收是由食品和生物材料的化学和结构特性决定的，所以测量光的散射和吸收特性可以成为评估它们的性质和条件的一种有效手段。

免责申明

本书提及商业产品仅仅是为了向读者提供事实信息，并不意味着美国农业部的认可或推荐。

参考文献

[1] Bohren, C. F. and D. R. Huffman. Absorption and Scattering of Light by Small Particles. Morlenbach, Germany: Wiley - VCH Verlag GmbH & Co, 2004.

[2] DeEll, J. R. and P. M. A. Toivonen (eds.). Practical Applications of Chlorophyll Fluorescence in Plant Biology. Boston, MA: Kluwer Academic Publishers, 2003.

[3] Guenther, R. D. Modern Optics. New York: John Wiley & Sons, 1990.

[4] Hecth, E. Optics, 4th edition. Reading, MA: Addison-Wesley, 2002.

[5] Henyey, J. C. and J. L. Grenstein. Diffusion radiation in galaxy. Astrophysics Journal 93, 1941: 70 - 83.

[6] Jha, S. N. and T. Matsuoka. Development of freshness index of eggplant. Applied Engineering in Agriculture, 2002, 18: 555 – 558.

[7] Mendoza, F., R. Lu and H. Cen. Comparison and fusion of four nondesturctive sensors for predicting apple fruit firmness and soluble solids content. Postharvest Biology and Technology, 2012, 73: 89 – 98.

[8] Mizrach, A., R. Lu and M. Rubio. Gloss evaluation of curved – surface fruits and vegetables. Food and Bioprocess Technology, 2009, 2: 300 – 307.

[9] Noh, H. and R. Lu. Hyperspectral laser – inducted fluorescence imaging for assessing apple quality. Postharvest Biology and Technology, 2007, 43: 193 – 201.

[10] Nussinovitch, A, G. Ward and S Lurie. Nondestructive measurement of peel gloss and roughness to determine tomato fruit ripening and chilling injury. Journal of Food Science, 1996, 61: 383 – 387.

[11] Qin, J. and R. Lu. Measurement of the optical properties of fruits and vegetables using spatially resolved hyperspectral diffuse reflectance imaging technique. Postharvest Biology and Technology, 2008, 49: 355 – 365.

[12] Qin, J and R. Lu. Monte Carlo simulation for quantification of light transport features in apples. Computers and Electronics in A Agriculture, 2009, 68: 44 – 51.

[13] Schaare, P N. and D. G. Fraser. Comparison of reflectance, interactance and transmission modes of visible – near infrared spectroscopy for measuring internal properties of kiwifruit (Actinidia chinensis). Postharvest Biology and Technology, 2000, 20: 175 – 184.

[14] Wang, L. V. and H I. Wu. Biomedical Optics: Principles and Imaging. New Jersey: John Wiley & Sons, 2007.

[15] Welch, J. A., M. J. C. van Gemert and W. M. Star. Chapter 3. Definitions and overview of tissue optics. Optical – Thermal Response of Laser – Irradiated Tissue. 2nd edition (eds. Welch, A. J. and M. J. C. van Gemert). New York, USA: Springer, 2011: 145 – 201.

3　食品和生物材料中的光传输理论

Renfu Lu

3.1 引言

在前两章当中，我们已经介绍了关于光吸收、反射和散射等光学理论概念。在本章中，我们首先描述了光在食品与生物材料传播中所需要的能量，其次根据能量守恒定律推导出辐射能量传递理论。由于辐射能量传递理论方程通常复杂而无法解决，因此需要引入扩散近似理论来简化描述食品和生物材料中光传播过程。然后讨论常用于求解扩散方程的三个边界条件，与此同时，提出几种特殊光照条件下扩散方程的解析解，这些解析解构成了许多现代非侵入性或体内光学性质测量技术的理论基础，包括空间分辨、时间分辨、频域和空频域。例如有限元分析的数值方法，在处理复杂几何形状和非均匀或分层散射介质上具有很好的灵活性，因此可用于研究食品和生物材料中的光传播。最后，列举了一个使用有限元方法（FEM）对半无限散射介质中的光传播进行建模以及预测表面反射率的应用实例。

3.2 辐射量

本节介绍用于描述食品和生物材料中光传输的基本辐射量，它们包括辐射能和辐射功率，辐射强度，辐射度和辐照度以及通量率和通量。

3.2.1 辐射能与辐射功率

辐射能是电磁辐射的能量，记作 Q，单位为 J。辐射能是一段时间内的累计输出（或输入），因此不能准确地描述随时间变化的能量输出。

辐射功率或辐射通量记为 P，是单位时间内发射、传输、反射或接收的辐射能，它的单位是 W 或 J/s。因此，辐射功率 P（W）的辐射发射源每隔一个时间段 Δt（s）会产生辐射能 Q，如式（3.1）所示：

$$Q = P\Delta t \tag{3.1}$$

式中 Q——辐射能，J

P——辐射发射源辐射功率，W 或 J/s

Δt——时间，s

因此，辐射功率可以描述为在 Δt 时间内辐射能量的变化。在微分形式中，它可以写成式（3.2）：

$$P = \left.\frac{Q(t + \Delta t) - Q(t)}{\Delta t}\right|_{\Delta t \to 0} = \frac{\mathrm{d}Q}{\mathrm{d}t} \tag{3.2}$$

光谱通量或光谱功率是单位波长或频率的辐射通量，见式（3.3）：

$$P_\lambda = \left.\frac{P(\lambda + \Delta\lambda) - P(\lambda)}{\Delta\lambda}\right|_{\Delta\lambda \to 0} = \frac{\mathrm{d}P}{\mathrm{d}\lambda} \tag{3.3}$$

式中 λ——波长，m 或 nm

P——光谱通量，W/m 或 W/nm

3.2.2 辐射强度

辐射强度（I）是单位立体角在给定方向上发射、传输、反射或接收的辐射功率（图3.1），见式（3.4）：

$$I = \frac{P}{\omega} \tag{3.4}$$

式中 ω——立体角，sr

P——辐射发射源辐射功率，W

I——辐射强度，W/sr

因此，辐射强度取决于方向，其单位中 W/sr 中的 sr 代表球面度（Steradian），是测量立体角的单位。

立体角用于三维空间，就像二维空间的角度一样。在二维空间中，角度由来自相同点的两条射线。角度以度或弧度来表示。一个弧度是由圆弧对着的平面角，其长度等于圆的半径，并且整圆相当于 2π 弧度。在三维空间中，立体角可以类似地定义为二维空间中的角度。由来自相同点的所有直线的轨迹形成立体角，此点称顶点，并且这些线是旋转对称的。实心角度以球面度或立体角测量，并且与角度一样，它们是无量纲的。立体角是由半径为 r 的球体的表面部分所对应的三维角，与起始于球体中心的圆锥相交（图3.2）。ω 在数学上的定义见式（3.5）：

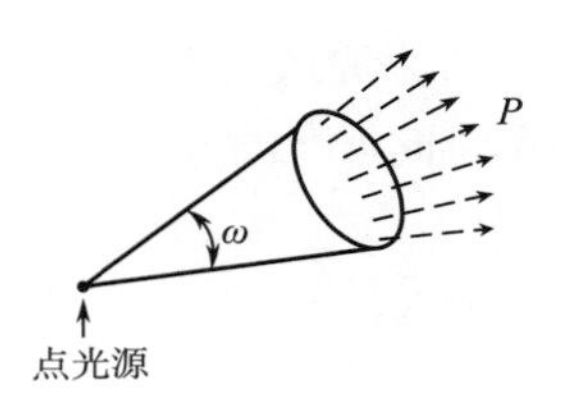

图3.1 点光源沿一个方向发射的辐射强度，通过具有立体角 ω 的锥形段

$$\omega = \frac{A}{r^2} \tag{3.5}$$

式中 ω——球面度的立体角

A——球面的表面积

r——球的半径

立体角：$\omega = \frac{\pi r_c^2}{r^2} = \pi\theta^2$

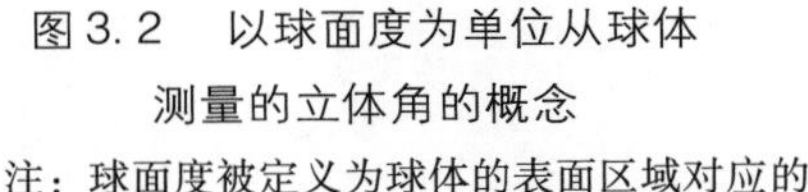

图3.2 以球面度为单位从球体测量的立体角的概念

注：球面度被定义为球体的表面区域对应的角度，半径为 r，子球体中心（O）相交，其中 ω 是立体角，r 是球体的半径，r_c 是与圆锥体相交的球体曲面段的半径，θ 是极角。

由于半径为 r 的球体的表面积为 $4\pi r^2$，根据式（3.5），它具有 4π 球面度。在球面坐标系中，dA 的任意取向无穷小区域的差分形式的立体角可以写成式（3.6）：

$$\mathrm{d}\omega = \frac{\mathrm{d}A}{r^2} = \sin\theta \mathrm{d}\theta \mathrm{d}\varphi \tag{3.6}$$

式中 θ——极角（纬度）

φ——方位角（经度）

在推导式（3.6）时，我们利用了 $\mathrm{d}A = r^2\sin\theta \mathrm{d}\theta \mathrm{d}\varphi$ 的关系。

因此，微分形式中，辐射强度的表示见式（3.7）：

$$I = \frac{\mathrm{d}P}{\mathrm{d}\omega} = \frac{\mathrm{d}P}{\sin\theta \mathrm{d}\theta \mathrm{d}\varphi} \tag{3.7}$$

在实际应用中，辐射强度也表示为单位波长或频率，称光谱强度（I_λ），其单位为 W/（sr·m）或 W/（sr·nm），见式（3.8）：

$$I_\lambda = \frac{dI}{d\lambda} = \frac{d^2P}{\sin\theta d\theta d\varphi d\lambda} \tag{3.8}$$

3.2.3 辐射度与辐照度

辐射度（Radiance），记作 L，单位为 W/（m^2·sr），它是一个向量，是由表面或从表面发射、反射、透射或接收的辐射功率或辐射通量（图 3.3）。它被定义为单位投影面积的每个立体角（ω）的功率 P（$\Delta\cos\theta$），其中 θ 是辐射方向与表面 A 的法线之间的角度。因此，它的数学表达如式（3.9）所示：

$$L = \frac{P}{\omega A\cos\theta} \tag{3.9}$$

当辐射流通过位置 $\vec{r}$ 处的无穷小区域 dA，在单位向量 $\vec{s}$ 的方向上，在无穷小立体角 dω 内，它与功率 dP（$\vec{r}$，$\vec{s}$，t）相关，见式（3.10）：

$$dP(\vec{r},\vec{s},t) = L(\vec{r},\vec{s},t)dAd\omega \tag{3.10}$$

其中时间变量 t 包含在 P（$\vec{r}$，$\vec{s}$，t）和 L（$\vec{r}$，$\vec{s}$，t）中，以指示这些量是与时间相关的。

当方向 $\vec{s}$ 不垂直于区域 dA 时，投影面积为 d$A\cos\theta$。然后，我们得到式（3.11）：

$$dP(\vec{r},\vec{s},t) = L(\vec{r},\vec{s},t)dA\cos\theta d\omega \tag{3.11}$$

因此，辐射度可以正式表示为式（3.12）：

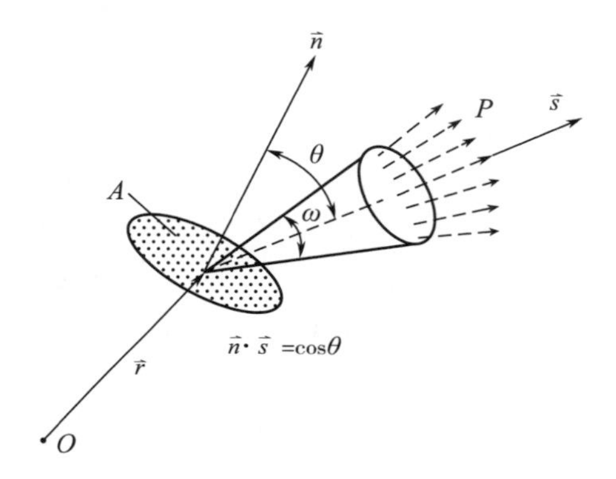

图 3.3　从面积为 A 的表面到 ω 立体角的辐射度 L，在方向 $\vec{s}$ 上从法线（$\vec{n}$）到表面的角度为 θ

$$dL(\vec{r},\vec{s},t) = \frac{d^2P(\vec{r},\vec{s},t)}{dA\cos\theta d\omega} \tag{3.12}$$

同样，光谱辐射度 L_λ，单位为 W/（m^2·sr·m）或 W/（m^2·sr·nm），由式（3.13）给出：

$$L_\lambda = \frac{dL}{d\lambda} \tag{3.13}$$

在食品和生物材料的大多数光学或成像应用中，光束均为宽带（白光，如石英钨）或单色（激光）用于照射样品。当入射辐射随时间恒定时（通常称连续波或 CW），样品表面单位时间单位面积的能量率称辐照度，记为 E，见式（3.14），因此辐照度也称为强度，是照射单位表面积的功率，其单位为 W/m^2。

$$E = \frac{P}{A} \tag{3.14}$$

微分形式中，辐照度可以写成式（3.15）的形式：

$$E = \frac{dP}{dA} \tag{3.15}$$

同样，光谱辐照度 E_λ，单位为 W/（m^2·nm），可定义为式（3.16）：

$$E_{\lambda} = \frac{dE}{d\lambda} \tag{3.16}$$

3.2.4　通量率与通量

通量率 Φ 是从所有方向流入或流出小区域的总能量，由式（3.17）给出：

$$\Phi(\vec{r},t) = \int_{4\pi} L(\vec{r},\vec{s}',t)\mathrm{d}\omega \tag{3.17}$$

式中　$\vec{s}'$——光入射方向的单位矢量

Φ——通量率，W/m^2（与光子传播方向无关）

在球面坐标系中，有式（3.18）：

$$\Phi(\vec{r},t) = \int_{\theta=0}^{\theta=\pi}\int_{\varphi=0}^{\varphi=2\pi} L(\vec{r},\vec{s}',t)\sin\theta \mathrm{d}\varphi \mathrm{d}\theta \tag{3.18}$$

能量的通量 J，也称电流密度，表示单位时间内从一个小区域流入或流出的光子能量，它由式（3.19）给出，单位为 W/m^2。虽然与通量率的单位相同，但是通量是矢量。

$$J(\vec{r},t) = \int_{4\pi} \vec{s}L(\vec{r},\vec{s},t)\mathrm{d}\omega \tag{3.19}$$

3.3　辐射传输理论

通过定义辐射度，我们可以根据原理推导出辐射传输方程，该方程称为 RTE。在导出 RTE 时，忽略了偏振、相干和非线性的影响，并且也不考虑非弹性散射（例如拉曼散射）。另外，假设折射率、散射和吸收系数以及各向异性因子与时间无关，也就是说，这些光学性质参数不随时间变化，但是，它们可以在空间上变化。

考虑在差分立体角 dω 内流过位置 $\vec{r}$ 处的无穷小体积 $dV = dAds$ 的辐射能量的变化，其中 dA 是无穷小的体积元的横截面积，ds 是体积元的长度。有以下四种形式的辐射导致能量的净变化（图 3.4）。

（1）从系统散射出的辐射能量（dE_{div}）。

（2）通过消光（吸收和散射）在系统中损失或消耗的能量（dE_{ext}）。

（3）通过散射到系统中获得的能量（dE_{sca}）。

（4）系统内辐射源产生的能量（dE_{sou}）。

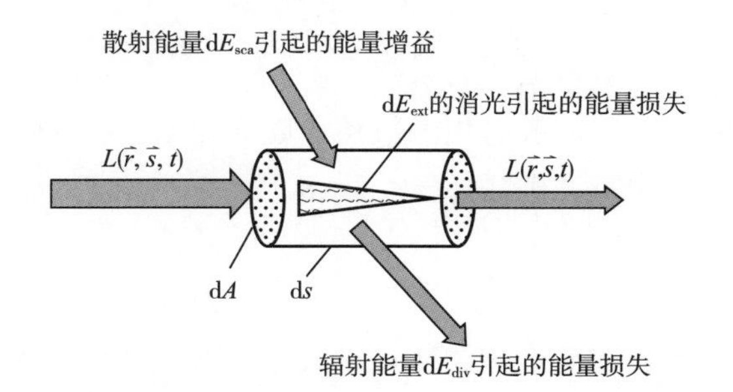

图 3.4　辐射能从面积为 dA、长度为 ds 的体积元中进出

在数学上，净能量变化 dE 可表示为式（3.20）：

$$dE = -dE_{div} - dE_{ext} + dE_{sca} + dE_{sou} \tag{3.20}$$

3.3.1 散射引起的能量损失 dE_{div}

当光束进入具有横截面积 dA 和长度 ds 的体积元时（图 3.4），它将被散射或发散到不同的方向（由于我们仅考虑推导中的弹性散射，因此不会发生波长变化），从而导致体积元的能量损失。在给定时间内这种能量损失可表示为式（3.21）：

$$dE_{div} = \frac{\partial L(\vec{r},\vec{s},t)}{\partial s} ds dA d\omega = \frac{\partial L(\vec{r},\vec{s},t)}{\partial s} dV d\omega \tag{3.21}$$

其中 $dV = ds dA$ 是体积元的微分体积。式（3.21）可以以发散形式重写为式（3.22）：

$$dE_{div} = \vec{s} \cdot \nabla L(\vec{r},\vec{s},t) dV d\omega = \nabla \cdot (\vec{r},\vec{s},t) dV d\omega \tag{3.22}$$

有关∇，∇·和其他衍生算子的定义，请参阅本章的附录。

3.3.2 消光引起的能量损失 dE_{ext}

如第 2 章所示，由于在无穷小的距离上吸收或散射引起的光能损失与光行进的距离成线性比例。当介质包含散射和吸收颗粒时，折射定律的相同关系仍然存在。然而，在这种情况下，吸收或散射系数需要用消光系数 μ_t 代替，消光系数 μ_t 也称总衰减系数，见式（3.23）：

$$\mu_t = (\mu_a + \mu_s) \tag{3.23}$$

由于单位时间的吸收和散射引起的体积元素中的能量损失由式（3.24）给出：

$$dE_{ext} = (\mu_t ds) L(\vec{r},\vec{s},t) dA d\omega = \mu_t L(\vec{r},\vec{s},t) dV d\omega \tag{3.24}$$

其中 $\mu_t ds$ 是由距离 ds 上的吸收和散射引起的能量损失的概率。

3.3.3 散射引起的能量增益 dE_{sca}

因为辐射从方向 $\vec{s}'$ 入射到无穷小的体积元，然后在方向 $\vec{s}$ 上散射到立体角 $d\omega$，系统在给定时间内获得的能量见式（3.25）：

$$dE_{sca} = \mu_s dV\left[\int_{4\pi} L(\vec{r},\vec{s}',t) p(\vec{s}',\vec{s}) d\omega'\right] d\omega \tag{3.25}$$

式中　$\mu_s dV$——无穷小体积 dV 中的总散射截面积

（$\vec{s}'$，$\vec{s}$）——入射角和散射角之间的余弦

p（$\vec{s}'$，$\vec{s}$）——描述光子概率的散射相函数从角度 $\vec{s}'$ 射入元素并散射成 $\vec{s}$ 角

散射相功能在第 2 章中有详细描述。

3.3.4 内部源引起的能量增益 dE_{sou}

单位时间内体积元内辐射源产生的能量见式（3.26）：

$$dE_{sou} = S(\vec{r},\vec{s}',t) dV d\omega \tag{3.26}$$

其中 $S(\vec{r},\vec{s},t)$ 的单位为 $W/(m^3 \cdot sr)$。

3.3.5 RTE 的标准形式

在体积元的立体角内，单位时间内能量的净变化由式（3.27）给出：

$$dE = \frac{\partial L(\vec{r},\vec{s},t)}{c\partial t}dVd\omega \tag{3.27}$$

将式（3.21）~式(3.27）中给出的所有能量分量代入式（3.20）中（能量平衡方程），我们可以得到式（3.28）：

$$\frac{1}{c}\frac{\partial L(\vec{r},\vec{s},t)}{\partial t} = -\nabla \cdot L(\vec{r},\vec{s},t) - \mu_t L(\vec{r},\vec{s},t) + \mu_s \int_{4\pi} L(\vec{r},\vec{s},t)p(\vec{s}',\vec{s})d\omega' + S(\vec{r},\vec{s},t) \tag{3.28}$$

式（3.28）是 RTE 的标准形式，也称玻耳兹曼（Boltzmann）方程。当体积元的净能量处于稳态时（即与时间无关），方程左边的项变为零。虽然式（3.28）中的积分微分方程似乎很简单，但它的简单实际上是一种错觉。RTE 的复杂性源自这样一个事实：它是有六个变量的方程，即 $\vec{r},\vec{s},t$ 或（x，y，z，θ，φ，t）。因此，使用分析或数值方法解决 RTE 是困难的，甚至不可能的。在实际应用中，我们需要引入简化或假设，以便对食品和生物材料中的光传递有一个更简单的数学表示。

3.4 扩散近似理论

扩散近似理论方程，简称扩散方程，是 RTE 的一种简化形式，为光在散射介质中的传播建模提供了一种实用的方法。扩散方程可以使用两种不同的方法：①光子在介质中的传播被视为一个扩散过程，为了得到扩散近似理论方程，引用了菲克定律和能量守恒；②RTE 扩散近似理论方程是基于一些假设和简化的。在本节中，我们使用第二种方法来推导扩散方程。

从 RTE 导出扩散方程时，有两种不同形式。第一种是假设辐射［式（3.28)］，可以分解为准直分量（非散射）和散射或扩散分量。第二种形式的扩散方程是在不将辐射分解为两部分的情况下得到的。因此，这两种形式的扩散方程的模拟光在散射介质中传播的表达式略有不同，主要是在被准直分量覆盖的散射介质区域。在接下来的推导中，我们采用 Haskell 等的方法，即辐射不分解为非散射和散射分量。

为了简化式（3.28）中的 RTE，假设辐射 $L(\vec{r},\vec{s},t)$ 可以由一系列球谐函数（例如勒让德多项式）表示，这是一系列用于表示函数的特殊函数，定义在球体表面上。对于第一个近似度，辐射 $L(\vec{r},\vec{s},t)$ 可以用其泰勒级数展开的前两项来表示，见式（3.29）：

$$L(\vec{r},\vec{s},t) = \frac{1}{4\pi}\Phi(\vec{r},t) + \frac{3}{4\pi}J(\vec{r},t)\cdot\vec{s} \tag{3.29}$$

式中　Φ（$\vec{r}$，t）——通量率

　　　J（$\vec{r}$，t）——光子电流或通量

如前所述，通量率表示流入或流出最小体积元的总能量，因此它与光子流动方向无关。光子电流取决于方向。式（3.29）表明，当散射大于吸收时（即 $\mu_s \gg \mu_a$），辐射率可以表示为各向同性通量率 Φ 加上小的方向通量 J。因此，RTE 可以通过积分所有立体角来简化为式（3.30）：

$$\frac{1}{c}\frac{\partial \Phi(\vec{r},t)}{\partial t}+\mu_a\Phi(\vec{r},t) = -\nabla\cdot J(\vec{r},t)+S(\vec{r},t) \tag{3.30}$$

在推导式（3.30）时，我们使用了式（3.31）～式（3.34）的关系：

$$\int_{4\pi}\frac{1}{c}\frac{\partial L(\vec{r},\vec{s},t)}{\partial t}\mathrm{d}\omega = \frac{1}{c}\frac{\partial}{\partial t}\int_{4\pi}L(\vec{r},\vec{s},t)\mathrm{d}\omega = \frac{1}{c}\frac{\partial \Phi(\vec{r},t)}{\partial t} \tag{3.31}$$

$$\int_{4\pi}\vec{s}\cdot\nabla L(\vec{r},\vec{s},t)\mathrm{d}\omega = \nabla\cdot\int_{4\pi}\vec{s}L(\vec{r},\vec{s},t)\mathrm{d}\omega = \nabla\cdot J(\vec{r},t) \tag{3.32}$$

$$\mu_s\int_{4\pi}\left(\int_{4\pi}L(\vec{r},\vec{s},t)p(\vec{s}'\cdot\vec{s})\mathrm{d}\omega'\right)\mathrm{d}\omega = \mu_s\Phi(\vec{r},t) \tag{3.33}$$

和

$$\int_{4\pi}S(\vec{r},\vec{s},t)\mathrm{d}\omega = S(\vec{r},t) \tag{3.34}$$

我们假设光源是各向同性的，也就有式（3.35）：

$$S(\vec{r},\vec{s},t) = \frac{S(\vec{r},t)}{4\pi} \tag{3.35}$$

式（3.30）不再包含方向向量 $\vec{s}$，但它仍然有两个辐射量 $\Phi(\vec{r},t)$ 和 $J(\vec{r},t)$。为了进一步简化它，我们引入了另一个假设，见式（3.36）：

$$\frac{1}{|J(\vec{r},t)|}\frac{\partial |J(\vec{r},t)|}{\partial t} \ll c(\mu_a+\mu_s) \tag{3.36}$$

这个假设意味着在无穷小的时间间隔内，通量 $J(\vec{r},\vec{s},t)$ 的分数变化是可忽略的。这就引出了通量 J 的菲克定律（Fick's law），见式（3.37）：

$$J(\vec{r},t) = -D\nabla\Phi(\vec{r},t) \tag{3.37}$$

其中 D 被称为扩散系数，并由式（3.38）给出：

$$D = \frac{1}{3[\mu_a+(1-g)\mu_s]} = \frac{1}{3(\mu_a+\mu_s')} \tag{3.38}$$

其中 μ_s'称约化散射系数，由式（3.38）给出：

$$\mu_s' = (1-g)\mu_s \tag{3.39}$$

式（3.37）中出现负号，是因为磁通量沿负梯度减小。将式（3.37）代入式（3.30）得到式（3.40）：

$$\frac{\partial \Phi(\vec{r},t)}{\partial t} = \nabla\cdot[D\nabla\Phi(\vec{r},t)]-\mu_a\Phi(\vec{r},t)+S(\vec{r},t) \tag{3.40}$$

式（3.40）即扩散方程。如果扩散系数在空间上不变，则式（3.40）具有更简单的表达形式，见式（3.41）：

$$\frac{1}{c}\frac{\partial \Phi(\vec{r},t)}{\partial t} = D\nabla^2\Phi(\vec{r},t)-\mu_a\Phi(\vec{r},t)+S(\vec{r},t) \tag{3.41}$$

扩散方程将以辐射率 $L(\vec{r},\vec{s},t)$ 形式表示的 RTE 简化为通量率 $\Phi(\vec{r},t)$ 的形式，其方向是不变的。另外，在扩散方程中，各向异性因子 g 不再被视为单独的光学参数，它与散射系数μ_s组合成形成新的光学参数，称约化散射系数μ_s'[式（3.39）]。因此，在扩散方程中只有两个独立的光学参数，即吸收和约化散射系数。在推导扩散方程［式（3.41）］时，假设通量 $J(\vec{r},t)$ 的分数变化远小于 1［因此式（3.37）有效］，并且辐射可以用泰勒级数的一阶表示［式（3.29）］。这两个假设意味着散射在介质中的吸收占主导地位，即 $\mu_s'\gg\mu_a$，这表明光子在被吸收之前经历了多次散射。

3.5 边界条件

与式（3.28）中的 RTE 相比，当对散射介质施加适当的边界条件时，式（3.41）中的扩散方程更容易求解。有两种类型的边界或界面用于模拟散射介质中光的传播：一种是非散射介质与具有相同折射率的散射或漫射介质之间的界面，称折射率匹配的边界；另一种是具有不同折射率的两种散射介质之间的界面，称折射率不匹配的边界。对于折射率匹配的边界，没有光散射到散射介质中。因此，有式（3.42）：

$$\text{对于}(\vec{s}\cdot\vec{n}) > 0 \quad \text{有}\ L(\vec{r},\vec{s},t) = 0 \tag{3.42}$$

其中 $\vec{n}$ 为指向散射介质的单位法向量。

由于辐射度取决于方向，所以指向散射介质的辐射亮度的积分也应为零，如式（3.43）所示：

$$\int_{(\vec{s}\cdot\vec{n})>0} L(\vec{r},\vec{s},t)(\vec{s}\cdot\vec{n})\mathrm{d}\omega = 0 \tag{3.43}$$

对于折射率不匹配的边界，从环境介质进入散射介质的辐射应等于离开散射介质的辐射，见式（3.44）：

$$\int_{(\vec{s}\cdot\vec{n})>0} L(\vec{r},\vec{s},t)(\vec{s}\cdot\vec{n})\mathrm{d}\omega = \int_{(\vec{s}\cdot\vec{n})>0} R_F L(\vec{r},\vec{s},t)(\vec{s}\cdot\vec{n})\mathrm{d}\omega \tag{3.44}$$

其中 R_F 为界面处的菲涅耳总反射率，由第 2 章中的式（2.8）给出。

如上所述，在扩散方程的推导过程中，很难完全满足式（3.43）或式（3.44）给出的边界条件。因此，提出了用于求解扩散方程的各种边界条件。在下面的小节中，我们讨论了三种类型的边界条件，即零边界条件（ZBC）、部分电流边界条件（PCBC）和外推边界条件（EBC）。

3.5.1 零边界条件

零边界条件（ZBC）要求在边界处的通量率 Φ（$\vec{r}$，t）为零。在数学上表达为式（3.45）：

$$\text{在边界}\partial\Sigma\text{处有}\ \Phi(\vec{r},t) = 0 \tag{3.45}$$

虽然式（3.45）在数学上很简单，但在实际应用中可能不太现实，因为当散射介质被光束照射时，不可能完全满足零通量率。然而，这种边界条件可能有助于在某些应用中为生物材料提供近似值。

3.5.2 部分电流边界条件

为了得到部分电流边界条件（PCBC），我们首先考虑折射率匹配的边界，然后延伸到折射率不匹配的边界。由式（3.29）和式（3.43），我们得到式（3.46）：

$$J(\vec{r},t) = \frac{1}{4}\Phi(\vec{r},t) + \frac{1}{2}J(\vec{r},t)\cdot\vec{n} = 0 \tag{3.46}$$

将式（3.37）中的辐射通量 $J(\vec{r},t)$ 代入式（3.46）得到式（3.47）[或式（3.48）]：

$$\Phi(\vec{r},t) - 2D\,\nabla\Phi(\vec{r},t)\cdot\vec{n} = 0 \tag{3.47}$$

或者

$$\Phi(\vec{r},t) - 2D\frac{\partial \Phi(\vec{r},t)}{\partial z} = 0 \tag{3.48}$$

式（3.48）是折射率匹配的界面的 PCBC。

对于折射率不匹配的边界，可以将式（3.48）修改为式（3.49）：

$$\Phi(\vec{r},t) - 2DC_{\mathrm{F}}\frac{\partial \Phi(\vec{r},t)}{\partial z} = 0 \tag{3.49}$$

其中

$$C_{\mathrm{F}} = \frac{1 + R_{\mathrm{f}}}{1 - R_{\mathrm{f}}} \tag{3.50}$$

其中 R_{f}为描述边界内反射的参数，由式（3.51）给出：

$$R_{\mathrm{f}} \approx -1.4399n^{-2} + 0.7099n^{-1} + 0.6681 + 0.636n \tag{3.51}$$

其中 n 为散射介质和环境介质之间的折射率之比。

3.5.3 外推边界条件

在获得扩散方程的解析解时，PCBC 仍然难以满足。另一种更简单的边界条件，是外推边界条件（EBC），已被用于获得扩散方程的解析解。边界条件［式（3.49）］是基于一阶泰勒级数展开 Φ（$z=-2D$，t），也就有式（3.52）：

$$\Phi(z = -2D,t) = \Phi(z = 0) - 2C_{\mathrm{F}}D\frac{\partial \Phi(\vec{r},t)}{\partial z}\bigg|_{z=0} = 0 \tag{3.52}$$

这意味着在 $z=-2D$ 的外推边界处，其通量率近似为零，属于齐次利克雷（Dirichlet）边界条件的范畴。这个 EBC 对于求解无限小连续波（或稳态）或脉冲光束照射下的扩散方程是有用的，这将在下一节中给出。

3.6 半无限散射介质扩散方程的解析解

在本节中，我们给出了四种特殊光照条件下（即连续波或稳态、脉冲、频率调制和空间调制）扩散方程的解。这些解为空间分辨、时间分辨、频域和空间频域等多种非侵入性或活体光学性质测量技术奠定了理论基础。

3.6.1 连续波光照射

在确定散射介质的光学特性时，一个特别重要的问题是均匀半无限介质在无穷小的连续波或稳态光束下的法向照度，如图 3.5 所示。我们采用 Farrell 等提出的方法，提出了该问题的解析解。

在用于散射介质的光束的稳态照射下，式（3.41）中的扩散方程变为式（3.53）：

$$D\nabla^2\Phi(\vec{r}) = \mu_a\Phi(\vec{r}) - S(\vec{r}) \tag{3.53}$$

如3.5.3 节所述，在 PCBC 下，外推边界 $z=-2D$ 处的通量率为零［式（3.52）］。为了满足这一要求，Farrell 等提出了使用负“图像源”的概念，使 $z=-2D$ 外推边界处的通量率为零。如图 3.5 所示，该问题现在由无限散射介质的两个点源表示：一个是正源，位于 $z=z_0=1/\mu_{\mathrm{t}}'$的深度，而另一个是负像源，位于介质真实边界上方 $z=2z_{\mathrm{b}}-z_0$ 处，$z=0$。参数 z_{b}由式（3.54）给出：

$$z_{\mathrm{b}} = 2C_{\mathrm{F}}D = \frac{2}{3}\frac{(1 + R_{\mathrm{f}})}{(1 - R_{\mathrm{f}})}\frac{1}{(\mu_{\mathrm{a}} + \mu_{\mathrm{s}}')} \tag{3.54}$$

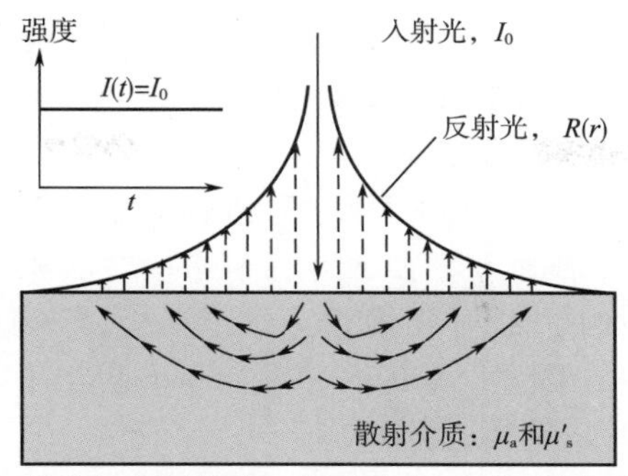

(1)在强度为I_0的稳态（或连续波）无穷小光束正入射下的半无限散射介质

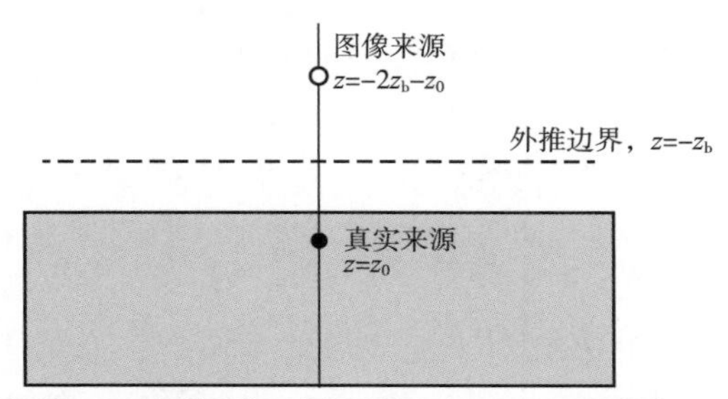

(2)实际源位于$z=z_0$,图像源位于实际边界上方$z=2z_b-z_0$距离处的EBC应用，以获得扩散方程的解析解，其中$z_0=1/\mu'_t$和z_b在式（3.54）中给出

图 3.5　连续波光照射半无限散射介质

因此，扩散方程的解就变成了求无限散射介质中正负像源产生的流率之和。在无限介质中（0，z_0）处各向同性点源产生的通量率可用格林函数（Green's function）来描述，见式（3.55）：

$$\Phi(r,z_0)=\frac{1}{4\pi D}\frac{\exp(-\mu'_{\text{eff}}r_1)}{r_1} \tag{3.55}$$

其中

$$r_1=[(z-z_0)^2+r^2]^{1/2} \tag{3.56}$$

和

$$\mu'_{\text{eff}}=[3\mu_a(\mu_a+\mu'_s)]^{1/2} \tag{3.57}$$

μ'_{eff}为有效的衰减系数。

因此，半无限介质中点光源的解为正负源解之和见式（3.58）：

$$\Phi(r,z_0)=\frac{1}{4\pi D}\left[\frac{\exp(-\mu'_{\text{eff}}r_1)}{r_1}-\frac{\exp(-\mu'_{\text{eff}}r_2)}{r_2}\right] \tag{3.58}$$

其中

$$r_2=[(z+z_0-2z_b)^2+r^2]^{1/2} \tag{3.59}$$

由于表面（$z=0$）处的反射率 R 或通量［式（3.37）］是实际测量的，因此可以通过式（3.60）计算：

$$R(r)\big|_{z=0}=-D\nabla\Phi(r,z)\big|_{z=0} \tag{3.60}$$

将式（3.58）代入式（3.60）得到式（3.61）：

$$R(r)\big|_{z=0}=\frac{1}{4\pi}\left[z_0\left(\mu'_{\text{eff}}+\frac{1}{r_1}\right)\frac{\exp(-\mu'_{\text{eff}}r_1)}{r_1^2}+(z_0+2z_b)\left(\mu'_{\text{eff}}+\frac{1}{r_2}\right)\frac{\exp(-\mu'_{\text{eff}}r_2)}{r_2^2}\right] \tag{3.61}$$

式（3.61）被广泛用于确定散射介质的光学性质。由式（3.61）得到的预测反射率剖面与蒙特卡罗（MC）模拟结果基本吻合，可以为散射介质中光的传播预测提供准确的结果。由式（3.61）预测的结果与MC模拟结果的差异主要发生在离光束一条到两条平均自由路径内。

需要注意的是，由式（3.61）所预测的反射率仅代表离开介质表面沿其法线方向的通量。Haskell等指出，反射率最好表示为后半球辐射的积分。此外，如前所述，在推导扩散方程式（3.41）时，辐射强度表示为两项，即通量率和光子电流或通量［式（3.29）］。考虑到这两个因素，Kienle和Patterson提出了一个改进的方程来预测半无限散射介质表面的漫反射，见式（3.62）：

$$R_{m}(r)\big|_{z=0} = 0.118\Phi(r)\big|_{z=0} + 0.306R(r)\big|_{z=0} \tag{3.62}$$

对于散射介质与环境介质之间的相对折射率 $n=1.4$，其中 $R(r)\big|_{z=0}$ 如式（3.61）所示，$\Phi(r)\big|_{z=0}$ 如式（3.58）所示。一些研究表明，式（3.62）中的修正方程对反射率剖面的预测比式（3.61）更准确。

在第7章中介绍了基于本节所述稳态空间分辨原理的几种光学性质测量技术。

3.6.2 短脉冲光照射

现在，让我们考虑短脉冲光束对半无限散射的照射，如图3.6所示。由无限短脉冲点光照射的无限介质的方程［式（3.41）］中的扩散方程的解，即 $S(\vec{r},t) = \delta(r=0,t=0)$，由Patterson等给出式（3.63）：

$$\Phi(r,z,t) = \frac{z_0}{(4\pi Dct)^{3/2}}\exp\left(-\frac{r^2}{4Dct} - \mu_a ct\right) \tag{3.63}$$

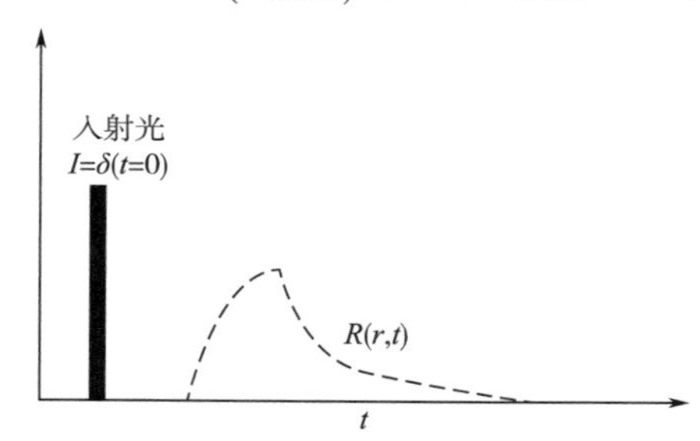

(1)在无穷小脉冲光束法线入射下的半无限散射介质，强度为 $I=\delta(t=0)$，其中 δ 是狄拉克 δ 函数(Dirac delta function)，在时间 $t=0$ 时为无穷大，$t\neq 0$ 时为零，在距离光入射点 r 的距离处产生衰减，时间延迟的反射率为 $[R(r,t)]$

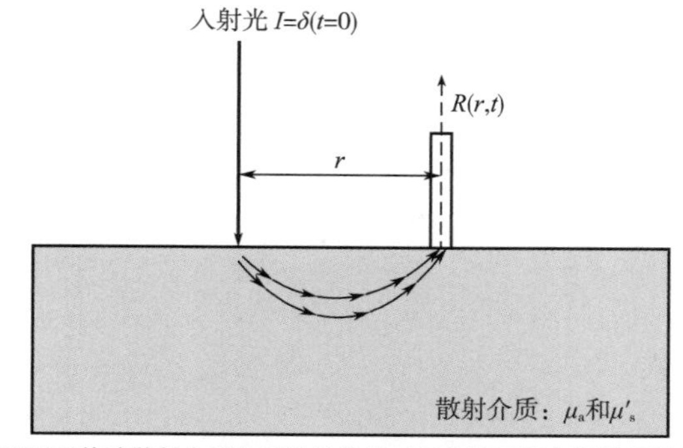

(2)用于估计散射介质的光学性质的时间分辨反射率测量的概念

图3.6　短脉冲光照射半无限散射介质

式（3.63）是格林函数的一种形式。通过将 EBC（如 3.6.1 节所示）扩展到当前情况，半无限介质表面的通量率是两个各向同性源的贡献之和（一个位于 $z=z_0$，另一个在 $z=2z_b-z_0$），得到式（3.64）：

$$\Phi(r,z,t)=\frac{c}{(4\pi Dct)^{3/2}}\exp(-\mu_a ct)\left\{\exp\left[-\frac{(z-z_0)^2+r^2}{4Dct}\right]-\exp\left[-\frac{(z+z_0+2z_b)^2+r^2}{4Dct}\right]\right\} \tag{3.64}$$

使用式（3.37）中的菲克定律，我们得到反射率 R（r，t）的表达式为式（3.65）：

$$R(r,t)\bigg|_{z=0}=\frac{1}{(4\pi Dc)^{3/2}t^{5/2}}\exp(-\mu_a ct)\left[z_0\exp\left(-\frac{r_1^2}{4Dct}\right)+(z_0+2z_b)\exp\left(-\frac{r_2^2}{4Dct}\right)\right] \tag{3.65}$$

其中参数或变量在 3.6.1 节中进行了解释。

所谓时间分辨反射技术正是基于这里给出的原理。该技术已广泛应用于测定生物和食品材料的光学吸收和散射系数。吸收系数可以通过重新排列式（3.65）得到，见式（3.66）：

$$-\frac{\mathrm{d}[\ln R(r,t)]}{\mathrm{d}t}=\mu_a c+\frac{5}{2t}-\frac{r^2+z_0^2}{4Dct^2} \tag{3.66}$$

其中

$$z_0=\frac{1}{(\mu_a+\mu_s')} \tag{3.67}$$

在第 8 章中，提出了基于本节推导的数学方程的时间分辨技术，用于测量园艺产品的质量和成熟度。

3.6.3　调频光照射

测量散射介质光学特性的另一个案例是通过调频光束照射半无限介质，如图 3.7 所示。

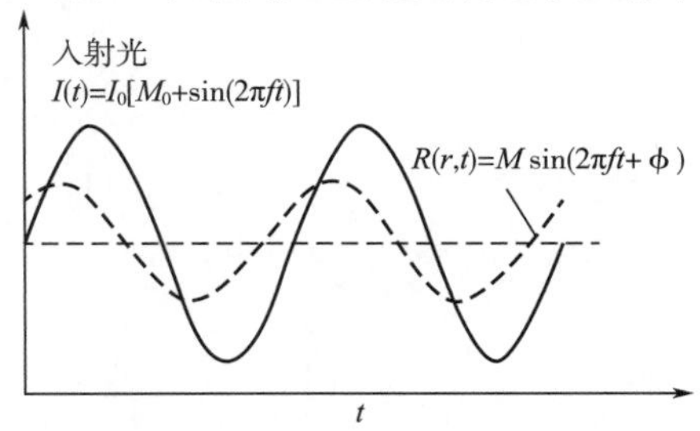

(1)半无限散射介质在无限小光束垂直入射下随时间变化的函数为 $I(t)=I_0[M_0+\sin(2\pi ft)]$，其中 I_0 是正弦光的幅度，M_0 是常数，f 是频率，t 是时间，在距光入射点距离为 r 处的反射率为 $R(r,t)$ 其幅度为 M，相位延迟 ϕ

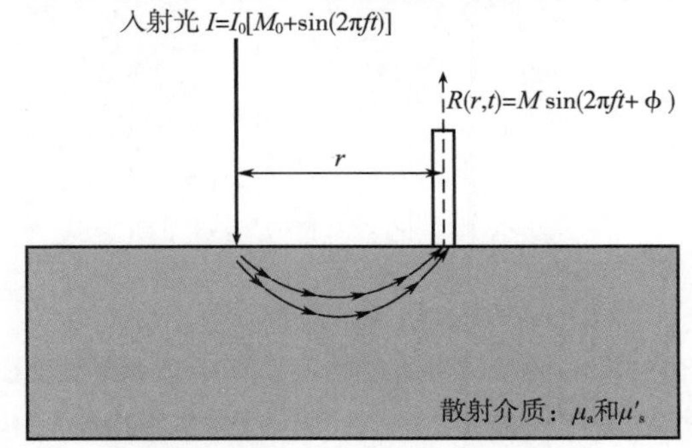

(2)频域反射率测量的概念，用于估计散射介质的光学性质

图 3.7　调频光照射半无限散射介质

在这种情况下，用于脉冲光照射的式（3.64）中的通量率的相同等式可以在调制和相位方面重写。这可以通过采用式（3.64）的傅里叶变换实现，这导致调制 M（r，f）和相位 ϕ（r，f）的表达式为式（3.68）～式（3.74）：

$$M(r,f) = \frac{(1+\psi_0^2+2\psi_t)^{1/2}}{(1+\psi_\infty)}\exp(\psi_\infty-\psi_t) \tag{3.68}$$

和

$$\phi(r,f) = \psi_t - \tan^{-1}\left(\frac{\psi_r}{1+\psi^t}\right) \tag{3.69}$$

式中

$$\psi_0 = \left\{\frac{1}{D}(r^2+z_0^2)\frac{[(c\mu_a)^2+(2\pi f)^2]^{1/2}}{c}\right\}^{1/2} \tag{3.70}$$

$$\psi_r = -\psi_0\sin\left(\frac{\theta}{2}\right) \tag{3.71}$$

$$\psi_t = \psi_0\cos\left(\frac{\theta}{2}\right) \tag{3.72}$$

$$\theta = \tan^{-1}\left(\frac{2\pi f}{c\mu_a}\right) \tag{3.73}$$

$$\psi_\infty = \psi_0(f=0) = \psi_t(f=0) = [\mu'^2_{eff}(r^2+z_0^2)]^{1/2} \tag{3.74}$$

式中 f——调制频率

对于 r 和 f 的已知值，我们可以通过使用 Patterson 等提出的方法从上述方程组估计光学吸收和散射系数。

基于上述原理开发的频域技术已用于检测生物组织的光学特性。然而，到目前为止，这项技术还没有被报道用于检测食品和农产品。

3.6.4 空间调制光照射

半无限散射介质在其表面被稳态平面正弦光模式照射（图 3.8），由式（3.75）描述：

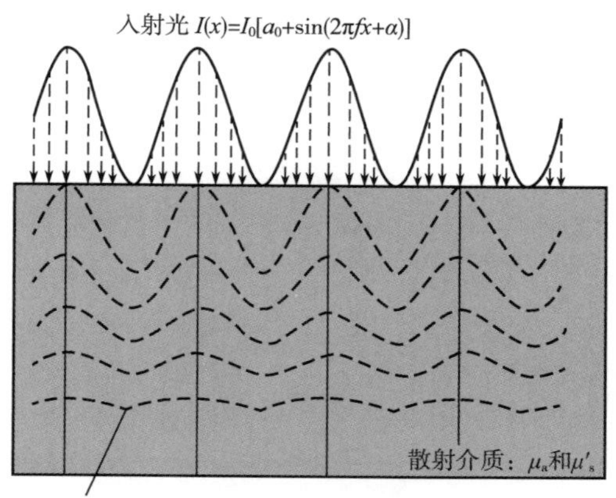

图 3.8 半正无限散射介质，在正弦波入射的正常情况下，其强度在空间上变化，作为 $I(x)=I_0[a_0+\sin(2\pi fx+\alpha)]$ 的函数，其中 I_0是正弦光束的幅度，a_0是常数，f是空间频率，x是水平方向上的距离，α 是相位角。介质中的通量率 $\Phi(x, z)$ 也遵循正弦波函数，并且在垂直方向 z 上随深度呈指数衰减，并且 Φ_0是在位置 $x=0$ 处的通量率，在式（3.82）中给出

$$I(x,z)|_{z=0} = I_0[a_0 + \sin(2\pi fx + \alpha)] \tag{3.75}$$

式中 I_0——正弦光源的振幅

f——1/m 的空间频率

α——相位角

a_0——一个常数，反映了光入射强度不能为负的事实

在这样的光照条件下，式（3.41）中的扩散方程与空间维数 y 无关，它可以重写作式（3.76）：

$$\nabla^2 \Phi(x,z) - \mu'^2_{\text{eff}} \Phi(x,z) = -3\mu'_t S \tag{3.76}$$

根据 Svaasand 等报道，半无限散射介质表面的平面照射可以作为扩展源处理。这意味着式（3.76）中的源项可以表示为式（3.77）：

$$S = I(x,z)|_{z=0} = I_0(z)[a_0 + \sin(2\pi fx + \alpha)] \tag{3.77}$$

其中 I_0（z）可用式（3.78）描述：

$$I_0(z) = P_0 \mu'_s \exp(-\mu'_t z) \tag{3.78}$$

式中 P_0——入射光强度

为了满足式（3.76），源项由式（3.77）给出，通量率也必须是具有相同频率和相位的正弦函数的形式。因此我们有式（3.79）：

$$\Phi(x,z) = \Phi_0(z)[a_0 + \sin(2\pi fx + \alpha)] \tag{3.79}$$

将式（3.77）和式（3.79）代入式（3.76）得到式（3.80）：

$$\frac{d^2 \Phi_0(z)}{dz^2} - \mu'^{*2}_{\text{eff}} \Phi_0(z) = -3\mu'_s \mu'_t P_0 \exp(-\mu'_t z) \tag{3.80}$$

其中

$$\mu'^{*2}_{\text{eff}} = \mu'^2_{\text{eff}} + (2\pi f)^2 \tag{3.81}$$

式（3.80）是一个常微分方程，只取决于 z，可以很容易地求解，从而得到式（3.82）：

$$\Phi_0(z) = \frac{3P_0 a'}{[(\mu'^{*2}_{\text{eff}}/\mu'^2_t) - 1]} \exp(-\mu'_t z) + C\exp(-\mu'^{*}_{\text{eff}} z) \tag{3.82}$$

式中 C——由边界条件确定的常数

a'——减少的反照率，由式（3.83）给出

$$a' = \frac{\mu'_s}{\mu'_t} \tag{3.83}$$

通过在式（3.48）中应用 PCBC，常数 C 被确定为：

$$C = \frac{3P_0 a'_s(3 + 2C_F)}{[1 - (\mu'^{*2}_{\text{eff}}/\mu'^2_t)][3 + 2C_F(\mu'^{*}_{\text{eff}}/\mu'_t)]} \tag{3.84}$$

其中 C_F 在式（3.50）中被定义。

通过使用 PCBC 可以获得散射介质表面的漫反射率 R，见式（3.85）：

$$R(f)|_{z=0} = \frac{-J|_{z=0}}{P_0} = -\frac{1}{2C_F}\Phi|_{z=0} = \frac{3a'/(2C_F)}{[(\mu'^{*}_{\text{eff}}/\mu'_t) + 1][(\mu'^{*}_{\text{eff}}/\mu'_t) + 3/(2C_F)]} \tag{3.85}$$

式（3.85）可以用来测量组织的光吸收和散射系数。这是通过从不同频率的正弦照明的组织样本中获取图像实现的。由于所获得的图像同时包含直流（或平面）和交流分量，需要一种解调方法来分离直流和交流分量，从而可以从式（3.85）中估计光学特性参数。

基于上述原理的空间－频率域技术已被开发用于确定生物组织和食品的光学吸收和散射特性以及内部成像。与其他技术相比，空间－频率域技术在仪器中相对简单，并且它允许在大视场上映射光学特性，而不是通过其他技术的点测量。

3.7 光在散射介质中传播的有限元模型

上面提出的扩散方程的解提供了一种简单、优雅的形式，用于描述在理想光束照射下半无限散射介质中的光的反射率和通量率。如果使用得当，这些分析解决方案就提供了一种可用于预测散射介质中的光传播的方法，以及通过逆算法进行光学特性的无创或非破坏性测量的快速、方便的方法。但是，在使用这些分析方程式时，需要注意确保完全满足解决方案所依据的边界条件。此外，分析解决方案仅适用于可近似为半无限的散射介质。对于具有有限尺寸和/或不规则形状的食品和生物材料，这种限制可能是有问题的。在推导出前一节中介绍的特殊情况的解析解时，我们假设光束是无限小的（除了空间调制的照明）并且在法线方向上入射到介质上。实际光束尺寸有限并且通常倾斜地入射在介质上。这些偏差可以影响光传播的预测，并因此影响估计食品和生物组织的光学吸收和散射特性的准确性。

数值方法，如有限元，有限差分和边界元，对于解决工程、物理和其他科学领域的偏微分方程的边值问题非常有用。特别是 FEM 是一种强大的数值方法，用于在有限尺寸的光束的正常或倾斜照射下对具有复杂几何形状的散射介质中的光传播精确建模。在本节中，我们概述了有限元配方程序和目前在食品和生物材料中光传播有限元建模的应用实例。将来自不同边界条件的结果与蒙特卡罗模拟进行比较，蒙特卡罗模拟被认为是在散射介质中光传播建模的“黄金”标准。蒙特卡罗仿真方法见第 4 章。

3.7.1 有限元公式

有限元法是一种求偏微分方程边值问题近似解的数值方法。一般来说，有限元公式包括以下步骤：首先，将整个感兴趣的区域细分或离散为简单的小单元，称有限元（如矩形、三角形等），从而创建一个单元网格。每个单元由它的节点定义或表示，这些节点是单元的顶点。其次，使用简单（通常是线性的）方程令每个单元的单个节点局部逼近原始偏微分方程。采用变分法，如伽辽金法，将试验函数拟合到原偏微分方程上，使近似残差最小化。然后，这些简单的方程被系统地组装成一个整体的线性方程组。最后，根据每个单元节点的兴趣量，通过求解全局方程组得到解。

为了建立式（3.41）中的扩散方程的有限元公式，我们首先将感兴趣的区域划分为特定形状的小有限元（例如三角形，矩形等）。每个有限元的节点的通量率 Φ 近似为形状函数 $\psi_i(\vec{r})$ 的线性组合，使得：

$$\Phi^a(\vec{r},t) = \sum_{i=1}^{N} \Phi_i^a(t)\psi_i(\vec{r}_j) \tag{3.86}$$

式中　N——元素的节点总数

Φ_i^a（t）——i 的节点处的 Φ 的值 $i=1$，2，...，N

$\psi_i(\vec{r}_j)$——每个有限元的节点形状函数，$\psi_i(\vec{r}_j)=\delta_{ij}$

δ_{ij}——克罗内克函数（Kronecker delta），当 $i=j$ 时，$\delta_{ij}=1$，当 $i\neq j$ 时，$\delta_{ij}=0$ 用式（3.41）中的 $\Phi^a(\vec{r},t)$ 代替 Φ 得到式（3.87）

$$\frac{\partial \Phi^a(\vec{r},t)}{\partial t}-D\nabla^2\Phi^a(\vec{r},t)+\mu_a\Phi^a(\vec{r},t)-S(\vec{r},t)=\mathrm{Res}(\vec{r},t) \tag{3.87}$$

其中 $\mathrm{Res}(\vec{r},t)$ 是近似残差。

然后将变分方法（如弱伽辽金法）应用于式（3.87），以迫使式（3.87）中的残差的加权平均值在函数 $\psi_i(\vec{r})$ 的域 Ω 上为零。因此，我们有式（3.88）：

$$\int_\Omega \psi_i\left(\frac{\partial \Phi^a(\vec{r},t)}{c\partial t}-D\nabla^2\Phi^a(\vec{r},t)+\mu_a\Phi^a(\vec{r},t)\right)\mathrm{d}\Omega-\int_\Omega \psi_i S(\vec{r},t)\,\mathrm{d}\Omega=0 \tag{3.88}$$

对于每个节点，将式（3.88）积分，然后用式（3.86）中的表达式代入 $\Phi^a(\vec{r},t)$ 得到式（3.89）：

$$\frac{1}{c}\int_\Omega \psi_i\sum_{j=1}^{N}\psi_j\left(\frac{\partial \Phi_j^a(t)}{\partial t}\right)\mathrm{d}\Omega-\int_\Omega D\psi_i\sum_{j=1}^{n}\Phi_j^a(t)\nabla^2\psi_j\mathrm{d}\Omega+\int_\Omega \psi_i\mu_a\sum_{j=1}^{N}\Phi_j^a\psi_j\mathrm{d}\Omega=\int_\Omega \psi_i S(\vec{r},t)\,\mathrm{d}\Omega \tag{3.89}$$

式（3.89）是一个线性方程组，可以重写为式（3.90）：

$$B\frac{\partial \Phi}{\partial t}+[M+C]\Phi^a=Q \tag{3.90}$$

式中　B，M，C，Q——式（3.90）中线性方程组的系数矩阵

对于与时间无关的问题，将式（3.90）变为式（3.91）：

$$[M+C]\Phi^a=Q \tag{3.91}$$

通过求式（3.90）或式（3.91），我们可获得整个域 Ω 的每个节点的通量率。

3.7.2　应用实例

在本节中，我们给出了一个应用实例，展示了如何使用有限元分析来模拟光在半无限散射介质中的传播。我们比较了三个边界条件（3.5 节）来预测通量率和反射率，并评估了光束大小对建模结果的影响。Wang 等对有限元建模方法和结果进行了详细描述。

考虑半无限散射介质，由三角形单元网格表示，如图 3.9 所示。首先，我们考虑在散射介质上的无穷小光束的法向入射。Farrell 等给出了该问题的解析解，如 3.6.1 节所述。在这个例子中，我们使用 Kienle 和 Patterson 的解决方案，如式（3.62）所示，因为它已被证明可以给出更准确的结果。应该提到的是，Kienle 和 Patterson 的解决方案是使用 EBC 得出的。为了避免不必要的计算时间，将半无限介质简化为深度为 50mm，水平方向为 70mm 的矩形介质。这种尺寸的选择将确保边界处（表面以外）的影响率为零或可忽略不计。这个问题实际上是一个轴对称问题。

在半无限介质表面施加 ZBC、PCBC、EBC 三种边界条件。

（1）对于 ZBC，通量率在边界 OO' 处设置为零（图 3.9）。

（2）对于 PCBC，式（3.49）中给出的条件应用于边界 OO'（图 3.9）。

（3）对于 EBC，外推边界 CC' 处的影响率设为零，该边界 CC' 与实际边界 OO' 之间的距离为 $z=-2D$。

有限元建模中一个重要的考虑因素是源项。由于光束是准直的，所以在假定源项

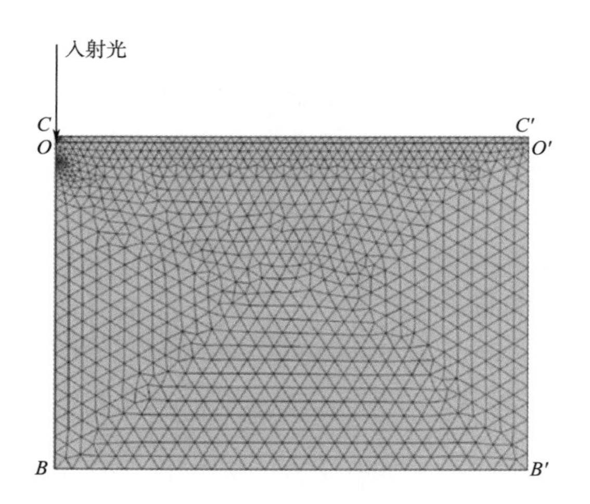

图 3.9　半径无限散射介质的有限元网格，点光束在位置 $z=0$（垂直位置）和 $r=0$（水平方向）的正常照射下，其中线 OO' 代表实际边界（$z=0$）并且 CC' 是外推边界（$z=z_0=1/\mu_t'$），该问题被视为沿着 CB 对称轴的轴对称问题，而线 BB' 和 $O'B'$ 是半无限介质的截断边界

[资料来源：Wang，A.，R. Lu and L. Xie. Finite element modeling of light propagation in fruit under illumination of continuous－wave beam. ASABE Paper#152189254，17PP. St. Joseph，μI：ASABE，2015.]

为各向同性的扩散方程中无法准确地描述光束。为了避免这个问题，通常假设准直光束应用于一个在散射面以下的平均自由路径（即 1mfp）。为了考虑有限尺寸的光束，我们还假设光束均匀地照亮了表面下 1mfp 处的散射介质。

图 3.10 比较了 MC 模拟（被认为是精确解）和 FEM 预测的在距对称轴 2 mm 水平距离处沿垂直方向的通量率结果，对于三种边界条件下具有不同吸收系数和约化散射系数组合的两种散射介质，与 MC 模拟相比，尤其是在较小深度处，ZBC 产生的结果较差；PCBC 和 EBC 对两种散射介质产生相似的结果。

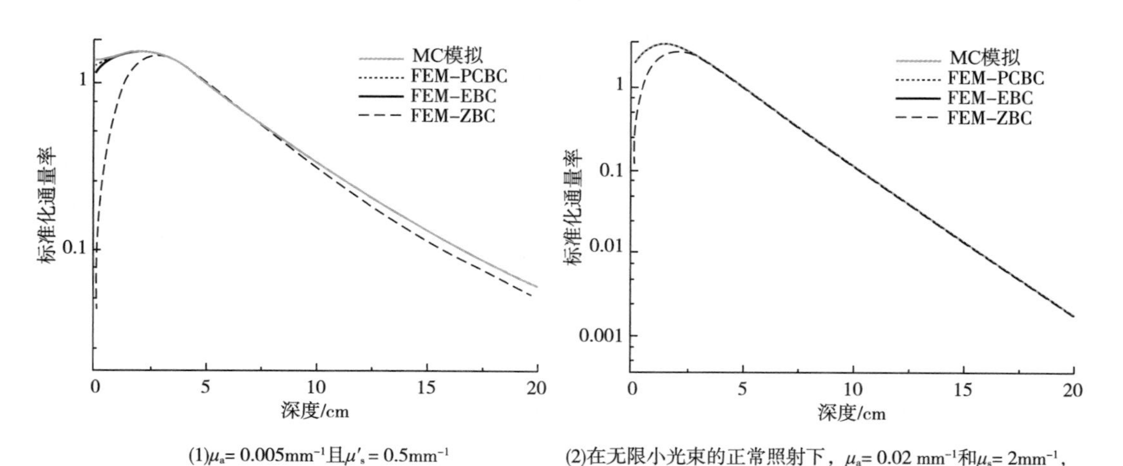

(1)$\mu_a=0.005\text{mm}^{-1}$且$\mu_s'=0.5\text{mm}^{-1}$

(2)在无限小光束的正常照射下，$\mu_a=0.02\ \text{mm}^{-1}$和$\mu_s=2\text{mm}^{-1}$，如图3.9所示，通过MC和FEM模拟PCBC、EBC和ZBC

图 3.10　在两个半无限散射介质中，在径向距离 $r=2\text{mm}$ 处沿垂直轴的通量率

[资料来源：Wang，A.，R. Lu and L. Xie. Finite element modeling of light propagation in fruit under illumination of continuous－wave beam. ASABE Paper #152189254. St. Joseph，μI：ASABE，2015：17.]

图 3.11 进一步对比了有限元法预测的两种散射介质表面反射率、解析解［式（3.62）］和 MC 模拟结果。对 PCBC 和 EBC 的有限元模拟得到了与解析解相似的反射率结果；与 MC 仿真结果比较，两者吻合度较好。ZBC 的计算结果与 MC 的计算结果有较大的偏差。四种情况下的扩散模型都不能准确预测距离小于 1mps 时的表面反射率。

当有限尺寸的光束入射在半无限散射介质表面时，也会得到类似的结果。与 MC 仿真结果相比，有限元法在入射区产生较大的误差。在光入射区以外，EBC 或 PCBC 的有限元预测与 MC 模拟吻合度较好。当梁的尺寸从 1mm 增加到 4mm 时，MC 与有限元结果的差异更加明显。需要指出的是，有限梁的 MC 模拟是利用无穷小梁响应的卷积进行的。

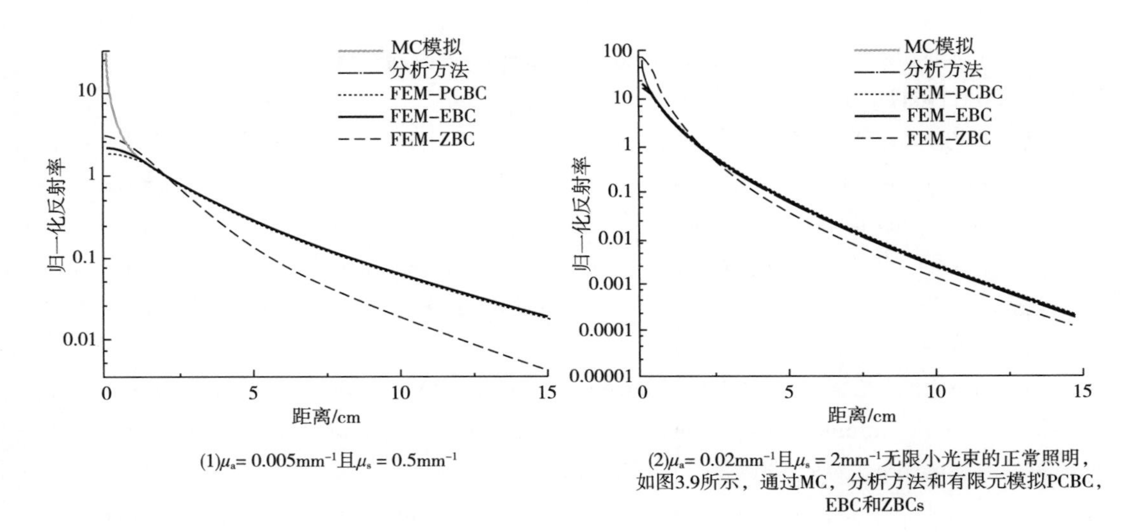

图 3.11　两个半无限散射介质的空间分辨反射率

［资料来源：Wang，A.，R. Lu and L. Xie. Finite element modeling of light propagation in fruit under illumination of continuous – wave beam. ASABE Paper#152189254，17pp. St. Joseph，μI：ASABE，2015.］

3.8　小结

RTE 对光在散射介质中的传播提供了准确的描述，但它在实际应用中一般很难解决。对于食品和生物材料，散射是主要的，RTE 可以简化为扩散方程。扩散方程在几种特殊情况下（如 CW、脉冲、频率调制和空间频率调制）的分析解已经被导出。这些解为非侵入性的光学特性测量技术提供了理论基础，如空间分辨、时间分辨、频域和空间 – 频率域。对于许多涉及复杂边界和光照模式不能被认为是点源的应用，应该考虑 FEM。

该方法灵活且快速，因此在散射介质中的光传播建模中非常有用。但是，选择合适的边界条件对于获得精确的有限元结果至关重要。

参考文献

[1] Andersrson, E. R., D. J. Cuccia and A. J. Durkin, Detection of bruises on Golden Delicious apples using spatial – frequency – domain imaging. Proceedings of SPIE Bellington, WA: SPIE, 2007: 64300.

[2] Aronson, R. Boundary conditions for diffusion of light. Journal of Optical Society of America A, 1995, 12: 2532 – 2539.

[3] Cen, H. and R. Lu. Optimization of the hyperspectral imaging – based spatially – resolved system for measuring the optical properties of biological materials. Optics Express, 2010, 18: 17412 – 17432.

[4] Cletus, B., R. Künnemnever, P. Martinsen, A. McGlone and R. Jordan. Characterizing liquid turbid media by frequency – domain photon migration spectroscopy. Journal of Biomedical Optics, 2010, 14: 024041 – 024047.

[5] Cubeddu, R., C. D'Andrea, A. Pifferi, P. Taroni, A. Torricelli, G. Valentini, M. Ruiz – Altisent et al. Time – resolved reflectance spectroscopy applied to the nondestructive monitoring of the internal optical properties in apples. Applied Spectroscopy, 2001, 55: 1368 – 1374.

[6] Cuccia, D. J., F. Bevilacqua, A. J. Durkin, F. R. Ayers and B. J. Tromberg. Quantitation and mapping of tissue optical properties using modulated imaging. Journal of Biomedical Optics 2009, 14: 1354 – 1356.

[7] Deulin, X. and J. P. L'Huillier. Finite element approach to photon propagation modeling in semi – infinite homogeneous and multilayered tissue structures. European Physical Journal: Applied Physics, 2006, 33: 133 – 146.

[8] Farrell, T. J., M. S. Patterson and B. Wilson. A diffusion theory model of spatially resolved, steady – state diffuse reflectance for the noninvasive determination of tissue optical properties in vivo. Medical Physics, 1992, 19: 879 – 888.

[9] Groenhuis, R. A. J., H. A. Ferwerda and J. J. Ten Bosch. Scattering and absorption of turbid materials determined from reflection measurements 1: Theory. Applied Optics, 1983, 22: 2456 – 2462.

[10] Haskell, R. C., L. O. Svaasand, T. Tsay, T. Feng, M. S. McAdams and B. J. Tromberg. Boundary conditions for the diffusion equation in radiative transfer. Journal of Optical Society of America, 1994, 11: 2727 – 2741.

[11] Kienle, A. and M. S. Patterson. Improved solutions of the steady – state and the time – resolved diffusion equations for refectance from a semi – infinite turbid medium. Journal of Optical Society of America A, 1997, 14: 246 – 254.

[12] Lin, A. J., A. Ponticorvo, S. D. Konecky, H. Cui, T. B. Rice, B. Choi, A. J. Durkin and B. J. Tromberg . Visible spatial frequency domain imaging with a digital light microprojector. Journal of Biomedical Optics, 2013, 18: 096007.

[13] Lin, S., L. Wang, S. L. Jacques and F. K. Tittel. Measurement of tissue optical properties by the use of oblique – incidence optical fiber reflectometry. Applied Optics, 1997,

36：136 –143.

[14] Mourant，J. R. ，T. Fuselier，J. Boyer，T. M. Johnson and I. J. Bigio. Predictions and measurements of scattering and absorption over broad wavelength ranges in tissue phantoms. Applied Optics，1997，36：949 –957.

[15] Nichols，M. ，G. ，E. L. Hull and T. H. Foster. Design and testing of a white –light，steady –state diffuse reflectance spectrometer for determination of optical properties of highly scat –tering systems. Applied Optics，1997，36：93 –104.

[16] Patterson. M. S. ，B. Chance and B. C. Wilson. Time resolved reflectance and transmittance for the non –invasive measurement of tissue optical properties. Applied Optics，1989，28：2331 –2336.

[17] Patterson，M. S. ，J. D. Moulton，B. C. Wilson，K. W. Berndt and J. R. Lakowicz. Frequency-domain reflectance for the determination of the scattering and absorption properties of tissue. Applied Optics，1991，30：4474 –4476.

[18] Pogue，B. W. and M. S. Patterson. Frequency –domain optical absorption spectroscopy of finite tissue volumes using diffusion theory. Physics in Medicine and Biology，1994，39：1157 –1180.

[19] Qin，J. and R. Lu. Hyperspectral diffuse reflectance imaging for rapid，noncontact measuremen of the optical properties of turbid materials. Applied Optics 45. 2006：8366 –8373.

[20] Qin，J. and R. Lu. Monte Carlo simulation for quantification of light transport features in apples. Computers and Electronics in Agriculture，2009，68：44 –51.

[21] Sanger，R. B. D. J. Cuccia and A. J. Durkin. Determination of optical properties of turbid media spanning visible and near –infrared regimes via spatially modulated quantitative spectroscopy. Journal of Biomedical Optics，2010，15：017012.

[22] Schweiger，M. ，S. R. Arridge. M. Hiraoka and D. T. Deply. The finite element method for the propagation of light in scattering media：Boundary and source conditions. Medical Physics，1995，22：179 –1792.

[23] Star，W. M. Diffusion theory of light transport In Welch，A. J. and M. J C. van Gemert (eds.) The Book Optical –Thermal Response of Laser –Irradiated Tissue，Chapter 6，2nd edi –tion，pp. 145 –201. New York，NY：Springer，2011.

[24] Svaasand，L. O. ，T. Spott，J. B. Fishkin，T. Pham，B. J. Tromberg and M. W. Berns. Reflectance measurements of layered media with diffuse photon –density waves：A potential tool for evaluating deep burns and subcutaneous lesions. Physics in Medicine and Biology，1999，44：801 –813.

[25] Wang. A. ，R. Lu and L. Xie. Finite element modeling of light propagation in fruit under illumination of continuous –wave beam. ASABE Paper #152189254，17pp. St Joseph，MI：ASABE，2015.

[26] Wang，L. V. and H. I. Wu. Biomedical optics：Principles and Imaging. Hoboken，N J：John Wiley & Sons，2007.

[27] Weber, J. R., D. J. Cuccia, A. J. Durkin and B. J. Tromberg Noncontact imaging of absorption and scattering in layered tissue using spatially modulated structured light. Journal of Applied Physics, 2009, 105: 102028.

附录 向量和导数

1. 向量

一个矢量或矢量场（A），可以表示为：

$$\vec{A} = A_x\vec{i} + A_y\vec{j} + A_z\vec{k} \tag{1}$$

式中 $\vec{i}$，$\vec{j}$，$\vec{k}$——三维直角坐标系中 x、y、z 轴方向的单位向量

A_x，A_y，A_z——三个坐标方向的向量分量，它们是标量（图 1）

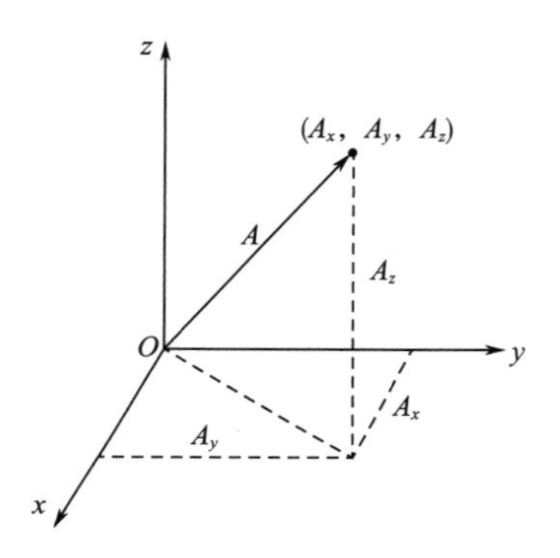

图 1 笛卡儿坐标系中的向量 $\vec{A}$

在球面坐标系中，一个矢量可以表示为：

$$\vec{A} = A_r\vec{r} + A_\theta\vec{\theta} + A_\varphi\vec{\varphi} \tag{2}$$

式中 $\vec{r}$，$\vec{\theta}$，$\vec{\varphi}$——球面坐标系中 r、θ 和 φ 方向的单位向量

r——半径或半径坐标

θ——极角

其中 φ 为方位角（图 2），在标准的矩阵符号中，一个行向量 $\vec{A}$ 可以写为：

$$\vec{A} = [A_x, A_y, A_z] \tag{3}$$

两个向量的点积 $\vec{A} = [A_x, A_y, A_z]$ 和 $\vec{B} = [B_x, B_y, B_z]$ 被定义为：

$$\vec{A} \cdot \vec{B} = [A_xB_x + A_yB_y + A_zB_z] \tag{4}$$

两个向量的点积也可以是：

$$\vec{A} \cdot \vec{B} = \|\vec{A}\| \|\vec{B}\| \vec{s} \cdot \vec{s}' = \|\vec{A}\| \|\vec{B}\| \cos\theta \tag{5}$$

其中，$\|\vec{A}\|$ 和 $\|\vec{B}\|$ 分别是两个矢量 $\vec{A}$ 和 $\vec{B}$ 的大小，它们由以下公式给出：

$$\|\vec{A}\| = \sqrt{\vec{A} \cdot \vec{A}} \text{ 和 } \|\vec{B}\| = \sqrt{\vec{B} \cdot \vec{B}} \tag{6}$$

$\vec{s}$ 和 $\vec{s}'$ 分别是 $\vec{A}$ 和 $\vec{B}$ 的单位向量（如 $\|\vec{s}\| = 1$ 和 $\|\vec{s}'\| = 1$），$\vec{s} \cdot \vec{s}' = \cos\theta$ 是

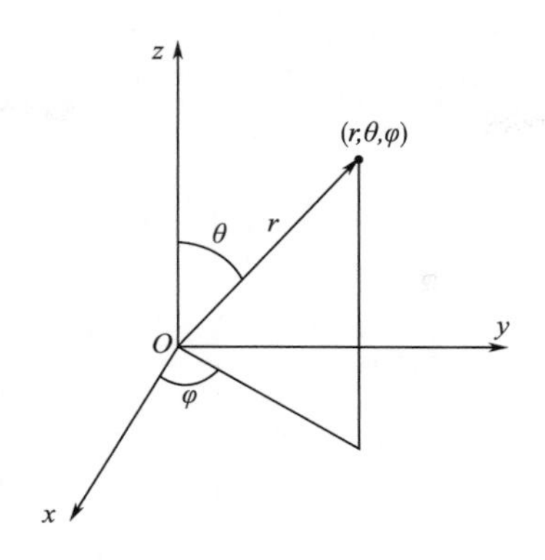

图 2　球面坐标系中的矢量 $\vec{A}$

两个向量之间的角度。

2. 导数

梯度表示为 grad 或∇，是标量函数 f（x，y，z）的一个矢量微分算子。在笛卡儿坐标系中，梯度是一个矢量场，其组成部分是 f（x，y，z）的偏导数：

$$\mathrm{grad}(f) = \nabla f = \frac{\partial f}{\partial x}\vec{i} + \frac{\partial f}{\partial y}\vec{j} + \frac{\partial f}{\partial z}\vec{k} \tag{7}$$

而在球面坐标系中，f（r，θ，φ）的梯度为：

$$\mathrm{grad}(f) = \frac{\partial f}{\partial r}\vec{r} + \frac{1}{r}\frac{\partial f}{\partial \theta}\vec{\theta} + \frac{1}{r\sin\theta}\frac{\partial f}{\partial \varphi}\vec{\varphi} \tag{8}$$

散度用 div 或∇·表示，是一个矢量算子，用来衡量一个矢量场在某一点的源或汇的大小。在三维直角坐标系中，一个矢量场 F（x，y，z）的散度由以下公式给出：

$$\mathrm{div}(F) = \nabla\cdot F = \frac{\partial F}{\partial x} + \frac{\partial F}{\partial y} + \frac{\partial F}{\partial z} \tag{9}$$

对于球面坐标系，一个矢量场 F（r，θ，φ）的散度由以下公式给出：

$$\nabla\cdot F = \frac{1}{r^2}\frac{\partial}{\partial r}(r^2 F_r) + \frac{1}{r\sin\theta}\frac{\partial}{\partial \theta}(\sin\theta F_\theta) + \frac{1}{r\sin\theta}\frac{\partial F_\varphi}{\partial \varphi} \tag{10}$$

散度是一个线性算子，具有以下加法特性：

$$\mathrm{div}(aF + bG) = a\mathrm{div}(F) + b\mathrm{div}(G) \tag{11}$$

其中 a 和 b 是实数，F 和 G 是向量场。

散度遵循乘积原则：

$$\mathrm{div}(\rho F) = \mathrm{grad}(\rho)\cdot F + \rho\mathrm{div}(F) \tag{12}$$

其中 ρ 是一个标量函数，F 是一个矢量场或函数。

拉普拉斯算子表示为 ∇^2 或∇·∇，是一个二阶微分算子，定义为梯度的散度（∇f）。它有如下表达式：

$$\nabla^2 f = \nabla\cdot\nabla f = \frac{\partial^2 f}{\partial x^2} + \frac{\partial^2 f}{\partial y^2} + \frac{\partial^2 f}{\partial z^2} \tag{13}$$

式（13）为直角坐标系，而式（14）为球面坐标系：

$$\nabla^2 f = \nabla\cdot\nabla f = \frac{1}{r^2}\frac{\partial^2}{\partial r^2}\left(r^2\frac{\partial^2 f}{\partial r^2}\right) + \frac{1}{r^2\sin\theta}\frac{\partial}{\partial \theta}\left(\sin\theta\frac{\partial^2 f}{\partial \theta}\right) + \frac{1}{r^2\sin^2\theta}\frac{\partial^2 f}{\partial z^2} \tag{14}$$

4　食品中光传输的蒙特卡罗模拟

RodrigoWatté, Ben Aernouts, Wouter Saeys

4.1 引言

光在混浊介质中传播时，经过多次散射相互作用后，其波的性质趋于平均，因此，忽略波状特性可以简化光在混浊介质中的传播模型。可以将光通过混浊介质的传播模型化为粒子流，每个粒子流都具有能量量子。基于这些假设，辐射传输理论（RTT）准确地描述了光在混浊介质中的传播（即散射和吸收），且该理论一般忽略衍射和干涉效应。

光可以通过以下几种方式与生物组织相互作用。

（1）在不同折射率的两种介质的界面处，光子将被折射和反射。

（2）光子会被某种特殊介质吸收，电磁能转化为其他形式的能量（如热量、荧光等）。

（3）未被吸收的光子会发生散射，因为介质中介电性质的细微变化导致它们的传播方向发生变化。

介质的光学性质可用以下参数表示：①折射率 n；②吸收系数 μ_a；③散射系数 μ_s；④散射相函数 $p(\theta)$。

Henye – Greenstein（HG）相位函数是一种常用的近似方法，它简化了基于单各向异性因子 g 的散射相位函数。

辐射传输方程（RTE）通过分析介质中无限小体积光子的入射、出射、内部源、吸收和发射的能量平衡，给出了通过混浊介质传输光子的数学表达式（更多详细信息，请参见第 3 章）。它作为上述光学特性的函数，用积分微分方程模拟组织内部的光子流，描述了辐射 L 的变化。由于没有可用的分析解决方案，RTE 必须根据一些假设进行简化或以数学方式求解。因为计算速度快，以近似方法进行假设简化的分析解决方案很受欢迎。通过对光子和它们穿过的介质做出假设，RTE 中的几个变量可以用较少数量的自变量代替。

第一类近似方法，辐射通量的角变化（由散射引起）被归结为向上和向下的漫射通量（例如二流近似，Kubelka – Munk 和 Delta – Eddington approximations）。这种简化有助于解析 RTE。第二类近似方法先假设散射相函数可以在一系列勒让德多项式（仅考虑有限数量的多项式）中展开，通常将散射相位函数扩展到第一顺序。这种近似方法将 RTE 简化为扩散方程，其中光子的传播仅取决于吸收系数 μ_a 和扩散系数 D，见式（4.1）：

$$D = \frac{1}{3(\mu_a + \mu_s')}$$

$$\mu_s' = (1 - g)\mu_s \tag{4.1}$$

由于 D 中的散射信息是用约化散射系数 μ_s' 来描述的，各向异性因子 g 受散射系数 μ_s 的影响。由于辐射通量的角度变化被简化，这些近似方法在描述食品乳液，悬浮液和组织中常见的高度各向异性的散射现象方面，准确性不够高。因此这些近似方法仅适用于混浊组织，在这些组织中光子被散射的概率远高于被吸收的概率。在经过几次几乎无吸收的散射相互作用后，光子传播的各向异性特征逐渐平稳，这些高度散射介质中的光分布趋于同向。只要远离光源，光子的原始各向异性特征被平均掉，这一重要假设对于高度散射介质中的光分布就是有效的。决定扩散近似方法是否有效的一个常用法则是距离源的距离应大于 $10 \times (\mu_a + \mu_s')^{-1}$，扩散近似不适用于光学薄样品或短源［检测器距离大于 10×（$\mu_a+\mu_s'$）$^{-1}$］。

斯托克斯在 1862 年首次提出的加倍方法更准确地处理了辐射通量的角分布。首先计算单个薄的均匀板的反射率和透射率，计算出单个板的结果后，并置两个相同的板并将每个板的数值相加，得到两倍厚的板的反射率和透射率，直到最终叠加的厚度等于样品厚度。可以将具有不同光学性质的板层叠加，这样多层组织也能计算出总反射率和透射率。与 RTE 的其他近似方法相比，加倍方法的主要优点在于它不再将光传播限制到高度散射的介质。该方法适用于近红外（NIR）和中红外区域（≥1000nm），其中吸水率主导光传播。对散射各向异性也不再限制。由于生物组织各向异性较强（g 范围为 0.7～0.95），与前面提到的近似方法相比，该方法精确度有显著改善。该方法的主要缺点是局限于均匀的板层，且只能模拟反射率和透射率的角度分布。空间光的分布不仅取决于深度，还取决于径向距离，如果想深入研究，这种方法并不合适。第 6 章给出了加倍方法，还有积分球技术的详细描述，可用于测量食物的光学特性。

离散坐标方法基于辐射强度方向变化的离散化。通过求解跨越散射角总范围的一组离散方向的传输方程，可以找到传输问题的解决方案。使用相邻点获得的结果，沿光路对特定方向的辐射强度进行计算。减少离散元素的数量可以简化方法，但也会造成精确度下降。另一个缺点是该方法仅对弱各向异性组织有效（会使食物中的光传播建模不精确）。

最后，蒙特卡罗（MC）等概率方法被广泛应用于模拟光在混浊组织中的传播。MC 方法是一种涉及物理量随机抽样的计算方法。这是一个非常有趣的概念，用于解决涉及多次散射的问题。在多次散射情况下，相互作用的随机性往往被大量的散射事件所抵消，使得辐射的最终路径似乎是一个确定的强度分布。因此，必须模拟大量光子才能收敛到一个稳定的解。MC 方法在包括组织光学在内的许多领域都得到了广泛的应用。在 MC 模拟中，光子的传播被离散成小步骤，并使用概率密度函数随机描述过程。对于均匀组织中光子运动的每一步，均由表征组织光学性质的概率密度函数计算出路径长度和偏转角。这些步骤表示由于均匀组织的微观差异而发生的散射事件。MC 方法是建立在宏观光学性质在混浊组织上是一致的假设基础上的。只要组织在宏观上是均匀的，这个假设就成立。重复随机抽样的过程，直到得到一个可接受的低方差的结果。这种方法非常灵活，因为边界条件很容易定义。然而，为了获得可接受的结果，需要模拟大量的光子，从而使其计算密集。MC 方法为光在混浊介质中的传播建模提供了灵活而准确的解决方案，被认为是黄金标准。

因此，本章介绍 MC 方法在混浊组织中（主要是食品）模拟光传播的原理和使用情况。

4.2　蒙特卡罗模拟的原理

MC 方法是一种随机模拟技术，其物理过程在不同的独立计算中重复，平均不同模拟结果，得出预期值。该方法描述了光子作为单独粒子的传播过程，仅与它们所在的组织相互作用。MC 方法通常不会将光子视为波，并忽略极化和相位等特征（尽管考虑到这种情况的变体存在）。组织的每一层都具有以下光学特性：①折射率 n；②吸收系

数 μ_a；③散射系数 μ_s；④散射相函数 p（θ），假设它们在生物组织上均匀延伸，这些是宏观光学性质。在经典算法中，没有关于计算单个细胞内光分布的细节。

光子的运动，即从一个光子 - 组织相互作用到下一个光子 - 组织相互作用的位移，用概率函数（利用光学特性）来描述。两个光子 - 组织相互作用的步长和每个散射事件的偏转角是用概率函数描述光学现象的例子。

当光子在生物组织中传播时，就产生了吸收和通量剖面。光子离开组织后，这种贡献被添加到空间和角度分辨的反射率或透射率剖面中。所有这些物理量都存储在具有预定义空间分辨率的网格中。在 MC 模拟中所需的光子数量取决于所需要的信息，例如在低至 10000 光子的情况下，全反射率可以被精确地模拟出来。在光子数相同的情况下，模拟的吸收剖面空间分布仍然会有很大的噪声。为了将这种噪声降低到与观察到的 10000 个光子的总反射率相同的水平，光子的数量必须增加一个或几个数量级。显然，这一因素取决于空间分辨率：一个更精细、更高分辨率的网格将需要更多光子才能获得相同的噪声水平。这种精度和计算时间之间的平衡被认为是 MC 方法最主要的缺点之一。

4.3 通过组织追踪光子

如图 4.1 所示为在 MC 方法模拟中计算单个光子路径所涉及的步骤。

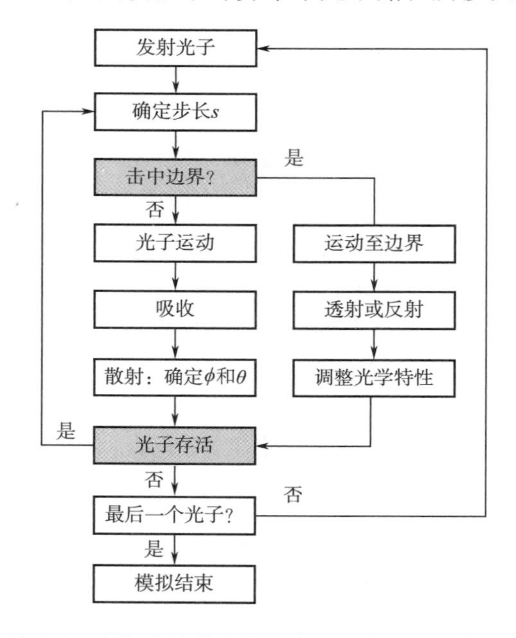

图 4.1　MC 方法描述模拟光子移动的一般流程图

注：通常，发射（1×10^5）~（1×10^7）个光子，步长、吸收分数和偏转角 θ 取决于光学性质，而光学性质又决定了每个步骤和每次的光子位置。

4.3.1 组织中光子定位

光线跟踪器是 MC 方法模拟计算（MC 算法）时的一个关键元件，负责模拟每个点定位光子的代码的一部分。追踪光子的位置很重要，因为使用 MC 技术的主要目标之一是模拟光分布的空间和/或时间特征。最重要的物理量是反射率和透射率（总和空间/角度分辨）和光子吸收/能量密度。模拟追踪光子的三维（3D）位置。光子沉积记录在空间阵列的网格元素中［A（x，y，z），单位为 $1/cm^3$，或更确切地说是每立方厘米传递的能量（J/cm^3）］，通过将光子能量的局部吸收量除以局部吸收系数 μ_a，可以计算出其通量率。

标准 MC 算法同时使用不同的坐标系，如图 4.2 所示。实际的光线跟踪器使用 3D 笛卡尔坐标系。通常坐标系的原点是组织表面上的入射点或光源的中心点。吸收曲线可以存储在类似的 3D 网格中，但组织结构通常简化为圆柱对称。在许多应用中，组织可以被认为是均匀的或具有均匀层的平面平行分层结构，因此可以假设相对于中心点（光源）的对称性，光子沉积以二维阵列 A（r，z）存储，其中 r 和 z 分别是圆柱坐标系的径向和纵向（z 轴）坐标。笛卡尔坐标系和圆柱坐标系共享原点和 z 轴。反射率和透射率存储在另一个坐标系中，因为在这种情况下深度是无关参数。相反，这些输出被记录为 r 坐标和 α 的函数，α 是光子出射方向和法线之间的角度。移动球面坐标系，其 z 轴与光子传播方向动态对准，用于对光子包的传播方向变化进行采样。在该球面坐标系中，首先对由于散射引起的偏转角 θ 和方位角 φ 进行采样。接着根据笛卡尔坐标系中的方向余弦更新光子方向。该过程如图 4.2 所示。在后文中将给出更详细的解释。由于 MC 算法的随机性质，在不同坐标系标中存储了不同的输出。减小尺寸意味着需要更少的光子来实现具有更高信噪比的稳定模拟结果。

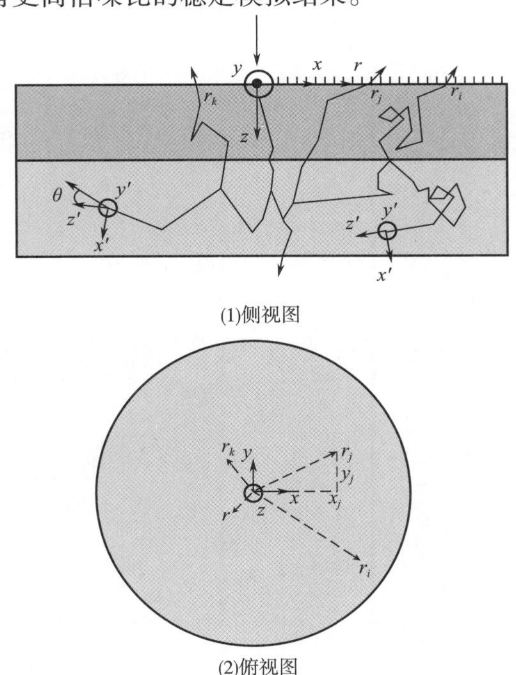

图 4.2 具有笛卡尔坐标系（x，y，z），圆柱坐标系（r，z）和移动笛卡尔坐标系（x'，y'，z'）的双层组织的示意图

注：相对于笛卡尔坐标系标示出了偏转角 θ。这里省略了方位角 φ，如图 4.5 所示，偏转角 θ 和方位角 φ 构成移动球面坐标系。θ 和 φ 的投影将决定方向余弦，这些方向余弦提供了一种直接的方法来更新一般（x，y，z）坐标系中光子的新位置。因为假设是圆柱对称，每个光子的吸收输出存储都在（r，z）坐标系中。

4.3.2 发射光子

光子的初始位置取决于光源的类型。通常，MC 模拟一个点光源，在这种情况下，笛卡尔坐标的位置被定义为坐标系的中心点（0，0，0），光子的初始方向取决于模拟类型。在最简单的情况下，光子是垂直注入组织的。光子方向是指定的方向余弦（μ_x，μ_y，μ_z），这是三个坐标轴上的投影向量上的投影［图 4.2（x'，y'，z'）的投影］。因此，在光子发射时，方向余弦是（0，0，1），因为光子最初是沿着 z 轴传播的。

4.3.3 光子步长

当光子通过混浊的食物材料（例如悬浮液、乳液、泡沫或组织）传播时，光子将遇到具有不同折射率的（微）结构。当光子接近具有不同折射率的两种材料之间的界面时，会发生散射事件。在一个 MC 模型中，光子在被偏转之前走到尺寸为 s 的预定步骤。从光子自由路径 s 的概率分布中采样光子步长。这是由总衰减系数 μ_t 确定的，μ_t 被定义为吸收系数 μ_a 和散射系数 μ_s 之和，它是单位路径长度无穷小光子相互作用的概率。它的反向被称为平均自由程，或光子在组织内部传播而不与其相互作用的平均距离，见式（4.2）和式（4.3）：

$$\mu_t = \frac{-\mathrm{d}P\{s \geqslant s'\}}{P\{s \geqslant s'\}\mathrm{d}s'} \tag{4.2}$$

或者

$$\mathrm{d}[\ln(P\{s \geqslant s'\})] = -\mu_t \mathrm{d}s' \tag{4.3}$$

该方程可以在［0，s_1］范围内对 s' 积分得到指数分布，可以重新排列以获得自由路径 s 的累积分布函数，式（4.4）：

$$\begin{gathered} P\{s \geqslant s'\} = \exp(-\mu_t s_1) \\ P\{s < s'\} = 1 - \exp(-\mu_t s_1) \end{gathered} \tag{4.4}$$

可以重新排列以提供步长 s 的值。为了采样步长，引入伪随机数 ξ。通过将该伪随机数分布在 0 和 1 之间，可以用所需的分布对步长进行采样，有式（4.5）：

$$s_1 = \frac{-\ln(1-\xi)}{\mu_t} \tag{4.5}$$

由于 ξ 是均匀分布的，ξ 的分布与（$1-\xi$）的分布相同。因此，式（4.5）可以改写为式（4.6）：

$$s_1 = \frac{-\ln\xi}{\mu_t} \tag{4.6}$$

4.3.4 光子吸收

在 MC 模拟中，可以通过混浊介质跟踪单个光子的传播。由于散射事件，光子在组织中走很长的路径。由于对于给定的步长，吸收概率是恒定的，所吸收的光子的数量很大。因此，必须跟踪非常大量的光子，使得足够大量的光子到达检测点，从而允许在距离源较远处准确估计漫反射率。为了使这个过程更有效，可以通过追踪“光子包”

避免光子吸收的离散性质的负面影响。然后为每个光子包分配权重 w，每当发生吸收事件时权重 w 减小。每当光子包在混浊介质中传播一步时，光子包的权重 w 减小，而不是从概率分布中采样以确定光子是否被吸收。这可以计算为式（4.7）：

$$\Delta w = w\frac{\mu_a}{\mu_t} \tag{4.7}$$

最终，达到临界阈值时，光子包被认为已经变得可以忽略不计，并且模拟停止。这不仅允许计算每一步的剩余光子权重，还计算光子路径上每个特定点（x，y，z）处的光子权重。在3D网格中，可以确定网格的每个部分的边界处的剩余光子权重。如果计算光子权重的差异，则获得在网格的特定部分中因吸收而丢失的光子权重的分数。在对许多光子应用该原理之后，可以创建地图以可视化组织中的光子吸收。

可以利用圆柱对称来定义吸收图，其中光子吸收被绘制为径向距离 r 和深度 z 的函数，如图4.3所示。应该注意的是，在图4.3中，光子权重的吸收部分已经以 lg10 标度表示，否则接近照明点的吸收将主导该图。每个像素表示存储在像素中的能量的比例（无量纲），可根据像素的体积进行校正。这意味着吸收性能取决于网格的分辨率。由于网格线会扰乱吸收曲线的表示，因此该部分未描绘网络。还可以将网格的每个部分的通量率可视化，如图4.4所示。这个积分通量率被定义为每个像素通过剩余光子质量，这类似于组织吸收的可视化，使生物组织内部的光子传播更好理解。

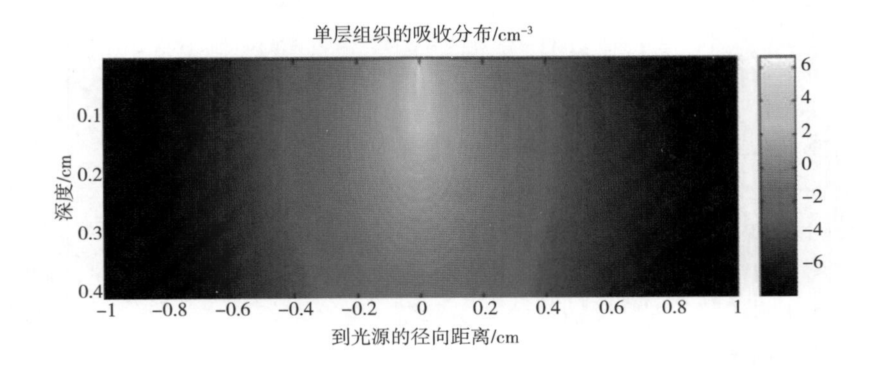

图4.3 以 lg10 标度显示光子吸收的可视化

注：试样组织由一个单一的层构成。吸收曲线存储在（r，z）圆柱坐标系中，该坐标系已被镜像以提供该图。所以随机噪声是清晰可见的，特别是在距源极的较大的距离之处，这是因为吸收格栅（$\Delta z = 1\mu m$，$\Delta r = 1\mu m$）是低空间分辨率的。

4.3.5 光子散射

相位函数描述了在散射相互作用之后光子在特定角度下偏转的可能性。对于相对简单形式和已知介电特性的散射体，可以通过求解麦克斯韦方程组从电磁理论计算出该函数。对于直径大约相同或大于光子波长的球形散射体，相位函数可以由球形粒子

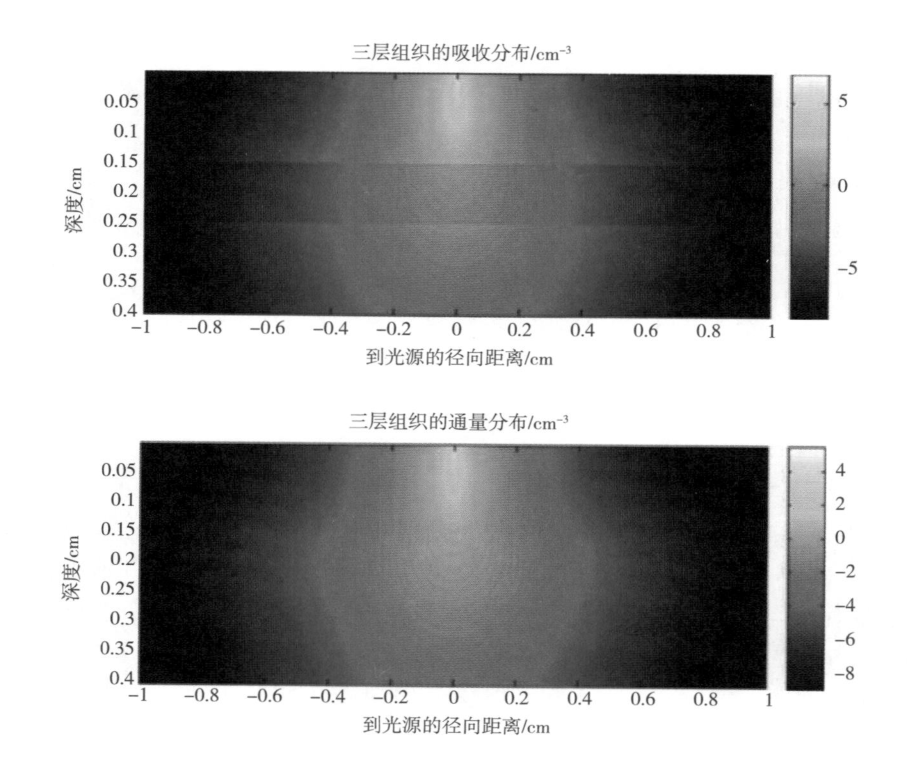

图 4.4 以 lg10 标度观察三层组织的吸收曲线（顶部）和通量曲线

注：样品组织由三个不同的层组成，具有不同的光学性质，因此具有不同的通量和吸收曲线。吸收轮廓存储在（r，z）圆柱坐标系中，使该坐标系呈镜像以提供此图。由于吸收栅格的空间分辨率小（$\Delta z = 1\mu m$ 且 $\Delta r = 1\mu m$），所以随机噪声清晰可见，尤其是在距离源较远的地方。

的米氏理论或 Tmatrix 代码对于任意形状的散射体获得。

为了更容易地将这种散射相位函数实现到 MC 算法中，在偏转角 θ 和方位角 φ 之间需进行重要的区分。在图4.5中，光子最初沿 z 轴传播。在轴的原点处，发生散射事件。角度 θ 描述了相对于 z 轴的偏转。然而，整个锥形散射事件可以由该偏转角定义。为了唯一地描述散射事件，还必须定义方位角 φ。该方位角随机分布，因为在球形散射体的情况下光子均匀地分布在散射锥上。对于更复杂的散射体（例如圆柱形），情况并非如此。由于大多数 MC 算法采用对称散射体（即散射与光子粒子撞击散射体的角度无关），偏转角 $\theta \in [0, \pi]$ 通常是从散射相函数导出的，而方位角 $\varphi \in [0, 2\pi]$ 是从均匀分布中采样的。

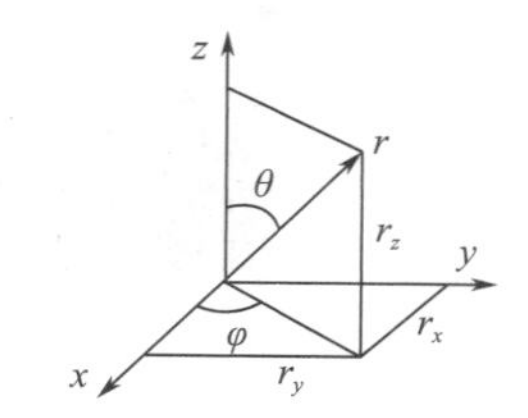

图 4.5 偏转角为 θ 和方位角为 φ 的函数的光子的散射

虽然 HG 散射相函数最初是为了描述星际尘埃云的散射而开发的，但它也被广泛用于生物组织中，HG 散射相函数由式（4.8）描述：

$$P_{HG}(\Omega) = \frac{1}{4\pi}\frac{1-g^2}{(1+g^2-2g\cos\Omega)^2} \tag{4.8}$$

式中 g——各向异性因子

Ω——以球面度表示的偏转角

对该函数进行归一化，使得 4π 球面积的积分为 1。然而，与所有其他各向异性散射相函数一样，该 HG 散射相函数在 RTE 中使用是不方便的。就如前面提到的，RTE 通常通过简化散射问题解决。理论上，任何相位函数都可以扩展为一组基本的球谐函数（χ_n）和勒让德多项式［P_n（$\cos\theta$）］。使用这些扩展的主要动机是，它们允许相位函数的描述使用较少的参数，从而它可以在 RTE 中易于处理。HG 散射相函数的一个有趣的特点以及它受欢迎的原因是它可以很容易地扩展为一系列 Legendre 项，使得在使用近似值时产生一个具有完美解的系列，见式（4.9）：

$$P_{HG}(\Omega) = \sum_{n=1}^{\infty}(2n+1)g^n P_n(\Omega) \tag{4.9}$$

其中 P_n（Ω）是第 n 阶的 Legendre 多项式。扩散理论是简化 HG 散射相函数，其中两项 Legendre 展开的结果。MC 方法的一个显著优点是它不需要任何相位函数简化。但是必须重写原始式［式（4.8）］，以将相位函数定义为偏转角以弧度表示 θ 的函数。偏角的余弦 $\cos\theta$ 的概率分布由式（4.10）描述：

$$P_{HG}(\cos\theta) = \frac{1}{2}\frac{1-g^2}{(1+g^2-2g\cos\theta)^{1.5}} \tag{4.10}$$

其中各向异性因子 g 被定义为偏转角的平均余弦，表征所述散射函数的不对称性。理论上，它的值可以从 -1 到 1。然而，在生物组织中仅观察到正值。各向同性散射等于散射在所有方向，其对应于 0 的各向异性值如果 g 接近 $1/-1$，散射是更前向/后向取向限定。这种方法的主要优点是提供了一个容易分析解决的表达方案，见式（4.11）：

$$\cos\theta = \begin{cases} \frac{1}{2g}\left[1+g^2-\left(\frac{1-g^2}{1-g+2g\xi}\right)^2\right] & \text{如果 } g>0 \\ 2\xi-1 & \text{如果 } g=0 \end{cases} \tag{4.11}$$

获得该解决方案更详细的分析的描述可以在 Wang 等的文章中找到。该解决方案可通过计算累积分布和积分方程［式（4.10）］从 -1 到 $\cos\theta$ 获得，如式（4.12）：

$$P_{HG}(\cos\theta) = \frac{1}{2}\int\frac{1-g^2}{(1+g^2-2g\cos\theta)^{1.5}}\mathrm{d}(\cos\theta) \tag{4.12}$$

其中，P_{HG}（$\cos\pi$）$=0$，P_{HG}（$\cos 0$）$=1$。这个过程保证相位函数可以连接到一个伪随机数 ξ，范围从 0 到 1。参数 ζ 由伪随机数在算法中提供。我们的目标是将这个分布在 0 和 1 之间的随机数，按照式（4.10）的分布，转换成一个偏转角。式（4.11）的解析解保证了偏转角 θ 的分布服从 HG 散射相函数的分布，而不是 ζ 的随机分布。HG 散射相函数的解析形式简单，是它被许多学者广泛应用的主要原因。Wang 和 Jacques 通过实验确定了 HG 散射相函数能够准确地描述在生物组织中的散射。对于生物组织，g 值在 0.8~0.9 的 HG 散射相函数可以提供实际相函数的最佳近似值。然而，HG 散射相函数除了提供了一个很好的适于许多自然发生的相位函数外，其参数化并没有物理基础。因此，用一个由基本物理现象导出的相函数来代替它可能会很有趣。一旦定义了偏转角和方位角，就可以确定光子包的新方向。在第一步中，可以确定相对方向余弦［式（4.13）］。这些方向的变化可以用图 4.2 中（x'，y'，z'）坐标系的函数表示。从这些方程中可以清楚地看出，z'轴的方向严格依赖于散射角 θ，这些方程可以由简单地推导出来，如式（4.13）所示：

$$\mu'_x = \sin\theta \cdot \cos\varphi$$
$$\mu'_y = \sin\theta \cdot \sin\varphi \tag{4.13}$$
$$\mu'_z = \sin(\mu_z) \cdot \cos\varphi$$

当转换到一般的（x，y，z）坐标系（跟踪光子位置所必需的一般坐标系）时光子包的新方向就会变成式（4.14）：

$$\mu'_x = \frac{\sin\theta}{\sqrt{1-\mu_z^2}} \cdot (\mu_x\mu_z\cos\varphi - \mu_y\sin\varphi) + \mu_x\cos\theta$$
$$\mu'_y = \frac{\sin\theta}{\sqrt{1-\mu_z^2}} \cdot (\mu_y\mu_z\cos\varphi + \mu_x\sin\varphi) + \mu_y\cos\theta \tag{4.14}$$
$$\mu'_z = -\sin\theta\cos\varphi\sqrt{1-\mu_z^2} + \mu_z\cos\theta$$

一旦计算出新的方向余弦，并确定了步长 s，新的光子位置（x^*，y^*，z^*）可以计算如式（4.15）所示：

$$x^* = x + \mu_x \cdot s$$
$$y^* = y + \mu_y \cdot s \tag{4.15}$$
$$z^* = z + \mu_z \cdot s$$

4.3.6 反射和折射的层边界

当散射介质具有离散维数时，穿过它的光子包可能会撞击介质的边界，或者分布在是散射介质和周围介质（例如空气和水）之间，或是两种不同的散射介质之间。在这个界面上，光子包既可以被反射回原始介质，也可以被折射到下一个介质中。在后一种情况下，光子包会继续传播到下一层，或进行反射或透射。在 MC 模拟中，处理方法如下：如果光子步长大到足以发生边界相互作用，则光子包被移动到边界。一旦到了边界，根据入射角计算光子包在内部反射的概率。这个入射角 α_i 显然依赖于方向余弦，如式（4.16）所示：

$$\alpha_i = \cos^{-1}(|\mu_z|) \tag{4.16}$$

入射角 α_i 与透射角 α_t 之间的关系由折射定律确定。这种关系由两种介质（n_i 和 n_t）的折射率定义，如式（4.17）所示：

$$n_i \cdot \sin\alpha_i = n_i \cdot \sin\alpha_t \tag{4.17}$$

从界面反射的入射功率的百分数 R 可以用菲涅耳方程计算，该反射率取决于入射光的偏振。虽然一些 MC 算法将这种偏振考虑在内，但大多数算法只是假设 s - 偏振光（即光在垂直于入射面的电场下偏振）和 p - 偏振光（即入射光在平行于入射面的方向上偏振）的平均值。在此假设下，内部反射的光的比例可以计算为：

$$R = \frac{1}{2}\left[\frac{\sin^2(a_i - a_t)}{\sin^2(a_i + a_t)} + \frac{\tan^2(a_i - a_t)}{\tan^2(a_i + a_t)}\right] \tag{4.18}$$

当少量 R 被反射回原始层时，剩余的部分（$1-R$）被传输到下一层。在 MC 模拟中，单个光子包不是在反射和折射部分分裂的，而是以随机的方式处理的。这是通过生成一个随机数 ξ 并将其与阈值 R 进行比较得来的，如式（4.19）所示：

$$\begin{aligned}&\text{如果 } \xi \leqslant R \Rightarrow \text{内部反射}\\&\text{如果 } \xi > R \Rightarrow \text{传播(到下一层)}\end{aligned} \tag{4.19}$$

这背后的逻辑与 MC 模拟中的其他步骤相同。也就是说，如果模拟足够多的光子包，则平均效应是正确的。

4.4 提高计算速度

4.4.1 光子包

在跟踪单个光子时，光子跟踪在光子被吸收时结束。这使得模拟光子在统计学上不太可能传播到离光源的很远的地方，从而导致在更远的距离获取光传播信息的方法效率低下。为了克服这个问题，大多数光传播的 MC 算法都是跟踪光子包而不是单个光子。这样，模拟时间就不会受到单质量光子吸收事件的全有或全无性质的影响。每个光子包最初被赋予一个质量 w，相当于单位的权重。每发生一次吸收事件，就会减少一小部分质量，这个过程将一直持续直到达到某个阈值（比如 0.001）。通常情况下，继续光子传播的决定等同于俄罗斯轮盘赌机制，这项技术给了光子包一定的生存机会（例如 1/15）。幸存的光子包以新的质量继续传播。当光子包在介质中传播更长的距离时，该质量的较大部分被耗散到介质中并记录到吸收网格中。如果光子包逃离组织，则光子包仍具有剩余质量 w，该质量 w 记录在反射或透射矩阵中，具体取决于光子包离开介质的一侧。

4.4.2 卷积

为了精确地模拟给定光束的光传播，应该知道该光束的空间和角度分布。由此产生的光传播可以通过在不同位置和方向注入光子（包）模拟。然而，由于每个位置和方向都需要模拟足够多的光子，将致使模拟时间非常长，因此，另一种方法被提出：首先，模拟无限小光束的光传播，其中每个光子从 $(x, y) = (0, 0)$ 点开始，然后将这种无限小光束的模拟作为一种脉冲响应来考虑。在食品和其他生物制品是混浊的组织中，可以合理假设光子在介质中独立传播。由于光子在混浊的组织中经历许多散射相互作用，光子之间的相位关系以快速随机的方式变化，并且波的特性对光的传播没有显著的影响。在这种假设下：①如果光源的强度乘以某个系数，则测量的量将以相同的系数增加；②双光子光束的响应是单个光子光束响应的总和；③如果光子束在距离 r 上水平移动，则响应将在同一方向同一距离上移动。这允许通过将光束的强度分布与混浊介质的脉冲响应卷积计算任何照明光束的光传播。

因此，假设光子束是准直的，无限窄光子束的响应将是组织系统的格林函数（近似于 Dirac – Delta 脉冲响应的函数）。根据有限尺寸光子束的轮廓，可以利用格林函数的卷积计算有限尺寸光子束的响应。如果光源具有强度分布 $S(x, y)$，则可通过卷积得到响应如式（4.20）所示：

$$C(x;y;z) = \int_{-\infty}^{+\infty}\int_{-\infty}^{+\infty} G(x - x', y - y', z) S(x', y', 0) \mathrm{d}x' \mathrm{d}y' \tag{4.20}$$

式中　$G(x-x', y-y', z)$——格林函数

(x, y)——观测点

(x', y')——光源点

4.4.3　蒙特卡罗缩放

还有一种减少MC模拟计算时间的机制是蒙特卡罗缩放。该方法可用于单个模拟计算多组光学特性的漫反射剖面。Battistelli等提出了两个标度公式，一种较简单，当介质的散射函数具有较高的正向峰时可以应用；另一种是当第一种情况无效时可以应用的标度公式的第二种形式。格拉夫等提出了一种利用蒙特卡罗机理的更有力的方法：由于光子轨迹的每一步都与$(\mu_a+\mu_s)^{-1}$相连，因此标度组织的光学特性可以导致标度的每个光子的总路径长度是s，因此，每个光子的径向位移r也可以缩放，以方程式的形式，可以写成式（4.21）：

$$\begin{aligned} s_i &= \frac{\mu_{t0}}{\mu_{t1}} \cdot s_0 \\ r_i &= \frac{\mu_{t0}}{\mu_{t1}} \cdot r_0 \\ t_i &= \frac{\mu_{t0}}{\mu_{t1}} \cdot t_0 \\ m_i &= \frac{\mu_{s1}}{\mu_{s0}} \frac{\mu_{t0}}{\mu_{t1}} \cdot m_0 \end{aligned} \tag{4.21}$$

式中　m_0——缩放过程后的光子质量

只要组织是均匀的，此缩放法就非常适合模拟漫反射剖面。标度蒙特卡罗方法可以记录每个模拟光子的不同轨迹参数，一组特性模拟完成后，可以根据光学特性的变化调整存储的结果。Kienle和Patterson利用同样的原理创建了一个MC数据库，用于从反射光谱反演光学特性。Liu和Ramanujam使用相同的原理从空间分辨反射率光谱反演光学特性，并开发了一种多层尺度方法来计算大范围光学特性的总漫反射比。

4.4.4　蒙特卡罗微扰

蒙特卡罗微扰即微扰MC算法计算基线模拟，然后计算具有相似光学特性的新混浊介质的结果，与标度蒙特卡罗方法的重要的区别是所有不同光子的位置不再按比例缩放，而是根据微扰理论，只作质量改变，见式（4.22）：

$$m_{新} = \left(\frac{\mu_{sn}}{\mu_{so}}\right)^j \cdot \exp[-(\mu_{tn}-\mu_{t0}) \cdot S] \cdot m_{旧} \tag{4.22}$$

式中　S——光子路径长度

j——光子所经历的碰撞次数

这个表达式有一个重要的优点：更易调整反射剖面，因此可以有效地扩展到多层情况。然而，与Graaff等的标度方法相反，微扰法是一种近似方法，其精度取决于新介质的光学特性与原始基线模拟中所用的光学特性之间的差异。

4.4.5 混合蒙特卡罗方法

混合蒙特卡罗方法将蒙特卡罗模型的精度与解析解或近似解（如扩散近似）的快速计算相结合。一种方法是对一组光学性质进行一系列蒙特卡罗模拟，以修正扩散理论的结果。另一种方法是将在较小的源探测器距离处的蒙特卡罗模拟的精度与在较大距离处的扩散理论的计算速度相结合。前者以合理的计算成本为短距离源探测器提供了较高的精度，而后者与长距离源检测器的蒙特卡罗模拟结果相靠拢，但计算成本显著降低。第三种方法是 Hayashi 等提出的，用于模拟在两层人体皮肤模型中的光传播。组织中既包括用扩散近似模拟高散射区，又包括用蒙特卡罗算法模拟的低散射区。最终，Tinet 等阐述了一种快速混合算法。它分两个阶段工作。第一阶段由一个信息发生器组成，它确定了每个散射事件对总反射比和透射比的贡献。因此，人们模拟了一系列特定的散射事件，这些事件对光学领域的研究做出了贡献（例如光子被探测器捕获）。有了这个程序，获得特定精度所需的光子数量显著减少。第二阶段生成的信息可用于分析计算任何期望的结果。

4.4.6 并行计算蒙特卡罗算法

蒙特卡罗算法通过将光子近似为不相互作用的粒子模拟光子（包）的传播。因此，每个光子或光子包都可以独立于其他光子进行跟踪。这使得蒙特卡罗算法非常适合并行化。由于出现了功能强大的显卡或图形处理单元（GPUs）以及允许为 GPU 编码的平台，并行计算受到了越来越多的关注。Martinsen 等使用 CUDA 工具包在 C 语言中实现蒙特卡罗算法，使得在 NVIDIA 显卡上进行模拟成为可能。据报道，这种基于 GPU 的蒙特卡罗算法比传统的基于 CPU 的中央处理器快 70 倍。Fang 和 Boas 用 GPU 的计算能力来模拟时间分辨光在网状介质中的传播。这些用于 GPU 的蒙特卡罗算法还有一个优点是它们可以与不同的性能增强技术相结合。Cai 和 He 在 GPU 上开发了一种快速扰动蒙特卡罗算法，提高了 1000 倍的计算能力。目前基于互联网的并行计算已经成为开发蒙特卡罗算法并行化可能性的另一种选择。

4.4.7 方差减小技术

通常，通过增加模拟中的光子数来减小蒙特卡罗模拟中光学结果的方差，（即在不增加光子数量的情况下减少这种方差），此方法在不增加系统误差的情况下增加稀有的目标事件的数量。几何分裂蒙特卡罗算法通过减少模拟的光学相关区域中的方差来减少所需的光子数。几何分裂技术可以增加相关光子的分数（例如用于计算与源探测器距离较大处的反射率，或计算通过一定深度的特定层的光子，或由探测器捕获的光子）。用这种方法，所需模拟的光子总数就可以减少。几何分裂算法在很大程度上减少了模拟信号中的方差，特别是当目标是模拟很少发生的事件时。

粒子分裂技术是另一种常用的方差减小技术，其中光子的数目增加，与俄罗斯轮盘赌机制相反，介质被分成几个卷，通过增加在这些重要卷中取样的机会，可以在某些区域减小方差。特定光子可以被分解成 N 个不同能量的光子（例如原光子质量除以

N）和不同方向的光子。这个机制只在光子通过目标区域时才会被激活。

4.5 食品中的蒙特卡罗模拟

食品品质的光学测定是一个挑战，这是由于食品存在多个层（例如果肉周围的果皮及果皮下的组织）且会受到结构组织中的多次散射的影响。为了解光和食品组织的相互反应，光传播模型，比如蒙特卡罗模拟，是一个非常有效的工具。蒙特卡罗模拟在生物医学研究中被广泛用于建立光传播模型，但将它们用于食品和农业领域时仍然有局限。在农业和食品研究中较慢采用蒙特卡罗模拟的一个原因是目前人们对这些产品的确切光学特性仍缺乏了解。然而，对这些光学特性缺乏了解并不妨碍光学测量技术在食品和农业领域的广泛应用。可见光和 NIR 范围的光学传感器现在被广泛用于食品品质控制系统，从而允许进行非侵入性和非破坏性的分析。然而，只有少数的研究旨在了解光是怎样在食品和农产品组织中传播的。

在生物医学领域的进步的启发下，食品和农业领域的研究人员转向了用蒙特卡罗算法模拟光在一块完整的组织中的传播。这项研究的主要推动力来自这样一个事实：不同组织层的吸收和散射特性会影响光在整个组织中的传播，每一层都有不同的方式，而其他测量技术会造成不可挽回的破坏。例如通过测量连续厚度的切片组织样本的体外实验确定光穿透深度。然而，由于组织切片的破坏性取样和使用的探测器的动态范围有限，用这种方法得到的结果的有用性受到了批评。因此，蒙特卡罗模拟被认为是确定果肉组织中光穿透深度的较好选择。蒙特卡罗模拟也可以用来研究包被组织对深层光学特性的影响，该概念应用于研究柑橘皮的光学特性对光穿透水果的影响，旨在选择最有效的样品呈现模式。Zamora - Rojas 等采用蒙特卡罗模拟研究了猪皮对相关皮下组织的光学特性的影响，目的是设计一个空间分辨反射探针用于对伊比利亚猪皮下脂肪的脂肪酸组成的测定。

Qin 和 Lu 用蒙特卡罗模拟确定了“Golden delicious”苹果的漫反射、内吸收和穿透深度的模式等一系列典型光学特性。Baranyai 和 Zude 用反向散射成像分析了猕猴桃，并用蒙特卡罗法对其进行建模。通过对实测和计算剖面的比较，估计出各向异性因子，从而区分优质猕猴桃和过熟的猕猴桃。蒙特卡罗模拟还被用于优化基于高光谱成像的空间分辨系统，以确定生物材料的光学特性。最后，蒙特卡罗模拟还允许在 VIS/NIR 区域中更容易地选择穿透不相关层的特定波长，从而在目标层上提供更多信息。

虽然蒙特卡罗模拟对了解光在食品中的传播非常有价值，但像 MCML 这样的流行代码可能并不是对所有目标都是理想的。在后文中，将讨论这些代码的某些局限性并提出改进可能性。

4.5.1 更精确的参数相位函数

食品悬浮液和乳剂含有大量的散射粒子（多分散），而生物组织则有其自身结构。细胞结构中有许多细胞器（如线粒体、细胞壁、细胞核等），每个微粒/细胞器都有自己的散射相函数，这是由散射体的物理性质决定的。因此，每种类型的散射体对组织的平均散射特性的贡献取决于其个体散射特性和浓度。一个平均相位函数，例如 HG 散射相函数，通常被用作模拟生物组织中所有不同类型和散射体尺寸的米氏相位函数的一种更简单和计算更快的替代方法。这种方法的优点是计算速度更快，解释起来更简单，但这种简单性是以降低准确性为代价的。

HG 散射相函数的主要优点是：当用一组球面谐波和 Legendre 多项式表示时，它提供了一个简洁的解。但是，在选择了第一矩（$\chi_1 = g$）的值后，就确定了所有其他的矩（$\chi_n = g_n$）。Bevilacqua 和 Depeursinge 证明了对于反射模拟，必须考虑的矩数与源探测器距离有关。源离探测器越近，辐射越具各向异性。因此，应该考虑大量的矩。为此，Bevilacqua 和 Depeursinge 将 HG 散射相函数修改为 HG 散射相函数 P_{HG} 的加权和，只描述第二个矩 g_2 的贡献，独立于 g_1。这种贡献是典型的小粒子散射，称瑞利散射［~（$1+\cos^2\theta$）］，见式（4.23）：

$$P_{MHG}(\theta) = \alpha \cdot P_{HG}(\theta) + (1-\alpha) \cdot \frac{3}{4\pi}\cos^2\theta \tag{4.23}$$

式中　α——保证相位函数标准化的加权因子

因此，修正的 HG 散射相函数可以看作是较大粒子（相对于光的波长，例如细胞）和瑞利散射的强正向散射效应的加权和。在原始 HG 散射相函数中，选择 g 自动确定各向异性因子的每一矩（$g = g_{HG} = g_1$）。在这修改版本中，关系式变成了式（4.24）：

$$\begin{aligned} g_1 &= \alpha \cdot g_{MHG} \\ g_2 &= \alpha \cdot g_{MHG}^2 + \frac{2}{5}(1-\alpha) \end{aligned} \tag{4.24}$$

其他参数相位函数也被提了出来。比如两项 HG 散射相函数将两个独立的 HG 散射相函数与各向异性因子 g_1 和 g_2 相结合，使得将一个小的或负的各向异性因子归因于两项中的一个从而用较小的结构来描述后向散射是可能的。修正的 HG 散射相函数可以看作是这两项 HG 散射相函数的特例，见式（4.25）：

$$P_{TTHG}(\theta) = \alpha \cdot P_{HG1}(\theta) + (1-\alpha) \cdot P_{HG2}(\theta) \tag{4.25}$$

另一个典型用于描述红细胞散射的相位函数是 Gegenbauer 核相函数，见式（4.26）：

$$P_{GK}(\cos\theta) = \frac{\alpha g}{\pi \dfrac{\mu_s}{\mu_a + \mu_s}} \cdot \frac{(1-g^2)^{2\alpha}}{[(1+g)^{2\alpha} - (1-g^{2\alpha})][1+g^2-2g\cos\theta]^{(1+\alpha)}} \tag{4.26}$$

式中　α——拟合参数
　　g——各向异性因子
　　θ——偏转角
　　μ_s——散射系数
　　μ_a——吸收系数

在模拟的散射光的角分布与实测光的角分布相吻合之前，这些参数都是变化的。典型的 α 值在 0.49 ~0.50，典型的 g 值在 0.97 ~0.99。

4.5.2 非参数相位函数

虽然可以提出许多参数相位函数，但它们常常只是实际相位函数的近似解。因此，一些研究人员提议用非参数函数代替解析的参数相位函数。这个非参数相位函数通常是相位函数的离散化版本。与具有参数相位函数的蒙特卡罗法类似，相位函数的累积分布是计算出来的，主要的区别在于：相位函数的积分是一个数值过程，而不是解析运算，因为其目标是获得一种适用于大量相位函数的方法。伪随机数 ξ 用式（4.27）与相位函数产生关联：

$$\xi = F(\theta_1) = \frac{\int_0^{\theta_1} p(\theta)\,\mathrm{d}\theta}{\int_0^{\pi} p(\theta)\,\mathrm{d}\theta} \tag{4.27}$$

与分析过程类似，从 0 到 1 的随机数与分布相联系。然而，通常在这个过程中使用查找表来替代寻找一个解析解。这种非参数方法可以被用于：①一个参数相位函数的离散版本（如 HG 相位函数）；②由米氏理论计算得到的相位函数；③用测角仪测量的相位函数。

米氏理论允许某一大小（单分散的）散射器的散射相位函数重建。然而，大多数微粒系统都含有不同尺寸的微粒。通过模拟不同散射体尺寸的贡献并对其进行求和，可以重建这类多分散体系的散射相位函数。如图 4.6 所示，将该分布离散化，可以将其扩展到以粒径分布为特征的多分散系统。我们可以清楚地看到分数的多少对散射相位函数的影响。需要注意的是，对于少量分数，散射相位函数是极其分散的，这是用米氏理论模拟单分散系统的相位函数的典型特征。然而，通过细化粒子大小分布，不同大小的相位函数之间的相互作用使相位函数曲线平滑。多分散系统的相位函数曲线相当平滑也解释了为什么参数相位函数可以合理近似。

食品内部的散射是由气泡、悬浮颗粒、乳化液滴、细胞器等引起的。乳剂，如均质的牛乳，冰淇淋，酱汁等，是水或油等介质中散射体的集合（通常是球形的）。水果和蔬菜是细胞、细胞器、空气孔等的集合，所有这些都可以描述为均匀介质中散射体的复杂集合。

因此，上面提到的模拟多分散微粒系统散射相位函数的方法可以提供一个更真实的散射相位函数来考虑散射体的大小分布。然而，这也只是一个近似模拟，因为许多散射体不完全是球形的。食品中大多数类型和尺寸的散射体的散射相位函数可以用米氏理论（球形和圆柱散射体）、T－矩阵法（任意几何）或 Rayleigh－Gans－Debye 近似法（椭圆）来计算。

有些组织具有由有序拉长的亚基组成的微结构，如肌肉中的肌原纤维或皮肤、肌腱或韧带中的胶原纤维。这些组织显示了一种各向异性的光传播，这是通常使用的各向同性随机介质模型所不能描述的（更多细节见第 11 章）。比如 Kienle 等模拟了光通过人牙釉质的传播，其中主要散射体为小管，可以近似为（无限）长的圆柱体。他们计算了无限长圆柱体的散射，将得到的相位函数应用到蒙特卡罗码中，并将模拟结果与角测量结果进行了比较。他们发现在实验上和理论上，散射图案都具有各向异性特征。虽然可以对这种复杂散射微观结构进行散射相位函数的模拟，但在实验上确定这种组织的真实散射函数可能更有效。然后，这个经验散射相位函数也可以转换成一个查寻表，用于蒙特卡罗模拟。

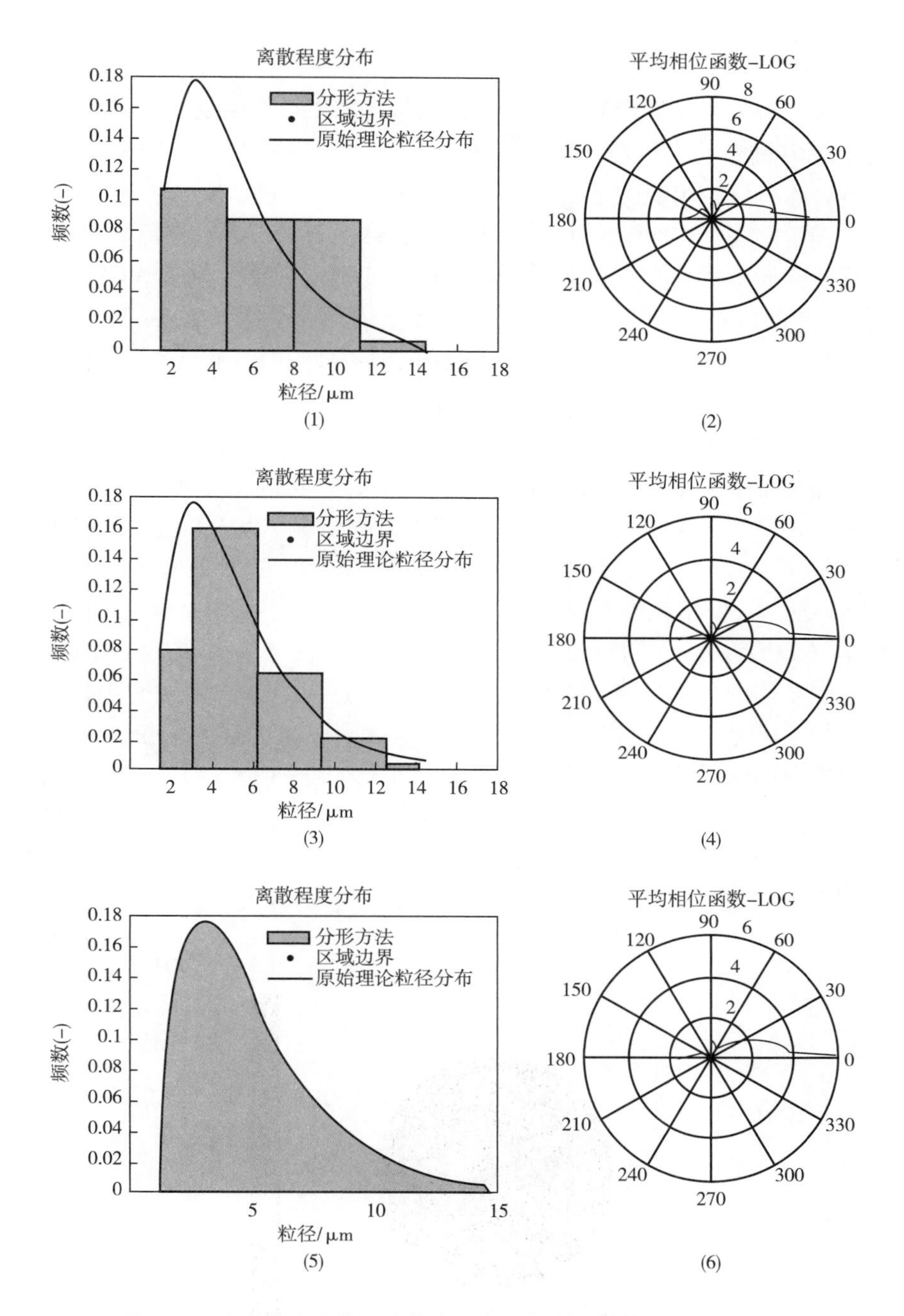

图 4.6　多分散食品体系的粒度分布和相应的对数尺度的相函数

（图中有 LOG 术语）

注：相位函数描述了散布在一定的偏转角的光子的相对分数，散射主要是正向（0°）的不同隔室；（1）和（2）离散化的粒度分布（三个区间）和得到的相位函数；（3）和（4）离散化的粒度分布（5 个间隔）和得到的相位函数；（5）和（6）最终离散粒度分布（127 个间隔）和得到的相位函数。

［资料来源：Aernouts，B.，R. Watté，R. Van Beers et al. Optics Express，2014，22（17）：20223－20238.］

4.5.3 从平面平行到逼真的几何

由于水果和蔬菜等植物产品是各向异性、非均匀性、不连续的、复杂的生物系统，光在植物产品中的传播建模是一个复杂的问题。简单的 MC 模型，假设食物是多层的，不能完全解释这些食物组织的复杂性和非连续性。

典型的 MC 方法由物理建模和几何跟踪两部分组成。几何跟踪器，也称为射线跟踪器，跟踪通过介质传输的光子包的位置和性质。通用的代码，例如 MCML 代码，被用来跟踪简单几何图形（平面和圆柱体）中的光子运动。然而，这些 MC 方法有潜力模拟光在更复杂几何结构中的传播。研究人员将这些算法扩展到体素化几何。由于体素化图像不适用于曲面边界或局部精细结构的目标建模，MC 方法也得到了改进，用于模拟复杂结构网格中的光传播。在应用 MC 方法之前，MC 网格是由基于体素的图像派生而来，通过层析技术（如显微镜和 X 射线断层扫描）获得。这些 MC 网格或 PenMesh 方法可以更好地模拟复杂结构中的光传播。Watte 等结合了 4.4.2 节中讨论的灵活相位函数选择，进一步提高了基于网格的 MC 方法的准确性。这种具有灵活相位函数选择（MMC－fpf）的 MC 网格允许不同类型的散射体在不同的组织中结合，共同形成研究中的生物样本（如植物叶片、苹果、小鼠头部等）。利用高分辨率 X 射线断层成像得到的实际三维微观结构图像，为网格提供了结构信息。这大大减少了进一步简化和假设的需要，从而提高了光传播模型和实验验证的有效性。图 4.7 显示了谷物球的 MMC－fpf 概念。这个简单的例子中，空气结构是大的和非均匀分布的谷物，是非常具有挑战性的经典 MC 算法所忽略的空气孔隙非均匀分布。由于谷物是由单一的光点光源照射的（光点位于谷物的背面，在图 4.7 中没有显示），有空气孔隙的存在，谷物的吸收剖面可能在局部发生变化。因此，谷物的某些区域光子更难进入。这解释了图 4.7 中吸收的差异。

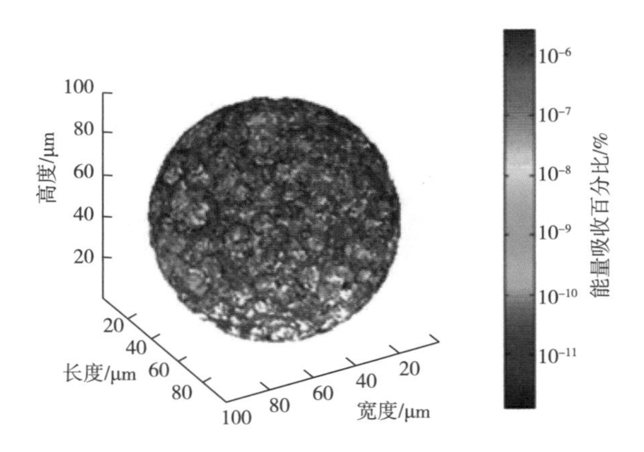

图 4.7 谷物球的 MMC－fpf 概念

注：将一个谷物球中每个体素中存储的光子能量的百分比，以对数坐标表示。样品组织由均匀的面团和气泡组成。气泡相对较大，影响了光的传播。由于它们的大小，它们不再均匀地分布在谷物中，经典模型将无法考虑这些因素。

4.6　小结

针对混浊介质中光传输的不同建模方法，都是基于 RTE 的。MC 方法是最灵活和精确的技术，它允许随机计算具有特定光学特性的组织中的光子分布。MC 方法是建立在宏观光学性质在混浊组织上是一致的假设基础上的。只要组织在微观尺度上是均匀的，这个假设就是有效的。传统食品样本或乳剂被描述为半无限多层组织的光学特性包括：①折射率 n；②吸收系数 μ_a；③散射系数 μ_s；④各向异性因子 g。这种方法非常适合经历了多次散射光传播的混浊的食品建模。MC 方法模拟大量光子以光子包的形式运动，直到这个随机过程收敛为一个稳定的解。该方法的主要缺点是在模拟过程中增加了光子的数量，从而增加了计算时间，提高了计算精度。

为了提高 MC 算法的计算速度，提出了几种解决方案（缩放 MC、扰动 MC、混合 MC、方差约简和并行计算）。此外，MC 方法也得到了改进，应用更复杂的参数相位函数（即两项 HG、改性 HG 和 Gegenbauer 核）。基于米氏理论，对球形散射体的单分散解和具有离散粒度分布的多分散系统，以及任意几何形状的 T - 矩阵法，提出了可选的非参数相位函数。这是一个重要的改进建模的光传播乳剂，如均质牛乳、冰淇淋、酱汁等。基于网格的 MC 方法考虑了宏观结构信息，是一种新方法，对于精确模拟水果和蔬菜、谷物和肉制品等复杂的、现实的、非连续的食品几何结构中的光传播具有重要的价值。

尽管存在局限性（例如忽略光子的波特性，未能考虑宏观和微观结构的复杂性等），MC 模型仍提供了最好的解决方案建模光传播食品组织和最强大的工具去挑战层次结构的多个任意形状图层和多次散射。它们洞察了光 - 组织相互作用，因此，在使用先进传感器估计光学特性或优化此类传感器的设计方面可能是有用的。

致谢

作者感谢佛兰德斯科学技术促进创新研究所（IWT - Flanders）支持的 GlucoSens（SB - 090053）和 Chameleon（SB - 100021）项目以及 Rodrigo Watte 博士助学金（SB grant 101552）提供的资金支持。Ben Aernouts 获得了弗兰德斯研究基金会（FWO，grant 11A4813N）博士奖学金资助。非常感谢比利时鲁汶大学生物系统系（MeBioS 在比利时是被高度认可的）的 Els Herremans 博士、Pieter Verboven 博士和 Bart Nicolaï 教授提供的早餐谷物网格图。

参考文献

[1] Aernouts, B., R. Watté, R. Van Beers et al. Flexible tool for simulating the bulk optical prop - erties of polydisperse spherical particles in an absorbing host: Experimental validation. Optics Express, 2014, 22 (17): 20223 - 2028.

[2] Ahnesjö, A. Collapsed cone convolution of radiant energy for photon dose calculation in

heterogeneous media. Medical Physics, 1986, 16 (4): 577 –592.

[3] Badal, A. and A. Badano Accelerating Monte Carlo simulations of photon transport in a voxelized geometry using a massively parallel graphics processing unit. Medical Physics, 2009, 36 (11): 4878 –4880.

[4] Badal, A. , I. Kyprianou, D. P. Banh et al. PenMesh—Monte Carlo radiation transport simulation in a triangle mesh geometry. IEEE Transactions on Medical Imaging, 2009, 28 (12): 894—1901.

[5] Banerjee, S. and S. K. Sharma. Use of Monte Carlo simulations for propagation of light in biomedical tissues. Applied Optics, 2010, 49 (22): 4152—4159.

[6] Baranyai, L. and M. Zude. Analysis of laser light propagation in kiwifruit using backscattering imaging and Monte Carlo simulation. Computers and Electronics in Agriculture, 2009, 69 (1): 33 –39.

[7] Bashkatov, A. N. , E. A. Genina, and V. V. Tuchin. Optical properties of skin, subcutaneous, and muscle tissues: A review. Journal of Innovative Optical Health Sciences, 2011, 4 (1): 9 –38.

[8] Battistelli, E. , P. Bruscaglioni, A. Ismaelli et al. Use of two scaling relations in the study of multiple – scattering effects on the transmittance of light beams through a turbid atmosphere. Journal of the Optical Society of America A, 1985, 2 (6): 903 –912.

[9] Beauvoit. B. , S. M. Evans, T. W. Jenkins et al. Correlation between the light-scattering and the mitochondrial content of normal – tissues and transplantable rodent tumors. Analytical Biochemistry, 1995, 226 (1): 167 –174.

[10] Bevilacqua, F. and C. Depeursinge. Monte Carlo study of diffuse reflectance at source-detector separation close to one transport mean free path. Journal of the Optical Society of America A, 1999, 16 (12): 2935 –2945.

[11] Boyer, A. L . and E. C. Mok. Calculation of photon dose distributions in an inhomogeneous medium using convolution calculations. Medical Physics, 1985, 13 (4): 503 –509.

[12] Cai, F. and S. He. Using graphics processing units to accelerate perturbation Monte Carlo simulation in a turbid medium. Journal of Bimedical Optics , 2012, 17 (4): 040502.

[13] Cen, H. and R. Lu. Optimization of the hyperspectral imaging – based spatiallyl-resolved system for measuring the optical properties of biological materials. Optics Express, 2010, 18 (16): 17412 –17432.

[14] Cheong, W. –F. , S. A. Prahl, and A. J. Welch. A review of the optical properties of biological tissues. IEEE Journal of Quantum Electronics, 1990, 26 (12): 2166 –2185.

[15] Cong, W. , H. Shen, A. Cong et al. Modeling photon propagation in biological tissues using a generalized Delta – Eddington phase function. Physical Review E. Statistical, Nonlinear, and Soft Mater Physics, 2007, 76 (5): 051913.

[16] Fang, Q. and D. A. Boas. Monte Carlo simulation of photon migration in 3D turbid media accelerated by graphics processing units. Optics Express, 2009, 17 (22): 20178 –20190.

[17] Farrell, T., M. S. Patterson, and B. Wilson. A diffusion theory model of spatially resolved, steady - state diffuse reflectance for the noninvasive determination of tissue optical properties in vivo. Medical Physics, 1992, 19 (4): 879 - 888.

[18] Fernandez - Oliveras, A., M. Rubiño, and M. M. Pérez. Scattering and absorption pToperties of biomaterials for dental restorative applications. Journal of the European Optical Society: Rapid Publications, 2013, 8 (1): 13056.

[19] Fiveland, W. A. and P. J. Jessee. Finite element formulation of the discrete - ordinates method for multidimensional geometries. Journal of Thermophysics and Heat Transfer, 1994, 8 (3): 426 - 433.

[20] Flock, S. T., B. C. Wilson and M. S. Patterson. Hybrid Monte Carlo - diffusion theory modeling of light distributions in tissue. Laser Interaction with Tissue. SPIE. Los Angeles, CA, 1988.

[21] Flock, S. T., M. S. Patterson. B. Wilson et al. Monte Carlo modelling of light propagation in highly scattering tissues model prediction and comparison with diffusion theory. IEEE Transactions on Biomedical Engineering, 1989, 36 (12): 1162 - 1167.

[22] Fraser, D. G. R. B. Jordan, R. Künnemeyer et al. Light distribution inside mandarin fruit during internal quality assessment by NIR spectroscopy. Postharverst Biology and Technology, 2003, 27 (2): 185 - 196.

[23] Fraser. D. G., R. Künnemeyer, R. B. Jordan et al. NIR (near infra - red) light penetration into an apple. Postharverst Biology and Technology, 2001, 22 (1): 191 - 195.

[24] Gangnus, S. V., S. J. Matcher, and I. V. Meglinski. Monte Carlo modeling of polarized light propagation in biological tissues. Laser Physics, 2004, 14 (6): 886 - 891.

[25] Gélébart. B, E. Tinet, J. M. Tualle et al. Phase function simulation in tissue phantoms: A fractal approach. Journal of the European Optical Sociery Part A, 1996, 5 (4): 377 - 388.

[26] Graaff. R., M. H. Koelink. F. F. M. de Mul et al. Condensed Monte - Carlo simulat-ions for the description of light transport. Applied Optics, 1993, 32 (4): 426 - 434.

[27] Hayakawa, C. K., J. Spanier, F. Bevilacqua et al. Perturbation Monte Carlo methods to solve inverse photon migration problems in heterogeneous tissues. Optics Letters, 2001, 26 (17): 1335 - 1337.

[28] Hayashi. T., Y. Kashio, and E. Okada. Hybrid Monte Carlo - diffusion method for light propagation in tissue with a low - scattering region. Applied Optics, 2003, 42 (16): 2888 - 2896.

[29] Henyey. L. G. and J. L. Greenstein. Diffuse radiation of the galaxy. Astrophysics Journal, 1941, 93 (1): 70 - 83.

[30] Hielscher, A. H., H. Liu, B. Chance et al. Time - resolved photon emission from layered turbid media. Applied Optics, 1996, 35 (4): 719 - 728.

[31] Honda, N., K. Ishii, A. Kimura et al. Determination of optical property changes by laser treatments using inverse adding - doubling method. Optical Interactions with Tissue

and Cells XX. SPIE. San Jose, CA, 2009.

[32] Ishimaru, A . Wave Propagation and Scattering in Random Media. London: Academic Press, 1987.

[33] Jacques, S. L. Time – resolved reflectance spectroscopy in turbid tissues. IEEE Transactions on Medical Imaging, 1989, 36 (12): 1155 – 1161.

[34] Jones, T. A. A computer method to calculate the convolution of statistical distributions. Mathematical Geology, 1977, 9 (6): 635 – 647.

[35] Kattawar, G. W. A three – parameter analytic phase function for multiple scattering calculations. Journal of Quantitative Spectroscopy and Radiative Transfer, 1975, 15 (9): 839 – 849.

[36] Kienle, A. and M. S. Patterson. Determination of the optical properties of turbid media from a single Monte Carlo simulation. Plysics in Medicine and Biology, 1996, 41 (10): 2221 – 2227.

[37] Kienle, A. , F. K. Forster, R. Diebolder et al. Light propagation in dentin: Influence of microstructure on anisotropy. Physics in Medicine and Biology, 2003, 48 (2): 7 – 14.

[38] Kim, A. , M. Roy, F. Dadani et al. A fiberoptic reflectance probe with multiple sourcecollector separations to increase the dynamic range of derived tissue optical absorption and scattering coefficients. Optics Express, 2010, 18 (6): 5580 – 5594.

[39] Kocifaj, M. Two – stream approximation for rapid modeling the light pollution in local atmosphere. Astrophysics and Space Science, 2012, 341 (2): 301 – 307.

[40] Kubelka P. and F. Munk. Ein beitrag zur optik der farbanstriche. [An article on optics of paint layers.] Zeitschrift fur technische Physik, 1931, 12: 593 – 601.

[41] Kumar, P. Y. and R. M. Vasu. Reconstruction of optical properties of low – scattering tissue using derivative estimated through perturbation Monte – Carlo method. Journal of Biomedical Optics, 2004, 9 (5): 1002 – 1012.

[42] Lammertyn, J. , A. Peirs, J. De Baerdemaecker et al. Light penetration properties of NIR radiation in fruit with respect to non – destructive quality assessment. Postharvest Biology and Technology, 2000, 18 (2): 121 – 132.

[43] Lehtikangas, O. and T. Tarvainen. Utilizing Fokker – Planck – Eddington approximation in modeling light transport in tissues – like media. Diffuse Optical Imaging IV. SPIE. Munich, Germany, 2013.

[44] Lima, I. T. Jr. , A. Kalra and S. S. Sherif Improved importance sampling for Monte Carlo simulation of time – domain optical coherence tomography. Biomedical Optics Express, 2011, 2 (5): 1069 – 1081.

[45] Liu, Q. and N. Ramanujam. Sequential estimation of optical properties of a two – layered epithelial tissue model from depth – resolved ultraviolet – visible diffuse reflectance spectra. Applied Optics, 2006, 45 (19): 4776 – 4790.

[46] Liu, Q. and N. Ramanujam. Scaling method for fast Monte Carlo simulation of diffuse reflectance spectra from multilayered turbid media. Journal of the Optical Society of

America A, 2007, 24 (4): 1011 – 1025.

[47] Liu, Q. and F. Weng. Combined Henyey – Greenstein and Rayleigh phase function. Applied Optics, 2006, 45 (28): 7475 – 7479.

[48] Mackie, T. R., J W. Scrimger, and J. J. Battista. A convolution method of calculating dose for 15 – MV x rays. Medical Physics, 1985, 12 (2): 188 – 196.

[49] Martinsen, P., J. Blaschke, R. Künnemeyer et al. Accelerating Monte Carlo simulations with an NVIDIA (R) graphics processor. Computer Physics Communications, 2009, 180 (10): 1983 – 1989.

[50] Mishchenko, M. I. and L. D. Travis. T – matrix computations of light scattering by large spheroidal particles. Optics Communications, 1994, 109 (1): 16 – 21.

[51] Mishchenko, M. I., G. Videen, V. A. Babenko et al. T – matrix theory of electromagnetic scat – tering by particles and its applications: A comprehensive reference database. Journal of Quantitative Spectroscopy and Radiative Transfer, 2004, 88 (1): 357 – 406.

[52] Modest, M. F. Radiative Heat Transfer. San Diego, CA: Academic Press, 2003.

[53] Mourant, J. R., I. J. Bigio, J. Boyer et al. Spectroscopic diagnosis of bladder cancer with elastic light scattering. Lasers in Surgery and Medicine, 1995, 17 (4): 350 – 357.

[54] Palmer. G. M. and N. Ramanujam. Monte Carlo – based inverse model for calculating tissue optical properties. Part I: Theory and validation on synthetic phantoms. Applied Optics, 2006, 45 (5): 1062 – 1071.

[55] Passos, D., J. C. Hebden. R. Guerra et al. Tissue phantom for optical diagnostics based on suspension of microspheres with a fractal distribution. Journal of Biomedical Optics, 2005, 10 (6): 064036.

[56] Patterson, M. S., B. Chance and B. C. Wilson. Time resolved reflectance and transmittance for non – invasive measurement of tissue optical properties. Applied Optics, 1989, 28 (12): 2331 – 2336.

[57] Patterson, M. S., B. C. Wilson, and D. R. Wyman. The propagation of optical radiation in tissue I. Models of radiation transport and their application. Lasers in Medical Science, 1991, 6 (2): 155 – 168.

[58] Prahl, S. A., M. J. C van Gemert, and A. J. Welch. Determining the optical properties of turbid media by using the adding – doubling method. Applied Optics, 1993, 32 (4): 559 – 568.

[59] Pratx, G. and L. Xing. Monte Carlo simulation of photon migration in a cloud computing environment with Map Reduce. Journal of Biomedical Optics, 2011, 16 (12): 125003.

[60] Qin, J. and R. Lu. Monte Carlo simulation for quantification of light transport features in apples. Computers and Electronics in Agriculture, 2009, 68 (1): 44 – 51.

[61] Ramella – Roman, J. C., S. A. Prahl, and S. L. Jacques. Three Monte Carlo programs of polarized light transport into scattering media: Part I. Optics Express, 2005a, 13 (12): 4420 – 4438.

[62] Ramella – Roman, J. C., S. A. Prahl, and S. L. Jacques. Three Monte Carlo programs of

polarized light transport into scattering media: Part II. Optics Express, 2005b, 13, (25): 10392 - 10405.

[63] Reynolds, L. O. and N. J. McCormick. Approximate two - parameter phase function for light scattering. Journal of the Optical Society of America, 1980, 70 (10): 1206 - 1212.

[64] Sassaroli, A . Fast perturbation Monte Carlo method for photon migration in heterogeneous turbid media. Optics Letters, 2011, 36 (11): 2095 - 2097.

[65] Schmitt, J. M. and G. Kumar. Optical scattering properties of soft tissue: A discrete particle model. Applied Optics, 1998, 37 (13): 2788 - 2798.

[66] Seo, I. , J. S. You, C. K. Hayakawa et al. Perturbation and differential Monte Carlo methods for measurement of optical properties in a layered epithelial tissue model. Journal of Biomedical Optics, 2007, 12 (1): 014030 - 15.

[67] Sharma, S. K. and S. Banerjee. Role of approximate phase functions in Monte Carlo simulation of light propagation in tissues. Journal of Optics A: Pure Applied Optics, 2003, 5 (3): 294 - 302.

[68] Sharma, S. K. and S. Banerjee. Volume concentration and size dependence of diffuse reflectance in a fractal soft tissue model. Medical Physics, 2005, 32 (6): 1767 - 1774.

[69] Sharma, S. K. , S. Banerjee, and M. K. Yadav. Light propagation in a fractal tissue model: A critical study of the phase function. Journal of Optics A: Pure Applied Optics, 2007, 8 (1): 1 - 7.

[70] Skipetrov, S. E. and S. S. Chesnokov. Analysis, by the Monte Carlo method, of the validity of the diffusion approximation in a study of dynamic multiple scattering of light in randomly inhomogeneous media. Quantum Elect ronics, 1998, 28 (8): 733 - 737.

[71] Tinet, E. , S. Avrillier, and J. M. Tualle. Fast semianalytical Monte Carlo simulation for timeresolved light propagation in turbid media. Journal of the Optical Society of America A, 1996, 13 (9): 1903 - 1915.

[72] Toublanc, D. Henyey - Greenstein and Mie phase functions in Monte Carlo radiative transfer computations. Applied Optics, 1996, 18 (18): 3270 - 3274.

[73] Tuchin, V. Tissue Optics - Light Scattering Methods and Instruments for Medical Diagnosis (2nd ed.), Bellingham, WA: SPIE Press, 2007.

[74] van de Hulst. H. C. Light Scattering by Small ParTicles. New York. NY: Dover Publications Inc. , 1957.

[75] Wang, L. and S. L. Jacques Hybrid model of Monte Carlo simulation and diffusion theory for light reflectance by turbid media. Journal of the Optical Society of America A, 1993, 10 (8): 1746 - 1752.

[76] Wang, L. S. L. Jacques, and L. Zheng. MCML—Monte Carlo modeling of photon transport in multi - layered tissues. Computer Methods and Programs in Biomedicine, 1995, 47 (2): 131 - 146.

[77] Wang, R. K. Modelling optical properties of soft tissue by fractal distribution of

scatterers. Journal of Modern Optics, 2000, 47 (1): 103 - 120.

[78] Wang, X., L. Wang, C. - W. Sun et al. Polarized light propagation through scattering medoa: Time - resolved Monte Carlo simulations and experiments. Journal of Biomedical Optics, 2003, 8 (4): 608 - 617.

[79] Watté, R., B. Aernouts, and W. Saeys. A multilayer Monte Carlo method with free phase function choice. Optical Modelling and Design II. SPIE. Brussels, Belgium, 2012.

[80] Watté, R., B. Aernouts, R. Van Beers et al. Modeling the propagation of light in realistic tissue structures with MMC - fpf: A meshed Monte Carlo method with free phase function. Optics Express, 2015, 23 (13): 17467 - 17486.

[81] Welch, A. J. and M. J. C. van Gemert. Optical - Thermal Response of Laser Irradiated Tissue. New York. NY: Plenum Press. 1995.

[82] Yang, L. and S. J. Miklavcic. Revised Kubelka - Munk theory III. A general theory of light propagation in scattering and absorptive media. Journal of the Optical Society of America A, 2005, 22 (9): 1866 - 1873.

[83] Zamora - Rojas, E., A. Garrido - Varo, B. Aemouts et al. Understanding near infrared radiation propagation in pig skin reflectance measurements. Innovative Food Sciences and Emerging Technologies, 2014, 22 (1): 137 - 146.

5　测定食品光学性质的参数估计方法

Kirk David Dolan，Haiyan Cen

5.1 引言

发明、设计或开发可以实际应用的新技术是工程研究的目标之一。为了实现这个目标，有两个不同途径：第一个是模拟，第二个是数据收集。模拟需要某类型的模型，这通常是数学模型。无论是软件还是硬件，数据收集需要仪器和原型的构建。在当今竞争激烈的世界中，两个方法缺一不可。只模拟会缺乏显现模型缺陷的试验验证。单靠数据收集无法确定未经测试的其他试验结果。结合这两个方法可以最大程度地了解如何有效地推进技术发展。

由于数据收集和模拟需要专业的训练，所以研究人员通常是其中一个领域的专家。参数估计是连接这两项活动的“桥梁”，它可以用来确定模型中的参数值以及误差结构。适当的参数估算技术可以帮助研究人员从两个领域中同时获得最大效益。

由于开发有效的光学传感技术进行食品特征、品质以及安全性的无损检测具有实际意义，所以解决逆向光学传输问题，即估算食品以及生物材料的吸收系数和约化散射系数（Reduced Scattering coefficients）等光学特性，引起了研究人员的极大兴趣。然而，由于数学模型的复杂性以及测量因变量（即漫反射率）时的潜在实验误差，使精确估算光学特性存在挑战。

因此，本章的目的是通过理论和实例描述如何在给定的数学模型中估算光学特性参数。本章首先定义正向和反向问题，然后简要阐明参数估计理论，最后给出一个用于半无限散射介质无穷小光束的稳定光源下通过蒙特卡罗（MC）模拟产生的漫反射曲线估算食品光吸收和约化散射系数的分布示例。这些参数不仅提供了光在食品中传播的量化信息，还可以用在评定食品特征、品质和安全性的预测模型中。

5.1.1 正向问题和反向问题

建模和模拟在工程文献中很常用，也在很多书籍的标题中出现。20 世纪中对物理模型进行建模和模拟取得了惊人的成就。在建模领域中，问题分为两类：正向问题和反向问题。许多关于建模和模拟的书籍专门讨论了正向问题。本章讨论参数估计，属于反向问题。

5.1.1.1 正向问题

在本章中，正向问题定义为“给定已知参数值，计算因变量”。它也以广义的方式描述为“由已知原因确定结果”。例如因变量反射率的修正 Gompertz 模型，见式（5.1）：

$$R(r) = \alpha + \beta\{1 - \exp[-\exp(\gamma - \delta r)]\} \tag{5.1}$$

式中 R——一个自变量的函数

r——散射距离

α、β、γ、δ——参数

式（5.1）中的修正 Gompertz 模型已用于描述在稳态光束光照条件下食品的空间分辨反射率（有关更多详细信息，见第 10 章）。如果参数 α、β、γ 和 δ 是已知的或

假定是已知的，那么正向问题是计算 α、β、γ 和 δ 任意组合下 R（r）的值。自变量的间隔可以尽可能小，并且可以计算出无限多个 R（r）。在大多数情况下，模型是常微分方程或偏微分方程（Partial differential equations，PDEs）系统，正向问题不需要迭代并且没有收敛问题。总而言之，正向问题仅需要一个数学模型，包括每个自变量的范围以及所有参数值。正向问题不需要数据，因此其不需要进行相关试验工作。正向问题完全可以在计算机上完成。当然，还需要实际试验工作以确认正向问题的结果。

正向问题是工程科学教科书中最常见的问题。许多商业软件程序可以使用数值方法（如有限元）来模拟非常复杂的几何方法解决偏微分方程系统的多物理场问题。不论问题有多复杂，只要所有参数已知，便可以用正向问题的解决方法求解。

5.1.1.2 反向问题

反向问题定义为“给定一组数据（x_i，y_i），确定数学公式中的常数”，其中 x_i 和 y_i 是一对观测值，分别代表自变量和因变量。可能存在多个自变量。描述反向问题的一种更通用的方法是“由已知结果确定未知原因”。回到式（5.1）的示例中，反向问题是给定一组反射率数据 R（r），确定参数 α，β，γ 和 δ 值。如果是非线性模型，需要对参数进行初步假定，并且必须基于准则进行迭代以寻求最优参数，例如残差（Residuals）最小二乘和的最小化，其中“残差 = 观察值 - 预测值”。预测值是通过模型［式（5.1）］计算的 R（r）值。对于非线性模型，可能会存在不收敛的情况，本章后续会进行讨论。

如果模型相对于每一个参数的一阶导数都不包含该参数，则该模型相对于所有参数都是线性的。还有一种表达是每个参数都出现在模型中，并提升为 1 的幂，否则该模型就其参数而言是非线性的。线性模型可以明确求出其所有参数值，不需要对参数进行假定。式（5.1）中的模型是非线性的，因为尽管 α 和 β 表示为 1 的幂，但 γ 和 δ 在指数函数内，R 关于 γ 和 δ 的一阶导数包含 γ 和 δ。该模型以及大多数光散射模型都是非线性的，需要对参数进行初步假定以及对反向问题进行迭代求解。

因为反向问题的最小化准则涉及残差向量，所以根据定义，反向问题需要数据，数据可以是试验得出的，也可以是模拟得出的。这一点将在下一节中讨论。综上所述，反向问题需要数学模型、自变量范围、一组数据，并且对于非线性模型需要参数的初始假定。

5.1.2 反向问题和参数估计的重要性

为什么反向问题很重要？谁需要知道反向问题？请考虑以下两个问题。

（1）我有一个带有参数的数学模型吗？

（2）我有数据吗？

如果两个问题回答都是“是”，那么就是反向问题。长久以来，工程实验室的许多研究人员回答这两个问题都是“是”，反向问题似乎对于工程师和很多科学家来说无处不在。

研究人员如何知道问题是正向问题还是反向问题？如果问题中的数据有误差，那就是反向问题。如果问题没有数据，它一定是正向问题，因为没有残差矢量。还有一种情况是将参数提供给研究人员，以便解决正向问题。在这种情况下，其他人会做反向问题来估计参数。一个简单的例子是确定引力常量（Gravitational constant），$g=9.81 m/s^2$，这已通过试验确定。所以，即使在这些情况下，在执行正向问题之前也存在反向问题。

正向问题和反向问题容易混淆的一个原因是，有人认为优化和反向问题是相同的。其实它们是不同的。混淆源于以下事实：非线性回归算法可用于优化和参数估计的最小化。但是，不同之处在于优化不需要数据，也没有误差。每次优化运行的结果均视为没有误差。相反，参数估计总要考虑数据中的误差。此外，优化中的系数可能有也可能没有物理意义。而参数估计中的参数通常具有物理意义，其误差和置信区间（Confidence interval）对于解释估计的参数值是必不可少的。

尽管工程师和科学家普遍需要反向问题，但很少有关于参数估计的大学课程。通常教材中的内容都是关于建模的，没有提到反向问题，好像建模完全由正向问题组成。但是，最终必须使用试验数据来确认正向问题的结果。综上所述，反向问题几乎对所有工程和科学研究均是必不可少的。然而，它的教学被正向问题的教学所忽视和掩盖。本章的目的是，为测量食品和农产品的光学特性感兴趣的研究人员和从业人员提供反向问题教程。

5.2 参数估计理论

了解参数估计理论的目的如下。

（1）预先知道哪些参数可以估计。

（2）预先知道最容易和最准确估计的是哪些参数。

（3）进行最佳的实验设计以使参数相关性和误差最小化。

（4）当参数估计不能进行时应排除故障。

假设真实模型（未知）是 η，然后将观察值 Y 描述为式（5.2）：

$$Y(x,\beta)=\eta(x,\beta)+\varepsilon(x,\beta) \tag{5.2}$$

式中 x——自变量

β——参数

ε——误差向量

误差向量为观察值与真实模型的值之差，见式（5.3）：

$$\varepsilon(x,\beta)=Y(x,\beta)-\eta(x,\beta) \tag{5.3}$$

从统计学上讲，我们不可能知道真实的模型，即使模型是基于公认的理论，也可能存在与试验设置不符的假设，例如假设一个二维模型，由于没有考虑到第三维度而存在小的误差。因此，将使用的模型定义为 f（x，b），其中 b 是真实参数的估计值。残差向量 e 见式（5.4）：

$$e(x,b)=Y(x,b)-f(x,b) \tag{5.4}$$

e 是误差向量 ε 的良好估计。

5.2.1 标准统计假设

如果以下关于测量误差的假设成立，则参数估计的结果将是非常准确的：①累计误差（Additive errors）；②零均值（Zero mean）；③常方差（Constant variance）；④误差是不相关的；⑤误差呈高斯分布。当有关误差的先验信息很少或没有时，建议使用普通最小二乘法（Ordinary least squares，OLS）。这些假设将通过参数估计后的残差分析进行检验。

如果不满足标准的统计假设，可以应用数据转换来满足这些假设。例如，如果方差（Variance）的绝对值（Absolute value）随 Y 增大，则违背了假设③。为了解释这一点，可以使用相对误差 = $(Y_{obs} - Y_{pred})/Y_{obs}$ 的平方和代替。分母中的 Y_{obs} 可以使相对误差沿 x 轴“缩放”到接近常数。还有一种处理非恒定方差或乘法误差（Multiplicative error）（违反了假设①）的常用方法是对 Y 值取对数，这也会产生沿 x 轴更恒定的方差。

5.2.2 标度灵敏度系数

参数估计涉及从参数微小变化引起的因变量变化中推断出参数值。在最坏的情况下，如果一个很小的参数变化没有引起因变量的变化，那么这个参数显然不能被估计。该参数对模型没有影响，可以删除或设置为任何值。在最极端的情况下，参数中的一个非常小的变化会导致模型中一个非常大的变化。在这种情况下，可以很容易地估计出该参数，并且误差很小。有一种例外情况是该参数与另一个参数完全相关（ρ = 1.0）。该种情况下，两个相关参数中任何一个引起的模型变化都是完全相同的，所以无法区分这两个参数的单独作用。这两个参数的组合，例如比值（Ratio）或乘积（Product），仍然可以估计，但这些参数不能同时单独估计。

上述内容也可以用数学方式表示见式（5.5），β_i 的灵敏度系数 X_i 为：

$$X_i = \frac{\partial \eta}{\partial \beta_i} \tag{5.5}$$

如果 X_i 与所有的参数 β 无关，那么该模型相对于参数是线性的；否则，该模型是非线性的。

灵敏度矩阵 X 是灵敏度系数的 $n \times p$ 矩阵（n 是数据的个数，p 是参数的个数），其中每一列对应于模型中的一个参数：

$$X = \left(\frac{\partial \eta_1}{\partial \beta_i}\right) \cdots \left(\frac{\partial \eta_1}{\partial \beta_j}\right) \begin{bmatrix} \left(\frac{\partial \eta_1}{\partial \beta_1}\right) & \cdots & \left(\frac{\partial \eta_1}{\partial \beta_j}\right) \\ \vdots & \ddots & \vdots \\ \left(\frac{\partial \eta_n}{\partial \beta_1}\right) & \cdots & \left(\frac{\partial \eta_n}{\partial \beta_p}\right) \end{bmatrix} \tag{5.6}$$

通过比较绘制的灵敏度系数的形状，也可以确定任意两个参数之间的相关性。任何两个形状相似的参数都彼此相关，更加难以估计。如果 X_i 可以与不同的常系数相加等于 0，那么并非所有的参数都可以单独估计。

$$D_1 \frac{\partial \eta}{\partial \beta_1} + D_2 \frac{\partial \eta}{\partial \beta_2} + \cdots + D_p \frac{\partial \eta}{\partial \beta_p} = 0 \tag{5.7}$$

其中，D_i是常数。应该检查该条件以确保参数没有线性相关性。

为了确定灵敏度系数是否“大”，必须将 X 缩放为与因变量相同的单位。以式（5.5）乘以β_i来求标度灵敏度系数（Scaled sensitivity coefficient）S_i的值：

$$S_i = \beta_i \frac{\partial \eta}{\partial \beta_i} \tag{5.8}$$

每个S_i与预测值 η 一起绘制在同一图上。确定其“大小”时，将负值视为正值。S_i 最大、相关性最小的参数是最容易估计的参数，且误差最小。

除非是导数在解析推导上很简单，否则在大多数情况下，明智的做法是使用数值差分近似来绘制 S_i，如正向差分。使用有限差分法可以避免求解析导数时的误差。

作者的经验是最大 S_i 值小于总 η 跨度的5%的参数很难估计，应该从模型中移除或者固定为某个值，而不是进行估计。

5.2.3 普通最小二乘法

最常用的参数估计准则是最小化误差平方和。对于所有假设都成立的标准情况，有多种非线性回归方法将执行普通最小二乘法。虽然没有必要了解程序的所有内部工作原理，但当普通最小二乘法不工作时，了解一些关键指标有助于诊断错误消息。

在进行参数估计时，一个常见的错误是灵敏度矩阵［式（5.6）］被报告为“错误的”并且“参数估计可能不可靠”。在这种情况下，首先检查所有的参数合理估计的标度灵敏度系数 S_i。如果任何 S_i太小，即小于5%，则考虑将该参数设置为常数值并将其从估计值中删除。把每个参数集设置为一个常数，这样做将减少雅可比矩阵（Jacobian）中的列数。接下来，通过观察两个 S_i 的形状是否相似，来检查灵敏度系数中的任意两者是否高度相关。如果两个 S_i 的比值接近于常数，则可能必须将一个相应的参数固定为常数。

然后检查条件数是否小于100 万个。如果条件数远远大于100 万，则估计是不可靠的。可将一个或多个参数保持恒定或将其删除以减轻该问题。同样，如果参数的数量级不同，则考虑将它们归一化，使它们进入雅可比矩阵时范围都是0～1。通过除以参数的估计值，可以在因变量的方程内进行归一化。

只要其余所有参数的 S_i 都很大且不相关，那么OLS 应该可以正常运行。如果仍然存在问题，那么最好只选择一个参数，并确保代码对该参数有效。然后，根据 S_i 的大小依次添加参数，测试每个附加参数的代码。当发现有问题的参数时，应该将其设置为常数值或从模型中删除。

5.2.4 参数置信区间

知道参数的值，而没有置信区间或误差估计，则无法解释参数估计。所有估计值都应确定其置信区间。最常用的方法是确定非线性模型的渐近置信区间（Asymptotic confidence interval)：

$$b_i \pm \sigma_i t_{(1-0.5\alpha)v} \tag{5.9}$$

式中 b_i——第 i 个参数的参数估计值

t——置信水平（1～0.5）α 下 t 统计量的值，其中 α 通常为 0.05

σ_i——第 i 个参数的标准误差

根据对称参数方差－协方差（Variance－Covariance）矩阵的对角线计算得出，这两个参数如下所示：

$$\begin{pmatrix} \sigma_1^2 & \sigma_{12} \\ \sigma_{21} & \sigma_2^2 \end{pmatrix} \tag{5.10}$$

虽然渐近区间是近似的，但它们的计算效率最高，并且给出了一个易于解释的对称区间。更准确的方法是使用 Bootstrapping 法和 MC 方法。简而言之，Bootstrapping 法是一种数据或残差可置换的随机重采样方法。每次对 n 个数据或残差进行重采样，都会产生一个新的合成数据集。将非线性回归应用于合成集，得到一组新的参数。这样做 500～1000 次会得到参数值的分布。通过对 1000 个参数值从低到高的排序，并确定最低的 2.5% 和最高的 2.5% 的值，就可以在这两个水平上得到非对称自展置信区间。

5.2.5 残差分析

在进行参数估计并查看 Y 的预测值和 Y 的观测值后，应将残差绘制成散点图和直方图。应根据这些残差图和结果评估每个标准统计假设。通过查看残差与因变量的关系可以确认可加性误差，以确保误差不会随着 Y 的增加而增加。通过计算均值并查看其与零的接近程度可以确认零均值。通过查看残差与自变量之间的关系，可以确定恒定方差，以确保带宽几乎是恒定的。相关性可以通过残差图而不是随机散点图来观察。定义游程等于残差穿过零线的次数。一个有用的准则是，当游程数≥（$n+1$）/2 时，残差不相关。高斯分布可以通过直方图的形状来观察或通过其他统计检验进行定量检验。

5.2.6 序贯估计

有一种比普通最小二乘法（OLS）有一定优势的方法是序贯估计（Sequential estimation）。该方法的优点是可以在添加每个数据点时估计所有的参数，从而能够在试验过程中跟踪参数的演化。为了获得这些优点，必须提供以下前提信息：①参数协方差矩阵（Covariance）P 的估计；②因变量误差 $\boldsymbol{\Psi}$ 的协方差矩阵的估计；③参数值的估计。这种方法十分实用，只需要基于研究人员的经验或以前的试验结果进行合理的估计。若值近似，则使用最大后验估计（Maximum a posteriori estimation，MAP）。

对于线性问题，利用矩阵求逆引理（Matrix inversion lemma）推导序贯过程。指标 m 是在任何时候观测的次数，例如两个因变量的多重响应，其中 $m=2$，p 是参数的数量。过程如下所示，等式左侧给出了每个矩阵的维数［式（5.11）～式（5.16）中的所有项都是矩阵］：

$$[p \times m]\ A_{i+1} = P_i X_{i+1}^T \tag{5.11}$$

$$[m \times m]\ \Delta_{i+1} = \psi_{i+1} + X_{i+1} A_{i+1} \tag{5.12}$$

$$[p \times m]\ K_{i+1} = A_{i+1} \psi_{i+1}^{-1} \tag{5.13}$$

$$[m \times 1]\ e_{i+1} = Y_{i+1} - \widehat{Y}_{i+1} = Y_{i+1} - X_{i+1} b_i \tag{5.14}$$

$$[p \times 1]\ b_{i+1} = b_i + K_{i+1} e_{i+1} \tag{5.15}$$

$$[p \times p]\ P_{i+1} = P_i - K_{i+1} X_{i+1} P_i \tag{5.16}$$

式中　b_{i+1}——新数据点 $i+1$ 的更新参数值，其中 e 是残差向量

X——灵敏度矩阵

Y——因变量的观察值

$\hat{Y}$——预测值

对于非线性问题，Beck 和 Arnold 给出了类似的程序。他们的程序在“迭代”循环中使用上述引理，多次循环运行上述引理，直到最终的参数值达到容差（Tolerance）为止。参数估计值归一化，并与自变量一起绘图。一个合适的模型在试验结束前——最好是在试验完成一半之后——所有参数估计值几乎达到恒定。如果在试验结束时任何一个标准化参数都没有达到恒定，那么该模型就需要对这些数据进行修正。

5.3　案例分析

现提供一个案例来说明如何使用上述参数估计过程来估计食品的光学吸收和散射系数。通过 MC 模拟，得到了半无限散射介质上无限小光束稳态光照的空间分辨反射率数据。

当散射占主导地位时，光在介质中的传播可以用漫射近似方程来描述（详见第 3 章）。漫射方程的直接解与适当的边界条件相结合，称为正向问题，提供了介质中光传输的定量描述。相应的反向问题又称为反向辐射输运问题，用来估计散射介质的光学特性。在本节中，将 Cen 等所做的模拟研究作为测定食品光学特性的参数估计的示例。（本书中的大部分内容都是在出版者允许的情况下摘抄的，与 Cen 等的原稿相比有一些改动。）

选择 36 种不同的吸收系数（μ_a）和约化散射系数 μ_s' 及其传输平均自由程 $[1\text{mfp}' = (\mu_a + \mu_s')^{-1}]$ 的组合（表 5.1），其值的范围很广：$0.004 \leqslant \mu_a \leqslant 0.800\text{mm}^{-1}$，$0.40 \leqslant \mu_s' \leqslant 4.00\text{mm}^{-1}$ 和 $5 \leqslant \mu_s'/\mu_a \leqslant 100$。这些值是根据已发表的水果和其他食品的光学特性数据选择的。假设散射介质是半无限的，其折射率为 1.35，与水果的折射率相似，周围介质的折射率为 1.0，与空气的折射率相同。MC 方法（详见第 4 章）用于验证漫射模型和反向算法，该算法为量化难以直接测量的光传输的光学特征提供了最灵活、最准确的方法。在将无限小光束正常照射到半无限散射介质上的情况下，首先用表 5.1 中给出的光学特性通过 MC 方法生成低噪声漫反射率曲线（空间分辨测量的理论和技术见第 3 章和第 7 章）。然后通过逆算法将空间分辨的反射率曲线拟合为漫射模型，以推断食品的光学特性。

表 5.1　在 MC 方法中使用的吸收系数（μ_a）和约化散射系数（μ_s'）以及相应的传输平均自由程（mfp′）的 36 种组合

组号	μ_a/mm^{-1}	μ_s'/mm^{-1}	mfp′/mm	组号	μ_a/mm^{-1}	μ_s'/mm^{-1}	mfp′/mm
1	0.080	0.40	2.08	19	0.008	0.40	2.45
2	0.140	0.70	1.19	20	0.014	0.70	1.40
3	0.200	1.00	0.83	21	0.020	1.00	0.98
4	0.400	2.00	0.42	22	0.040	2.00	0.49
5*	0.600	3.00	0.28	23	0.600	3.00	0.33
6*	0.800	4.00	0.21	24	0.800	4.00	0.25
7	0.040	0.40	2.27	25	0.006	0.40	2.46
8	0.070	0.70	1.30	26	0.010	0.70	1.41
9	0.100	1.00	0.91	27	0.014	1.00	0.99
10	0.200	2.00	0.45	28	0.029	2.00	0.49
11	0.300	3.00	0.30	29	0.043	3.00	0.33
12*	0.400	4.00	0.23	30	0.057	4.00	0.25
13	0.020	0.40	2.38	31	0.004	0.40	2.48
14	0.035	0.70	1.36	32	0.007	0.70	1.41
15	0.050	1.00	0.95	33	0.010	1.00	0.99
16	0.100	2.00	0.48	34	0.020	2.00	0.50
17	0.150	3.00	0.32	35	0.030	3.00	0.33
18	0.200	4.00	0.24	36	0.040	4.00	0.25

注：* 数据分析中排除了这些组。

[Cen, H., R. Lu and K. Dolan. Inverse Problems in Science and Engineering, 2010, 18 (6): 853-872.]

5.3.1　模型选择

辐射传输方程（RTE）的漫射近似（Diffusion approximation）是描述光在生物材料中传播的使用最广的模型。Haskell 等提出的稳态漫射模型见式（5.17）：

$$D\nabla^2\Phi(r)-\mu_a\Phi(r)=-S(r) \tag{5.17}$$

式中　r——(x, y, z)

$D=1/3[(\mu_a+\mu_s')]$——漫射常数

$S(r)$——各向同性散射光源

该 PDE 可以通过数值方法或分析方法求解。数值方法的主要缺点是计算复杂、计算时间长，特别是对于求解反向问题。可以从式（5.17）得出针对均匀介质的几种解析解。Farrell 等使用外推边界条件从漫射方程推导了解析解，介质的漫反射率计算为通过边界的光通量，其来自位于 1 个传输平均自由程深处的单个各向同性点光源。后来，Kiele 和 Patterson 提出了一种改进的解析解，方法是将辐射率计算为各向同性辐射能流率（Isotropic fluence rate）Φ（r，$z=0$）和光通量 J（r）之和，如第 3 章 3.6.1 节所述。因此，半无限介质表面的反射率 R（r）可以视为光源到检测器距离（r）以及介质的两个未知光学参数的函数，如式（5.18）所示：

$$R(r) = C_1\Phi(r,\mu_a,\mu_s',z=0) + C_2J(r,\mu_a,\mu_s') \tag{5.18}$$

辐射能流率 Φ（r，μ_a，μ_s'，$z=0$）和光通量 J（r，μ_a，μ_s'）是与 r，μ_a 和 μ_s' 相关的两个函数（更多细节见第 7 章）。然后可以通过使用测得的漫反射率和光源到检测器距离解决逆向光传输问题，从而估算出两个未知的光学参数。

5.3.2 数据转换和加权方法

当原始数据不满足 5.2.1 节中给出的统计假设或者数据范围涵盖几个数量级时，通常会应用数据转换。在本章中，反射率数据（因变量 Y）沿光源到检测器距离（因变量 X）急剧下降，并且应用非线性回归时，违反了 Y 数据误差的高斯分布和 x 轴误差的方差恒定的统计假设。因此，我们将对数和积分变换应用于 MC 方法的模拟数据和漫射模型[式（5.19）]，以使模拟数据满足统计假设。在对数转换中，式（5.19）的自然对数称为对数变换漫射模型（Logarithm - Transformed diffusion model，LTDM），定义为式（5.19）：

$$R_{\lg}(r) = \lg[C_1\Phi(r,z=0) + C_2J(r,z=0)] \tag{5.19}$$

式（5.19）的积分定义为积分变换漫射模型（Integral - Transformed diffusion model，ITDM），计算方法见式（5.20）：

$$\begin{aligned} R_{\text{int}}(r) &= \int_0^r R(\rho)\rho \mathrm{d}\rho \\ &= C_1[f(r,z_0) - f(r,z')] + C_2[g(r,z_0) + g(r,z')] \end{aligned} \tag{5.20}$$

其中

$$z' = z_0 + 2z_b \tag{5.21}$$

$$f(r,z) = \frac{1}{4\pi D\mu_{\text{eff}}}\{\exp(-\mu_{\text{eff}}z) - \exp[-\mu_{\text{eff}}(r^2+z^2)^{1/2}]\} \tag{5.22}$$

$$g(r,z) = \frac{1}{4\pi}\{\exp(-\mu_{\text{eff}}z) - z(r^2+z^2)^{-1/2}\exp[-\mu_{\text{eff}}(r^2+z^2)^{1/2}]\} \tag{5.23}$$

如果 Y 数据的散点为高斯分布，并且在 x 轴的所有值上散点的方差均相同，则可以通过最小二乘法估计正确的参数，而且无需任何数据转换。但是，在某些情况下，散点的方差通常会随着 Y 的增加而增加。对于这种类型的数据，最小二乘法是不合适的，因为它对平方和值上具有较大 Y 值的点往往会给过大的权重，而忽略具有较小 Y 值的点。为了克服这个问题，在非线性回归中也可以采用适当的加权方法。一种常见的方法是相对权重，最小化数据与曲线之间的相对距离的平方和 $[\sum(R_{\text{obs}}-R_{\text{pred}})/R_{\text{obs}}]^2$，其中 R_{obs} 是试验数据，R_{pred} 是漫射模型预测的反射率。使用相对权重漫射模型（Relative - Weighting diffusion model，RWDM）进行非线性最小二乘曲线拟合以提取光学特性，并将结果与通过绝对权重的数据转换方法获得的结果进行比较$[\sum(R_{\text{obs}}-R_{\text{pred}})^2]$。

5.3.3 标度灵敏度系数

在进行灵敏度分析时，针对相应的变换后的漫反射曲线，原始漫射模型（Original diffusion model，ODM）的 LTDM、ITDM 和 RWDM 的吸收系数和约化散射系数的灵敏度系数计算为光源到检测器距离（范围介于 1mfp′和 10mm 之间）的函数。$\mu_a=0.006\mathrm{mm}^{-1}$，$\mu_s'=0.40\mathrm{mm}^{-1}$和$\mu_a=0.057\mathrm{mm}^{-1}$，$\mu_s'=4.00\mathrm{mm}^{-1}$的两组光学特性的灵敏度系数以及漫反射率如图 5.1 所示。在这 4 种模型中，约化散射系数的灵敏度系数的大小通常更接近于 R 的对应值的大小。此外，这两个灵敏度系数的形状也有很大的不同。这表明，μ_s'的灵敏度系数的值“大”（即在 R 的数量级），且与μ_a的灵敏度系数（不同的形状）的值不相关，除图 5.1(1－2）中距离大于 3mm 的灵敏度系数外，上述 4 种模型均是估计μ_s'的理想条件。此外，一般来说，与远的光源－检测器距离相比，在近的光源－检测器距离处μ_s'的灵敏度系数更接近反射率 R 的值，而对于μ_a的灵敏度系数却有所不同。这是因为在散射主导条件下（$\mu_s' \gg \mu_a$），接近和远离光源入射点的漫反射率对介质光学特性的灵敏度不同。总体而言，靠近光源的信号在很大程度上取决于约化散射特性，而远离光源的信号则很大程度上依赖于吸收效果。该信息对确定曲线拟合的光源到检测器距离最小值和最大值有用，并为选择合适的数据转换和加权方法提供了指导。

由于μ_a比μ_s'值小得多，μ_a的灵敏度系数的值比μ_s'的灵敏度系数的值小，特别是对于 ODM［图 5.1（1－1）和图 5.1(1－2)］而言。但是，使用数据变换或相对加权的方法，吸收的灵敏度系数的值增加，如图 5.1（2－1）～图 5.1（4－2）所示。这意味着通过使用数据转换或相对加权的方法可以更好地估计μ_a。由于在大多数情况下，约化散射的灵敏度系数的值仍然比吸收系数的灵敏度系数的值大。因此，平均而言，对于漫射模型，约化散射系数μ_s'的估计值比μ_a更准确。

5.3.4 参数估计

在$\mu_s'/\mu_a=5$ 的 1～4 组的由漫射模型计算得到的反射率曲线与 MC 方法模拟得到的反射率曲线之间差异很大，只有 $10\leqslant\mu_s'/\mu_a\leqslant100$（此区间内共 29 组，见表 5.1）的光学特性用于参数估计。将 ODM、LTDM、ITDM 和 RWDM 拟合到具有光学特性真实值的 MC 方法模拟数据中来估算散射介质的吸收系数和约化散射系数的相对误差，如图 5.2 所示。从 ODM、LTDM、ITDM、RWDM 中提取的 29 组光学特性的平均相对误差中，μ_a的平均相对误差分别是 16.8%，10.4%，10.7%，11.4%；μ_s'的平均相对误差分别为 8.1%，6.6%，7.0%，7.1%。μ_s'得到了更好的估计，这与灵敏度分析结果一致。从这些模型获得的估计μ_a和μ_s'的相对误差图与 29 个模拟组相似。对于相同比率的μ_s'/μ_a，除了$\mu_s'/\mu_a=10$ 外，ODM 的较大μ_a误差出现在具有最大和最小 mfp′的组。这可能是因为与图 5.1（1－2）的 mfp′的最佳位置相比，对于 mfp′较大的组，预先选择的 1.5mm 的最小光源－检测器距离太小，并且漫射理论不能解释这些小的光源－检测器距离所遇到的反射的非漫射分量。由于消除了光源附近的反射率数据，mfp′值较小的组，用 ODM 估计μ_s'也得到相对较大的误差［图 5.2（2）］。因此，在试验设计和曲线拟合过程中，选择一个最佳的光源－检测器距离范围是非常重要的。由图 5.2 可

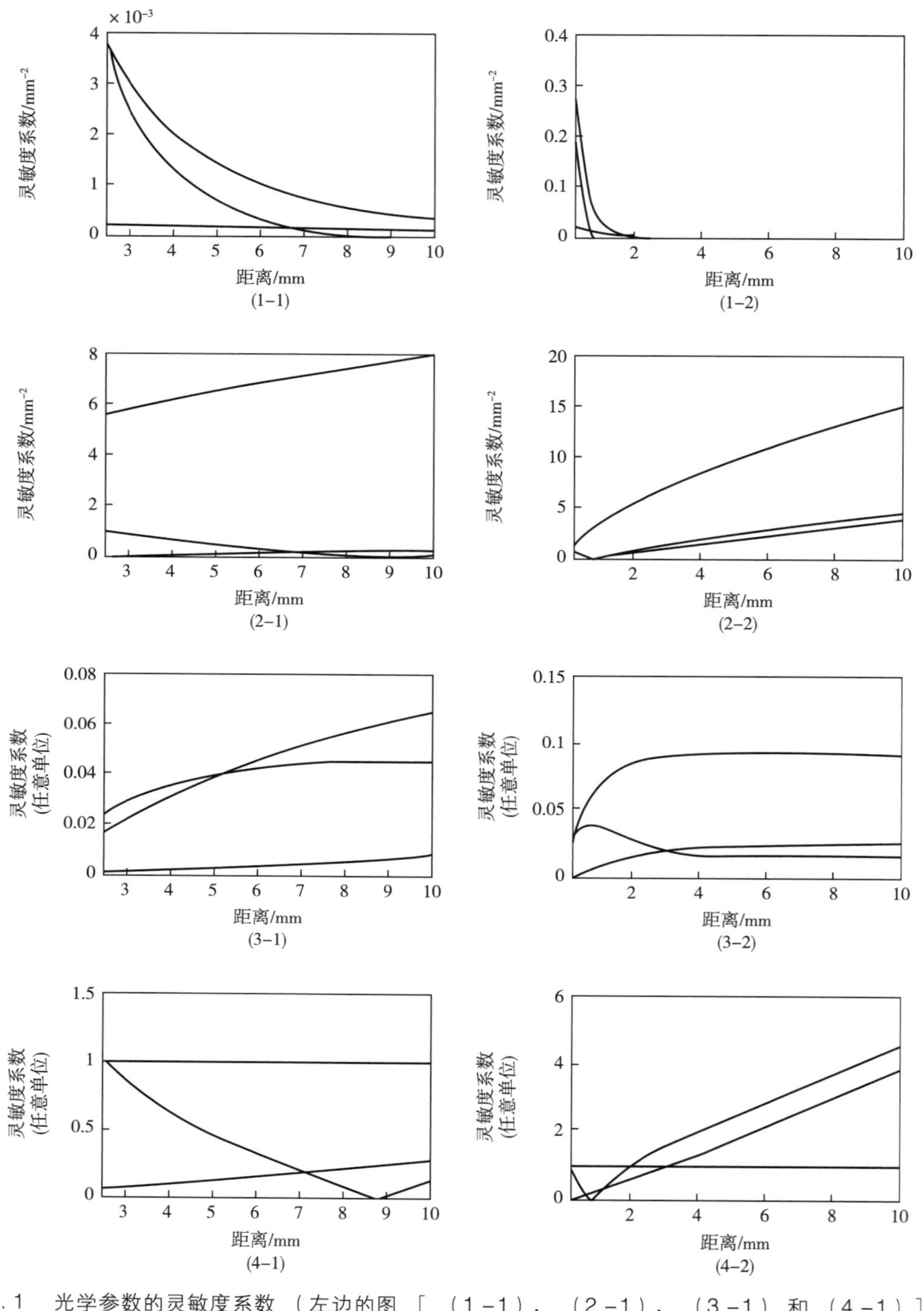

图 5.1 光学参数的灵敏度系数（左边的图［（1-1），（2-1），（3-1）和（4-1）］，μ_a=0.006mm^{-1}，μ_s'=0.40mm^{-1}；右边的图［（1-2），（2-2），（3-2）和（4-2）］，μ_a=0.057mm^{-1}和μ_s'=4.00mm^{-1}；随着 ODM［（1-1）和（1-2）］，LTDM［（2-1）和（2-2）］，ITDM［（3-1）和（3-2）］和 RWDM［（4-1）和（4-2）］光源-检测器距离的变化

注：实线是反射率 R 的，虚线是μ_a的，点线是μ_s'的。

［资料来源：Cen，H.，R. Lu 和 K. Dolan. Inverse Problems in Science and Engineering，2010，18（6）：853-872.］

以看出，μ_a 和 μ_s'的误差曲线非常对称，表明它们是高度相关的。因此，在非线性最小二乘法中，当一个参数被高估时，另一个可能被低估。

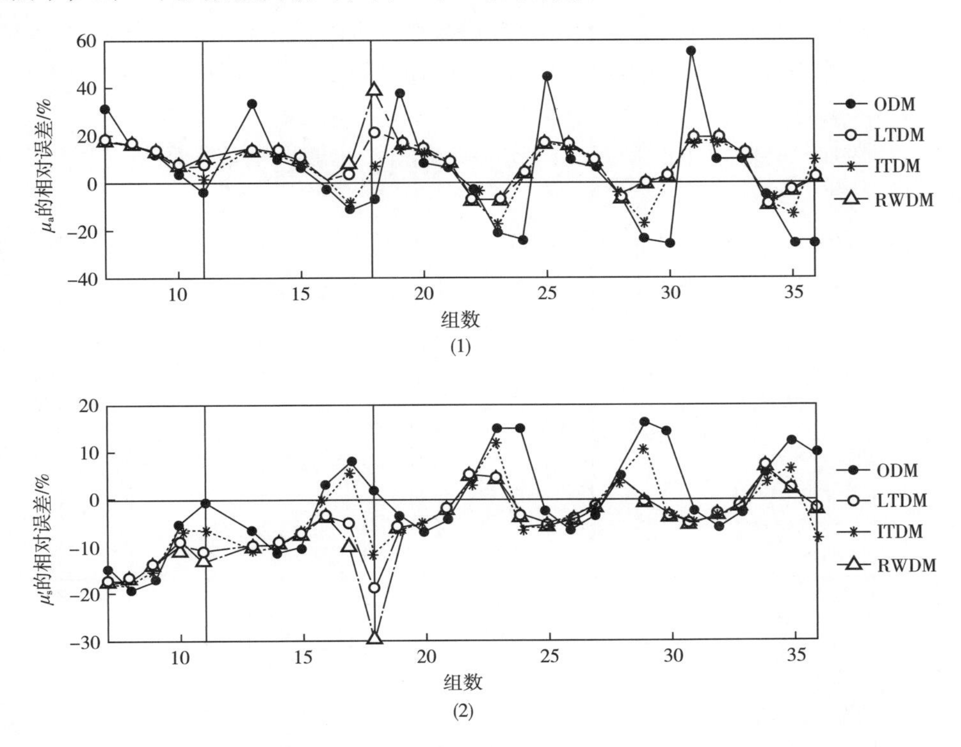

图 5.2　由原始模型、数据转换和相对加权方法估计表 5.1 中 36 组μ_a（1）和 μ_s'(2）的相对误差

[资料来源：Cen，H.，R. Lu K. Dolan. Inverse Problems in Science and Engineering，2010，18（6）：853 – 872.]

当数据转换和加权方法应用于大多数数据组时，估计 μ_a 和 μ_s'的误差急剧减少。原始数据的对数变换估计两个光学参数的平均误差最小，得到了最好的结果。然而，对于 11 组（$\mu_a = 0.300\text{mm}^{-1}$，$\mu_s' = 3.00\text{mm}^{-1}$）和 18 组（$\mu_a = 0.200\text{mm}^{-1}$，$\mu_s' = 4.00\text{mm}^{-1}$），与原模型的结果相比，数据转换和加权方法并没有产生更小的误差。

5.3.5　光学特性和因变量的统计结果

进行统计分析以解释参数估计的结果。计算出相对误差、残差、平方和、方差 – 协方差矩阵和置信区间的非线性最小二乘法估计基于一组统计假设。参数估计的结果进一步通过检查这些假设的有效性进行验证。本章中，自变量（光源 – 检测器距离 r）是已知的，因此所有“误差”来自因变量（反射率 R）。对于不同的数据转换/加权方法，根据图 5.3 所示的残差与光源 – 检测器距离的关系图进行第 25 组和第 30 组的运行测试（符号变化加 1）。对于 ODM、LTDM、ITDM 和 RWDM，平均游程数分别为 4.5，42，3，41。沿光源 – 检测器距离的独立干扰的预期游程约为测量数据点的一半。每组有 86 个观测值，并且来自 ODM 和 ITDM 的游程数远小于 86/2 = 43，而来自 LTDM 和 RWDM 的游程数接近预期数。对于其他情况，获得的游程数相似。表明 ODM 和 ITDM 中的残差高度相关，这与误差不相关的假设矛盾。因此，对于参数估计，选择原始模型或积分变换是不可取的。ODM、LTDM、ITDM 和 RWDM 中第 25 组和第 30 组的残差频率如图 5.4 所示。除图 5.4（3-2）之外，残差的分布大致遵循正态分布。对其他光学特性组进一步检查残差分布，它们遵循如图 5.4 所示的相似图形：LTDM 和 RWDM 始终表现为正态分布，而在某些情况下，使用 ODM 和 ITDM 与正态分布假设不符。因此，对数变换和相对加权方法对于混合介质的吸收系数和约化散射系数精确估算更适合且更可靠。

例如，对第 25 组和第 30 组（表 5.1）使用 LTDM 方法的非线性最小二乘法提取的估计光学参数，如表 5.2 所示。

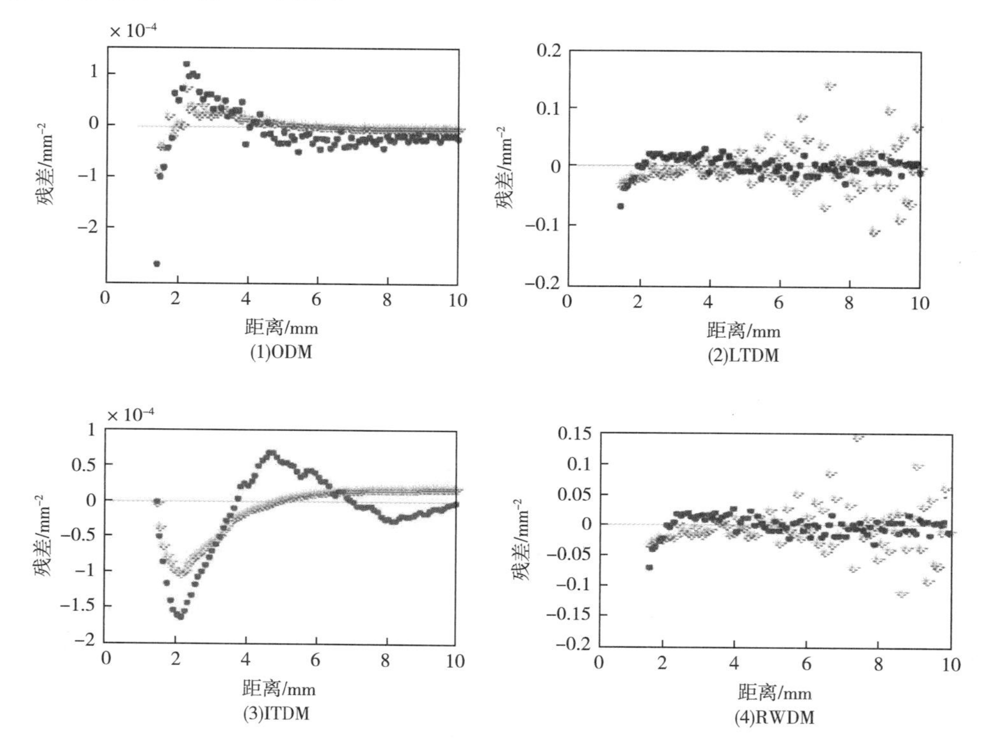

图 5.3　反射率数据的残留图与光源－检测器距离的关系

注：其中 $\mu_a = 0.006\text{mm}^{-1}$ 和 $\mu_s' = 0.40\text{mm}^{-1}$ 为点曲线；$\mu_a = 0.057\text{mm}^{-1}$，$\mu_s' = 4.00\text{mm}^{-1}$ 为星号曲线。

［资料来源：Cen，H.，R. Lu 和 K. Dolan. Inverse Problems in Science and Engineering，2010，18（6）：853－872.］

表 5.2　　用 LTDM 法估计光学参数的统计结果

组号	参数	真值 /mm⁻¹	估计值 /mm⁻¹	标准误差 /mm⁻¹	相对误差 /%	95% 渐近置信区间
25	μ_a	0.006	0.007	0.0015	16.7	[0.0069，0.0072]
	μ_s'	0.40	0.38	0.023	-5.0	[0.377，0.381]
30	μ_a	0.057	0.059	0.0129	3.5	[0.0560，0.0616]
	μ_s'	4.00	3.88	0.660	-3.0	[3.734，4.002]

［资料来源：Cen，H.，R. Lu and K. Dolan. Inverse Problems in Science and Engineering，2010，18（6）：853－872.］

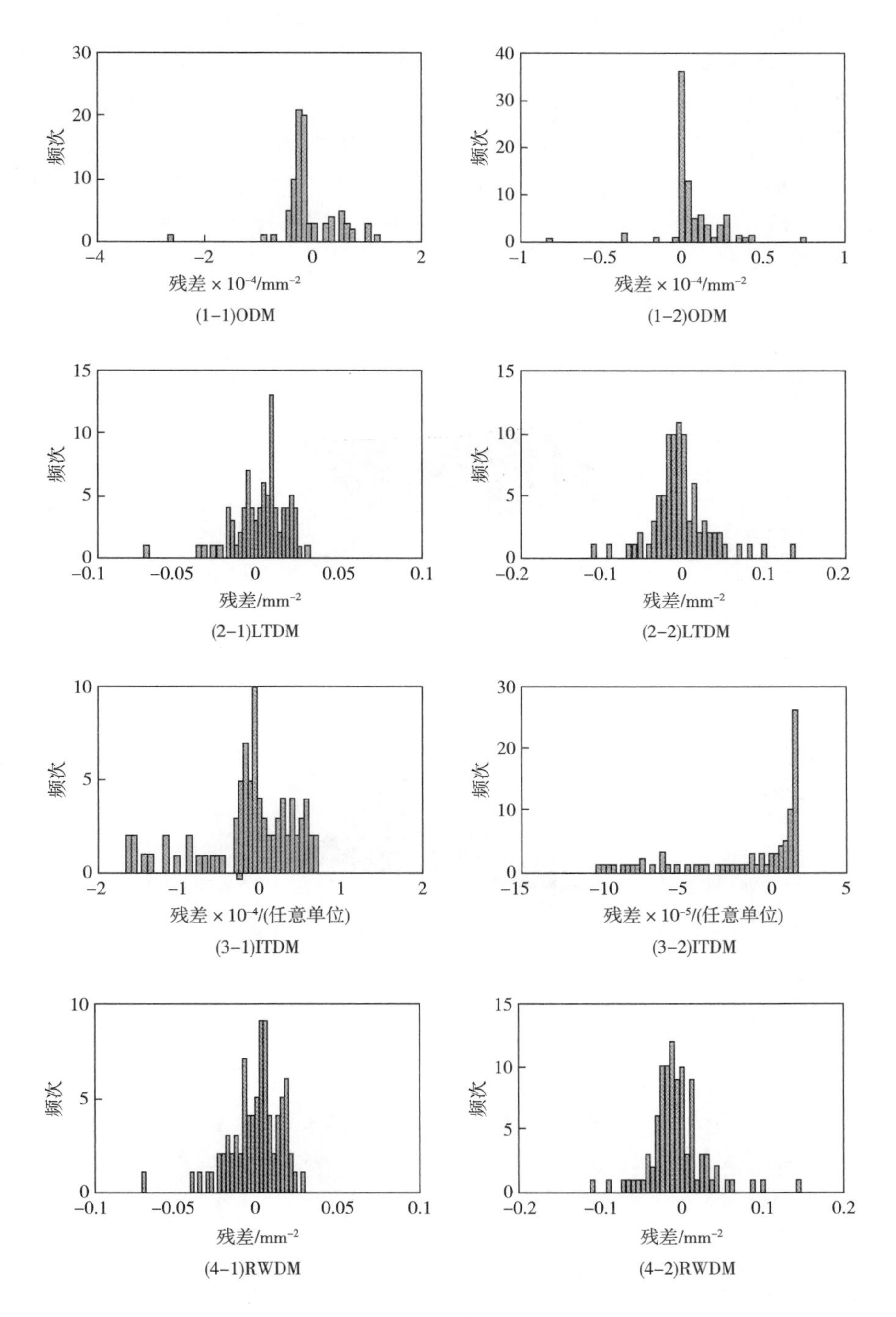

图 5.4　来自 ODM、LTDM、ITDM 和 RWDM 的反射率数据的残差直方图

注：①左侧的图［（1-1），（2-1），（3-1），（4-1）］，$\mu_a=0.006\text{mm}^{-1}$ 和 $\mu_s'=0.40\text{mm}^{-1}$；

②右侧的图［（1-2），（2-2），（3-2），（4-2）］，$\mu_a=0.057\text{mm}^{-1}$，$\mu_s'=4.00\text{mm}^{-1}$。

［资料来源：Cen, H., R. Lu and K. Dolan. Inverse Problems in Science and Engineering, 2010, 18 (6): 853-872.］

图5.5显示了相应的平方和的三维（3D）图，提供有关标准误差，置信度区间，以及非线性回归程序的相对收敛性。图5.5（1）中的平方和表面沿μ_a轴和μ_s'轴两个方向都比图5.5（2）中浅得多，导致第25组难以收敛到该表面上的最低点，同时很容易直观地得到图5.5（2）中第30组的最优μ_a和μ_s'。对于这两组，两个图的表面沿μ_a轴的方向比沿μ_s'轴的方向浅，导致μ_a的标准误差和置信区间比μ_s'的大，这与表5.2中所示结果一致。如果曲线沿μ_a轴和μ_s'轴的变化更陡峭，则其有更好的收敛性。

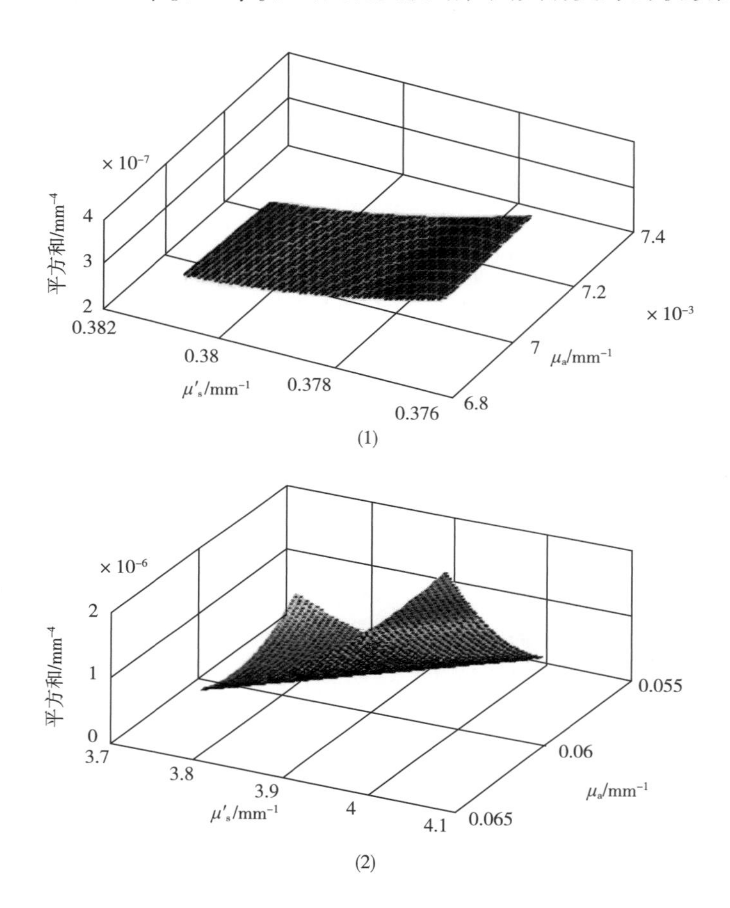

图5.5 用LTDM方法的（表5.1）第25组（1）和第30组（2）平方和的三维图

［资料来源：Cen，H.，R. Lu and K. Dolan. Inverse Problems in Science and Engineering，2010，18（6）：853－872.］

5.4 小结

本章提供了连接模拟和数据收集的坚实“桥梁”。通过演示如何根据试验数据采用非线性模型估算光学特性，将两个研究领域汇集在一起。案例研究表明参数估计技术对于准确估计食品的光学吸收系数和约化散射系数非常重要。

参数估计的重要性在于它可以归纳仅从一些特定条件所获取的数据，从而使其他人可以预测在未设定的条件下发生的结果。参数估计的理论包括绘出标度灵敏度系数以确定哪些参数可以估计，哪些参数最准确，哪里是试验过程中估计每个参数的最佳区域。该过程不需要数据，但需要合理估计参数。

只有在上述这些正向问题的准备好之后，才能有效而可靠地进行参数估计。残差分析可以揭示执行的模型效果如何，以及显示参数和相关矩阵的相对误差。序贯估计（Sequential estimation）是一个选项，可进一步了解参数如何随每个附加基准变化。案例研究展示了本章每一部分内容如何实施。

作者希望其他研究者能够验证本章中的这一理论和发现。希望我们所描述的方法能够帮助光学建模领域的其他研究者。

参考文献

[1] Beck，J. V. and K. J. Arnold. Parameter Estimation in Engineering and Science. New York：John Wiley & Sons，1977.

[2] Beck，J. V. and K. J. Arnold. Parameter Estimation in Engineering and Science Revised Chapter 6. Okemos，MI：Beck Engineering Consultants Company，2007.

[3] Bonate，P. L. Pharmacokinetic – Pharmacodynamic Modeling. New York：Springer，2011.

[4] Budiastra，I. W.，Y. Ikeda and T. Nishizu. Optical methods for quality evaluation of fruits （Part 1）—Optical properties of selected fruits using the Kubelka – Munk theory and their relationships with fruit maturity and sugar content. Journal of JSAM，1998，60 （20）：117 – 128.

[5] Cen，H.，R. Lu and K. Dolan. Optimization of inverse algorithm for estimating optical properties of biological materials using spatially – resolved diffuse reflectance. Inverse Problems in Science and Engineering，2010，18 （6）：853 – 872.

[6] Cubeddu，R.，C. D' Andrea，A. Pifferi，P. Taroni，A. Torricelli，G. Valentini，M. Ruiz – Altisent et al. Time – resolved reflectance spectroscopy applied to the nondestructive monitoring of the internal optical properties in apples. Applied Spectroscopy，2001，55 （10）：1368 – 1374.

[7] Dolan，K. D. Estimation of kinetic parameters for nonisothermal food process. Journal of Food Science，2003，68：728 – 741.

[8] Farrell，T. J.，M. S. Patterson and B. Wilson. A diffusion – theory model of spatially – resolved，steady – state diffuse reflectance for the noninvasive determination of tissue optical properties in vivo. Medical Physics ，1992，19：879 – 888.

[9] Gobin，L.，L. Blanchot and H. Saint – Jalmes. Integrating the digitized backscattered image to measure absorption and reduced – scattering coefficients in vivo. Applied Optics，1999，38 （19）：4217 – 4227.

[10] Haskell，R. C.，L. O. Svaasand，T. T. Tsay，T. C. Feng and M. S. McAda-ms. Boundaryconditions for the diffusion equation in radiative – transfer. Journal of the Optical Society of America A—Optics Image Science and Vision，1994，11 （10）：2727 – 2741.

[11] Kiele，A. and M. S. Patterson. Improved solutions of the steady – state and the time –

resolved diffusion equations for reflectance from a semi - infinite turbid medium. Journal of the Optical Society of America A, 1997, 14: 246 - 254.

[12] Mishra, D. K., K. D. Dolan and L. Yang. Confidence intervals for modeling anthocyanin retention in grape pomace during nonisothermal heating. Journal of Food Science, 2008, 73 (1): E9 - E15.

[13] Mishra, D. K., K. D. Dolan and L. Yang. Bootstrap confidence intervals for the kinetic parameters of degradation of anthocyanins in grape pomace. Journal of Food Process Engineering, 2011, 34: 1220 - 1233.

[14] Motulsky, H. and A. Christopoulos. Fitting Models to Biological Data Using Linear and Nonlinear Regression. New York: Oxford University Press, 2004.

[15] Mourant, J. R., T. Fuselier, J. Boyer, T. M. Johnson and I. J. Bigio. Predictions and measurements of scattering and absorption over broad wavelength ranges in tissue phantoms. Applied Optics, 1997, 36 (4): 949 - 957.

[16] Petroski, H. Engineering is not science. http: //spectrum. ieee. org/at - work/tech - careers/engineering - is - not - science. 2010. Accessed September 6, 2015.

[17] Qin, J. and R. Lu. Measurement of the optical properties of fruits and vegetables using spatially resolved hyperspectral diffuse reflectance imaging technique. Postharvest Biology and Technology, 2008, 49 (3): 355 - 365.

[18] van Boekel, M. A. J. S. Statistical aspects of kinetic modeling for food science problems. Journal of Food Science, 1996, 61: 477 - 486.

6 测量食品光学吸收和散射性质的基本技术

Changying Li，Weilin Wang

6.1 概述

吸收和散射是光在生物组织内部传播过程中最主要的两项特性。描述这两项特性的参数主要包括：吸收系数（μ_a）、散射系数（μ_s）、总衰减系数（$\mu_t=\mu_a+\mu_s$）、散射相位函数［p（$\cos\theta$）］、各向异性系数（g）和约化散射系数［$\mu_s'=\mu_s(1-g)$］。此外，折射率 n 也属于描述光在不同介质间传播方向的重要参数。在本章中，将重点介绍几项测定生物组织光学吸收和散射特性的基础方法，同时也会对这些方法进行详细原理阐述。

现有的生物组织光学特性检测方法主要可分为体内检测和体外检测两种模式。体内检测模式不需要对样品进行切片，因此该方法可用于生物医学方面等的重要诊断。而在体外检测模式需要对样片进行切片制备，因此该方法在独立组织结构研究方面具有明显优势。本章将重点分析体外检测模式下生物组织的光学特性。

体外检测模式，可以进一步分为直接检测和间接检测两种方式。其中，直接检测时，无需建立光传播的模型，仅仅通过实验就可直接测量出光学特性参数。例如朗伯-比尔定律可直接用于描述薄层（单散射）样品的光学特性，具体内容将在 6.2 节和 6.4 节专门介绍。积分球系统作为另一项光学特性体外检测方法，可以准确测量出生物组织光学反射和透射参数，在 6.3 节中会重点介绍该项技术。在间接检测模式中，常采用迭代或非迭代方式构建光传播数学模型，用于推算光学特性参数。例如通过测量光学响应参数，搭建非迭代计算数值方程进行计算。其中，K-M 方法作为典型案例将在 6.5 节中详细介绍。对应的间接迭代计算模式中，反向倍加方法（IAD）通过反复求解辐射传输方程（RTE），推算出样品的光反射值和透射值，该方法会在 6.6 节中详细介绍。

6.2 朗伯-比尔定律与光吸收特性

朗伯-比尔定律（以下简称比尔定律）表明：当理想无散射特性的光束穿过物质时，其强度呈指数型衰减。实际中，光的衰减特性可以用于描述液体化学样品的浓度（仅吸收），这是因为光衰减强度与对应样品内部材料及成分密切相关，这种分光光度分析技术已成为分析化学的重要基础工具。此外，比尔定律也可用于测定生物组织的光吸收参数值。

为了使比尔定律更适用于生物样品的光透射特性分析（即通过测量光透射率估算光吸收参数），要求检测过程中无散射光干扰，或者严格控制待测样品厚度［样品厚度小于光散射平均自由量程，$d \ll (1/\mu_s)$］，避免光穿过样品时发生多重散射。

假设光通过一个表面无反射且厚度为 d 的生物组织切片，则比尔定律（图 6.1）可以简化成式（6.1）：

$$I = I_0 e^{-\mu_t d} \tag{6.1}$$

式中　I_0——入射光强度

I——透射光强度

d——样品厚度

μ_t——总衰减系数（等于吸收系数和散射系数值总和，即 $\mu_t = \mu_a + \mu_s$）

当没有光散射时：$\mu_t = \mu_a$，光的衰减即为光透射衰减。

I/I_0为准直透射率 T_c（或为准直透射系数 $T_c = I/I_0$），它表示一束光在不发生散射前提下，穿过样品后保留原有光强度的百分比系数。结合式（6.1），待测组织样品的总衰减系数 μ_t计算公式为式（6.2）（当光不发生散射时，可直接为光吸收系数 μ_a）：

$$\mu_t = -\frac{1}{d}\ln T_c \tag{6.2}$$

该公式为比尔定律的基本形式，可用于计算生物组织的光吸收系数。若光传输至边界两侧介质的折射率不同，需要采用式（6.3）对 T_c方程进行校正：

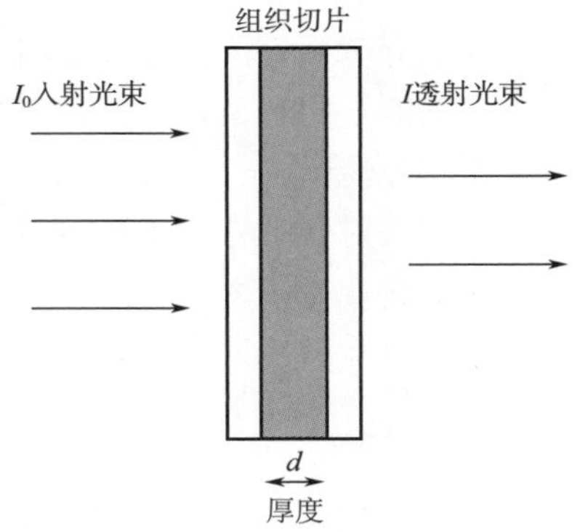

图 6.1 比尔定律示意图

$$r = \frac{R_g + R_t - 2R_g R_t}{1 - R_g R_t} \tag{6.3}$$

其中 R_g和 R_t分别代表空气-玻璃和玻璃-组织界面的菲涅耳反射。计算 μ_t前，可通过系数 r 和透射率 T 对准直透射率 T_c校正，见式（6.4）：

$$T = \frac{(1-r)^2}{1-r^2 T_c^2} T_c \tag{6.4}$$

6.3 积分球技术

积分球技术作为一项公认的光辐射测定技术，通过采用内表面喷涂高反射材料，用于均匀分布球体内部的光辐射。该技术作为精准的光学测量手段之一，在行业应用已超过 1 个世纪。同时，积分球在测量生物组织的光学特性方面也有大量的研究报道。本节将主要介绍积分球测量光学特性的基础原理和方法。

6.3.1 原理

理想的积分球体系中，入射到球内表面的光束将被均匀散射至各个方向。这种反射称为朗伯反射，对应的内表面称为朗伯表面［图 6.2（1）］。当光束散射后打到内表面另一位置时，会再次均匀散射至周围各个方向。这样经过多次朗伯反射后，入射光束将会被均匀分布（空间集成）在球体内部各个空间位置，见式（6.5）：

$$\mathrm{dFlux}_{P_2-P_1} = \frac{\cos\theta_1 \cos\theta_2}{\pi S^2}\mathrm{d}P_2 \tag{6.5}$$

其中 S 为 P_1和 P_2位置的直线距离［图 6.2（2）］，$S = 2R_s\cos\theta$（R_s为积分球内径），得出式（6.6）：

$$\mathrm{dFlux}_{p_2-p_1} = \frac{1}{4\pi R_s^2}\mathrm{d}P_2 \tag{6.6}$$

理想积分球中，特定位置A_2区域可以接收到所有各个方向的光通量，接收的光通量比例等于该区域占球内表面积（A_s）的比重，计算见式（6.7）：

$$\mathrm{Flux}_{p_2} = \frac{A_2}{A_s} \tag{6.7}$$

标准积分球通常由三个部分组成，如图6.2（3）所示，包括：输入端口、输出端口以及检测器。同时，该系统也需要使用内测覆盖高反射材料的密封塞遮挡住特定部位。但在实际情况下，积分球内表面仍存在部分镜面反射现象，无法做到完全朗伯反射，特别当入射光束首次击中球内表面时。因此，为了防止这种镜面反射引起的测量误差，通常会在球体内部特定位置安装高反射材料挡板，从而增加光束漫反射，避免光束直接通过镜面反射进入检测器。部分实际应用中采用了设置第四端口，分离镜面反射的光束。

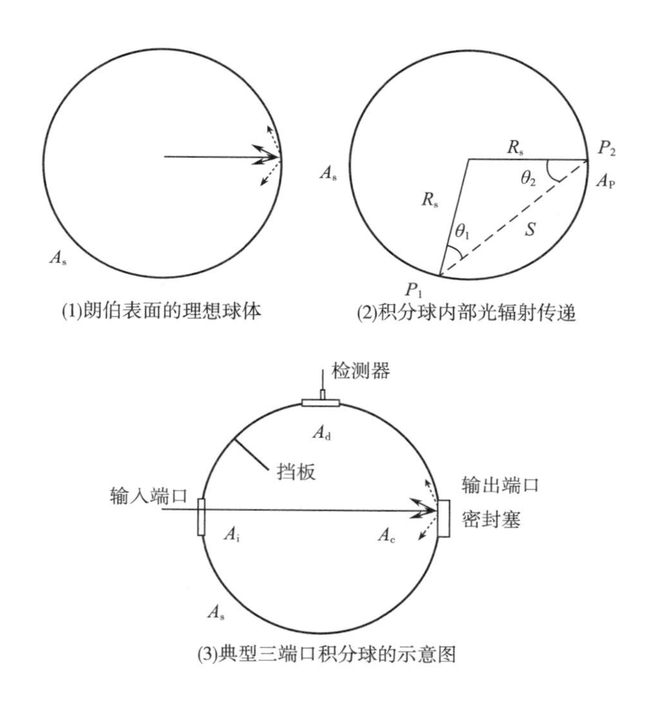

图6.2　积分球示意图

高性能的积分球内部需要喷涂特定的材料，这类材料在待测光谱范围内应当具备高反射特性。同时对应的涂层必须非常均匀，要严格保证接近理想的朗伯表面。涂层材料的反射率ρ_r是评价散射与理想朗伯反射差距的最重要指标。在考虑光反射率的情况下，当系列波长的光束进入积分球后，它在球体内表面上的辐射L计算见式（6.8）：

$$L = \frac{\Phi\rho_r}{\pi A_s} \tag{6.8}$$

式中　Φ——输入光通量

　　　A_s——球体内表面积

积分球的几何结构是确保球体内所有单元接收等通量光的首要条件。一般来说，为了保持球面几何形状，所有端口（输入端口 A_i、输出端口 A_e和检测端口 A_d）的累计面积不得超过球体内表面积的5%。端口面积相对于球体内表面积的占比（f）计算见式（6.9）：

$$f = \frac{A_i + A_e + A_d}{A_s} \tag{6.9}$$

在多端口的积分球内，其内壁的光辐射水平 L 取决于输入的光束、内球面积 A_s、内壁反射系数 ρ_r和端口面积与球内表面积之比 f，计算见式（6.10）：

$$L_r = \frac{\varphi}{\pi A_s} \frac{\rho_r}{1 - \rho_r(1 - f)} \tag{6.10}$$

其中，$\frac{\rho_r}{1 - \rho_r(1 - f)}$ 通常被定义为球体乘数 M，它对应的每个积分球球体乘数为固定值，仅与内壁反射系数 ρ_r和端口面积与球内表面积之比 f 相关。换句话说，假设球体内部喷涂为非反射材料，入射光虽然能均匀散射到球体各处，但对应的辐射将显著减弱。球体乘数代表了积分球是非反射球体中的光辐射增强倍数。在大多常见的积分球中，M 值范围为 10～30，举例说明：在 ρ_r为 0.98、f 为 0.02 的积分球内，对应 M 值为 24.75；当 f 增至 0.05，对应 M 值将直接降至 14.2。因此，小型的积分球在实际应用中更为普遍。

积分球内壁涂层材料的另一重要特性是保证光束向四周散射的均匀性。该特性可采用双向反射分布函数（Bidirectional reflectance distribution function，BRDF）表示。它代表了朗伯反射过程中光在给定方向的散射强度与光在该方向上理想散射强度的比值，对应的辐射系数和 BRDF 单位为 1/球面度。BRDF 的详细定义和测量可参考美国材料与试验学会（ASTM）标准 E1392－90，*Standard Practice for Angle－Resolved Optical Scatter Measurements on Specular or Diffuse Surfaces*。

6.3.2　积分球检测光学特性

在食品工业领域，积分球系统常用于食品中光反射率和透射率的测量。与分光光度检测技术相比，积分球检测方式具有众多实际优点。例如在常规的分光光度仪工作时，入射光直接照射至样品表面，采集的光反射率值会受到入射光角度以及光与探测器间距的影响。但在积分球系统中，样品上反射光通量会被全部收集并归一化，因此，不存在入射光角度干扰的现象。此外，在积分球测量中，积分球与目标物的距离通常设为固定值。即使样品－球体距离之间发生微小变化，但只要入射光反弹回球体内，就不会出现干扰检测结果的现象。因此，当使用积分球测定样品光学参数时，对光束的形状和样品不均匀性都有很高的容忍性，因为入射、反射和散射光首先在球体内部归一化后，再被检测器捕捉。

入射光的总反射率（R）可以通过样品的多种检测模式实现，如图 6.3 所示。实际上，R 通常为一个相对值，主要用于描述在给定条件下光反射通量与入射通量之比，计算见式（6.11）：

$$R = \frac{I - I_{dk}}{I_{ref} - I_{dk}} \rho_r \tag{6.11}$$

式中　I——检测器采集的光反射值

I_{dk}——检测器的暗电流信号

I_{ref}——参考值

I_{ref}值可以通过如图 6.3（1）所示的检测模式或使用反射率已知的参考白板进行测量。暗电流信号 I_{dk}可通过遮挡所有端口，避免外界光源进入球体内进行标定。测量总反射通量 I 关键需要调整光束的入射角度，确保镜面反射的光束落在球体内表面上。因此，某些实际应用中，也尝试通过在球体中间架设第二道挡板完成，如图 6.3（3）所示。

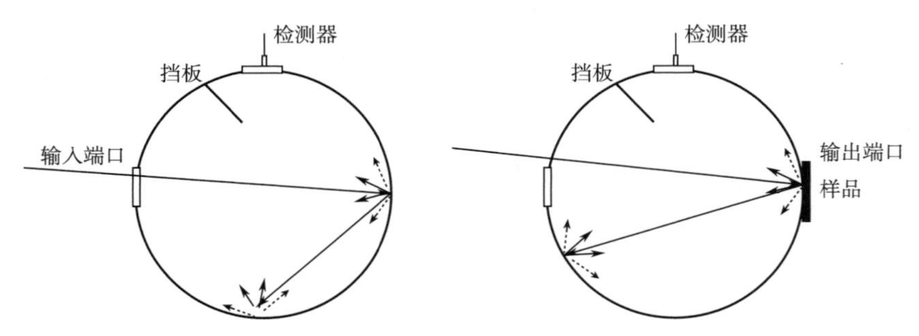

(1)入射光投射到球体内壁上(参考辐射)　(2)入射光径直穿过球体内部并垂直投射至样品上

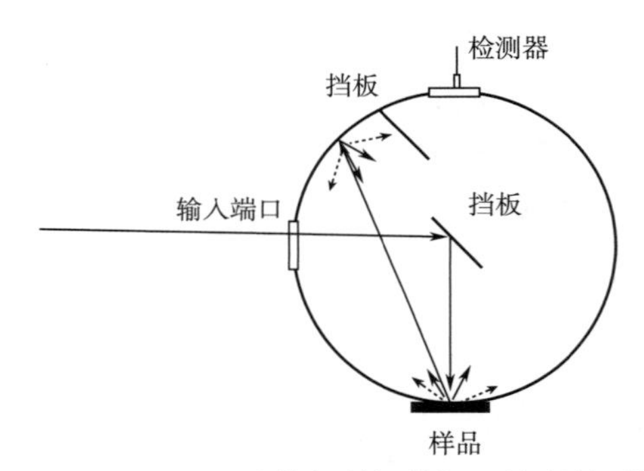

(3)入射光反射至挡板上重新投射至样品

图 6.3　用于检测总反射率的常用积分球结构

若积分球中不存在镜面反射，检测器有且仅能测量漫射光通量（I_d），对应计算公式见式（6.12）：

$$R_d = \frac{I_d - I_{dk}}{I_{ref} - I_{dk}} \rho_r \tag{6.12}$$

在实际中，也可以使用单积分球结合多种模式检测样品漫反射比，对应测量时也面临如何消除镜面反射的干扰，仍需要将所有漫射（反射）光保留在球体内部。因此，窄准直入光束通常是入射光的首选类型。并在特定情况下，球体上需要留有额外的端口作为镜面反射光出口，如图 6.4（2）所示。

通过计算透射光通量 I_t 与入射光通量 I_{ref} 比值，可使用积分球（图 6.5）方便地测量样品的总透射率（T），公式见式（6.13）：

$$T = \frac{I_t - I_{dk}}{I_{ref} - I_{dk}} \tag{6.13}$$

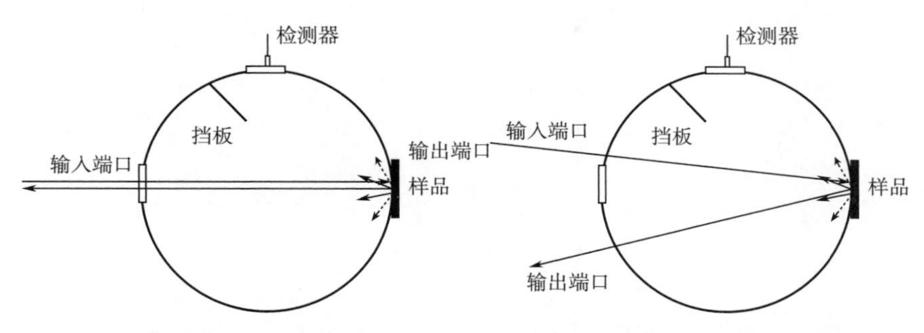

图 6.4　积分球系统检测光漫反射

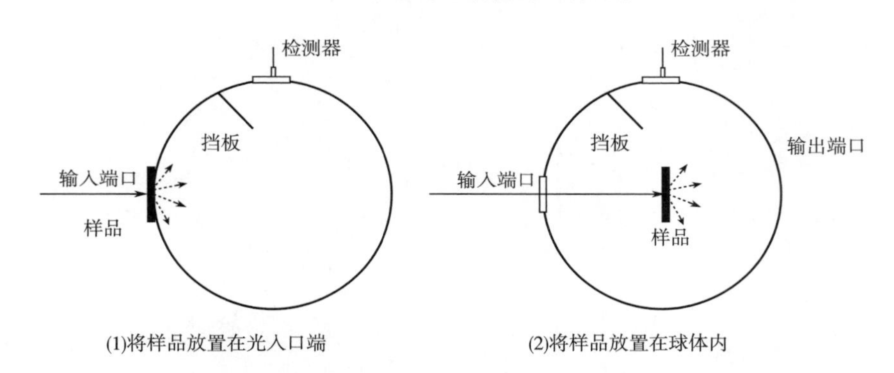

图 6.5　典型积分球模式测量光总透射率

类似反射率测量模式，透射光直接离开球体时（如图 6.6 所示），透射光通量（I_{df}）的漫透射部分与入射光通量比值即被定义为漫透射比（T_d），见式（6.14）：

$$T_d = \frac{I_{df} - I_{dk}}{I_{ref} - I_{dk}} \tag{6.14}$$

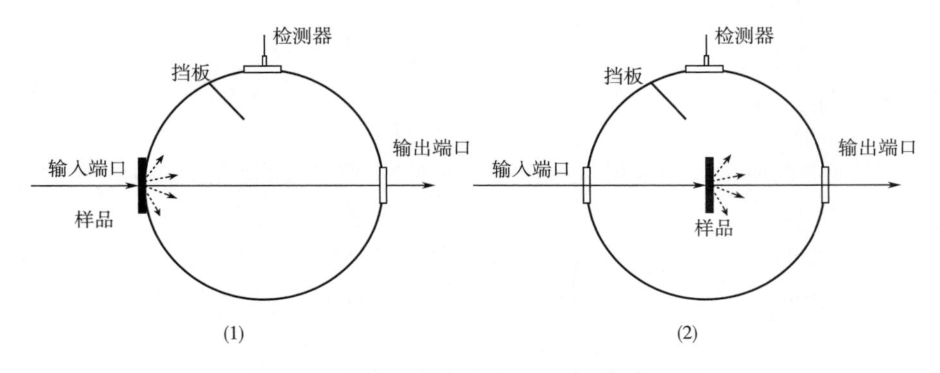

图 6.6　测量漫射透过率的积分球配置案例

6.4 薄层（单散射）组织光学特性的直接测量方法

理论上可以直接测量薄层（单散射）组织的光学特性参数（吸收系数、散射系数、总衰减系数和散射相位函数）。根据比尔定律，总衰减系数计算公式见式（6.15）：

$$\mu_t = -\frac{1}{d}\ln T_c \tag{6.15}$$

式中 T_c——可根据图6.7（1）模式测量出准直透射率，高准直透射检测器可以避免散射光子干扰，用于检测入射光的透射部分

d——薄层样品的实际厚度，要获取薄层（单散射）组织光学特性，样品实际厚度必须远小于平均散射路径［$d \ll (1/\mu_s)$］

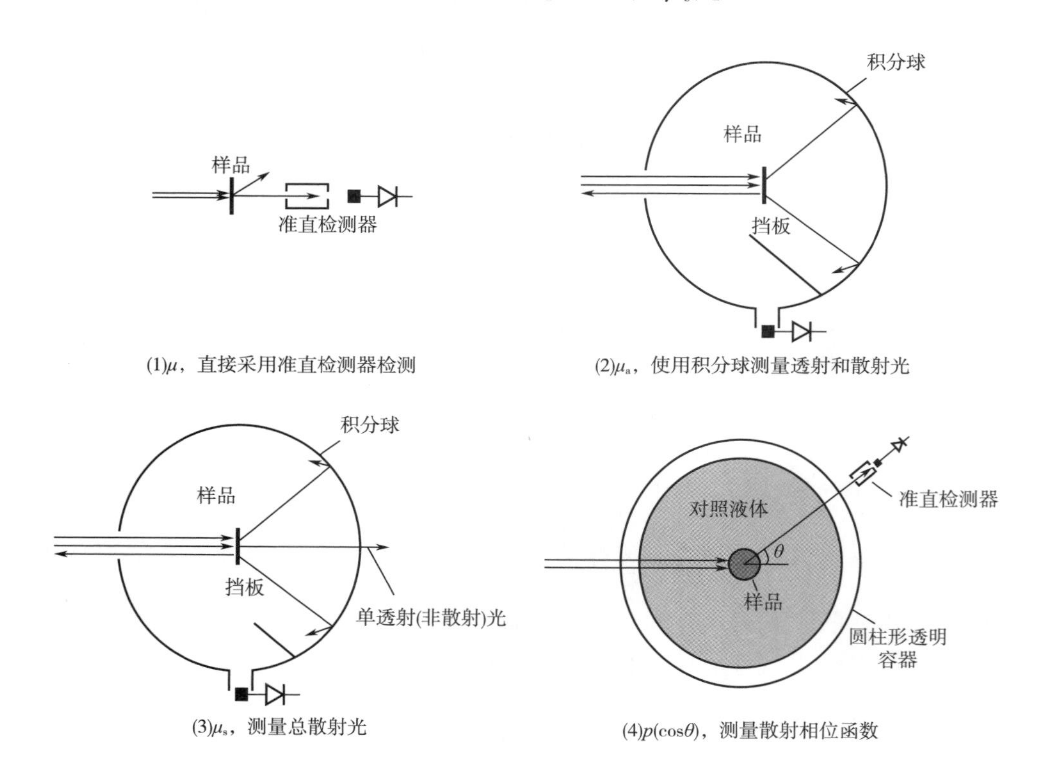

图6.7　单散射组织直接测量光学特性的方法

注：本图已获得 Springer Science + Business Media 许可使用（Optical - Thermal Resp onse of Laser - Irradiated Tissae. Vol. 1995. Welch. A. J. and M. J. C. Van Gemert）。

如图6.7（2）所示，使用积分球时，可以通过测量穿过样品的散射光子通量，直接计算出待测样品的吸收系数（μ_a）。该模式中，待测样本放置在积分球内，镜面反射光束通过输入端口反射出球内。设置挡板的作用是避免光在初步散射后直接进入检测器，而不在球内进行多重散射。该模式下，由于光子的唯一损失即为待测样品吸收所致，所以根据比尔定律，吸收系数计算公式见式（6.16）：

$$\mu_a = -\frac{1}{d}\ln\frac{N_a}{\gamma N_0} \tag{6.16}$$

使用积分球时，散射系数（μ_s）测量模式与吸收系数的测量类似。如图6.7（3）所示，检测器用于测量总散射光，未散射的光（准直透射率）将通过细小的同轴端口射出。若假设待测样品为高反射率材料（即 $\mu_s \gg \mu_a$），则散射系数计算公式见式（6.17）：

$$\mu_s = -\frac{1}{d}\ln\left(1 - \frac{N_s}{\gamma N_0}\right) \tag{6.17}$$

式中 N_s——检测的散射光通量

γ——积分球中采集到的光子总数

N_0——入射光通量

d——样品厚度

散射相位函数 p（$\cos\theta$）代表了从入射方向 θ 以角散射的光通量。

根据图6.7（4）所示，将样品放置在装有相同折射率的液体圆柱形罐中，以减少散射光折射造成的误差，再采用强准直检测器围绕样品旋转，可以测量不同角度的散射光。各向异性系数 g 可以通过计算整个球体上的相位函数平均余弦值得出，计算公式见式（6.18）：

$$g = \int_{4\pi} p(s,s')(s \cdot s')\,\mathrm{d}w' \tag{6.18}$$

式中 p（s，s'）——相位函数

s——入射光方向上的单位矢量

s'——散射光方向上的单位矢量

$\mathrm{d}w'$——s'方向上的微分立体角

折射率（n）作为一个重要的光学参数，表示了光从一种介质传递到另一种介质时方向的变化。测量折射率的方式有很多种，常用于生物组织检测方面的有三种方法。

（1）采用棱镜测量光折射角是目前最为常用的检测方法。以阿贝折射仪为例，在两个棱镜（照明棱镜和折射棱镜）间放置待测的薄层样品。将照射光投射在光滑的照明棱镜上用以获取均匀散射光。折射棱镜要比待测样本具有更高的折射率。在折射棱镜后放置检测器，用以显示明区和暗区，直接读取样品的折射率。

（2）椭球测量法。它使用偏振入射光束，通过跨越入射平面检测反射光束。

（3）采用光学相干层析成像（OCT）。可以通过比较OCT图像［$n = (z + z')/z$］的厚度 z 和光程延迟（z'）测量折射率。此类计算方法的详细介绍已超出本章范围，感兴趣的读者可阅读相关文献进行了解。

上述的光学参数检测方法虽然简单明了，但仅适用于光学性薄层样品的直接测量。而实际中，采用上述方法测定样品的光学响应参数的难度较大，主要原因在于薄层样品的获取和测量过程的不稳定性。为了满足光学薄层（单散射）样品的要求，样品厚度通常控制在10 μm量级。制备和处理这些薄层样品的过程难免造成其实际光学性质的改变。因此，保持样品表面光滑的条件下，使用玻璃滑块支撑样品并将其放置在积分球中的难度很高（图6.7）。此外，受样品自身散射特性影响，预计检测到的信号强

度会非常低，同时该信号也容易被入射光束或者周围环境光的波动所干扰。因此，检测系统对光源稳定性的要求十分严格。另外，积分球内部也存在响应不完全均匀的现象，信号可能会受到积分球内散射光的空间分布影响。测量中的微小误差经过系列计算折射成明显的误差。此外，如何保证样品、检测器和积分球检测中心线的精确对准也是一项重要难题，经严格校准后系统可用以检测准直透射率，确保了透射光直接通过同轴端口退出。受以上的测量不确定性和高难度影响，直接测量光学薄层组织切片的案例并不常见。在实际应用中，食品材料通常采用积分球系统结合光传播模型（如蒙特卡罗定律和反向倍加模型）进行反射率和透射率计算，在 6.6 节将重点介绍这种积分球结合倍加算法的检测方法。

6.5 K－M 方法

6.5.1 K－M 模型

K－M 模型主要用于描述光漫射辐照穿过一维各向同质性的样本。它提供了一种通过测量光漫反射比（R）和透射比（T）简单估算样品光学特性的模型。模型相对简单，因此常用于测量和估算生物组织样品的光学特性，但这类样品通常要求具有光散射远高于吸收的特性（即高反射率材料）。

结合一维双通量理论，K－M 模型可以将光衰减具体分成吸收和散射。该理论假设入射光与组织的相互作用可以采用两个通量进行模拟：前向漫射通量（I_d）和反向漫射通量（J_d），如图 6.8 所示。受光吸收和散射影响，前向漫射通量将持续减小，但在光传播方向上第二通量（反向传播通量）的反向散射将加强，即反向漫射通量发生变化。该模型中，变量 K 用于描述单位路径上的光吸收导致的损失量。变量 S 代表光受到散射而损失的量。该模型假设 K 和 S 在整个样品中均匀存在，并假定所有的光通量都是漫射辐照，同时也假设忽略了反射率测量过程中样品边缘的光损失量。根据 K－M 模型，样品参数 K（吸收系数）和 S（散射系数）可由以下方程计算得出：

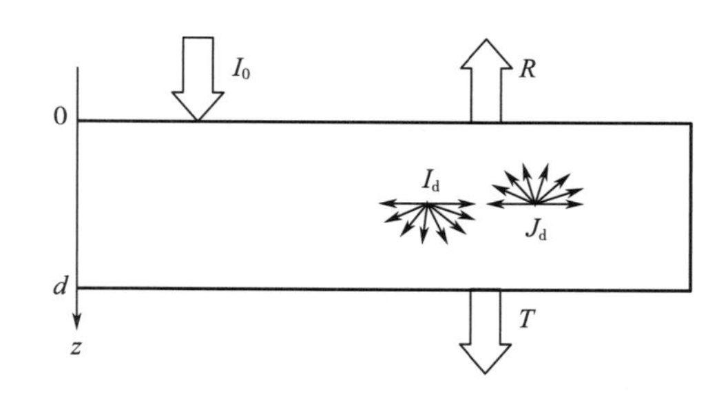

图 6.8　双通量 K－M 模型

I_0—入射光　R—反射率　T—透射率　I_d—前向漫射通量　J_d—反向漫射通量

$$S = \frac{1}{bd}\ln\left[\frac{1 - R_d(a - b)}{T_d}\right] \tag{6.19}$$

$$K = S(a-1) \tag{6.20}$$

$$a = \frac{1 - T_d^2 + R_d^2}{2R_d} \tag{6.21}$$

$$b = \sqrt{a^2 - 1} \tag{6.22}$$

式中　a，b——参数，可通过测量组织的光学响应参数计算得出（漫透射比 T_d 和漫反射比 R_d）

d——样品厚度

K——K－M 的光吸收

S——K－M 的散射吸收

虽然 K－M 模型提供了一项简便的计算方法，仅用两个参数（K 和 S）即可表征光的吸收和散射，但该参数不同于先前描述的传递系数（μ_a，μ_s，g）。部分研究人员尝试采用以下方程将 K－M 系数与传递系数联系起来：

$$K = 2\mu_a \tag{6.23}$$

$$S = \frac{3}{4}\mu_s(1-g) - \frac{1}{4}\mu_a \tag{6.24}$$

$$\mu_s' = \mu_s(1-g) > \mu_a \tag{6.25}$$

若已知 K 和 S 大小，即可折算传递系数 μ_a 和 μ_s'。然而，为了获得各项异性系数 g，必须额外测量准直透射率 T_c。根据比尔定律，总衰减系数 μ_t（$\mu_t = \mu_a + \mu_s$）可由 T_c 得出，也可进一步推算出 μ_s 和 g。

6.5.2　检测模式

根据 K－M 理论［式（6.19）～式（6.22）］，吸收系数 K 和散射系数 S 公式中含有三个自变量，分别为：样品厚度 d，漫反射比 R_d 和漫透射比 T_d。其中 R_d 和 T_d 可采用积分球系统直接测量。

图 6.9 为测量系统的结构示意图。该装置包括入射光源、检测器和积分球。当样品放置于位置 B，标准硫酸钡板放置于 A 处，可以测量样品的透射率。而在反射率测量中，样品将由原来的 B 处转移至位置 A 处，确保入射光直接照射至样品上。此外，当样品放置在玻璃容器中时，为了测量反射过程中样品的透射光，内部需要设一个黑色特殊管 C，用以形成黑色的内腔体。为提高测量精度，建议样品表面与积分球外壁相切。此外，样品厚度应大于扩散厚度 δ（$\delta = 1/S$），以确保样品的辐射完全扩散。

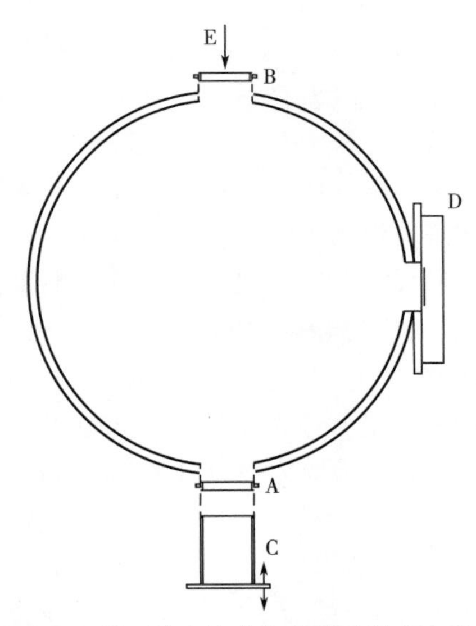

图 6.9　K－M 方法中积分球反射率和透射率测量的设置示意图

A—用于反射的样品位置　B—用于透射的样品位置

C—用于吸收反射测量期间泄漏的透射光容器

D—检测器　E—照明辐射

［资料来源：Birth. G. S，Int. Agrophys，1986，2：59－67.］

当样品厚度无限时，即反射率不会随样品厚度的增加而改变，则漫透射比为0，式（6.23）则重新定为式（6.26）：

$$K/S = \frac{(1 - R_\infty)^2}{2R_\infty} \tag{6.26}$$

式中　K/S——K－M 方程

　　R_∞——无限厚度样品的反射率

当厚度无法满足时，不可以直接得到 R_∞，需用积分球测量调整三个参数，并按照式（6.27）~式(6.29）求解 R_∞：

$$R_\infty = a - b \tag{6.27}$$

$$a = \frac{1}{2}\left(R + \frac{R_0 - R + R_g}{R_0 R_g}\right) \tag{6.28}$$

$$b = \sqrt{a^2 - 1} \tag{6.29}$$

式中　R——理想白色背景的样品层反射率

　　R_0——理想黑色背景的样品层反射率

　　R_g——白色背景反射率

　　a，b——中间变量

众多情况下，K－M 函数（吸收系数和散射系数之比）足以表征食品表观的颜色，但通过该技术仍无法快速获取吸收系数 K 和散射系数 S。

6.5.3　K－M 模型在农业与食品领域中的应用

早在1931年，K－M 模型已被建立，并主要用于预测涂料和油墨工业中的所有材料的光学性质及颜色。并于20世纪70年代开始在农业和食品领域中应用至今。美国农业部农业研究院 Gerald Birth 是最早应用 K－M 方法测量食品光学性质的研究人员之一。他不仅采用 K－M 方法对几种样品的光学性质进行测量，也进一步深入研究该方法的优化改进，提高了测量技术的准确性。例如测量白薯块茎的光散射和吸收特性时，探讨了几何尺寸对散射系数的影响；测量光散射时，还提出了样品的漫反射厚度的概念（确保总漫反射辐射的最小厚度）；马铃薯组织扩散系数是K－M散射系数的倒数（作为个案研究）；并进一步用 K－M 方法测量了四种小颗粒谷物（燕麦、大麦、黑麦和小麦）的光散射特性，测量范围涵盖了完整颗粒和磨粉样本，研究结果表明了磨粉测量效果比完整颗粒效果更符合 K－M 标准计算方法。

还有一项早期研究使用 K－M 方法对颗粒系统的光散射系数模拟。考虑到颗粒直径的变化、主成分的折射率以及颗粒之间的差异，并确定了玻璃珠模型的 K－M 多重散射系数。

如今，K－M 方法测量的光学性质已应用于各种果蔬的质量控制和评价。例如采用 K/S（或者 K－M 函数）用于评估冷藏过程中鲜切番茄的透明度，研究结果表明，在冷藏过程中 K/S 值持续增加，但完整果实的 K/S 值却保持不变。另一项相关研究中，K－M 方法用于区分番茄成熟过程的三个不同阶段，结果表明，随着番茄成熟度的上升，散射特性持续下降。也有研究采用 K－M 方法测量了苹果和日本梨在 240~2600nm 光谱范围内的光学特性，结果表明，受果实表皮影响，可见光区域的吸收系数 K 增加，而近红外区域的吸收系数 K 降低。相比之下，由于表皮的作用，散射系数在整个光谱区域内持续增加。还有一项研究中使用 K－M 法测量了光学特性以及 CIE－Lab 颜色系数用以评估猕猴桃切片的渗透脱水和冻融处理后的光学颜色和半透明性。考虑到乙烯的作用，K－M 方法也被用于评估柑橘果实中的叶绿素含量。除了水果和蔬菜外，K－M 方法同样适用于乳制品。采用 K－M 函数（K/S）评价牛乳蛋白加热过程中的颜色变化，结果发现 K/S 是牛乳褐变的有效指标。

值得注意的是，尽管 K－M 模型提供了一种测量光学特性的简单方法，但它仍具有几处局限性。例如样品中的内反射会被忽略，模型也不考虑边界处存在的折射率不匹配现象。同时，该模型还假设了各向同性散射（用于忽略相位函数的影响）和漫射辐照。以上假定在实际样品中通常无法实现。当这些假设无法满足时，计算光在生物组织中传递模型的结果可能会受到影响。因此，当获取光学特性参数时，该方法常被一些更精确的方法替代，如下节将重点介绍的反向倍加算法（IAD 方法）。

6.6　IAD 方法

6.6.1　IAD 理论

研究人员曾分别采用反射和透射模式单独测量样品的光散射和吸收特性，并提出了许多理论模型和算法。在众多的方法中，IAD 方法是测量生物组织光学性质最常用、最精确的方法之一，其精度可与蒙特卡罗方法相媲美，计算过程所需时间也得到明显缩短。

IAD 方法是 AD 方法的逆运算。在 1980 年，van de Hulst 首次提出了组织光学的 AD 方法（图 6.10），可用于二维结构 RTE 方程组求解。该方法中，首先从相邻两层开始模拟计算，这两薄层的厚度要求满足光可穿透至另外一层。随后，来自第一层透射的光将被视为第二层组织的入射光，而第二层表面的反射光将被视为反方向的第一层入射光。对于平面几何中的每一层来看，如果 d 是材料的物理厚度，其光学距离 τ 可以定义为 $\tau=(\mu_s+\mu_a)\times d$，设 y' 和 y 分别代表光的入射角和透射角余弦［图 6.10（2）所示］，则总反射 R_d，总透射 T_d、准直透射 T_c，见式（6.30）～式（6.32）：

$$R_d = \int_0^1\int_0^1 R(v',v)2v'\mathrm{d}v'2v\mathrm{d}v \tag{6.30}$$

$$T_d = \int_0^1\int_0^1 T(v',v)2v'\mathrm{d}v'2v\mathrm{d}v \tag{6.31}$$

$$T_c = \int_0^1 T(1,v)2v\mathrm{d}v \tag{6.32}$$

根据上述定义和假设，我们可通过求解方程组计算特定的正交角下入射到边界上并发生移动的反射光和透射光。随后，将计算好的两层组合起来视为个体单元（即第 1 层和第 2 层视为新的 L－1 层；第 3 层和第 4 层视为新的 L－2 层）。在此之外，两个新的序列单元将再次组合加倍进行计算（即 L－1 层和 L－2 层进一步组合成新一层）。重复以上步骤，直至计算达到所需的光学厚度（倍增方法，AD）。最后，通过添加额外层作为模拟边界条件（如玻璃载玻片），该边界层的光学特性（添加边界层）要与组织

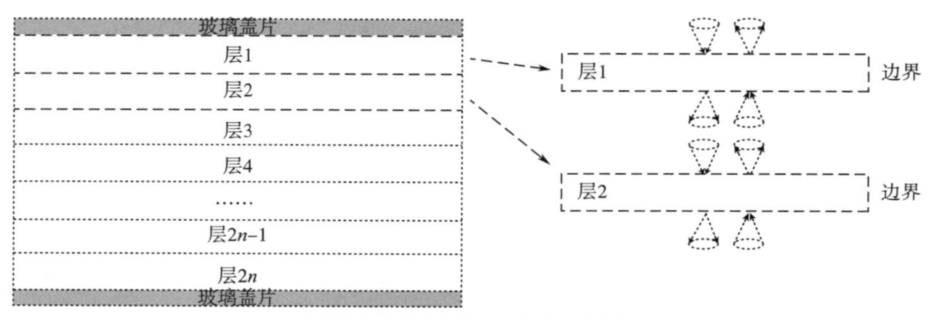

(1)几何结构内部光反射和透射简化示意图

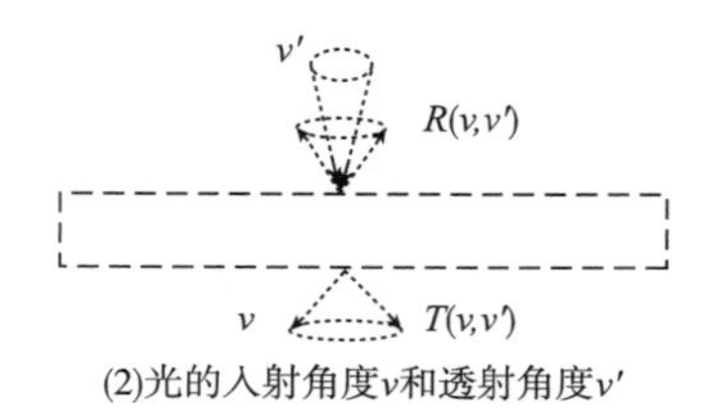

(2)光的入射角度v和透射角度v'

图 6.10　AD 方法执行示意图

样本的光学特性保持明显差异。

目前，多项研究已经证实了 AD 方法可作为计算层状样品中光多次散射的重要方法。文献中对 AD 方法中的方程组和实现算法进行了详细描述。但层厚的样本无法直接应用单层样本计算模式，如果已知样本的光学特性（如μ_s、μ_a和各向异性系数 g），则 AD 方法可用于计算其光反射和透射。

在上述基础上，Prahl 等对 AD 方法进行了逆向扩展，实现了已知生物样品的反射率和透射率，反推计算光学特性参数，称为反向倍加算法（IAD 方法）。该方法是建立在已知光谱测量结果的基础上，可应用多种样品的光学特性参数计算。例如当已知总反射率、总透射率和各向异性因子 g 的值，则可以反推计算μ_s和μ_a；若已知总反射率、总透过率和准直透过率值，则可通过计算反推μ_s、μ_a 和 g。

IAD 方法对应的算法实现的一般过程包括以下步骤。

（1）采用积分球测量样品的反射率和透射率。

（2）初步推测光学特性参数（μ_s、μ_a和 g）。

（3）根据步骤（2）中的光学特性参数，使用 AD 算法计算样品的反射率和透射率。

（4）对比实际测量值和推算值，若二者相差大于设定的误差阈值，则返回步骤（2），并适当调整光学特性值（μ_s、μ_a和 g）。

（5）重复步骤（3）和步骤（4），直至测量值和推算值间的误差小于设定阈值。

为了实现步骤（1），可使用双积分球仪器同时测量样品反射率和透射率，如图 6.11 所示。实际应用中，也常使用特定配置的单积分球进行样品反射率和透射率的测量。

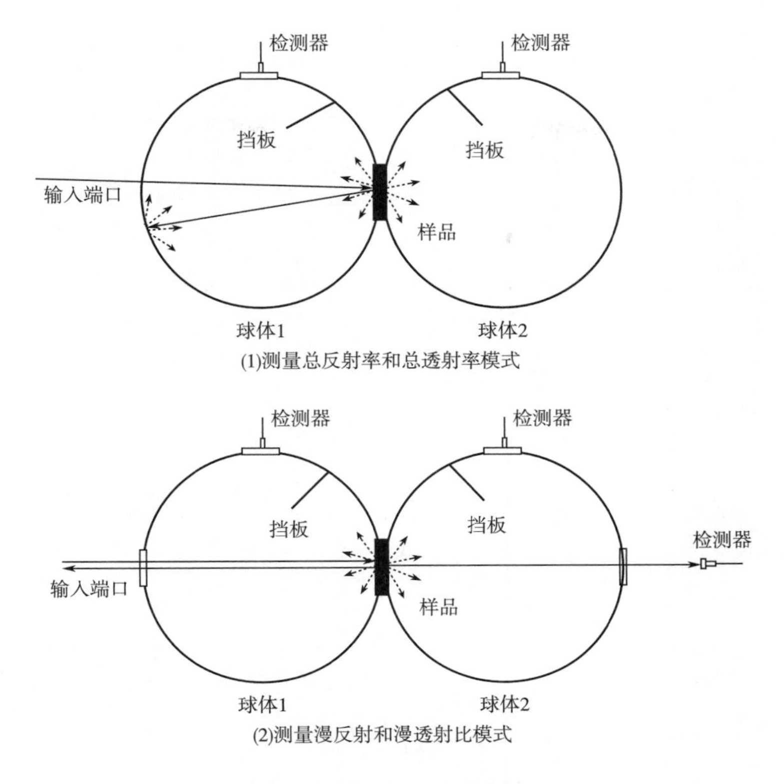

图 6.11　双积分球应用示例

现如今，IAD 方法已被证实是一种快速、准确测量薄层生物样品的光学性质方法。IAD 方法的独特之处在于它额外考虑了边界条件，并且可在任何反射和各向散射下使用。IAD 方法也存在部分不足，它的计算可能会受到样品边界光散射影响，也可能会受到样品架上的玻璃载玻片干扰。光辐射的损失与样品和载玻片的几何结构也密切相关（即尺寸、厚度）。为了减少由光损失引起的计算误差，样品表面必须是凭证界面，而且要完全覆盖积分球的端口。此外，入射光的直径要求要小，确保积分球输入端口和输出端口的距离要远大于入射光束直径。

6.6.2　IAD 技术在食品光学特性检测中的实际应用

如图 6.12 所示为单积分球测量生物组织的光学特性。该系统主要包括积分球、光纤和光谱仪。可测量健康和病害洋葱组织切片在 550 ~ 1650nm 波长的反射光谱和透射光谱，并结合 IAD 方法可实现样品 μ_s、μ_a 和 g 的测定。

图 6.12 中的单积分球（型号：4P－GPS－060－SF，生产厂家：美国 Labspehere 公司）内径为 152mm，在 0°，90°，180°方向上分别有四个直径为 25.4mm 的端口。积分球内壁涂有光高反射材料（美国 Labsphere 公司），反射率超过 98%。入射光（550 ~ 1650nm）为 150W 直流调节光纤光源（型号 DC－950，美国 Boxborough 公司）提供的白光光束，并配有鹅颈型光纤导管。如前文所述，运行 IAD 方法时，需要入射光源直径远低于样品尺寸。因此，本案例中使用准直检测器（型号：F240SMA－B、F240SMA－C，

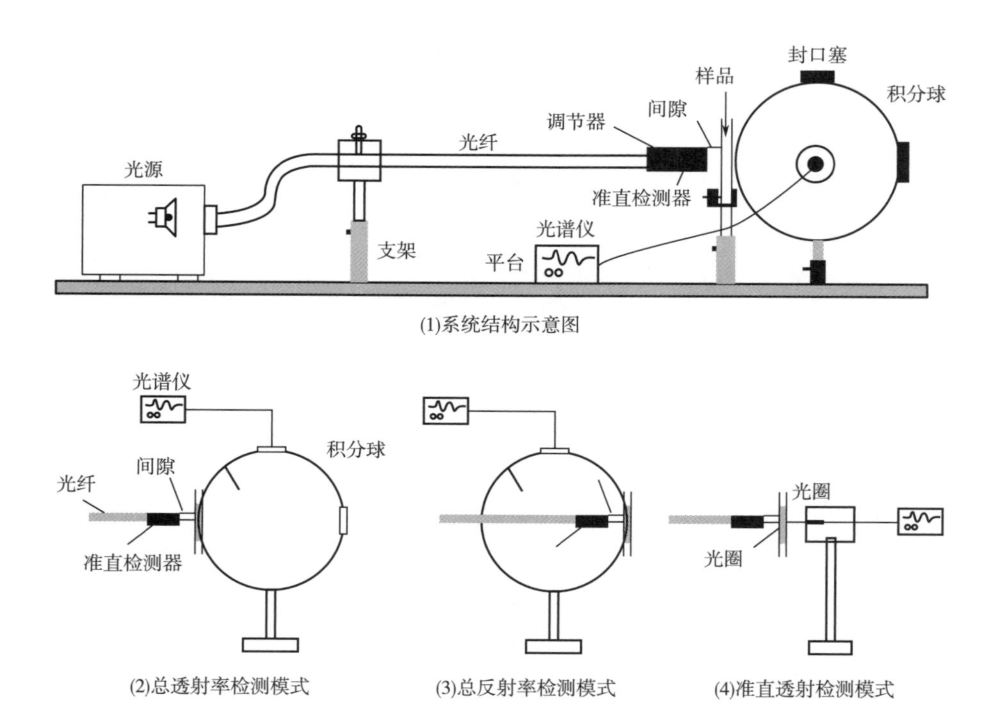

图 6. 12　用于测量洋葱组织光学特性的单积分球系统

［资料来源：Wang W. and C. Li. Optical properties of healthy and diseased onion tissues in the visible and near - infrared spectral region. Transactions of the ASABE，2014，57（6）：1771 - 1782. ］

美国 Tholabs 公司）将光源产生的发散光束准直为直径 1. 5mm 的光束。受到现有准直检测器光谱工作范围的限制，系统采用了两个准直检测器（焦距 7. 93mm 和数值孔径 0. 5mm）实现整个测试光谱范围的光束准直。

在所有测量中，采用 8mm 长针状的铝棒用于精确控制光束尺寸以及准直检测器与样品间的距离，如图 6. 13（2）~（4）所示。系统中采用两台光谱仪分别进行数据采集：可见 - 近红外光谱仪（型号 USB4000，美国海洋光学公司）和近红外光谱仪（型号：CD024252，美国 Control Development 有限公司）。可见 - 近红外光谱仪配合 F240SMA - B 准直检测器使用，近红外光谱仪将配合 F240SMA - C 准直检测器使用。受到设备自身限制，880 ~ 950mm 光谱范围内采集的数据信噪比（*S/N*）低，不宜用 IAD 方法运行，因此在实际算法执行中需要删除。

在 Wang 和 Li 的研究中，分别使用了单积分球系统实现了健康、患酸腐病（细菌侵染）和患球茎腐烂病（霉菌侵染）的西班牙黄洋葱组织的光学特性检测。每组先挑选 20 个特大号的健康洋葱。健康组果肉样本将直接在 6℃ ±1℃ 低温环境下贮藏 6 ~ 8d。酸腐病组果肉样本接种 *B. cepacia*，球茎腐烂组果肉样本接种 *B. aclada*，对应的致病菌分别从自然菌株中分离得到。接种的孢子悬浮液量为 1. 5 mL，接种深度位于第二层肉质鳞片中。测试前，酸腐病组果肉在 30℃ ±1℃ 贮藏 4 ~ 6d，球茎腐烂组果肉在 20℃ ± 1℃、相对湿度 >80% 条件下贮藏 9 ~ 15d，直至洋葱上出现病害症状。

测量单个洋葱样本时，切取 4 个 30mm × 30mm 的果肉组织，并用刀片刮成薄片，厚度测量采用数显测微计（型号：35 – 250，iGanging 公司，美国）确定。试验过程中，测量了总透射率 T、总反射率 R 和准直透射率 T_c 后，根据 Prahl 提供的开源 IAD 方法程序，反演计算样品的光学特性（μ_s'，μ_a 和 g）。在计算前，研究人员采用了阿贝折射仪（Reichert 公司，美国）对所有洋葱组织进行了光学参数测定，结果显示洋葱表皮和果肉的折射率分别为 1.334 和 1.352。根据制造商提供的数据显示，积分球内部反射率为 98%。

洋葱果肉光吸收系数 μ_a 如图 6.13（1）和图 6.13（3）所示。在可见光区域，酸腐病组果肉对应的 μ_a 平均值明显高于健康组果肉样本，这是因为洋葱感染酸腐病后，病害组织会有明显的淡黄色或浅棕色的症状。在 950 ~ 1300nm 近红外光谱范围内，酸腐病组果肉和健康组果肉的样本平均 μ_a 值差异并不显著。球茎腐烂组果肉的样本，在可见光区域下对应的平均 μ_a 值是正常组果肉样本的 10 倍，如图 6.13（3），这是由于 *B. aclada* 产生的孢子和菌丝繁殖体导致的。在低于 1200nm 的近红外波段内，球茎腐烂组果肉的 μ_a 仍明显大于健康组果肉，这可能是因为 *B. aclada* 自身化学成分造成的。超过 1300nm 以上的近红外光谱范围内，水分在 1450nm 附近有强烈吸收特性，因此三组

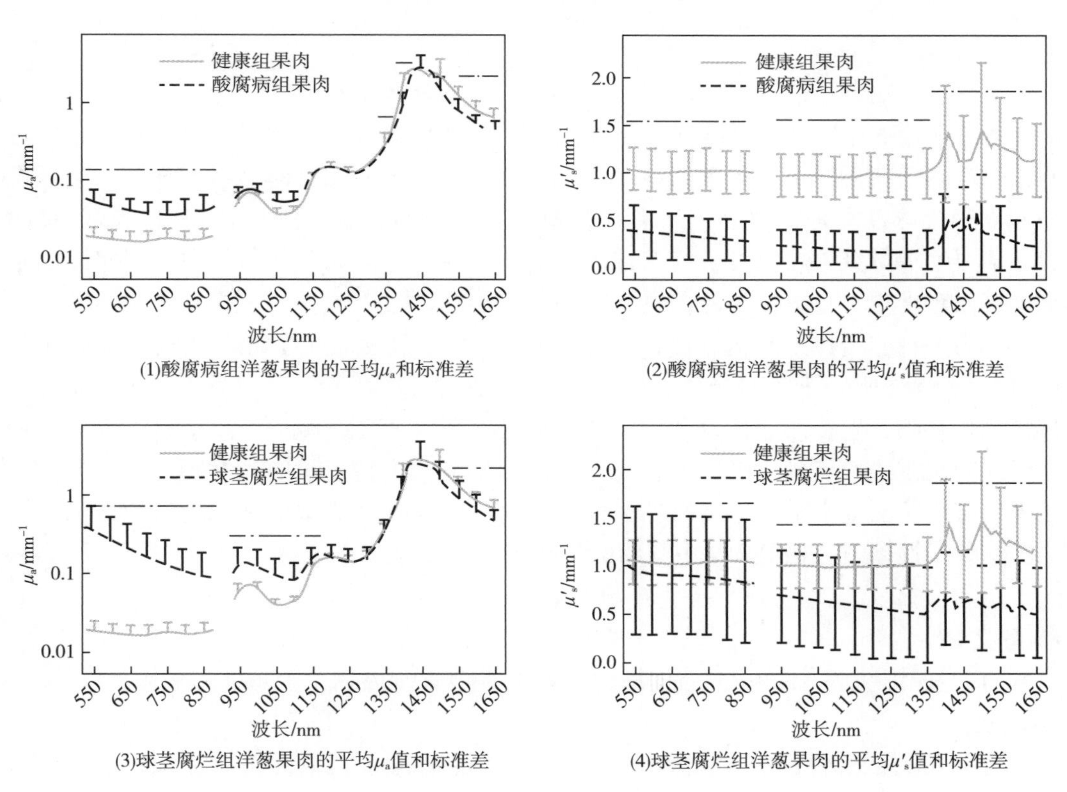

图 6.13　洋葱果肉光学特性检测

注：点划线表示酸腐病组果肉 μ_a 和 μ_s' 与健康组果肉存在显著性差异区域（显著水平 0.05）。

［资料来源：Wang，W. 和 C. Li. Optical properties of healthy and diseased onion tissues in the visible and near – infrared spectral region. Transactions of the ASABE，2014，57（6）：1771 – 1782.］

样本的洋葱果肉 μ_a 均大于可见光区域，且三组之间差异并不明显。

如图 6.13（3）所示，酸腐病组果肉 μ_s' 明显小于健康组果肉样本值，这表明洋葱感染酸腐病后的果肉物理性质发生了明显变化，细菌的侵染造成了洋葱细胞、细胞壁结构及成分的分解。类似的，在球茎腐烂组果肉中也发现了平均 μ_s' 小于健康组果肉样本，这也说明了球茎腐烂组果肉样本中的洋葱果肉光散射特性低于健康组果肉。根据 IAD 方法计算三组光学特性发现，细菌（酸腐病）和真菌（球茎腐烂）的侵染均能造成洋葱果肉产生光吸收和散射特性的变化。以上结果为开发鉴定病害洋葱和洋葱病害类型识别的光学方法奠定了理论研究基础。

综上所述，上述案例充分说明了 IAD 方法可用于果蔬组织中光学特性研究。类似的研究也在其他方面有报道，如 Sayes 等采用 IAD 方法测量了苹果皮和果肉在 350 ~ 2200nm 的光学特性。Wang 和 Li 在 633nm 波长下测量了四种常见洋葱皮和果肉的特性，发现了不同品种的样本光学特性存在显著差异。IAD 方法除了能作为生物组织光学特性精确测定的分析工具外，还可以为其他类型的食品光学特性测量提供良好的参考标准，如空间分辨法和蒙特卡罗法。

6.7 小结

本章主要介绍了几项食品光学特性测定的体外检测基本方法和理论。比尔定律可直接用于测量薄层样本（单散射样本）的光学特性，它利用准时透射率推算总衰减系数 μ_t。积分球技术是本章介绍所有体外测量技术的基础，其中包括直接法和间接法（K－M 方法和 IAD 方法）。虽然直接法测量光薄层样本的原理看似简单，但实际测量比间接法难度更大，主要因为处理薄层样品时难度过大。

作为一种非迭代的间接方法，K－M 方法可为获取食品光学特性（吸收系数 K 和散射系数 S）提供一种简便方法，并广泛应用于农业和食品领域。然而，该方法也存在部分明显缺陷：它在假设计算条件不成立的情况下计算误差偏高。IAD 方法作为一种迭代式间接方法，可广泛应用于快速、准确测量薄状生物组织的光学特性，该方法已被证实可用于测量水果和蔬菜的光学特性，也可以为其他类型食品的光学特性测定方法提供技术性参考，如第 7 章中介绍的空间分辨方法等。

参考文献

[1] Birth, G. S. The light scattering properties of foods. Journal of Food Science, 43 (3): 916 – 925.

[2] Birth, G. S. 1982. Diffuse thickness as a measure of light scattering. Applied Spectroscopy, 1978, 36 (6): 675 – 682.

[3] Birth, G. S. The light scattering characteristics of ground grains. International Agrophysics, 1986, 2 (1): 59 – 67.

[4] Budiastra, I. W. Optical methods for quality evaluation of fruits. Journal of Japanese Society of Agricultural Machinery, 1998, 60 (2): 117 – 128.

[5] Cen, H., R. Lu, F. Mendoza, and R. M. Beaudry. Relationship of the optical absorption and scattering properties with mechanical and structural properties of apple tissue. Postharvest Biology and Technology, 2013, 85: 30 – 38.

[6] Hetherington, M. J. and D. B. Macdougall. Optical properties and appearance characteristics of tomato fruit (Lycopersicon esculentum). Journal of the Science of Food and Agriculture, 1992, 59 (4): 537 – 543.

[7] Jacquez, J. A. and H. F. Kuppenheim. Theory of the integrating sphere. Journal of the Optical Society of America, 1955, 55: 460 – 470.

[8] Judd, D. B. and G. Wyszecki. Color in business, science, and industry, 3rd ed. Wiley, New York, USA, 1975.

[9] Klier, K. Absorption and scattering in plane parallel turbid media. Journal of the Optical Society of America, 1972, 62 (7): 882 – 885.

[10] Knee, M., E. Tsantili, and S. G. S. Hatfield. Promotion and inhibition by ethylene of chlorophyll degradation in orange fruits. Annals of Applied Biology, 1988, 113 (1): 129 – 135.

[11] Lana, M. M., M. Hogenkamp, and R. B. M. Koehorst. Application of Kubelka – Munk analysis to the study of translucency in fresh – cut tomato. Innovative Food Science and Emerging Technologies, 2006, 7 (4): 302 – 308.

[12] Law, S. E. and K. H. Norris. Kubelka – Munk light – scattering coefficients of model particulate systems. Transactions of the ASAE, 1973, 16 (5): 914 – 921.

[13] Lu, R. Quality evaluation of fruit by hyperspectral imaging. In Computer Vision Technology for Food Quality Evaluation, S. Da – Wen (ed.), 319 – 348. Amsterdam, Netherlands: Academic Press, 2008.

[14] McCrackin, F. L., E. Passaglia, R. R. Stromberg, and H. L. Steinberg. Measurement of the thickness and refractive index of very thin films and the optical properties of surfaces by ellipsometry. Journal of Research of the National Bureau of Standards, Section A, 1963, 67: 363 – 377.

[15] Pauletti, M. S., E. J. Matta, E. Castelao, and D. S. Rozycki. Color in concentrated milk proteins with high sucrose as affected by glucose replacement. Journal of Food Science, 1999, 64 (1): 90 – 92.

[16] Pickering, J. W., S. A. Prahl, N. van Wieringen, J. F. Beek, H. J. C. M. Sterenborg, and M. J. C. van Gemert. Double – integrating – sphere system for measuring the optical properties of tissue. Applied Optics, 1993, 32 (4): 399.

[17] Prahl, S. A., M. J. C. van Gemert, and A. J. Welch. Determining the optical properties of turbid media by using the adding – doubling method. Applied Optics, 1993, 32 (4): 559 – 568.

[18] Prahl, S. A. Chapter 5. The adding – doubling method. In Optical – Thermal Response of Laser – Irradiated Tissue, A. J. Welch and M. J. C. van Gemert (ed.), 101 – 129. New York: Plenum Press, 1995.

[19] Prahl, S. Everything I think you should know about inverse adding - doubling. Wilsonville, OR, USA. http://omlc.org/software/iad/, 2011.

[20] Pristinski, D., V. Kozlovskaya, and S. A. Sukhishvili. Determination of film thickness and refractive index in one measurement of phase - modulated ellipsometry. Journal of the Optical Society of America A, 2006, 23 (10): 2639 - 2644.

[21] Qin, J. and R. Lu. Monte Carlo simulation for quantification of light transport features in apples. Computers and Electronics in Agriculture, 2009, 68: 44 - 51.

[22] Saeys, W., M. A. Velazco - Roa, S. N. Thennadil, H. Ramon, and B. M. Nicolai. Optical properties of apple skin and flesh in the wavelength range from 350 to 2200nm. Applied Optics, 2008, 47: 908 - 919.

[23] Talens, P., N. Martınez - Navarrete, P. Fito, and A. Chiralt. Changes in optical and mechanical properties during osmodehydrofreezing of kiwi fruit. Innovative Food Science and Emerging Technologies, 2002, 3 (2): 191 - 199.

[24] Tearney, G. J., M. E. Brezinski, B. E. Bouma, M. R. Hee, J. F. Southern, and J. G. Fujimoto. Determination of the refractive index of highly scattering human tissue by optical coherence tomography. Optics Letters, 1995, 20 (21): 2258 - 2260.

[25] Tuchin, V. V. Tissue Optics: Light Scattering Methods and Instruments for Medical Diagnosis. Bellingham, WA: SPIE/International Society for Optical Engineering, 2007.

[26] van de Hulst, H. C. Multiple Light Scattering: Tables, Formulas, and Applications. Vol. 1. New York: Academic Press. 1980.

[27] van Gemert, M. J. C. and W. M. Star. Relations between the Kubelka - Munk and the transport equation models for anisotropic scattering. Lasers in the Life Sciences, 1987, 1 (98): 287 - 298.

[28] Wang, L. V. and H. - I. Wu. Biomedical Optics: Principles and Imaging. Hoboken, NJ: John Wiley & Sons, 2012.

[29] Wang, W. and C. Li. Measurement of the light absorption and scattering properties of onion skin and flesh at 633nm. Postharvest Biology and Technology, 2013, 86: 494 - 501.

[30] Wang, W. and C. Li. Optical properties of healthy and diseased onion tissues in the visible and near - infrared spectral region. Transactions of the ASABE, 2014, 57 (6): 1771 - 1782.

[31] Welch, A. J. and M. J. C. Van Gemert. Optical - Thermal Response of Laser - Irradiated Tissue. Vol. 1. New York: Springer, 1995.

7 基于空间分辨光谱技术的食品光学性质测量

Haiyan Cen，Renfu Lu，Nghia Nguyen - Do - Trong，
Wouter Saeys

7.1 引言

当光照射到食品样本上时，对于光学特性的研究有助于理解食品对光的相互作用。光子与生物组织相互作用的主要形式为吸收与散射，分别可以用吸收系数（μ_a）与约化散射系数（μ_s'）来表征。光的吸收主要与样本的化学成分有关，而散射主要与样本的结构以及物理性质有关。因此，对光学特性进行定量测量有助于理解光在食品中的传输过程，有助于设计有效的光学器件，有助于开发新的、适用于食品质量和性质评估的检测样机。

有多种检测技术以及相对应的设备可测量食品的光学特性。依据检测原理，这些技术可以被分类为直接法与间接法，所使用的模型为经验模型（Empirical model）或是基本的辐射传输理论（Fundamental radiative transfer theory）。直接法通常需要测量简单几何形状（如薄平板）样本的透射率与反射率，这种方法相对容易实现，但是对样品具有破坏性。间接法可以用于无损检测样本内部光学特性参数，但是需要复杂的仪器与复杂的数学模型，模型由基本辐射传输理论推导得到。近来已有研究聚焦于间接法，如空间分辨法（Spatially - Resolved），时间分辨法（Time - Resolved）与频域光谱法（Frequency domain spectroscopy），这些方法适用于各种生物材料且不需要样品的前处理。空间分辨光谱（Spatially - Resolved spectroscopy，SRS）更适用于食品检测，因为设备成本低且在测量过程中更容易以反射模式进行测量。空间分辨法可以通过不同类型传感器实现，包括：光纤探头（Fiber - Optic probe），单色成像（Monochromatic imaging），高光谱成像（Hyperspectral imaging）和空间频域成像（Spatial frequency - domain imaging，SFDI）。近年来，研究人员对 SRS 技术越来越感兴趣，该技术用于测量水果、肉类、液体或胶体食品（如牛乳、果汁等）的光学特性，以及评估这些食品的成分与质量。

在本章，我们对基于 SRS 技术的不同测量系统进行概述，包括光纤探头、单色成像、高光谱成像与 SFDI。本章首先介绍 SRS 技术的原理和数学模型，随后详细介绍所使用的设备及其在食品光吸收与散射特性测量中的应用。然后介绍一个研究中的应用实例，它阐述了光学特性与水果组织基本结构性质的相关性。最后，我们讨论了在使用 SRS 技术测量食品光学特性研究中存在的挑战与发展趋势。

7.2 SRS 技术理论与模型

Reynolds 等首次提出了空间分辨光谱，用于理解有限血液介质中的光的吸收与散射。后来，Langerholc 和 Marque 等报道了空间分辨光谱法可以被用来解决二维（2D）和三维（3D）多重散射问题。该技术是通过在样本表面照射一个点光源或准直细光束，在不同光源入射点 - 检测器距离测量漫反射率实现光学特性参数的测量，如图 7.1 所示。

两个主要光学参数，吸收系数（μ_a）和约化散射系数（μ_s'），基于辐射传输理论，

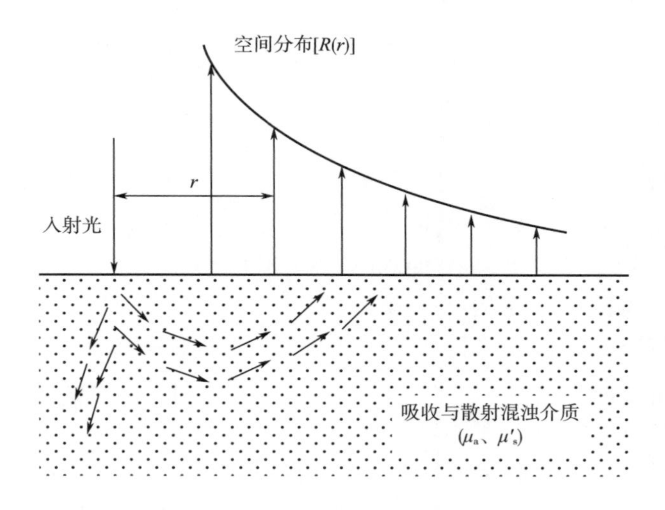

图 7.1 空间分辨技术测量原理

μ_a—吸收系数 μ_s'—约化散射系数

[资料来源：Cen，H. 和 R. Lu. Optics Express，2010，18（16）：17412－17432.]

通过使用漫射近似法或者蒙特卡罗仿真，结合合适的反向参数估算法，从测量得到的空间分辨漫反射光谱中计算得到，这些算法详见第 3 章到第 5 章。通常需要使用数值方法求解辐射传输方程，或者通过蒙特卡罗仿真追踪大量光子的传输路径，以对样本的吸收与散射参数进行估算。后者不需要或者只需极少地对光子在样本中传输过程做物理近似，但是在反射率估计过程中容易受统计不确定性影响。除此以外，蒙特卡罗仿真也需要大量的计算时间。有一种可替代且普遍使用的方法是来源于漫射近似方程的对空间分辨漫反射率的数值解法，该方法需要对光在样本中的传输过程作一些假设，但是通过核实的反向算法可以快速地计算得到 μ_a 和 μ_s' 的值。在本章中，我们对扩散模型的解析解作了详细描述，该方法可以用于从空间分辨漫反射率估算均匀介质或双层介质的吸收系数与约化散射系数。

7.2.1 均匀介质中光的稳定传输

当散射远高于吸收时（$\mu_s' \gg \mu_a$），辐射传输可以被简化为扩散过程。这个漫射近似（Diffusion approximation）已经被广泛应用于模拟光在均匀或多层介质中的传输。对于稳态光在半无限均匀介质中的传输而言，Farrell 等开发了一种模型用于描述当一无限细光束垂直照射样本表面时，径向相关的漫反射率分布情况，如图 7.1 所示。在该模型中，介质的漫反射率被计算为穿过介质边界的光流，这一光流被认为是位于介质内部、深度为一个平均传输自由程的各向同性光源所产生的。该模型适用于两个折射率的匹配界面和不匹配界面。扩散模型的解析解见式（7.1）：

$$R_{f,h_o}(r) = \frac{a'}{4\pi}\left[\frac{1}{\mu_t'}\left(\mu_{\text{eff}} + \frac{1}{r_1}\right)\frac{\exp(-\mu_{\text{eff}} r_1)}{{r_1}^2} + \left(\frac{1}{\mu_t'} + \frac{4A}{3\mu_t'}\right)\left(\mu_{\text{eff}} + \frac{1}{r_2}\right)\frac{\exp(-\mu_{\text{eff}} r_2)}{r_2^2}\right] \tag{7.1}$$

式中 f——Farrell 模型

h_o——均匀介质

r——光源－探测器距离

$a'=\mu_s'/(\mu_a+\mu_s')$——传输反照率

$\mu_{eff}=[3\mu_a(\mu_a+\mu_s')]^{1/2}$——有效衰减系数

$\mu_t'=(\mu_a+\mu_s')$——总衰减系数

$r_1=(z_0{}^2+r^2)^{1/2}$——从界面观测点到各向同性源的距离

$r_2=[(z_0+2z_b)^2+r^2]^{1/2}$——从界面观测点到图像1层的距离

$z_0=(\mu_a+\mu_s')^{-1}$——平均自由程

z_b——$2A/3\mu_t'$

从 Groenhuis 等开发的经验方程中计算出，当 $n=1.35$ 时，$A=0.2190$ 是与组织－空气界面 n 的相对指数相关的内反射系数。

在式（7.1）中，半无限混浊介质表面的漫反射率 $R_{f,h_o}(r)$ 是一种与光源到探测器距离为 r 以及被测介质的光学参数（即吸收系数 μ_a、约化散射系数 μ_s'与相对折射率 n）相关的函数。虽然众所周知 n 是与波长相关的变量，但对于一种给定的生物组织或食品样本，n 一般被假设为一个常量。需要指出的是这种假设可能会带来光学特性计算的不准确性。对于多数水果与食品，$n=1.35$。

随后，Kienle 和 Patterson 基于 Haskell 等的研究，提出了一种改进的解析法，该方法将反射率表示为辐射率的反向半球积分。在这种情况下，辐射率可以表示为各向同性辐射能流率（Fluence rate）与光通量（Flux）之和。通过使用外推边界条件（Extrapolated boundary），辐射能流率为0，这样在样本表面处（$z=0$）的各向同性辐射能流率可以表示为式（7.2）：

$$\Phi(r,z=0)=\frac{1}{4\pi D}\left[\frac{\exp(-\mu_{eff}r_1)}{r_1}-\frac{\exp(-\mu_{eff}r_2)}{r_2}\right] \tag{7.2}$$

通过计算光通量穿过边界得到漫反射率，见式（7.3）：

$$R_{flux}(r)=\frac{1}{4\pi}\left[z_0\left(\mu_{eff}+\frac{1}{r_1}\right)\frac{\exp(-\mu_{eff}r_1)}{r_1{}^2}+(z_0+2z_b)\left(\mu_{eff}+\frac{1}{r_2}\right)\frac{\exp(-\mu_{eff}r_2)}{r_2{}^2}\right] \tag{7.3}$$

最终可以得到均匀介质的稳态空间分辨漫反射率计算公式，该公式由 Kienle 和 Patterson 推导得到，见式（7.4）：

$$R_{k,h_o}(r)=C_1\Phi(r,z=0)+C_2R_{flux}(r) \tag{7.4}$$

式中　k——Kienle 模型

h_o——均匀介质

其中 $C_1=(1/4\pi)\int_{2\pi}[1-R_{fres}(\theta)]\cos\theta d\Omega$、$C_2=(3/4\pi)\int_{2\pi}[1-R_{fres}(\theta)]\cos^2\theta d\Omega$ 为常量，由组织－空气界面相对折射率不匹配决定，$R_{fres}(\theta)$ 为相对于边界法线和入射角为 θ 的光子菲涅耳反射系数，Ω 为立体角。

关于这些参数的详细计算，可以参考 Haskell 等的研究。对于大多数生物样本的典型相对折射率 $n=1.35$，C_1与 C_2分别为0.1277和0.3269。

基于推导的解析解，可以通过使用反向算法从获得的空间分辨的漫反射率数据中提取吸收系数与约化散射系数。这些均匀介质扩散模型的解析解已经被用于多种食品光学特性参数检测中，如液体食品、水果、蔬菜等。

7.2.2 分层介质中光的稳态传输

本质上，生物组织在结构上是不均匀的，因此，组织内部的光学特性在空间上是变化的。但是对于许多生物材料，例如水果，它们的组织可以近似为多层介质（果皮和果肉），每一层的组织结构和光学特性是近似均匀的。因此，研究光在多层介质中的传输，以及分层测量光学特性是值得做的，甚至是必要的。

多层介质光传输比均匀介质中的传输更加复杂，导致在测量光学特性时无论是在实验上还是在数学上都存在更大的挑战。通常使用数值方法（如蒙特卡罗法、渐进逼近法、有限元法）对有两层或三层介质的光学特性进行提取。尽管可以通过数值方法实现光学特性的精确预测，但是由于多层模型的使用需要更多的自由参数，会导致反向算法更加复杂，使计算更加耗时。目前已有相关研究报道了在均匀介质或多层介质中扩散模型的解析解。如 Kienle 等推导出双层扩散模型的解析形式，该模型可以实现对空间分辨漫反射率快速前向计算，且结合反向算法可以实现每层光学特性的计算。

当一束无限细光束垂直照射到双层混浊介质上时（图 7.2），假设第一层的厚度（d）大于一个传输平均自由程［即 $z_0=1/(\mu_{a1}+\mu'_{s1})$，其中，$\mu_{a1}$ 与 μ'_{s1} 分别是第一层介质的吸收系数与约化散射系数］。Kienle 等推导出在稳态条件下的双层混浊介质的扩散方程，见式（7.5）和式（7.6）：

$$D_1\nabla^2\Phi(r)-\mu_{a1}\Phi_1(r)=-\delta(x,y,z-z_0)\quad 0\leqslant z<d \tag{7.5}$$

$$D_2\nabla^2\Phi_2(r)-\mu_{a2}\Phi_2(r)=0\quad d\leqslant z \tag{7.6}$$

式中 Φ_i——第 i 层的辐射能流率

$D_i=1/[3(\mu_{ai}+\mu'_{si})]$——扩散常数

δ——一个广义函数

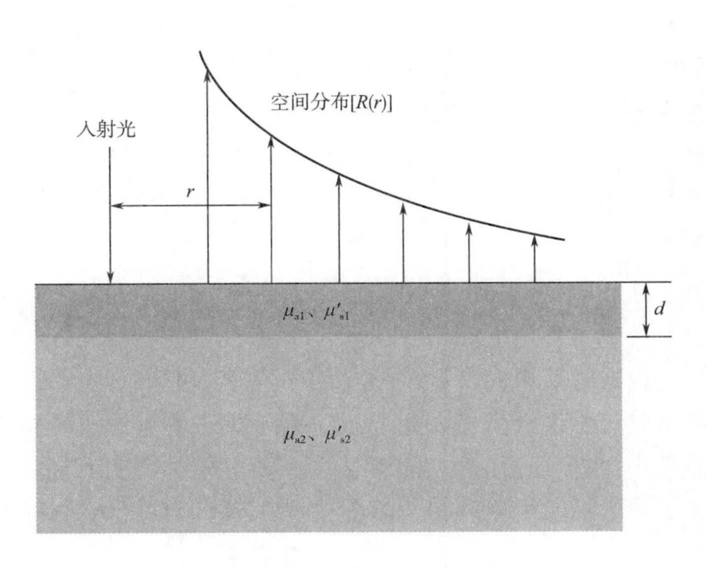

图 7.2 双层混浊介质中光传输示意图

式（7.5）和式（7.6）可以通过使用二维傅里叶变换转换成常微分方程。通过使用如下的边界条件获得频域下每层介质辐射能流率的解［Φ_i（z，s）］：第一层和第二层介质具有相同的折射率，在第一层外推边界处的辐射能流率为0，在第二层 $z\to\infty$ 处辐射能流率为0，且第一层与第二层之间的交界处辐射能流率有连续性。

在频域微分方程求解后，应用二维逆傅里叶变换，从式（7.5）和式（7.6）中获得如式（7.7）所示的笛卡尔坐标系上的辐射能流率的解：

$$\Phi_i(r,z) = \frac{1}{(2\pi)^2}\int_{-\infty}^{\infty}\int_{-\infty}^{\infty}\Phi_i(z,s)\exp[-i(s_1x+s_2y)]\mathrm{d}s_1\mathrm{d}s_2 = \frac{1}{2\pi}\int_0^{\infty}\Phi_i(z,s)sJ_0(sr)\mathrm{d}s \tag{7.7}$$

其中，$(r=x^2+y^2)^{1/2}$ 和 J_0 是零阶贝塞尔函数。这种逆变换是通过使用自适应 Gauss - Kronrod 积分函数进行积分的数值计算实现的。通过对辐射率在光纤接收的立体角上进行积分可以得到空间分辨漫反射率。最后得到双层扩散模型的解见式（7.8）：

$$R_{\mathrm{k,la}}(r) = C_1\Phi_1(r,z=0) + C_2D_1\frac{\partial}{\partial z}\Phi_1(r,z)|z=0 \tag{7.8}$$

其中，$R_{\mathrm{k,la}}$ 中的 k 和 la 分别代表 Kienle 模型和分层介质，参数 C_1 和 C_2 在式（7.4）中有介绍，且 Haskell 等也有报道。在式（7.8）中，有5个未知参数，包括：两层组织的吸收系数与约化散射系数，以及第一层组织的厚度（μ_{a1}、μ'_{s1}、μ_{a2}、μ'_{s2}、d，其中 μ_{a2}、μ'_{s2} 为第二层的吸收与约化散射系数），测量得到的漫反射率 $R_{\mathrm{k,la}}$（r）是一个与光源 - 检测器距离 r 相关的函数，需要从测量值计算得到5个未知参数。式（7.7）和式（7.8）中的双层模型同样被用于在稳态条件下混浊介质光传输的建模。

7.3 SRS 技术的仪器

实际上，空间分辨测量法使用点光源或强度恒定的准直细光束作为光源，使用单个或多个检测器在不同光源 - 检测器距离处测量漫反射信号。至于空间分辨测量系统，光纤阵列和非接触的反射图像是两种常见的传感器结构。在光纤阵列系统中，需要一台或多台光谱仪或者光谱仪与相机结合的传感器实现在光源入射点不同距离处检测漫反射率。这种方法可以实现多个波长下或者特定光谱范围内光学特性的测量。由于该方法需要探头与样本之间具有良好接触，因此对于某些固体样本，该方法可能不实用或不便利。在反射图像结构中，通过点光源照射散射介质，使用 CCD 相机获得漫反射率，可以不接触地测量被测介质，这对于食品检测是十分有利的，因为它保证了安全卫生的要求。本节介绍了四种空间分辨法所使用的系统，包括光纤探头、单色成像、高光谱成像和空间频域成像（SFDI 技术）。

7.3.1 光纤探头

7.3.1.1 基于位移台的 SRS 技术

光纤探头系统在光源入射点不同距离处，通过传统的点光谱测量法实现空间分辨光谱的获得。在基于位移台的 SRS 技术测量系统中，同时使用分光光度计与两根光纤，一根光纤在某一位置照射样品，另一根光纤为接收光纤用于采集漫反射信号。其中一根光纤安装在位移台上，以精确地控制光源 - 检测器距离，可以获得全波段下的空间分辨漫反射率数据。基于位移台的SRS技术的原理，如图7.3所示。

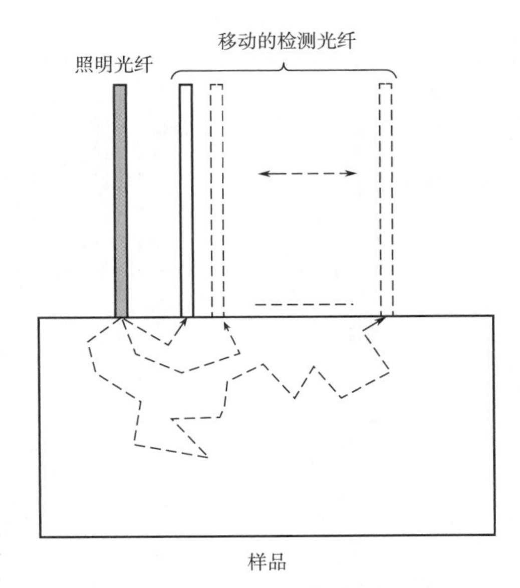

图7.3　基于位移台的SRS技术测量示意图

注：曲折线代表的是光子在散射介质中的传输路径。

基于位移台的SRS技术系统有以下优势：可以根据研究样品的光学特性灵活地改变光谱测量的次数和所测量的感兴趣区域与光源到检测器距离以及光源到探测器距离的最大值，以确保采集的数据具有高信噪比。由于空间分辨漫反射光是按顺序采集的，所以可以使用标准光纤分光光度计进行测量。该方法通常比另一种使用高光谱相机的SRS技术具有更高的SNRs。另外，由于顺序采集，可以根据光源－探测器距离进行调整积分时间，从而避免在较近的光源－探测器距离处光强饱和，而在较远距离处数据噪声太强。但是，这种顺序的光谱数据采集方法会导致实验时间较长，只有保证在光谱采集过程中，样本的性质不会发生改变，这种方法才可以使用。此外，在长时间的光谱采集过程中，若光源输出功率不稳定也会导致测量的漫反射率出现误差。因此，照明/接收光纤的顺序移动以及精确定位限制了基于位移台的SRS技术在科研上的使用。

7.3.1.2　基于光纤阵列的SRS技术

基于光纤阵列的SRS技术是将一根照明光纤和多根接收光源固定在一个探头中，解决了精确地控制光源－检测器的距离的问题。基于光纤阵列的SRS技术测量系统示意图如图7.4所示。检测光纤的另一端可以被耦合到多路调制器中，该多路调制器可以使不同接收光纤的光顺序进入分光光度计中。尽管该方法解决了光纤精确定位的问题，但是顺序测量问题仍然存在。为了解决顺序测量耗时的问题，可使用高光谱相机取代分光光度计和多路调制器。在该方法中，将光纤耦合到光谱仪的狭缝中，该狭缝将不同光纤中的光按照波长透射到相机芯片的不同位置上。这样一来，空间分辨光谱的顺序采集变成了同时采集，有效地减少了采集所需时间，使得基于光纤阵列的SRS技术比基于位移台的SRS技术更加适用于工业以及在体检测。

在设计基于光纤阵列SRS技术时，需要仔细考虑并优化以下因素：照明光纤与接收光纤的规格（如光纤直径、数值孔径等），检测光纤的数量以及在一定光源－检测器距离下，这些光纤在探头中的排列。因此，对于特定应用场合，需要对光学特性范围进行确定，以设计出最优的SRS光纤阵列探头。对光纤阵列SRS技术系统进行精确校正，以弥补照明光与波长相关的光强波动以及检测光纤效率的差异。

SRS光纤阵列探头装置适用于液体或半液体食品测量，这是因为不管是液体还是半液体食品表面怎样运动，探头的顶部与食品样本表面都有良好的接触。由于在漫反射光谱检测时，SRS光纤阵列探头这种接触式测量比非接触式测量具有更高的SNR，

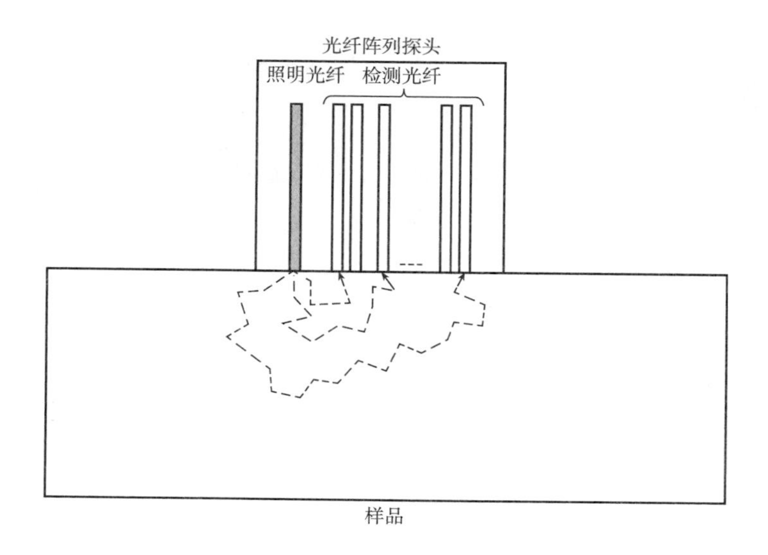

图 7.4　光纤阵列探头 SRS 技术测量示意图

注：曲折线代表的是光子在散射介质中的传输路径。

因此，小型光纤探头（具有小的光源－检测器距离）也适用于在反射模型下固体食品薄片样本（如干果片、叶菜）的测量。SRS 光纤探头法需要更低功率的光源，以灵活地避免样本后面的材料对入射光产生反射，造成测量误差。但是，由于光纤阵列探头和样本之间的接触会带来不同样本之间交叉污染的风险，所以，该装置需要定期、仔细清洗。

7.3.1.3　SRS 光纤阵列探头测量实例

如图 7.5 所示，对于有果皮和果肉的新鲜苹果，使用由 1 根照明光纤和 5 根检测光纤（直径均为 200 μm）集成的光纤探头，并且光源－探测器距离为 0.3～1.2mm，采集在 650～970nm 的空间分辨漫反射数据。

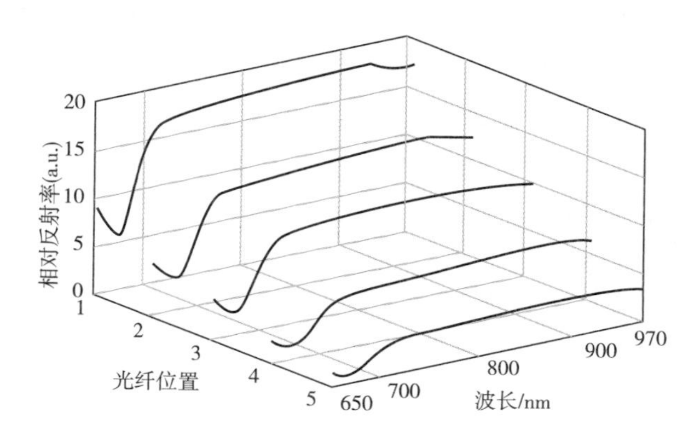

图 7.5　有果皮和果肉的新鲜苹果的空间分辨漫反射光谱

［资料来源：Nguyen Do Trong，N. et al，Postharvest Biology and Technology，2014a，91：39－48.］

图 7.5 中相对反射率值大于 1，因为使用积分球作为参考计算获得的反射强度低于在苹果样品上获得的反射强度。光纤 1 是距离照明光纤最近的检测光纤，光纤 5 是离照明光纤最远的检测光纤。由每条检测光纤所获得的漫反射光谱有两个吸收峰，分别为叶绿素（670nm）和水（970nm）对应的吸收峰。在 700 ~ 900nm，反射值较高且平滑，表示在该波段范围内，由苹果组织内的化学组分所引起光的吸收较低。在每个波长下，漫反射率随着光源位置序号或者说光源 - 检测器距离的增加而减少，这是因为当光子到达距离较远处的光纤时，光子已经在样本中传输了更长距离，在这个过程中，光子被吸收与散射的概率大大增加，有如图 7.4 所示的曲折线。

近来，已有研究证实了 SRS 光纤阵列探头在快速预测混浊介质（如食品基质）的光学特性方面的潜在能力，在苹果干片的微观结构与质地方面的无损检测能力，以及对贮藏期间新鲜水果质量的预测潜力。

7.3.2　单色成像

基于单色成像的空间分辨光谱（MISRS）技术作为一个非接触方法，用于测量在单个波长下的固体食品的光学特性。如图 7.6 所示为 MISRS 系统原理示意图。通常使用激光二极管作为光源，将特定波长下的光束照射到样品表面。使用 CCD 相机采集空间分辨漫反射率，通过相机可以从一幅图中一次性得到一组漫反射率。

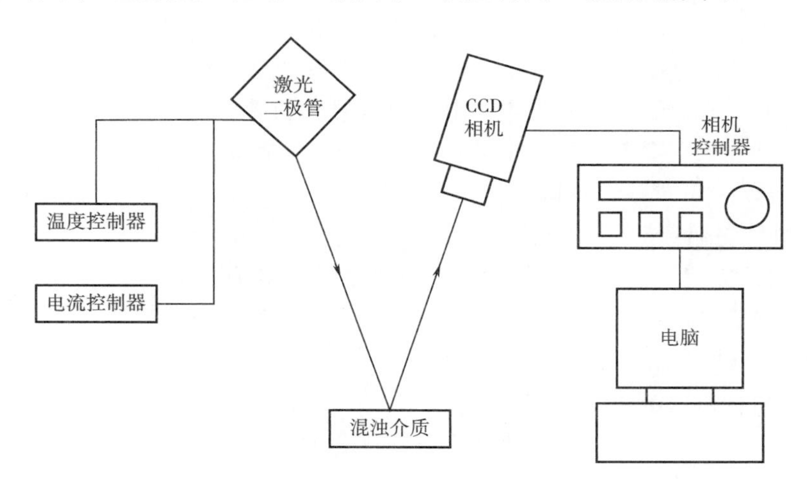

图 7.6　基于单色成像的空间分辨光谱（MISRS）系统示意图

［资料来源：Fabbri，F.，M. A. Franceschini and S. Fantini. Applied Optics，2003，42（16）：3063 - 3072.］

尽管 MISRS 系统相对简单，但是在开发过程中，需要解决与检测器相关的光学问题、电子电路问题、每个像素点受相邻像素信号影响的问题。此外，每个像素的反射率真实值应视为与其周围区域信号相关的函数，而不是单个像素所引起的信号，该函数也被称为点扩散函数（PSF）。相机的 PSF 对于图像强度校正与测量精度有重要影响，并最终会对 MISRS 测量光学特性的准确性产生影响。目前已有多种方法用于获得相机的 PSF。Pilz 等的研究表明，通过在扩散模型中将相机的 PSF 考虑进去，可以减少吸收与约化散射系数的计算误差。

为了满足扩散理论对稳态空间分辨测量的要求，通常采用选定波长的激光束作为点光源。但是，这将会限制 MISRS 法的应用范围，因为其仅在单个或多个波长下测量光学特性。MISRS 法不仅在生物医学领域中被用于测量 Intralipid－墨水仿体、组织仿体以及人体皮肤的光学特性，也有相关研究使用 MISRS 法测量得到的散射光谱用于表征水果质量。

7.3.3 高光谱成像

大部分在反射成像模式下的研究只能得到单个或多个波长下的光学特性信息。而基于高光谱成像的空间分辨光谱（HISRS）技术提供了另一种有效途径，该方法能够一次性在大的光谱范围内获得食品的光学特性。图 7.7 展示了在线扫描模式下，典型的高光谱成像系统。它主要是由一个具有较大动态范围的、低噪声的高性能 CCD 相机（通过对 CCD 检测器深度冷却实现），一台成像光谱仪，一个变焦或定焦镜头，一个光源以及一根光纤组成，该光纤装有准直镜可将投射小光斑到样本上。由于该技术将图像与光谱技术结合，所以可以同时获取光谱和空间信息，因此它适用于在大的光谱范围内测量空间分辨漫反射数据。此外，在图像采集期间，为了提高测量的重复性，当样本以预定的速度运动时，会对被检测样本进行多个线扫描，如图 7.7（2）所示。

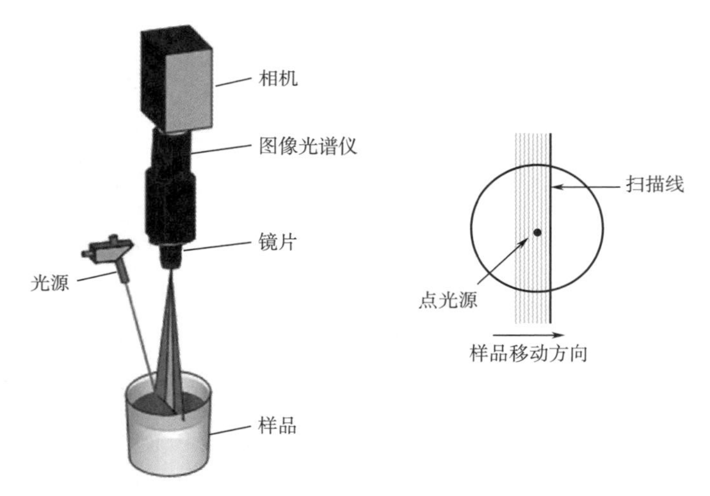

图 7.7　HISRS 系统示意图

［资料来源：Cen，H. and R. Lu. Optics Express，2010，18（16）：17412－17432.］

下面的例子描述了根据高光谱图像分析光学特性的过程。图 7.8（1）展示了一个液体仿体样本的典型的高光谱反射图像，该样本由 Intralipid（标准的水包大豆油乳液，Sigma－Aldrich Inc.，St. Louis，MO，USA）作为散射剂，蓝色染料（Direct blue 71 和 Naphthol green B，Sigma－Aldrich Inc.，St. Louis，MO，USA）作为吸收剂组成。如图 7.8 所示，从图像中获取的每条水平线代表的是在特定波长下的空间分辨漫反射率数据。因此，光谱分辨率为 4.55nm 的反射图像，实际上，是由在 500～1000nm 的 111

个空间分辨的漫反射数据组成。又因为反射数据在入射点处对称［或图 7.8（2）处的峰值］，所以对两侧对称的反射强度进行平均，从而提取吸收系数和约化散射系数。最后，对式（7.1）或式（7.4）推导出的扩散模型使用反向算法，对每个平均后的空间分辨反射率进行拟合，从而获得 500 ~ 1000nm 的吸收系数和约化散射系数光谱。

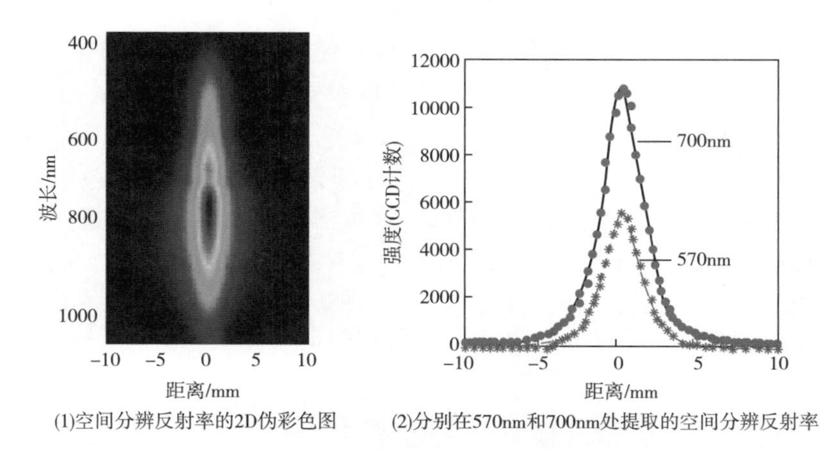

(1)空间分辨反射率的2D伪彩色图　(2)分别在570nm和700nm处提取的空间分辨反射率

图 7.8　液体仿体样本的高光谱反射图像

［资料来源：Cen，H. and R. Lu. Optics Express，2010，18（16）：17412 - 17432.］

虽然，HISRS 技术相对简单，易于实现，可用于食品的光学特性表征，但是为了满足扩散理论的要求，HISRS 技术的系统在设计和优化时，需要考虑两个关键因素，即光束、光源 - 检测器距离。HISRS 技术使用连续波点光束照射样品，光束的形状和大小可能会直接影响测量的准确性。因此，要对光束进行检查与优化。已有广泛实验通过蒙特卡罗仿真与实际光束的测量，研究了光束的特征。研究表明，为了使被测光学特性的误差小于 5%，系统中的光束应该小于 1mm。在光学设计中，虽然会优先选择较小的光束，但是也应该考虑其他因素，例如光强、光通量和测量重复性。此外，为了确定空间分辨反射率的范围，需要关于光源到探测器距离的精确信息，包括：最小光源 - 探测器距离（r_{min}），最大光源 - 探测器距离（r_{max}）和空间分辨率。Cen 和 Lu 提出最佳的 r_{min} 应该在 1 ~ 4mfp′左右，该理论与 Farrell 等提出的 r_{min} 值应该大于 1mfp′是一致的，但是不同于 Nichols 等所提出的 r_{min} 值（0.75 ~ 1mfp′）。在实际测量中，我们无法知道在特定波长下样本 μ_a 和 μ_s' 的先验信息，因此无法计算出 mfp′，根据以上较为宽松的最优 r_{min} 标准，很难确定最佳的 r_{min}。Cen 和 Lu 认为由于最大的光源 - 探测器距离会随着 μ_a 和 μ_s' 的变化而变化，所以推荐的光源到探测器最大距离在 10 ~ 20mfp′，这个结论与 Nichols 等和 Pham 等的研究的结果相同。但是，在实际测量中，由于 SNRs 会随着光源到探测器距离的增加而减少，所以最佳的光源到探测器最大距离很大程度上取决于最小值为 20 的 SNRs。此外，因为更高的分辨率不会影响测量的准确性，所以空间分辨率在 0.07 ~ 0.25mm/像素时，可以测量光学特性。

结合光学设计以及算法优化，基于 HISRS 技术开发了一种“光学特性检测分析仪（Optical property analyzer，OPA）”。这种通用的光学仪器是由一个含 CCD 相机的线扫描高光谱系统和两个独立的光源组成的。其中，点光源用于获得空间分辨漫反射图像，以测量光学特性，而线光源一般被用于普通高光谱成像应用。此外，使用液体仿体样本对 OPA 的准确性、稳定性、精确度或重复性以及灵敏度进行全面的评估。得出所有仿体的μ_a的平均误差是24%，μ_s'的平均误差是7%。造成这个结果的原因在于被测样品μ_a的绝对值非常小（对大多数被测试的样本而言，μ_a要比μ_s'至少小一个数量级），从而导致与μ_s'相比，μ_a的误差更大。此外，使用555nm 处的吸收峰的变异系数（CV）检测系统的重复性（或精确度），结果表明μ_a小于10%，μ_s'小于4%。另外，μ_a的最小的检测值是$0.0117cm^{-1}$。并且，因为在$7.0cm^{-1} \leqslant \mu_s' \leqslant 39.9cm^{-1}$，$\mu_s'$远大于$\mu_a$，所以由 CV 值决定的$\mu_s'$的灵敏度小于3%。因此，这些结果表明 OPA 在测量吸收系数和约化散射系数上到达了可被人们接受的准确性。目前，该仪器已经被用于测量桃、苹果、番茄和甜菜的吸收和散射光谱以及对水果品质（即硬度，糖度，可固形物）的预测（图7.9）。对于 OPA 测量食品的光学特性和研究苹果组织内的微观特征的应用实例，见7.4 节。

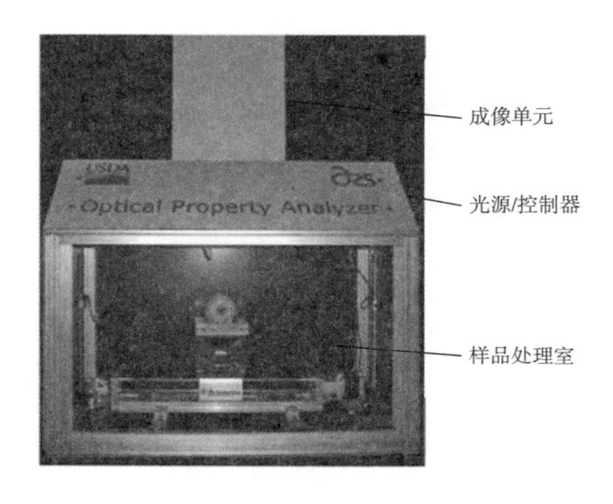

图7.9　用于测量食品光学吸收和散射特性的多用途 OPA 的照片

［资料来源：Lu，R. and H. Cen. Non – Destructive methods for food texture assessment. In Instrumental Assessment of Food Sensory Quality. UK：Woodhead Publishing，2013：230 – 254. ］

7.3.4　空间频域成像（SFDI 技术）

SFDI 技术作为一种新型的非接触式光学成像方法，最初是由 Cuccia 等提出的。该技术使用空间调制照明在空间频域（SFD）下对被检测样本进行光学表征。SFDI 技术通过分析空间频域相关的漫反射率获得吸收系数和约化散射系数。该技术的原理基于漫射理论，在稳态扩散方程中引入空间调制光源，与经过傅里叶变换的空间分辨测量法相关。SFDI 技术通过使用调制光，将光学特性参数检测与样本非均质性层析成像相结合。

SFDI 技术平台一般包括两部分：作为照明光源的数字投影仪和作为检测器的 CCD 相机。Anderson 等开发了一种多光谱成像的 SFDI 系统，其示意图如图 7.10

所示。在这个系统中，近红外数字投影仪作为入射光源，由一个 250W 的石英卤素灯、1025 ×768 的二值数字微镜装置、商用投影灯引擎以及一个固定焦距的投影镜头组成。该投影仪在某一方向上往样本表面投射不同空间频率的正弦灰度图案。使用配有液晶可调滤波器（LCTF）的 CCD 相机在多个波长下采集漫反射光。另外，在照明光源与相机前安装正交的偏振器，以消除镜面反射光。根据采集得到的漫反射图案，将 SFD 漫反射率代入修改后的扩散模型中，拟合得到吸收系数与约化散射系数。

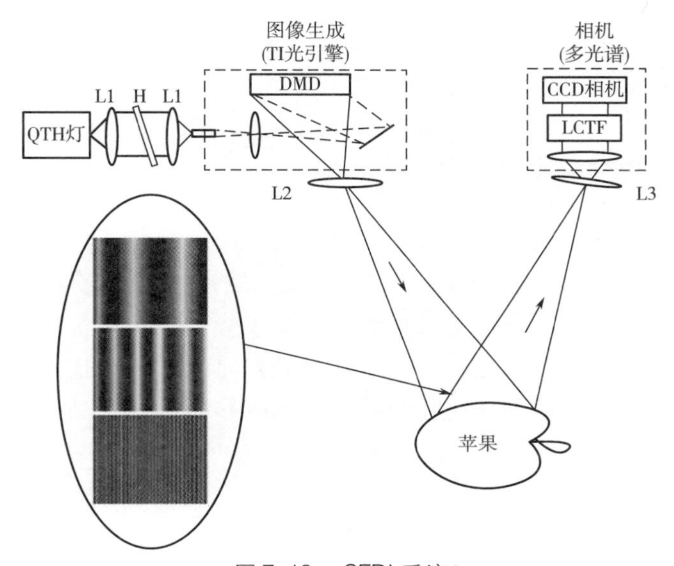

图 7. 10 SFDI 系统

DMD—数字微镜器件 H—混合热镜 L1—非球面聚光器 L2—投影镜头

L3—相机镜头 LCTF—液晶可调滤波器 QTH 灯—石英卤钨灯

［资料来源：Anderson，E. R.，D. J. Cuccia and A. J. Durkin. Detection of bruises on Golden Delicious apples using spatial - frequency domain imaging. In Advanced Biomedical and Clinical Diagnostic Systems V - Proceedings of SPIE，6430，2007.］

与其他空间分辨技术类似，为了精确地测量光学特性，需要考虑装置投影边界效应、SFD 图像的 Binning 处理、样本 - 相机之间的距离以及空间频率的校正四个误差引起因素。Bodenschat 等在使用 SFDI 技术对光学特性定量表征时，对这四个因素引起的误差进行了详细地讨论。在实验时，投影的空间频率受投影的面积所限制。这种边界效应会导致检测得到的反射率降低，从而导致在计算吸收系数与约化散射系数时出现误差。要求投影边界距离小到毫米级以下，以实现 SFD 反射率≤1%，且使得计算得到的光学特性参数μ_a、μ_s'误差小于5%。同时发现μ_a相比于μ_s'，对细微的反射率变化更加敏感。另外，空间频率也对投影边界附近的 SFD 反射率有影响，且投影边界处的反射率误差随空间频率的增加而略微增加。因此，在选择空间频率时，要同时考虑短程光子的敏感性与边界效应。对采集到的图像进行 Binning 处理可以降低图像噪声且增加采集速度。但是 Binning 处理超过一定程度，会导致 SFD 反射率出现误差。确定适当的 Binning，且 SFDI 数据的空间分辨率需要足够大，才能保证在一个空间振幅下有几个样本点。同时，为了精确测量 SFD 反射率，样本与检测器之间的距离要保证精确。Bodenschatz 等发现当 SFD 反射率增加时，可能会导致计算的吸收系数偏小，散射系数明显偏大。因此需要对所投影的空间频率进行校正，以免投影的结构光空间频率不够精确导致μ_a、μ_s'计算有误差。

虽然 SFDI 技术是一种相对较新的方法，但它已经显现出测量生物样本光学特性的潜力。该技术已经被用于测量各种组织仿生样本，如均质硅氧烷/TiO_2仿体，均质分层的 Intralipid 仿体，以及聚二甲基硅氧烷基多层仿体。在实际食品检测方面，SFDI 技术已经被用于无损定量测量苹果的吸收与散射图像，用于苹果正常部位与损伤部位的判别。结果表明对于不同损伤等级的苹果样本，正常部位与损伤部位在 650 ~ 980nm 波段的约化散射系数明显不同。

7.4 食品光学特性的测量

作为一种快速无损检测方法，SRS 技术已经被用于多种食品的光学特性检测，包括：水果、蔬菜、肉类、牛乳和其他食品。该技术不仅为混浊介质中光传输过程研究提供了一种重要方法，还为吸收与散射特性提供了独立的定量检测方法。这对食品内部结构的成像与理解有潜在作用，有助于最终开发有效的光学技术以用于食品品质预测与安全检测。在本节，我们介绍几个关于用 SRS 技术测量食品光学特性，以及苹果组织的光学特性与结构性质之间关系的例子。

7.4.1 食品的光学特性

食品的吸收与散射特性携带有与物理结构和化学成分相关的信息。最近，有文献报道了使用空间分辨光谱技术测量像水果、蔬菜和肉类等食品的吸收系数和约化散射系数。如图 7.10 所示，为五种水果和蔬菜样本、三种肉类样本、三种液体食品样本的典型的吸收系数与约化散射系数。“Golden delicious（GD）”“Delicious”“Granny smith（GS）”三种品种苹果与“Redstar”品种的梨的μ_a光谱在 675nm 处均有吸收峰，与叶绿素 a 的吸收波段一致，μ_a值的范围是 0.10 ~ 0.48cm^{-1}。由于 GS 品种苹果果皮与果肉均为绿色，因此叶绿素的吸收最高。Nguyen Do Trong 等及 Qin 和 Lu 的研究表明其他水果（如猕猴桃，梨，富士苹果和“Braeburn”苹果）的吸收光谱有着类似的光谱曲线。“红色”阶段的番茄在 675nm 处没有吸收峰，因为在完全成熟的番茄里，叶绿素 a 将会大大减少甚至消失，而花青素成为主要的色素，且在 535nm 波长下对光有吸收作用，如图 7.11（1）所示。Qin、Lu 和 Lu 等还发现了李子、黄瓜和西葫芦样本在 675nm 处由于叶绿素 a 引起的吸收峰不是很明显。水果和蔬菜样本在 720 ~ 900nm 波段吸收系数值相对较小且保持一致，但是在 900nm 之后开始急剧增加，在 970nm 处的峰为水的吸收峰。与μ_s'光谱相比，水果和蔬菜样品的约化散射系数相对平缓且没有特征峰。对于大多数被测样本，随着波长增加，μ_s'值平稳下降，如图 7.11（1）所示。这种变化规律与米氏散射理论以及其他报道相一致，Keener 等和 michels 等的研究结果表明散射与波长相关。苹果样本在 500 ~ 1000nm 波段有较高的μ_s'值（9.0 ~ 17.0cm^{-1}），其中番茄μ_s'值最低（4.5～6.0cm^{-1}）［图 7.11（1）］。这是由于苹果组织的细胞间充满了空气，导致空气－细胞界面折射率极不匹配，而番茄组织的细胞间是由水填满的。

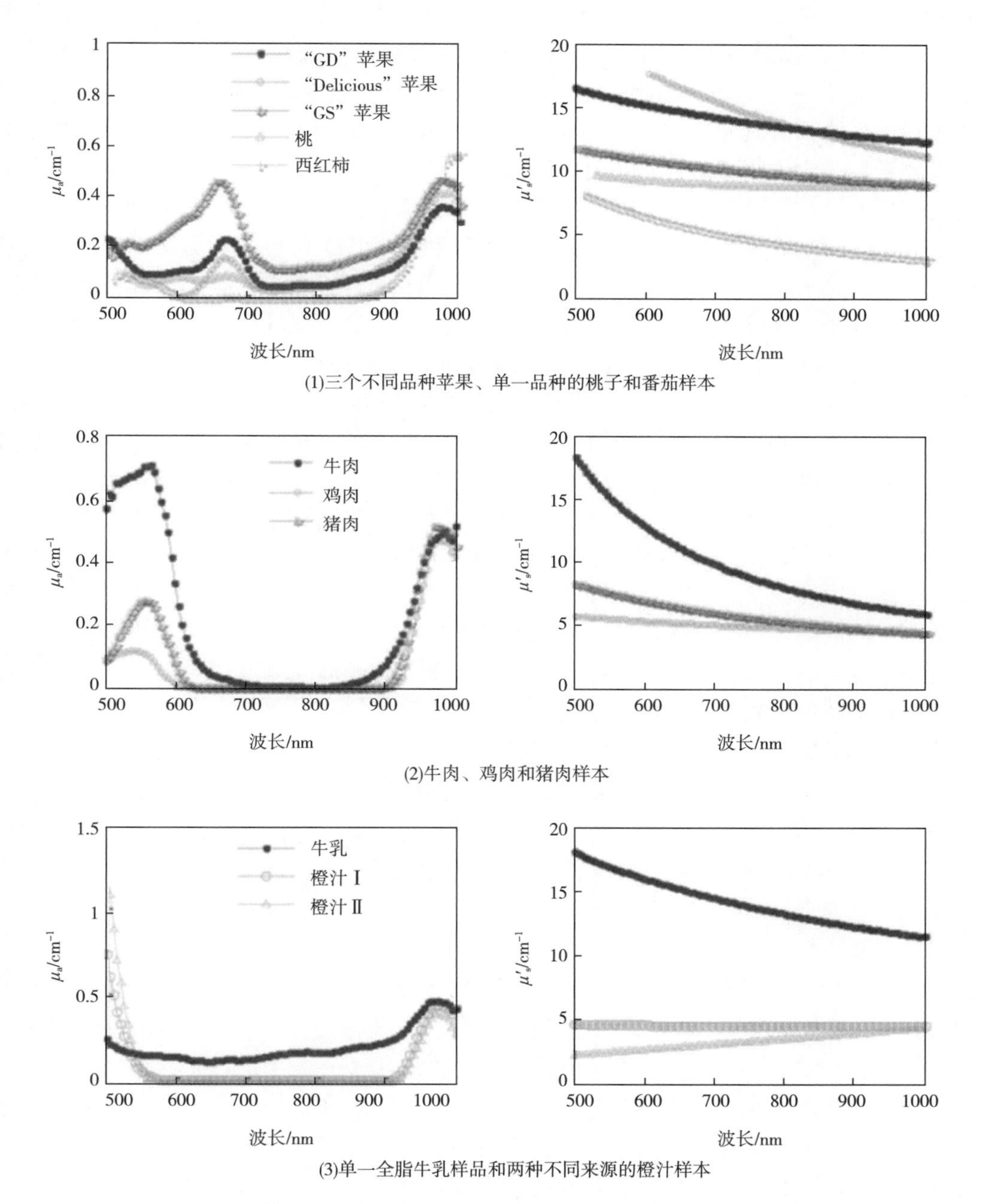

图 7.11　使用空间分辨光谱技术测量水果、蔬菜和肉等食品样本的吸收系数和约化散射系数

［资料来源：Lu，R. and H. Cen. Measurement of food optical properties. In Hyperspectral Imaging Technology in Food and Agriculture，Springer，2015：203－226.］

众所周知，肉类的嫩度、多汁性与风味等品质主要受脂肪、胶原蛋白、肌原纤维

蛋白所影响，这些与肉类的散射、吸收特性相关。如图7.11（2）所示为牛肉、鸡肉和猪肉的吸收系数光谱，可以观察到在560nm和970nm处有两个突出的吸收峰。其中在560nm处的吸收峰是由肌红蛋白、氧合肌红蛋白、高铁肌红蛋白和氧合血红蛋白的联合影响形成的，而在970nm处的吸收峰是由肉类的水的吸收导致的。三种肉类样本在整个波段范围内具有不同的μ_s'值，其中牛肉μ_s'值最高，而鸡肉μ_s'值最低。Xia等使用基于光纤探头的SRS技术，在450~950nm波段测量得到牛肉样本的半膜肌和腰大肌部分的吸收系数与约化散射系数，并比较两部分样本吸光度、吸收系数、约化散射系数光谱之间的差异。他们发现两个部分样本的吸收光谱没有差异，但是在整个波长范围内，两个样本的约化散射系数有显著差异。结果表明：相比于传统光学方法，光的散射能更有效地区分不同种类牛肉样本。在第9章仔细阐述了使用SRS技术和其他相关技术研究宰后肉品经过成熟处理后的肌肉结构特征，以及仿肉制品的结构性质。

SRS技术也被用于测量液体食品的光学特性，如果汁和牛乳。图7.11（3）展示了在550~900nm波段内的橙汁样本相对平缓的吸收光谱，这一结果与Qin和Lu的报道一致。由于类胡萝卜素使橙汁呈黄色，所以吸收光谱在朝着500nm处急剧上升，且在970nm处发现由水造成的明显吸收峰。从市场购买的全脂牛乳样本，被发现存在几个小的吸收峰，在970nm处同样存在由水造成的明显吸收峰。除此之外，在500~1000nm的光谱范围内，牛乳样本比橙汁样本具有更高的μ_s'值。这是由于牛乳中存在脂肪球与酪蛋白胶束，而它们是极好的散射粒子。Qin和Lu通过HISRS技术测量5个脂肪浓度不同的牛乳样本的光学特性，其浓度范围为0.5%~3.25%。结果发现μ_a、μ_s'与牛乳脂肪含量高度相关。Aernouts等报道了在500~1900nm波段，牛乳样本中脂肪球的大小对光学特性参数有显著影响，随着脂肪球直径下降，散射系数与各向异性系数也下降且更加取决于波长值。考虑到散射粒子作为一个球体，其散射能力取决于它的密度、大小、粒子和介质复杂的折射率。然而根据米氏理论，约化散射系数μ_s'最终是与散射效率Q_s以及散射角的概率分布$\rho(\theta)$相关。Q_s与$\rho(\theta)$十分复杂，且当散射体的大小、折射率不同时，与波长相关的Q_s变化很大。因此，μ_s'的值及其随波长变化的光谱形状可以为食品结构与物理性质提供有用的信息。若假设介质为多分散体系，且粒径平滑分布，粒径大小接近特定区间，区间为$r \geqslant \lambda$且$(2\pi r n_m/\lambda) < 70$（$r$是粒子的半径，$n_m$为介质折射率），可以得到与波长相关的$\mu_s'$，在350~950nm波段可以用经验公式$\mu_s' = a\lambda^{-b}$来表示，该公式描述了$\mu_s'$与波长$\lambda$之间的关系，其中$a$与散射粒子的密度成正比，$b$取决于散射粒子的大小。经验公式简化了$\mu_a$、$\mu_s'$的计算，但对于特定样本，需要考虑近似所引起的潜在误差。需要注意的是在图7.11中，通过经验公式计算得到的橙汁样本的μ_s'随波长增大而增大。这可能是由于橙汁中散射粒子尺寸较大或尺寸变化较大所引起的，这与使用经验的指数衰减函数所作假设相违背。此外，当波长超过950nm时，该经验函数是否可行还有待验证。虽然得到了牛乳的比较合理的吸收系数光谱，但是μ_a的值在整个波长范围内可能被高估，理由是牛乳的吸收系数与Aernouts等报道的水的吸收系数相近。这是因为牛乳样本为强散射介质，吸收会受强散射干扰。因此仍需要更多的研究去验证经验方程，以实现不同食品μ_a、μ_s'值的精确测量。

7.4.2 苹果果实光学特性与结构性质的关系

一般认为，食品的吸收和散射特性随着内部结构性质的改变而变化。然而最近，人们才明白这些光学特性变化与食品的结构性质是怎样的相关关系。在本节，我们介绍了一些来自 Cen 等的最新研究，这些研究是关于苹果果实的吸收、散射特性与微观结构、力学特性之间的关系探索。通过空间分辨与实践分辨技术获得吸收与散射特性，并将其用于水果与蔬菜品质预测中的研究分别在第 8 章和第 9 章介绍。

在 30d 的加速软化期间，对苹果进行贮藏，通过 HISRS 技术测量得到“GD”苹果和“GS”苹果的光学特性，研究光学特性与苹果机械性能之间的关系。使用声学/冲击硬度传感器测量苹果的硬度，通过压缩试验测量苹果组织标本的基本机械性质。为了量化苹果组织的结构特征，使用共聚焦激光扫描显微镜（CLSM）测量果肉组织样本，在温度 22℃、相对湿度 95% 条件下对苹果贮藏 1～30d，取不同贮藏时间点下的果肉组织。随后，对苹果组织样本的 CLSM 图像进行图像处理，提取单个细胞的定量信息（细胞面积、直径等）。最后进行线性回归分析，将声学/冲击硬度、杨氏模量、细胞的面积、直径与苹果的吸收与散射特性进行建模。

结果表明，吸收和散射系数是随着苹果声学/冲击硬度和杨氏模量的下降而下降或发生改变。在贮藏期的五个测试日期下，得到“GD”苹果、“GS”苹果的四个光学参数（$\mu_{a,675nm}$、$\mu'_{s,675nm}$、$a_{\mu'_s}$、$b_{\mu'_s}$）平均值与声学/冲击硬度（*FI* 与 *IF*）平均值、杨氏模量平均值（*E*）之间的相关性，相关性从低到极高，见表 7.1。$\mu_{a,675nm}$ 和 $\mu'_{s,675nm}$ 分别为 675nm 波长下的吸收系数和约化散射系数，对应叶绿素 *a* 的吸收波段，揭示了吸收光谱的主要特征。由于苹果中叶绿素的含量与果实的成熟和衰老相关，因此，在这个重要的波长下进行相关性分析是非常有意义的。使用波长相关的指数函数（$\mu'_s = a_{\mu'_s}\lambda^{-b_{\mu'_s}}$）中的两个参数：$a_{\mu'_s}$ 和 $b_{\mu'_s}$，对整条 μ'_s 光谱进行量化。表 7.2 展示了光学特性参数平均值与细胞大小参数之间的相关性。结果表明吸收系数与约化散射系数与细胞面积、当量直径成正相关，但是两个品种的苹果之间的相关性差别很大。这些发现表明空间分辨光谱技术有助于确定食品光学特性参数，有助于了解食品光学特性与结构性质之间的复杂关系。

表 7.1 使用每个测试数据的平均值，选择的光学参数与“GD”苹果和“GS”苹果的声学/冲击硬度以及杨氏模量的相关性

光学参数	“GD”苹果			“GS”苹果		
	FI	*IF*	*E*	*FI*	*IF*	*E*
$\mu_{a,675nm}$	0.870	0.918	0.585	0.334	0.421	0.292
$\mu'_{s,675nm}$	0.903	0.932	0.766	0.993	0.992	0.694
$\alpha_{\mu'_s}$	0.948	0.939	0.947	0.902	0.941	0.584
$b_{\mu'_s}$	0.924	0.938	0.804	0.974	0.974	0.620

注：$\mu_{a,675nm}$ 和 $\mu'_{s,675nm}$ 是在 675nm 处的吸收系数和约化散射系数，$\alpha_{\mu'_s}$ 和 $b_{\mu'_s}$ 是与 μ'_s 光谱相关的参数（$\mu'_s = a_{\mu'_s}\lambda^{-b_{\mu'_s}}$，λ 是在纳米范围内）；*FI* 和 *IF* 分别是声学硬度与冲击硬度，*E* 是杨氏模量。

［资料来源：Cen，H. Y.，et al. Postharvest Biology and Technology，2013，85：30－38.］

表 7.2　使用每个测试数据的平均值，从“GD”苹果和“GS”苹果的激光扫描共聚焦显微图中提取的光学参数和单元尺寸参数之间的相关性

光学参数	“GD”苹果		“GS”苹果	
	面积	当量直径	面积	当量直径
$\mu_{a,675nm}$	0.934	0.941	0.630	0.607
$\mu'_{s,675nm}$	0.777	0.657	0.581	0.572
$a_{\mu'_s}$	0.767	0.774	0.903	0.906
$b_{\mu'_s}$	0.660	0.657	0.805	0.845

[资料来源：Cen，H. Y.，et al. Postharvest Biology and Technology，2013，85：30－38.]

7.5　小结

SRS 技术是一种有效的可以对混浊或漫射介质进行光学表征的方法。这项技术最初被用于生物领域，用来测量生物组织。由于最近在开发更具成本效益、实用的测量装置方面取得进展，该技术已经扩展到食品方面的应用上。该技术可以将吸收和散射特性分开测量，这是常规近红外光谱测量无法实现的。已开发出的几种用于食品和农产品的测量装置（光纤探头，单色成像，高光谱技术和 SFDI 技术）的测量设备在食品的光学特性检测上显示了各自的优缺点。目前在精确可靠地测量各类食品光学特性方面仍然存在相当大的挑战。然而这些挑战也正是今后的研究机会，促使我们发现适用于多种食品的新技术。

与常规的可见－近红外光谱相比，SRS 技术一般需要更复杂的仪器和繁杂的数学模型与算法。由于食品结构复杂，且在实际试验中存在未知因素，在装置与样本多种错误源交织的情况下，在对测量系统性能进行评估时存在挑战。在空间分辨系统的设计中，需要仔细考虑与设备相关的因素，如光源品质，相机动态范围与光源－探测器的布置方式。对系统进行校正、优化与性能评估时，需要使用参考方法与标准样本（在生物医学领域也被称为仿体），然而在科学界还没有建立相关标准。这使得在比较、评估不同研究组织所开发的不同设备的性能时存在困难。除此之外，样本表面状况与几何形状（如粗糙度、不均匀、形状不规则）都会为光学特性测量带来额外的不确定因素与可变因素。测量多层或异质介质的吸收系数和散射系数仍然存在很大难度，因为其扩散模型的求解过于复杂，需要大量未知参数的估算。因此，在开发与应用空间分辨光谱技术，以检测食品与农产品光学特性时，需要进一步的研究来解决这些关键问题。

在使用 SRS 技术测量光学特性时，对辐射传输方程进行反向求解是关键步骤。开发快速、有效的反向算法至关重要。解析扩散模型需要基于特定的物理假设（光与样本相互作用时，散射为主要形式），且要求样本几何形状简单（半无限介质）。因此，在将这些模型用于食品光学特性检测时，对其局限性与适用性进行评估是非常重要的。而反向建模方法有其局限性，其反向计算的范围仅限于在试验时所使用的光学特性参数范围。若不对反向算法进行优化，将会为光学特性测量带来额外的误差。因此，在进行灵敏度分析与开发最优光学特性反向算法时，应考虑第 4 章提出的新型蒙特卡罗仿真法和第 5 章提出的参数估计方法。

参考文献

[1] Aernouts, B., R. Van Beers, R. Watté, T. Huybrechts, J. Jordens, D. Vermeulen, T. Van Gerven, J. Lammertyn and W. Saeys. Effect of ultrasonic homogenization on the VIS/NIR bulk optical properties of milk. Colloids and Surfaces B: Biointerfaces, 2015, 126: 510 – 519.

[2] Anderson, E. R., D. J. Cuccia and A. J. Durkin. Detection of bruises on Golden Delicious apples using spatial – frequency – domain imaging. Advanced Biomedical and Clinical Diagnostic Systems V—Proceedings of SPIE, 6430, San Jose, CA, 2007.

[3] Baranyai, L. and M. Zude. Analysis of laser light propagation in kiwi fruit using backscattering imaging and Monte Carlo simulation. Computers and Electronics in Agriculture, 2009, 69 (1): 33 – 39.

[4] Betoret, E., N. Betoret, J. V. Carbonell and P. Fito. Effects of pressure homogenization on particle size and the functional properties of citrus juices. Journal of Food Engineering, 2009, 92 (1): 18 – 23.

[5] Bodenschatz, N., A. Brandes, A. Liemert and A. Kienle. Sources of errors in spatial frequency domain imaging of scattering media. Journal of Biomedical Optics, 2014, 19 (7): 071405.

[6] Cen, H. and R. Lu. Quantification of the optical properties of two – layer turbid materials using a hyperspectral imaging – based spatially – resolved technique. Applied Optics, 2009, 48 (29), 5612 – 5623.

[7] Cen, H. and R. Lu. Optimization of the hyperspectral imaging – based spatially – resolved system for measuring the optical properties of biological materials. Optics Express, 2010, 18 (16): 17412 – 17432.

[8] Cen, H., R. Lu, F. A. Mendoza and D. P. Ariana. Assessing multiple quality attributes of peaches using optical absorption and scattering properties. Transactions of the ASABE, 2012a, 55 (2): 647 – 657.

[9] Cen, H. Y., R. F. Lu and F. A. Mendoza. Analysis of absorption and scattering spectra for assessing the internal quality of apple fruit. Acta Horticulturae, 2012b, 945: 181 – 188.

[10] Cen, H. Y., R. F. Lu, F. Mendoza and R. M. Beaudry. Relationship of the optical absorption and scattering properties with mechanical and structural properties of apple tissue. Postharvest Biology and Technology, 2013, 85: 30 – 38.

[11] Cletus, B., R. Kunnemeyer, P. Martinsen, A. McGlone and R. Jordan. Characterizing liquid turbid media by frequency – domain photon – migration spectroscopy. Journal of Biomedical Optics, 2009, 14 (2): 024041.

[12] Cuccia, D. J., F. Bevilacqua, A. J. Durkin and B. J. Tromberg. Modulated ima-

ging: Quantitative analysis and tomography of turbid media in the spatial – frequency domain. Optics Letters, 2005, 30 (11): 1354 – 1356.

[13] Doornbos, R. M. P., R. Lang, M. C. Aalders, F. W. Cross and H. J. C. M. Sterenborg. The determination of in vivo human tissue optical properties and absolute chromophore concentrations using spatially resolved steady – state diffuse reflectance spectroscopy. Physics in Medicine and Biology, 1999, 44 (4): 967 – 981.

[14] Du, H. and K. J. Voss. Effects of point – spread function on calibration and radiometric accuracy of CCD camera. Applied Optics, 2004, 43 (3): 665 – 670.

[15] Emerson, M. R., D. R. Woerner, K. E. Belk and J. D. Tatum. Effectiveness of USDA instrument – based marbling measurements for categorizing beef carcasses according to differences in longissimus muscle sensory attributes. Journal of Animal Science, 2013, 91 (2): 1024 – 1034.

[16] Erkinbaev, C., E. Herremans, N. Nguyen Do Trong, E. Jakubczyk, P. Verboven, B. Nicolaï and W. Saeys. Contactless and non – destructive differentiation of microstructures of sugar foams by hyperspectral scatter imaging. Innovative Food Science and Emerging Technologies, 2014, 24: 131 – 137.

[17] Fabbri, F., M. A. Franceschini and S. Fantini. Characterization of spatial and temporal variations in the optical properties of tissue – like media with diffuse reflectance imaging. Applied Optics, 2003, 42 (16): 3063 – 3072.

[18] Falconet, J., A. Laidevant, R. Sablong, A. da Silva, M. Berger, F. Jaillon, E. Perrin, J. M. Dinten and H. Saint – Jalmes. Estimation of optical properties of turbid media: Experimental comparison of spatially and temporally resolved reflectance methods. Applied Optics, 2008, 47 (11): 1734 – 1739.

[19] Farrell, T. J., M. S. Patterson and B. Wilson. A diffusion – theory model of spatially resolved, steady – state diffuse reflectance for the noninvasive determination of tissue optical – properties in vivo. Medical Physics, 1992, 19 (4): 879 – 888.

[20] Foschum, F., M. Jäger and A. Kienle. Fully automated spatially resolved reflectance spectrometer for the determination of the absorption and scattering in turbid media. Review of Scientific Instruments, 2011, 82 (10): 103104.

[21] González – Rodríguez, P. and A. D. Kim. Light propagation in two – layer tissues with an irregular interface. Journal of the Optical Society of America A: Optics and Image Science, and Vision, 2008, 25 (1): 64 – 73.

[22] Greening, G. J., R. Istfan, L. M. Higgins, K. Balachandran, D. Roblyer, M. C. Pierce and T. J. Muldoon. Characterization of thin poly (dimethylsiloxane) – based tissue – simulating phantoms with tunable reduced scattering and absorption coefficients at visible and near – infrared wavelengths. Journal of Biomedical Optics, 2014, 19 (11): 115002.

[23] Groenhuis, R. A. J., H. A. Ferwerda and J. J. Tenbosch. Scattering and absorption of turbid materials determined from reflection measurements. 1. Theory. Applied Optics, 1983,

22 (16): 2456 –2462.

[24] Haskell, R. C., L. O. Svaasand, T. T. Tsay, T. C. Feng and M. S. McAdams. Boundary – conditions for the diffusion equation in radiative – transfer. Journal of the Optical Society of America A—Optics Image Science and Vision, 1994, 11 (10): 2727 –2741.

[25] Herremans, E., E. Bongaers, P. Estrade, E. Gondek, M. Hertog, E. Jakubczyk, N. Nguyen Do Trong et al. Microstructure – texture relationships of aerated sugar gels: Novel measurement techniques for analysis and control. Innovative Food Science and Emerging Technologies, 2013, 18: 202 –211.

[26] Hollmann, J. L. and L. V. Wang. Multiple – source optical diffusion approximation for a multilayer scattering medium. Applied Optics, 2007, 46 (23): 6004 –6009.

[27] Huang, C., J. R. G. Townshend, S. N. V. Kalluri and R. S. De Fries. Impact of sensor' s point spread function on land cover characterization: Assessment and deconvolution. Remote Sensing of Environment , 2002, 80: 203 –212.

[28] Keener, J. D., K. J. Chalut, J. W. Pyhtila and A. Wax. Application of Mie theory to determine the structure of spheroidal scatterers in biological materials. Optics Letters, 2007, 32 (10): 1326 –1328.

[29] Kienle, A. and M. S. Patterson. Improved solutions of the steady – state and the time – resolved diffusion equations for reflectance from a semi – infinite turbid medium. Journal of the Optical Society of America A—Optics Image Science and Vision, 1997, 14 (1): 246 –254.

[30] Kienle, A., M. S. Patterson, N. Dognitz, R. Bays, G. Wagnieres and H. van den Bergh. Noninvasive determination of the optical properties of two – layered turbid media. Applied Optics, 1998, 37 (4): 779 –791.

[31] Langerholc, J. Beam broadening in dense scattering media. Applied Optics, 1982, 21 (9): 1593 –1598.

[32] Liao, Y. K. and S. H. Tseng. Reliable recovery of the optical properties of multi – layer turbid media by iteratively using a layered diffusion model at multiple source – detector separations. Biomedical Optics Express, 2014, 5 (3): 975 –989.

[33] Lida, F., K. Saitou, T. Kawamura, S. Yamaguchi and T. Nishimura. Effect of fat content on sensory characteristics of marbled beef from Japanese black steers. Animal Science Journal, 2014, 86 (7): 707 –715.

[34] Lorente, D., M. Zude, C. Regen, L. Palou, J. Gómez – Sanchis and J. Blasco. Early decay detection in citrus fruit using laser – light backscattering imaging. Postharvest Biology and Technology, 2013, 86: 424 –430.

[35] Lu, R., D. P. Ariana and H. Cen. Optical absorption and scattering properties of normal and defective pickling cucumbers for 700 – 1000nm. Sensing and Instrumentation for Food Quality and Safety, 2011, 5: 51 –56.

[36] Lu, R. and H. Cen. Non – destructive methods for food texture assessment. InInstrumental Assessment of Food Sensory Quality. UK: Woodhead Publishing, 2013: 230 –254.

[37] Lu, R. and H. Cen. Chapter 8. Measurement of food optical properties. Hyperspectral Imaging Technology in Food and Agriculture, B. Park and R. Lu (ed.), Springer, New York, 2015: 203 - 226.

[38] Malsan, J., R. Gurjar, D. Wolf and K. Vishwanath. Extracting optical properties of turbid media using radially and spectrally resolved diffuse reflectance. Progress in SS Biomedical Optics and Imaging—Proceedings of SPIE, 8936, San Francisco, CA, 2014.

[39] Maltin, C., D. Balcerzak, R. Tilley and M. Delday. Determinants of meat quality: Tenderness. Proceedings of the Nutrition Society, 2003, 62: 337 - 347.

[40] Marquet, P., F. Bevilacqua, C. Depeursinge and E. B. Dehaller. Determination of reduced scattering and absorption - coefficients by a single charge - coupled - device array measurement 1. Comparison between experiments and simulations. Optical Engineering, 1995, 34 (7): 2055 - 2063.

[41] Michels, R., F. Foschum and A. Kienle. Optical properties of fat emulsions. Optics Express, 2008, 16 (8): 5907 - 5925.

[42] Mourant, J. R., T. Fuselier, J. Boyer, T. M. Johnson and I. J. Bigio. Predictions and measurements of scattering and absorption over broad wavelength ranges in tissue phantoms. Applied Optics, 1997, 36 (4): 949 - 957.

[43] Nguyen Do Trong, N., C. Erikinbaev, M. Tsuta, J. De Baerdemaeker, B. Nicolaï and W. Saeys. Spatially resolved diffuse reflectance in the visible and near - infrared wavelength range for non - destructive quality assessment of Braeburn apples. Postharvest Biology and Technology, 2014a, 91: 39 - 48.

[44] Nguyen Do Trong, N., A. Rizzolo, E. Herremans, M. Vanoli, G. Cortellino, C. Erkinbaev, M. Tsuta et al. Optical properties - microstructure - texture relationships of dried apple slices: Spatially resolved diffuse reflectance spectroscopy as a novel technique for analysis and process control. Innovative Food Science and Emerging Technologies, 2014b, 21: 160 - 168.

[45] Nguyen Do Trong, N., R. Watté, B. Aernouts, E. Verhoelst, M. Tsuta, E. Jakubczyk, E. Gondek, P. Verboven, B. M. Nicolaï and W. Saeys. Differentiation of microstructures of sugar foams by means of spatially resolved spectroscopy. Proceedings of SPIE—The International Society for Optical Engineering, Brussels, Belgium. 2012: 8439.

[46] Nichols, M. G., E. L. Hull and T. H. Foster. Design and testing of a white - light, steadystate diffuse reflectance spectrometer for determination of optical properties of highly scattering systems. Applied Optics, 1997, 36 (1): 93 - 104.

[47] Nicolai, B. M., B. E. Verlinden, M. Desmet, S. Saevels, W. Saeys, K. Theron, R. Cubeddu, A. Pifferi and A. Torricelli. Time - resolved and continuous wave NIR reflectance spectroscopy to predict soluble solids content and firmness of pear. Postharvest Biology and Technology, 2008, 47 (1): 68 - 74.

[48] Pham, T. H., F. Bevilacqua, T. Spott, J. S. Dam, B. J. Tromberg and S. Andersson -

Engels. Quantifying the absorption and reduced scattering coefficients of tissue – like turbid media over a broad spectral range with noncontact Fourier – transform hyperspectral imaging. Applied Optics, 2000, 39 (34): 6487 – 6497.

[49] Pilz, M., S. Honold and A. Kienle. Determination of the optical properties of turbid media by measurements of the spatially resolved reflectance considering the point – spread function of the camera system. Journal of Biomedical Optics, 2008, 13 (5): 054047.

[50] Pilz, M. and A. Kienle. Determination of the optical properties of turbid media by measurement of the spatially resolved reflectance. Progress in Biomedical Optics and Imaging—Proceedings of SPIE. Munich, Germany, 2007: 6629.

[51] Qin, J. and R. Lu. Measurement of the absorption and scattering properties of turbid liquid foods using hyperspectral imaging. Applied Spectroscopy, 2007, 61 (4): 388 – 396.

[52] Qin, J. and R. Lu. Measurement of the optical properties of fruits and vegetables using spatially resolved hyperspectral diffuse reflectance imaging technique. Postharvest Biology and Technology, 2008, 49 (3): 355 – 365.

[53] Qin, J., R. Lu and Y. Peng. Prediction of apple internal quality using spectral absorption and scattering properties. Transactions of the ASABE, 2009, 52 (2): 499 – 507.

[54] Raulot, V., P. Gérard, B. Serio, M. Flury, B. Kress and P. Meyrueis. Modeling of the angular tolerancing of an effective medium diffractive lens using combined finite difference time domain and radiation spectrum method algorithms. Optics Express, 2010, 18 (17): 17974 – 17982.

[55] Reynolds, L., C. Johnson and A. Ishimaru. Diffuse reflectance from a finite blood medium— Applications to modeling of fiber optic catheters. Applied Optics, 1976, 15 (9): 2059 – 2067.

[56] Shampine, L. F. Vectorized adaptive quadrature in MATLAB. Journal of Computational and Applied Mathematics, 2008, 211: 131 – 140.

[57] Tseng, S. H., A. Grant and A. J. Durkin. In vivo determination of skin near – infrared optical properties using diffuse optical spectroscopy. Journal of Biomedical Optics, 2008, 13 (1): 014016.

[58] Watté, R., N. Nguyen Do Trong, B. Aernouts, C. Erkinbaey, J. De Baerdemaeker, B. Nicolaï and W. Saeys. Metamodeling approach for efficient estimation of optical properties of turbid media from spatially resolved diffuse reflectance measurements. Optics Express, 2013, 21 (23): 32630 – 32642.

[59] Weber, J. R., D. J. Cuccia, W. R. Johnson, G. H. Bearman, A. J. Durkin, M. Hsu, A. Lin, D. K. Binder, D. Wilson and B. J. Tromberg. Multispectral imaging of tissue absorption and scattering using spatial frequency domain imaging and a computed – tomography imaging spectrometer. Journal of Biomedical Optics, 2011, 16 (1): 011015.

[60] Xia, J. J., E. P. Berg, J. W. Lee and G. Yao. Characterizing beef muscles with optical scattering and absorption coefficients in VIS – NIR region. Meat Science, 2007, 75

(1): 78 - 83.

[61] Zandhuis, J., D. Pycock, S. Quigley and P. Webb. Sub - pixel non - parametric PSF estimation for image enhancement. IEE Proceedings Vision Image Signal Processing, 1997, 14: 285 - 292.

[62] Zhang, L., Z. Wang and M. Zhou. Determination of the optical coefficients of biological tissue by neural network. Journal of Modern Optics, 2010, 57 (13): 1163 - 1170.

[63] Zhu, Q., C. He, R. Lu, F. Mendoza and H. Cen. Ripeness evaluation of "sun bright" tomato using optical absorption and scattering properties. Postharvest Biology and Technology, 2015, 103: 27 - 34.

8 时间分辨光谱技术测量食品光学性质和质量

Anna Rizzolo，Maristella Vanoli

8.1 引言

时间分辨反射光谱（Time - Resolved reflectance spectroscopy，TRS）通过同时测量光学吸收和散射特性对扩散介质进行无损评估。

在 TRS 中，短脉冲的单色光被注入扩散介质，当光子撞击散射中心时，它便会改变散射中心的运动轨迹，并且光子继续在扩散介质中传播，直至最终穿越边界重新发射，或者被吸收中心所捕获。在离注入点一定距离处重新发射的光子的时间分布将被延迟、加宽和衰减。通过使用适当的光传输理论模型既可以分析光随时间的衰减过程（见第 3 章），又可以测量作为波长函数的散射系数（μ_s）和吸收系数（μ_a），这两个系数分别表示单位长度内的散射概率和吸收概率。约化散射系数μ'_s常用于阐述光子的非各向同性传播，在 Torricelli 的研究中就详细介绍了时间分辨法测定混浊介质光学性质的方法。

TRS 在食品整体光学性能无损检测中的应用主要集中在水果和蔬菜（苹果、梨、李子、桃、油桃、芒果和马铃薯）。根据经验，TRS 检测需要的样品体积应大于 10cm^3，然而，TRS 的适用性是由食品的光学特性和几何形状共同决定的，即小的但扩散性强的样品（如樱桃）会产生较大的激光脉宽，而对于扩散性较弱（例如凝胶）或存在空隙的样本（例如谷物片），TRS 则无法提供可靠的检测结果。

水果是复杂的样品，许多因素（水果自身因素或外因）都会影响到光与水果组织之间的相互作用，即对水果的光学特性造成影响。初步研究表明，吸收系数的变化主要取决于果肉的化学成分（如水和糖）以及色素（如叶绿素、类胡萝卜素和花青素）的含量，而散射系数的变化主要取决于出现在细胞膜、细胞壁、空气、液泡、淀粉颗粒和细胞器组织中的微观不连续的介电特性。使用 TRS 法测定水果光学特性的主要优点在于：这种检测方法对果皮的影响非常有限或很微弱，对果肉的穿透深度可达到 1 ~ 2cm，而与连续波长的分光光度计不同的是，连续波长分光光度计的有效穿透深度取决于波长，其穿透深度为几毫米。

本章将重点介绍近 15 年来 TRS 在果蔬检测中的应用。8.2 节介绍了食品行业中使用的各种 TRS 仪器和 TRS 数据分析。8.3 节讲解了各类水果在采收前及采收后各类因素（譬如果实发育程度、成熟度和贮藏期）对吸收和散射光谱的影响，进而探究了各类因素对水果品质的影响。8.4 节阐述了使用 670nm 处测得的吸收系数（$\mu_{a,670nm}$）作为成熟度指数对同期收获的处于不同成熟度的水果进行分类，并对油桃和芒果建立了相应的软化模型。8.5 节介绍了 TRS 获得的水果光学特性与水果质地之间的关系，重点研究了预测果实机械性能的各种模型，主要包括果肉硬度以及与质地相关的感官质地（感官硬度、脆度、多汁性和粉质化程度）。

8.6 节讲述了吸收和散射光学特性对各种水果内部缺陷的检测研究，主要包括苹果（粉质化、水心病和内部褐变），桃（毛绒病、内部褐变和渗色），李子（内部褐变和凝胶）和猕猴桃（半透明）。8.7 节介绍了 TRS 在食品分析中的应用。

8.2 仪器与数据分析

米兰理工大学开发了三种用于TRS测量的仪器：用于多波长测量的宽带TRS系统（TRS-MW）、用于单波长测量的便携式小型TRS系统（TRS-SW）和用于离散波长测量的便携式紧凑型系统（TRS -DW）。图8.1为三种TRS装置的原理图。

TRS-MW系统是全自动实验室装置，用于在红色和近红外（NIR）波长范围（650~1000nm）中进行宽波段的测量［图8.1（1）］，它利用同步泵浦锁模染料激光器（CR-599，Coherent，Santa Clara,）以76MHz的重复频率激发650~695nm，以及主动锁模钛蓝宝石激光器（Mod.3900，Spectra Physics，Santa Clara）激发波长范围为700~1000nm，重复频率为100MHz。两根1mm长的光纤就可以将光传送到样品中并收集到反射后的光子。在进行水果检测时，照明光纤的远端功率密度限制在10mW以下。单色仪与双微通道板光电倍增管（R1564/U with S1 photocathode，Hamamatsu Photonics，Shizuoka）以及用于时间相关的单光子计数（TCSPC）的电子链结合使用。入射光束的一小部分用作参考，直接耦合到光电倍增管，以便校正仪器的时间漂移问题。总的来说，红色和近红外区域的系统传递函数分别小于120ps和小于180ps（半峰全宽，FWHM）。个人计算机控制激光器的调谐和功率、单色仪扫描以及系统传递函数的优化，用于数据采集和系统调整的典型测量时间为每波长8~10s。

TRS-SW系统是一种在单波长下进行TRS测量的小型便携式装置［图8.1（2）］。简单来讲，光源是一个重复频率为80 MHz的脉冲激光二极管（PDL800，Pico Quant GmbH，Berlin），持续时间为100ps，平均功率为1mW，用一个由一个小型的光电倍增管（R5900U-L16，Hamamatsu Photonics，Shizuoka）和一个TCSPC（SPC130，Becker & Hickl GmbH，Berlin）集成的PC板来检测扩散光子的飞行时间分布，利用激光波长调谐的干涉滤光器来切断叶绿素引起的荧光信号，通过两根1mm光纤将光传递到样品并从样品中收集反射的光子。仪器响应函数（Instrumental response function，IRF）的总宽度（FWHM）小于160ps，典型的采集时间为1s。整个设置由在LabWindows/CVI环境（National Instruments，Austin，Texas）中以C语言编写的内部开发软件程序控制。TRS-SW系统可以有多个脉冲激光二极管，每个脉冲二极管以不同的波长工作。因此，工作波长由一个光纤开关（Eol 1 × 4，Piezojena GmbH,）进行顺序选择。

TRS-DW系统是便携式装置，可在离散波长下工作［图8.1（3）］。光源是超连续谱光纤激光器（SC450-6W，Fianium，Southampton），该光源可形成皮秒级的白光脉冲，持续时间为几十皮秒。利用装有14个带通干涉滤光片（NT-65 series，Edmund Optics，Barrington）的定制滤光轮可在540~940nm波长进行光谱选择。TRS-DW系统与TRS-SW系统一样，都是通过光纤将光传递到样品并从样品中收集光。与第一滤光轮相同，第二滤光轮也同样用于在可见光谱区受照射时切断来自果实的荧光信号。然后，用光电倍增管（HPM-100-50，Becker & Hickl，Berlin）检测光，并通过TCSPC板（SPC-130，Becker & Hickl，Berlin）测量光子飞行时间分布。IRF的FWHM约为260ps，通常一个波长的收集时间为1s。

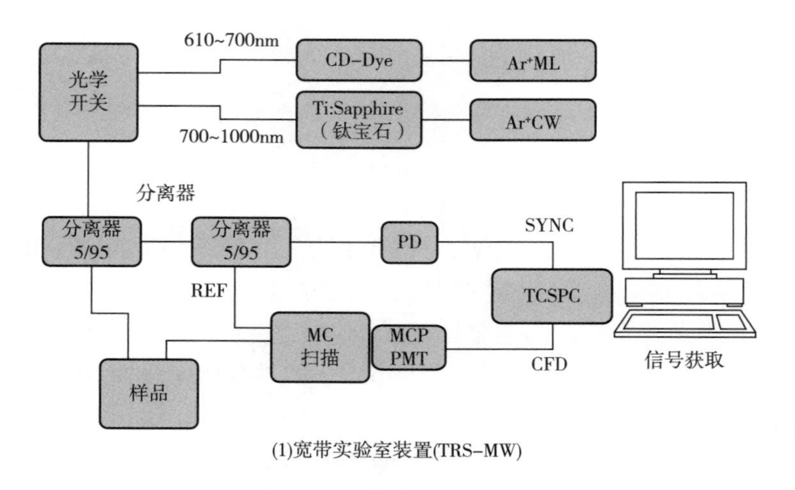

(1)宽带实验室装置(TRS-MW)

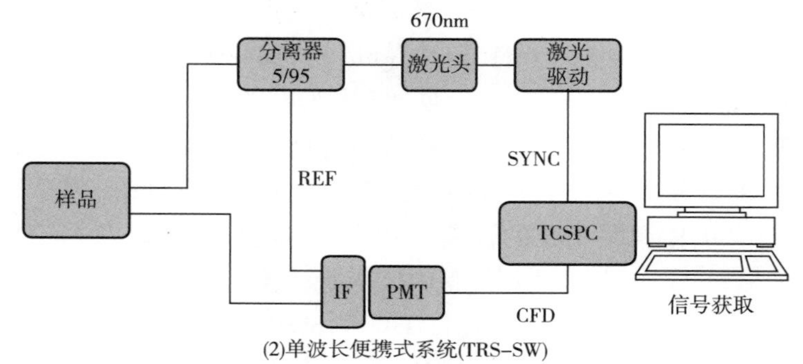

(2)单波长便携式系统(TRS-SW)

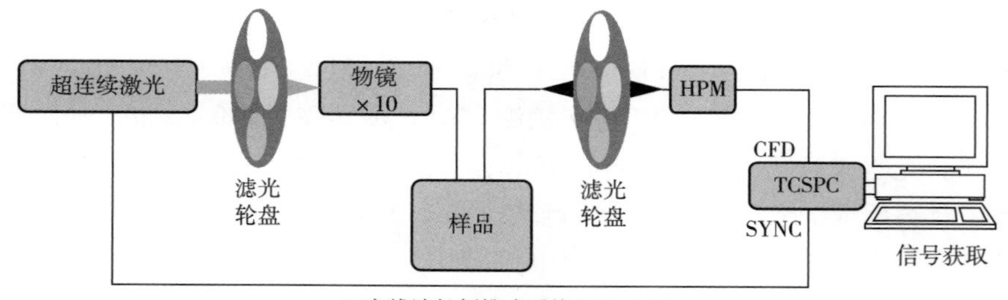

(3)离线波长便携式系统(TRS-DW)

图 8.1　米兰理工大学物理系开发的三种不同的 TRS 装置示意图

ML—锁模（Mode - Locked） CD—腔倒空（Cavity dumped） CW—连续波（Continuous wave）
PD—光电二极管（Photodiode） REF—光参考信号（Optical reference signal） MC—单色仪（Monochromator） MCP—微通道板（Microchannel plate） PMT—光电倍增管（Photomultiplier tube）
IF—干扰滤波器（Interference filter） HPM—混合光电倍增管（Hybrid photomultiplier tube）
TCSPC—时间相关单光子计数光谱仪（Time - Correlated singlephoton counting computer board）
SYNC—同步信号（Synchronization signal） CFD—恒比定时鉴别器（Constant fraction discriminator）
注：该图由物理系米兰理工大学的 Lorenzo Spinelli 和 Alessandro Torricelli 提供。

对于上述的三个系统，使用定制的固定器将纤维分开放置，相距 1.5cm，彼此平行，垂直于样品表面并与样品表面接触。

表 8.1 中总结了 TRS - MW 系统、TRS - SW 系统和 TRS - DW 系统对园艺产品进行

TRS 测量的光谱区域和波长。

表 8.1 用于园艺产品的宽带（TRS - MW 系统），单波长（TRS - SW 系统）和离散波长（TRS - DW 系统）的光谱区域和波长设置

参数	产品	波段	资料来源
TRS - MW 系统	苹果、桃 番茄 猕猴桃	650 ~ 1000nm，间隔 5nm 672，750，800nm 900 ~ 1000nm，间隔 10nm	Cubeddu，等 Valero，等
	苹果	670，750，790，912nm 600 ~ 700nm，间隔 5nm	Vanoli，等 Cubeddu，等
	猕猴桃	610 ~ 1010nm，间隔 5nm	Valero，等
	梨	710 ~ 850nm，间隔 10nm	Eccher Zerbini，等
TRS - MW 系统	苹果	875 ~ 1030nm，间隔 5nm	Nicolaï，等
		670 ~ 1100nm，间隔 10nm	Vanoli，等
		740 ~ 1040nm，间隔 40nm	Vanoli，等
		670 和 740 ~ 1100nm，间隔 20nm	Barzaghi，等
TRS - SW 系统	梨	690nm	Eccher Zerbini，等
	油桃	670nm	Eccher Zerbini，等 Jacob，等 Rizzolo，等 Tijskens，等 Vanoli，等
		670，780nm	Lurie，等
	桃	670nm	Rizzolo，等
	李子	670，780nm	Vangdal，等
		670，758nm	Vangdal，等
	苹果	630nm	Eccher Zerbini，等 Vanoli，等
		670nm	Rizzolo，等
		630，670，750，780nm	Rizzolo，等 Vanoli，等
		780nm	Vanoli，等
	芒果	630nm	Pereira，等 Vanoli，等
TRS - DW 系统	芒果	540，580，630，650，670，690，730，780，800，830，850，880，900nm	Eccher Zerbini，等 Spinelli，等
		540，630，690nm	Vanoli，等
		540，580，630，650，670，690，730，780nm	Vanoli，等 Vanoli，等

续表

参数	产品	波段	资料来源
	苹果，李子，马铃薯和桃	540，580，630，650，670，690，730，780，800，830，850，880，900nm	Attanasio Seifert，等 Vanoli，等
	苹果	630，650，670，690，730，830，850，900nm 670nm	Rizzolo，等 Vanoli，等 Vanoli，等 Zanella，等

扩散介质中降低的散射系数（μ_s）和吸收系数（μ_a）可以通过将每个波长的光子飞行时间反射率数据与扩散近似的解析解拟合到辐射传递方程中获得。Martelli 等找到了针对不同几何形状的可用解的完整描述。

当使用 TRS－MW 系统或 TRS－DW 系统设置在多个波长下进行 TRS 测量时，通过使用光谱约束方法对所有波长的拟合过程进行迭代，可以得到扩散介质中的吸收光谱和降低的散射光谱。将光学特性的光谱相关性插入分析法中，从而实现在扩散介质中的光传输，同时考虑多个波长的 TRS 数据并使用发色团浓度（如叶绿素和水）以及结构参数作为自由参数。

吸收系数和组织成分之间的关系由比尔定律给出，见式（8.1）：

$$\mu_a(\lambda) = \sum_i c_i \varepsilon_i(\lambda) = c_{CHL}\varepsilon_{CHL}(\lambda) + c_{H_2O}\varepsilon_{H_2O}(\lambda) + bkg \tag{8.1}$$

式中 c_{CHL}——叶绿素的浓度

c_{H_2O}——水的浓度

ε_{CHL}——叶绿素的比吸水系统

ε_{H_2O}——水的比吸收系统

bkg——常用值，用以说明其他吸收服务的贡献

米氏理论预测了散射系数的波长依赖性以及散射系数与球体尺寸之间的关系。假设散射中心是均质球体，μ_s 和波长之间的关系如式（8.2）所示：

$$\mu'_s = a\left(\frac{\lambda}{\lambda_0}\right)^{-b} \tag{8.2}$$

式中 λ——波长

λ_0——参考波长

a——在参考波长 $\lambda_0 = 600$nm 处与散射中心密度成正比的散射系数

b——与散射中心等效大小有关的参数

通过用米氏理论解释简化的散射光谱，可以获得有关散射中心的密度和大小的信息，从而得到有关样品果实结构性质的信息。

在每次实验中，利用由环氧树脂、黑色色粉和已知光学性能的 TiO_2颗粒制成的固体装置模型经过时间校准后，便能实现对 TRS 设置的性能评估。Pifferi 等详细描述了使用该固体装置模型的方法，Seifert 等描述了整个实验过程中 TRS 性能评估的实例。在光学性能的测量值范围内，μ_a和 μ'_s的绝对估计精度通常都优于 10%，但是，吸收谱线

形状评估中的误差通常小于2%。

8.3 各种水果的吸收和散射光谱

在540~1100nm的波长范围内，类胡萝卜素/花青素、叶绿素a和水的特征吸收峰主要出现在540，670，980nm处，而散射光谱没有特定的光谱特征，通常具有散射值随着波长的增加而减小的变化趋势。吸收光谱的最大值振幅以及散射光谱的值和斜率根据种类和品种的不同而不同。桃、苹果和芒果的吸收光谱和散射光谱示例如图8.2所示。

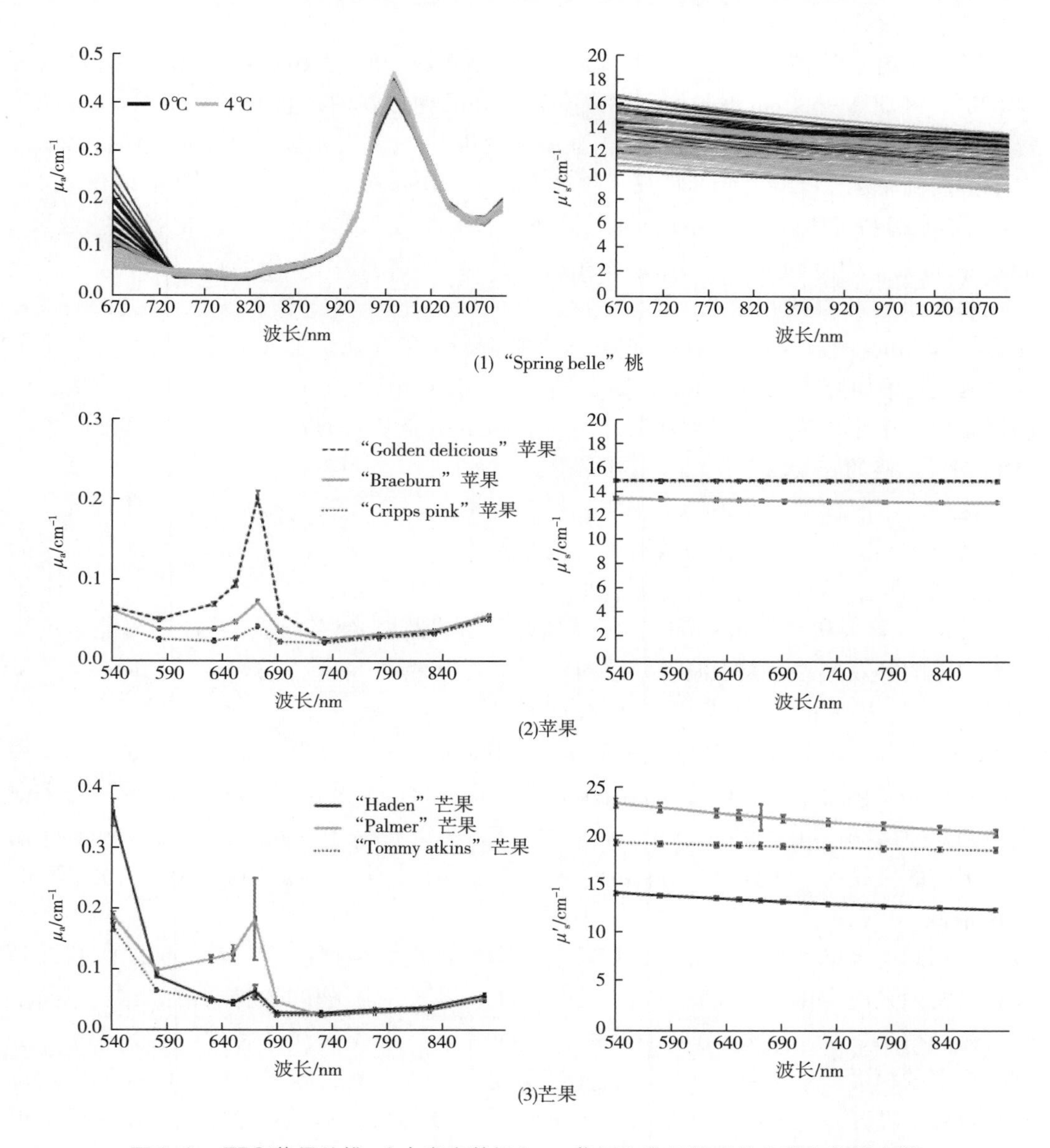

(1) "Spring belle" 桃

(2)苹果

(3)芒果

图8.2 TRS获得的桃（未发表数据）、苹果和芒果的吸收光谱和散射光谱

注：图中的连续线是采用米氏理论近似拟合得到的最佳散射光谱；条形表示平均数的标准误差。

图 8.2（1）显示了使用 TRS－MW 系统获得的“Spring belle”桃的吸收光谱和散射光谱［图中曲线代表同期收获、不同温度（0℃和 4℃）下贮藏 1 个月后的 30 个样本］。吸收光谱以 980nm 左右的峰值为主，与水相对应，在 670nm 处有显著的吸收，与叶绿素 a 相对应的值变化较大（0.06～0.28cm^{-1}），在 740～840nm 处有较小的吸收特征。“Spring belle”桃中的散射值随波长增加而降低，参数 a 的范围为 10.58～17.66cm^{-1}，光谱显示每种水果的斜率不同，参数 b 的范围为 0～－0.83。一般来说，参数 a 的数值越大，说明散射中心的密度越大，而斜率值越大，说明粒子越小。但是，值得注意的是，这些参数并不能评估样本组织中散射中心的实际大小；相反，它们是平均等效参数。

通过对图 8.2（2）～图8.2（3）所示的苹果和芒果的吸收光谱进行比较可以发现：在 670nm 和 500～580nm 波长，不同果实种类和品种之间的吸收值各不相同。Cubeddu 等通过比较观察后发现，苹果、桃、番茄和猕猴桃的吸收光谱曲线非常相似。然后，对于猕猴桃而言，叶绿素 a 的特征吸收峰出现在 670nm 处，是水分特征吸收峰值的 2～3 倍，而水分特征吸收峰出现在 0.4cm^{-1}处（中心范围为 970nm 处），相当于叶绿素 a 的含量约为 7.0μmol/L，而其他品种的叶绿素 a 含量仅为 0.5～1.0mol/L，其中“Cripps pink”苹果的叶绿素 a 含量最低。在对图 8.2 中苹果和芒果的光谱比较中表明，在 500～580nm 波段吸收光谱的差异是由于类胡萝卜素存在于果肉中导致的，针对李子和桃的花青素研究中也证实了这一点。实际上，据报道，“Iride”桃（一种果肉呈红色的桃品种）由于果肉中含有大量的花青素，显示出非常高的 $\mu_{a,580nm}$值，而完全脱色的“Ghiaccio”桃的 $\mu_{a,540nm}$和 $\mu_{a,580nm}$值非常低。

此外，不同种类及品种的水果中，散射光谱参数及参数 a 和 b 的值差异较大，这可能是由于不同水果的密度和散射中心的平均大小存在偏差，从而导致不同种类及品种的水果具有不同的结构特征。如图 8.2（2）所示，“Golden delicious”苹果“Braeburn”苹果和“Cripps pink”苹果具有平坦的散射光谱，这一特征很可能是由于散射中心的等效尺寸远大于波长导致的。相反，“Spring belle”桃以及“Palmer”芒果和“Haden”芒果的散射光谱随波长增加而显著降低，显示 b 值范围为－0.460（“Spring belle”桃贮存在 4℃）～－0.270（“Haden”芒果）。同样，散射值也随水果种类和品种的变化而变化。如图 8.2 所示，在“Palmer”芒果和“Tommy atkins”芒果中发现的 μ_s 值最高，在“Braeburn”苹果和“Haden”芒果中的 μ_s 值最低。Attanasio 比较了不同的桃品种，观察到“Big top”桃果实的 μ_s 值较高，而“Glohaven”桃果实的 μ_s 值最低。

在相同的水果种类和品种中，果实的光学特性也会根据影响果实成熟的收获前和收获后的因素而变化，例如收获期，贮存条件（温度，空气和时间）和保质期。Seifert 等研究了用 TRS 研究“Elstar”苹果和“Tophit plus”李子的光学特性，研究表明，由于叶绿素的损失，苹果和李子的吸收光谱呈现出一个典型的形状，在 670nm 处出现特征吸收峰，在开花后 60～80d 最高，在开花后 145d 最低。苹果的散射光谱比李子高得多，在苹果生长过程中，散射率（参数 b）始终为零，变化最小；而在李子果实发育过程中，散射率和散射值（参数 a）均显著降低。这说明与苹果相比，李子的散射体积较小，苹果的皮层组织较为“稳定”，在果实发育期间，李子的组织变化很大。同样，图 8.3 中的“Braeburn”苹果以及其他品种的苹果在不同时期收获后随着贮藏时间的延长，其吸收光谱的主要变化主要取决于叶绿素吸收峰的变化，$\mu_{a,670nm}$ 值下降是由于果实成熟导致叶绿素分解。散射光谱的情况更为复杂。实际上，参数 a 和 b 都可以更改，并且

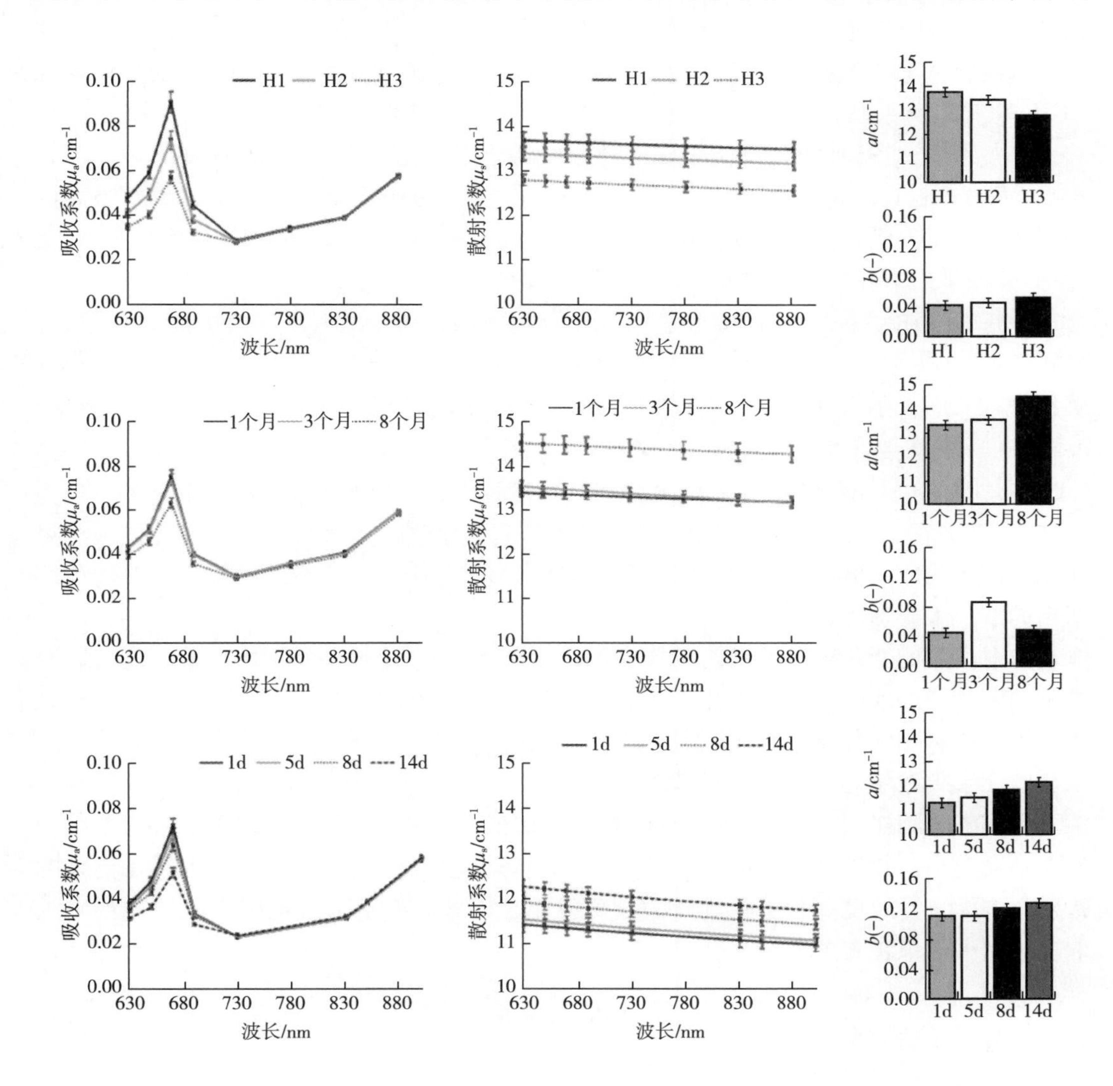

图 8.3　利用 TRS 测得的“Braeburn”苹果的吸收光谱（左），散射光谱（中），参数 a 和参数 b（右）与收获期（上图）、贮存时间（中图）和货架期（下图）的关系

注：图中的实线是采用米氏理论近似得到的最佳拟合后的散射光谱；条形表示平均值的标准误差。

［资料来源：Rizzolo, A., Vanoli, M., Bianchi, G. et al., J. Hort. Res. 22, 2014a, 113 - 121; Vanoli, M., Rizzolo, A., Zanella, A. et al., Apple texture in relation to optical, physical and sensory properties. InsideFood Symposium: Book of Proceedings, April 9 - 12, 2013b, Leuven, Belgium, http://www.insidefood.eu/INSIDEFOOD_WEB/UK/WORD/proceedings/032P.pdf.］

当发生更改时，变化趋势并不相同。例如，在“Braeburn”苹果中（图8.3），散射值随收获期的延长而显著降低、在较早采摘的苹果中显示出最高值，较晚采摘的苹果中则出现最低值，然而散射率未发现变化。在相同的品种中，气调保鲜条件和20℃货架期条件下参数a的变化趋势相同，即随着贮藏时间的延长参数a逐渐增大，参数b在贮藏期内没有随贮藏期的延长而变化，但在存放3个月后参数b显示最高值，而存放1个月和8个月后最低。在“Pink lady®”苹果的存贮期间散射值没有发生明显变化，而散射率在0℃下7d时达到最高，在15～29d达到最低，而在贮藏91d后散射率值趋于中间值。

在芒果中，货架期的长短不但影响670nm处的吸收光谱（$\mu_{a,670nm}$值的减少），而且影响540nm处（$\mu_{a,540nm}$值的增加）的吸收光谱，这是由于该果实种类中类胡萝卜素的积累所致，果肉颜色由黄色变为橙色。在“Tommy atkins”芒果的研究中发现，其在货架期5d内散射值降低，散射率仅在货架期开始时的1～2d才增加。

吸收和散射光谱也会随存贮条件的改变而变化：在4℃下存贮的“Spring belle”桃与0℃下存贮的相比，$\mu_{a,670nm}$值较低且参数b值较高，但散射值没有差异（图8.2）。与气调保鲜相比（$\mu_{a,670nm}$值为$0.148cm^{-1} \pm 0.007cm^{-1}$、$\mu_s$值为$14.3cm^{-1} \pm 0.1cm^{-1}$），“Golden delicious”苹果在标准大气压、1℃条件下贮存5个月后，$\mu_{a,670nm}$值（$0.109cm^{-1} \pm 0.007cm^{-1}$）和$\mu_s$值（$13.8cm^{-1} \pm 0.1cm^{-1}$）均较低；而参数$b$在两种冷藏条件下均为0（未公开数据）。由此可知，在气调保鲜状态下中存贮的苹果与在空气中存贮的苹果相比，两者的散射体密度不同，而两种存贮气中的散射体的等效尺寸都比其他学科所指出的波长大得多。

散射参数的变化反映了果肉结构在不同生长阶段中（如水果软化、水分流失以及细胞间隙的增加或减少等）发生的变化。散射参数的降低可能与果实软化有关，这是由于果实的软化常伴随着酶催化细胞壁的分解，因此导致果肉中散射颗粒密度降低。果实软化会导致细胞界面处的光散射减少，从而引起组织中的散射活动减少。同时，由于果实的蒸腾作用，细胞间的空间可能会增加，一些水分会流失，因此果肉组织中的细胞会变小，并带有更多的空气孔。散射率降低但散射值增加，是因为存在更高的折射率失配，导致更多和更强的散射现象发生。因此，散射值或散射率的增加或减少取决于哪种效果在支配光谱。

8.4 水果成熟度

销售和消费过程中的水果质量主要取决于其在收获时的成熟程度，消费者对高品质水果的需求不断增长，推动了无损检测技术的发展。在无损检测技术评估成熟度的方法中，运用光谱指数便可以检测与果实成熟度有关的色素（如叶绿素、类胡萝卜素和花青素）含量的变化。结果表明，在叶绿素峰值附近（630～690nm波长）处，TRS测定的吸收系数随成熟度的增长而降低。在所有水果中，670nm处测定的油桃的μ_a值和630nm处测得的芒果的μ_a值随着货架期的延长呈现相同的对数曲线的下降速率，但在树上的水果随着成熟度（即水果的个体年龄）而适时变化。Tijskens等研究表明，使用非线性混合效应回归分析模型可估计每个水果的生物时移因子（Biological time shift factor，BSF），即当到达μ_a衰减的对数曲线的中点时为水果的最佳成熟期。使用这种方法，就意味着将μ_a测量值中的生物学差异转化为成熟度的差异，并认为到达对数曲线的中点时即为果实的成熟期。

图8.4和表8.2中总结了基于式（8.3）（非线性混合效应回归分析）的研究结果。

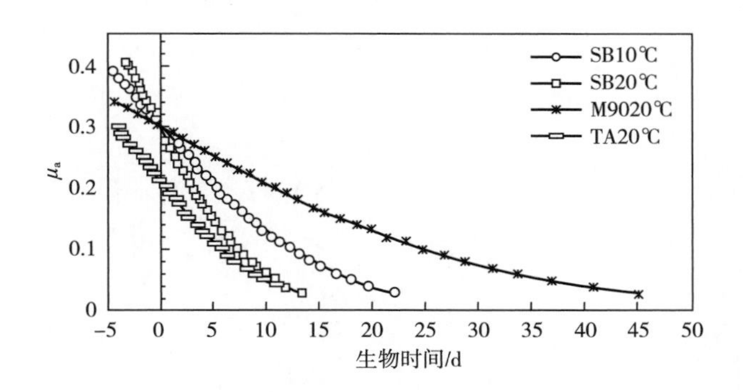

图8.4　根据模型［式（8.3）］和表8.2中的参数和生物时间预测10℃和20℃货架期间“Spring bright”油桃（SB）、“Morsiani 90”和油桃（M90）和“Tommy atkins”芒果（TA）的$\mu_{a,\ 670nm}$或$\mu_{a,\ 630nm}$

$$\mu_a = \frac{\mu_{a,max}}{1 + e^{k_m \cdot (t+\Delta t)}} \tag{8.3}$$

式中　μ_a——670nm（油桃）或630nm（芒果）处测得的吸收系数

$\mu_{a,max}$——负无穷大时的吸收系数，即可能的最大吸收系数

k_m——μ_a随时间衰减的速率常数

t——货架期

Δt——根据式（8.4）计算的生物位移因子，见式（8.4）：

$$\Delta t = \frac{\lg(\mu_{a,max}/\mu_a - 1)}{k_m} \tag{8.4}$$

结果表明，随着货架期的延长，μ_a的变化速率受到贮藏温度（$k_{m,10℃}$低值低于$k_{m,20℃}$）和品种（晚熟的油桃的$k_{m,20℃}$约为早熟油桃的30%）的影响。“Spring bright”油桃在10℃和20℃的货架期间随着成熟度的增加$\mu_{a,670nm}$值的变化趋势如图8.5所示，而根据模型预测所得的$\mu_{a,670nm}$衰减曲线及相关参数如表8.2所示。

与货架期温度无关，收获期较短（LeM）的果实（R1～R9）处于曲线的上半部分，较成熟（MoM）的果实（R22～R30）处于曲线的下半部分，这说明模型考虑了果实成熟度的差异。Eccher Zerbini等的研究表明了测得的$\mu_{a,670nm}$数据与货架期之间的相似关系，并预测了“Morsiani 90”油桃的$\mu_{a,670nm}$衰减曲线。

表8.2　基于式（8.3）的油桃（$\mu_{a,670nm}$）和芒果（$\mu_{a,630nm}$）在不同温度下贮存的非线性混合效应回归分析结果

水果	“Spring bright”油桃	“Spring bright”油桃	“Morsiani 90”油桃	“Tommy atkins”芒果
T/℃	10	20	20	20

续表

水果	"Spring bright" 油桃	"Spring bright" 油桃	"Morsiani 90" 油桃	"Tommy atkins" 芒果
k_m	0. 134	0. 226	0. 065	0. 222
Δt_ mean	3. 186	2. 272	28. 7	9. 759
Δt_st dev	1. 664	1. 625	3. 9	2. 938
$\mu_{a,max}$	0. 6（固定值）	0. 6（固定值）	0. 6（固定值）	0. 4（固定值）
N_{obs}	360	300	180	715
N_{fruit}	60	60	29	120
R^2_{adj}	0. 850	0. 972	0. 94	0. 78
资料来源	Tijskens，等	Tijskens，等	Eccher Zerbini，等	Pereira，等

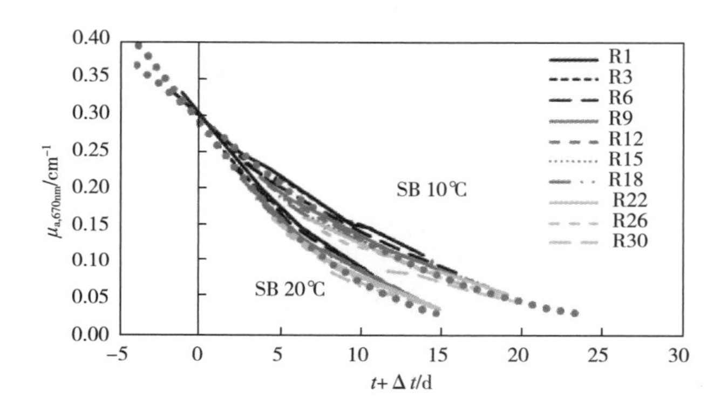

图 8. 5　随着生物学时间（$t+\Delta t$）和成熟度的增加，10℃和 20℃货架期间的 "Spring bright" 油桃（SB）（R1—LeM，较高的$\mu_{a,670nm}$值；R30—MoM，较低的$\mu_{a,670nm}$值）在670nm 处的μ_a值变化

注：折线代表真实测得的货架期间的$\mu_{a,670nm}$值；虚线代表根据模型［式（8. 3）］使用表 8. 2 中的参数预测得到的$\mu_{a,670nm}$值。

芒果中的$k_{m,20℃}$与"Spring bright"油桃中的$k_{m,20℃}$相似，表明果肉中叶绿素的衰减趋势相似（表 8. 2）。但是，利用非线性混合效应回归分析方法，对所有果实的k_m（固定效应）进行共同估计，对每个果实的生物位移因子（随机效应）分别进行估计，芒果的总变异只有 78% 得到解释，油桃的可解释变异为 94% ~97% 。这是由于芒果果肉在成熟期间，叶绿素不断降解并伴有类胡萝卜素不断积累，从而导致$\mu_{a,630nm}$值随贮藏期的增加而不断增加。为了解决芒果成熟过程中的这个问题，Pereira 等通过减少类胡萝卜素产生量的估计值来校正$\mu_{a,630nm}$值，从而改善了$\mu_{a,630nm}$衰减模型，使得该模型的相关系数 R^2 达到 0. 88。除了考虑使用 "Haden" 芒果的$\mu_{a,670nm}$值以外，由于 540nm 处测得的吸收系数与总类胡萝卜素含量呈正相关，因此 Zerbini 等还考虑了利用 540nm 处测得的吸收系数（$\mu_{a,540nm}$）解决此类问题。

8.4.1 软化建模

研究发现单独使用$\mu_{a,670nm}$或$\mu_{a,540nm}$与散射参数结合用于预测油桃和芒果的成熟度时，所建立的模型均与果实的软化有关。

在油桃的成熟度判别模型中：在 MoM 级果实中较早发生软化（$\mu_{a,670nm}$低），而在 LeM 级果实中较晚发生（收获时$\mu_{a,670nm}$高），并且在时间上遵循相同的 S 形曲线。对于硬度值下降的测量方面：根据$\mu_{a,670nm}$（Δt）的测量结果得出的生物位移因子与果实软化过程的动力学相结合，开发了逻辑模型，如式（8.5）所示：

$$F = \frac{F_{max} - F_{min}}{1 + e^{k_f(F_{max}-F_{min})t+\Delta t^*}} + F_{min} \tag{8.5}$$

式中 F_{max}——减去无限时间时的最大硬度

F_{min}——无限时间的最小硬度

t——时间

k_f——软化反应的反应速率常数

Δt^*——硬度的生物偏移因子

Δt^*可以根据式（8.6）表示为收获时测得的μ_a的函数，因为假定硬度衰减和叶绿素衰减是同步的，所以μ_a的生物偏移因子（Δt）和硬度的生物位移因子（Δt^*）应该呈线性相关，见式（8.6）：

$$\Delta t^* = \alpha\left[\lg\left(\frac{\mu_{a,max}}{\mu_a} - 1\right) + \beta\right] \tag{8.6}$$

式中 $\mu_{a,max}$——可能的最大μ_a值

α，β——要估计的参数

α——叶绿素（μ_a）与硬度（F）比值之间的同步因子

β——收获期，即相对于逻辑曲线中点的偏移因子

结果表明，软化动力学与品种有关，同一品种内，软化动力学与收获时间、货架期温度和0℃贮藏时间有关（表 8.3）。因此，在一个从意大利到荷兰的出口模拟实验中，选取 1000 个处于不同软化阶段（“永远不会软化”“坚硬”“可运输”“可食用 - 坚硬”“可食用 - 成熟”“过熟”）的样本，根据它们的μ_a值不同从包装工厂到消费者的整个水果供应链中对水果的成熟度进行了正确的分类及预测。

利用表 8.3 中建立的回归模型根据样本的μ_a分别对“Ambra”油桃和“Spring bright”油桃早熟品种的“永远不会软化”（$\mu_a = 0.42cm^{-1}$）和“过熟”（$\mu_a = 0.09cm^{-1}$）样本和“Morsiani 90”油桃晚熟品种的“坚硬”（$\mu_a = 0.25cm^{-1}$）和“可食用 - 成熟”（$\mu_a = 0.049cm^{-1}$）样本在货架期间的硬度下降值进行预测，结果如图 8.6 所示。

如图 8.6（1）所示，相对于“Ambra”油桃和“Morsiani 90”油桃而言，“Spring bright”油桃样本更易发生软化现象；事实上，“Ambra”油桃中 LeM 级果实（“永远不会软化”和“坚硬”样本）的硬度衰变曲线在 8d 之后达到中点，此后的 5d 内没有任何变化，“Morsiani 90”油桃在到达终点后的 7d 内没有任何变化，而“Spring bright”油桃样本仅在达到中点的 3d 后就出现了一个初始高峰。在“Spring bright”油桃中，在

收获期收获的果实与早期收获的果实相比，更容易发生软化现象，如图8.6（2）中所示，而且在20℃温度下贮藏比10℃贮藏条件下的样本更容易出现软化现象［如图8.6（3）所示］。在“Morsiani 90”油桃中，0℃的冷藏期对 k_f 值没有任何显著影响（表8.3），对LeM果实（“坚硬”样本）的软化预测效果也无明显影响，但显著显现了MoM果实（“可食用－成熟”样本）的软化预测能力［如图8.6（3）所示）］。

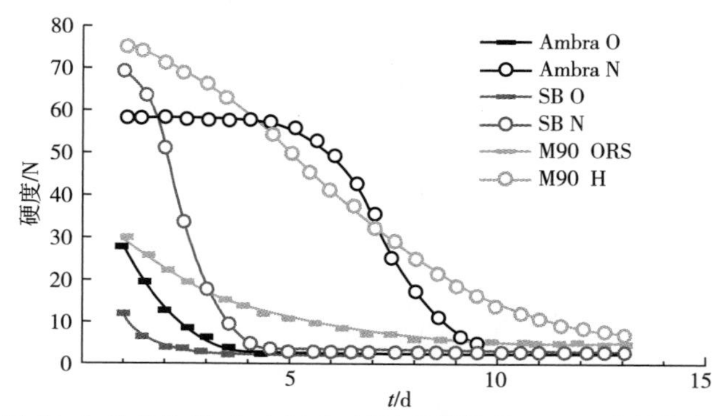

(1)“Ambra”油桃“Spring bright”（SB）油桃和“Morsiani 90”油桃（M90）三个油桃品种的货架期间硬度值的变化

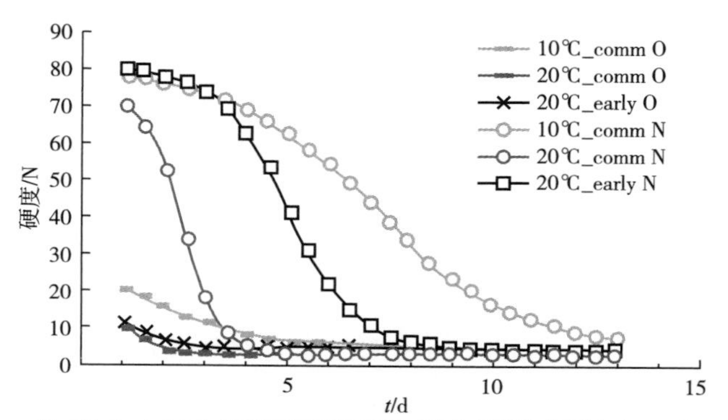

(2)“Spring bright”油桃在早期收获和正常收获期收获后置于10℃和20℃货架期间的硬度值变化

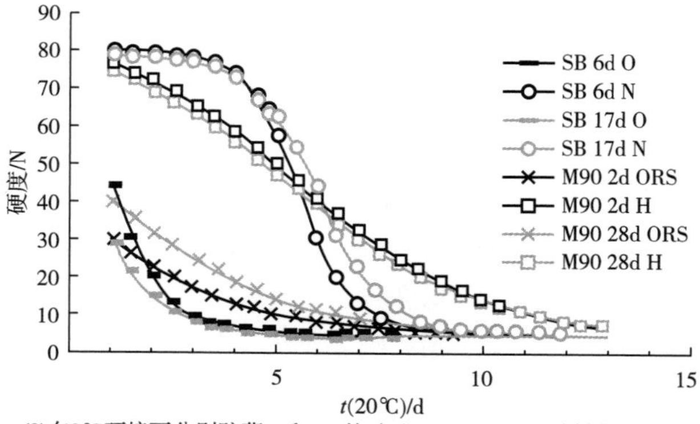

(3)在0℃环境下分别贮藏6d和17d的（“Spring bright”油桃）、2d和28d（“Morsiani 90”油桃）再置于20℃货架期间的硬度值变化

图8.6 根据已知模型参数（表8.3）对货架期间果实的硬度值的预测分析

O—过熟 N—永远不会软化 ORS—可食用－成熟 H—坚硬

注：直线表示收获后不同类别水果的硬度值的衰减过程。

表 8.3 "Ambra"油桃，"Spring bright"（SB）油桃和"Morsiani 90"（M90）油桃的保质期非线性软化回归模型［式（8.5）］的参数估计

品种	"Ambra"油桃	SB 油桃	SB 油桃	SB 油桃	SB 油桃	SB 油桃	M90 油桃	M90 油桃
收获①	Comm	Comm	Comm	Early	Comm	Comm	Comm	Comm
货架期②	Harvest	Harvest	Harvest	Harvest	$6d_{cool}$	$17d_{cool}$	Harvest	$28d_{cool}$
T/℃	20	10	20	20	20	20	20	20
年份	2004	2005	2005	2005	2004	2004	2009	2009
k_f	0.000975	0.000315	0.001312	0.000677	0.000845	0.000693	0.000234	0.000227
α	3.423	1.940	1.595	2.909	2.79	2.80	1.40	1.03
β	-2.177	-1.470	-2.683	-1.470	-2.40	-2.05	-2.27	-2.72
F_{max}	58.22	78.97	72.27	78.97	79.64	78.27	85	85
F_{min}	2.16	4.50	3.05	4.50	5.53	4.84	4.7	4.7
N_{obs}	360	300	360	360	310	280	179	149
R^2_{adj}	0.76	0.91	0.92	0.81	0.87	0.81	0.78	0.59
				标准误差				
k_f	0.000128	0.000032	0.000113	0.000054	0.000127	0.000153	0.000068	0.000020
α	0.322	0.156	0.146	0.247	0.28	0.35	0.27	0.16
β	0.050	0.065	0.142	0.096	0.069	0.094	0.25	0.16
F_{max}	3.236	3.478	1.936	0.642	4.31	7.83	14	恒定值
F_{min}	恒定值	恒定值	恒定值	恒定值	0.87	0.81	恒定值	恒定值

注：①收获：Comm—商业成熟，Early—商业成熟前 7d；

②货架期：Harvest—采后 0℃1 ~2d 后；$6d_{cool}$，$17d_{cool}$，$28d_{cool}$—0℃贮藏 6，17，28d 后。

［资料来源：Tijskens，et al.；Eccher Zerbini. et al.；Rizzolo，et al.］

Rizzolo 等对 30 个水果的 μ_a 均进行了两次测量，第一次测量是在收获后进行，第二次是将样本在 20℃环境下放置 24h 之后进行，并测量了所有 μ_a 范围的硬度。研究发现，可以通过硬度衰减模型的参数变化，预测水果的收获期及品种，从而计算出不同软化类别样本中 μ_a 值到达硬度值衰减曲线中点的时间。利用这些时间值（速熟品种的小时数和晚熟品种的天数）就可以根据市场距离的远近（例如远距离市场或临近市场）而运输处于不同成熟阶段的水果。

Pereira 等的研究对于采收期的"Tommy atkins"芒果的 $\mu_{a,630nm}$ 值进行测定，以预测该芒果在 20℃货架期间的软化程度，但该模型对芒果硬度值衰减率的预测正确率仅为 70%。为了提升软化预测精度，Eccher Zerbini 等假设硬度的生物位移因子（Δt^*）与叶绿素和类胡萝卜素的生物位移因子线性相关，并且硬度的衰减与叶绿素降解和类胡萝卜素积累及散射系数的变化相互平行。结果表明，Δt^* 可根据在 540nm 和 670nm 处测得的吸光度以及式（8.7）的散射值（a）和散射率（b）来表示：

$$\Delta t^{*} = \alpha_{540}\left(\lg\frac{\mu_{a,max}^{540}-\mu_{a,0}^{540}}{\mu_{a,0}^{540}-\mu_{a,min}^{540}}\right)+\alpha_{670}\left(\lg\frac{\mu_{a,max}^{670}-\mu_{a,0}^{670}}{\mu_{a,0}^{670}-\mu_{a,min}^{670}}\right)+\beta+k_{A}a+k_{B}b \tag{8.7}$$

其中α_{540}，α_{670}，β，k_A，k_B为预测参数，在540nm和670nm处可能出现的最大和最小的μ_a值由芒果果实的实验确定。

Eccher Zerbini等的研究表明：对于“Haden”芒果而言，经过测量和计算后，式（8.7）中的β和k_A参数不显著，因此可以省略；但是模型中由于有散射参数b的存在，所以将模型的预测决定系数R^2_{adj}从0.75提升至0.80。

8.4.2 吸收系数与成熟度

研究表明，在630～690nm的吸收系数μ_a常被作为基于TRS技术的有效分级指标，用于对水果的成熟度进行分级研究。根据μ_a值的大小可将水果的成熟度从高到低分为LeM级和MoM类。

在630～690nm波段通过选择特定波长下的信噪比（Signal－to－Noise Ratio，SNR）实现对不同种类水果或同一类水果不同品种间的成熟度判别研究。670nm处（叶绿素a峰值）的SNR太低（即1s内收集的光子数少于10000），是因为果肉的叶绿素a浓度很高（苹果）或者皮下有一层2～3mm厚的绿色层（芒果），无论选择波长为630nm（叶绿素b峰值）（例如“Jonagored”苹果和“Tommy atkins”芒果）还是650nm（叶绿素的一个峰肩）或者690nm（叶绿素a峰的尾巴）（例如“Haden”芒果和“Palmer”芒果），选择特定波长的要求就是在同一批次中的所有水果在该波长下有足够的信噪比，以便在收获时实现正确的水果成熟度分类。

630～690nm波段的μ_a能够将同一批次的水果根据成熟度的不同进行分级，因此，水果货架期的长短是由多种因素共同作用决定的，例如水果类别、品种、采收时的成熟度和贮存条件等。苹果、桃、油桃、番茄、猕猴桃、梨、李子和芒果利用特定波长下的μ_a值进行成熟度分类（LeM级和MoM级）结果如表8.4所示。

表8.4 根据TRS成熟度等级，在630～690nm波段（叶绿素峰）测量的各种水果的吸收系数

水果	品种	样品	λ/nm	μ_a/cm^{-1}
苹果	Golden delicious	零售	675	0.12
		采摘时	670	0.187（LeM）～0.035（MoM）
	Granny smith	零售	675	0.18
	Starking delicious	零售	675	0.18
	Cripps pink	贮藏后	670	0.042（H1）～0.040（H3）
		采摘时	670	0.076～0.035
		采摘时	670	0.049（LeM）～0.035（MoM）
	Jonagored	采摘时	630	0.05～0.20（H1）0.05～0.16（H2）
	Braeburn	贮藏后	670	0.109（H1）～0.063（H3）

续表

水果	品种	样品	λ/nm	μ_a/cm^{-1}
桃	Yellow fleshed	零售	675	0.08
	Spring belle	采摘时	670	0.247 (LeM) ~0.127 (MoM)
油桃	Ambra	采摘时	670	0.148 (LeM) ~0.068 (MoM)
	Spring bright	采摘时	670	0.35~0.03
		采摘时	670	0.22 (LeM) ~0.012 (MoM)
	Morsiani 90	采摘时	670	0.19~0.03
番茄	Daniela	零售	675	0.15
猕猴桃	Hayward	零售	675	>1.8
梨	Abbé fétel	采摘时	690	0.075 (LeM) ~0.047 (MoM)
		采摘时	670	0.070 (LeM) ~0.044 (MoM)
李子	Jubileum	采摘时	670	0.362 (LeM) ~0.097 (MoM)
芒果	Tommy atkins	采摘时	630	0.259 (LeM) ~0.044 (MoM)
		采摘时	630	0.16 (LeM) ~0.06 (MoM)
	Haden	采摘时	650	0.086 (LeM) ~0.032 (MoM)
	Palmer	采摘时	690	0.074 (LeM) ~0.021 (MoM)

注：LeM—不成熟；MoM—更成熟；H1—早期收获；H2—商业收获；H3—后期收获。

[资料来源：Cubeddu, et al.; Rizzolo, et al.; Zanella, et al.; Vanoli, et al.; Vanoli, et al.; Vanoli, et al.; Rizzolo, et al.; Vanoli, et al.; Tijskens, et al.; Eccher Zerbini, et al.; Eccher Zerbini, et al.; Eccher Zerbini, et al.; Eccher Zerbini, et al.; Vanoli, et al.; Spinelli, et al.; Vanoli, et al.; Rizzolo et al.]

8.4.2.1 新鲜水果

Vanoli 等利用 TRS 技术根据 $\mu_{a,630nm}$ 对“Jonagored”苹果进行分类及品质检测时发现，成熟度类别为 MoM 级（成熟度高）的“Jonagored”苹果收获时红色比例更高，表皮颜色更黄，而可滴定酸的含量更低；贮存 6 个月后，MoM 级“Jonagored”苹果的可溶性固形物含量也更高，并且进行感官分析后发现，MoM 级“Jonagored”苹果与 LeM 级苹果相比，口感更甜、气味更浓郁。在对贮藏 6 个月后的“Braeburn”苹果和“Cripps pink”苹果根据 $\mu_{a,670nm}$ 进行分类的研究中发现，贮藏期内的果肉力学特性随着采收期和 TRS 成熟度等级的变化而有所不同。LeM 级的“Braeburn”苹果具有最高的硬度、刚度和能量断裂值，而且在货架期间出现软化现象；而 MoM 级的“Braeburn”苹果的果肉机械特性值较低，仅在货架期早期就出现了软化现象。在对早期采后的 LeM 级苹果的比较中发现，“Cripps pink”苹果的分类效果不佳，并且硬度随着货架期的延长不断下降。Eccher Zerbini 等的研究表明，根据 $\mu_{a,690nm}$ 值的大小被归类为 LeM 级的“Abbé fétel”梨在收获时具有较低的可溶性固形物和可滴定的酸度，在常温下存贮 4 个月后仍具有较高的硬度值，而且在货架期间相比较 MoM 级的梨而言，产生较少的乙烯，因此延迟了呼吸峰的出现。收获时的 TRS 技术分类对核果最有效。$\mu_{a,670nm}$ 低（MoM 级）的“Spring bright”油桃在收获时硬度较低，果实质量较高，可溶性固形物含量较高，酸度较低，色相偏红，表明其在比 LeM 级油桃更成熟的阶段。随着保质期的增长，MoM 级“Spring bright”油桃会随着果汁含量的增加而软化，并且在感官分析中，它们的硬度降低，多汁，变甜，果肉带浆且芳香。与具有较高 $\mu_{a,670nm}$ 值（LeM 级）的水果相比，MoM 级“Ambra”油桃的总糖含量更高，蔗糖比例更高，苹果酸和奎尼酸含量更高，总酸和柠檬酸含量更低。在 20℃下保质期 3d 后，LeM 级“Ambra”油桃比 MoM 级具有更高的可滴定酸度，并且在感官分析上比 MoM 级更坚硬、酸、多汁、甜味和芳香性更低。LeM 级“Spring belle”桃在收获时更坚硬，可榨出的汁液较低，葡萄糖含量较低，总糖与总酸的比例较低，苹果酸和柠檬酸含量较高（比 MoM 级水果要高）。

对芒果进行的研究表明，可以使用收获时测量的 630～690nm 波段的 μ_a 来区分芒果黄度指数（用于确定果肉中“黄色”颜色量的参数），这是评估芒果成熟度的常用标准。“Tommy atkins”芒果在收获时进行分类，$\mu_{a,630nm}$ 值的 LeM 级在收获时的黄度指数最低，随着保存日期的延长，泛黄指数在 LeM 类中急剧上升，而在 MoM 类中仅表现出细微的变化。同样，LeM 类“Haden”芒果根据收获时的 $\mu_{a,650nm}$ 值进行分类，其特征在于果肉颜色参数 a^* 和 b^* 的值较低（这些参数表示 CIELab 颜色空间中的颜色方向：$+a^*$ 是红色方向；$-a^*$ 是绿色方向；$+b^*$ 是黄色方向；$-b^*$ 是蓝色方向），色度和黄度指数更低，色相和硬度比 MoM 级水果更高。

8.4.2.2 加工水果

对用 $\mu_{a,670nm}$ 进行评估的果实收获时成熟度、风干苹果和鲜切苹果的品质特性之间的关系进行研究。Rizzolo 等的研究表明：根据 $\mu_{a,670nm}$ 值，收获时对“Cripps pi”苹果和“Golden delicious”苹果的分类能够分离出不同质量的生环和风干环。对于 LeM 级“Cripps pink”苹果，新鲜的圆环可溶性固形物含量、干物质和 a^* 值较低，b^* 值较高。风干导致 LeM 级“Cripps pink”苹果和“Golden delicious”苹果具有更高的收缩率和更大的褐变，以及更高的硬度和更高的脆度指数。研究还表明，TRS 成熟度等级会影响通过 X 射线显微照相术评估的微观结构特征和脆度特性：由 LeM 级“Golden delicious”苹果在空气中贮存 5 个月制得的风干苹果具有更高的孔隙率和超过平均水平的更高峰（低于 60dB），相比用 MoM 级苹果制备的峰。用 60% 蔗糖糖浆进行渗透脱水处理后，由 LeM 级苹果制成的渗透风干环具有更紧密的固体结构，其组织和孔隙的各向异性较低，与通过 MoM 级水果制成的渗透空气干燥的环相比，通过声学参数确定可知它们是结构优先排列的量度，并且不那么脆。

根据 $\mu_{a,670nm}$ 值对收获时的水果进行分类，对于隔离包装在空气中并密封在聚丙烯碗中的鲜切苹果也很有效，以便在 4℃下贮存 15d 期间释放出乙烯和制浆机械性能：收获时分类为 MoM 级的鲜切苹果比 LeM 级苹果具有更早的乙烯跃变峰，并且与在干苹果圈中发现的相似，其硬度和刚度低于收获时分类为 LeM 级的鲜切苹果。

8.4.3 散射和成熟度

可以使用在选定波长下测得的散射系数来区分处于不同成熟阶段的水果。

通常，μ_s 值随着水果的成熟和催熟而降低。通过测量 $\mu_{s,630nm}$，可以将未成熟的猕猴桃（$8.2cm^{-1} \pm 0.6cm^{-1}$）与成熟的猕猴桃（$4.9cm^{-1} \pm 0.5cm^{-1}$）区别开。从存贮中取出"Conference"梨时，$\mu_{s,720nm}$ 的值是特征性的，而过熟梨的 $\mu_{s,720nm}$ 值则低于 $20cm^{-1}$。在桃和油桃中，当收获延迟和保质期延长后，$\mu_{s,750nm}$ 降低：例如，在"Big top"油桃中，$\mu_{s,750nm}$ 值从商业收获时的 $20cm^{-1} \pm 0.2cm^{-1}$ 降低，收获后一周的值为 $16cm^{-1} \pm 0.2cm^{-1}$，并且在保质期内进一步分别下降至 $17.8cm^{-1} \pm 0.3cm^{-1}$ 和 $14.4cm^{-1} \pm 0.3cm^{-1}$（未发表数据）。同样，在"Jonagored"苹果中，$\mu_{s,750nm}$ 值从商业收获时的 $14.2cm^{-1} \pm 0.1cm^{-1}$ 降低，2 周后收获的水果中的值为 $13.7cm^{-1} \pm 0.1cm^{-1}$，然后在受控空气中存放 6 个月，进一步降低至 $12.2cm^{-1} \pm 0.1cm^{-1}$ 和 $10.9cm^{-1} \pm 0.1cm^{-1}$。在"Jubileum"李子中，在 20℃下放置4d 后，$\mu_{s,758nm}$ 从 $6.7cm^{-1} \pm 0.15cm^{-1}$ 降至 $4.3cm^{-1} \pm 0.09cm^{-1}$，而在"Palmer"芒果中，$\mu_{s,780nm}$ 在 20℃ 下贮存期限开始时为 $20.7cm^{-1} \pm 0.4cm^{-1}$，在 4d 后下降为 $15.1cm^{-1} \pm 1.7cm^{-1}$，在 11d 后达到 $12.1cm^{-1} \pm 1.4cm^{-1}$。

与散射中心的密度和大小有关的散射参数也可能受到果实成熟度的影响。报告表明，"Haden"芒果的硬度值在 5 ~ 108N，散射值在 $10.31 \sim 17.66cm^{-1}$，散射率在 $-0.256 \sim -0.098$，相对于 MoM 级（$a = 13.34cm^{-1} \pm 0.36cm^{-1}$，$b = -0.256 \pm 0.015$）这两个参数在 Leμ 级（$a = 4.02cm^{-1} \pm 0.36cm^{-1}$，$b = -0.265 \pm 0.017$）的成熟度等级中都较高。Vanoli 等在苹果中发现散射中心的密度和大小以不同的方式变化，这取决于苹果品种，果实成熟度，收获时间和保质期，如图 8.7 所示。在 20℃ 下放置 1d 后，在不同时间（H1—早期收获；H2—商业收获；H3—后期收获）采摘的"Braeburn"苹果中，散射值（a）在商业收获的 MoM 级苹果中最高，在 LeM 级 的 H1 苹果和 MoM 级的 H3 苹果中最低；保质期为 7d 后，无论收获日期如何，MoM 级果实中的 a 均高于 LeM 级果实。相反，在"Cripps pink"苹果中，散射值不受水果成熟度等级的明显影响。至于散射率（b），在两个品种中，果实成熟度、收获时间和保质期方面没有观察到一致的趋势。

8.5 质地

TRS 技术测量的散射和吸收光学特性反映了水果的质地特征。发现感官质地分布（即紧实、酥脆、多汁和粉状）与果肉机械特性（即紧实度、刚度和破裂能量）与 TRS 散射参数在 630 ~ 900nm 密切相关，对于"Braeburn"苹果，散射值（参数 a）从非常硬、非常脆的苹果（$11.10cm^{-1} \pm 0.23cm^{-1}$）增加到硬/脆/多汁的水果（$11.56cm^{-1} \pm 0.14cm^{-1}$），以及 $11.93cm^{-1} \pm 0.35cm^{-1}$ 和 $12.12cm^{-1} \pm 0.20cm^{-1}$ 用于非常粉状和粉状的苹果。Vanoli 等报道，相对于硬度和刚度最高的苹果，硬度和刚度最低的"Braeburn"苹果被评为粉状最高值和最高散射值（$15.11cm^{-1} \pm 0.28cm^{-1}$），并被评为最脆且多汁（$13.36cm^{-1} \pm 0.16cm^{-1}$）。

8.5.1 相互关系

已经对通过 TRS 技术测量的光学性质与通过仪器方法或通过感官测试测量的水果的质地特征之间的相关性进行了研究。在"Jonagored"苹果中，收获时在 750nm 和

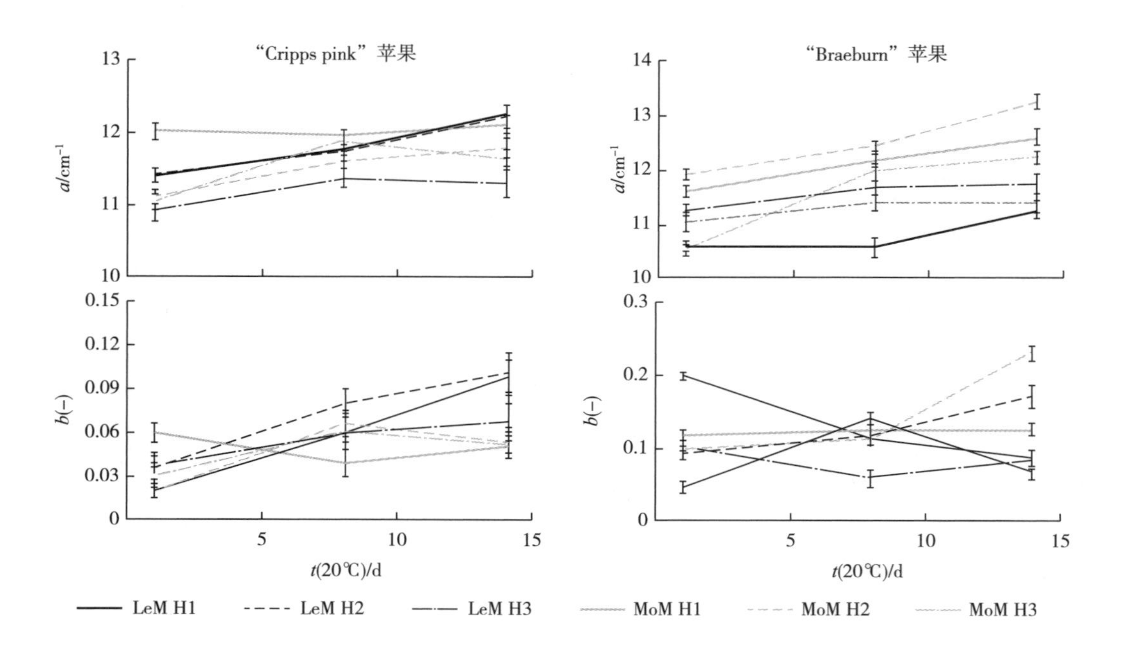

图 8.7　依据收获时间（即 H1、H2 和 H3）以及在20℃下的保质期，“Cripps pink”苹果和“Braeburn”苹果的 LeM 级和 MoM 级参数 *a* 和参数 *b* 表示平均值的标准误差

［资料来源：Vanoli，M.，Rizzolo，A.，Zanella，A，et al.，Apple texture in relation to optical，physical and sensory properties. InsideFood Symposium：Book of Proceedings，April 9 – 12，2013b，Leuven，Belgium，http：//www. insidefood. eu/INSIDEFOOD_ WEB/UK/WORD/proceedings/032P. pdf］

780nm 处测得的散射系数的降低与相对内部空间体积（RISV）和可滴定的酸度呈正相关，但与硬度和刚度无关。相反，贮存后测得的 $\mu_{s,750nm}$ 和 $\mu_{s,780nm}$ 与可滴定的酸度、坚度、硬度、果汁含量和感官松脆度呈负相关，与粉状呈正相关。低于 11cm^{-1} 的 $\mu_{s,780nm}$ 值表征的是酥脆而不呈粉状的“Jonagored”苹果，硬度值高于 50N，果汁含量高于30%，贮存后，$\mu_{s,750nm}$ 和 $\mu_{s,780nm}$ 与水溶性果胶中的半乳糖醛酸含量呈高正相关，与残留的不溶性果胶和原果胶指数呈负相关。在“Braeburn”苹果中，$\mu_{s,790nm}$ 和 $\mu_{s,912nm}$ 与饱食感和 RISV 正相关，而与感官脆度、多汁性和紧实度以及果汁百分比负相关。将“Cripps pink”苹果在 1℃下保存 91d，Vanoli 等发现在 740 ~ 1100nm 测得的 μ_s 与硬度和 RISV 之间的相关系数较低（$r \leq 0.4$）。“Breaburn”苹果中的 $\mu_{s,900nm}$ 和参数 a 与感官硬度、脆性和多汁感呈负相关，与饱食感呈正相关；并且系数较高时，其硬度，刚度和破坏力与能量呈负相关。相反，在“Cripps pink”苹果中，$\mu_{s,900nm}$ 和参数 a 与感官属性没有显著相关，而与较低的 r 值、牢固性、刚度和断裂能却呈正相关。Vangdal 等在“Jubineum”李子中发现 $\mu_{a,670nm}$ 与硬度（正）、总酸度（正）和可溶性固形物（负）之间的相关性，以及 $\mu_{s,670nm}$ 和 $\mu_{s,758nm}$ 与可溶性固形物含量之间的正相关性。

大多数苹果经贮藏后，μ_s 与结构参数之间的相关结果与“Jonagored”苹果和“Braeburn”苹果两个品种一致，这些品种在成熟后经历了质地上的巨大变化。以

“Cripps pink”苹果品种为例，其果实成熟后几乎没有变化，相关性很差。

8.5.2 回归模型

选定降低的散射系数，以及单独的散射光谱，与选定的吸收系数或吸收光谱一起，用于开发模型后，可预测果肉的机械性能（主要是硬度）和各种水果的感官特征。在猕猴桃中，Valero 等建立了多个线性回归模型来预测坚度，该模型使用钢球头探针测得的力/变形比（与杨氏模量有关），仅使用散射（$\mu_{s,675nm}$和$\mu_{s,750nm}$）或吸收（$\mu_{a,675nm}$，$\mu_{a,750nm}$和$\mu_{a,800nm}$）加散射（$\mu_{s,675nm}$和$\mu_{s,750nm}$）。与仅包括散射系数（$R^2_{adj}=0.6$，SEE = 1.37N/mm）相比，组合散射和吸收系数（$R^2_{adj}=0.81$，SEE = 0.94N/mm）时，模型的性能更好。Vanoli 等也通过使用偏最小二乘（PLS）回归模型发现与使用散射或吸收系数之一相比，结合使用吸收和散射系数可以更好地预测苹果和芒果的硬度。表 8.5 总结了有关 PLS 模型用于预测硬度和其他质地参数（RISV）和成熟度指数（苹果的 Streif 指数和芒果的果肉颜色）的性能的文献数据。Barzaghi 等报道了更好的回归模型，可以通过“Golden delicious”苹果的散射和“Cripps pink”苹果的吸收预测硬度。另外，Vanoli 等报道：“Cripps pink”苹果经贮存后，散射光谱与硬度，RISV 和 Streif 指数之间的相关性较弱，使用吸收光谱时可得到良好预测，结合散射光谱和吸收光谱可以得到更好的预测，尤其是对于 RISV 和 Streif 指数（表 8.5）。对于“Haden”芒果也观察到了类似的预测趋势——散射光谱和硬度，果肉颜色参数 a^* 和 $H°$之间的相关性较差（$R^2_{pred}<0.3$，R^2_{pred}为预测集中的 R^2），使用吸收光谱时具有良好的相关性，并且在添加散射光谱或散射值和散射率（参数 a 和 b）时（表 8.5），预测效果更好。同样，对于“Tommy atkins”芒果，在 540 ~ 880nm 波长的散射光谱与硬度，果肉颜色参数 a^* 和 $H°$之间的相关性（$R^2_{pred}<0.4$）较低，而使用吸收法则获得了良好的相关性光谱，当添加散射光谱或散射值和散射率（参数 a 和 b）时，将进一步改善（表 8.5）。

表 8.5 不同回归模型对原始 TRS 光谱数据的预测，用于预测硬度、相对细胞间隙体积（RISV）、苹果的 Streif 指数以及芒果的硬度和果肉颜色

水果	TRS 参数	参数	LV	R^2_{CV}	RMSECV	数据来源
“Cripps pink”苹果	$\mu_{a,740\sim900nm}$	硬度	11	0.87	7.44	Barzaghi，等
	$\mu'_{s,740\sim900nm}$	硬度	4	0.65	9.80	
“Golden delicious”苹果	$\mu_{a,740\sim900nm}$	硬度	3	0.74	5.60	Barzaghi，等
	$\mu'_{s,740\sim900nm}$	硬度	4	0.82	4.87	
“Cripps pink”苹果贮藏	$\mu_{a,670\sim1100nm}$	硬度	1	0.82	5.56	Vanoli，等
	$\mu_{a,670\sim1100nm}+\mu'_{s,670\sim1100nm}$	硬度	4	0.83	5.44	
	$\mu_{a,670\sim1100nm}$	其他质地参数	1	0.77	1.30	
	$\mu_{a,670\sim1100nm}+\mu'_{s,670\sim1100nm}$	其他质地参数	4	0.82	1.19	
	$\mu_{a,670\sim1100nm}$	Streif 指数	1	0.70	0.0073	

续表

水果	TRS 参数	参数	LV	R^2_{CV}	RMSECV	数据来源
	$\mu_{a,670\sim1100nm}+\mu'_{s,670\sim1100nm}$	Streif 指数	4	0.75	0.0068	
“Haden”芒果	$\mu_{a,540\sim690nm}$	硬度	2	0.43	16.19	Vanoli，等
		硬度	2	0.67	0.47	
		a^* 值	2	0.90	1.98	
		$H°$值	2	0.88	1.83	
	$\mu_{a,540\sim690nm}$ + Mie a b	硬度	2	0.50	14.77	
		硬度	4	0.78	0.39	
		a^* 值	2	0.92	1.78	
		$H°$值	2	0.91	1.58	
“Tommy atkins”芒果	$\mu_{a,540\sim880nm}$	硬度	7	0.65	16.5	Vanoli，等
		a^* 值	3	0.89	1.13	
		$H°$ 值	3	0.90	1.07	
	$\mu_{a,540\sim880nm}$ + Mie a b	硬度	4	0.73	14.5	
		a^* 值	5	0.90	1.07	
		$H°$ 值	7	0.93	0.91	

注：LV—潜在变量的数量；R^2_{CV}—交叉验证中的确定系数；RMSECV—交叉验证中的均方根误差。

8.5.3 分类模型

TRS 光学性质被用作解释变量，以建立硬度和质地感官轮廓的分类模型。Valero 等使用吸收和降低的散射系数分别在 650，750，800nm 处测量，以根据三个等级的硬度对不同种类的水果进行试验，并报告了番茄的正确分类率为 81%，桃的正确分类率为 77%，苹果的正确分类率为 76%。该试验还证实，当同时使用散射系数和吸收系数时，与仅使用散射系数相比，坚固性模型要好一些。对于梨，Nicolaï 等发现在 875～1030nm 波段的散射光谱与硬度之间存在高度非线性的关系，这阻止了基于 μ_s 的有效 PLS 校准模型的建立。因此，他们试图开发基于内核 PLS 技术的非线性模型，但收效甚微。

为了区分粉状和非粉状的苹果，通过压感试验进行测量，Valero 等使用了 15 个 TRS 参数，其中 9 个是吸收系数，另外还有 670，818，900，930，960，980nm 处的六个散射系数，正确分类了 98% 的水果。但是，当将水果分类为新鲜、粉状和非食用阶段时，该模型性能下降到 71%。对于“Jonagored”苹果，Rizzolo 等使用在 650，670，750，780nm 处测得的吸收系数和散射系数建立模型，将苹果分为三类（低、中和高），以提供坚实、酥脆、粉状和多汁的感官属性。当吸收系数被添加到散射变量中时，所有模型都表现出更好的分类性能。正确的分类率是：多汁的为 57%、脆的为 67%、紧实的为 71%、粉状的为 72%。此外，从整体上考虑所有感官属性，Rizzolo 等根据五个感官特征对苹果进行分类，这五个感官在质地属性（坚实、酥脆、粉状和多汁）以及酸、甜和芳香强度方面各不相同。通过使用$\mu_{s,670nm}$，$\mu_{s,750nm}$，$\mu_{s,780nm}$，$\mu_{a,630nm}$将苹果分类为五个感官特征，该模型仅显示了 56% 的分类准确度，仅能够将近 70% 的水果正确分类为粉状 - 没有味道的干燥质地，或具有中等味道的不多汁的质地。

8.6　内部缺陷

水果的内部缺陷引起组织光学特性的改变。内部褐变现象可能与在受控空气存贮中的低温和低氧或高二氧化碳浓度等应力引起的膜损坏有关。膜完整性的丧失会导致细胞液泄漏到细胞间隙中，从而从液泡中释放出酚类化合物，从质体中释放出多酚氧化酶，从而导致酚类酶促氧化为邻醌和形成棕褐色的有色颜料。褐变主要通过在 720 ~ 780nm 测量的吸收系数检测，与光谱的红色区域重合（650 ~ 750nm）。这些波长下的吸光度随褐变严重程度的增加而增加。此外，Clark 等还报道了褐色的组织比健康的组织更容易被游离水饱和，并且更多的细胞间水分减少了细胞边界处的折射率变化，从而减少了光散射。

通过散射参数可以揭示主要影响组织结构的内部缺陷。粉状是感觉质地的负面特征，其将分解的组织的感觉与缺乏水果汁的感觉结合在一起。在桃中，粉状质地是由于保留了水分子的凝胶结构引起的汁液缺乏，被称为羊毛质；而当质地较硬的水果没有汁液时，则呈皮革质。在苹果中，粉状水果缺乏多汁性取决于软化过程的类型，该过程主要涉及细胞分离而不是由于中间层薄弱而导致的细胞破裂，而完整的细胞是产生粉状质地的原因。收获时某些苹果品种中出现了水心病，由于细胞间隙中存在水而不是空气，因此受影响的区域看起来像玻璃。浸水的区域通常位于血管束或核心区域周围，在受影响组织的细胞间空间中发现的山梨糖醇水平升高会改变其微观结构。李子中的凝胶现象表现为核周围果皮组织的半透明凝胶状破裂，它与膜渗透性的变化和水溶性果胶的存在有关。

8.6.1　吸收和散射光谱及内部缺陷

据报道，TRS 光学性质由于内部缺陷而改变。在受内部褐变影响的“Braeburn”苹果中，在 670 ~ 1040nm 波段测得的健康和褐变的水果产生了相似的吸收光谱图。然而，棕色水果在 670 ~ 940nm 的 μ_a 值明显高于健康水果，类似于受褐心病影响的梨和受内部褐斑影响的马铃薯中的 μ_a 值。健康和褐色苹果的散射光谱在 740 ~ 900nm 相当平坦。然而，健康组织在 740，780，820，860，900nm 处显示的 μ_s'值高于棕色组织。相反，Eccher Zerbini 等发现健康梨和受褐心病影响的梨的散射值之间的差异很小。褐色和健康组织的吸收光谱之间的最大差异在 670 ~ 780nm，因此选择用这些波长区分那些内部稍有损伤的健康水果，如表 8.6 所示。

表 8.6　苹果、油桃和李子中的健康水果和受内部疾病（缺陷）影响的水果在选定波长处的 TRS 参数（μ_a和μ_s'）以及测量点/水果数（N 点）

内部缺陷	水果	品种	TRS 参数	健康	病害	N 点	资料来源
内部褐变	苹果	Granny smith	$\mu_{a,750nm}$	0.029 b	0.037 a	4	Vanoli，等
			$\mu'_{s,750nm}$	12.22 a	11.24 b	4	
		Braeburn	$\mu_{a,670nm}$	0.091 b	0.140 a	8	Vanoli，等
			$\mu_{a,780nm}$	0.047 b	0.068 a	8	
			$\mu'_{s,670nm}$	10.82 b	10.97 a	8	
			$\mu'_{s,780nm}$	10.93 a	10.60 b	8	
	油桃	Morsiani 90	$\mu_{a,670nm}$	0.065 b	0.083 a	2	Lurie，等
			$\mu_{a,780nm}$	0.046 b	0.066 a	2	
			$\mu'_{s,670nm}$	19.87 a	18.73 b	2	
			$\mu'_{s,780nm}$	18.32 a	16.76 b	2	
内部发红	油桃	Morsiani 90	$\mu_{a,670nm}$	0.065 b	0.066 a	2	Lurie，等
			$\mu_{a,780nm}$	0.046 b	0.051 a	2	
			$\mu'_{s,670nm}$	19.87 a	19.67 a	2	
			$\mu'_{s,780nm}$	18.32 a	17.74 a	2	
内部褐变和结块	梅子	Jubileum	$\mu_{a,670nm}$	0.151 b	0.252 a	2	Vangdal，等
			$\mu_{a,780nm}$	0.106 b	0.165 a	2	
			$\mu'_{s,670nm}$	5.02 a	4.69 b	2	
			$\mu'_{s,780nm}$	4.46 a	4.24 b	2	
水心	苹果	Fuji	$\mu_{a,670nm}$	0.079 b	0.096 a	4	Vanoli，等
			$\mu_{a,790nm}$	0.049 b	0.059 a	4	
			$\mu'_{s,670nm}$	12.29 a	9.52 b	4	
			$\mu'_{s,790nm}$	8.99 a	8.21 b	4	
粉质化	苹果	Braeburn	$\mu_{a,790nm}$	0.037 a	0.037 a	2	Vanoli，等
			$\mu_{a,912nm}$	0.091 a	0.084 b	2	
			$\mu'_{s,790nm}$	16.41 b	20.13 a	2	
			$\mu'_{s,912nm}$	16.26 b	19.47 a	2	

注：不同数值后的字母在统计学上有不同的含义（Bonferroni 检验 $P<0.05$）。

8.6.2　吸收系数和减小的散射系数以及内部缺陷

通常，健康水果在选定的波长下显示的μ_a 值低于受内部褐变、内部腐烂和水心影响的μ_a值，而Vanoli等则发现粉状和非粉状苹果的$\mu_{a,790nm}$值无差异，但粉状水果中的$\mu_{a,912nm}$值相对于非粉状苹果较低。健康水果的特征还在于，在选定波长下的μ_s值要高于受内部缺陷影响的水果（表8.6），但有些例外，例如受内部出血影响的油桃健康果实和内部采摘果实之间没有发现差异；受内部褐变影响的“Braeburn”苹果，其中褐变组织的$\mu_{s,670nm}$值较高；以及粉状苹果的$\mu_{s,790nm}$和$\mu_{s,912nm}$值均高于非粉状健康果实。此外，在苹果，李子和油桃中已经观察到$\mu_{a,740nm}$，$\mu_{a,750nm}$和$\mu_{a,780nm}$随着褐变严重程度的增加而增加。Vanoli等还发现内部缺陷的定位对$\mu_{a,740nm}$，$\mu_{a,750nm}$和$\mu_{a,780nm}$值有影响；当内部褐变影响果肉组织而不是果实（核心）的内部时，他们观察到更高的值。根据果实大小，深度大于25mm时，可能是TRS设置后可达到的最大深度。

此外，$\mu_{a,670nm}$随着褐变程度的加深而变化，但是无法区分健康果实和褐变果实，因为如8.4节所述，其值也受到果肉中叶绿素含量的影响。因此，较高的$\mu_{a,670nm}$值可能是由于叶绿素含量较高或棕色组织的存在。同样，Eccher Zerbini等在梨中观察到$\mu_{a,690nm}$值同时受到果实成熟和棕色核心发育的影响，因此得出结论，$\mu_{a,690nm}$不能用于区分健康梨与褐色梨。Lurie等在油桃中发现，$\mu_{a,670nm}$值能够将健康水果与同时受组织颜色变红和褐变影响的水果区分开，但不能与仅受组织变色或单独受褐变影响的水果区分开，而$\mu_{a,780nm}$能够区分健康水果和受冻伤影响的水果。相反，Vangdal等在李子中发现，$\mu_{a,670nm}$和$\mu_{a,780nm}$都能将健康水果与受内部缺陷影响的水果区分开。另外，Eccher Zerbini等在梨中发现，当果实组织变得半透明时，如过熟的果实以及存在机械损伤的果实，μ_s值会降低。在猕猴桃中，通过使用$\mu_{s,630nm}$，可以将水果的声音区域与受葡萄孢菌影响的声音区域区分开，其特征是半透明性较高。

$\mu_{s,670nm}$，$\mu_{s,650nm}$和$\mu_{s,680nm}$在褐变的严重程度和果实中的定位方面显示出不同的趋势。Vanoli等在“Granny smith”苹果中发现，只有当褐变影响果肉区域时，$\mu_{s,750nm}$才可以将健康果实与褐变果实区分开。在“Braeburn”苹果中，健康果实的$\mu_{s,780nm}$高于其在随后两个季节中受内部褐变影响的果实，但发现$\mu_{s,780nm}$值与内部褐变位置和严重程度相关的趋势不同：2009年的研究中，$\mu_{s,780nm}$不会随褐变的严重程度和位置而变化，而在2010年的研究中，$\mu_{s,780nm}$的严重程度较低，并且当内部褐变影响果肉时，$\mu_{s,780nm}$会降低。在油桃中，$\mu_{s,670nm}$无法区分健康组织和紊乱组织，而$\mu_{s,780nm}$可以区分多汁的水果和不多汁的水果，这些水果受某些羊毛质的影响。李子的$\mu_{s,670nm}$和$\mu_{s,780nm}$不受冷害的影响。

8.6.3 相关性和阈值

关于各种水果种类的TRS光学特性与内部微小损伤之间的相关性，Rizzolo等和Vanoli等报道了在630，670，750，780，790，912nm处测得的μ_s与感官进食之间呈正相关，相关系数在0.51~0.72；相比之下，在630，670，750，780，790处测得的μ_a与粉状之间的相关性非常低或没有相关性，而$\mu_{a,912nm}$与粉感呈负相关性（$r=-0.72$）。相反，Valero等发现在672，750，818，900，950nm处测得的μ_s与在900，950nm处测得的μ_a之间的相关性较低（$r<0.4$），而描述性测试用于测量粉状，Vangdal等没有发现$\mu_{s,670nm}$和$\mu_{s,780nm}$与李子的凝胶和褐色区域之间有任何相关性。

已经确定了粉状苹果的吸收阈值和降低的散射系数。对于“Braeburn”品种，粉状、不脆、不多汁的苹果的$\mu_{s,790nm}$和$\mu_{s,912nm}$值在19cm^{-1}以上，$\mu_{a,912nm}$值在0.09cm^{-1}以下，而对于“Jonagored”品种非薄脆苹果的$\mu_{s,780nm}$值低于11cm^{-1}。

对于内部褐变，在$\mu_{a,670nm}$和$\mu_{a,780nm}$之间以及李子和油桃的褐变得分之间存在高度正相关。吸收系数的变化表明由于内部褐变的发展，果肉颜色也发生了变化。在“Braeburn”苹果中，$\mu_{a,740nm}$与L^*（$r=-0.95$），a^*（$r=0.88$）和$H°$（$r=-0.88$）之间存在高度负相关或正相关，介于“Granny smith”苹果中的$\mu_{a,750nm}$和L^*（$r=-0.66$），a^*（$r=0.87$），$H°$（$r=-0.86$）之间。在“Granny smith”苹果中还发现了μ_s和果肉颜色之间的相关性，但是它们之间的相关性很低，在0.54（L^*）和-0.57（a^*）。可以使用$\mu_{a,750nm}$来区分健康的“Granny smith”苹果果实和棕褐色的果实，前者的特征是$\mu_{a,750nm}$小于0.030cm^{-1}。同样，在“Braeburn”苹果中，低于0.038cm^{-1}的$\mu_{a,740nm}$值仅表示健康的果肉。Eccher Zerbini等在“Conference”梨中发现，无损组织的$\mu_{a,720nm}$不高于0.04cm^{-1}，而受褐心病影响的组织的$\mu_{a,720nm}$大于0.04cm^{-1}。

8.6.4 分类模型

在不同波长下测量的吸收系数和散射系数已用作解释变量，以建立判别模型区分健康水果与受内部缺陷影响的水果，如粉状和内部褐变 。Valero等使用15个TRS变量（在670~980nm测量）区分两个品种（“Cox”苹果和“Golden delicious”苹果）的粉状和非粉状苹果，从而达到80%的正确分类率。当模型用于估计三个（新鲜、非粉质和粉状）或四个（新鲜、干燥、柔软和粉状）纹理阶段，即使在验证集中时，性能也分别下降到51%和47%。粉状分类比其他组更好预测。通过将用于模型的波长减小到670nm，而仅将960~980nm结合用于吸收系数，可以验证粉状和非粉状水果之间的隔离度达到88%。这一事实证实了变量数目较少的分类模型具有更高的稳健性，避免了模型过度拟合的潜在风险。当为每个品种开发单独的模型时，分类最适合“Cox”苹果，而对于“Golden delicious”苹果，该模型无法获得比汇总数据更好的分数。

Rizzolo等使用在630，670，750nm和$\mu_{a,630nm}$处测得的散射系数将苹果分为三类（低级、中级和高级），并且该模型获得了72%的总体正确分类率（“Jonagored”品种），它对低级（82%）和中级（72%）进行了很好的分类，但对高级（47%）则没有分类。

在为期两年的“Braeburn”苹果内部褐变试验中，在780nm加上$\mu_{a,780nm}$或在670~1000nm测量的μ_a的散射系数为区分健康苹果和内部褐变的苹果提供了良好的分类模型。在考虑内部受褐变影响的区域（果肉或果核）时，使用$\mu_{s,780nm}$和$\mu_{a,780nm}$在2010年获得了最佳分类，该模型可以区分71%的褐色水果和90%的健康水果。2009年，只有71%的健康水果和相同比例的棕色水果被正确分类。Vanoli等认为，2010年获得的更好的分类结果是由于增加了TRS测量点/水果的数量，可以更好地探测水果组织。但是，这种缺陷的不对称发展使其难以检测，特别是当该缺陷位于核心区域并且发生在斑点中时。应该研究不同的TRS设置（纤维的位置和距离、时间分辨率），以便到达水果内的较深组织，从而改善褐变检测。

8.7　小结

本章回顾了 TRS 技术作为无损检测食品质量的工具的使用。TRS 技术在食品非破坏性评估中的适用性取决于光学特性和样品几何形状。通常，TRS 技术要求的样品体积大于 $10cm^3$，但也可以使用在尺寸较小的强扩散样品上。对于扩散较弱的样品（如凝胶）或存在空隙的样品（如谷物片），TRS 技术无法提供可靠的结果。

使用 TRS 技术确定水果的光学特性的主要优点是其可以穿透果肉 1～2cm 的深度，此功能允许：①测量果肉中与水果成熟度有关的色素（叶绿素和类胡萝卜素）含量；②辨别具有不同质地特征的水果；③检测导致果肉颜色和质地变化的内部缺陷。

根据经验，叶绿素含量是通过使用 670nm 处的吸收系数测量的。但是，如果叶绿素含量太高，则 670nm 处的信号可能太低，因此必须选择 630～690nm 的另一个波长，以使所有水果具有足够的 SNR，从而可以正确进行水果分类。为了测量类胡萝卜素含量，例如评估芒果的成熟度，建议使用 540nm 处的吸收系数。

光谱测量在区分具有不同质地特征的水果方面比在单个波长下的吸收和降低的散射系数具有更好的性能。通过将散射参数 a 和 b 添加到吸收光谱中，可以获得更好的预测效果。

使用选定波长的 TRS 技术，可以检测与果肉颜色或质地变化有关的内部缺陷。为了确保检测到缺陷，测量点的数量必须适合于受影响组织的定位和分布。要检测整个果实的果肉的异常，隔 180°取两个测量点就足够了，而要检测部分果肉的异常，建议隔 45°使用八个测量点。

在过去的几年中，TRS 从最初的设备（占据了相当于实验室的空间）开发出缩小版的 TRS 仪器，新的 TRS 仪器是紧凑的台式机或基于机架的系统，成本更低。尽管如此，如今的 TRS 技术仍然很昂贵，并且无法在市场上买到。但是，正在研究中的半导体激光器和探测器，将使 TRS 系统进一步缩小到手持设备的大小，同时进一步降低成本。

参考文献

[1] Attanasio, G. Assessment of flesh texture in peach (Prunus persica L. Batsch). PhD thesis, Graduate School in Molecular Sciences and Plant, Food and Environmental Biotechnology, Università degli Studi di Milano, Milano, 2012.

[2] Azzollini, S. Valutazione delle caratteristiche nutraceutiche di frutti di mango (Mangifera indica L.) in relazione allo stato di maturazione alla raccolta e in shelf life. Diss. Thesis in Biology Applied to Nutrition Science, Università degli Studi di Milano, Milano, 2012.

[3] Barreiro, P., C. Ortiz, M. Ruiz - Altisent et al. Mealiness assessment in apples and peaches using MRI techniques. Magn. Reson. Imag, 2000, 18: 1175 - 1181.

[4] Barzaghi, S., M. Vanoli, K. Cremonesi et al. Outer product analysis applied to

timeresolved reflectance (TRS) and NIR reflectance spectra of apples. In Saranwong S. , S. Kasemsumran, W. Thanapase, and P. Williams (eds), Proceedings NIRS2009—The14th International Conference on Near Infrared Spectroscopy, Chichester: IM Publications LLP, 2009: 213 – 218.

[5] Bobelyn, E. , A. S. Serban, M. Nicu, J. Lammertyn, B. M. Nicolaï, and W. Saeys. Postharvest quality of apple predicted by NIR – spectroscopy: Study on the effect of biological variability on spectra and model performance. Postharvest Biol. Technol, 2010, 55: 133 – 143.

[6] Candan, A. P. , J. Graell, and C. Larrigaudière. Role of climacteric ethylene in the development of chilling injury in plums. Postharvest Biol. Technol, 2008, 47: 107 – 112.

[7] Clark, C. J. , V. A. McGlone, and R. B. Jordan. Detection of brownheart in "Braeburn" apple by transmission NIR spectroscopy. Postharvest Biol. Technol, 2003, 28: 87 – 96.

[8] Cubeddu, R. , C. D' Andrea, A. Pifferi et al. Non – destructive quantification of chemical and physical properties of fruits by time – resolved reflectance spectroscopy in the wavelength range 650 – 1000nm. Appl. Opt. 2001a, 40: 538 – 543.

[9] Cubeddu, R. , C. D' Andrea, A. Pifferi et al. Non – destructive measurements of the optical properties of apples by means of time – resolved reflectance spectroscopy. Appl. Spectrosc, 2001b, 55: 1368 – 1374.

[10] Cubeddu, R. , A. Pifferi, P. Taroni, A. Torricelli, and G. Valentini. Experimental test of theoretical models for time – resolved reflectance. Med. Phys, 1996, 23: 1625 – 1633.

[11] D' Andrea, C. , L. Spinelli, A. Bassi et al. Time – resolved spectrally constrained method for quantification of chromophore concentrations and scattering parameters in diffusing media. Opt. Express, 2006, 14: 1888 – 1898.

[12] Eccher Zerbini, P. , M. Grassi, R. Cubeddu, A. Pifferi, and A. Torricelli. Nondestructive detection of brown heart in pears by time – resolved reflectance spectroscopy. Postharvest Biol. Technol, 2002, 25: 87 – 97.

[13] Eccher Zerbini, P. , M. Grassi, M. Fibiani et al. Selection of "Spring Bright" nectarines by time – resolved reflectance spectroscopy (TRS) to predict fruit quality in the marketing chain. Acta Hortic, 2003, 604: 171 – 177.

[14] Eccher Zerbini, P. , M. Vanoli, M. Grassi et al. Time – resolved reflectance spectroscopy measurements as a non – destructive tool to assess the maturity at harvest and to model the softening of nectarines. Acta Hortic, 2005a, 682: 1459 – 1464.

[15] Eccher Zerbini, P. , M. Vanoli, M. Grassi et al. Una nuova tecnica per la valutazione non distruttiva della qualità interna dei frutti: la spettroscopia risolta nel tempo. Atti VII Giornate Scientifiche SOI, Firenze: Società Ortoflorofrutticola Italiana, 2005b, 136 – 138.

[16] Eccher Zerbini, P. , P. Cambiaghi, M. Grassi et al. Effect of 1 – MCP on "Abbé Fétel" pears sorted at harvest by time – resolved reflectance spectroscopy. Acta Hortic, 2005c, 682: 965 – 971.

[17] Eccher Zerbini, P. , M. Vanoli, M. Grassi et al. A model for the softening of necta-

rines based on sorting fruit at harvest by time - resolved reflectance spectroscopy. Postharvest Biol. Technol, 2006, 39: 223 -232.

[18] Eccher Zerbini, P., M. Vanoli, F. Lovati et al. Maturity assessment at harvest and prediction of softening in a late maturing nectarine cultivar after cold storage. Postharvest Biol. Technol, 2011, 62: 275 -281.

[19] Eccher Zerbini, P., M. Vanoli, A. Rizzolo, R. Cubeddu, L. Spinelli, and A. Torricelli. Time - resolved reflectance spectroscopy: A non - destructive method for the measurement of internal quality of fruit. Acta Hortic, 2008, 768: 399 -406.

[20] Eccher Zerbini, P., M. Vanoli, A. Rizzolo et al. Time - resolved reflectance spectroscopy as a management tool in the fruit supply chain: An export trial with nectarines. Biosyst. Eng, 2009, 102: 360 -363.

[21] Eccher Zerbini, P., M. Vanoli, A. Rizzolo et al. Optical properties, ethylene production and softening in mango fruit. Postharvest Biol. Technol, 2015, 101: 58 -65.

[22] Gao, Z., S. Jayanty, R. Beaudry, and W. Loescher. Sorbitol transporter expression in apple sink tissues: Implications for fruit sugar accumulation and watercore development. J. Am. Soc. Hort. Sci, 2005, 130: 261 -268.

[23] Han, D., R. Tu, C. Lu, X. Liu, and Z. Wen. Nondestructive detection of brown core in the Chinese pear "Yali" by transmission visible - NIR spectroscopy. Food Control, 2006, 17: 604 -608.

[24] Harker, F. R., J. Maindonald, S. H. Murray, F. A. Gunson, and S. B. Walker. Sensory interpretation of instrumental measurements 1: Texture of apple fruit. Postharvest Biol. Technol, 2002, 24: 225 -239.

[25] Jacob, S., M. Vanoli, M. Grassi et al. Changes in sugar and acid composition of "Ambra" nectarines during shelf life based on non - destructive assessment of maturity by timeresolved reflectance spectroscopy. J. Fruit Ornam. Plant Res, 2006, 14 (Suppl. 2): 183 -194.

[26] Lammertyn, J., A. Peirs, J. De Baedemaeker, and B. M. Nicolaï. Light penetration properties of NIR radiation in fruit with respect to non - destructive quality assessment. Postharvest Biol. Technol, 2000, 18: 121 -132.

[27] Lurie, S. and C. H. Crisosto. Chilling injury in peach and nectarine. Postharvest Biol. Technol, 2005, 37: 195 -208.

[28] Lurie, S., M. Vanoli, A. Dagar et al. Chilling injury in stored nectarines and its detection by time - resolved reflectance spectroscopy. Postharvest Biol. Technol, 2011, 59: 211 -218.

[29] Marlow, G. and W. H. Loescher. Watercore. Hort, 1984, Rev. 6: 189 -251.

[30] Martelli, F., S. Del Bianco, A. Ismaelli, and G. Zaccanti. Light Propagation through Biological Tissue and Other Diffusive Media: Theory, Solution, and Software, Washington DC, SPIE Press, 2009.

[31] Mourant, J. R., T. Fuselier, J. Boyer, T. M. Johnson, and I. J. Bigio. Predictions and

measurements of scattering and absorption over broad wavelength ranges in tissue phantoms. Appl. Opt, 1997, 36: 949 –957.

[32] Nicolaï, B. M. , B. E. Verlinden, M. Desmet et al. Time – resolved and continuous wave NIR reflectance spectroscopy to predict soluble solids content and firmness of pear. Postharvest Biol. Technol, 2008, 47: 68 –74.

[33] Nilsson, M. K. , C. Sturesson, D. L. Liu, and S. Andersson – Engels. Changes in spectral shape of tissue optical properties in conjunction with laser – induced thermotherapy. Appl. Opt, 1998, 37: 1256 –1267.

[34] Pereira, T. , L. M. M. Tijskens, M. Vanoli et al. Assessing the harvest maturity of Brazilian mangoes. Acta Hortic, 2010, 880: 269 –276.

[35] Pifferi, A. , A. Torricelli, A. Bassi et al. Performance assessment of photon migration instruments: The MEDPHOT protocol. Appl. Opt, 2005, 44: 2104 –2114.

[36] Pifferi, A. , A. Torricelli, P. Taroni, D. Comelli, A. Bassi, and R. Cubeddu. Fully automated time domain spectrometer for the absorption and scattering characterization of diffusive media. Rev. Sci. Instrum, 2007, 78: 053103.

[37] Rizzolo, A. , G. Bianchi, M. Vanoli, S. Lurie, L. Spinelli, and A. Torricelli. Electronic nose to detect volatile compound profile and quality changes in "Spring Belle" peaches (Prunus persica L.) during cold storage in relation to fruit optical properties measured by time – resolved reflectance spectroscopy. J. Agric. Food Chem, 2013a, 61: 1671 –1685.

[38] Rizzolo, A. , M. Vanoli, G. Bianchi et al. Relationship between texture sensory profiles and optical properties measured by time – resolved reflectance spectroscopy during post storage shelf life of "Braeburn" apples. J. Hort. Res, 2014a, 22: 113 –121.

[39] Rizzolo, A. , M. Vanoli, G. Cortellino, L. Spinelli, and A. Torricelli. Quality characteristics of air – dried apple rings: Influence of storage time and fruit maturity measured by time – resolved reflectance spectroscopy. Procedia Food Sci, 2011a, 1: 216 –223.

[40] Rizzolo, A. , M. Vanoli, G. Cortellino, L. Spinelli, and A. Torricelli. Potenzialità della spettroscopia di riflettanza risolta nel tempo per l' ottenimento di rondelle di mele essiccate con elevate caratteristiche organolettiche. In Porretta, S. (ed.), Ricerche e Innovazioni nell' industria alimentare, vol. X, Pinerolo: Chiriotti Editori, 2012: 283 –288.

[41] Rizzolo, A. , M. Vanoli, G. Cortellino, L. Spinelli, and A. Torricelli. Crispness of airdried rings in relation to osmosis time and fruit maturity measured by time – resolved reflectance spectroscopy. InsideFood Symposium: Book of Proceedings, April 9 – 12, 2013b, Leuven, Belgium, http: //www. insidefood. eu/INSIDEFOOD_ WEB/UK/WORD/proceedings/030P. pdf.

[42] Rizzolo, A. , M. Vanoli, G. Cortellino et al. Characterizing the tissue of apple airdried and osmo – air – dried rings by X – CT and OCT and relationship with ring crispness and fruit maturity at harvest measured by TRS. Inn. Food Sci. Emerg. Technol, 2014b, 24: 121 –130.

[43] Rizzolo, A. , M. Vanoli, P. Eccher Zerbini et al. Prediction ability of firmness

decay models of nectarines based on the biological shift factor measured by time – resolved reflectance spectroscopy. Postharvest Biol. Technol, 2009, 54: 131 – 140.

[44] Rizzolo, A., M. Vanoli, M. Grassi, L. Spinelli, and A. Torricelli. Time – resolved reflectance spectroscopy as a management tool for late – maturing nectarine supply chain. In Guidetti, R., L. Bodria, and S. Bist (eds) Chemical Engineering Transactions, vol. 44, 7 – 12, Milano: AIDIC Servizi S. r. L., 2015.

[45] Rizzolo, A., M. Vanoli, L. Spinelli, and A. Torricelli. Sensory characteristics, quality and optical properties measured by time – resolved reflectance spectroscopy in stored apples. Postharvest Biol. Technol, 2010a, 58: 1 – 12.

[46] Rizzolo, A., M. Vanoli, L. Spinelli, and A. Torricelli. Relationship between continuous wave reflectance measurement of pulp colour and the optical properties measured by time – resolved reflectance spectroscopy in various fruit species. In Rossi, M. (ed.), Color and Colorimetry. Multidisciplinary Contributions, vol. VII B, Santarcangelo di Romagna: Maggioli Editore, 2011b: 328 – 335.

[47] Rizzolo, A., M. Vanoli, L. Spinelli, and A. Torricelli. Non destructive assessment of pulp colour in mangoes by time – resolved reflectance spectroscopy; problems and solutions. Lecture Held at the Non – Destructive Assessment of Fruit Attributes Symposium, 29th International Horticultural Congress, August 17 – 21, Brisbane Australia, 2014c.

[48] Rizzolo, A., M. Vanoli, P. E. Zerbini, L. Spinelli, and A. Torricelli. Influence of cold storage time on the softening prediction in "Spring Bright" nectarines. Acta Hortic, 2010b, 877: 1395 – 1402.

[49] Schotsmans, W., B. E. Verlinden, J. Lammertyn, and B. M. Nicolaï. The relationship between gas transport properties and the histology of apple. J. Sci. Food Agric, 2004, 84: 1131 – 1140.

[50] Seifert, B., M. Zude, L. Spinelli, and A. Torricelli. Optical properties of developing pip and stone fruit reveal underlying structural changes. Physiol. Plant, 2015, 153: 327 – 336.

[51] Spinelli, L., A. Rizzolo, M. Vanoli et al. Optical properties of pulp and skin in Brazilian mangoes in the 540 – 900nm spectral range: Implication for non – destructive maturity assessment by time – resolved reflectance spectroscopy. Proceedings of the 3rd CIGR International Conference of Agricultural Engineering (CIGR – AgEng2012), July 8 – 12, Valencia, Spain, ISBN 84 – 615 – 9928 – 4. 2012.

[52] Spinelli, L., A. Rizzolo, M. Vanoli et al. Nondestructive assessment of fruit biological age in Brazilian mangoes by time – resolved reflectance spectroscopy in the 540 – 900nm spectral range. InsideFood Symposium: Book of Proceedings, April 9 – 12, 2013, Leuven, Belgium, http://www.insidefood.eu/INSIDEFOOD_ WEB/UK/WORD/proceedings/027P.pdf.

[53] Tijskens, L. M. M., P. Eccher Zerbini, and R. E. Schouten. Biological variation in ripening of nectarines. Veg. Crops Res. Bull, 2007a, 66: 205 – 212.

[54] Tijskens, L. M. M., P. Eccher Zerbini, R. E. Schouten et al. Assessing harvest maturity in nectarines. Postharvest Biol. Technol, 2007b, 43: 204 – 213.

[55] Tijskens, L. M. M. , P. Eccher Zerbini, M. Vanoli et al. Effects of maturity on chlorophyll – related absorption in nectarines, measured by non – destructive time – resolved reflectance spectroscopy. Int. J. Postharvest Technol. Innov, 2006, 1: 178 – 188.

[56] Tomás – Barberán, F. A. and J. C. Espín. Phenolic compounds and related enzymes as determinants of quality in fruits and vegetables. J. Sci. Food Agric, 2001, 81: 853 – 876.

[57] Torricelli, A. Optical sensing—Determination of optical properties in turbid media: Time – resolved approach. In Zude M. (ed.), Optical Monitoring of Fresh and Processed Agricultural Crops, Boca Raton, Florida: CRC Press, 2009: 55 – 81.

[58] Torricelli, A. , L. Spinelli, D. Contini et al. Time – resolved reflectance spectroscopy for non – destructive assessment of food quality. Sens. Instrum. Food Qual Safety, 2008, 2: 82 – 89.

[59] Torricelli, A. , L. Spinelli, M. Vanoli et al. Optical coherence tomography (OCT), spaceresolved reflectance spectroscopy (SRS) and time – resolved reflectance spectroscopy (TRS): Principles and applications to food microstructures. In Morris, V. J. , and K. Groves (eds), Food Microstructures: Microscopy, Measurement and Modelling, Cambridge: Woodhead Publishing Limited, 2013: 132 – 162.

[60] Valero, C. , P. Barreiro, M. Ruiz – Altisent, R. Cubeddu, A. Pifferi, and P. Taroni. Mealiness detection in apples using time – resolved reflectance spectr-oscopy. J. Texture Stud, 2005, 36: 439 – 458.

[61] Valero, C. , M. Ruiz – Altisent, R. Cubeddu et al. Detection of internal quality of kiwi with time – domain diffuse reflectance spectroscopy. Appl. Eng. Agric, 2004a, 20: 223 – 230.

[62] Valero, C. , M. Ruiz – Altisent, R. Cubeddu et al. Selection models for the internal quality of fruit, based on time domain laser reflectance spectroscopy. Biosyst. Eng, 2004b, 88: 313 – 323.

[63] Vangdal, E. , M. Vanoli, P. Eccher Zerbini, S. Jacob, A. Torricelli, and L. Spinelli. TRS measurements as a nondestructive method assessing stage of maturity and ripening in plum (Prunus domestica L.) . Acta Hortic, 2010, 858: 443 – 448.

[64] Vangdal, E. , M. Vanoli, A. Rizzolo, P. Eccher Zerbini, L. Spinelli, and A. Torricelli. Detecting internal physiological disorders in stored plums (Prunus domestica L.) by time – resolved reflectance spectroscopy. Acta Hortic, 2012, 945: 197 – 203.

[65] Vanoli, M. and M. Buccheri. Overview of the methods for assessing harvest maturity. Stewart Postharvest Rev, 2012, 1: 4.

[66] Vanoli, M. , P. Eccher Zerbini, M. Grassi et al. The quality and storability of apples cv "Jonagored" selected at harvest by time – resolved reflectance spectroscopy. Acta Hortic, 2005, 682: 1481 – 1488.

[67] Vanoli, M. , P. Eccher Zerbini, A. Rizzolo, M. Grassi, A. Torricelli, and L. Spinelli. Influenza della selezione alla raccolta con spettroscopia in riflettanza risolta nel tempo (TRS) sulle proprietà sensoriali di nettarine al consumo. In Bertuccioli, M. , and E. Monteleone (eds.), Secondo Convegno Nazionale della Società Italiana di Scienze Sensoriali,

atti dei Lavori, Firenze: University Press. 2009a: 121 –126.

[68] Vanoli, M., P. Eccher Zerbini, L. Spinelli, A. Torricelli, and A. Rizzolo. Polyuronide content and correlation to optical properties measured by time – resolved reflectance spectroscopy in "Jonagored" apples stored in normal and controlled atmosphere. Food Chem, 2009b, 115: 1450 – 1457.

[69] Vanoli, M., S. Jacob, L. Spinelli, A. Torricelli, P. Eccher Zerbini, and A. Rizzolo. Timeresolved reflectance spectroscopy as a tool for selecting at harvest "Ambra" nectarines for aroma quality. Acta Hortic, 2008, 796: 231 –235.

[70] Vanoli, M., A. Rizzolo, S. Azzollini, L. Spinelli, and A. Torricelli. Carotenoid content and pulp colournon destructively measured by time – resolved reflectance spectroscopy in different cultivars of Brazilian mangoes. Poster Code 2284 Presented at the Non – Destructive Assessment of Fruit Attributes Symposium, 29th International Horticultural Congress, August 17 –21, Brisbane Australia. 2014a.

[71] Vanoli, M., A. Rizzolo, P. Eccher Zerbini, L. Spinelli, and A. Torricelli. Nondestructive detection of internal defects in apple fruit by time – resolved reflectance spectroscopy. In Nunes C. (ed.), Environmentally Friendly and Safe Technologies for Quality of Fruits and Vegetables, Faro: Universidade do Algarve, 2009c: 20 –26.

[72] Vanoli, M., A. Rizzolo, M. Grassi et al. Relationship between scattering properties as measured by time – resolved reflectance spectroscopy and quality in apple fruit. CD – ROM Proceedings of the Third International Symposium CIGR Section Ⅵ "Food and Agricultural Products: Processing and Innovation," September 24 –26, Naples, Italy, 2007: 13pp.

[73] Vanoli, M., A. Rizzolo, M. Grassi et al. Time – resolved reflectance spectro-scopy nondestructively reveals structural changes in Pink Lady® apples during storage. Procedia Food Sci, 2011a, 1: 81 –89.

[74] Vanoli, M., T. Pereira, M. Grassi et al. Changes in pulp colour during postharvest ripening of Tommy Atkins mangoes and relationship with optical properties measured by time – resolved reflectance spectroscopy. CD – ROM Proceedings of the 6th CIGR Section VI International Symposium "Towards a Sustainable Food Chain: Food Process, Bioprocessing and Food Quality Management," April 18 –20, Nantes, France, 2011b: 4pp.

[75] Vanoli, M., A. Rizzolo, M. Grassi et al. Non destructive detection of brown heart in Braeburn apples by time – resolved reflectance spectroscopy. Procedia Food Sci, 2011c. 1: 413 –420.

[76] Vanoli, M., A. Rizzolo, M. Grassi et al. Valutazione non distruttiva dell' età biologica di mango brasiliani mediante spettroscopia VIS/NIR risolta nel tempo. In Cattaneo T. M. P. and P. Berzaghi (eds.), Atti 5° Simposio Italiano di Spettroscopia NIR, Lodi Milano: SISNIR – Società Italiana Spettroscopia NIR. 2012a: 113 – 118.

[77] Vanoli, M., A. Rizzolo, M. Grassi et al. Quality of Brazilian mango fruit in relation to optical properties non – destructively measured by time – resolved reflectance spectroscopy. In

Bellon – Maurel, V., P. Williams, and G. Downey (eds), NIR2013 Proceedings. A1 – Agriculture and Environment, Montpellier: IRSTEAFrance Institut National de recherche en sciences et technologies pour l' environnement et l' agriculture. 2013a: 177 – 181.

[78] Vanoli, M., A. Rizzolo, M. Grassi, L. Spinelli, B. E. Verlinden, and A. Torricelli. Studies on classification models to discriminate "Braeburn" apples affected by internal browning using the optical properties measured by time – resolved reflectance spectroscopy. Postharvest Biol. Technol, 2014b, 91: 112 – 121.

[79] Vanoli, M., A. Rizzolo, M. Grassi, L. Spinelli, A. Zanella, and A. Torricelli. Characterizing apple texture during storage through mechanical, sensory and optical properties. Acta Hortic, 2015, 1079: 383 – 390.

[80] Vanoli, M., A. Rizzolo, L. Spinelli, B. Parisi, and A. Torricelli. Non destructive detection of Internal Brown Spot in potato tubers by time – resolved reflectance spectroscopy: Preliminary results on a susceptible cultivar. Proceedings of the 3rd CIGR International Conference of Agricultural Engineering (CIGR – AgEng2012), July 8 – 12, Valencia, Spain, ISBN 84 – 615 – 9928 – 4. 2012b.

[81] Vanoli, M., A. Rizzolo, A. Zanella et al. Apple texture in relation to optical, physical and sensory properties. InsideFood Symposium: Book of Proceedings, April 9 – 12, 2013b, Leuven, Belgium, http://www.insidefood.eu/INSIDEFOOD_WEB/UK/WORD/proceedings/032P.pdf.

[82] Zanella, A., M. Vanoli, A. Rizzolo et al. Correlating optical maturity indices and firmness in stored "Braeburn" and "Cripps Pink" apples. Acta Hortic, 2013. 1012: 1.

9　散射光谱分析在果蔬品质检测中的应用

Yibin Ying，Lijuan Xie，Xiaoping Fu

9.1 引言

水果和蔬菜是人类饮食中的重要食品，具有营养价值且对健康有益处。在竞争日益激烈的全球市场，水果和蔬菜的品质评估越来越重要。对于开发测量食品品质和组成的方法研究，特别是对果蔬品质的评估研究，国内外研究者已经投入了大量的精力。果蔬的内部品质通常通过破坏性技术进行评估，包括化学和物理等方法。然而，在研究和商业应用水平上对无损检测的需求日益增长，在果蔬品质监测中最重要的是：确定最佳的采收时间、监测采后品质和贮藏期间营养成分的变化，并在包装室内按照果蔬内部品质进行分级。

在过去几十年中，已经研究和开发了许多不同的果蔬品质无损检测技术，如计算机视觉、X 射线、核磁共振或磁共振成像、荧光光谱、生物传感和无线传感等。由于这些技术适用性有限、性能不理想或仪器成本较高，大部分尚未用于商业。因此，研究人员一直致力于研究新的传感技术，以便能高效地检测果蔬的品质。基于估计吸收和散射系数或是从一维（1D）或二维(2D)散射光谱图像中估计临界散射特征的散射光谱，是近年来果蔬品质无损检测的一种新兴技术，已得到了系统研究。本章回顾了水果和蔬菜的光学特性测量，概述了光散射技术在水果和蔬菜的品质评估、成熟度监测、缺陷识别等方面的应用。

9.2 果蔬光学特性

生物组织是光学传输不均匀的吸收介质，其平均折射率高于空气的折射率。两者折射率的不同引起辐射在组织/空气界面的部分反射（非涅耳反射），而剩余的辐射穿透组织。多重散射和吸收是光在组织中传播时变宽和最终衰减的原因。纤维素结构的形状、大小和空间分布以及组织的组成将影响光在组织中的传播方式。用来表征光在组织中传播的基本光学参数是吸收系数μ_a、散射系数μ_s和各向异性系数 g。

组织的光学参数的测量方法包括直接法和间接法。直接方法基于一些基本的原理、概念和规则，如适用于薄样品的比尔定律和单散射相位函数法，或平板的有效光穿透深度。间接方法分为迭代和非迭代两个类型，其依赖于使用光传播理论模型的逆散射问题的解。本书第 6 章至第 8 章详细描述了光学参数的体外（侵入性或破坏性）和体内（非破坏性）测量方法和仪器。而本节的重点是果蔬光学特性的概述，这些特性是由研究人员使用不同的技术（破坏性的和非破坏性）测量和报告的。

Birth 等进行了第一项关于测量果蔬光学特性的研究。其研究以激光为光源，获得 632nm 波长的辐射，并对通过高水分未着色的生马铃薯组织切片样品的光辐射进行测量。研究发现：辐射测量相对于入射点距离的变化率与组织的库贝尔卡 - 芒克（K - M）散射系数相关。Birth 等的研究也指出了利用光学特性测农产品（猪肉和谷物）品质的潜力。Chen 和 Nattuvetty 利用光纤测量完整水果区域的透光率以估计检测到的光穿透水果的深度，研究指出 680nm 波长处的光穿透深度如下：橘子为 1.5 ~ 2.5cm，苹果为1~1.5cm，绿色番茄为0.7~1.1cm。

在这些早期研究之后，关于食品和农产品光学特性的研究一直处于停滞不前的状态。直到21世纪，新光学测量技术的出现和进步才推动了食品光学特性的研究。自20世纪80年代以来，在生物医学领域，生物组织光学表征的理论和测量技术都取得了很大进展。这在过去十年中激发了农业和食品研究者对食品光散射和吸收特性测量的新兴趣。

9.2.1 吸收和散射

光吸收是入射辐射通量被转换成另一种形式的能量（通常是热）或频率低得多的光子（如荧光）的过程。光散射是一种物理相互作用，光子因介质中的局部不均匀性而被迫偏离直线轨道产生一条或多条路径。吸收系数是光子单位距离被色素（如叶绿素和类胡萝卜素）和果肉主要化学成分（如水和糖）吸收的概率，而散射系数是光子单位距离因细胞结构（如膜、细胞壁、细胞间隙、淀粉颗粒、液泡或细胞器）引起的折射率失配而改变方向的概率。研究中常用约化散射系数μ_s'代替μ_s，μ_s'与μ_s之间的函数关系为：$\mu_s'=\mu_s(1-g)$。

不同的技术，如时间分辨反射光谱（TRS）技术、空间频域成像（SFDI）技术、积分球（IS）技术、空间分辨反射光谱（包括基于光纤和高光谱成像）等被用于无损测定果蔬组织的吸收和散射特性。表9.1中的数据反映了基于上述技术的光学特性测量的现状。应该指出的是，表9.1中的一些数据是根据报告的研究数据估算得到的。显然，也许是因为苹果在世界范围内的重要性，苹果的光学特性受到了极大的关注。虽然人们对其他水果（桃、梨、猕猴桃、李子等）和蔬菜（番茄、黄瓜、西葫芦、洋葱等）也进行了系列研究，但不如苹果广泛。已有研究报道了果蔬在成熟过程中，不同组织部分如果皮和果肉、不同缺陷（如瘀伤和内部缺陷）、不同贮存环境或不同预处理条件下吸收和散射特性的变化或特异性。

表9.1　果蔬的光学吸收系数（μ_a）和约化散射系数（μ_s'）

果蔬	λ/nm	μ_a/cm^{-1}	μ_s'/cm^{-1}	测量技术	资料来源
苹果	600~700	0.02~0.25	8~22	TRS	Cubeddu，等
	650~1000	0.02~0.4	18~24.5	TRS	Cubeddu，等
	630	0.077~0.112	18.94~21.54	TRS	Rizzolo，等
	670	0.141~0.179	17.90~21.07		
	750	0.034~0.036	10.72~12.91		
	780	0.025~0.026	10.41~12.53		
	670	0.069~0.173	9.99~15.76	TRS	Vanoli，等
	780	0.032~0.078			
	980	0.405~0.458			

续表

果蔬	λ/nm	μ_a/cm^{-1}	μ_s'/cm^{-1}	测量技术	资料来源
	500~1000	0~0.62	9~13	HISR	Qin 和 Lu
	500~1000	0.04~2.52	1.02~12.61	HISR	Qin 和 Lu
	500~1000	健康：0.1~0.9	健康：7.5~9	HISR	Lu，等
		瘀伤：0~1.1	瘀伤：4.2~7.5		
	500~1000	干切片：0~1.2	干切片：60~140	SRS	Trong，等
	350~2，200	果皮：1~70	果皮：35~100	IS	Saeys，等
	350~1，900	果肉：1~28	果肉：12~15		
	650~980	瘀伤：0.01~1.42	瘀伤：4.2~9	SFDI	Anderson，等
	400~1050	0.1~1.45	8~16	IS	Rowe，等
	540~940	0.02~0.58	15.2~18.6	TRS	Seifert，等
桃	650~1000	0.02~0.45	21~23	TRS	Cubeddu，等
	500~1000	0.12~0.3	13~15.5	HISR	Qin 和 Lu
	515~1000	0.01~0.45	6~17.5	HISR	Cen，等
梨	710~850	0.025~0.088	23~26	TRS	Zerbini，等
	500~1000	0.02~0.95	8~9	HISR	Qin 和 Lu
猕猴桃	650~1000	0.05~0.45	10~16	TRS	Cubeddu，等
	500~1000	0.2~1.0	7~8	HISR	Qin 和 Lu
	785	0.9	40	SRS	Baranyai 和 Zude
油桃	670	0.05~0.35	—	TRS	Tijskens，等
李子	500~1000	0.04~1.18	7.8~8.1	HISR	Qin 和 Lu
	540~940	0.02~1.42	4.8~9.2	TRS	Seifert，等
番茄	650~1000	0.04~0.48	6~9	TRS	Cubeddu，等
	500~950	0.0007~0.275	3.59~9.32	HISR	Zhu，等
黄瓜	500~1000	0.02~0.55	9~10	HISR	Qin 和 Lu
夏南瓜 西葫芦	500~1000	0~0.45	10.5~11.5	HISR	Qin 和 Lu
洋葱	632.8	最外层干皮： 7.5，20	最外层干皮： 190，200	IS	Wang 和 Li
		外皮：3，6	外皮：40，20		
		第一层果肉： 0.5，1.5	第一层果肉： 1，5		
		第二层果肉： 0.5，1	第二层果肉： 2，5		
	633	干皮： 5.01~19.74	干皮： 184.8~224.6	IS	Wang 和 Li
		湿皮： 2.84~5.99	湿皮： 19.9~55.7		

续表

果蔬	λ/nm	μ_a/cm^{-1}	μ_s'/cm^{-1}	测量技术	资料来源
	550 ~ 880 950 ~ 1650	果肉： 0.33 ~ 1.05 健康干皮： 1.8 ~ 39 健康果肉： 0.2 ~ 27.8 酸性干皮： 1.2 ~ 52 颈腐干皮： 2.5 ~ 59 皮酸肉： 0.25 ~ 29 颈腐肉： 0.76 ~ 27	果肉： 2.0 ~ 6.7 健康干皮： 160 ~ 190 健康果肉： 9.5 ~ 14.5 酸性干皮： 180 ~ 205 颈腐干皮： 180 ~ 220 皮酸肉： 2.5 ~ 6.5 颈腐肉： 5 ~ 10	IS	Wang，等

注：①表中的某些数据是根据研究报告的数据估算得出的；

②HISR—基于高光谱成像的空间分辨光谱；IS—积分球；SFDI—空间频域成像；SRS—空间分辨反射光谱；TRS—时间分辨反射光谱。

Cubeddu 等首先利用 TRS 技术在 650 ~ 1000nm 测量了苹果的光学参数 μ_a 和 μ_s。研究指出其测量的光学特性是果肉的光学特性，因为在他们的研究中，当果实去皮测量光学特性时，光学特性参数值无主要的变化；且该研究跟踪了贮藏和成熟过程中的相关的叶绿素吸收的变化。此外，研究发现，在 675nm 波长处的辐射光子在被测“Granny smith”苹果皮下传播深度超过 2cm，测得 $\mu_a = 0.07cm^{-1}$，$\mu_s = 18cm^{-1}$。然而，对于同一水果的散射光谱，没有发现特殊的特征。Cubeddu 等使用全自动 TRS 系统测量其他水果的光学特性，包括波长范围为 650 ~ 1000nm 的桃、猕猴桃和番茄。Seifert 等使用 TRS 技术在 540 ~ 940nm 分四次测量了收获（开花后 65 ~ 145d）的苹果和李子的吸收系数和约化散射系数，发现苹果在结构上比李子更加规则和均匀。

意大利国际农业科学院的研究小组利用 TRS 技术研究了梨和苹果的光学特性。Zerbini 等研究了基于 TRS 技术检测完整梨褐心病的可行性。结果表明；在 720nm 波长处，褐心组织的 μ_a 较正常组织的 μ_a 显著增大，正常组织在 720nm 波长处的 $\mu_a \leq 0.04cm^{-1}$。在 690nm 波长处，褐心果实的 μ_a 值随果实成熟度的增加而增加，μ_s 随果实成熟而降低。μ_s 的降低显然不受褐心的影响。随后，基于 TRS 技术分别在 630，670，750，780nm 进行光学特性的测量，以确定收获时在大气和气调中贮存 6 个月后以及在 20℃贮存 7d 后的“Jonagored”苹果的 μ_s 和 μ_a。他们的研究显示，对于不同收获时间和不同贮藏条件的苹果，均有如下规律：在 630nm 和 670nm 波长处的 μ_a 值较高，而在 750nm 和 780nm 波长处的 μ_a 值平均低至 0.025 ~ 0.036cm^{-1}，630nmnm 和 670nm 波长处的μ_a受收获时间的影响，呈现显著的差异；μ_s值与收获时间无关，随着波长的增加而减小，从21.54cm^{-1}下降至10.41cm^{-1}。与在大气中贮藏的苹果相比，在货架期结束时气调贮藏的苹果在630nm和750nm波长处μ_a显著较高，而在630，670，750，780nm这四个检测波长处的μ_s值显著较低。

美国密歇根州东兰辛的研究小组开发了一种基于高光谱成像的空间分辨系统（HISR技术），用于测量新鲜果蔬在可见光和短波近红外区域（500~1000nm）的光学特性。他们基于高光谱成像系统（线扫描模式）从不同品种的苹果以及正常苹果和瘀伤苹果获取空间分辨漫反射图像。当量化瘀伤苹果组织吸收和散射特性随时间的变化时，结果表明瘀伤对吸收系数和散射系数有不同的影响。虽然没有确定正常组织和瘀伤组织之间以及不同成熟度的瘀伤组织之间吸收系数变化的趋势，但是观察到瘀伤组织的散射系数有随着时间的推移而降低的趋势。Qin和Ln也研究了其他果蔬的光学特性，如桃、梨、猕猴桃、李子、黄瓜和西葫芦。Cen等的研究报道了一种改进的光学特性测量仪，用于采集500个“Redstar”桃的高光谱反射图像。该仪器被用于测量六个成熟度等级（即“绿色”“绿夹红”“红夹绿”“粉色”“浅红色”和“红色”）收获的番茄的光学吸收和散射特性（Zhu）。研究结果表明，随着成熟度的提高，675nm左右的吸收峰持续下降，而μ_s值从“绿色”到“绿夹红”阶段减小，从“粉色”到“红色”阶段增大。

Trong等研究了基于空间分辨漫反射光谱，利用光纤阵列探针测量在500~1000nm不同预处理条件下风干苹果片的散射和吸收特性。渗透压脱水1h（渗透压处理1）和3h（渗透压处理2）的样品的散射特性无显著差异。然而，研究发现，没有渗透脱水的样品具有明显高于被渗透压处理1和渗透压处理2条件处理的苹果片样品的散射系数。

SFDI技术是一种非接触光学成像技术，由Cuccia等首次开发应用于生物医学领域。Anderson等应用SFDI技术检测“Golden delicious”苹果上的瘀伤。他们分别获得在650nm和980nm波长处两个瘀伤程度级别的定量吸收和散射图像，并计算两级瘀伤程度级别的平均散射系数和吸收系数，与相邻的非瘀伤区域的系数进行比较。结果表明，两个瘀伤程度等级的瘀伤组织的约化散射系数较正常组织的约化散射系数存在显著差异。

积分球法（IS），包括单积分球系统和双积分球系统，通常用于测量生物组织的总漫反射率和透射率，基于IS，可以使用反向倍加法（IAD）估计光学参数。关于积分球法和反向倍加法的详细描述见第6章。研究所报道的果蔬光学特性测量基于单积分球系，Saeys等使用单积分球系统测量值结合反向倍加法估计了三个品种苹果果皮和果肉组织在350~2200nm的光学特性，结果表明，果皮的散射系数显著高于果肉的散射系数。Wang和Li测量了洋葱干性表皮组织和肉质组织在632.8nm波长处的光学特性。结果表明，洋葱表皮组织的吸收系数高于肉质组织，而其散射系数低于肉质组织的散射系数。随后，Wang和Li用相同的方法估计了红洋葱、维达利亚甜洋葱、白洋葱和黄洋葱在633nm波长下的干的洋葱皮、湿的洋葱皮和果肉的光学性质。结果表明，在633nm处，干的和湿的洋葱皮的μ_a和μ_s值均明显高于果肉组织。Wang等进一步研究了基于光学特性检测患病洋葱的可行性，分别测量了健康洋葱、洋葱伯克霍尔德菌感染的洋葱和葡萄孢菌感染的洋葱的干的表皮组织和肉质组织在 550 ~ 1650nm 波长的光学特性。结果表明，光学特性与颜色变化、水分含量和组织分解程度有关，故光谱测量可用于食品安全和品质检测。Rowe 等基于单积分球和反向倍加法，测量了“Royal gala”苹果在 400 ~ 1050nm 波长的 μ_a 和 μ_s。研究表明，吸收系数与硬度相关，在 500nm 波长处 R^2 为 0.69，在 680nm 波长处 R^2 为 0.52。随着水果变软，所有波长段的散射系数减小，在 550 ~ 900nm 处，散射系数和硬度之间存在相关性，R^2 为 0.68。

由已有的研究可以明显看出，不同的果蔬组织具有特定的光学特性。对于相同的组织，散射系数高于吸收系数，这证实了果蔬是高度散射的生物组织。对于果蔬组织，其吸收光谱的特点是，主要色素（叶绿素、花色素苷和类胡萝卜素）位于可见光区的吸收带，而水分位于近红外区的吸收带。花色素苷的吸收峰通常在 525nm 附近，叶绿素 b 的吸收峰为 620 ~ 630nm，叶绿素 a 的吸收峰在 670 ~ 675nm，水分的吸收峰为 750 ~ 780nm 和 970nm 处，如图 9.1 所示。Saeys 等在更宽的波长范围内（350 ~ 2200nm）测量苹果的光学特性，结果表明，吸收系数和散射系数曲线在 1450nm 和 1900nm 处有明显的吸收峰。叶绿素吸收带的变化（大约位于 675nm 波长处）可以用来监测果实成熟变化过程。此外，对于大多数样品，约化散射系数随着波长（500 ~ 1000nm）的增加而逐渐减小，这一规律在许多使用不同测量方法和针对不同果蔬品种的光学特性研究中得到了证实。

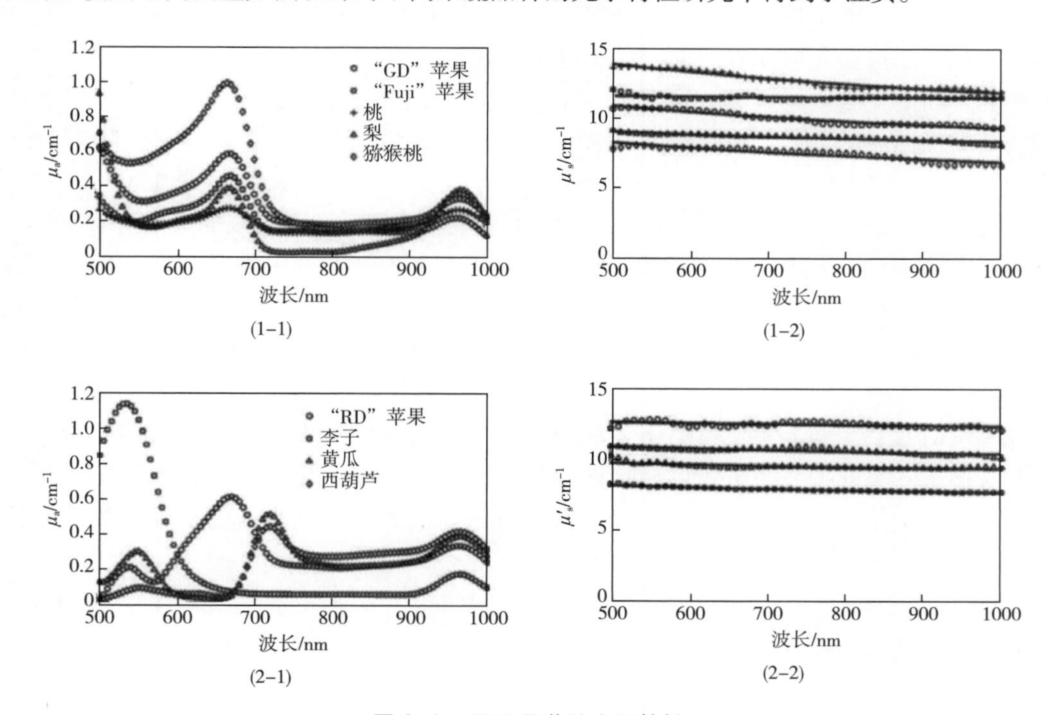

图 9.1　不同果蔬的光学特性

注：图中（1 - 2）和（2 - 2）中的实线是根据与波长相关函数：$\mu'_s = a\lambda^{-b}$ 的最佳拟合，其中 λ 是波长（nm），a 和 b 是常数。

［资料来源：Qin，J. 和 R. Lu. Postharvest Biology and Technology，2008，49（3）：355 - 365.］

虽然不同类型果蔬组织中 μ_a 和 μ_s' 的总体趋势相似，但由于品种不同、组织部分（如果皮和果肉）的差异、有无瘀伤或内部缺陷等差异的存在，μ_a和 μ_s'的值和变化趋势也有所不同。水分含量较低的组织，如苹果干切片和苹果皮，比水分含量较高的组织（如苹果果肉）的μ_s'值大得多。这一规律在 Wang 和 Li 关于干洋葱皮、湿洋葱皮和洋葱果肉的光学特性这一研究中得到验证。此外，洋葱皮的吸收系数也远高于洋葱果肉的吸收系数。而且，研究发现内部缺陷、瘀伤和病变都对光学性能有影响，贮存环境和预处理条件等其他因素对光学性质也有显著影响。

然而，在先前的研究中表明了同类水果测量结果可能不一致。例如，Qin 和 Lu、Rowe 等和 Seifert 等的研究表明，苹果的μ_s'测量值有显著差异。目前，因为这些研究的系统验证方法不同，无法比较这些结果的相对准确性。很难区分报道中苹果光学特性差异的主要原因。未知差异是由于品种、检测部件、检测方法还是其他因素造成的，因此建立一致的方法或采用通用标准来验证不同的测量系统，是未来研究的一个重要方向。

9.2.2 各向异性因子

各向异性因子 g，有时也称为各向异性系数，代表入射场和散射场之间余弦的平均值，它告诉我们有多少散射发生在前方。当散射相位函数 $p(\theta)$ 可从测角仪获得时，g 可以计算出来。更实际地说，这可以理解为粒子是多么“透明”，至少在处理组织时是这样。粒子越透明，向前方向的光分布越多。根据这个广泛的定义，透明度只受散射的影响，而不受吸收的影响。接近 1、0 和 -1 的各向异性系数描述了高度向前、各向同性和高度向后的散射。在人体组织光学中，g 的典型值显示在 0.8 ~0.9。敏感性分析表明，μ_a 和 μ_s'的估计值对 g 值不太敏感。

对于果蔬组织，基于积分球直接测量 g 的研究很少。IAD 可通过准直透射率来估计各向异性因子。苹果皮在 350 ~2200nm 的 g 为 0.45 ~0.75，苹果肉在 350 ~1900nm 的 g 为 0.55 ~0.75。对于洋葱，干皮、湿皮和果肉在 633nm 处的 g 分别为 0.371 ~0.589、0.421 ~0.72 和 0.427 ~0.688。文献中报道的苹果和洋葱的 g 值小于人体组织中的 g 值。

测量的 μ_a、μ_s'和 g 不仅可用于表征果蔬组织的吸收和散射特性，还可用于如下研究和应用中：①模拟光在组织内传播的应用；②评价果蔬品质；③为水果和蔬菜的工艺优化提供指导。下一节重点介绍基于光谱散射图像数据的光学特性参数和经验模型或图像处理方法的果蔬品质评估。

9.3 果蔬品质检测

如前所述，水果和蔬菜等生物材料在光学上是不均匀或不透明的。进入水果的光将由于吸收和多重散射而减弱，这受到组织的组成和结构特征的影响。对生物材料中光相互作用的研究，主要是对光子吸收和散射的研究，这两个光学参数可用于果蔬等生物组织的品质评估。光学特性的知识使我们能够深入了解光与果蔬组织的相互作用，这将有助于开发一种基于光学参数表征品质属性指标的光学技术。与传统的体外或体内光学方法不同，蒙特卡罗模拟、激光后向散射成像、TRS 技术、基于光纤的 HISR 光谱技术以及 SFDI 技术等已经用于果蔬品质的无损检测。Birth 及其同事探索了利用光散射技术评估农产品品质的潜力。由于果肉组织微结构组成的折射率的突然变化而产生散射光，在应用光散射技术评估果蔬品质时，有两种主要的散射分析方法：一种是基于吸收系数和散射系数直接评估果蔬品质，该技术不易实施，不适于广泛应用；另一种是应用经验模型或图像处理方法量化一维或二维散射光谱图像。表 9.2 总结了基于光散射技术的果蔬品质评价研究，主要包括激光后向散射成像、多光谱散射成像、HISR 技术和 TRS 技术。评价的品质属性包括成熟度、缺陷和其他属性，如结构和机械性能。由于第 8 章提供了 TRS 技术用于评估缺陷、成熟度、质地的详细内容，所以这里不对 TRS 技术在果蔬品质评估中的应用进行全面综述。

表 9.2　多种光散射技术对果蔬质量评估的研究综述

测量技术	样品（指标）	数据来源
激光束	梨（硬度）	Budiastra，等
激光散射成像	番茄（成熟度和硬度）	Tu，等
近红外光散射	猕猴桃（硬度）	McGlone，等
库贝尔卡－芒克理论	苹果和梨［成熟度和可溶性固形物（SSC）］	Budiastra，等
激光后向散射成像	苹果（成熟和坚硬）	Tu，等
	苹果（SSC 和果肉硬度）	Qing，等
	香蕉（含水量）	Romano，等
	苹果（光学特性）	Baranyai，等
	苹果（含水量）	Romano，等
	苹果（含水量、SSC 和硬度）	Romano，等
	苹果（硬度）、番茄（弹性）、李子（硬度）、蘑菇（弹性）	Mollazade，等
	香蕉（冷害）	Hashim，等
	木瓜（含水量、收缩率、亮度、色度和色调）	Udomkun，等
	梨（成熟和变色）和甜椒（成熟和变色）	Zsom，e 等
	柑橘（腐烂）	Lorente，等
多光谱散射成像	苹果（硬度和 SSC）	Lu
	苹果（硬度）	Peng 和 Lu
基于空间分辨的高光谱图像	桃（硬度）	Lu 和 Peng
	苹果（硬度和 SSC）	Lu
	番茄（光学特性、成熟度和硬度）	Qin 和 Lu
	苹果（瘀伤）	Lu，等
	桃（硬度、SSC、皮肤和肉色参数）	Cen，等

续表

测量技术	样品（指标）	数据来源
	苹果（机械性能和微观结构变化）	Cen，等
空间频域成像	苹果（瘀伤）	Anderson，等
蒙特卡罗模拟	苹果（瘀伤）	Baranyai 和 Zude
反加法 - 倍加技术	苹果（硬度和光学性能）	Rowe，等
时间分辨反射光谱法	苹果、桃、番茄和油桃（硬度、可溶性固形物和酸度）	Valero，等
	苹果（粉质化）	Valero，等
	猕猴桃和番茄（硬度、可溶性固形物和酸度）	Valero，等
全内反射、连续波和时间分辨光谱	樱桃（花青素）	Zude，等
Lambert - Beer 和多元回归	樱桃（花青素）	Zude，等

9.3.1 成熟度与品质

果蔬的成熟度由多个指标决定，包括内部品质属性，如硬度、甜度和酸度，以及外部特征，如颜色。硬度是许多水果和蔬菜成熟度、质地特性、保质期和消费者接受度的重要指标。硬度可以通过目测观察水果表面是皱缩还是松弛评估，也可以根据水果对轻微手动压力的抵抗力来评估，但这是主观的评价方法。常用的硬度测定方法基于渗透测量，如马格纳斯 - 泰勒硬度测试仪（MT）或埃菲吉渗透仪。甜度和酸度决定了口味。甜度是水果的一个重要品质参数，是成熟度的良好标志。对于大多数新鲜水果来说，甜度通常用糖度或可溶性固形物含量来衡量，通常基于果汁样品对光的折射原理使用白利糖度折射仪来测量。对于酸度，通常用合适的碱溶液滴定测量。糖酸比或可溶性糖和酸度有时被用作成熟度的指标。许多果蔬在成熟过程中会变色，果蔬成熟过程中表皮和果肉颜色的变化主要与叶绿素的分解和其他色素的增加有关。对于一些水果，未成熟的时候是绿色的，并且绿色在成熟过程中变得越来越浅。颜色的测量可以指示口感品质，因此对于分级和货架期评估很重要。Zsom 等基于无损光学检测方法，包括激光后向散射成像、叶绿素荧光分析和表面颜色测量，测量了两种梨和五种甜椒在冷藏和货架期内的品质变化。其中，激光散射参数在冷藏和货架期内随时间发生显著变化。

通过光散射测量水果硬度的研究已经进行了 20 多年。Budiastra 等报告了苹果和日本梨的散射系数与硬度的关系。苹果和日本梨的硬度和散射系数随贮藏时间的延长而降低（在 783nm 波长下吸收很小），因此散射系数可用于监测贮藏过程中果实品质的变化。软化过程中，水果组织由于细胞壁降解和细胞物质水解而变得脆弱，这将导致散射密度降低，散射自由路径变长。McGlone 等基于一个基本观点——随着水果变软，从辐照区域周围表面射出的散射光强度会增大，通过测量 864nm 激光在水果中从入射光束方向以 20°～55°的出射角围绕水果圆周的散射来估计猕猴桃的硬度（图 9.2）。样品在 10℃下贮存长达 15d，在贮藏过程中，对果实进行了四次取样，并添加了相同大小等级的较软猕猴桃，以将测量值扩展到较低的硬度极限。使用带有光纤干涉探针的近红外系统 6500 光谱仪获取光谱，每间隔 5°进行散射光测量，计算了每个角度散射光强度与刚度和破裂力测量值的相关性。最大散射角度 55°时，二者相关性最高，刚度和破裂力测量的确定系数（r^2）分别为 72% 和 67%。此外，散射光强度随散射角的增大而减小。McGlone 等推断，在低散射角时，获得的相关性较差可能是由于在这些较低角度下，近表面区域占大部分总光路。通过假设强度与水果中的光（D）［定义为 sin（θ/2）］的路径长度呈强负相关，建立了强度降低的简单双参数唯象模型，模型公式见式（9.1）：

$$I(D) = S/[\sin(\theta/2)]^b \tag{9.1}$$

式中　θ——出射角

S——散射常数

D——散射光强

b——路径长度

随着硬度的增加，散射常数 S 增加，散射光强 D 和路径长度指数 b 减小。散射常数 S 取决于水果中散射元素的类型、密度和分布。对于硬度预测，最佳 r^2 值约为 80%，误差与硬度测量的水平成比例增加，他们猜测这可能是因为较硬水果的信噪比较低，以及渗透仪硬度测量的误差增加造成的。

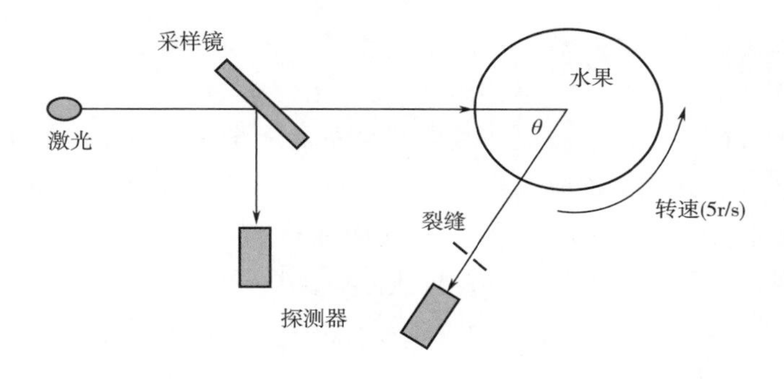

图 9.2　激光散射实验装置示意图（θ）为散射角

［资料来源：McGlone，V. A.，Abe Kawano，S. Kawano，J. Near Infrared Spectrosc，1997，5（2）：83－89.］

库贝尔卡－芒克理论是确定混浊或半透明材料散射和吸收特性的理论之一。Budiastra 等利用 K－M 理论研究了苹果和日本梨在 240～2600nm 的光学特性。研究结果表明，基于 K－M 理论吸收系数和散射系数均受成熟度的影响。此外，果皮的存在导致散射系数在 400～2000nm 增加。

Tu 等利用 670nm、3mW 氦氖激光二极管作为光源，激光在番茄和苹果果实表面产生散射，并利用彩色电荷耦合器件照相机获得散射图像（图 9.3）。散射光图像中的像素总数被用作纹理指示器，并与水果成熟度和硬度相关。Tu 等进一步使用 670nm、3mW 的固态激光二极管作为光源，监测番茄在室温下贮存 8d 的品质变化。散射图像中的像素总数被用作水果成熟度的指标。结果表明，在不同的成熟阶段，番茄的图像大小存在显著差异，番茄硬度与图像尺寸呈负相关。

吸收和散射特性的量化可以用来评估果蔬产品的成熟度。由于果实成熟的生理过

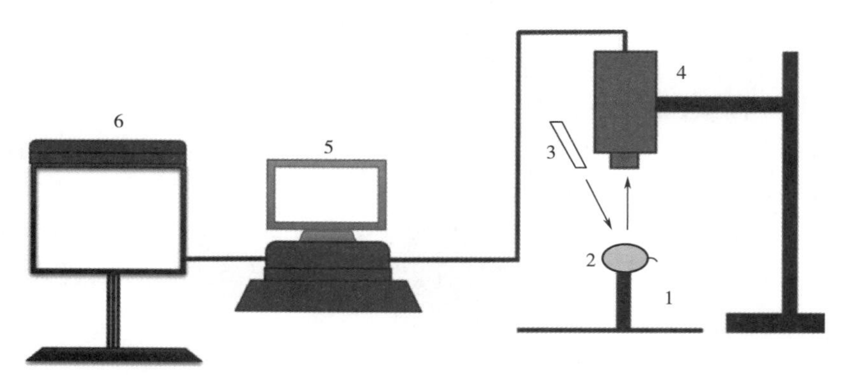

图 9.3　激光散射图像采集系统
1—样品架　2—样品（番茄和苹果）　3—激光光源　4—照相机
5—带有图像抓取器的计算机　6—监视器

程与化学成分（与 μ_a 相关）和物理结构（与 μ_s' 相关）的变化相关，μ_a 和 μ_s' 的结合测量可以提高对桃等果实成熟的预测精度。由于不同的成熟度等级，μ_a 变化很大，故利用其来预测果实成熟度是可行的。

Lu 提出了一个新概念，即使用基于旋转滤光轮的光学系统来获取多光谱图像，以量化光的反向散射，获取苹果果实在可见光和近红外区域的散射特性，用于预测硬度和可溶性固形物含量（图 9.4）。利用圆形宽带光束在苹果果实表面产生光后向散射，并在 680 ~ 1060nm 的四个离散波长范围内获得散射图像。散射图像后被径向平均以产生1D光谱散射图像，该图像被输入到反向传播神经网络模型中用于预测苹果果实硬度和 SSC。具有四个光谱带（680，880，905，940nm）的三个比率组合给出了苹果硬度的最佳预测，相关系数（r^2）为 0.87，验证标准误差（SEV）为 5.8 N。具有三个光谱带（880，905，940nm）的三个比率组合给出了苹果 SSC 的最佳预测，r 值为 0.277，SEV 为 0.78%。Lu 开发了一个改进的多光谱成像系统，该系统使用一个公共孔径多光谱成像光谱仪（Optical Insights，LLC，Santa Fe，New Mexico）将通过聚焦透镜的光束分成四个独立、相等的光束，而不损失原始信息。结果，四个离散波长或采集带的光谱图可被同时获取，这能够实现快速、实时地检测水果内部品质。此外，图像处理算法的改进，可用于增强神经网络模型对果实硬度的预测。神经网络模型给出了苹果硬度的预测，r 为 0.76，SEV 为 6.2N，但这些结果远不如先前的结果好，在 Lu 之前的研究中，由于使用多光谱成像光谱仪，改进的多光谱成像系统在接收光方面效率较低，这将对散射尺寸和信噪比产生负面影响。

Peng 和 Lu 提出了一个洛伦兹分布函数，该函数具有三个独立的参数的表征多光谱散射图像的散射光谱。硬度预测模型是利用四个波长的 12 个洛伦兹参数的多元线性回归建立的。该预测模型给出了一组苹果样品的硬度预测，$r = 0.82$ 和 SEV = 6.39N，另一组样品 $r = 0.76$ 和 SEV = 6.01N。之后，Peng 和 Lu 提出了一个改进的激光二极管（MLD）函数，它有四个独立的参数来描述整个光谱散射剖面，包括从具有液晶可调滤波器（LCTF）的小型多光谱成像系统获得的光谱散射图像的饱和区域。MLD 函数精确

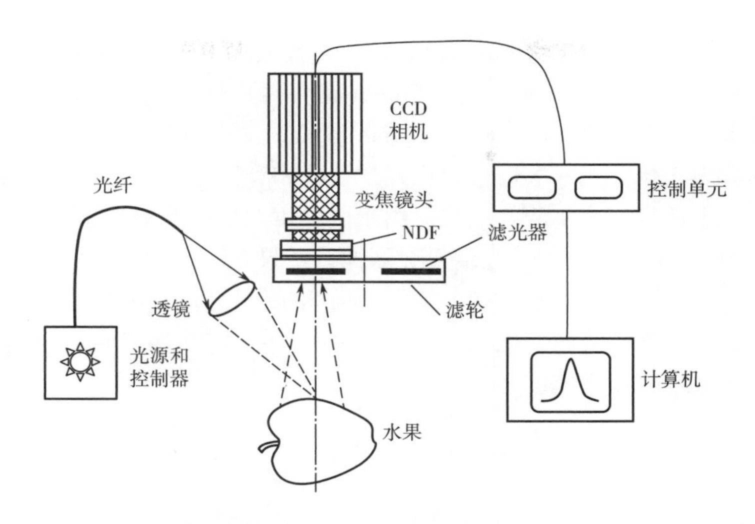

图 9.4 用于测量苹果果实散射图像的多光谱成像系统示意图（NDF 为中性密度滤光片）

描述了波长在 650～1000nm 的散射分布，平均 r 为 0.999。使用这种基于 LCTF 的多光谱成像系统，确定了用于预测苹果果实硬度的 650～1000nm 的最佳波长组。发展了一个线性预测模型来描述“Delicious”苹果在 7 个波长（$r=0.82$ 和 SEV = 6.64N）下的 MT 硬度与其 MLD 参数之间的关系。Peng 和 Lu 进一步改进了多光谱成像系统，以量化来自苹果果实的光后散射光谱，用于测量硬度和 SSC。为了提高光源的稳定性，他们为系统配备了光强控制器，以测量“Delicious”苹果在 7 个波长和“Golden delicious”苹果在 8 个波长的光散射情况。为了在图像像素的径向平均过程中减少散射图像中的噪声信号并改善预测，他们提出了滤除异常高或异常低的像素的方法以校正异常组织斑点引起的散射效应，并校正水果形状/大小对散射强度和距离的影响。用四个参数的最小二乘函数拟合散射剖面，应用多线性回归方法建立硬度预测模型获得了更好的硬度预测准确度，对于“Delicious”苹果，$r=0.898$ 和 SEV = 6.41N，对于“Golden delicious”苹果，$r=0.897$ 和 SEV = 6.14N。为了进一步提高硬度预测效果，Peng 和 Lu 使用高光谱成像技术同时获取 500～1000nm153 个波段的散射剖面，用于桃硬度预测。当代表散射峰值的两个洛伦兹参数和在峰值一半处的散射光谱的整个宽度被用作独立变量时，对于“Red haven”桃，在 10 个波长（603，616，629，642，648，664，671，677，690，707nm）范围内，$r^2=0.77$ 和 SEV = 14.2N，获得最佳硬度预测。Lu 提出了一种将反向传播前馈神经网络模型与主成分分析相结合的混合方法，将高光谱散射特性与果实硬度和可溶性固形物含量联系起来。神经网络模型能够预测果实硬度，“Golden delicious”苹果的硬度预测模型 $r^2=0.76$，SEP = 6.2N，“Delicious”苹果的硬度预测模型 $r^2=0.55$，SEP = 6.7N。“Golden delicious”苹果和“Delicious”苹果的 SSC 预测模型 r^2 分别为 0.79 和 0.64，SEP 分别为 0.72% 和 0.81%。

Qin 和 Lu 开发了一种高光谱成像配置，用于从完整的水果和蔬菜样本中获取空间分辨反射剖面（图 9.5）。在 500～1000nm 的光谱处使用扩散方程的逆算法，结合校正弯曲样品表面效果的方法，获得苹果（三个品种）、桃、梨、猕猴桃、李子以及黄瓜、西葫芦和番茄（处于三个成熟阶段）的光学特性参数。μ_a 和 μ_s' 值在测试样品之间差异很大。在三个成熟阶段（绿色、粉色和红色）的番茄中观察到吸收光谱的巨大差异，并且利用675nm（叶绿素）处的μ_a与535nm（花青素）处的μ_a的比率对它们的成熟度进行了正确分类。μ_s'值与番茄在500～1000nm波长下的硬度呈正相关，在790nm波长下最大相关系数为0.66。Cen等通过优化光学设计和算法进一步改进了HISR技术，他们测量了桃的光谱吸收和约化散射系数，用于成熟度/品质评估。利用光学特性测量仪采集500颗“Red hawen”桃的高光谱反射图像，结果表明，μ_a和μ_s'均与桃硬度、可溶性固形物含量、果皮果肉颜色参数相关。使用μ_a和μ_s'的组合值获得了比单独使用μ_a和μ_s'更好的偏最小二乘模型的相关结果，使用最小二乘支持向量机模型获得硬度、SSC、果皮和果肉色泽深浅的预测模型。

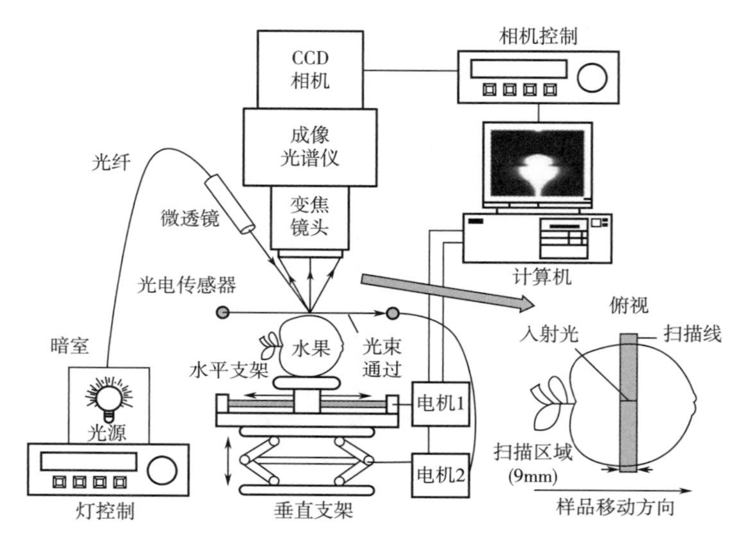

图9.5　用于从水果样品获取空间分辨散射图像的高光谱成像系统

[资料来源：Qin，J.，R. Lu. Postharvest Biology and Technology，2008，49（3）：355－365.]

为了定量了解苹果果实在软化过程中的光学和机械/结构特性之间的关系，Cen等在贮藏期30d内，对500～1000nm波长的苹果进行了五次μ_a和μ_s'、声学/冲击硬度和组织弹性的测量。他们还使用共焦激光扫描显微技术量化了苹果细胞的形态特征（即面积和等效直径）及其在软化过程中的变化，将苹果果实的吸收和散射特性与声学/冲击硬度建立关联（“Golden delicious”苹果$r=0.870～0.948$；“Granny smith”苹果$r=0.334～0.993$），也与弹性模量建立关联（“Golden delicious”苹果$r=0.585～0.947$，“Granny smith”苹果$r=0.292～0.694$）。初步分析表明，光吸收和散射参数与细胞面积和等效直径呈正相关。综上结果说明，光学特性可用于研究苹果的力学特性，以及在成熟和采后贮藏过程中的显微结构变化。

Valero等应用时域激光反射光谱技术评估内部水果品质。他们利用主成分分析、多元线性逐步回归、聚类和判别分析等统计方法，开发了吸收和散射系数模型，以估计猕猴桃、番茄、苹果、桃和油桃的硬度、可溶性固形物和酸含量。不同品质等级的水果可以根据其硬度、可溶性固形物和酸度进行分类。研究表明，时域激光反射光谱技术具有评估水果和其他食品的内部特性的潜力。

德国波茨坦莱布尼茨农业工程研究所的 Manuela Zude 领导的研究小组在激光后向散射用于果实品质评估方面做了大量工作。使用图 9.6 所示的设置，获得“Elstar”苹果和“Pinova”苹果在五个波段（680，780，880，940，980nm）的后向散射图像。“Elstar”苹果的偏最小二乘回归模型得到了最高的相关系数（r）0.89 和 0.90，交叉验证（SECV）的最低标准误差分别为 0.73°Brix 和 5.44N。对“Pinova”苹果进行多品种验证后，其 SEP <13%（用误差值除以测得的水果参数平均值计算），这表明水果硬度可以与水果 SSC 平行测量。对于生长在不同的植物可用水利用率的地点的苹果，如“Elstar”苹果和“Pinova”苹果，校准模型给出了预测果肉硬度的 SECV < 5%，预测的 SSC 的 SECV < 8%，这意味着后向散射成像可为水果检测提供相关信息。使用 785nm 的激光作为光源，形成后向散射成像，检测在 2℃，气调贮藏期间（2% CO_2，1.5% O_2）苹果的特定光学特性。总衰减系数 μ_t 在前 81d 显著增加，而后下降，除硬度外，还可能受到贮藏时间、果园位置、品种等其他因素的影响。各向异性因子 g 几乎呈单调下降趋势，其 2.1% 的变化小于 μ_t 的 15% 变化。使用 660nm 的激光后向散射成像来预测苹果、李子、番茄和蘑菇的果肉硬度和弹性模量。自适应 Neuro - Fuzzy 推理系统模型（ANFIS）的结果表明，结合纹理分析和空域技术的选定实时特征提供了最佳的预测结果：苹果 r =0.887、番茄 r =0.919 和蘑菇 r =0.896；而李子果实 r =0.790，预测效果较差。在高甜度樱桃中，花色苷含量决定的红色与果实成熟度和市场价值相关。Zude 等人在樱桃花色苷含量研究中使用了全内反射、连续波和时间分辨光谱。Zude 等还使用了比尔定律和基于可见光和近红外光谱的多元回归分析，以及水果组织中有效路径长度的散射校正，该有效路径长度是从辐射传播时间分布的时间分辨读数中获得的，用于樱桃花色苷的无损分析，散射校正可以提高色素分析性能。

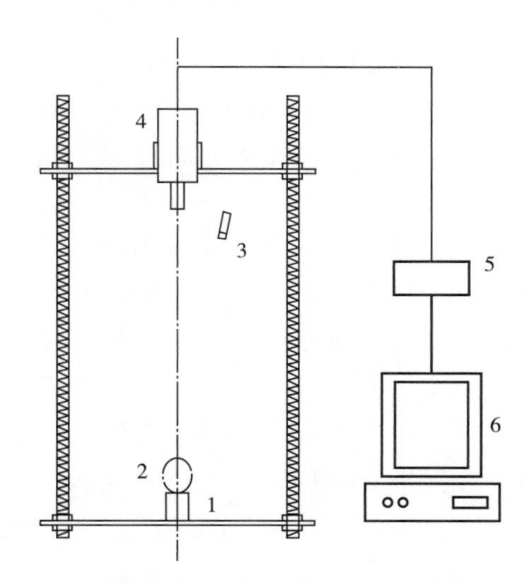

图 9.6 用于测量水果反向散射图像的多层散射成像系统的示意图

1—样品架 2—样品（苹果） 3—带透镜的激光源 4—带镜头的 CCD 相机

5—视频输入/输出卡 6—用于数据处理的计算机

[资料来源：Qing, Z., B. Ji, M. Zude, J. Food Eng., 2007, 82 (1), 58 -67.]

9.3.2 果实缺陷

果实缺陷会降低其市场价值，造成经济损失。外部缺陷的评估主要由人工检查或计算机成像技术进行。确定内部缺陷存在的方法需要切开样品。据报道，如今在应用光谱散射无损检测水果和蔬菜缺陷方面已有了令人欣喜的结果，这些缺陷包括瘀伤、絮败、褐心、腐烂和冻伤。

瘀伤主要由两种类型的机械负荷造成，即静态和动态。大多数瘀伤是由振动或冲击形式的动态载荷造成的。最常见的是碰撞瘀伤，在收获、运输和采后处理过程中经常发生。掉落可能会造成瘀伤，或者产品堆积过高或过重也会造成瘀伤。瘀伤导致水果细胞被破坏，细胞间的空隙减少。那些空隙最初由破裂细胞释放的水填充，随着时间的推移，瘀伤的组织开始失去水分，最终变得干燥。瘀伤会改变水果的颜色、味道和质地。许多新鲜水果和蔬菜的货架期因瘀伤损坏而大大缩短。瘀伤的检测取决于水果种类、瘀伤时间、瘀伤类型和严重程度。Lu 等基于高光谱成像技术，获取正常和瘀伤的苹果中的空间分辨散射图像。为了估计 μ_a 和 μ_s'，针对散射光谱进行了仪器不均匀性校正。结果显示：正常苹果的约化散射系数比瘀伤苹果低得多，随着时间的推移，瘀伤苹果散射系数不断降低。表明瘀伤对散射的影响大于对吸收的影响。使用 SFDI 技术获得 650 ~980nm 的定量吸收和散射图像图，用于检测“Golden delicious”苹果的瘀伤以及瘀伤严重程度的量化。计算了两种瘀伤严重程度的平均散射和吸收光谱，并与相邻非损伤区域的光谱进行了比较。使用 0.06J 和 0.314J 的冲击能量诱发瘀伤，并且通过比较瘀伤区域和非瘀伤区域的散射像素计数来区分瘀伤程度。尽管使用 0.06J 和 0.314J 的能量诱发瘀伤，瘀伤区域的平均散射系数与非瘀伤区域的平均散射系数的比率大致相等，但瘀伤区域却是清晰可辨的。

随着贮藏期的增长，絮败在一些苹果和马铃薯品种中变得常见。絮败是一种组织失去汁液而分离的状态，是一种负面质地属性。就食用品质而言，絮败会缩短货架期。Valero 等建立了基于时域激光反射光谱技术的分类模型（900 ~1000nm），在 3 个波长（672，750，818nm）范围内鉴别苹果中的絮败。絮败苹果和非絮败苹果的分类准确率在 47% ~100%。

基于 MC 仿真模型预测“Golden delicious”苹果和“Idared”苹果的机械冲击损伤，以及“Hayward”猕猴桃组织的光学特性。模拟结果与激光后向散射光谱数据进行对比，结果发现，即使仅在贮藏一天后重复测定光学特性，样品的半无限均匀边界散射剖面也具有显著变化（$p<0.05$）。

在五个波段（680，780，880，940，980nm）范围内，尝试利用激光后散射成像技术自动检测柑橘类水果被病原体指状青霉感染后的早期腐烂症状。高斯 - 洛伦兹交叉积分布函数准确描述了辐射径向分布，r^2 平均值高于或等于 0.998，均方根误差低于或等于 2.54。Farrell 等同时也利用了扩散理论模型（见第 3 章和第 7 章），两个模型都精确地描述了激光后向散射光谱，高斯 - 洛伦兹模型的曲线拟合结果（$r^2>0.996$）略好于扩散理论模型（$r^2>0.982$）。使用高斯 - 洛伦兹简化集获得了最佳分类结果，得到最佳总体分类精度 93.4%，声音和衰减样本分别为 92.5% 和 94.3%。

Hashim 等研究了激光后散射成像技术预测香蕉冷害的能力。香蕉在 13℃（对照温度）、6℃（冷藏温度）下贮藏 2d，随后在环境温度下贮存 1d 以使症状发展。在 660nm 和 785nm 处测量香蕉的散射特性，达到对正常和冷害香蕉进行分类的目的，早期检测的分类误差低至 6% 和 8%，贮藏后检测的分类误差低至 0.67% 和 1.33%。从后向散射剖面获得的所有参数，如拐点、拐点后的斜率、半峰全宽和饱和半径，对贮藏温度、成熟阶段和处理时间的研究具有统计学意义。此外，后向散射参数受颜色变化和质构特性的强烈影响。

9.3.3 其他应用

Romano 等通过激光后向散射成像评估不同干燥条件下水果切片含水量的变化。在 670nm 波长处，在三个不同干燥温度（53，58，63℃）的干燥过程中，每小时采集香蕉切片的激光后向散射图像。研究发现：激光后向散射图像面积和水分含量的变化之间存在显著关系［特别是在较低温度下，没有组织发生褐变时（53℃时 $r=0.76$）］。在较高温度下，观察到通过图像处理提取的参数与主要由于组织褐变的 a^* 标准颜色指数之间的相关性。在 60℃ 和 70℃ 的空气温度下在高精度通流实验室干燥器内，干燥 3h，每 30min 测量一次干燥的苹果切片的激光后向散射图像。激光后向散射图像面积和灰度值对应于从 0（暗）~255（白）的值与含水量高度相关，皮尔逊系数在 635nm 时为 0.95 和 0.96，在 785nm 时为 0.74 和 0.87。基于后向散射成像技术，在 635nm 波长处，可预测干燥过程中“Gala”苹果片的硬度、含水量和可溶固形物的变化。校准模型显示水分含量和光学特性之间的高相关系数（$r=0.8$ 和 0.89）和低 SECV（SECV 为 11.6% 和 9.8%）。然而，对可溶固形物的预测效果略差。Udomkun 等还研究了三种波长（532，650，780nm）的后向散射激光技术应用，用于预测木瓜在四种不同温度（50，60，70，80℃）下干燥过程中的含水量、收缩率、亮度、色度和色调变化。结果表明，随着干燥温度的升高，含水率、明度和色度值降低，而色调和收缩值增加。此外，测量的照明面积和 650nm 处的光强参数的多元回归分析可产生最佳的含水量、亮度和色调预测（$r>0.92$）。研究表明，后向散射成像技术是水果干燥过程中品质控制的一种有用工具。

9.4 小结

人们对果蔬的光学特性应用于无损品质检测和安全评价越来越感兴趣。果蔬组织的光学特性提供了关于其化学和物理特性的丰富信息。光谱散射已经被证实为一种有用的研究方式，可用于同时估算吸收和散射参数或从 1D 或 2D 散射轮廓或图像中提取关键散射特征来评价果蔬品质。用于测量果蔬光学特性的常用光谱散射技术包括 TRS 技术、SFDI 技术、基于光纤的 SRS 技术以及 HISR 光谱技术。不同果蔬组织的光学特性可以针对不同的品种或果皮和果肉部分进行检测。与正常组织相比，内部缺陷、瘀伤和病变以及贮存环境和预处理条件均对光学特性有影响。然而，由于使用不同光学特性测量技术的不同研究有不同的结果，所以有必要建立一种标准方法来验证和比较不同的测量系统。

迄今为止，已经有关于苹果、桃、梨、猕猴桃、油桃、黄瓜、李子、西葫芦、番茄、洋葱、香蕉、樱桃、蘑菇、木瓜、柑橘和甜椒的光学特性测量研究，它们仅占农产品的一小部分。果蔬组织的结构复杂性、多样性和不均匀性给精确测量光学特性带来了严峻挑战。光谱散射技术仅用于研究，尚未开发商业应用。许多技术问题和限制仍需解决，以便该技术最终可用于水果品质和成熟度评估或长期贮藏期间园艺产品和食品品质变化的监测。在进行工业应用之前，需要开发一种小型、易用、便携且低成本的仪器。生物医学组织光学的最新进展可以为果蔬的光学特性测量以及实现果蔬品质评估提供新的研究方向。

参考文献

[1] Anderson, E. R. , D. J. Cuccia, and A. J. Durkin. Detection of bruises on golden delicious apples using spatial - frequency - domain imaging. Proceedings of SPIE, 2007, 6430: 643010.

[2] Baranyai, L. , C. Regen, and M. Zude. Monitoring optical properties of apple tissue during cool storage. CIGR Workshop on Image Analyses in Agriculture, Potsdam, Germany, 2009.

[3] Baranyai, L. and M. Zude. Analysis of laser light migration in apple tissue by Monte Carlo simulation. Progress in Agricultural Engineering Sciences, 2008, 4 (1): 45 - 59.

[4] Baranyai, L. and M. Zude. Analysis of laser light propagation in kiwifruit using backscattering imaging and Monte Carlo simulation. Computers and Electronics in Agriculture, 2009, 69 (1): 33 - 39.

[5] Baritelle, A. L. and G. M. Hyde. Commodity conditioning to reduce impact bruising. Postharvest Biology and Technology, 2001, 21 (3): 331 - 339.

[6] Bass, M. , E. W. VanStryland, D. R. Williams, and W. L. Wolfe. Handbook of Optics (2nd edn, Vol. III) . New York: McGraw - Hill, 2001.

[7] Birth, G. S. The light scattering properties of foods. Journal of Food Science, 1978, 43: 916 - 925.

[8] Birth, G. S. The light scattering characteristics of ground grains. International Agrophysics, 1986, 2 (1): 59 - 67.

[9] Birth, G. S. , C. E. Davis, and E. Townsend. The scattering coefficient as a measure of pork quality. Journal of Animal Science, 1978, 46 (3): 639 - 645.

[10] Budiastra, I. W. , Y. Ikeda, and T. Nishizu. Optical methods for quality evaluation of fruits, 1: Optical properties of selected fruits using the Kubelka - Munk theory and their relationships with fruit maturity and sugar content. Journal of the Japanese Society of Agricultural Machinery (Japan), 1998, 60 (2): 117 - 128.

[11] Budiastra, I. W. , Y. Ikeda, T. Nishizu, and T. Kataoka. The scatter coefficients as quality indices of the fruits. Journal of the Japanese Society of Agricultural Machinery (Supplement), 1992, 54: 301 - 302.

[12] Cen, H., R. Lu, F. Mendoza, and D. Ariana. Assessing multiple quality attributes of peaches using optical absorption and scattering properties. Transactions of the ASABE, 2012, 55 (2): 647 -657.

[13] Cen, H., R. Lu, F. Mendoza, and R. M. Beaudry. Relationship of the optical absorption and scattering properties with mechanical and structural properties of apple tissue. Postharvest Biology and Technology, 2013, 85: 30 -38.

[14] Chen, P. and V. Nattuvetty. Light transmittance through a region of an intact fruit. Transactions of the ASABE, 1980, 23 (2): 519 -522.

[15] Cheong, W. F., S. A. Prahl, and A. J. Welch. A review of the optical properties of biological tissues. IEEE Journal of Quantum Electronics, 1990, 26 (12): 2166 -2185.

[16] Cubeddu, R., C. D' andrea, A. Pifferi, P. Taroni, A. Torricelli, G. Valentini, C. Dover, D. Johnson, M. Ruiz - Altisent, and C. Valero. Nondestructive quantification of chemical and physical properties of fruits by time - resolved reflectance spectroscopy in the wavelength range 650 -1000nm. Applied Optics, 2001b, 40 (4): 538 -543.

[17] Cubeddu, R., C. D' andrea, A. Pifferi, P. Taroni, A. Torricelli, G. Valentini, M. Ruiz - Altisent et al. Time - resolved reflectance spectroscopy applied to the nondestructive monitoring of the internal optical properties in apples. Applied Spectroscopy, 2001a, 55 (10): 1368 -1374.

[18] Cubeddu, R., A. Pifferi, P. Taroni, and A. Torricelli. Measuring fresh fruit and vegetable quality: Advanced optical methods. Fruit and Vegetable Processing: Improving Quality, ed. Jongen, W. Cambridge: Woodhead Publishing Ltd; Boca Raton, Florida: CRC Press LLC, 2002: 150 -169.

[19] Cuccia, D. J., F. Bevilacqua, A. J. Durkin, and B. J. Tromberg. Modulated imaging: Quantitative analysis and tomography of turbid media in the spatial - frequency domain. Optics Letters, 2005, 30 (11): 1354 -1356.

[20] Farrell, T. J., M. S. Patterson, and B. Wilson. A diffusion - theory model of spatially resolved steady - state diffuse reflectance for the noninvasive determination of tissueopticalproperties in vivo. Medical Physics, 1992, 19: 879 -888.

[21] Hashim, N., R. B. Janius, R. Abdul, A. O. Rahman, M. Shitan, and M. Zude. Changes of backscattering parameters during chilling injury in bananas. Journal of Engineering Science and Technology, 2014, 9 (3): 314 -325.

[22] Hashim, N., M. Pflanz, C. Regen, R. B. Janius, R. A. Rahman, A. Osman, M. Shitan, and M. Zude. An approach for monitoring the chilling injury appearance in bananas by means of backscattering imaging. Journal of Food Engineering, 2013, 116 (1): 28 -36.

[23] Lorente, D., M. Zude, C. Idler, J. Gómez - Sanchis, and J. Blasco. Laser - light backscattering imaging for early decay detection in citrus fruit using both a statistical and a physical model. Journal of Food Engineering, 2015, 154: 76 -85.

[24] Lorente, D., M. Zude, C. Regen, L. Palou, J. Gómez - Sanchis, and J. Blasco.

Early decay detection in citrus fruit using laser – light backscattering imaging. Postharvest Biology and Technology, 2013, 86: 424 – 430.

[25] Lorenzo, J. R. Principles of Diffuse Light Propagation: Light Propagation in Tissues with Applications in Biology and Medicine. Singapore: World Scientific Printers, 2012.

[26] Lu, R. Near – infrared multispectral scattering for assessing internal quality of apple fruit. Proceedings of SPIE, 2003, 8369: 313 – 320.

[27] Lu, R. Nondestructive measurement of firmness and soluble solids content for apple fruit using hyperspectral scattering images. Sensing and Instrumentation for Food Quality and Safety, 2007, 1 (1): 19 – 27.

[28] Lu, R. Multispectral imaging for predicting firmness and soluble solids content of apple fruit. Postharvest Biology and Technology, 2004a, 31 (2): 147 – 157.

[29] Lu, R. Prediction of apple fruit firmness by near – infrared multispectral scattering. Journal of Texture Studies, 2004b, 35 (3): 263 – 276.

[30] Lu, R., H. Cen, M. Huang, and D. P. Ariana. Spectral absorption and scattering properties of normal and bruised apple tissue. Transactions of the ASABE, 2010, 53 (1): 263 – 269.

[31] Lu, R. and Y. Peng. Hyperspectral scattering for assessing peach fruit firmness. Biosystems Engineering, 2006, 93 (2): 161 – 171.

[32] McGlone, V., H. Abe Kawano, and S. Kawano. Kiwifruit firmness by near infrared light scattering. Journal of Near Infrared Spectroscopy, 1997, 5 (2): 83 – 89.

[33] Mohsenin, N. N. Physical Properties of Plant and Animial Materials. New York: Gordon & Breach Science Publishers Inc., 1970.

[34] Mollazade, K., M. Omid, F. A. Tab, Y. R. Kalaj, S. S. Mohtasebi, and M. Zude. Analysis of texture – based features for predicting mechanical properties of horticultural products by laser light backscattering imaging. Computers and Electronics in Agriculture, 2013, 98: 34 – 45.

[35] Peng, Y. and R. Lu. Modeling multispectral scattering profiles for prediction of apple fruit firmness. Transactions of the ASAE, 2005, 48 (1): 235 – 242.

[36] Peng, Y. and R. Lu. An LCTF – based multispectral imaging system for estimation of apple fruit firmness: Part I. Acquisition and characterization of scattering images. Transactions of the ASAE, 2006a, 49 (1): 259 – 267.

[37] Peng, Y. and R. Lu. An LCTF – based multispectral imaging system for estimation of apple fruit firmness: Part II. Selection of optimal wavelengths and development of prediction models. Transactions of the ASAE, 2006b, 49 (1): 269 – 275.

[38] Peng, Y. and R. Lu. Improving apple fruit firmness predictions by effective correction of multispectral scattering images. Postharvest Biology and Technology, 2006c, 41 (3): 266 – 274.

[39] Prahl, S. Everything I Think You Should Know about Inverse Adding – Doubling. Oregon Medical Laser Center, Manual of the Inverse Adding – Doubling Program, 2011, http://omlc.ogi.edu/software/iad/. (Accessed October 1, 2012.)

[40] Qin, J. and R. Lu. Measurement of the optical properties of fruits and vegetables using spatially resolved hyperspectral diffuse reflectance imaging technique. Postharvest Biology and Technology, 2008, 49 (3): 355 - 365.

[41] Qin, J. and R. Lu. Monte Carlo simulation for quantification of light transport features in apples. Computers and Electronics in Agriculture, 2009, 68 (1): 44 - 51.

[42] Qing, Z., B. Ji, and M. Zude. Predicting soluble solid content and firmness in apple fruit by means of laser light backscattering image analysis. Journal of Food Engineering, 2007, 82 (1): 58 - 67.

[43] Qing, Z., B. Ji, and M. Zude. Non - destructive analyses of apple quality parameters by means of laser - induced light backscattering imaging. Postharvest Biology and Technology, 2008, 48 (2): 215 - 222.

[44] Rizzolo, A., M. Vanoli, L. Spinelli, and A. Torricelli. Sensory characteristics, quality and optical properties measured by time - resolved reflectance spectroscopy in stored apples. Postharvest Biology and Technology, 2010, 58 (1): 1 - 12.

[45] Romano, G., D. Argyropoulos, and J. Müller. Laser light backscattering for monitoring changes in moisture content during drying of apples. XVIIth World Congress of the International Commission of Agricultural and Biosystems Engineering (CIGR), Quebec, Canada, 2010.

[46] Romano, G., L. Baranyai, K. Gottschalk, and M. Zude. An approach for monitoring the moisture content changes of drying banana slices with laser light backscattering imaging. Food and Bioprocess Technology, 2008, 1 (4): 410 - 414.

[47] Romano, G., M. Nagle, D. Argyropoulos, and J. Müller. Laser light backscattering to monitor moisture content, soluble solid content and hardness of apple tissue during drying. Journal of Food Engineering, 2011, 104 (4): 657 - 662.

[48] Rowe, P. I., R. Künnemeyer, A. McGlone, S. Talele, P. Martinsen, and R. Seelye. Relationship between tissue firmness and optical properties of "Royal Gala" apples from 400 to 1050nm. Postharvest Biology and Technology, 2014, 94: 89 - 96.

[49] Ruiz - Altisent, M., L. Ruiz - Garcia, G. P. Moreda, R. Lu, N. Hernandez - Sanchez, E. C. Correa, B. Diezma, B. Nicolaï, and J. Gaicía - Ramos. Sensors for product characterization and quality of specialty crops—A review. Computers and Electronics in Agriculture, 2010, 74 (2): 176 - 194.

[50] Saeys, W., M. A. Velazco - Roa, S. N. Thennadil, H. Ramon, and B. M. Nicolaï. Optical properties of apple skin and flesh in the wavelength range from 350 to 2200nm. Applied Optics, 2008, 47 (7): 908 - 919.

[51] Sinha, N. K., Y. H. Hui, E. Özgül Evranuz, M. Siddiq, and J. Ahmed. Tomao processing, quality, and nutrition. Handbook of Vegetables and Vegetable Processing, ed. Sinha, N. K. Oxford: Wiley - Blackwell Publishing Ltd., 2011: 753.

[52] Seifert, B., M. Zude, L. Spinelli, and A. Torricelli. Optical properties of developing

pip and stone fruit reveal underlying structural changes. Physiologia Plantarum, 2015, 153: 327 – 336.

[53] Tijskens, L. M. M. , P. E. Zerbini, R. E. Schouten, M. Vanoli, S. Jacob, M. Grassi, R. Cubeddu, L. Spinelli, and A. Torricelli. Assessing harvest maturity in nectarines. Postharvest Biology and Technology, 2007, 45 (2): 204 – 213.

[54] Trong, N. N. D. , A. Rizzolo, E. Herremans, M. Vanoli, G. Cortellino, C. Erkinbaev, M. Tsuta, L. Spinelli, D. Contini, and A. Torricelli. Optical properties – microstructure – texture relationships of dried apple slices: Spatially resolved diffuse reflectance spectroscopy as a novel technique for analysis and process control. Innovative Food Science and Emerging Technologies, 2014, 21: 160 – 168.

[55] Tu, K. , R. DeBusscher, J. De Baerdemaeker, and E. Schrevens. Using laser beam as light source to study tomato and apple quality non – destructively. Proceedings of the Food Processing Automation IV Conference, Chicago, 1995, 528 – 536.

[56] Tu, K. , P. Jancsók, B. Nicolaï, and J. D. Baerdemaeker. Use of laser – scattering imaging to study tomato – fruit quality in relation to acoustic and compression measurements. International Journal of Food Science & Technology, 2000, 35 (5): 503 – 510.

[57] Tuchin, V. Tissue Optics – Light Scattering Methods and Instruments for Medical Diagnosis (2nd edn) . Bellingham, Washington: SPIE Press, 2007.

[58] Udomkun, P. , M. Nagle, B. Mahayothee, and J. Müller. Laser – based imaging system for noninvasive monitoring of quality changes of papaya during drying. Food Control, 2014, 42: 225 – 233.

[59] Valero, C. , P. Barreiro Elorza, and C. Ortiz. Optical detection ofmealiness in apples by laser TDRS. Acta Horticulturae, 2001, 553 (2): 513 – 518.

[60] Valero, C. , P. Barreiro, C. Ortiz, M. Ruiz – Altisent, R. Cubeddu, A. Pifferi et al. Optical detection of mealiness in apples by laser TDRS. Proceedings of SPIE, 2007, 6430: 64301O.

[61] Valero, C. , M. Ruiz – Altisent, R. Cubeddu, A. Pifferi, P. Taroni, A. Torricelli, G. Velentini, D. S. Johnson, and C. J. Dover. Selection models for the internal quality of fruit, based on time domain laser reflectance spectroscopy. Biosystems Engineering, 2004a, 88 (3): 313 – 323.

[62] Valero, C. , M. Ruiz – Altisent, R. Cubeddu, A. Pifferi, P. Taroni, A. Torricelli, G. Velentini, D. S. Johnson, and C. J. Dover. Detection of internal quality in kiwi with time – domain diffuse reflectance spectroscopy. Applied Engineering in Agriculture, 2004b, 20 (2): 223 – 230.

[63] Vanoli, M. , A. Rizzolo, M. Grassi, L. Spinelli, B. E. Verlinden, and A. Torricelli. Studies on classification models to discriminate "Braeburn" apples affected by internal browning using the optical properties measured by time – resolved reflectance spectroscopy. Postharvest Biology and Technology, 2014, 91: 112 – 121.

[64] Vanoli, M., P. E. Zerbini, L. Spinelli, A. Torricelli, and A. Rizzolo. Polyuronide content and correlation to optical properties measured by time - resolved reflectance spectroscopy in "Jonagored" apples stored in normal and controlled atmosphere. Food Chemistry, 2009, 115 (4): 1450 - 1457.

[65] Wang, W. and C. Li. The optical properties of onion dry skin and flesh at the wavelength 632.8nm. Proceedings of SPIE, 2012, 8369: 83690G.

[66] Wang, W. and C. Li. Measurement of the light absorption and scattering properties of onion skin and flesh at 633nm. Postharvest Biology and Technology, 2013, 86: 494 - 501.

[67] Wang, W., C. Li, and R. D. Gitaitis. Optical properties of healthy and diseased onion tissues in the visible and near - infrared spectral region. Transactions of the ASABE, 2014, 57 (6): 1771 - 1782.

[68] Zerbini, P. E., M. Grassi, R. Cubeddu, A. Pifferi, and A. Torricelli. Nondestructive detection of brown heart in pears by time - resolved reflectance spectroscopy. Postharvest Biology and Technology, 2002, 25 (1): 87 - 97.

[69] Zhu, Q., C. He, R. Lu, F. Mendoza, and H. Cen. Ripeness evaluation of "Sun Bright" tomato using optical absorption and scattering properties. Postharvest Biology and Technology, 2015, 103: 27 - 34.

[70] Zsom, T., V. Zsom - Muha, D. L. Dénes, G. Hitka, L. P. Nguyen, and J. Felföldi. Nondestructive postharvest quality monitoring of different pear and sweet pepper cultivars. Acta Alimentaria, 2014, 43: 206 - 214.

[71] Zude, M., M. Pflanz, L. Spinelli, C. Dosche, and A. Torricelli. Non - destructive analysis of anthocyanins in cherries by means of lambert - beer and multivariate regression based on spectroscopy and scatter correction using time - resolved analysis. Journal of Food Engineering, 2011, 103 (1): 68 - 75.

[72] Zude, M., L. Spinelli, C. Dosche, and A. Torricelli. In - situ analysis of fruit anthocyanins by means of total internal reflectance, continuous wave and time - resolved spectroscopy. SPIE Optical Engineering + Applications, International Society for Optics and Photonics, 74320H, San Diego, 2009.

10 光在肉类和人造肉中的传输理论和应用

Gang Yang

10.1 肉类和人造肉品质的光学检测

10.1.1 肉类以及肉质嫩度

肉类，如动物肌肉、家禽和鱼类等是高蛋白食物最常见的来源。美国牛肉产业是美国食品和纤维产业中最大的组成部分，占全球牛肉供应总量的25%左右。

整个肌肉由肌束组成，肌束是包裹在一个复杂的结缔组织基质中的肌纤维（肌肉细胞）的集合。从形态上看，每条肌纤维由许多较小的肌原纤维组成，每个肌原纤维呈圆柱形结构，该圆柱形结构是由命名为“肌节”的重复单元组织而成。在高度组织化肌节中主要的蛋白质包括含肌动蛋白的细肌丝、含肌凝蛋白的粗肌丝、侧界Z盘和称为肌动蛋白的弹性丝。细肌丝和支架均固定在Z盘上并向相反方向延伸。肌节在肌纤维中排列清晰，容易通过光学显微镜观察到，交替出现的亮带和暗带称为I带和A带。平行排列的细肌丝跨越整个I带，并与A带的粗肌丝重叠。肌肉力量的产生和收缩依赖于横纹肌驱动的粗细纤维重叠区域中的肌动蛋白－肌球蛋白的相互作用。肌节维持并实现了横纹肌的正常机械和生理功能。肌节的长度（或“肌节长度”）会因物种、解剖位置和功能状态的不同而发生显著变化。

肌肉结构的复杂度会直接影响到肌肉功能以及肉质，尤其是肉类的嫩度。嫩度本质上是肉硬度的一种感官表征。尽管在本质上有些模糊，但是可以将其定义为在咀嚼过程中分解和破碎肉类所需的机械强度之和。除了食品安全问题，肉类的嫩度变化仍然是肉类行业，尤其是牛肉行业面临的最关键的质量问题之一。即使是随着遗传学时代的到来，在那些从遗传学上被选为具有较高肉嫩度的动物中，由于处理和加工会对嫩度产生不利影响，嫩度的变化仍然存在。

长期以来，肌节长度一直被认为是改变肉嫩度的主要因素。肌节在动物被屠宰后的几小时内仍能保持收缩能力。肌节的平均长度与肌肉的收缩状态有关，从而影响肉类的嫩度。Bendall首先描述了伴随着不良的颅骨发育会出现肌肉萎缩，并表明这导致了肉类的增韧。随后的研究进一步支持了肌节长度是决定肉嫩度的主要因素。肉类工业中已有相关实践通过改变肌节长度以提高肉类的嫩度。可以通过体悬挂或机械拉伸肌肉等方法来人工诱导肌节长度的变化。无论利用哪种方法，都可以通过延长肌节改变牛肉的嫩度，这表明鲜肉的嫩度在某种程度上是由肌节长度或肌肉细胞固有超微结构决定的。

除肌节长度外，肌原纤维蛋白的结缔组织含量和蛋白水解作用也可能影响肉类的嫩度。胶原蛋白结构用于通过肌肉分配压力和张力，并保持肌肉纤维的排列不变。I型胶原蛋白主要存在于肌层周围的结缔组织中，而Ⅳ型胶原蛋白则是肌内膜结缔组织中的主要成分。胶原蛋白含量有助于增加肉类的嫩度（可能是通过其与肌肉其他成分的相互作用实现的）。然而，仅将胶原蛋白含量作为预测嫩度的指标是不够的，尤其是对于幼小动物而言。随着成熟的胶原蛋白变得高度交联，结构物质的成熟度可能更为重要，因此具有更高热稳定性和抗溶解性。这与研究表明的随动物年龄增加，胶原蛋白溶解度降低相一致。无论确切的机制如何，结缔组织的质量和数量会导致肉嫩度的变化。

除了肌节蛋白和胶原蛋白的作用外，要注意到由于各种结构蛋白质的水解作用，肉类在冷藏温度下贮存时会变嫩也很重要。这些蛋白质的降解将会导致肌原纤维的减弱，并最终改善肉类的嫩度。蛋白质水解降解各种肌间蛋白、肌内蛋白和肋骨蛋白，这些蛋白质维持肌肉纤维的高度组织状态，并导致肌原纤维的断裂。在任何给定时间内肉类的嫩度都取决于肌节长度和衰老过程中发生的蛋白质水解程度。而对于牛肉而言，除了那些肌节非常短的牛肉，老化在所有情况下都会降低牛肉的嫩度。这些数据表明了蛋白质水解对肉嫩度的重要性，并强调了该过程中潜在的亚细胞结构的重要性。

由于肉类的嫩度是一个极其重要的问题，尤其是在牛肉行业，因此迫切需要一种基于预测肉嫩度在生产线上分离牛肉或切块的技术。基于大理石花纹加工法和肉成熟度的工业牛肉分级系统已经实施了多年，但是其在确定牛肉嫩度变化方面的能力是有限的。许多机械测试经常被用于客观地测量肉的嫩度。其中，Warner - Bratzler 剪切力（Warner - Bratzler shear force，WBSF）是最常用的方法，其与肉类嫩度的感官评价具有最佳的相关性。但是，机械测试通常需要专门的仪器，费时、昂贵且具有破坏性。因此，人们一直在寻求非破坏性、快速且经济高效的替代方法，其中许多是基于光学的方法，包括计算机视觉、光学荧光、拉曼光谱法和光反射光谱法。

10.1.2　人造肉及其纤维形成

尽管肉是人类食用的最重要和最常见的蛋白质来源，但是由于健康问题、成本、生活方式或宗教限制等各种原因，对于某些人群来说，肉可能不是一个最理想的选择。在这种情况下，植物蛋白成为蛋白质食品的重要替代来源。在各种来源中，大豆蛋白是主要的植物蛋白之一，其含量丰富并且成本较低。此外，大豆蛋白有许多已被证实的益处，例如其含有低饱和脂肪并且不含胆固醇。因此，大豆食品在西方世界变得非常流行。

“人造肉（Meat analogs）”是一种独特的基于植物蛋白的食品。它通过模仿真肉的咀嚼感改善消费者的进食体验。为了获得类似肉的咀嚼体验，在这种“人造肉”制品中使用特殊的制造技术产生纤维质地以模仿肌肉纤维。热塑性膨胀（Thermoplastic expansion）是生产组织化植物蛋白的常用方法。这种方法由于不太复杂、成本低并且不产生浪费而普遍适用。特别是高水分挤压技术已经非常成功地将植物蛋白组织化为纤维状产品，该产品在外观和味觉上类似于鸡肉或火鸡胸肉。

单螺杆挤出机和双螺杆挤出机均可用于挤出人造肉的过程。双螺杆挤出机比单螺杆挤出机具有更大的混合能力和更高的产量。挤压过程中会在机筒内产生较高的剪切力和压力，其结果是，蛋白质融化成黏弹性材料，形成新的键（Bonds）和交联（Cross - Links）。当插入水分时，这种增塑的材料会膨胀并依模具形成需要的形状。结合蛋白在穿过模具时形成与挤出方向一致的纤维。水分含量和加热单元的温度可以改变高水分大豆挤出物中的纤维形成（Fiber formation）。在高湿度条件下（通常为 50% ~80%），可使用具有光滑桶形的双螺杆挤出机将大豆蛋白转化为类似鸡肉或火鸡胸肉的人造肉制品（Meat analog products）。

良好的纤维结构是影响人造肉外观和适口性的关键因素。因此，评估高湿挤出产品中的纤维形成就成了一项重要的人造肉质量控制要求。质构剖析（Textural profile analysis）和微观结构检测（Microstructure examination）是研究挤压蛋白产品的常用方法。然而，这些方法无法成功描述在高水分条件下挤压蛋白制品的纤维特性。质构剖面分析的结果主要受样品含水率的影响，并且与实际纤维形成的相关性较差。尽管显微结构检测可以提供小部分的微观信息，但是它不能准确地描述纤维形成的整体细节。为了在制造过程中进行质量控制，开发无损技术来量化挤出物的结构特性是重要的。直到近期，光学成像技术才应用于人造肉纤维形成的评价中，并具有巨大的应用潜力。

10.1.3 光与肉类及人造肉的相互作用

光谱和成像技术已越来越多地用于肉类和人造肉制品的质量检测中。基于光学的方法本质上具有快速、无损的特性，前景远大。此外，光学设备也变得比较便宜，致使光学检测极具成本效益。另外，光学设备通常具有便携和灵活的优点。

所有基于光学的方法都需要使用一个或多个光源来照亮样品并检测样品表面的光强度。根据光传输理论，光一旦进入样本，在组织内部传输时会被各种生色团（Chromophores）吸收，并被各种肌肉结构成分散射。吸收会减弱光的强度，而散射会改变光的轨迹。吸收量取决于生色团的浓度以及光在样品内部的光程。光学散射涉及改变光传播方向的任何过程。根据经典的电磁理论，组织散射是由样品内部折射率的不均匀分布引起的。不同的组织成分具有不同的折射率和形态特征。每个组织成分的总散射势（Scattering potential）取决于其浓度以及各个散射体的散射能力。

样品的散射和吸收特性可以用两个物理参数来表示：散射系数和吸收系数。将光在无限小的距离内被散射的概率定义为散射系数（μ_s），将光在无限小的距离内被吸收的概率定义为吸收系数（μ_a），这两个系数的物理单位都是距离的倒数（如 cm^{-1}）。

大多数生物组织是混浊的，它们的散射系数很高。在混浊的样品中，光通常会发生大量的散射。尽管利用经典的电磁理论可以很好地处理单组分的吸收和散射过程，但多重散射过程使问题变得更加复杂。按照惯例，光与组织相互作用可以用辐射传输方程（RTE）来描述。当光散射明显强于吸收时，可以采用漫射近似将传输方程简化为漫射方程，漫射方程可以解析求解，广泛应用于许多体内实验配置中。然而，如蒙特卡罗法等数值方法，在一般条件下求解 RTE 是必不可少的。蒙特卡罗方法是解决 RTE 最准确的方法，非常有助于理解光与组织的相互作用。

为了开发检测肉类和人造肉的有效光学方法，了解光如何与它们进行相互作用非常重要。特别是，大多数光学方法都是在反射检测模式下工作的，也就是说，测量从样本反向散射或反向反射的光。因此，需要了解光学反射的哪些特征携带什么样的有关样品光学性能的信息。在接下来的几节中，将介绍目前用于分析这个非常复杂的过程的理论和实验技术。在讨论中，将肉类和人造肉样本视为具有散射系数（μ_s）、吸收系数（μ_a）和光学折射率（n）的光学材料。单个散射体的散射过程还以散射相函数为特征，该散射相函数表示光子被散射到特定方向的概率。散射角 θ 的平均余弦定义为各向异性因子 g。在扩散近似下，散射系数和各向异性因子组合为约化散射系数 μ'_s。

10.2 光在肉类中的传输

高水分（40%～80%）挤压技术在将植物蛋白组织化为外观和口感上均类似于鸡肉或火鸡胸脯肉的纤维产品方面取得了巨大的成功。尽管并非所有成分都已转变为纤维结构，但这种“人造肉”的关键特征是含有丰富的纤维含量。为此，可以将人造肉构建为纤维和非纤维的混合物（图 10.1）的简单模型。圆柱形散射体可以方便地用于模拟纤维，而球形散射体可以用于模拟非纤维散射体，例如非组织化的大豆蛋白。

对于圆柱形散射体，光在不同的入射角度下具有不同的散射概率。换句话说，当光以平行或者垂直于圆柱形散射体的方式入射时，其散射系数是不同的。圆柱形散射体的这种与入射角有关的散射过程是纤维样品与其他各向同性样品之间的主要区别，其中光散射概率与入射角度无关。

10.2.1 各向异性漫反射理论

如果约化散射系数 μ'_s 远大于吸收系数 μ_a 并且入射光与测量点之间的距离大于平均传输自由程（$1/\mu'_s$），则漫反射近似有效。在红色光和近红外光（NIR）波段范围内，该要求适用于大多数生物组织。在漫反射近似条件下，RTE 可以简化为漫反射近的方程，见式（10.1）：

$$\frac{1}{c}\frac{\partial \Phi(r,t)}{\partial t} - D\nabla^2\Phi(r,t) + \mu_a\Phi(r,t) = S(r,t) \tag{10.1}$$

式中 c——混浊介质中的光速

$\Phi(r,t)$——位置 r 和时间 t 处的光通量

μ_a——吸收系数

S——光源

D——漫反射系数

计算见式（10.2）：

$$D = \frac{1}{3\mu'_t} = \frac{1}{3(\mu_a + \mu'_s)} \tag{10.2}$$

在稳态下，时间分辨（Time - Resolved）式（10.1）可以简化为式（10.3）：

$$-D\nabla^2\Phi(r) + \mu_a\Phi(r) = S(r) \tag{10.3}$$

对于各向异性样品，如图 10.1 所示，漫反射系数与方向有关，可以方便地沿三个轴表示，见式（10.4）：

$$D = \begin{pmatrix} D_x & 0 & 0 \\ 0 & D_y & 0 \\ 0 & 0 & D_z \end{pmatrix} \tag{10.4}$$

如图 10.1 所示的具体排列中，所有纤维均在 y 轴上对齐，$D_z = D_x \neq D_y$。因此，式（10.3）中的各向同性漫反射方程变为各向异性漫反射方程，见式（10.5）：

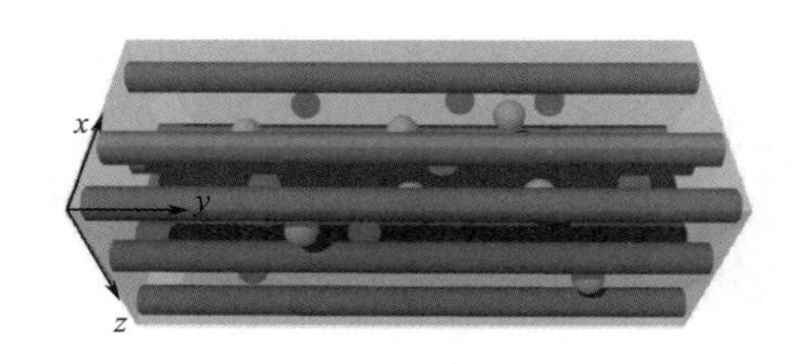

图 10.1　模拟人造肉样品中光传播的光学模型

注：圆柱形散射体用于模拟纤维成分，球形散射体用于模拟非纤维成分。

$$-\left(D_x\frac{\partial^2}{\partial x^2}+D_y\frac{\partial^2}{\partial y^2}+D_z\frac{\partial^2}{\partial z^2}\right)\Phi(r)+\mu_a\Phi(r)=S(r) \tag{10.5}$$

如果用相关文献中的方法进行坐标转换，则可以将该方程转换回各向同性的方程，见式（10.6）：

$$y'=y\sqrt{\frac{D_x}{D_y}} \tag{10.6}$$

请注意，根据菲克定律从各向同性漫反射方程得出的反射率是样品表面距离 $r=\sqrt{x^2+y^2}$ 的函数。可通过连接所有具有相同反射强度的表面位置计算光反射率的等强度轮廓。因此，各向同性漫反射方程式中的等强度轮廓为 $r=\sqrt{x^2+y^2}$ = 常数，表示一个圆。但是，这种来自各向异性的漫反射方程的轮廓就变为式（10.7）代表的椭圆：

$$x^2+y^2\frac{D_x}{D_y}=\text{常数} \tag{10.7}$$

两个椭圆轴的比值是漫反射系数比值的平方根。若光吸收系数远小于散射系数，则该椭圆等强度的轮廓形状由 $\sqrt{\mu'_{s\_x}/\mu'_{s\_y}}$ 大概确定，因为沿纤维的散射系数 μ'_{s_y} 小于垂直于纤维的散射系数 μ'_{s_x}，椭圆等强度轮廓沿纤维变长的方向分布。

10.2.2　光在纤维组织中传输的蒙特卡罗模拟

如果不满足漫反射近似条件，漫反射理论就不能用来描述光在组织中的传输。但是，蒙特卡罗方法仍然可以应用。为了应用蒙特卡罗方法，首先需要考虑单一散射体的散射过程。由于纤维样品中有两种散射体（图 10.1），传统的 Henyey - Greenstein 函数可以作为背景球形散射体的散射相函数，背景各向同性散射体的散射系数表示为 $\mu_{s,b}$。

圆柱形散射体的散射系数 $\mu_{s,c}$ 可以使用电磁理论来求解。在不失一般性的前提下，我们假设入射光在 $x-z$ 平面内。如图 10.2 所示，ξ 是光纤的入射角（沿 z 轴）。ϕ 是 $x-y$ 平面内的散射角；θ 是入射光与对应的散射光之间的散射角。

圆柱形散射体在入射角 ξ 处的散射系数可以计算为式（10.8）：

$$\mu_{s,c}(\xi)=2r^*c_A^*Q_s(\xi) \tag{10.8}$$

式中　r——圆柱半径

c_A——圆柱浓度

$Q_s(\xi)$——散射效率，可以使用 Yousif 和 Boutros 描述算法进行计算柱面的体积密度可以用 $c_A\pi r^2$ 来计算。因为将入射角 ξ 定义为由入射光和圆柱轴形成的角度，当光沿着圆柱方向入射时，$\xi=0°$；当光垂直于圆柱方向入射时，$\xi=90°$。散射各向异性 g_c 可推导为式（10.9）：

$$g_c(\xi) = \langle\cos\theta\rangle = \cos^2\xi + \sin^2\xi\frac{\int_0^\pi \cos\varphi p(\varphi,\xi)\sin\varphi d\varphi}{\int_0^\pi p(\varphi,\xi)\sin\varphi d\varphi} \tag{10.9}$$

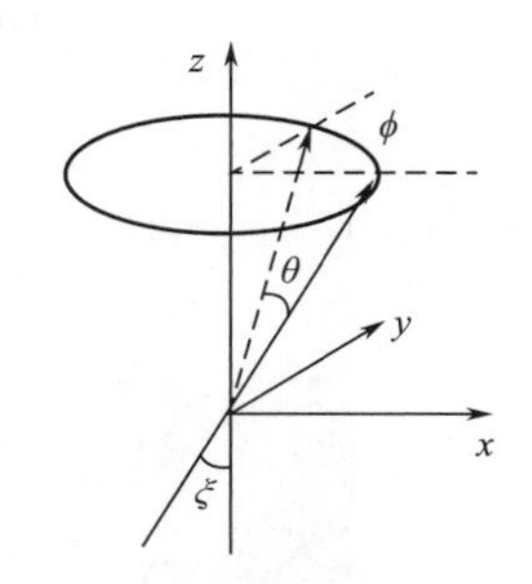

图 10.2　圆柱形散射体所涉及的角度的示意图

注：圆柱形散射体与 z 轴对齐，入射光相对于圆柱形散射体的角度为 ξ，光沿（θ，ϕ）方向散射。

可以使用 Yousif 和 Boutros 的方法来计算散射相函数 p（ϕ，ξ）。计算圆柱体的约化散射系数 $\mu'_{s,c}=\mu_{s,c}(1-g_c)$。样品的总约化散射系数为 $\mu'_s=\mu'_{s,c}+\mu'_{s,b}$。从不同尺寸的圆柱形散射体中得到的约化散射系数示例如图 10.3 所示。

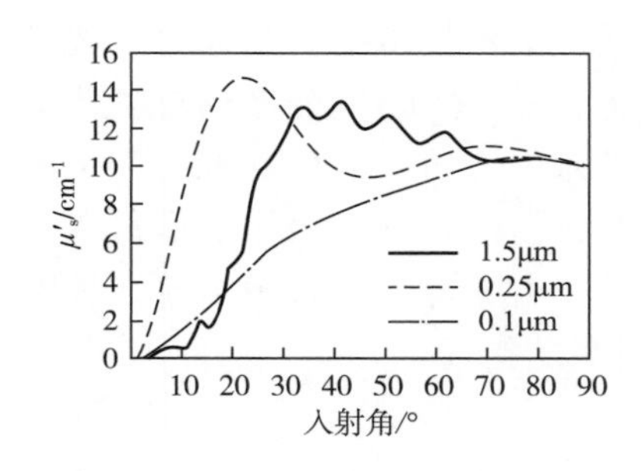

图 10.3　从不同尺寸的圆柱体获得的约化散射系数

注：对于半径为 1.5，0.25，0.1μm 的圆柱形散射体，这些对齐的无限长圆柱形散射体的密度分别为 2.3×10^3，8.2×10^5，4.4×10^3 mm^{-2}。

为了模拟光在整个样本中的传输，需要跟踪所有散射物体中的光子。可以基于局部散射和吸收系数确定光子在样品中的运动。在每个散射物体中，根据其相应散射系数 $\mu_{s,c}$ 和 $\mu_{s,b}$，采用采样方法来确定是否圆柱形散射体或背景球形散射体散射了光子。如果光子被球形散射体散射，则通过 Henyey - Greenstein 相位函数的标准程序确定其散射方向。

如果光子被圆柱形散射体散射，则通过采样圆柱散射相函数 p（φ，ξ）确定新的光子方向。可以预先计算出在不同的入射角和散射角下的圆柱散射相函数，并在模拟开始时将其读取到蒙特卡罗程序中。再将光子的入射方向用作找回存贮的圆柱相位函数的指标。然后可以从相位函数中抽取新的光子散射角 ξ。模拟过程一直持续到光子被样品完全吸收或从表面离开样品。然后将后向反射光子的物理位置和权重存贮在阵列中，以构造漫反射率的图像。

纤维样品中漫反射率的示例图像，如图 10.4（1）所示。在模拟中，假设笔形光束垂直入射在半无限样本上。样品表面的反向散射光直接由电荷耦合器件（CCD）相机成像。模拟中的圆柱形散射体的半径为 1.5μm，折射率为 1.46，体积密度为 9.78%。背景球形散射体的散射系数和各向异性因子分别为 30.0cm^{-1} 和 0.8。样品的吸收系数为 0.01cm^{-1}。图 10.4（1）中的等强度曲线为椭圆形，椭圆的长轴与纤维方向对齐。

图 10.4（2）是图 10.4（1）中反射率图像中心部分的放大图。中心处的等强度曲线偏离椭圆形并具有不同的方向，是由于单个散射物体接近于入射点，该位置处漫反射近似变为无效的。图 10.4（3）显示了使用高水分大豆挤压获得的人造肉制品，图

10.4（4）显示了其测得的反射率。图10.4（4）中的水平物体是用于传输入射光的光纤阴影。在人造肉中，光反射的等强度轮廓在远离光入射的距离处呈椭圆形，方向与图10.4（3）中所示的纤维形成在视觉上一致。

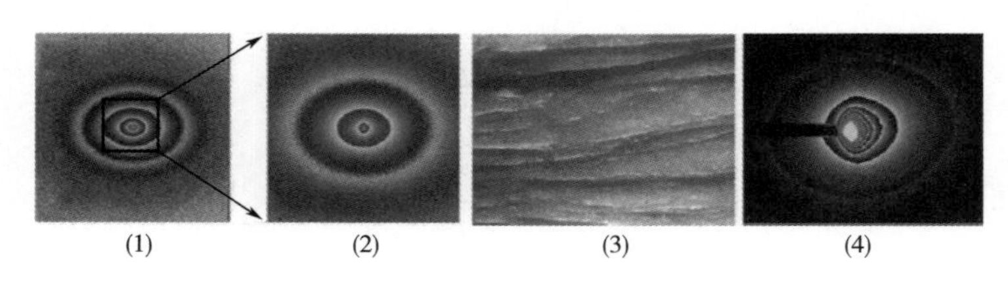

图10.4　纤维样品中漫反射的示例图像

注：具有相同反射率的所有图像像素均以相同的灰度颜色显示，以代表等强度轮廓，圆柱形散射体与水平方向对齐。

10.2.3　结论

综上所述，可以使用各向异性漫反射理论和蒙特卡罗模拟对人造肉中的光传输进行模拟。两种方法都表明，当使用点光源时，光反射率的等强度分布为椭圆形。蒙特卡罗模拟进一步表明，椭圆形仅在测量位置远离光入射点时才有效。在真实的人造肉样品中已经确认了这种光反射图样。椭圆的确切形状与平行和垂直于肌肉纤维的光散射系数之比有关。由于平行于纤维的散射系数等效于背景非纤维成分分量，所以等强度曲线的形状可以用作人造肉样品中纤维形成相对量的指标。

10.3　光在骨骼肌中的传输

骨骼肌也是类似人造肉的纤维组织。但是，肌肉纤维具有人造肉中不存在的周期性肌节结构。肉类样品的光学模型，如图10.5所示，肌肉纤维具有周期性的肌节结构。球形散射体代表非纤维散射成分，例如细胞结构、胶原蛋白、脂肪组织等。除肌肉纤维外，细胞和亚细胞器、肌原纤维、结缔组织（上皮、肌膜和肌内膜）和脂肪组织也有助于肉中的光散射。过去已经对结缔组织或肌纤维的光散射进行了深入研究。使用经典的米氏散射理论可以很好地模拟胶原蛋白的散射。在可见光（VIS）到NIR（$<1\mu m$）波长处发生的光吸收主要归因于肌红蛋白及其衍生物。对于大于$1\mu m$的波长，水和脂肪组织对于光吸收变得重要。

由于单个肌小节显示出显著的微观复杂性，因此肌纤维的散射要复杂得多。图10.5（2）是Thornhill等提出的肌节模型。肌节中主要含有两种蛋白质，称为肌动蛋白和肌球蛋白。肌球蛋白位于A带，肌动蛋白位于I带和A带。仅具有肌球蛋白的A带区段称为H区。Z线和M线分别位于I带的中间和H区域的中间。肌节长度通常定义为两条连续Z线之间的距离。“重叠区域”是指肌动蛋白和肌球蛋白都存在的A带部分。

因为交替的I带和A带具有不同的光学折射率，所以周期性的肌节结构类似于光纤相位光栅，该光栅在光谱学中广泛使用，并且能将入射光衍射到不同的方向。这种衍射对肌节长度很敏感。自从100多年前首次在青蛙和兔子的骨骼肌中应用光衍射技

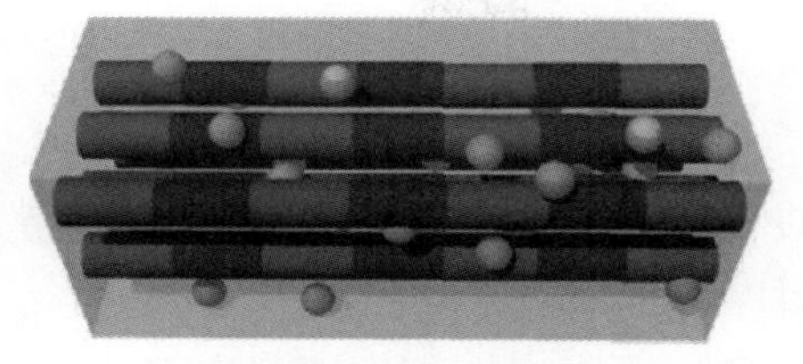
(1)用于模拟肉中光传输的光学模型

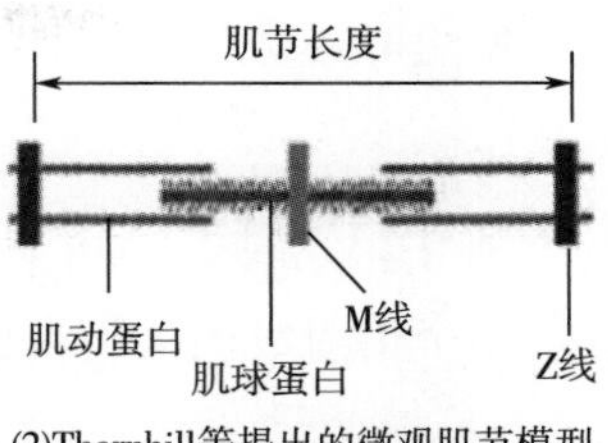

(2)Thornhill等提出的微观肌节模型

图 10.5 肉类样品的光学模型

术以来，通过与现代成像技术和电子加工技术相结合，光衍射技术得到了显著改进，并成为测量肌节长度的标准工具。

10.3.1 单肌纤维的光衍射

由于没有可用于研究光与肌肉的相互作用的简单解析解，因此蒙特卡罗模拟仍然是一种实用的解决方案。但是，在开发蒙特卡罗法以模拟光在整个肌肉中的传输之前，需要解决光与单个肌纤维的交互作用问题。特别是，必须首先计算散射相函数。三维（3D）耦合波理论已被用于研究肌肉纤维中的光衍射。对于厚度为 d 的肌肉纤维，可以在以下三个区域内构造光场：区域 1 代表入射侧的空间；区域 2 位于肌肉纤维内部；区域 3 表示发送侧的空间。区域 1 中的光场为入射光和后向反射光之和，见式（10.10）：

$$E_1 = \sum_i R_i \exp(-jK_{1i} \cdot r) + E_0 \exp(-jK_1 . r) \tag{10.10}$$

式中 E_1——区域 1 的光场

E_0——入射振幅

R_i——第 i 个反射光的电场

K_{1i}——波矢

类似地，透射光场 E_3 是所有衍射级的总和，见式（10.11）：

$$E_3 = \sum_i T_i \exp[-jK_{3i}(r-d)] \tag{10.11}$$

肌纤维内部的电场 E_2 是空间谐波 S 的总和，见式（10.12）：

$$E_2 = \sum_i [S_{xi}(z)\hat{x} + S_{yi}(z)\hat{y}] \exp(-j\sigma_i . r) \tag{10.12}$$

其中 $\sigma_i = k_{xi}\hat{x} + k_{yi}\hat{y}$，相应的磁场可以用空间谐波 U 表示，见式（10.13）：

$$H_2 = \sqrt{\frac{\varepsilon_0}{\mu_0}} \sum_i [U_{xi}(z)\hat{x} + U_{yi}(z)\hat{y}] \exp(-j\sigma_i . r) \tag{10.13}$$

其中 ε_0 和 μ_0 分别是自由空间的介电常数和磁导率。将 S 和 U 表示为“耦合波”方程，可以将上述方程式替换为麦克斯韦方程组，并针对特定的肌节结构应用介电常数分布：$\varepsilon(x) = n^2(x)$。$\varepsilon(x)$ 可以方便地用傅里叶级数表示为式（10.14）：

$$\varepsilon(x) = \sum_n \hat{\varepsilon}_n \exp(jnKx) \tag{10.14}$$

式中 $K(=2\pi/\Lambda)$——光栅矢量

Λ——光栅周期

第 n 个傅里叶系数见式（10.15）：

$$\widehat{\varepsilon_n} = \frac{1}{\Lambda}\int_0^{\Lambda} \varepsilon(x)\exp(-jnKx)\,\mathrm{d}x \tag{10.15}$$

可以应用 Ranasinghesagara 和 Yao 揭示的 Floquet 条件和连续边界条件来解导出的耦合波方程。每个衍射级的最终衍射效率可以计算为式（10.16）：

$$\mathrm{DE}_i = Re\left(\frac{K_{z3i}}{K_z}\right)|T_i|^2 \tag{10.16}$$

其中 k_z 和 k_{z3i} 是入射波矢量和第 i 个衍射波矢量的 z 分量。可以计算横向电（Transverse electric，TE）或横向磁（Transverse magnetic，TM）偏振光，并且可以平均两个衍射效率，以获得非偏振入射光的衍射效率。

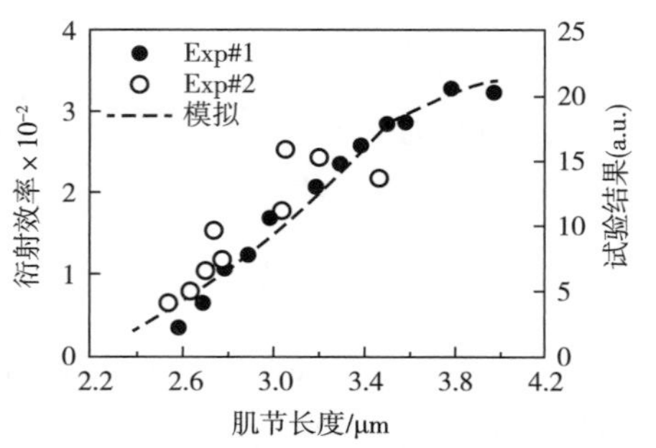

图 10.6　肌节长度对单条肌纤维的一阶光学衍射的影响

注：数据来自 Baskin 等对一只青蛙半腱肌纤维的研究，由于没有绝对值，因此试验结果以任意单位表示。

Ranasinghesagara 和 Yao 的研究表明 3D 耦合波理论可以在各种条件下准确模拟单个肌肉纤维的光衍射。图 10.6 显示了一个肌节长度对衍射效率的影响示例，试验数据摘自 Baskin 等发表的研究。在模拟中，激光波长为 633nm，肌肉纤维的厚度为 80μm。使用的肌节的折射率来自 Thornhill 等。其模拟结果与试验结果非常吻合。

10.3.2　全肌肉的光反射率

可以将计算出的单条肌纤维的衍射效率合并到 Monte Carlo 模型中，以模拟光在整个肌肉样本中的传输。类似于 10.2.2 节中描述的过程，可以预先计算衍射系数，然后将其用于蒙特卡罗模拟。像常规的蒙特卡罗模型一样，利用 Henyey – Greenstein 相位函数处理受到规则背景散射的光子包。在两次连续的散射之间，光子与肌肉纤维相互作用，可能会发生衍射，而不是遵循发射的轨迹。使用预先计算的衍射数据，可以根据光子的入射角和两个规则散射物之间的路径长度来计算衍射效率和角度。可以根据所有衍射级的相对效率对实际衍射角进行采样。另外，可以根据光子传输是平行还是垂直于肌肉纤维来分配不同的背景散射概率。重复上述过程，直到光子被完全吸收或从样品中退出。如 10.2.2 节所述，记录反向散射光子以构建反射率图像。

在一片 Sternomandibularis 牛肉肌肉中获得的光反射图像如图 10.7（1）所示。入射光是笔形光束，垂直入射到肌肉样本表面。使用灰度色图显示图像以显示等强度曲线（显然不像人造肉样品中的椭圆形），如图 10.7（2）所示，在模拟中使用了 Thornhill 肌节模型，沿着肌纤维的散射系数为 $\mu_s = 13.4\mathrm{cm}^{-1}$，而垂直于肌纤维的散射系数为 $\mu_s = 30\mathrm{cm}^{-1}$。所使用的其他光学特性是各向异性因子 $g = 0.94$ 和吸收系数 $\mu_a = 0.1\mathrm{cm}^{-1}$。

蒙特卡罗结果与试验观察结果非常吻合，如图 10.7 所示。Ranasinghesagara 和 Yao 发现，使用如图 10.7（3）所示曲线可以很好地拟合非椭圆等强度轮廓。

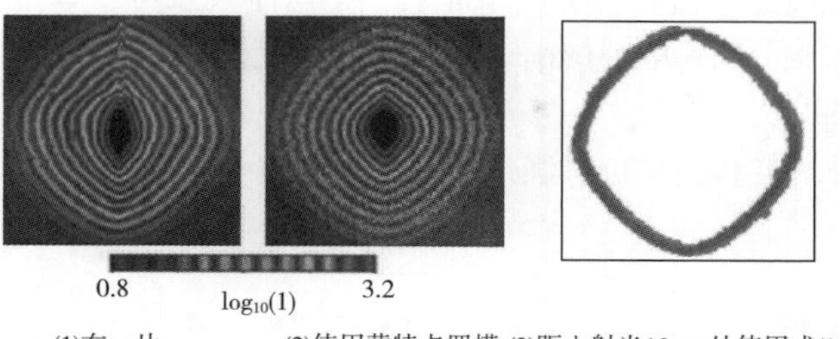

图 10.7　牛肉肌肉光散射图像

图 10.7（3）表明，式（10.17）可以很好地拟合肌肉样本中的等强度数据。当参数 $q=2$ 时，式（10.17）变成了椭圆。a/b 的值描述了平行于肌纤维和垂直于肌纤维的两个轴的比值。“偏差（Bias）”参数可以定义为 $B=(b/a)^2$，它有助于量化式（10.17）中描述的形状。

$$f(x,y)=\left(\frac{|x|}{a}\right)^q+\left(\frac{|y|}{b}\right)^q-1=0 \tag{10.17}$$

在肌肉（或肉类）中获得的不同等强度反射率分布可以归因于其独特的肌节结构，这是真正的肉类和人造肉的主要区别。需要注意的是，准确的等强度曲线取决于背景“各向同性”散射和有组织的肌肉衍射的相对散射贡献。从图 10.8 可以看出，三种肌肉的等强度曲线差异较大，分别为背最长肌（M. longissimus dorsi，LD）、腰大肌（M. psoas major，PM）和半腱肌（M. semitendinosus，ST）。如此显著的差异很可能是由于不同的肌肉结构曲线造成的。众所周知，PM 具有最长的肌节长度，导致了远离纤维取向的强烈光学衍射。ST 具有最接近椭圆的等强度曲线，这表明肌节衍射可能被强背景散射所掩盖。

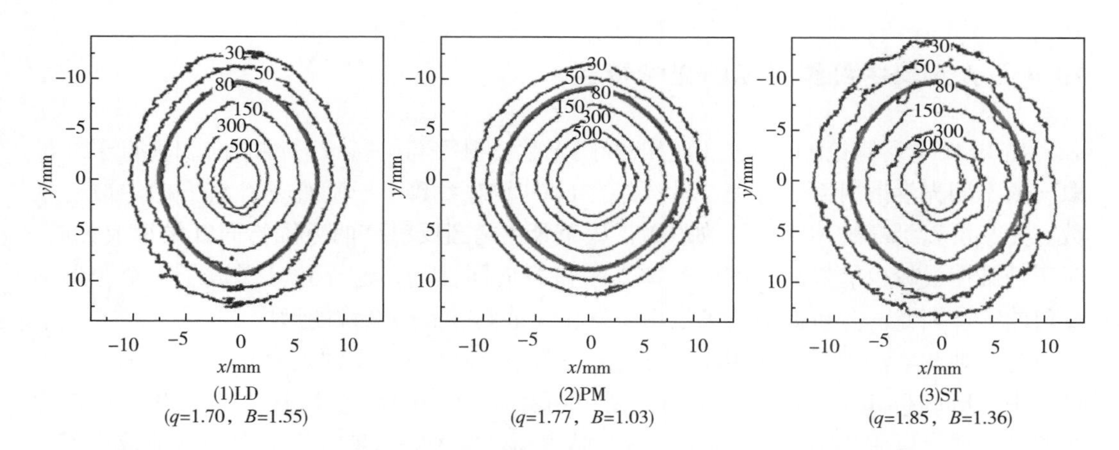

图 10.8　来自死后一天的 Bostaurus 牛的背最长肌（LD），腰大肌（PM）和半腱肌（ST）的等强底曲线（y 轴沿着肌肉纤维方向）

同时，要注意等强度曲线的形状在尸僵过程中是变化的（图 10.9）。偏差参数的初始增加意味着肌节收缩。最终，大约 10h 后，蛋白质水解过程变得显著，自溶酶开始分解肌节结构，而肌节结构的分解削弱了光的衍射。此过程与大约 8h 后 q 的增加是一致的。肌节刚尸僵时，q 较小，表明等强度曲线看起来像菱形，20h 后，由于肌节结构的破坏，等强度曲线变得更接近椭圆形。

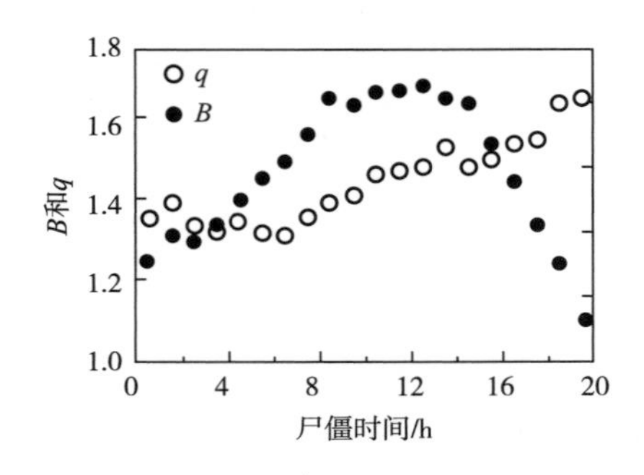

图 10.9　等强度曲线在尸僵过程中的变化

注：拟合参数（即偏差参数 B 和椭圆参数 q）分别从距入射光 10mm 处的等强度反射率中提取。

10.3.3　结论

肌肉中的肌节结构由于强烈的衍射效应而极大地影响了光散射过程。正如理论模型中所解释和试验中所证明的那样，这种独特的结构在真实肌肉中产生的反射率曲线与在人造肉中观察到的椭圆曲线截然不同。此外，特定的反射模式也受到其他肌肉结构特性的影响，如胶原蛋白含量。光学反射率可以用 q 和 b 两个参数来量化，这两个参数可以用来监测尸僵过程中肌肉结构的变化。由于肉的嫩度主要归因于相同的肌肉结构特性，因此可以利用肉的光学散射特性及其反射率曲线来表征肉的嫩度。

10.4　人造肉中纤维形成的光学特性

如 10.2 节所讨论的，人造肉中的椭圆光学反射率与平行于纤维取向和垂直于纤维取向的不同光学散射系数有关。沿纤维方向的散射系数小于垂直于纤维方向的散射系数。光子可以沿纤维传输更长的距离，从而导致椭圆反射率的主轴指向纤维形成方向。对于纤维形成较少的样品，散射概率几乎是各向同性的，这导致其形成了一个圆形的反射曲线。因此，分析椭圆形可以用来量化人造肉样品中纤维的形成。

为实现此方法，需要使用激光或光纤传输来确保一个小的入射点。在第一个演示试验中，Ranasinghesagara 等使用耦合到 400μm 光纤中的红色 LED（λ =680nm）作为光源。入射光以 45°射向样品而不接触样品表面。这种斜入射方案最大限度地减小了入射光纤对图像的干扰。在分析远离入射点的反射率时，其对光反射率的影响不明显。入射光近似平行于挤压方向。通过安装在样品上方的 CCD 相机获得光反射图像，可采集同一样本的多幅图像并将其进行平均以提高信噪比。

为了量化反射曲线，需要开发一种图像处理算法来分析反射图像并导出椭圆等强度曲线的特征参数。在Ranasinghesagara等的研究中，将每张反射图像的像素位置转换为以入射位置为原点的笛卡尔坐标系。从所有图像中去除被入射光纤遮挡的小面积图像。选择x轴上的一个点，利用其像素强度寻找具有相同强度的所有图像像素。为了补偿由噪声引起的强度变化，在搜索这些像素时允许有±1%的余量。确定出相应的等强度像素，利用它们的位置（x_1，y_1），（x_2，y_2），…，（x_n，y_n）找到最合适的椭圆。

基于直接最小二乘法误差的椭圆拟合技术是一种寻找最佳拟合椭圆的可靠方法。通过常规的多项式方程式（10.18）可以描述一个椭圆：

$$G(P,U) = P \cdot U = ax^2 + bxy + cy^2 + dx + ey + f = 0 \tag{10.18}$$

其中向量$P = [a, b, c, d, e, f]^T$和$U = [x^2, xy, y^2, x, y, 1]$是二次曲线（Conic）参数。椭圆需要满足$4ac - b^2 = 1$的约束条件。$G$（$P$，$U$）表示从点（$x$，$y$）到椭圆的代数距离。最小化各等强点$\sum_{i=1}^{n} G_i(P,U)^2$的代数距离的总和以求出最佳拟合椭圆，从拟合二次曲线参数P后，得出椭圆的方位角度（θ）或倾斜角度为式（10.19）：

$$\theta = \begin{cases} \dfrac{\pi}{4} & \text{如果 } a = c \\ 0.5\tan^{-1}\left(\dfrac{b}{a-c}\right) & \text{其他情况下} \end{cases} \tag{10.19}$$

偏差参数B定义为长轴L_L除以短轴L_S的平方，可由式（10.20）计算：

$$B = \left(\frac{L_L}{L_S}\right)^2 = \frac{K(d\cos\theta + e\sin\theta)^2 + (-d\cos\theta + e\sin\theta)^2 - 4f}{(d\cos\theta + e\sin\theta)^2 + (1/K)(-d\cos\theta + e\sin\theta)^2 - 4f} \tag{10.20}$$

其中参数K由二次曲线参数计算得到，见式（10.21）：

$$K = \frac{a\sin^2\theta - b\sin\theta\cos\theta + c\cos^2\theta}{a\cos^2\theta + b\sin\theta\cos\theta + c\sin^2\theta} \tag{10.21}$$

纤维形成受限和纤维形成良好两种情况下的挤出结果，如图10.10所示。人造肉样品是使用双螺杆食品挤压机（MPF 50/25，APV Baker Inc.，Grand Rapids，Michigan）生产的，成分是60%大豆分离蛋白（Profam 974，ADM，Decatur，Illinois），35%小麦面筋（MGP成分，Atchison，Kansas），和5%小麦淀粉（MGP成分，Atchison，Kansas）。样品1在65%含水率和165℃下挤压成形，样品2在55%含水率、182℃下挤压成形。同时显示了挤出物（表面去皮）的数字图片，以供参考。原始反射图像以灰度伪彩色（对数尺度）的形式显示，以表示等强度曲线。在距光入射5.0nm和6.0mm处得到了等强度轮廓的椭圆拟合。

计算得到的B值与目测值吻合情况较好。为了对这项技术进行定量评估，使用先前提出的图像处理算法将B值与直接从去皮样品中测得的纤维指标进行了比较。在反射成像测量后，手工剥离挤压样品，以揭示其内部纤维结构。然后，使用可以量化纤维形成的基于霍夫变换（Hough transform - based）的处理方法，获取和分析去皮样品的数字图像。由图10.11可知，偏差参数与纤维指标之间存在良好的相关性。

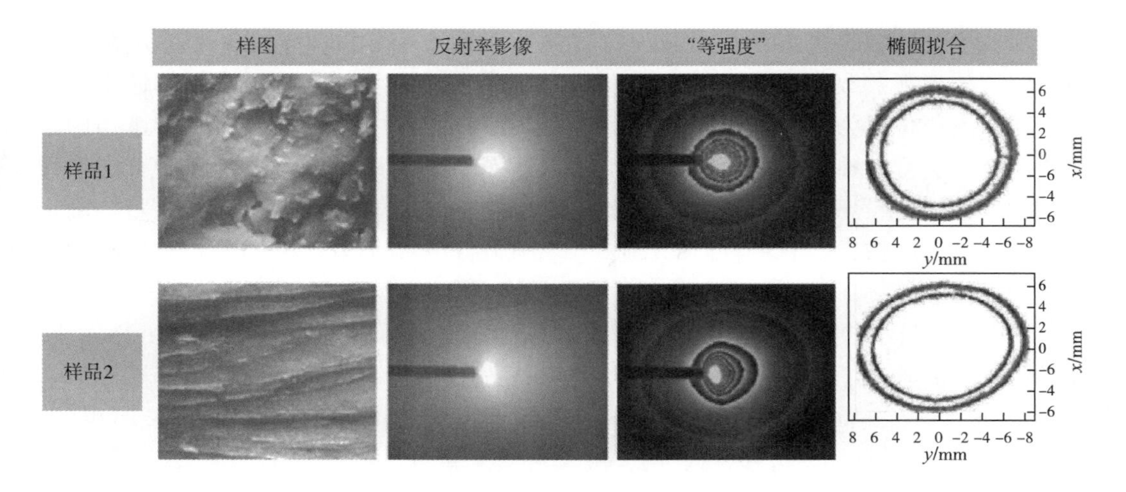

图 10.10　纤维形成受限［样品 1，B=1.22］和纤维形成良好［样品 2，B=1.77］的挤压样品的图像

基于“光子迁移”方法的主要优点是非接触和非破坏性。它不需要样品制备，所有的测量都直接从样品表面进行。因此，它是实现在线监测的理想方法。Ranasinghesagara 等最近用激光扫描系统实现了这种方法，并且表明了实时测量人造肉中纤维形成的能力。

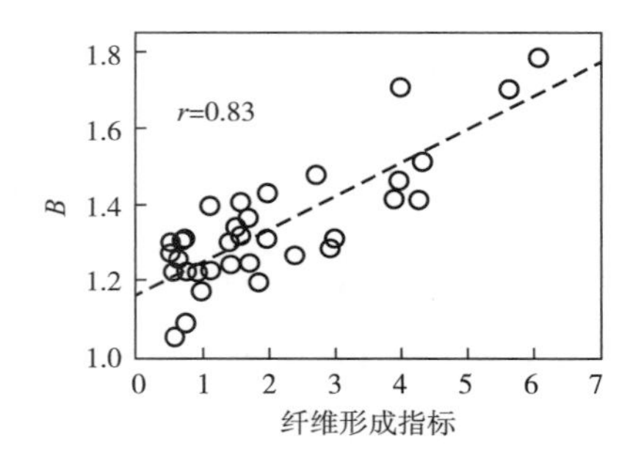

图 10.11　人造肉中 B 值与测定的纤维指数的相关性

Ranasinghesagara 等使用的激光扫描系统示意图，如图 10.12 所示。光源为普通非偏振 He－Ne 激光器（Nonpolarized He－Ne laser），波长为 633nm，输出激光功率为 10mW。使用 f=450mm 镜头将激光微聚焦成样品表面的小光束。用反射镜将激光重新定向到带有中心孔的镜子上。入射光可以穿过中心孔，并且镜面可以将样本的反向散射光反射到成像 CCD 相机上。使用一个二维（2D）扫描振镜（M2，General Scanning，Billerica，Massachusetts）通过旋转振镜扫描穿过挤压样品的入射光。样品表面的入射激光束直径约为 1.0mm。CCD 相机拍摄的反射图像的分辨率为 512×512 像素。为了消除室内光线的影响，将 633nm 的带通滤光片（带宽 = 2.4nm，N47 －494，Edmund optics，Barrington，New Jersey）插入 CCD 相机的成像镜头。

CCD 相机图像采集与二维扫描仪同步进行，可以实现不同的扫描模式。例如扫描仪可以从挤出物的一侧开始，将激光扫描到另一侧。当到达样品边界时，扫描仪可以反转方向，并朝初始位置向后扫描，重复此过程，直到操作员通过软件界面将其停止为止。在每个扫描位置都可以获得反射图像，并按照前面所述进行图像分析。得到的偏差参数 B 表示在该特定扫描位置的纤维形成。由于挤出物在挤出机上连续运动，上述扫描模式在样品表面形成“Z 字形”图案。但是，如果只在正向扫描期间获取图像，那么扫描会在样本表面形成一系列平行线。无论哪种方法，都可以通

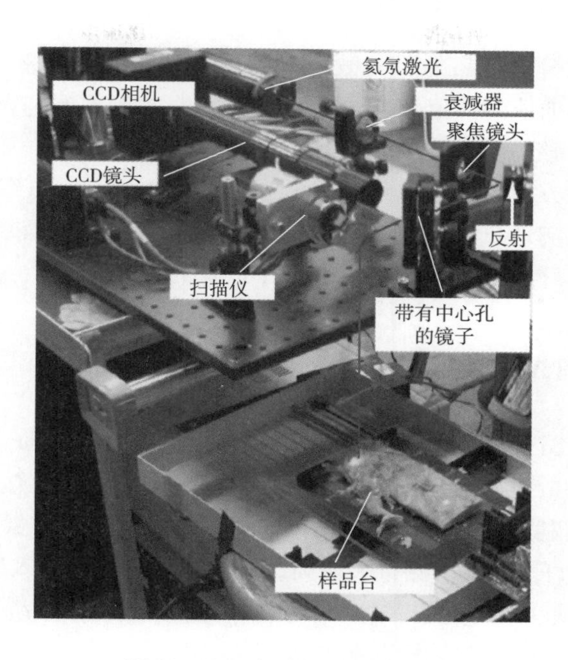

图 10.12 实时激光扫描系统

注：该系统安装在以 10mm/s 速度运动的模拟输送带上。

过在样品表面将扫描位置可视化的所有偏差参数 B 构建整个样品中纤维形成的图。此外，由于椭圆的长轴与纤维取向一致，可以同时获得取向图来检测整个人造肉样品中的纤维取向变化。

新鲜挤压人造肉样品的测量结果，如图 10.13 所示。该图像使用不同的灰度颜色表示纤维的形成（B），使用矢量图表示纤维取向，使用带有光滑的料桶的同向旋转双螺杆食品挤压机（MPF 50/25，APV Baker Inc.，Grand Rapids，Michigan）生产人造肉样品，长度与直径比为 15:1。使用的成分为 57% 大豆分离蛋白（Profam 974，ADM，Decatur，Illinois），38% 的小麦面筋（MGP，Atchison，Kansas）和 5% 小麦淀粉（MGP，Atchison，Kansas）。样品在 65% 含水率和 165℃ 下挤压成形。在成像过程中，样品在模拟的传送带上以 10mm /s 的速度移动。从图 10.13 中可以清楚地看出纤维的形成和取向的变化。

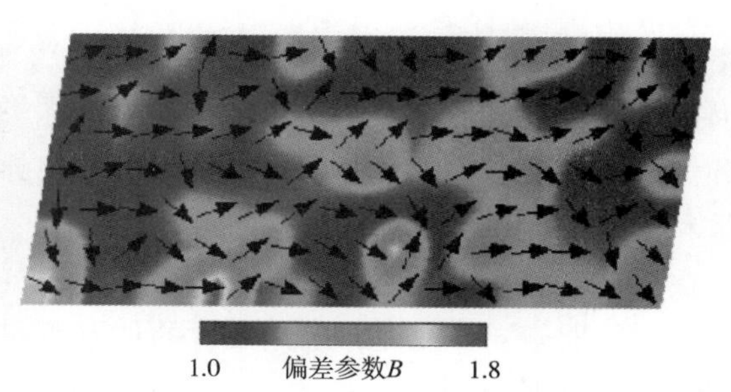

图 10.13 新鲜挤压样的偏差参数 B 和取向图

因此，可以使用挤压样品的反向散射反射图像评估人造肉制品中纤维形成程度。通过对等强度反射率曲线的数值拟合，计算得到的偏差参数 B 与挤出物中纤维形成程度有很好的相关性。该方法是非接触、非破坏性的，操作简单，不需要制备样品，通过激光扫描系统，该方法可用于在线实时测量。Ranasinghesagara 等在样机系统中进行了论证，该系统可以实现 60 次/s 的高速测量，通过扫描样品表面，该系统可以对整个人造肉制品中的整体纤维形成和取向分布进行准确评定。

10.5 牛肉嫩度的光学表征

如 10.1.1 节所述，肉类的嫩度主要取决于其结构特性，如肌节长度、胶原蛋白含量以及改变这些特性的过程，如蛋白质水解。同时，这些结构特征也决定了组织的散射特性。因此，探索利用光学散射特性预测肉嫩度的潜力具有重要价值。

目前已经开发了许多技术来测量大块肉组织的光学特性。斜入射反射法是一种测量吸收系数和约化散射系数的简单方法。Xia 等利用低成本的光谱系统实现了这种方法。他们使用两根 400μm 光纤，一根光纤以 40°的斜入射角将光传输到肉样品，另一根光纤用于检测与样品表面成 90°的反向散射光。光源是一个 20W 宽带卤素灯（HL－2000－FHSA－HP，Ocean Optics Inc.，Dunedin，Florida）。探测光纤连接到光谱仪（USB2000，Ocean Optics Inc.，Dunedin，Florida）来测量 450～950nm 的反射光谱。探测光纤通过平移台扫描样品以测量 13 个位置的反射率。这些扫描位置在入射光纤一侧为 9.0～6.5mm，在入射光纤的另一侧为 4.0～7.0mm，扫描间隔为 0.5mm。如前一节所讨论的，纤维物体的光散射在垂直于纤维方向时更强。测量垂直于肌纤维方向的光散射可以更好地得到纤维特性。

根据斜入射反射理论，有两个参数（Δx 和 μ_{eff}）可以通过利用光学漫射方程拟合空间分辨的测量结果得出。μ_{eff}被称为“有效衰减系数”，$\mu_{eff}=\sqrt{3\mu_a(\mu_a+\mu_s')}$；$\Delta x$ 是漫射中心与光入射位置间的横向偏移。吸收系数（μ_a）和约化散射系数（μ_s'）为：

$$\mu_a=\frac{\mu_{eff}^2\Delta x}{3\sin\theta_t} \tag{10.22}$$

$$\mu_s'=\frac{\sin\theta_t}{\Delta x}-0.35\mu_a \tag{10.23}$$

其中，θ_t是光在肌肉样本内部的入射角（28°），由斜入射角，盖玻片的折射率（1.52）和肉样本的折射率（1.37）计算得出。吸收系数和散射系数表示光子在样品内部被吸收和散射的概率。约化散射系数 μ_s' 受散射各向异性的影响：$\mu_s'=\mu_s(1-g)$。样本的吸收系数和散射系数通常是相互独立的。

在 721nm 波长处测量半膜肌肉样品，如图 10.14 所示。图中的零距离表示光的入射点。与预期相同，在更靠近光入射的位置测量时，反射率更高。所有的测量似乎都是围绕“漫反射中心”对称的，“漫反射中心”是根据漫反射理论得出的样本内部的有效位置。由于斜入射，漫反射中心偏离入射点 Δx。虚线表示漫反射拟合，与实验数据非常吻合。

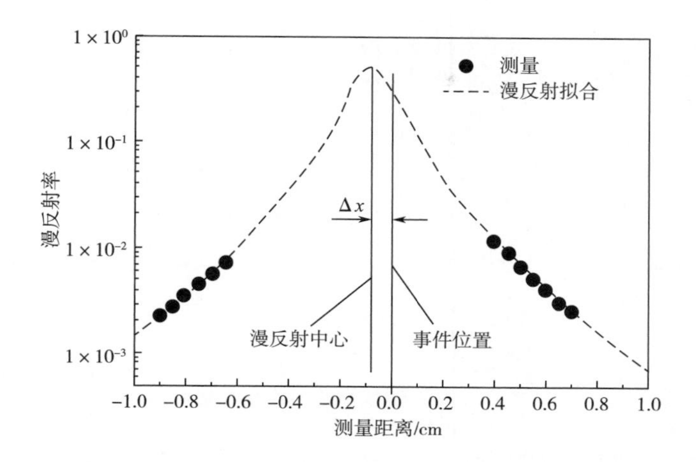

图 10.14　半膜肌肉样品在 721nm 波长处测得的光学漫反射率的漫反射拟合

正如 10.3 节所讨论的，肌节结构在调节光在肌肉中的传输中起着重要作用。不同肌节长度的腰大肌测量的散射系数，如图 10.15 所示。为制作不同长度的肌节样本，先将肌肉留在尸体上以得到更长的肌节长度，或者将其移除并置于降低的环境温度下“冷缩”以得到较短的肌节长度。完成尸僵（约 24h）后，用斜入射反射法测量这些样品的约化散射系数。通过组织学分析确定实际肌节长度。该实验（图 10.15）表明全肌肉的光学散射特性与肌节长度有很强的相关性。

为了进一步研究肌节长度对光传输的影响，在伸展肌肉的同时，测量了整个胸骨下颌肌（Sternomandibularis muscle）僵硬前的约化散射系数。通过从两端均匀拉伸样品保持测量位置恒定。伸展预僵全肌肉可引起肌节长度变化。在静止状态下，将样品在原始长度上拉伸 40%，然后释放以恢复到原始长度获得的 μ_s'，如图 10.16（1）所示。测得的约化散射系数可以可靠地跟踪肌肉的拉伸和释放过程。图 10.16（1）所示的所有测量结果均在屠宰后 2h 内完成。

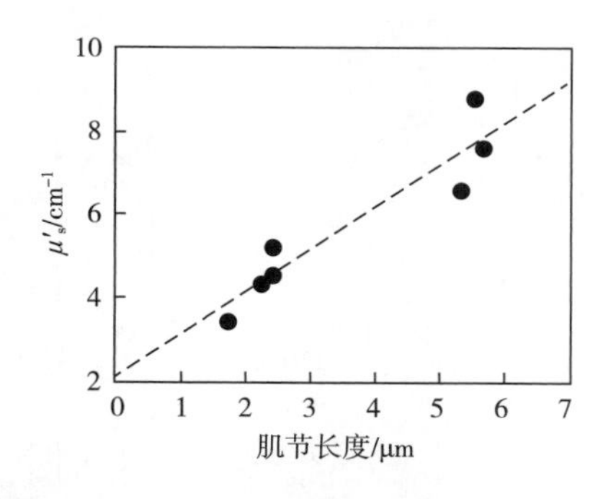

图 10.15　肌节长度对光学散射系数的影响

从图 10.16（2）可以看出，约化散射系数随着肌肉伸展量的变化而变化。测量得到的约化散射系数归一化为 0% 拉伸时的初始测量值。值得注意的是，在拉伸至 50% 时，μ_s'会增加。当拉伸大于 50% 时，μ_s'略有下降。这种现象可能是由于肌节结构的解体或在过度拉伸下肌节紊乱所致。肌节结构的损伤降低了其衍射功率因此导致了光散射的降低。

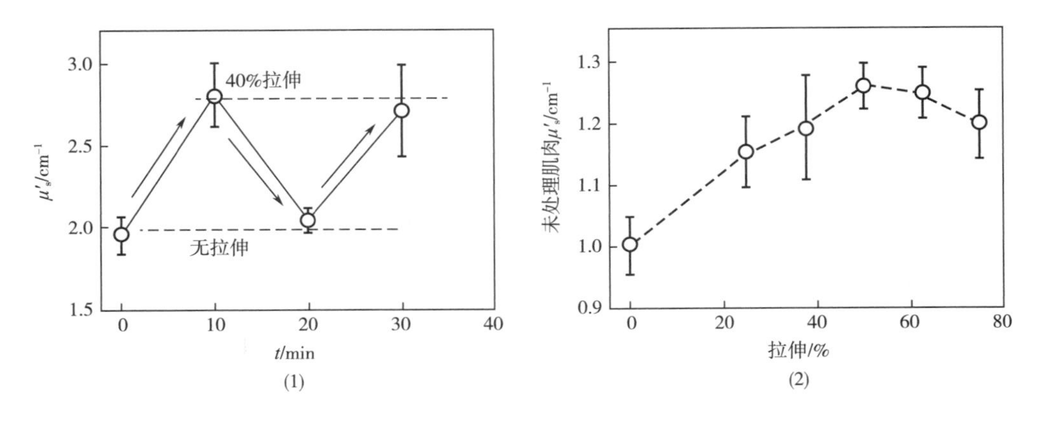

图 10.16 胸骨下颌肌的约化散射系数

牛胸骨下颌肌在尸僵过程中约化散射系数和 pH 的变化，如图 10.17（1）所示。pH 的时间变化情况非常一致：开始时迅速下降，然后过渡到一个相对平缓的阶段。随着时间的延长，牛肉肌肉的约化散射系数随时间减小，并逐渐达到稳定状态，但是，pH 和光散射之间的相似趋势在牛死后约 10h 后停止，测得的约化散射系数在 10h 后开始缓慢增加，在牛死后约 15h 后急剧快速增加。在尸僵过程中，同一样本中光散射的变化与使用力传感器测得的被动张力的变化非常一致［图 10.17（2）］。

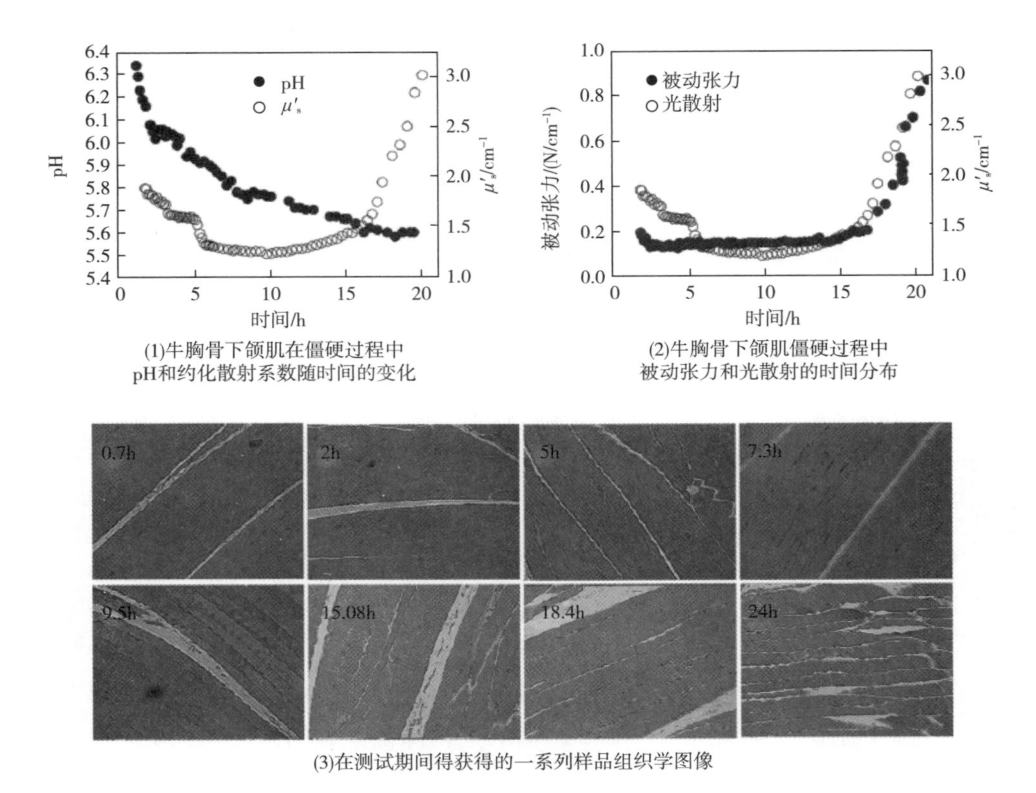

图 10.17 肌肉样品随时间的变化

在尸僵过程中，重叠区域中的肌动蛋白和肌球蛋白肌丝间形成临时的交叉桥，并由于死后早期腺嘌呤核苷三磷酸（ATP）水解和随后的 ATP 结合而断裂。在尸僵完成后，由于 ATP 的耗尽，交叉桥被“锁定”。这种肌节的改变可能导致 A 带和 I 带间折射率差（Refractive index difference）的减小，从而导致较小的散射效率。但是，这不能解释随后光学散射系数的增加。

仔细检查从同一样本中获得的组织学样品［图 10.17（3）］，发现在尸僵过程中有显著的肌肉形态变化。在开始的几个小时直到纤维分离开始出现的死后 9.5h，肌纤维似乎都很好地整合成大束；在死后的 15.08h，肌纤维间的分离变得非常显著；然后纤维分离继续发展，在死后 24h，仅可以观察到螺旋纤维。

光学散射的增加与组织学分析中揭示的纤维的分离相吻合。肌纤维的分离是由于肌原纤维的横向收缩，将水排出肌纤维基质，导致水在大块肌肉内重新分布。这种结构变化增加了肌肉折射率分布的不均匀性，因此增加了光的散射。

上述研究清楚地表明，当肌肉最终转变为肉类产品时，光学散射受到肌肉肌节结构以及僵硬过程中结构变化的影响。因此，光散射特性具有预测肉嫩度的潜力。然而，由于肌肉中具有很强的“各向异性”结构的成分，光学散射系数在很大程度上取决于测量方向。为了全面评估肌肉或肉中光的散射，需要在不同的方向进行测量。替代方法是评估整个光学反射率，包括 10.3 节中提到的等强度曲线。

Ranasinghesagara 等开展了一项综合研究来探讨光学反射率及其在嫩度评价中的意义。除了用来描述等强度曲线的参数 q 和 B 外，还评价了其他几个参数。不包括表面镜面反射的全反射强度称为“散射强度”。该参数受到吸收和散射特性的影响。一般来说，较高的组织吸收降低了总散射强度；而较高的散射增加了散射强度。如果组织吸收保持相对稳定，则“散射强度”是样品整体散射特性的可靠指标。反射率的空间衰减率描述了反射率在距入射光的距离上衰减的速度。该参数与有效衰减系数 μ_{eff}［式（10.22）］有关。这个参数既可以与肌纤维平行测量，也可以与肌纤维垂直测量。

不同的反射率参数与不同肌肉的嫩度有不同的相关性。为测量肉的嫩度，可以按照标准程序测量熟肉中的 Warner - Bratzler 剪切力（WBSF）。

如图 10.18 所示，背最长肌（M. longissimus dorsi，LD）的（1d）散射强度与 10d WBSF 呈正相关（$R^2 = 0.50$）。同时，（1d）参数 q 与腰大肌（M. psoas major，PM）10d WBSF 呈负相关（$R^2 = 0.46$）。对于 LD，较硬的肉样品具有更高的散射强度［图 10.18（1）］。由于更高的光散射系数可以增加散射强度，这一结果与之前的结果一致，即 10d WBSF 随 LD 散射系数的增加而增加。在 PM 中，较低的 10d WBSF 与较高的 q 值相关，表明肌节较长。这一结果与之前的研究结果一致，即肌节长度是调节 PM 嫩度的主要因素。

总之，肉类样品中测量到的光学约化散射系数受到肌肉结构特性（如肌节）以及在尸僵过程中的结构变化的影响很大。由于光学散射和肉质嫩度是由相同的肉质结构控制的，因此光散射可以作为一种评价肉质嫩度的无损检测手段。此外，利用点光源获得的光学反射率图像可以更全面地评价肉的整体光散射。可以提取多个光学参数来定量描述每个反射率图像。目前的实验研究表明，死后 1d 测量的参数 q 和散射强度可

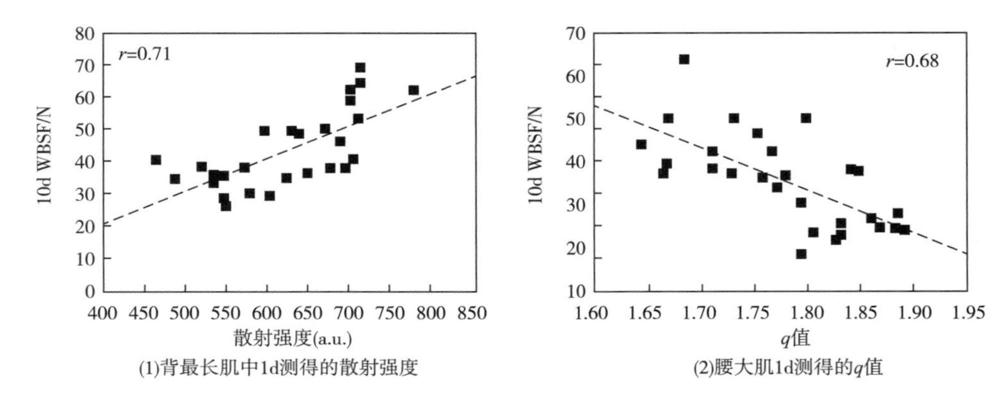

图 10.18　10d WBSF 与背最长肌 （M. longissimus dorsi） 中 1d 测得的散射强度和腰大肌 （M. psoas major） q 的相关性

以分别用于预测腰大肌和背最长肌的 10d WBSF。

10.6　小结

由于块状肉和人造肉制品的厚度较大，大多数的光学测量局限于样品表面的光学反射信号。光学反射实际上有两个部分，第一部分是由光直接从组织 - 空气表面反射而来，通常称为镜面反射，由于镜面反射的光不进入样品，它携带的有关内部样品结构的信息有限；第二部分是来自反向散射的光，它在样品内部多次散射，未被吸收，并最终从表面射出。这些光子携带着与样品光学吸收和散射特性有关的所有信息。特别是，本章的描述表明，光在组织中的散射受到样本结构的显著影响，样本结构也是影响肉类和人造肉制品的食用质量的主要因素。大量的理论和研究表明，基于光散射理论分析光学反射率可以评估组织的散射特性。

点状入射光的成像实验和光传输理论表明，肉类及人造肉存在不同的反射率曲线。这些不同的反射率曲线与样品内部不同的散射结构直接相关。纤维形成是肉制品重要的质量指标。肉制品中的纤维结构在光学反射率上可诱导出等强度椭圆形轮廓。这种椭圆形状的伸长可以很好地衡量人造肉中纤维形成的程度。除了纤维结构外，肌纤维还具有独特的重复肌节单元，具有很强的光学衍射效应。肉类中各向同性、纤维性和衍射性组织成分的整体散射导致了独特的菱形等强度反射模式，它提供了关于肉嫩度的有用信息。

本章提出的技术可以通过合并、分析和使用多光谱系统获得的光谱信息进一步扩展。光谱数据不但可以提供有关样品化学成分的特定信息，而且提供散射成分的形态特征的重要信息。在肉嫩度的光学表征中，有一个具有挑战性的问题是解释肉中各种组织结构成分的相对作用。肌节和胶原蛋白成分都会影响光散射过程，进而改变光反射率。然而，它们的影响可能是反作用并相互交织的。例如，较高的胶原蛋白含量和较长的肌节长度都能导致较强的光学反射率，而它们对肉类嫩度的贡献是非常不同的。因此，根据具体的结构特性，可以采用不同的光学测量方法测不同类型的肌肉。结合多种测量（包括空间、时间和光谱测量）的复杂多模态技术可以提供对肉品质更全面的评估。基于先进的光 - 组织相互作用理论开发的光学技术已经显示出实时在线评价肉类和人造肉制品的巨大前景，未来的技术发展能够进一步体现其潜力。

参考文献

[1] Baskin, R. J., K. P. Roos, and Y. Yeh. Light diffraction study of single skeletal muscle fibres. Biophysical Journal, 1979, 28, no. 1: 45 - 64.

[2] Baskin, R. J., Y. Yeh, K. Burton, J. S. Chen, and M. Jones. Optical depolarization changes in single, skinned muscle fibers. Evidence for cross - bridge involvement. Biophysical Journal, 1986, 50, no. 1: 63 - 74.

[3] Beattie, R. J., S. J. Bell, L. J. Farmer, B. W. Moss, and D. Patterson. Preliminary inves-tigation of the application of Raman spectroscopy to the prediction of the sensory quality of beef silverside. Meat Science, 2004, 66, no. 4: 903 - 913.

[4] Bendall, J. R. The shortening of rabbit muscles during rigor mortis: Its relation to the breakdown of adenosine triphosphate and creatine phosphate and to muscular contraction. The Journal of Physiology, 1951, 114, no. 1 - 2, 71 - 88.

[5] Bertram, H. C., A. Schafer, K. Rosenvold, and H. J. Andersen. Physical changes of significance for early post mortem water distribution in porcine M. longissimus. Meat Science, 2004, 66, no. 4: 915 - 924.

[6] Bonnemann, C. G. and N. G. Laing. Myopathies resulting from mutations in sarcomeric proteins. Current Opinion in Neurology, 2004, 17, no. 5: 529 - 537.

[7] Borg, T. K. and J. B. Caulfield. Morphology of connective tissue in skeletal muscle. Tissue and Cell, 1980, 12, no. 1: 197 - 207.

[8] Bratzler, L. J. Measuring the tenderness of meat by use of the Warner - Bratzler method. MS thesis, Kansas State College, Manhattan, Kansas, 1932.

[9] Breene, W. M. and T. G. Barker. Development and application of a texture measurement procedure for textured vegetable protein. Journal of Texture Studies, 1975, 6, no. 4: 459 - 472.

[10] Buege, D. R. and J. R. Stouffer. Effects of pre - rigor tension on tenderness of intact bovine and ovine muscle. Journal of Food Science, 1974, 39, no. 2: 396 - 401.

[11] Burkholder, T. J. and R. L. Lieber. Sarcomere length operating range of vertebrate muscles during movement. Journal of Experimental Biology, 2001, 204, no. 9: 1529 - 1536.

[12] Campion, D. R., J. D. Crouse, and M. E. Dikeman. Predictive value of USDA beef quality grade factors for cooked meat palatability. Journal of Food Science, 1975, 40, no. 6: 1225 - 1228.

[13] Chandrasekhar, S. Radiative Transfer. Dover Publications, New York, 1960.

[14] Clark, K. A., A. S. McElhinny, M. C. Beckerle, and C. C. Gregorio. Striated muscle cytoarchitecture: An intricate web of form and function. Annual Review of Cell and Developmental Biology, 2002, 18, no. 1: 637 - 706.

[15] Cross, H. R. , G. C. Smith, and Z. L. Carpenter. Pork carcass cutability equations incorporating some new indices of muscling and fatness. Journal of Animal Science, 1973, 37, no. 2: 423 -429.

[16] Cutts, A. The range of sarcomere lengths in the muscles of the human lower limb. Journal of Anatomy, 1988, 160: 79.

[17] Dransfield, E. Intramuscular composition and texture of beef muscles. Journal of the Science of Food and Agriculture, 1977, 28, no. 9: 833 -842.

[18] Egelandsdal, B. , J. P. Wold, A. Sponnich, S. Neegard, and K. I. Hildrum. On attempts to measure the tenderness of *M* longissimus dorsi muscles using fluorescence emission spectra. Meat Science, 2002, 60, no. 2: 187 -202.

[19] Fan, C. , A. Shuaib, and G. Yao. Path - length resolved reflectance in tendon and muscle. Optics Express, 2011, 19, no. 9: 8879 -8887.

[20] Farrell, T. J. , M. S. Patterson, and B. Wilson. A diffusion theory model of spatially resolved, steady - state diffuse reflectance for the noninvasive determination of tissue optical properties in vivo. Medical Physics, 1992, 19, no. 4: 879 -888.

[21] Fitzgibbon, A. , M. Pilu, and R. B. Fisher. Direct least square fitting of ellipses. IEEE Transactions on Pattern Analysis and Machine Intelligence, 1999, 21, no. 5: 476 -480.

[22] Gerrard, D. E. and A. L. Grant. Principles of Animal Growth and Development. Kendall Hunt, Dubuque, IA, 2003.

[23] Harris, P. V. and W. R. Shorthose. Meat texture. In R. Lawrie (ed.), Developments in Meat Science. Elsevier Applied Science, London, 1998, Vol. 4: 245 -296.

[24] Heino, J. , S. Arridge, J. Sikora, and E. Somersalo. Anisotropic effects in highly scattering media. Physical Review E, 2003, 68, no. 3: 031908.

[25] Herring, H. K. , R. G. Cassens, and E. J. Rriskey. Further studies on bovine muscle tenderness as influenced by carcass position, sarcomere length, and fiber diameter. Journal of Food Science, 1965, 30, no. 6: 1049 -1054.

[26] Herring, H. K. , R. G. Cassens, G. G. Suess, V. H. Brungardt, and E. J. Briskey. Tenderness and associated characteristics of stretched and contracted bovine muscles. Journal of Food Science, 1967, 32, no. 3: 317 -323.

[27] Horgan, D. J. The estimation of the age of cattle by the measurement of thermal stability of tendon collagen. Meat Science, 1991, 29, no. 3: 243 -249.

[28] Hostetler, R. L. , W. A. Landmann, B. A. Link, and H. A. Fitzhugh. Influence of carcass position during rigor mortis on tenderness of beef muscles: Comparison of two treatments. Journal of Animal Science, 1970, 31, no. 1: 47 -50.

[29] Huffman, K. L. , M. F. Miller, L. C. Hoover, C. K. Wu, H. C. Brittin, and C. B. Ramsey. Effect of beef tenderness on consumer satisfaction with steaks consumed in the home and restaurant. Journal of Animal Science, 1996, 74, no. 1: 91 -97.

[30] Huxley, A. F. Muscle structure and theories of contraction. Progress in Biophysics

and Biophysical Chemistry, 1957, 7: 255 – 318.

[31] Huxley, A. F. and R. M. Simmons. Proposed mechanism of force generation in striated muscle. Nature, 1971, 233, no. 5321: 533 – 538.

[32] Johnson, P. M., B. P. Bret, J. G. Rivas, J. J. Kelly, and A. Lagendijk. Anisotropic diffusion of light in a strongly scattering material. Physical Review Letters, 2002, 89, no. 24: 243901.

[33] Koohmaraie, M., M. E. Doumit, and T. L. Wheeler. Meat toughening does not occur when rigor shortening is prevented. Journal of Animal Science, 1996, 74, no. 12: 2935 – 2942.

[34] Koohmaraie, M., M. P. Kent, S. D. Shackelford, E. Veiseth, and T. L. Wheeler. Meat tenderness and muscle growth: Is there any relationship? Meat Science, 2002, 62, no. 3: 345 – 352.

[35] Leung, A. F. and M. K. Cheung. Decrease in light diffraction intensity of contracting muscle fibres. European Biophysics Journal, 1988, 15, no. 6: 359 – 368.

[36] Lieber, R. L., Y. Yeh, and R. J. Baskin. Sarcomere length determination using laser diffraction. Effect of beam and fiber diameter. Biophysical Journal, 1984, 45, no. 5: 1007 – 1016.

[37] Lin, S., H. E. Huff, and F. Hsieh. Texture and chemical characteristics of soy protein meat analog extruded at high moisture. Journal of Food Science, 2000, 65, no. 2: 264 – 269.

[38] Lin, S., H. E. Huff, and F. Hsieh. Extrusion process parameters, sensory characteristics, and structural properties of a high moisture soy protein meat analog. Journal of Food Science, 2002, 67, no. 3: 1066 – 1072.

[39] Liu, K. S. and F. – H. Hsieh. Protein – protein interactions in high moisture – extruded meat analogs and heat – induced soy protein gels. Journal of the American Oil Chemists' Society, 2007, 84, no. 8: 741 – 748.

[40] Liu, K. S. and F. – H. Hsieh. Protein – protein interactions during high – moisture extrusion for fibrous meat analogues and comparison of protein solubility methods using different solvent systems. Journal of Agricultural and Food Chemistry, 2008, 56, no. 8: 2681 – 2687.

[41] Liu, Y., B. G. Lyon, W. R. Windham, C. E. Realini, T. D. D. Pringle, and S. Duckett. Prediction of color, texture, and sensory characteristics of beef steaks by visible and near infrared reflectance spectroscopy. A feasibility study. Meat Science, 2003, 65, no. 3: 1107 – 1115.

[42] Marsh, B. B. and W. A. Carse. Meat tenderness and the sliding – filament hypothesis. International Journal of Food Science & Technology, 1974, 9, no. 2: 129 – 139.

[43] McCormick, R. J. The flexibility of the collagen compartment of muscle. Meat Science, 1994, 36, no. 1: 79 – 91.

[44] Moharam, M. G. and T. K. Gaylord. Three – dimensional vector coupled – wave analysis of planar – grating diffraction. JOSA, 1983, 73, no. 9: 1105 – 1112.

[45] Park, B., Y. R. Chen, W. R. Hruschka, S. D. Shackelford, and M. Koohmaraie. Near – infrared reflectance analysis for predicting beef longissimus tenderness. Journal of Animal Science, 1998, 76, no. 8: 2115 – 2120.

[46] Prahl, S. A. The diffusion approximation in three dimensions. In A. J. Welch and M. J. C. van Gemert (eds.), Optical – Thermal Response of Laser – Irradiated Tissue. Springer, Berlin, 1995: 207 – 231.

[47] Ramsbottom, J. M. and E. J. Strandine. Comparative tenderness and identification of muscles in wholesale beef cuts. Journal of Food Science, 1948, 13, no. 4: 315 – 330.

[48] Ranasinghesagara, J., F. H. Hsieh, and G. Yao. An image processing method for quantifying fiber formation in meat analogs under high moisture extrusion. Journal of Food Science, 2005, 70, no. 8: e450 – e454.

[49] Ranasinghesagara, J., F. Hsieh, and G. Yao. A photon migration method for characterizing fiber formation in meat analogs. Journal of Food Science, 2006, 71, no. 5: E227 – E231.

[50] Ranasinghesagara, J., F – H. Hsieh, H. Huff, and G. Yao. Laser scanning system for real – time mapping of fiber formations in meat analogues. Journal of Food Science, 2009, 74, no. 2: E39 – E45.

[51] Ranasinghesagara, J. and G. Yao. Imaging 2D optical diffuse reflectance in skeletal muscle. Optics Express, 2007, 15, no. 7: 3998 – 4007.

[52] Ranasinghesagara, J. and G. Yao. Effects of inhomogeneous myofibril morphology on optical diffraction in single muscle fibers. JOSA A, 2008, 25, no. 12: 3051 – 3058.

[53] Ranasinghesagara, J., T. M. Nath, S. J. Wells, A. D. Weaver, D. E. Gerrard, and G. Yao. Imaging optical diffuse reflectance in beef muscles for tenderness prediction. Meat Science, 2010, 84, no. 3: 413 – 421.

[54] Saidi, I. S., S. L. Jacques, and F. K. Tittel. Mieand Rayleigh modeling of visible – light scattering in neonatal skin. Applied Optics, 1995, 34, no. 31: 7410 – 7418.

[55] Shackelford, S. D., T. L. Wheeler, and M. Koohmaraie. Relationship between shear force and trained sensory panel tenderness ratings of 10 major muscles from Bos indicus and Bos taurus cattle. Journal of Animal Science, 1995, 73, no. 11: 3333 – 3340.

[56] Shackelford, S. D., T. L. Wheeler, and M. Koohmaraie. Tenderness classification of beef: II. Design and analysis of a system to measure beef longissimus shear force under commercial processing conditions. Journal of Animal Science, 1999, 77, no. 6: 1474 – 1481.

[57] Shackelford, S. D., T. L. Wheeler, and M. Koohmaraie. On – line classification of US Select beef carcasses for longissimus tenderness using visible and near – infrared reflectance spectroscopy. Meat Science, 2005, 69, no. 3: 409 – 415.

[58] Shackelford, S. D., T. L. Wheeler, M. K. Meade, J. O. Reagan, B. L. Byrnes, and M. Koohmaraie. Consumer impressions of tender select beef. Journal of Animal Science, 2001, 79, no. 10: 2605 – 2614.

[59] Shorthose, W. R. and P. V. Harris. Effects of growth and composition on meat quality. In A. M. Pearson and T. R. Dutson (eds.), Growth Regulations in Farm Animals: Advances in Meat Research, Vol. 7. Elsevier Applied Science, London, 1991: 515 – 554.

[60] Shuaib, A. and G. Yao. Equi – intensity distribution of optical reflectance in a fibrous turbid medium. Applied Optics, 2010, 49, no. 5: 838 – 844.

[61] Smulders, F. J. M., B. B. Marsh, D. R. Swartz, R. L. Russell, and M. E. Hoenecke. Beef tenderness and sarcomere length. Meat Science, 1990, 28, no. 4: 349 – 363.

[62] Stephens, J. W., J. A. Unruh, M. E. Dikeman, M. C. Hunt, T. E. Lawrence, and T. M. Loughin. Mechanical probes can predict tenderness of cooked beef longissimus using uncooked measurements. Journal of Animal Science, 2004, 82, no. 7: 2077 – 2086.

[63] Swatland, H. J. Microscope spectrofluorometry of bovine connective tissue using a photodiode array. Journal of Computer – Assisted Microscopy, 1995, 7, no. 3: 165 – 170.

[64] Tan, J. Meat quality evaluation by computer vision. Journal of Food Engineering, 2004, 61, no. 1: 27 – 35.

[65] Taylor, R. G., G. H. Geesink, V. F. Thompson, M. Koohmaraie, and D. E. Goll. Is Z – disk degradation responsible for postmortem tenderization? Journal of Animal Science, 1995, 73, no. 5: 1351 – 1367.

[66] Thornhill, R. A., N. Thomas, and N. Berovic. Optical diffraction by well – ordered muscle fibres. European Biophysics Journal, 1991, 20, no. 2: 87 – 99.

[67] Tornberg, E. Biophysical aspects of meat tenderness. Meat Science, 1996, 43: 175 – 191.

[68] Tuchin, V. V. Light scattering study of tissues. Physics – Uspekhi, 1997, 40, no. 5: 495.

[69] Van de Hulst, H. C. Light Scattering by Small Particles. Dover Publications, Inc., New York, 1981.

[70] Wang, H., J. R. Claus, and N. G. Marriott. Selected skeletal alterations to improve tenderness of beef round muscles. Journal of Muscle Foods, 1994, 5, no. 2: 137 – 147.

[71] Wang, L. and S. L. Jacques. Use of a laser beam with an oblique angle of incidence to measure the reduced scattering coefficient of a turbid medium. Applied Optics, 1995, 34, no. 13: 2362 – 2366.

[72] Wang, L., S. L. Jacques, and L. Zheng. MCML—Monte Carlo modeling of light transport in multi – layered tissues. Computer Methods and Programs in Biomedicine, 1995, 47, no. 2: 131 – 146.

[73] Wang, L. V. and H – I. Wu. Biomedical Optics: Principles and Imaging. John Wiley & Sons, New Jersey, 2012.

[74] Wheeler, T. L., L. V. Cundiff, and R. M. Koch. Effect of marbling degree on beef palatability in Bos taurus and Bos indicus cattle. Journal of Animal Science, 1994, 72, no. 12: 3145 – 3151.

[75] Wheeler, T. L. and M. Koohmaraie. Prerigor and postrigor changes in tenderness of ovine longissimus muscle. Journal of Animal Science, 1994, 72, no. 5: 1232 – 1238.

[76] Wolf, W. J. , J. C. Cowan, and H. Wolff. Soybeans as a food source. Critical Reviews in Food Science & Nutrition, 1971, 2, no. 1: 81 – 158.

[77] Xia, J. J. , E. P. Berg, J. W. Lee, and G. Yao. Characterizing beef muscles with optical scattering and absorption coefficients in VIS – NIR region. Meat Science, 2007a, 75, no. 1: 78 – 83.

[78] Xia, J. J. , J. Ranasinghesagara, C. W. Ku, and G. Yao. Monitoring muscle optical scattering properties during rigor mortis. In Y. R. Chen, G. E. Meyer, and S. I. Tu (eds.), Optics for Natural Resources, Agriculture, and Foods II. International Society for Optics and Photonics, Bellingham, WA, 2007b: 67610H – 67610H.

[79] Xia, J. J. , A. Weaver, D. E. Gerrard, and G. Yao. Monitoring sarcomere structure changes in whole muscle using diffuse light reflectance. Journal of Biomedical Optics, 2006, 11, no. 4: 040504 – 040504.

[80] Xia, J. J. , A. Weaver, D. E. Gerrard, and G. Yao. Distribution of optical scattering properties in four beef muscles. Sensing and Instrumentation for Food Quality and Safety, 2008a, 2, no. 2: 75 – 81.

[81] Xia, J. J. , A. Weaver, D. E. Gerrard, and G. Yao. Heating induced optical property changes in beef muscle. Journal of Food Engineering, 2008b, 84, no. 1: 75 – 81.

[82] Xia, J. J. and G. Yao. Angular distribution of diffuse reflectance in biological tissue. Applied Optics, 2007, 46, no. 26: 6552 – 6560.

[83] Yao, G. , K. S. Liu, and F. Hsieh. A new method for characterizing fiber formation in meat analogs during high – moisture extrusion. Journal of Food Science, 2004, 69, no. 7: 303 – 307.

[84] Yao, G. and L. Wang. Propagation of polarized light in turbidmedia: Simulated animation sequences. Optics Express, 2000, 7, no. 5: 198 – 203.

[85] Yeh, Y. , R. J. Baskin, R. L. Lieber, and K. P. Roos. Theory of light diffraction by single skeletal muscle fibers. Biophysical Journal, 1980, 29, no. 3: 509 – 522.

[86] Yousif, H. A. and E. Boutros. A FORTRAN code for the scattering of EM plane waves by an infinitely long cylinder at oblique incidence. Computer Physics Communications, 1992, 69, no. 2: 406 – 414.

11 基于散射光谱的肉类品质与安全评估

yankun Peng

11.1 引言

11.1.1 肉类的光散射机制

光散射技术是一种很有前途的肉类质量安全无损快速评价技术。肉类的质量可以根据消费者对质地、风味和安全性的评价来确定，包括肉类成分和微生物污染对人体健康的影响。肉类质量和安全的主要指标有瘦肉率、蛋白质、大理石花纹、嫩度、含水率、汁液损失、pH、多汁性等。脂肪、水分、蛋白质以及其他成分的含量和分布影响着肉类的结构特性。根据肉类的密度和结构特性，如肌原纤维长度和胶原蛋白，动物胴体的散射特性在不同区域有所不同。肌肉组织中的光散射与肌肉组织成分的形态和折射率有关。这些肌肉组织结构是肉类组织结构的基本组成，它们也影响肉类的光散射特性。光散射和传播的模式与数量取决于入射光波长和肉类样品的物理化学性质等因素。本章详细描述了光传播与肉类的结构以及肉类在动物宰后过程中变化的关系。漫反射光的空间分布取决于光在肉类样品中的散射，如图 11.1 所示。一般来说，肉类的质量和安全参数主要受肌肉组织结构及其化学成分的影响。光散射技术因其在肉类质量和安全检测方面的巨大潜力而备受关注。

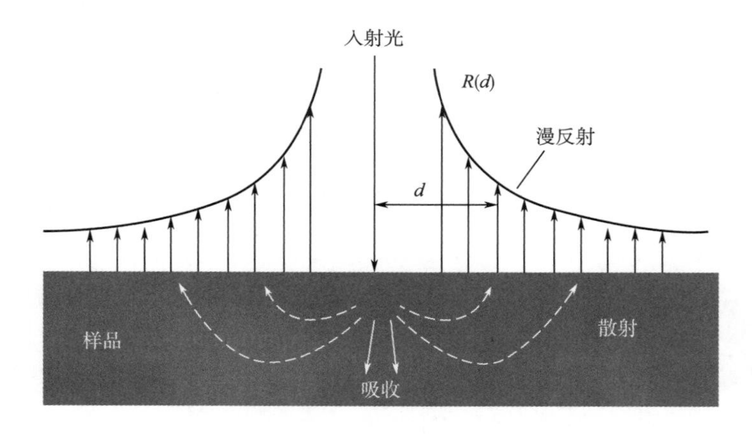

图 11.1 空间反射率轮廓取决于光在肉类样品内部的散射

11.1.2 光散射系统

光散射系统主要基于高光谱或多光谱成像技术，用于在短时间内采集具有高空间分辨率、高光谱分辨率的散射剖面。高光谱成像技术用于检测单个质量参数及同时检测多个质量参数，都已有广泛的研究。此技术已应用于检测营养成分、含水率、pH、嫩度、微生物腐败、持水能力（WHC）、大理石花纹、汁液损失和颜色。如图 11.2 所示，是一个典型的高光谱散射成像系统，由电荷耦合器件（CCD）相机、光谱范围为 400 ~ 1100nm 的成像光谱仪、光源、台式计算机和定位传感器组成。成像光谱仪获取肉类样品表面扫描线的每个像素的光谱信息。在特定的位置对每个样品进行多次线扫描以获得多个散射图像。通常，需要从5个不同位置获得总共20幅图像，以考虑肉类样品的结构变化。然后对采集到的图像进行平均以获得最终的散射信息。为确保高光谱成像系统的性能满足要求，应认真设计或选择系统中的每个组件。高光谱散射成像系统的每个光学组件的详细描述将在下面的小节中给出。

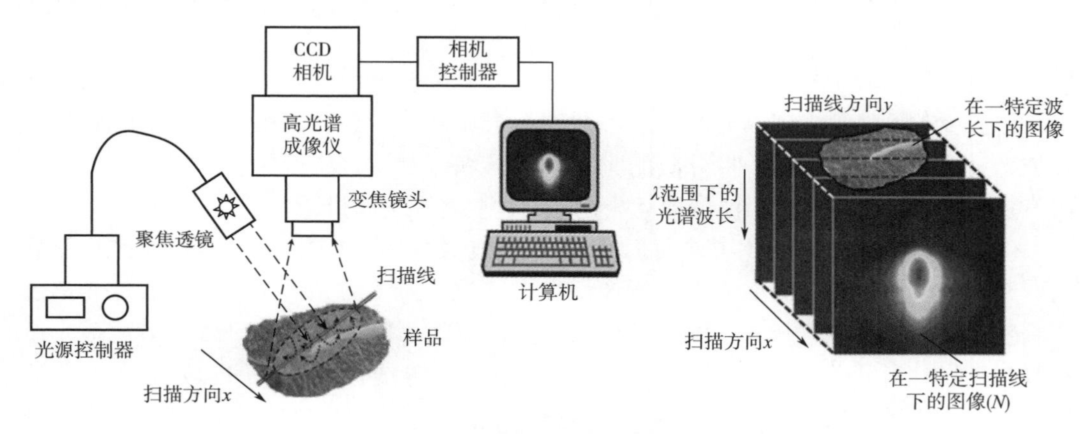

图11.2　线扫描高光谱散射成像系统原理图

11.1.2.1　光源

正确选择光源是获得散射图像的关键。典型的光源包括卤素灯、发光二极管（LED）、激光器和可调谐光源等。

（1）卤素灯　卤素灯，也称钨卤素灯、石英卤素灯或石英碘灯，是一种常见的宽带光源，可产生连续的光谱分布光。卤素灯作为一种高可靠性的光源，已经在可见光和近红外（VIS/NIR）光谱领域得到了广泛的应用。卤素光源因其能提供充足的照明和出色的显色性而具有良好的适用性。卤钨灯是肉制品高光谱反射率测量中常用的照明元件。照明单元与光纤集成将宽频带光传送到被检测组织并接收漫反射光。不同形式的光源，如点光源、线光源和环形光源，可用于不同的应用目的。点光源是获取散射图像的常用光源。相比于其他光源，钨灯具有寿命长、体积小、质量轻、效率高、更换方便、光通量恒定等优点。

（2）发光二极管（LED）　LED是一种双向不同性半导体光源。作为一种可靠的光源，LED具有使用寿命长、响应快、抗冲击能力强、发热量小、功耗低、对振动不敏感等优点，在现实中得到了广泛的应用。与卤素灯相比，LED对电压波动和结点温度敏感，且光强较低。LED可以组装成不同形式的光源，如点光源、线光源、环形光源。目前，LED是一种很有发展前途的光源，在肉类质量与安全检测中具有重要意义。

（3）激光　与宽频带光源不同，激光是高能的单色光源，通常用作激发源。近年来，激光在拉曼成像、高光谱荧光成像等领域的研究和工业应用越来越受到人们的关注。激光一般被认为是理想的单色光源，具有亮度好、方向性好、能量高度集中、辐照度高、单色性好等优点。然而，大功率激光器价格昂贵，而且大多数激光器只能提供单一波长或窄波段。

（4）可调谐光源　为了克服激光的局限性，利用波长色散和宽频带照明相结合的方法，开发了一种经济的、宽频带的方法，从而得到可调谐光源。可调谐光源用于照亮只有很小特定波长范围的材料。结合波长色散器件，利用白光产生可调谐光源。为了实现图像的自动采集，需要使波长色散器件与探测器保持同步，从而通过区域扫描同时获取光谱和空间信息。可调谐光源的主要缺点是不能用于实际生产，特别是不能用于输送带系统。

11.1.2.2 波长色散器件

波长色散器件是光谱散射系统不可缺少的组成部分。必须使用波长色散装置将宽频带光分散到不同波长，并将分散的光投射到区域探测器。典型的色散器件有成像光谱仪、滤光片、可调谐带通滤波器和分光器，这些将在下面讨论。

（1）成像光谱仪　相比于使用了滤光片和彩色相机的成像系统，成像光谱仪能够以更高的光谱和空间分辨率为每一行像素生成完整、连续的光谱信息。将成像光谱仪与单色区域照相机相结合，可以成为线扫描光谱成像照相机。它还可以与多通道光纤相结合，同时测量样品的多个点。每个图像包含一维的线像素（空间轴）和另一维的光谱像素（光谱轴），为每个线像素提供完整的光谱信息。大多数成像光谱仪的设计分为两种：透射光栅式和反射光栅式。透射光栅成像光谱仪应用了棱镜 - 光栅 - 棱镜组件，其中准直光束被分散到不同波长。反射光栅成像光谱仪由一个入口狭缝、两个同心球面镜、一个像差校正凸反射光栅和一个探测器组成，它与一对球面镜耦合，光通过狭缝进入后形成连续光谱。这两种成像光谱仪在各种线扫描光谱成像系统中得到了广泛的应用。

（2）滤光轮　滤光轮提供自动和高效的滤光片更换。为了满足不同的要求，设计了从紫外光（UV）、可见光（VIS）到近红外（NIR）等多种波长规格的滤光片。此外，几乎所有可用的成像应用软件都支持滤光轮。使用滤光轮的缺点是波长转换慢。成像误差会影响成像系统光学性能，滤波器定位的精确性对于消除成像误差至关重要。

（3）可调谐带通滤波器　可调谐带通滤波器以电子方式改变带通波长。可调谐带通滤波器有两种：声光可调谐滤波器（AOTFs）和液晶可调谐滤波器（LCTFs）。AOTFs 可以同时调制来自一个或多个光源的多条激光线的强度和波长，而 LCTFs 则具有可控的液晶元件用来发射波长可调节的光。由于 LCTFs 具有较高的图像质量和在宽光谱中的快速调谐特性，在高光谱或多光谱成像系统中得到了广泛的应用。然而，这些可调谐滤光片具有曝光时间长和光收集效率低等缺点。

（4）分光器　分光器是一种可以将入射光分为八束、四束或两束等功率光束的光学装置，总功率损失很小。分光立方体不仅可用于简单光束，还可用于承载图像的光束。光纤干涉仪需要用到分光器，分光比取决于输入光的波长和偏振度。分光装置在二、三波段多光谱成像系统中应用于肉制品的实时在线检测。

11.1.2.3 区域探测器

在前置照明装置中，光子落在 CCD 探测器（相机）上时必须经过栅电极结构的区域。CCD 探测器和互补的金属氧化物半导体（CMOS）图像传感器都是从同一个点开始的，在这个点上，它们将光以累积电荷的形式转化为电子。下一步是读出每个细胞的电荷，并将这些信息数字化，使计算机可读。

（1）CCD 探测器（相机） CCD 探测器（相机）是一种基于硅的多通道阵列探测器，主要用于紫外线、可见光和近红外光谱。它们通过将光（光子）转化为电流（电子）产生图像信息。由于对光的极端敏感性，它们是光谱散射成像系统中最常用的探测器。CCD 探测器具有信噪比高、均匀性好、动态范围大、线性响应、检测灵敏度高等优点。典型的 CCD 探测器都是一维（线性）或二维（二维）（面积）阵列，阵列中有成千上万甚至上百万个单个的探测器单元（也称为像素）。CCD 探测器已经生产了很长时间，因此，该技术以其高质量和高像素分辨率的特点变得越来越成熟，非常适合于散射成像应用。

（2）CMOS 探测器（相机） CMOS 探测器(相机）能耗更低。相比于 CCD 探测器(相机)，CMOS 相机通常价格更低且具有更长的电池寿命。CMOS 相机的效率一直在稳步提高，以满足农业和工业应用的需要。由于这些优点，CMOS 相机特别适合在工业生产线中在线处理和实时检测肉类的高速成像。

11.1.3 散射图像采集方法

典型的散射图像是包含二维空间信息（x，y）和一维光谱信息（λ）的三维数据立方体。基于所采集的散射图像数据在波长域是否连续，通常有两种类型的散射成像系统：高光谱和多光谱。

11.1.3.1 高光谱散射成像

获取三维高光谱散射图像立方体［超立方体（x，y，λ）］有两种主要方法，即线扫描和面扫描，如图 11.3 所示。线扫描方法（使用推扫式扫描仪）在线性视野中获取空间信息的狭缝和每个空间像素的全光谱信息，如图 11.3（1）所示。第二个空间维度是通过平台或样本移动实现的。因此，从空间线扫描的组合集可以得到一个完整的超立方体。线扫描方法对于个人使用或连续的肉类产品流水线在线应用是很理想的。当线扫描系统集成了成像光谱仪后（如 VIS/NIR，UV，Raman 等)，可用于扫描在传送带上移动的肉类样品。

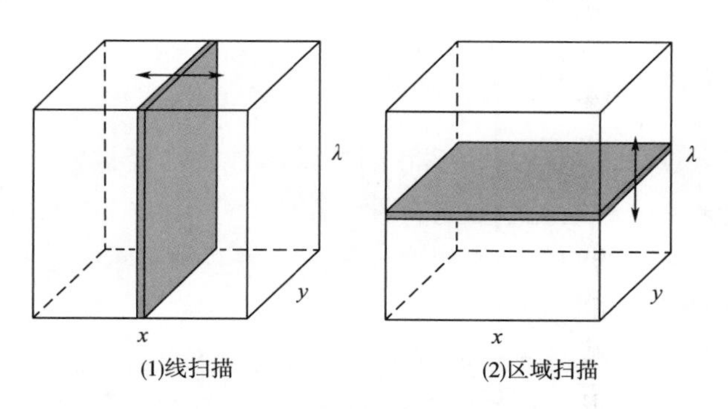

图 11.3 二维空间（x，y）和一维光谱（λ）的三维高光谱立方体图像的获取示意图

还有一种图像获取方法如图 11.3（2）所示，称区域扫描或平面扫描，成像系统使用一个带通滤波器（如 LCTF 或滤光轮）放置或安装在 CCD 相机前。该方法可以在时间序

列上获得在一个波长或一个又一个窄波段下具有完整空间信息的二维单色图像（x，y）。

11.1.3.2 多光谱散射成像

多光谱散射成像通常是在野外或工业中应用，以实时地从选定波长的肉类样品中获取空间信息。配备点探测器的光谱仪可用于获取场景中每个像素的单一光谱。然而，要扫描一个完整的场景，样品或探测器必须沿着两个空间维度移动。这种方法非常耗时，因为它需要扫描两个空间维度。其他两种方法（即线扫描和区域扫描）如前所述，可以满足多光谱图像快速采集的要求。如图 11.4 所示，线扫描和区域扫描方法都可以用来收集波长更短的图像。

对于线扫描方法，如图 11.4（1）所示，可以通过指定 CCD 探测器光谱维度上所有有用轨迹的位置实现多光谱成像。只采集选定的轨迹的数据，从而降低每个扫描图像的数据量（y，λ），因此缩短了采集时间。与线扫描方法相比，用于多光谱成像的区域扫描方法可以同时采集多个选定波长的单波段图像。来自空间场景的光通过光学分离装置（例如一种通用孔径多光谱成像光谱仪）在同一空间场景中被分成多个部分。被分割的光分别通过预设的带通滤波器。然后，窄带图像在多个相机上或在一个带有大型 CCD 探测器的相机上形成。基于面扫描的多光谱散射成像可以大大减少散射图像采集时间，以克服这种扫描方法通常会引起的长序列扫描问题。

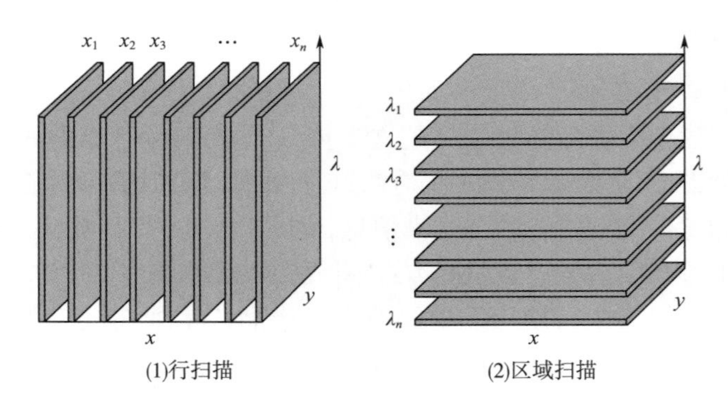

图 11.4 获取特定波长 λ_1，λ_2，λ_3，…，λ_n 多光谱图像的方法（其中 n 通常小于 10）

11.1.4 散射特性函数的提取与分析

非线性曲线拟合算法，包括洛伦兹和冈帕茨函数，已经被提出用以量化肉类散射图像的空间分辨反射率分布的光学散射特性。图 11.5 给出了一个原始的二维高光谱散射图像和三个维度中显示的中值滤波图像（第三个垂直轴表示强度）。

11.1.4.1 修改后的洛伦兹函数

洛伦兹分布（LD）函数是光学研究中常用来描述激光轮廓和光分布模式的函数。Peng 和 Lu 提出了一个三参数 LD 函数来描述苹果的空间散射剖面［式（11.1）］，并得出该函数拟合效果很好的结论。

$$R_{wi} = a_{wi} + \frac{b_{wi}}{1 + (x/c_{wi})^2} \tag{11.1}$$

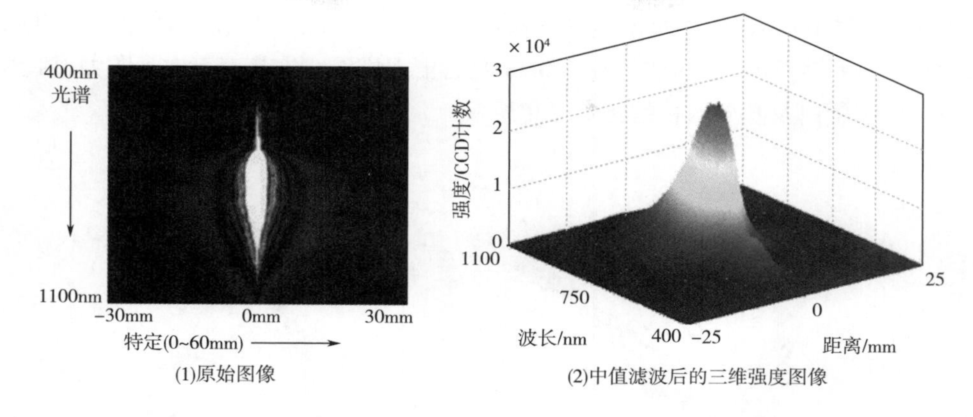

图 11.5 高光谱散射图像

式中 R——每个径向环带的平均光强

a——光强度的渐近值

b——光入射点处的估计光强的峰值

c——最大值二分之一处（FWHM）的全散射宽度

x——散射距离

其中 wi 指特定波长，$i=1, 2, 3, \cdots, N$，N 是波长总数。

洛伦兹函数是一个单峰函数，它可以被归一化，使得它的最大值等于其中心的一个最大值。修正的四参数洛伦兹函数由式（11.2）给出，也如图 11.6 所示。

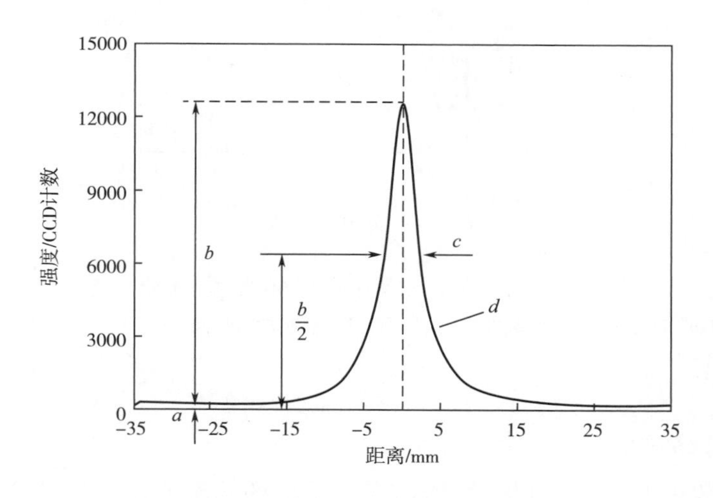

图 11.6 修改后的四参数 LD 函数

$$R_{wi} = a_{wi} + \frac{b_{wi}}{1 + (x/c_{wi})^{d}} \tag{11.2}$$

式中 d——拐点周围的斜率

图 11.7 为光谱范围为 500 ~ 1000nm 的牛肉样品的三个洛伦兹参数。参数 a［图 11.7（1）］在 570 ~ 645nm 的光谱处变化较大。参数 b 在 700nm 左右有一个明显的

峰［图 11.7（2）］，对应于颜色吸收带。在 550 ~ 950nm，参数 c 的谱值变化较大［图 11.7（3）］。三个参数谱值均在 540nm 左右出现峰谷，这是由于肉类贮藏过程中肌红蛋白、血红蛋白及其异构物的化学变化所致。

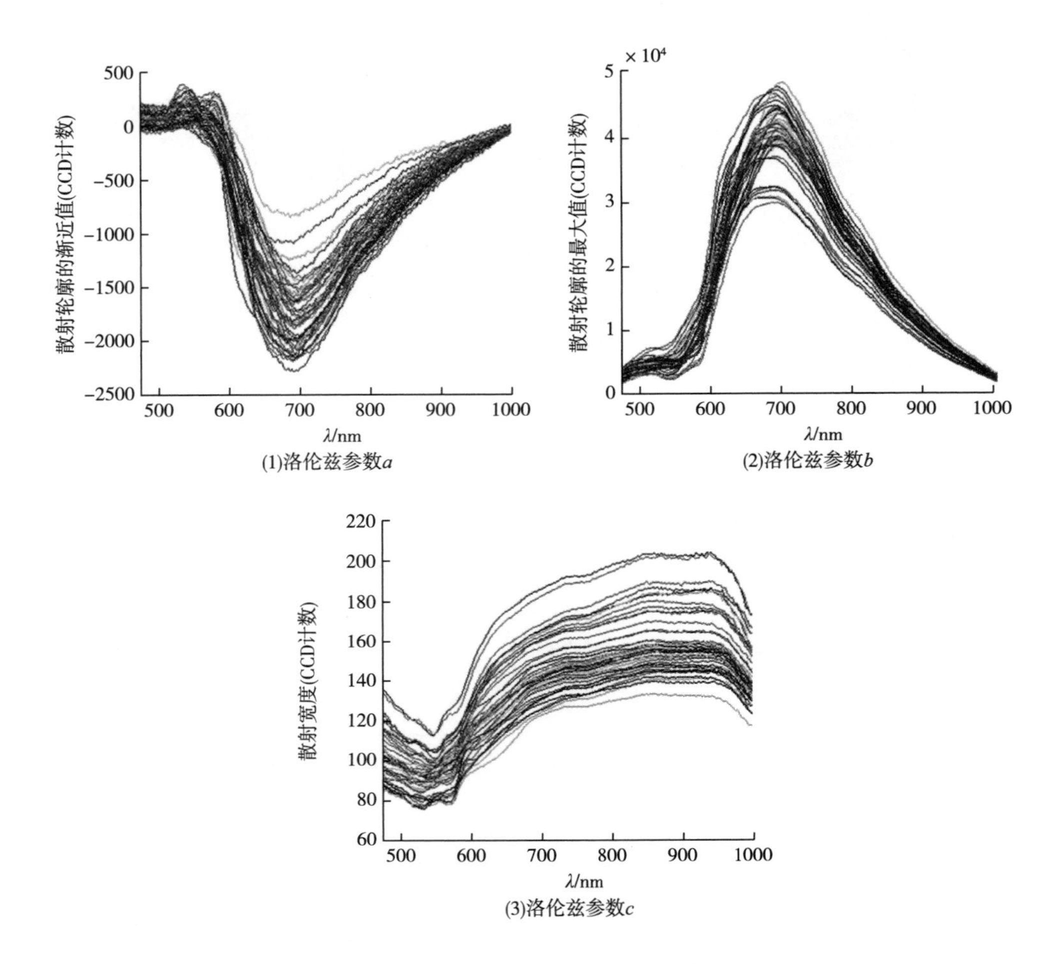

图 11.7　所选猪肉样品的洛伦兹参数光谱

注：数据来自 Tao，F. 猪肉细菌污染快速无损检测方法及抗菌给药方法的研究［D］，No. B10209185，北京：中国农业大学，2013.

11.1.4.2　修改后的冈帕茨函数

冈帕茨函数用于描述上升梯度轮廓。修正后的冈帕茨函数有 3 ~ 4 个参数，适用于精确描述各个波长的散射轮廓，见式（11.3）和式（11.4）：

$$R_{wi} = \alpha_{wi} + \beta_{wi}\{1 - \exp[-\exp(\varepsilon_{wi} - x)]\} \tag{11.3}$$

$$R_{wi} = \alpha_{wi} + \beta_{wi}\{1 - \exp[-\exp(\varepsilon_{wi} - \delta_{wi}x)]\} \tag{11.4}$$

式中　R——各径向环带的平均光强

α——光强的渐近值

β——入射点处估计光强的峰值

ε——拐点处的全散射宽度

δ——拐点附近的斜率

x——水平直线距离

其中 wi 是 $i=1$，2，3，…，N 的特定波长，N 是波长总数。

四个冈帕茨参数 α，β，ε，δ 来自猪肉样品如图 11.8 所示，从图中可以清楚地看出，与其他光谱范围相比，不同贮藏时间的冰鲜猪肉的 4 个冈帕茨参数在 500 ~ 600nm 变化较大，在 550nm 波长处可以清楚地观察到。当样品被细菌破坏时，由于蛋白质的降解，样品部分被氧化成肌红蛋白。氧肌红蛋白在 540 ~ 550nm 处有较强的特征吸收峰。

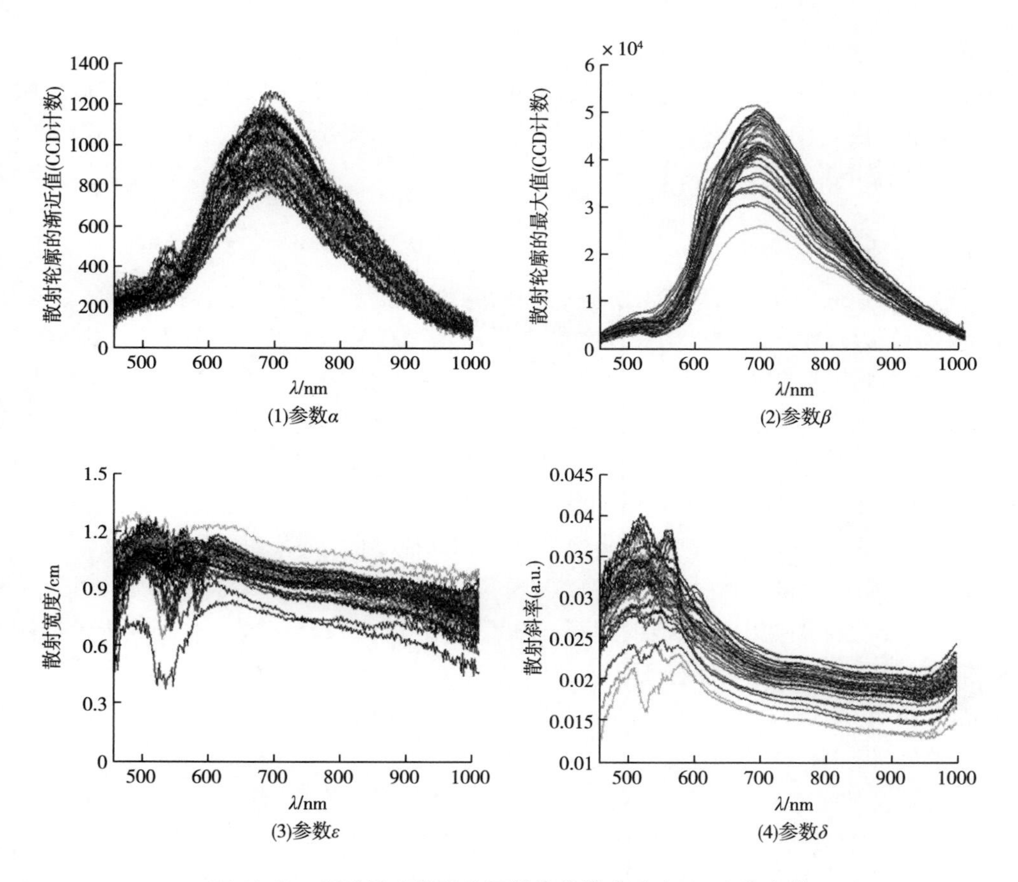

图 11.8　所选猪肉样品的冈帕茨参数［式（11.4）］光谱

11.1.4.3　玻尔兹曼函数

扩散近似理论模型已被有效地应用于确定光吸收系数（μ_a）和散射衰减系数（μ_s'）。玻尔兹曼方程也被称为辐射传输方程，描述了混浊物质中的光的散射和吸收。该方程可简化为一大类生物材料的扩散近似方程，条件是其中散射占主导地位（即 $\mu_s' \gg \mu_a$）。一个分析方程可用于描述在垂直入射光束照射下半无限介质表面的漫反射剖面。该方程已用于估算水果、蔬菜和肉类的吸收和减少散射系数。第 3 章和第 7 章详细介绍了光传输理论和空间分辨光谱技术。

11.2 肉类品质属性评价

肉类品质常被认为是对肉的各种品质性状的综合评价。肉类品质主要取决于肌肉的各种化学成分与视觉外观、风味和嫩度等适口性因素的相互作用。肌肉的物理、化学和感官特性在很大程度上决定了肉质性状。保证和控制肉类质量是肉类生产和加工的主要任务之一，包括物理质量、化学成分和营养成分。肉类的物理品质参数包括大理石花纹、持水力等。蛋白质、脂肪、钙和水分含量是肉类的化学品质参数。化学特性也表明了肉类的营养价值。颜色、气味、风味和嫩度等感官属性影响着消费者的购买决策，因为这些参数给人的第一印象体现了肉的质量。猪肉和牛肉最重要的品质参数包括颜色、嫩度、持水力、蒸煮损失和 pH。这些品质参数可以直接或间接地反映肉的结构特征，决定肉的光散射特性。因此，光散射技术对于肉类品质的快速、准确、无损检测具有重要的现实意义。

11.2.1 颜色

颜色是肉类最重要的品质参数之一，肉的颜色直接影响消费者的购买决策。鲜红色的牛肉和羊肉以及粉红色的猪肉对消费者来说都是很有吸引力的。三种氧化还原形式的肌红蛋白衍生物（脱氧血红蛋白、氧肌红蛋白和正铁肌红蛋白）决定了鲜肉的变色程度。颜色通常基于亮度（Lightness）波段和两个颜色波段（a^* 和 b^*）测量，L^* 表示颜色的亮度参数，a^* 的参考轴线从绿色延伸到红色，b^* 的参考轴线从蓝色延伸到黄色。

颜色测量并不困难，使用简单的技术就可以完成。只要散射成像系统的光谱范围覆盖可见光波段，就可以同时检测出肉类颜色和其他品质参数。

Wu 等应用高光谱散射技术对新鲜牛肉的三个颜色参数（L^*、a^* 和 b^*）进行了预测。首先从高光谱图像中提取散射剖面，然后将其拟合到 LD 函数。在研究中，使用经过校准的便携式色差仪（型号 HP－200，中国，上海中华光电科技有限公司）根据 L^*、a^* 和 b^* 值测量肉类颜色。最后，利用 LD 参数和逐步回归法确定的最佳波长建立多元线性回归（MLR）模型。

高光谱散射技术对牛肉颜色参数（L^*、a^* 和 b^*）的预测具有较高的精度。如图 11.9 所示，模型给出了预测的相关系数 $R_p=0.96$ 和预测的标准误差，L^* 值的相关系数 SEP＝0.61，a^* 值的相关系数 $R_p=0.96$ 和 SEP＝0.75，b^* 值的相关系数 $R_p=0.97$ 和 SEP＝0.19。这些结果也为牛肉质量多光谱在线检测系统的开发提供了支持。

11.2.2 嫩度

嫩度是最重要的品质参数之一，因为它直接关系到肉类的食用品质，是消费者选购的关键因素之一。Warner－Bratzler 剪切力（WBSF）和切片剪切力（SSF）是评价红肉嫩度最常用的两种参数。研究表明，不同的肉类嫩度对消费者决定是否重复购买有很大影响。

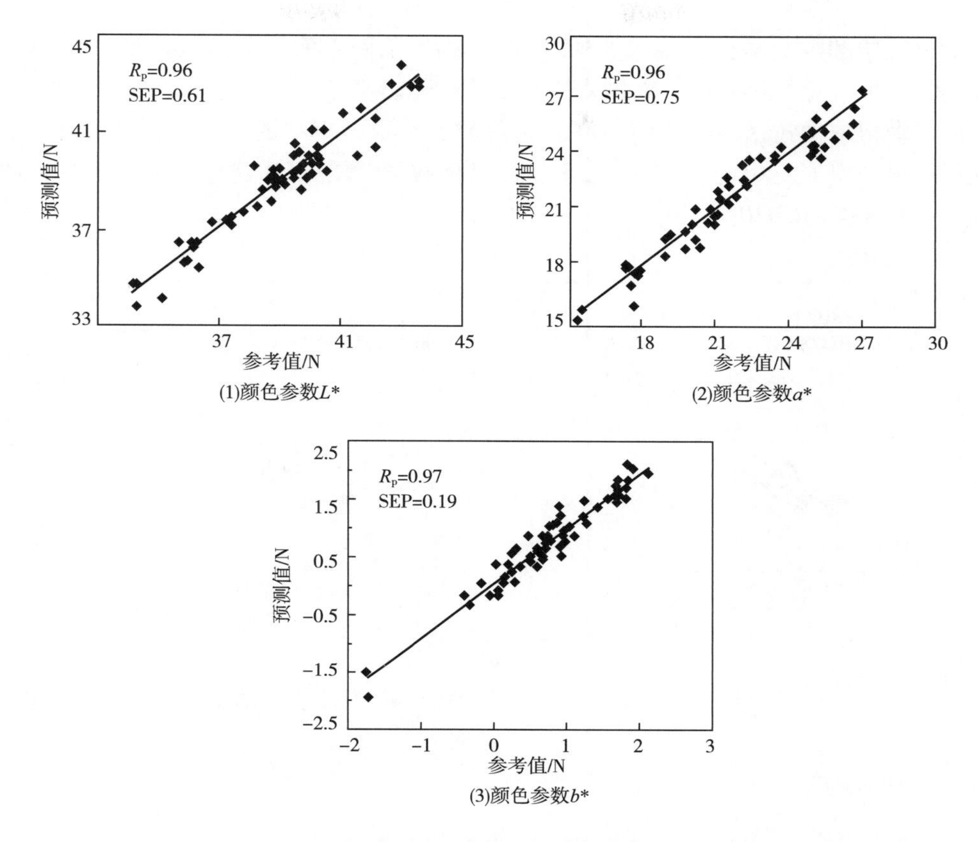

图 11.9　MLR 模型的颜色参数交叉验证结果

光谱散射技术在检测牛肉嫩度方面很有潜力。高光谱或多光谱成像技术可用于预测鲜肉的嫩度。已有研究用一种具有数学建模算法的近红外高光谱成像系统（900～1700nm）测量肉龄 14d 的牛肉的嫩度。偏最小二乘回归（PLSR）模型对牛肉样品的分类准确率为 74%，分为“嫩”（SSF≤205. 8N）、“中等”（205. 8N≤SSF≤254. 8N）和“硬”（SSF≥254. 8N）。在类似的研究中，一种 496～1036nm 波长的高光谱成像系统被用于测量牛肉的嫩度。此外，Cluff 等利用高光谱成像系统（922～1739nm），使用直径为 1cm 的大光束照射整个牛排长度，以避免脂肪斑点对嫩度预测的影响。

用 WBSF 的预测值将样本分为“嫩”（WBSF≤58. 8N）和“硬”（WBSF > 58. 8N）两组，如 Zhao 等所述，“嫩”样品组准确率 96. 9%，“硬”样品组准确率 90. 9%。最佳 PLSR 预测模型产生的加权回归系数用于识别最重要的波长并降低高光谱数据的高维性，而多光谱成像系统仅使用选定的特征波长来预测品质参数。

相比于上述具有均匀、广泛光照结构的高光谱成像技术，光谱散射成像技术是肉嫩度检测更好的解决方案。如图 11. 2 所示是一个高光谱成像系统，该系统用于收集牛肉样品的高光谱散射图像。使用了带 Warner - Bratzler 剪切附件的数字式肉嫩度仪（东北农业大学 C - LM3B 型，中国）对肉的嫩度进行了测定作为参考值。利用改进的三参数洛伦兹函数对肉样品的原始高光谱散射图像进行了拟合。图 11. 10 显示了基于 8 个最佳波长（485，524，541，645，700，720，780，820nm）的 LD 参数组合的嫩度 MLR

模型的校正集和全交叉验证结果。MLR 模型预测结果较好，对于校正集，$R_C=0.95$，SEC = 7.95 N，交叉验证结果 $R_P=0.91$ 和 SEP = 9.93N。

应用散射成像技术同时检测不同品质参数已有很多更深的研究。例如 Tao 等利用高光谱散射技术同时测定了猪肉嫩度和大肠杆菌数量，用 MLR 建立的预测模型的 R^2 值较高，在 0.831 ~ 0.930。

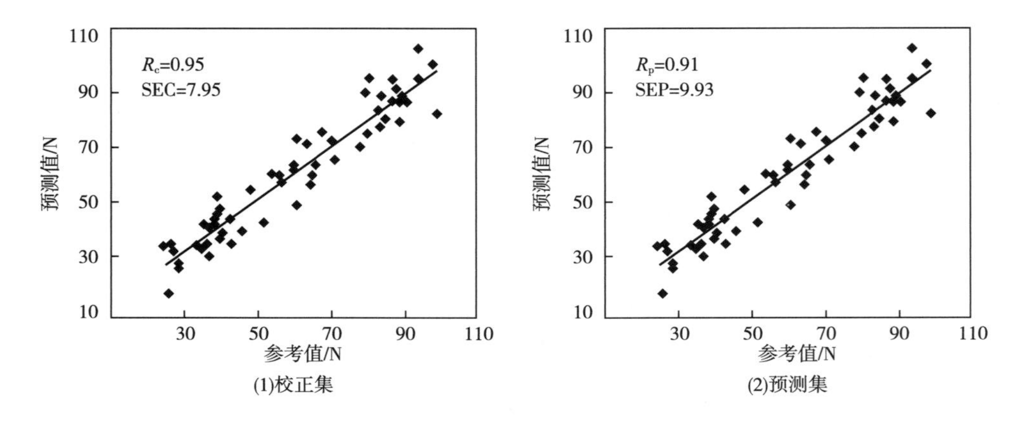

图 11.10　嫩度的 MLR 模型的校正集和全交叉验证结果

11.2.3　持水力

对于鲜肉来说，持水力（WHC）是最重要的品质参数之一，它决定了肉类的多汁性。在屠宰、贮存和加工过程中，肌肉容易失去水分。对于肉类加工业来说，预测肉类的持水性是必不可少的，因为它是生肉、熟肉以及加工肉制品的质量损失指标。

在 20 世纪 90 年代末和 21 世纪初，有研究使用近红外反射法（900 ~ 1800nm）测量新鲜猪肉的持水性和滴漏损失，相关系数大于 80%。后来，Pedersen 等研究指出，1800 ~ 900cm^{-1} 区域的红外光谱包含了预测猪肉持水性的最佳信息。作者用 PLSR 建立的近红外光谱模型测定了猪肉持水性，得到了 $R=0.89$ 的相关系数，并用傅里叶变换红外光谱法（FT - IR）进行了猪肉持水性在线测定，验证了该结果。

最近的一项研究表明，近红外光谱法在评估鸡肉质量方面很有潜力。400 ~ 2500nm 的近红外反射光谱可用于检测苍白、柔软和渗出性（PSE）、L^*、pH 和持水力等指标以评估鸡肉质量，根据某些研究，对于持水力的检测具有很高的准确性和令人满意的结果，但是，该系统无法完全区分 PSE 和苍白的肌肉。ElMasry 等开发了一种 NIR 高光谱成像系统，用于鲜牛肉持水力的无损预测，选择了六个特征波长以建立 PLSR 预测模型，该模型预测持水力的 ${R_P}^2$ 为 0.87，SEP 为 0.28。

拉曼光谱指纹图谱被用作样品分类的基础，光谱峰高是样品定量分析的基础。最近的一项研究根据拉曼光谱法（用 785nm 激光激发）以生长速率评估肉鸡的持水力。在 538，691，1367，1743cm^{-1} 处观察到持水力与波数具有显著相关性。峰值强度比（538/1849，691/1849，1367/1849，1743/1849）与持水力在统计学上具有显著的相关性，相关系数（R）为 -0.85，0.89，0.73，-0.72。

持水力是肉类的结构参数之一，因此可以通过光谱散射成像技术进行检测。如图 11.11 所示的高光谱成像系统用于收集牛肉样品的高光谱散射图像。采用具有三个参数的洛伦兹函数对 495，525，980，990nm 四个选定波长的散射系数进行了精确拟合，相关系数高达 0.99。

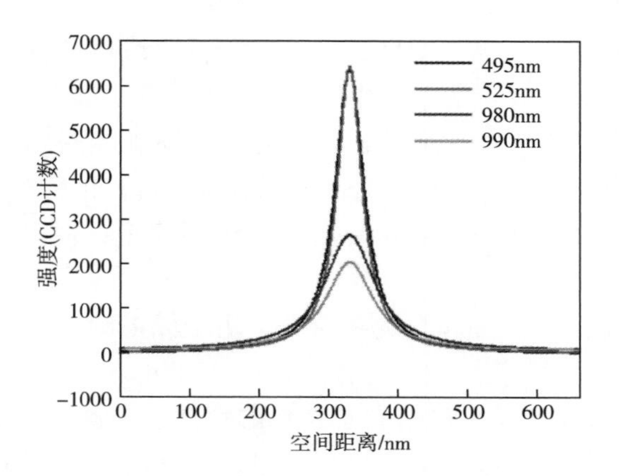

图 11.11　三参数洛伦兹函数［式（11.1）］在四个选定波长下的拟合结果

使用 MLR 建立了校正集的持水力参考值和各个波长对应的反射强度模型。对于包含 30 个猪肉样品的校准集，建立了如式（11.5）所示的预测模型（下标表示波长）：

$$F = -0.46372 + 0.034875a_{495} + 0.002459b_{495} - 0.01971c_{495} + 0.007869a_{525} - 0.00117b_{525} + 0.21274c_{525} - 0.04412a_{980} - 0.00803b_{980} - 0.02072c_{980} + 0.00499a_{990} + 0.008464b_{990} - 0.07402c_{990} \tag{11.5}$$

式中　a、b、c——三个洛伦兹参数

F——持水力

使用一组独立的样本来验证模型，得出 $R_P^2 = 0.85$ 和 $SEP = 0.44$ 的预测结果。图 11.12 分别代表来自校正集的 30 个样本和来自交叉验证集或预测集的 10 个样本的参考值和预测值。

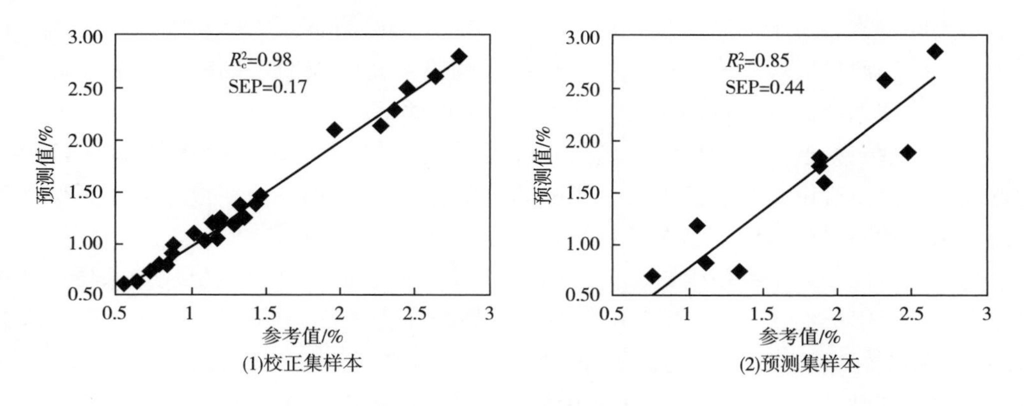

图 11.12　WHC 的预测结果

11.2.4 pH

pH 是一种化学指标，指示水溶液中氢离子的浓度，并且通过影响红肉的持水力和颜色而对红肉的存贮和品质产生很大影响。正常肌肉的 pH 在 7.1 ~ 7.3，在动物死后变化很大，pH 下降的速度和程度对红肉的保质期及其食用质量有很大的影响。

测 pH 的传统方法是在肌肉上切口后立即插入 pH 计进行测量。如今，有几种方法可以无损地预测 pH。Qiao 等开发了一种高光谱成像系统，选择了六个波长作为特征波长来预测猪肉的 pH，利用这些特征波长，建立了前馈神经网络模型，其 R_P^2 为 0.67。同样，Kamruzzaman 等开发了一种近红外高光谱成像系统，结合多变量分析来预测羊肉的 pH，在该研究中，使用了 PLSR 方法建立了预测模型，模型给出了 $R_P^2=0.65$ 和 $SEP=0.085$ 的预测结果。

Liao 等开发了在线可见光近红外光谱系统，用于无损测量新鲜猪肉的 pH。从传送带上移动的样品中采集可见光近红外光谱（350 ~ 1100nm），将光谱去噪方法与有效变量选择方法结合使用，以实现对样品品质参数的快速、准确、高效的检测，使用无信息变量消除方法消除了 PLSR 模型中 85% 的变量，并且该系统能够检测猪肉样品的 pH，R_C和 R_P分别为 0.915 和 0.890。

Peng 等探索了用于预测牛肉 pH 的高光谱成像技术，得出了 $R_P=0.86$，$SEP=0.07$ 的良好预测结果。如图 11.2 所示，使用了一个高光谱成像系统来收集猪肉样品中的高光谱散射图像。肉样品的 pH 是通过便携式 pH 计与 pH 电极（Mettler Toledo，中国）相结合测量得出的。从每个猪肉样品的八个不同位置获得测量值，并取平均值作为 pH 的最终值。肉类样品的原始高光谱散射图像通过优化的三参数洛伦兹函数精确拟合。为了建立 LD 函数的 MLR 模型，选出了最佳波长。一种便携式多光谱成像系统使用了具有最佳波长的滤光轮，建立的 MLR 模型预测 pH 的最佳预测结果为 $R_P=0.88$，$SEP=0.07$。

11.2.5 多品质参数的检测

为了对工业加工生产线中的肉品质参数进行快速无损实时检测，研究重点是使用单个系统同时检测多个品质参数。通过多个系统分别检测不同的品质参数不但难以应用于生产线，而且成本很高。因此，当前的研究重点是开发能够同时检测多个品质参数的肉类检测系统。这样可以对肉类品质进行全面评估。

仅有少数研究通过一个检测系统同时检测不同的品质参数。例如使用 900 ~ 1700nm 的近红外高光谱成像系统检测火鸡火腿中的水分、颜色和 pH。该研究证明了近红外高光谱成像技术同时检测多个品质参数的可行性。

为了同时检测多个品质参数，使用了如图 11.2 所示的高光谱散射成像系统，从中国北京一家屠宰场的 33 头肉牛中采集牛肉样品的高光谱散射图像。首先测量样品 2d 时的 pH 和高光谱散射图像，然后立即将样品真空包装，并在 4℃ 的冰箱中放置 7d，进行颜色和嫩度测量。表 11.1 给出了使用传统标准方法测得的作为参考值的 pH、颜色参数、WBSF 值和蒸煮损失的统计数据（平均值、范围和标准偏差）。

表 11.1　　屠宰 7d 之后检测的 pH、颜色参数和 WBSF 值

品质参数	牛肉样品数量	平均值/%	最小值/%	最大值/%	标准差
pH	33	5.06	5.56	6.16	1.30
L^*	33	39.08	34.25	43.49	2.29
a^*	33	21.85	15.26	26.88	3.05
b^*	33	0.83	-1.77	2.20	0.80
WBSF/N	33	50.91	20.82	86.05	20.57

为了预测 pH、嫩度和持水力，分别优选了 7，8，5 个最佳波长，3 个颜色参数（L^*，a^*，b^*）预测的最佳波长数目均是 7。表 11.2 显示了基于最佳波长 LD 参数组合的 MLR 模型的牛肉样品品质参数的校正集和全交叉验证预测结果。

表 11.2　基于洛伦兹参数最优波长组合的校正集和交叉验证集牛肉样品品质参数预测结果

品质参数	校正集		交叉验证集	
	R_c	SEC	R_p	SEP
pH	0.85	0.07	0.82	0.08
L^*	0.94	0.84	0.92	0.90
a^*	0.91	1.32	0.89	1.51
b^*	0.92	0.33	0.88	0.41
WBSF/N	0.92	9.40	0.87	11.0

[资料来源：Peng，Y.，Wu，and J. Chen. Prediction of beef quality attributes using hyperspectral scattering imaging technique. *ASBE Annual International Meeting*，Paper No. 096424，Reno，NV. 2009a.]

11.3　肉类安全属性评估

由于生肉水分含量高且具有丰富的营养成分，被认为是最易腐烂的食物之一，在贮存和销售期间容易受到污染，从而导致食源性疾病。微生物是最常见的导致鲜肉变质的原因，可能导致食源性疾病。为了保证肉类安全，不仅要有效地控制和检测微生物，能准确测出微生物的种类和数量也至关重要。

11.3.1　菌落总数

肉是一种极易腐烂的食物，如果不经过适当的存贮、加工、包装、分配，就会因为微生物的生长而快速变质并变得有害。肉类变质是因微生物的生长和酶活性导致肉的营养物质分解和形成代谢产物。细菌数量过多的肉类会对人体健康造成危害，因此确保市场上供应的肉类安全至关重要。然而，当前细菌检测多使用传统方法，如平板计数法、显微镜计数法、ATP 生物发光计数法和电测法等，但这些方法不能实现对被污染肉细菌数量的快速、准确和无损检测。

微生物污染的检测，特别是菌落总数（TVC）的检测，是食品、医疗和生物样品

中常见的大规模检测。菌落总数是评估肉类品质和安全性的通用的、必不可少的指标，它不仅反映了细菌污染的情况，还决定了肉类的新鲜程度。

研究表明，使用紫外线至近红外光波长（405～970nm）的多光谱成像技术可用于确定有氧贮藏期间牛肉里脊中菌落总数的估计值。此外，有研究使用 VIS/NIR 光谱范围内的高光谱成像技术测定肉类中的菌落总数。将获得的反射率的高光谱图像换算为吸光度和 Kubelka－Munk（K－M）单位。吸光度模型的结果优于其他模型，最佳的全波段 PLSR 模型的校正集和验证集的相关系数分别为 0.97 和 0.93。为了提高模型的效率和有效性，采用了逐步回归的方法选择较少的特征波长（954，957，1138，1148，1328nm）。结果表明，在选取特征波长时，K－M 模型具有较好的结果。校正集的相关系数和均方根误差分别为 0.96lg（CFU/g）和 0.40lg（CFU/g），验证集的相关系数和均方根误差分别为 0.94lg（CFU/g）和 0.50lg（CFU/g）。

肉类变质会导致结构特征发生变化。因此，光谱散射成像是检测肉类菌落总数的有效方法。最近的研究已经对高光谱散射成像进行了深入研究，以预测红肉的微生物属性，这些研究大多数使用线性回归方法进行建模。例如 Tao 等使用高光谱反射成像来评估冷藏猪肉表面的菌落总数，并使用 MLR 和 PLSR 建立了两个预测模型，得到较成功的 R_P结果分别为 0.886 和 0.863。此外，高光谱散射技术还用于检测牛肉的菌落总数，基于单个的洛伦兹参数及其在不同波长下的组合建立了 MLR 预测模型。lgTVC 的最佳预测结果是 $R_P{}^2=0.96$ 和 SEP＝0.23。尽管 PLSR 或 MLR 模型很有希望可用，但它们都无法解决非线性问题。因此，一些研究者使用了非线性建模方法，例如人工神经网络，光谱角度映射器和支持向量机（SVM）。例如，Peng 和 Wang 成功研发了具有 SVM 的高光谱散射成像系统，用于检测猪肉中细菌的菌落总数，得到 $R_P=0.87$ 的结果，优于 MLR 建模方法。为了提高预测模型的准确性，Wang 等使用了结合最小二乘法和支持向量机（LS－SVM）的高光谱散射成像系统来预测猪肉的菌落总数。选择了八个最佳波长（477，509，540，552，560，609，720，772nm），在这些波长下使用高光谱散射图像的平均反射强度来构建菌落总数预测模型。最终模型的结果为 $R_P{}^2=0.924$和 SEP＝0.33，表明带有 LS－SVM 的高光谱散射成像系统可以更有效地预测猪肉的菌落总数。

在一些更深的研究里，一种高光谱成像系统被用于收集猪肉样品的高光谱散射图像，然后使用玻尔兹曼方程拟合猪肉的散射剖面以提取光吸收和损失的散射系数（μ_a和 μ_s'）。使用逐步判别法，分别基于 μ_a和 μ_s'确定最佳波长。使用参数 μ_a和 μ_s'对确定的波长建立了 MLR 模型，并进行完全交叉验证以评估模型性能。图 11.13 显示了使用 μ_a和 μ_s'进行猪肉菌落总数预测的结果，R_P分别为 0.86 和 0.80。

11.3.2 总挥发性盐基氮

新鲜度是肉类的重要指标，直接影响到存贮和物流。总挥发性碱性氮（TVB－N）、pH 和颜色对于肉类新鲜度评估最为重要，而在这三个参数中，TVB－N 是最重要的指标。尽管可以通过人类的感知确定肉类外观和感官品质，但是人类无法从视觉上检测 pH 和 TVB－N 含量等新鲜度属性。

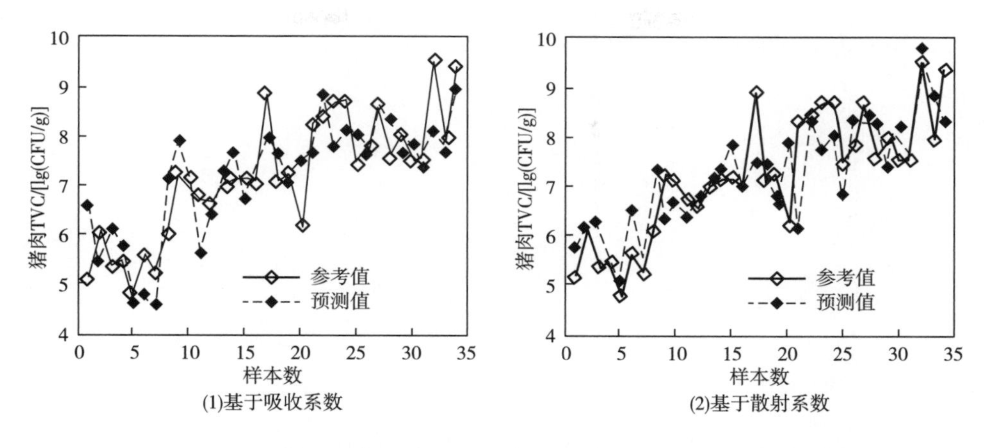

图 11.13　基于吸收系数μ_a和散射损失系数μ'_s的 TVC 预测结果

研究表明，作为一种预测鸡肉新鲜度的方法，短波近红外光谱（400～1000nm）可以检测 pH、TVB－N、嗜中性细菌等。413，426，449，460，473，480，499，638，942，946，967，970，982nm 波长被选择用于新鲜度参数的预测。

关于光散射成像，Li 等开发了一种多光谱成像系统，用于收集 64 份猪肉样品的散射图像。使用半自动氮分析仪测定了猪肉样品的 TVB－N，使用波长为 517，550，560，580，600，760，810，910nm 的散射图像进行 TVB－N 建模。图 11.14（1）为样品在 560nm 波长下的原始散射图像，图 11.14（2）为图 11.14（1）图像的三维强度图。在图 11.14（2）中，相对灰度值表示样品散射图像区域的反射光强度。

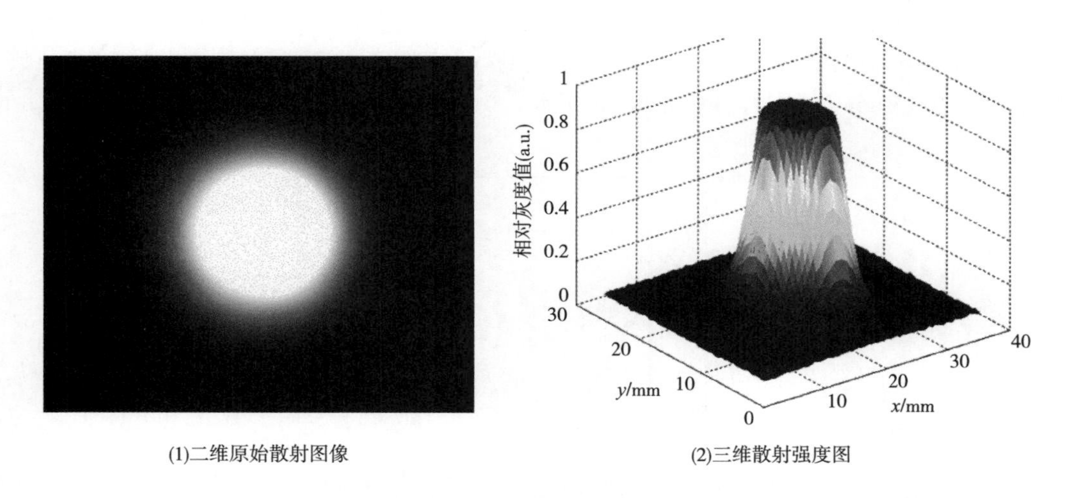

图 11.14　560nm 处的原始散射图像及其三维曲面图

为了获得散射剖面，利用二值化、腐蚀和膨胀等图像处理算法来寻找重心。然后将散射图像分割成相同带宽为 1～2 像素的同心圆。以同心圆的半径为横坐标（x），以同心圆的灰度值为纵坐标（y），最终得到各图像的散射剖面。利用上述四参数 LD 函数拟合各波长处的散射剖面。基于 LD 函数的四个拟合参数，结合所选波长的平均灰度值，建立了 TVB－N 预测模型。实测 TVB－N 值与预测 TVB－N 值的相关系数为 0.93，预测标准误差为 1.68mg/100g（图 11.15）。

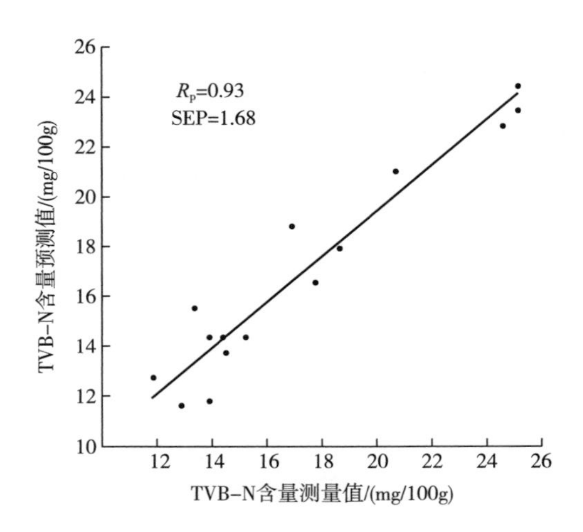

图 11.15　TVB－N 实测值与预测值的相关性

11.3.3　大肠杆菌污染

高光谱散射技术被应用于检测猪肉中的大肠杆菌污染。在这项研究中，采用三个参数的 LD 函数拟合散射剖面。结果表明，基于参数 a 的 MLR 模型的 R_p 值较高，为 0.877。

在进一步的研究中，Tao 和 Peng 指出，修正后的四参数冈帕茨分布函数［式（11.4）］能够准确地拟合猪肉在 400～1100nm 的高光谱散射剖面。实际散射剖面与冈帕茨函数拟合剖面在 550nm 处的对比如图 11.16 所示。

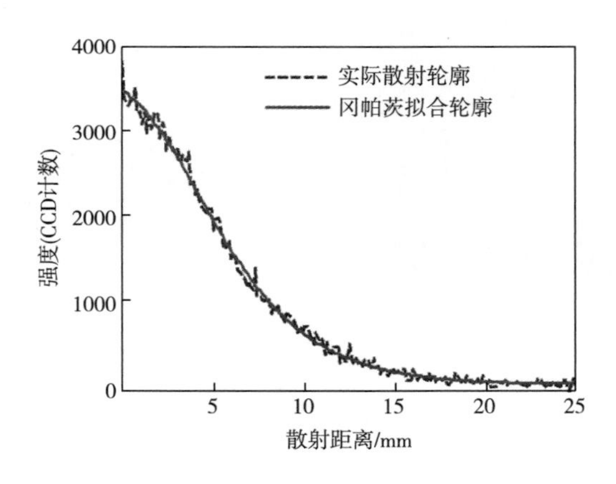

图 11.16　修正冈帕茨函数［式（11.4）］在 550nm 处拟合结果

采用逐步判别法确定参数 α、β、ε、δ 的最优变量组合。确定了基于冈帕茨分布函数参数建立 MLR 模型的最佳波长，基于这些波长为预测大肠杆菌污染建立了对应 α、ε 和 δ 参数的 MLR 模型。另外，也建立了四参数组合的大肠杆菌预测模型。根据相关系数的降序确定了625，754，791，829，865，868nm 波长。样品校正集和验证集的大肠杆菌预测结果如表 11.3 所示。模型对 α、β、ε、δ 四个冈帕茨参数组合的校正集和验证集结果如图 11.17 所示。

表 11.3　用冈帕茨参数建立的 MLR 大肠杆菌污染预测模型校正集和预测集结果

冈帕茨参数	校正集		预测集	
	R_c	SEC	R_p	SEP
α	0.89	0.84	0.83	1.02
β	0.92	0.73	0.86	0.88
ε	0.95	0.58	0.92	0.66
[α，β，ε，δ]	0.99	0.27	0.94	0.64

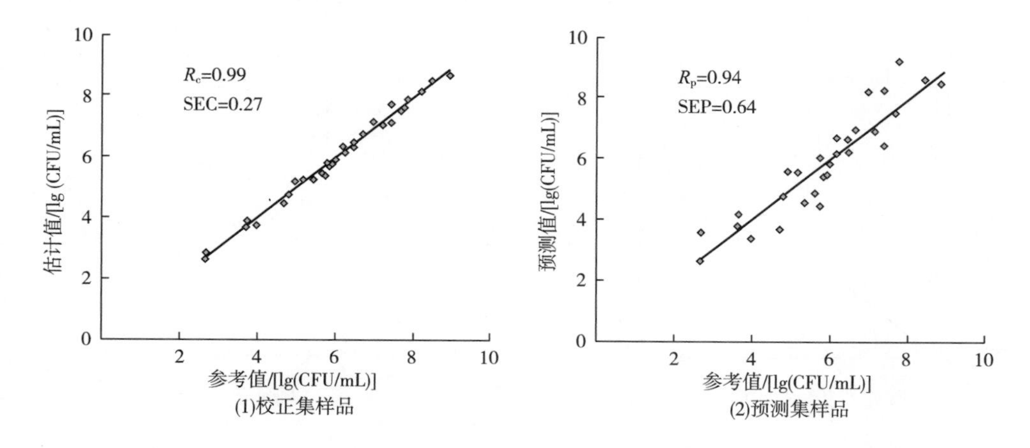

图 11.17　结合冈帕茨参数 [α，β，ε，δ] [式（11.4）] 的 MLR 模型大肠杆菌污染预测结果

11.3.4　估算货架期

基于肉类加工过程中变量预测货架期的模型已经引起了肉类行业的关注。鲜肉制品货架期的长短受到多种因素的影响，包括品种差异和肌纤维类型，外界因素如饮食习惯和环境压力，加工后贮藏条件如时间、温度、包装内气体等。表明鲜肉产品超过保质期的特征包括：肌红蛋白氧化引起的颜色恶化、脂质氧化引起的酸败和微生物变质。猪肉行业使用 pH 来区分产品的不同质量。因此，在长时间运输过程中，pH 对货架期的影响非常重要。pH 下降的速度和程度对肉类的货架期和食用质量有很大的影响。肉类的含水量也会影响其保质期。微生物的生长和质地的丧失都会影响肉类及其制品的货架期。

菌落总数还可以作为一个实用的指标来预测生肉的货架期，并辨别生肉在贮存期间的变质情况。菌落总数（TVC）、假单胞菌（*Pseudomonas* spp.）和热死环丝菌（*Brochothrix thermosphacta*）是需氧贮藏过程中测定肉类微生物质量和新鲜程度的重要参数。

基于食品中微生物的生长规律，通过试验确定肉类细菌污染的自然变化趋势模型，根据趋势模型可从肉类样品的细菌污染预测值估算出肉类样品的剩余货架期。

光散射成像技术是预测肉类货架期的有效手段。在最近的一项研究中，从54个猪肉样本中采集了高光谱散射图像。细菌总数按照传统标准平板计数法进行计数。利用四参数冈帕茨函数精确地拟合了各个波长的散射剖面。支持向量机对于有限样本具有很好的泛化能力。利用支持向量机建立了两种微生物指标的预测模型。将总样本随机分为两组：随机选取40个样本作为训练集，其余14个样本作为验证集。使用验证集样本对SVM模型进行验证。冈帕茨参数δ对TVC和假单胞菌的预测效果优于其他三个参数，得到R_p为0.88和0.92，SEP为0.85和0.92。比较分析表明，多参数组合［a，β，ε，δ］对菌落总数和假单胞菌的预测效果均优于单独使用冈帕茨参数，得到了R_p为0.91和0.92，SEP为0.91和0.88。图11.18为支持向量机模型对两个货架期参数的预测结果。

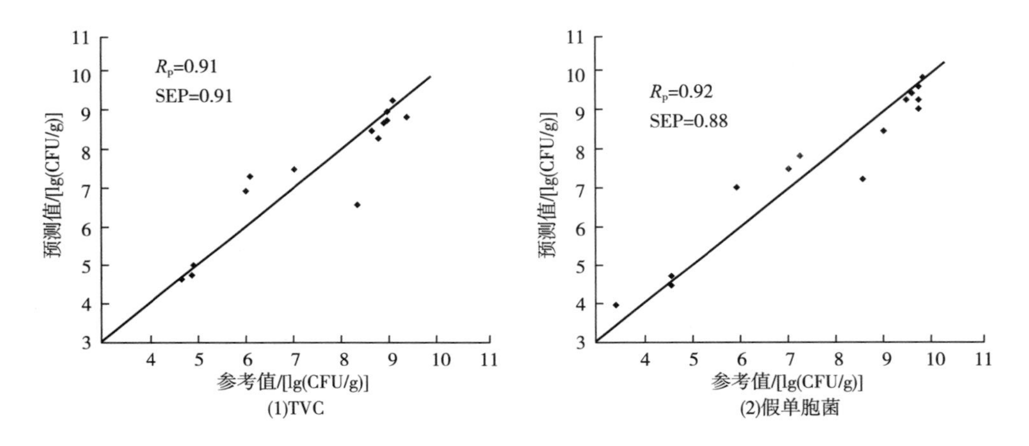

图11.18 结合冈帕茨参数［α，β，ε，δ］的支持向量机模型对猪肉腐败属性的预测结果

冈帕茨函数被广泛用于描述生物生长。作为一种经验性的细菌生长函数，冈帕茨模型［式（11.6)］作为一种关于贮存时间的函数，用于预测货架期。

$$B = p + qe^{-e^{-k(t-m)}} \tag{11.6}$$

式中 B——肉类的菌落总数（TVC）或假单胞菌数

t——贮存时间

p——细菌的初始数量

q——细菌生长的渐近值

k——细菌的最大生长速率

m——最大生长速率下的贮存时间，$k \times m$表示细菌的生长能力

对菌落总数和假单胞菌的微生物生长数据进行非线性回归分析拟合，结果如图11.19所示。通常，菌落总数与假单胞菌（*Pseudomonas* spp.）的相关性较好。这两种方法都可以用来确定肉类的货架期。

如果可以通过光学散射法获得肉类样品的菌落总数，则可以预测肉类的剩余货架

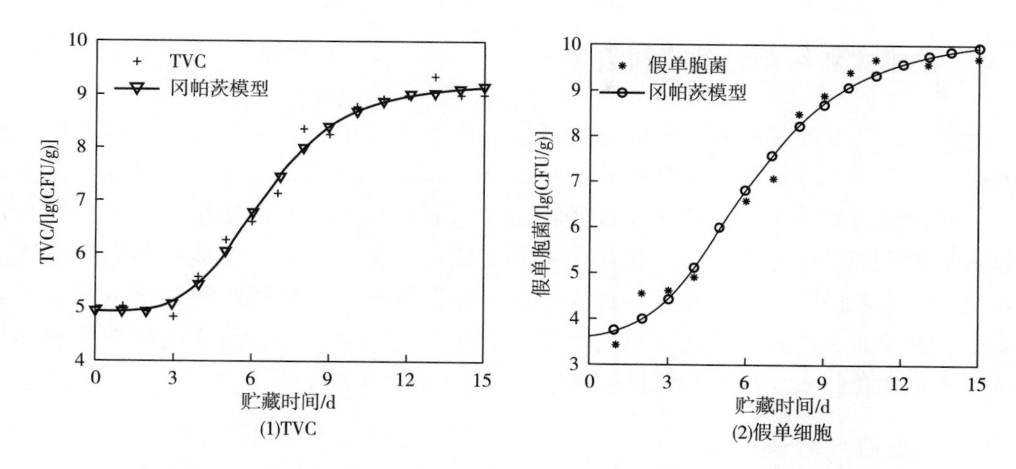

图 11.19　用冈帕茨模型［式（11.6）］拟合的菌落总数和假单胞菌在4℃的生长曲线

期（图 11.20）。例如某一种猪肉的货架期的菌落总数安全限值（表示为 B_e），取决于工业肉类安全标准。货架期的结束时间为 t_e，t_e可以根据式（11.6）计算得出。如果用光散射法预测 i 个猪肉样品的菌落总数值为 B_i，则从式（11.6）反推得到猪肉的贮藏时间 t_i。此外，可以根据式（11.7）预测肉的剩余货架期（T）：

$$T = t_e - t_i = t_e - \left\{ m - \frac{1}{k}\ln\left[-\ln\frac{1}{q}(B_i - p)\right]\right\} \tag{11.7}$$

式中　T——剩余货架期

B_i——用光散射法预测 i 个猪肉样品的 TVC 值

t_i——猪肉样品贮藏时间

t_e——货架期结束时间

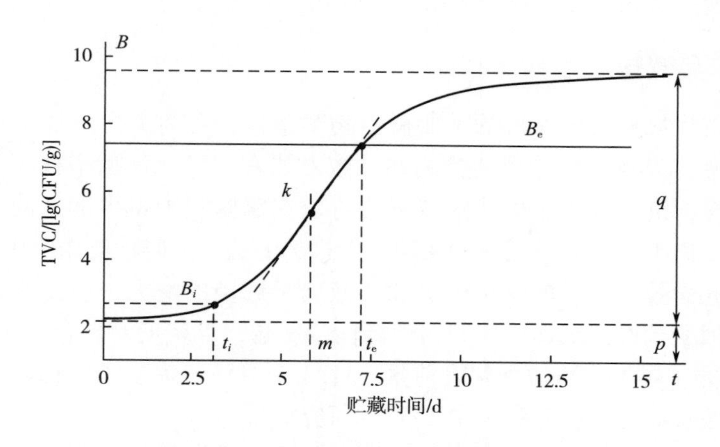

图 11.20　根据 TVC 预测肉类剩余货架期

11.4 便携式和可移动的样机设备

近年来，光学无损检测技术的进步促进了肉类工业中一些可商业化检测设备的开发和使用。最近，分析光谱设备公司（Boulder，CO）与美国农业部（USDA）合作开发了一种在线近红外系统，用于实时预测加工过程中肉类产品的嫩度。此外，美国农业部农业研究服务中心还开发了高光谱和多光谱成像系统，用于在线检测家禽尸体上的污染物。编者的实验室开发了一种无损实时检测系统，可以同时评估猪肉的多种品质参数，此系统正在被中国的一家肉类加工公司使用。以下将介绍实用便携式和移动式光谱散射成像仪器应用方面的最新进展。

11.4.1 新鲜度检测设备

编者实验室研发了一种基于多光谱散射成像技术的检测肉类新鲜度的便携设备。设备由一个光源、一个图像采集单元、显示单元和计算机数据处理单元组成。图像采集单元包含一个高性能的可见光近红外 CCD 相机、数据采集卡和八个半最大值全宽度为 10 ~ 15nm 的窄带滤波器。光源单元与稳压电源提供了稳定的可见光近红外光线。数据处理单元用于从多光谱图像中提取有效信息和实时预测肉类新鲜度。

该设备体积小，可以方便地带到使用现场。便携式新鲜度检测装置的示意图如图 11.21 所示。当样品被放置在装载台或支架上时，工作台高度会自动调整，使样品表面与相机镜头之间保持恒定距离。新鲜度由三个重要的参数来预测，包括 TVB－N、颜色（L^*，a^*，b^*）和 pH。检测速度为每个样品 4s；测量精度大于 92%。相比之下，传统的检测方法如凯氏定氮法需要 30min 左右。

便携式新鲜度检测装置性能稳定可靠，目前正在被中国某食品公司使用，具有速度快、操作方便、价格便宜、设备灵活、节省人力等优点。

11.4.2 菌落总数检测设备

作为肉类卫生质量安全评价的重要微生物学指标，在肉类生产加工过程中必须进行菌落总数检测。肉类细菌总数的检测和计数方法有多种，包括平板培养法、ATP 生物荧光法和聚合酶链反应法。虽然这些方法可以在实验室中得出准确的结果，但是耗时费力。因此，肉类加工业急需一种快速、无损的方法来实时检测肉类中的细菌污染。

虽然许多光学技术已经展示出检测和计数肉类细菌的潜力，但目前在工业上的应用很少。光散射受到肉的结构特性和物理特性的影响，如密度、颗粒大小和肌肉结构，在预测肉类品质（如 TVC）方面很有前景。11.3.1 节已经提出了利用高光谱散射成像结合冈帕茨函数快速无损检测猪肉中 TVC 的研究成果。

实验室研发了 TVC 检测装置。硬件主要包括图像采集、高度调节、运动控制系统，如图 11.22（1）所示。

该散射图像采集系统主要由高性能 CCD 相机（SensiCam QE，The Cooke Corp.，now PCO－Tech Inc.，Romulus，MI）及其控制单元——一个光谱范围在 400 ~ 1100nm

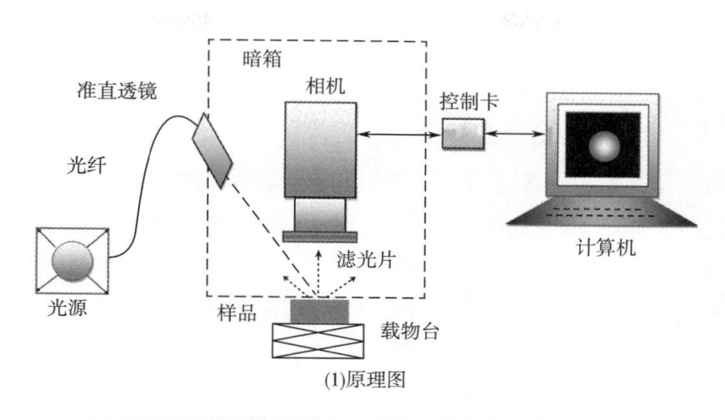

(1)原理图

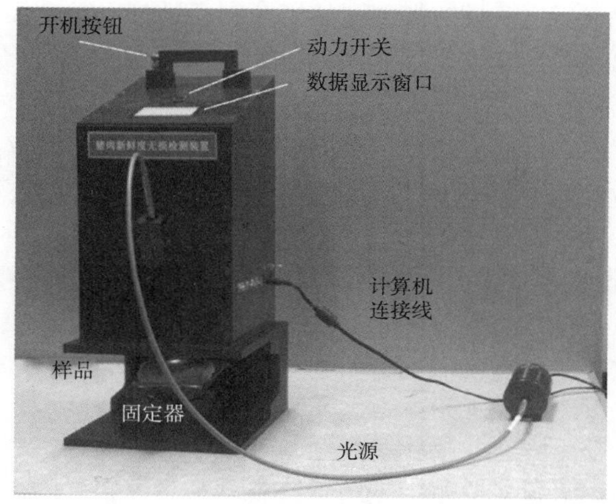

(2)装置实物图

图 11.21　便携式肉类新鲜度检测装置

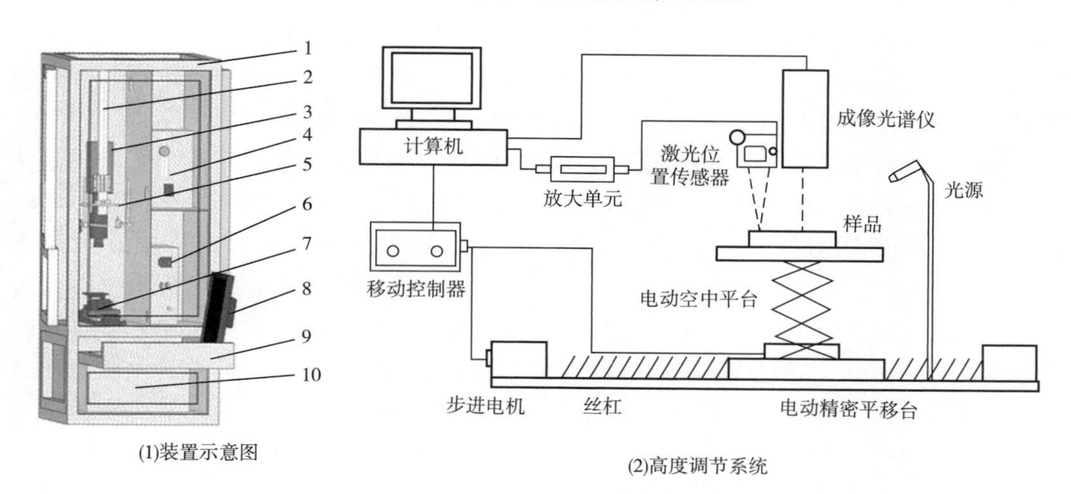

(1)装置示意图

(2)高度调节系统

1—暗箱　2—立柱　3—高光谱成像单元　4—光源　5—传感器支架
6—控制接口　7—位移平台　8—计算机显示器　9—显示器安装支架　10—计算机主机

图 11.22　肉类 TVC 检测装置

的成像摄谱仪（ImSpector V10E，Spectral Imaging Ltd.，Oulu，Finland）组成，光源由石英钨卤素灯（Oriel Instruments，Irvine，CA）以及一个垂直位置的传感器支架组装而成。

为了减少测量误差，使用位置传感器使样品自动保持与镜头之间 25cm 的距离，使样品与光源之间保持 15cm 的距离。高度调节系统示意图如图 11.22（2）所示。

运动控制单元由电动精密平移台和电动天线平台组成，控制步进电机实现多点测量。电动天线平台上安装的电动精密平移台用于调整样品的高度。样品通过步进电机以恒定的速度上下移动，在信号采集时静止。

用于检测肉类菌落总数的软件通过软件触发光谱仪进行数据采集、保存等操作。样品光谱数据采集完成后，利用四参数冈帕茨分布函数拟合单个波段（400～1100nm）的散射剖面。软件自动显示样本的菌落总数预测结果，使用基于冈帕茨参数建立的特征波长 MLR 预测模型。

采用 Microsoft VS 2010 语言和 MATLAB 数据处理平台混合编程，设计了检测软件，程序可移植。该系统可以用于快速、实时的检测。软件操作简单，通用性强，可以在 MATLAB 中实现。

在屠宰场进行的试验表明，该系统具有良好的用户友好性和较高的检测精度（≥90%）、较低的相对误差（<4%）、较高的速度（每秒 1～3 个样本）和良好的可靠性。菌落总数检测装置在肉类行业的质量检测和控制中起着重要的作用。

11.5 小结

本章综述了光谱散射成像技术在肉类质量和安全检测中的原理、方法和技术；介绍了高光谱和多光谱散射技术在多种肉类质量和安全属性检测中的应用；提出了几种基于光谱散射成像的检测原型，讨论了它们的主要特点和潜在的商业应用。

尽管光谱散射技术已经取得了很大的进展，但在肉类质量和安全的在线分析中仍然面临着许多技术难题。首先，由于样品的厚度是不同的，检测探头与样品之间的距离会影响预测结果。在成像过程中保持样品的距离恒定非常重要。该问题可以通过硬件自动调整探测器或样品的位置解决，也可以通过软件对原始光谱信号进行校正解决。其次，样本表面特征影响预测结果。由于样品形状不规则、表面凹凸不平，原始光谱信号需要进行校正。解决这一问题的方法之一是从不同方向补充对称光来减少由表面不规则造成的光谱信号失真。此外，肉类结构参数，如肌肉结构的空间变化、肌肉的类型和走向等，也对预测结果的准确性和可靠性有不利影响。最后，光学元件的光学特性（如照相机、摄谱仪、光源、物镜等）可能因系统而异，这意味着从一个特定系统开发的预测模型不能转移到另一个系统中使用。只要通过合适的方法解决这些问题，光散射成像技术在肉类工业中的应用将具有光明的前景。

为了满足肉类商品检测的需求，应加强硬件和软件的改进，以便使用移动设备对肉类进行品质和安全评估。对于特定的应用，高光谱散射成像系统首先应确定最佳波长，然后将其用于多光谱散射成像系统，以实现快速的图像获取和处理。随着研究和开发的深入，散射成像技术可以成为实时检测肉类品质和安全的最重要技术之一。

致谢

感谢美国国家公益性农业科学研究专项资金（项目编号 No. 201003008）和中国国家科技支撑计划（项目编号 No. 2012BAH04B00）为本章相关研究提供的资金支持。

参考文献

[1] Antoniewski, M. N. , and S. A. Barringer. Meat shelf - life and extension using collagen/gelatin coatings: A review. Critical Reviews in Food Science and Nutrition, 2010, 50 (7): 644 -653.

[2] Barbin, D. F. , G. ElMasry, D. -W. Sun, P. Allen, and N. Morsy. Non - destr-uctive assessment of microbial contamination in porcine meat using NIR hyperspectral imaging. Innovative Food Science and Emerging Technologies, 2013, 17: 180 -191.

[3] Barbin, D. F. , C. M. Kaminishikawahara, A. L. Soares, I. Y. Mizubuti, M. Grespan, M. Shimokomaki, and E. Y. Hirooka. Prediction of chicken quality attributes by near infrared spectroscopy. Food Chemistry, 2015, 168: 554 -560.

[4] Bhowmick, A. R. , and S. Bhattacharya. A new growth curve model for biological growth: Some inferential studies on the growth of Cirrhinus mrigala. Mathematical Biosciences, 2014, 254: 28 -41.

[5] Cen, H. , R. Lu, and K. Dolan. Optimization of inverse algorithm for estimating the optical properties of biological materials using spatially resolved diffuse reflectance. Inverse Problems in Science and Engineering, 2010, 18 (6): 853 -872.

[6] Cen, H. , R. Lu, F. Mendoza, and R. M. Beaudry. Relationship of the optical absorption and scattering properties with mechanical and structural properties of apple tissue. Postharvest Biology and Technology, 2013, 85: 30 -38.

[7] Chao, K. , C. -C. Yang, M. S. Kim, and D. E. Chan. High throughput spectral imaging system for wholesomeness inspection of chicken. Applied Engineering in Agriculture, 2008, 24 (4): 475 -485.

[8] Cheng, J. H. , D. -W. Sun, X. A. Zeng, and H. B. Pu. Non - destructive and rapid determination of TVB -N content for freshness evaluation of grass carp (Ctenopharyngodon idella) by hyperspectral imaging. Innovative Food Science Emerging Technologies, 2014, 21: 179 -187.

[9] Cluff, K. , G. K. Naganathan, J. Subbiah, R. Lu, C. R. Calkins, and A. Samal. Optical scattering in beef steak to predict tenderness using hyperspectral imaging in the VIS - NIR region. Sensory and Instrumentation for Food Quality, 2008, 2: 189 -196.

[10] Cluff, K. , G. K. Naganathan, J. Subbiah, A. Samal, and C. R. Calkins. Optical scattering with hyperspectral imaging to classify longissimus dorsi muscle based on beef

tenderness using multivariate modeling. Meat Science, 2013, 95: 42 – 50.

[11] Dale, L. M., A. Thewis, C. Boudry, I. Rotar, P. Dardenne, V. Baeten, and J. A. F. Pierna. Hyperspectral imaging applications in agriculture and agro – food product quality and safety control: A review. Applied Spectroscopy Reviews, 2013, 48 (1/4): 142 – 159.

[12] Davis, C. C. Lasers and Electro – Optics: Fundamentals and Engineering. New York, NY: Cambridge University Press, 1996.

[13] Dissing, B. S., O. S. Papadopoulou, C. Tassou, B. K. Ersbøll, J. M. Carstensen, E. Z. Panagou, and G. – J. Nychas. Using multispectral imaging for spoilage detection of pork meat. Food and Bioprocess Technology, 2013, 6 (9): 2268 – 2279.

[14] Ellis, D. I., D. Broadhurst, D. B. Kell, J. J. Rowland, and R. Goodacre. Rapid and quantitative detection of the microbial spoilage of meat by Fourier transform infrared spectroscopy and machine learning. Applied and Environmental Microbiology, 2002, 68 (6): 2822 – 2828.

[15] ElMasry, G., D. F. Barbin, D. W. Sun, and P. Allen. Meat quality evaluation by hyperspectral imaging technique: An overview. Food Science and Nutrition, 2012a, 52 (8): 689 – 711.

[16] ElMasry, G., D. W. Sun, and P. Allen. Non – destructive determination of water holding capacity in fresh beef by using NIR hyperspectral imaging. Food Research International, 2011, 44 (9): 2624 – 2633.

[17] ElMasry, G., D. W. Sun, and P. Allen. Near – infrared hyperspectral imaging for predicting colour, pH and tenderness of fresh beef. Journal of Food Engineering, 2012b, 110: 127 – 140.

[18] Farrell, T. J., M. S. Patterson, and B. Wilson. A diffusion – theory model of spatially resolved steady – state diffuse reflectance for the noninvasive determination of tissue optical properties in vivo. Medical Physics, 1992, 19: 879 – 888.

[19] Fekedulegn, D., M. P. Mac Siurtain, and J. J. Colbert. Parameter estimation of nonlinear growth models in forestry. Silva Fennica, 1999, 33 (4): 327 – 336.

[20] Feng, Y. – Z., and D. – W. Sun. Determination of total visible count (TVC) in chicken breast fillets by near – infrared hyperspectral imaging and spectroscopic transforms. Talanta, 2013, 105: 244 – 249.

[21] Forrest, J. C., M. T. Morgan, C. Borggaard, A. J. Rasmussen, B. L. Jespersen, and J. R. Andersen. Development of technology for the early post mortem prediction of water holding capacity and drip loss in fresh pork. Meat Science, 2000, 55 (1): 115 – 122.

[22] Grau, R., A. J. Sanchez, J. Giron, E. Iborra, A. Fuentes, and J. M. Barat. Nondestructive assessment of freshness in packaged sliced chicken breast using SW – NIR spectroscopy. Food Research International, 2011, 44 (1): 331 – 337.

[23] Holmer, S. F., R. O. McKeith, D. D. Boler, A. C. Dilger, J. M. Eggert, D. B. Petry, F. K., McKeith, K. L. Jones, and J. Killefer. The effect of pH on shelf – life of pork during

aging and simulated retail display. Meat Science, 2009, 82 (1): 86 –93.

[24] Iqbal, A. , D. – W. Sun, and P. Allen. Prediction of moisture, color and pH in cooked, presliced turkey hams by NIR hyperspectral imaging system. Journal of Food Engineering, 2013, 117 (1): 42 –51.

[25] Kamruzzaman, M. , G. ElMasry, D. W. Sun, and P. Allen. Prediction of some quality attributes of lamb meat using near – infrared hyperspectral imaging and multivariate analysis. Analytica Chimica Acta, 2012, 714: 57 –67.

[26] Khamis, A. , Z. Ismail, K. Haron, and A. T. Mohammed. Nonlinear growth models for modeling oil palm yield growth. Journal of Mathematics and Statistics, 2005, 1 (3): 225 –233.

[27] Kim, M. S. , K. Chao, D. E. Chan, W. Jun, A. M. Lefcourt, S. R. Delwiche, S. Kang, and K. Lee. Line – scan hyperspectral imaging platform for agro – food safety and quality evaluation: System enhancement and characterization. Transactions of the ASABE, 2011, 54 (2): 703 –711.

[28] Kreyenschmidt, J. , A. Hübner, E. Beierle, L. Chonsch, A. Scherer, and B. Petersen. Determination of the shelf life of sliced cooked ham based on the growth of lactic acid bacteria in different steps of the chain. Journal of Applied Microbiology, 2010, 108: 510 – 520.

[29] Lawrence, K. C. , W. R. Windham, B. Park, and R. J. Buhr. Hyper-spectral imaging system for identification of faecal and ingesta contamination on poultry carcasses. Journal of Near Infrared Spectroscopy, 2003, 11: 261 –281.

[30] Li, C. , Y. Peng, X. Tang, and A. Sasao. A portable system for prediction of pork freshness parameters using multispectral imaging technology. ASABE Annual International Meeting, Paper No. 1587037, Kansas City, MO, 2013.

[31] Li, C. , Y. Peng, W. Wang, and X. Tang. Device for nondestructive detection system of pork freshness based on multispectral imaging technology. Transactions of the Chinese Society for Agricultural Machinery, 2012, 43 (S1): 202 –206.

[32] Li, Y. , L. Zhang, Y. Peng, X. Tang, K. Chao, and S. Dhakal. Hyperspectral imaging technique for determination of pork freshness attributes. SPIE/Defense, Security and Sensing, Sensing for Agriculture and Food Quality and Safety, Paper No. 8027 – 16, Orlando, FL, 2011.

[33] Liao, Y. , Y. Fan, and F. Cheng. On – line prediction of pH values in pork using visible/near – infrared spectroscopy with wavelet de – noising and variables selection methods. Journal of Food Engineering, 2012, 109 (4): 668 –675.

[34] Lin, H. , J. Zhao, Q. Chen, and Y. Zhang. Rapid detection of total viable count (TVC) in pork meat by hyperspectral imaging. Food Research International, 2013, 54: 821 –828.

[35] McDonald, K. , and D. W. Sun. Predictive food microbiology for the meat industry: A review. International Journal of Food Microbiology, 1999, 52: 1 –27.

[36] Naganathan, G. K. , L. M. Grimes, J. Subbiah, C. R. Calkins, A. Samal, and

G. E. Meyer. Partial least squares analysis of near – infrared hyperspectral images for beef tenderness prediction. Sensing and Instrumentation for Food Quality and Safety, 2008, 2 (3): 178 – 188.

[37] Panagou, E. Z. , O. Papadopoulou, J. M. Carstensen, and G. – J. E. Nychas. Potential of multispectral imaging technology for rapid and non – destructive determination of the microbiological quality of beef filets during aerobic storage. International Journal of Food Microbiology, 2014, 174: 1 – 11.

[38] Papadopoulou, O. , E. Z. Panagou, C. C. Tassou, and G. – J. E. Nychas. Contribution of Fourier transform infrared (FTIR) spectroscopy data on the quantitative determination of minced pork meat spoilage. Food Research International, 2011, 44 (10): 3264 – 3271.

[39] Pedersen, D. K. , S. Morel, H. J. Andersen, and S. B. Engelsen. Early prediction of water – holding capacity in meat by multivariate vibrational spectroscopy. Meat Science, 2003, 65 (1): 581 – 592.

[40] Peng, Y. , and R. Lu. Modeling multispectral scattering profiles for prediction of apple fruit firmness. Transactions of the ASABE, 2005, 48 (1): 235 – 242.

[41] Peng, Y. , and R. Lu. Prediction of apple fruit firmness and soluble solids content using characteristics of multispectral scattering images. Journal of Food Engineering, 2007, 82 (2): 142 – 152.

[42] Peng, Y. , and W. Wang. Prediction of pork meat total viable bacteria count using hyperspectral imaging system and support vector machines. Food Processing Automation Conference, Paper No. 701P0508, Reno, NV. , 2008.

[43] Peng, Y. , J. Wu, and J. Chen. Prediction of beef quality attributes using hyperspectral scattering imaging technique. ASABE Annual International Meeting, Paper No. 096424, Reno, NV. , 2009a.

[44] Peng, Y. , J. Zhang, W. Wang, Y. Li, J. Wu, H. Huang, X. Gao, and W. Jiang. Poten-tial prediction of the microbial spoilage of beef using spatially resolved hyperspectral scattering profiles. Journal of Food Engineering, 2011, 102 (2): 163 – 169.

[45] Peng, Y. , J. Zhang, J. Wu, and H. Hang. Hyperspectral scattering profiles for prediction of the microbial spoilage of beef. SPIE/Defense, Security and Sensing, Paper No. 7315 – 25, Orlando, FL. , 2009b.

[46] Phongpa – Ngan, P. , S. E. Aggrey, J. H. Mulligan, and L. Wicker. Raman spectroscopy to assess water holding capacity in muscle from fast and slow growing broilers. LWT—Food Science and Technology, 2014, 57: 696 – 700.

[47] Qiao, J. , N. Wang, M. O. Ngadi, A. Gunenc, M. Monroy, C. Gariépyb, and S. O. Prasher. Prediction of drip – loss, pH, and color for pork using a hyperspectral imaging technique. Meat Science, 2007, 76 (1): 1 – 8.

[48] Qin, J. , and R. Lu. Measurement of the absorption and scattering properties of turbid liquid foods using hyperspectral imaging. Applied Spectroscopy, 2007, 61 (4): 388 – 396.

[49] Qin, J. , and R. Lu. Measurement of the optical properties of fruits and vegetables

using spatially resolved hyperspectral diffuse reflectance imaging technique. Postharvest Biology and Technology, 2008, 49: 355 – 365.

[50] Qin, J. W., K. L. Chao, M. S. Kim, R. Lu, and T. F. Burks. Hyperspectral and multispectral imaging for evaluating food safety and quality. Journal of Food Engineering, 2013, 118: 157 – 171.

[51] Raab, V., S. Bruckner, E. Beierle, Y. Kampmann, B. Petersen, and J. Kreyenschmidt. Generic model for the prediction of remaining shelf life in support of cold chain management in pork and poultry supply chains. Journal on Chain and Network Science, 2008, 8: 59 – 73.

[52] Shackelford, S. D., T. L. Wheeler, D. A. King, and M. Koohmaraie. Field testing of a system for online classification of beef carcasses for longissimus tenderness using visible and near – infrared reflectance spectroscopy. Journal of Animal Science, 2012, 90: 978 – 988.

[53] Song, Y., Y. Peng, H. Guo, L. Zhang, and J. Zhao. A method for assessing the total viable count of fresh meat based on hyperspectral scattering technique. Spectroscopy and Spectral Analysis, 2014, 34 (3): 741 – 745.

[54] Stanbridge, L. H., and A. R. Davies. The microbiology of meat and poultry. In Davies, A., and R. Board (eds.), The Microbiology of Chill Stored Meat. London: Blackie Academic & Professional. 1998: 174 – 219.

[55] Tao, F. Study on the rapid and nondestructive detection methods and antimicrobial delivery for the bacterial contamination of pork. The PhD thesis of China Agricultural University, May, 2013, No. B10209185, Beijing, China, 2013.

[56] Tao, F., and Y. Peng. A method for nondestructive prediction of pork meat quality and safety attributes by hyperspectral imaging technique. Journal of Food Engineering, 2014, 126: 98 – 106.

[57] Tao, F., and Y. Peng. A nondestructive method for prediction of total viable count in pork meat by hyperspectral scattering imaging. Food Bioprocess Technology, 2015, 8: 17 – 30.

[58] Tao, F., Y. Peng, and Y. Li. Detection of bacterial contamination of pork using hyperspectral scattering technique. ASABE Annual International Meeting, Paper No. 1110805, Louisville, KY., 2011.

[59] Tao, F., Y. Peng, Y. Li, K. Chao, and S. Dhakal. Simultaneous determi-nation of tenderness and Escherichia coli contamination of pork using hyperspectral scattering technique. Meat Science, 2012a, 90: 851 – 857.

[60] Tao, F., Y. Peng, Y. Song, H. Guo, and K. Chao. Improving prediction of total viable counts in pork based on hyperspectral scattering technique. SPIE/Defense, Security and Sensing, Sensing for Agriculture and Food Quality and Safety, Paper No. 8369 – 9, Baltimore, MD., 2012b.

[61] Tao, F., X. Tang, Y. Peng, and S. Dhakal. Classification of pork quality characteristics by hyperspectral scattering technique. ASABE Annual International Meeting, Paper

No. 121341184, Dallas, TX., 2012c.

[62] Tao, F., W. Wang, L. Y. Li, Y. Peng, J. Wu, J. Shan, and L. Zhang. A rapid nondestructive measurement method for assessing the total plate count on chilled pork surface. Spectroscopy and Spectral Analysis, 2010, 30 (12): 3405 - 3409.

[63] Tuchin, V. V. Tissue image contrasting using optical immersion technique. Biomedical Photonics and Optoelectronic Imaging, Proceedings of SPIE, 2000, 4224: 351 - 365.

[64] Wang, W., Y. Peng, H. Huang, and J. Wu. Application of hyperspectral imaging technique for the detection of total viable bacteria count in pork. Sensor Letters, 2011, 9: 1 - 7.

[65] Wang, W., Y. Peng, and J. Wu. Prediction of pork water - holding capacity using hyperspectral scattering technique. ASABE Annual International Meeting, Paper No. 1008571, Pittsburgh, PA., 2010a.

[66] Wang, W., Y. Peng, and X. Zhang. Study on modeling method of total viable count of fresh pork meat based on hyperspectral imaging system. Spectroscopy and Spectral Analysis, 2010b, 30 (2): 411 - 415.

[67] Wu, D., and D. W. Sun. Advanced applications of hyperspectral imaging technology for food quality and safety analysis and assessment: A review—Part II: Applications. Innovative Food Science and Emerging Technologies, 2013, 19: 15 - 28.

[68] Wu, J., Y. Peng, J. Chen, W. Wang, X. Gao, and H. Huang. Study of spatially resolved hyperspectral scattering images for assessing beef quality charact-eristics. Spectroscopy and Spectral Analysis, 2010, 30 (7): 1815 - 1819.

[69] Wu, J., Y. Peng, Y. Li, W. Wang, J. Chen, and S. Dhakal. Prediction of beef quality attributes using VIS/NIR hyperspectral scattering imaging technique. Journal of Food Engineering, 2012, 109 (2): 267 - 273.

[70] Xia, J. J., E. P. Berg, J. W. Lee, and G. Yao. Characterizing beef muscles with optical scattering and absorption coefficients in VIS - NIR region. Meat Science, 2007, 75: 78 - 83.

[71] Xiong, Z., D. W. Sun, X. A. Zeng, and A. Xie. Recent developments of hyperspectral imaging systems and their applications in detecting quality attributes of red meats: A review. Journal of Food Engineering, 2014, 132: 1 - 13.

[72] Zhang, H., Y. Peng, W. Wang, S. Zhao, and S. Dhakal. Nondestructive real - time detection system for assessing main quality parameters of fresh pork. Transactions of the Chinese Society for Agricultural Machinery, 2013, 44 (4): 147 - 151.

[73] Zhang, L., Y. Li, Y. Peng, W. Wang, F. Tao, and J. San. Determination of pork freshness attributes by hyperspectral imaging technique. Transactions of the CSAE, 2012, 28 (7): 254 - 259.

[74] Zhang, L., Y. Peng, S. Dhakal, Y. Song, J. Zhao, and S. Zhao. Rapid non - destructive assessment of pork edible quality by using VIS/NIR spectroscopy technique. SPIE/Defense, Security and Sensing, Sensing for Agriculture and Food Quality and Safety, Paper No. 8721 -

6, Baltimore, MD., 2013a.

[75] Zhang, L., Y. Peng, S. Dhakal, F. Tao, Y. Song, and S. Zhao. Spoilage detection of chilled meat during shelf life by using hyperspectral imaging technique. ASABE Annual International Meeting, Paper No. 131587037, Kansas City, MO., 2013b.

[76] Zhang, L., Y. Peng, Y. Liu, S. Dhakal, J. Zhao, and Y. Zhu. Nondestructive evaluation of chilled meat TVC by comparison between reflection and scattering spectral profiles from hyperspectral images. CIGR Section VII International Technical Symposium on Advanced Food Processing and Quality Management, Paper No. P128, November 3 - 7, Guangzhou, China. 2013c.

[77] Zhao, J., Y. Peng, H. Guo, F. Tao, and L. Zhang. Control and analysis software design of hyperspectral imaging system for detection in agricultural food quality. Transactions of the Chinese Society for Agricultural Machinery, 2014, 45 (9): 210 - 215.

[78] Zhao, J., J. Zhai, M. Liu, and J. Cai. The determination of beef tenderness using near - infrared spectroscopy. Spectroscopy and Spectral Analysis, 2006, 264: 640 - 642.

12 光散射在牛乳和乳制品加工中的应用

Czarena Crofcheck

12.1 引言

牛乳是由水、脂肪、蛋白质、乳糖、柠檬酸和无机化合物等组成的一种复杂生物流体。尽管牛乳中的每种成分均对光的散射产生一定的作用，但大部分的光散射是由乳的脂肪球和蛋白质引起的。牛乳中最主要的蛋白质是酪蛋白，它在牛乳中以颗粒状的胶束分散体（即酪蛋白胶束），的形式存在，而其余的蛋白质则为乳清蛋白。除散射效应外，脂肪球的大小和浓度对光的透射测量也会有很大的影响。

脂肪球和酪蛋白胶束对光的散射使牛乳呈现出混沌和不透明的状态。由于二者的颗粒大小、数量和光学特性（如折射率）存在差异，使得他们表现出不同的光散射特性。酪蛋白胶束的平均粒径为0.130～0.160μm；而对于未均质的牛乳，以小球形式存在的乳脂肪的粒径为0.1～10μm。由于小的酪蛋白胶束主要散射可见光的较短波长（蓝色），因此脱脂牛乳看起来略带蓝色。而较大的脂肪球会多次散射所有波长的入射光，因此全脂牛乳看起来是白色的。

脂肪球和酪蛋白胶束的表面不同，因此，其对光的散射形式也可能不同。脂肪球周围是一层薄膜，约占整个脂肪球质量的2%，这使得脂肪球的表面光滑且“坚实”。由于这层薄膜的存在，脂肪球不是简单的乳化液滴。酪蛋白胶束是由较小的亚胶束组成的（图12.1），其成分易受血清蛋白和水分子运动的影响。胶束的外表面覆盖着毛状的巨肽，因此胶束看起来像被一层“毛状”物质包裹着。

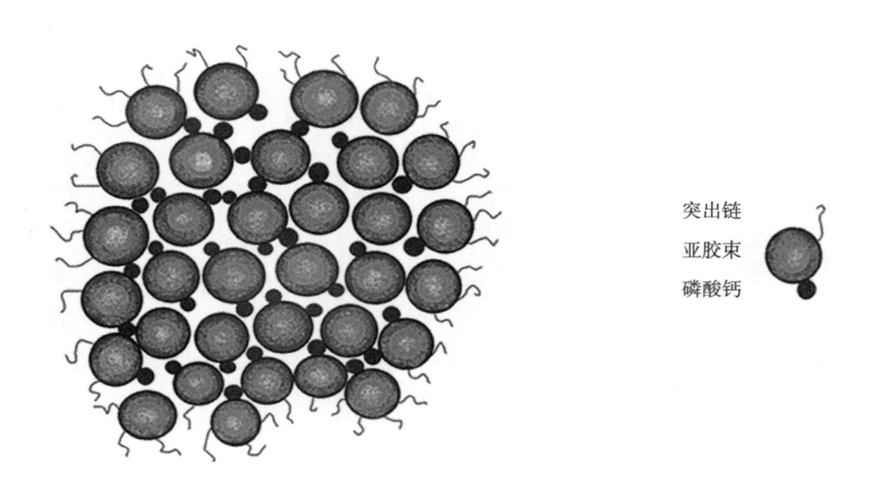

图12.1　表现为亚胶束、磷酸钙和“毛状”层突出链的酪蛋白胶束的结构

酪蛋白约占牛乳中总蛋白质含量的80%，其胶束的体积分数取决于是否考虑胶束巨肽的“毛状”层。Walstra 和 Jenness 指出，不考虑“毛状”层时的体积分数为6%，而考虑“毛状”层时的体积分数为12%。毛状层的有效厚度至少为5nm。脂肪球的体积分数约为4.2%，但该值在牛乳的标准化加工中随着脂肪量的变化而变化。酪蛋白胶束和脂肪球的密度约为10^{14}/mL 和10^{10}/mL。

12.2 光在介质中的散射

当研究混浊介质中的光散射时，光源和检测器的边界和位置是系统几何学的重要方面。目前，已经对各种边界条件，如由两个平行平面约束的介质、半无限和无限介质等进行了相关的研究。实际中，光的散射和吸收会随光源与探测器的距离和位置的变化而变化。光源和检测器可以并排放置（间隔某一距离 r），或者放置在样品的任一侧（间隔某一厚度 h），后者的方向与两个平行平面间的介质有关。

可以用点光源或柱形光束研究光的传输。通常，可以使用在所有方向上产生均匀光束的积分球产生点光源。积分球的内部覆盖有白色反射涂层，从而可以在每个方向上产生均匀的散射。而当光束为圆柱形时，可以认为光是准直的，其直接入射到样品中然后径向散射。可以利用包含光偏振变化的全散射米勒矩阵确定牛乳的其他信息。

也可用成像技术测量牛乳的主要特性参数。其中，将光谱和空间数据融合于一体的高光谱成像技术可用于测量 530 ~ 900nm 光谱范围内混浊食品的吸收特性和散射特性。

12.3 确定颗粒大小分布

目前，已经对酪蛋白胶束的大小分布进行了大量的研究。其中，光散射技术和电子显微技术是最常用的研究方法。

光的散射可以分为弹性散射和非弹性散射。弹性散射表示在散射过程中光的波长和频率没有变化，例如瑞利散射和米氏散射。非弹性散射表示在散射过程中光的波长和频率发生变化，如拉曼散射、布里渊散射和汤姆森散射。瑞利散射是微小颗粒（小于入射光波长的颗粒，例如分子或原子）对光的散射。瑞利散射在各个方向上都是均匀的，而且与波长有关。米氏散射是指组成方式不均匀的大颗粒或分子（等于或大于入射光波长）对光的散射。米氏散射与波长无关，而且散射强度与颗粒尺寸成正比。粒子尺寸越大，向前散射的光就越多于向后散射的光。拉曼散射中光子能量随分子散射而发生变化，光子能量的变化取决于分子的振动状态。如果散射的光子能量小于入射光的能量，则将该能量转移称为斯托克斯拉曼（Stokes Raman）散射。如果散射的光子能量大于入射光的能量，则将该能量转移称为反斯托克斯拉曼（Anti - Stokes Raman）散射。布里渊散射是光与物理介质中具有热激发声光子的光相互作用。汤姆森散射是自由带电粒子对电磁波的散射。以往对酪蛋白胶束粒径分布的研究均基于弹性和非弹性散射模型。

电子显微镜使用电子产生样品的放大图像，比常规光学显微镜有更高的放大倍数和分辨能力。电子从高能电子束中发射出来，穿过电磁透镜，并以 80 ~ 300kV 的加速电压冲向样品。在这个过程中，由一系列电磁透镜聚焦和控制电子束的路径。电子显微镜的分辨率与电子波长成正比。增加加速电压会减小电子波长，从而得到高分辨率图像。由于电子的散射与加速电压的速度成反比，过高的分辨率会影响图像的对比度。

电子显微镜的另一个局限性是样品受到电子辐射的频率是有限的。一小部分的辐射便会破坏化学键并迅速损伤样品，因此，高分辨率成像通常使用低剂量的电子。

最初的电子显微镜是透射电子显微镜（Transmission electron microscopy，TEM），随后研制了出各种类型的电子显微镜，其中，低温透射电子显微镜（Cryo－Transmission electron microscopy，Cryo－TEM）和扫描电子显微镜（Scanning electron microscopy，SEM）是两种广泛应用于观察生物样品的电子显微镜。Cryo－TEM 与 TEM 的操作相似，它具备创建冷冻水合样品图像的能力。将一薄膜样品平铺到电子显微镜的格栅上，并放在一个特殊的、置于液氮或氦中冷却的容器中。低温可减弱施加在样品上的电子辐射损伤，因此与 TEM 相比，Cryo－TEM 可以使用更高的加速电压拍摄更高分辨率的图像。样品的快速冷冻还能够使生物样品在其最原始的状态下成像，而无需对样品进行染色或其他处理。然而，大多数生物样品对辐射敏感，这使得图像存在较大的噪声。SEM 使用聚焦电子束以光栅扫描图案的选定点位置扫描固体样品的表面。电子与样品中原子的相互作用可产生各种检测信号，从而实现对样品表面、晶体纹理、组成和取向等的测量。可检测的信号包括二次电子、后向散射电子、衍射后向散射电子、特征 X 射线和光（阴极发光）。二次电子检测器是 SEM 中最常见的检测器，它仅次于后向散射电子检测器，用于提供样品的形貌和形态数据。后向散射检测器可以显示多相样品组成中的对比度。特征 X 射线检测器用于分析元素和测量连续 X 射线。阴极发光检测器用于检测由发光样品产生的信号。由于 SEM 是一种可选择的点扫描仪器，因此其分辨率取决于产生电子束和电子波长的系统。分辨率还受到与电子束相互作用的样品量的限制。SEM 对样品有一些特殊的操作要求。样品必须由干燥的固体材料组成，该材料应能承受高真空并能置于微小的微生物室内（最大垂直尺寸为 40mm，水平尺寸为 10cm）。样品表面必须是导电的，否则需要给样品表面涂上导电涂层，如金、金/钯、铂、铱等。另外，不能用 SEM 测量任何在低压下可能发生腐烂的样品。

在其他方法中，胶束通常使用超离心或色谱方法按颗粒大小进行分级。可以通过沉降、扩散或光散射技术测量平均粒径。在沉降实验中，可用多元回归分析确定相对分子质量的分布。通常，光散射实验得出的平均直径大于使用电子显微镜获得的值。

此外，应用分光比色法、普通显微镜、荧光显微镜、显微照相术、库尔特计数、重力分离和场流分级等方法研究了脂肪粒度的分布情况。Walstra 研究了粒度分布与均质压力的关系；Ma 和 Barbano 利用重力分离法对生乳中的脂肪球进行了分级；Attaie 和 Ritcher 使用 Coulter 粒度分析仪测量了全脂乳和脱脂乳的粒度分布；Konokhova 等利用扫描流式细胞仪测量了乳脂肪球的大小、形状和折射率。

12.4 监测成分

随着人们对在线过程控制优势的认识，对能够提供关键参数的在线监测系统的需求也就不断增加。食品加工材料的一致性和成分是检测中的重要参数，决定了原料的选择、加工方法和加工条件。监测和控制食品加工材料的一致性对产品的质量和经济效益有重大的影响。由于人们对食品质量的需求不断提高，对脂肪和蛋白质含量的测量就显得尤为重要。可通过监测食品的吸光度和散射特性开发实时、在线的传感器。

光谱分析［包括红外光、近红外光和远红外光（1100～2500nm）］已广泛地用于研究原乳和均质乳中脂肪和蛋白质的组成特征。可见光的后向散射比近红外光的散射强，因此，该方法也在一定程度上得到了应用。

散射通常会使不透明介质的光谱分析变得复杂，而散射测量也可以解释其他一些信息。在不同波长下测得的光散射量随着悬浮液中颗粒的数量和大小而变化，从而可通过不断地校准确定各成分的相对组成。Bogomolov 等利用可见光的散射（400～1000nm）定量分析了牛乳中的脂肪和蛋白质。在该研究中，多变量数据分析能够量化脂肪和蛋白质的散射光谱，并且其结果与基于米氏理论计算的结果相吻合。Dahm 假定可以将样本划分为平行平面层，并针对这些假设层的每一层计算吸收、缓释和透射，从而将散射和吸收的影响分离开。

Jankovska 和 Sustova 利用波长范围为 1000～2500nm 的傅里叶变换近红外光谱技术（FT－NIR）预测了牛乳中的脂肪、蛋白质和酪蛋白。Luginbuhl 采用波长范围为 3000～10000nm 的傅里叶变换红外光谱技术（FT－IR）预测了酪蛋白含量。这些技术的成功应用为便携式短波近红外电荷耦合器件（CCD）光谱仪测量脂肪、酪蛋白和乳清蛋白（质量百分比均方根误差为 0.06%～0.12%，相关系数为 0.82～0.89）奠定了基础。

这些技术在乳品加工方面也有具体的应用：Danao 和 Payne 利用 880nm 的光学传感器测量两种不同流体（脱脂乳或原乳，用水作为过渡）在以不同的流速通过不同长度管道时的界面和过滤时间。

12.5 监测乳酪制作过程中的牛乳凝结和脱水收缩

使用光学传感器监测和控制牛乳凝结过程中乳酪的制作过程是光散射技术的一项重要应用。在牛乳凝结中，牛乳从液体转变为凝胶并脱水收缩，乳清从凝乳中排出。选择合适的时间切割凝乳（脱脂乳经酸凝而成的凝胶）是生产高品质白干酪的一个最重要的环节。控制脱水收缩的程度在乳酪制作中也至关重要，因为它与干物质含量和所得凝乳的成分直接相关。

当光直射入牛乳中时，大部分光会向前散射或透射，而很少的光会向后散射（向入射光返回）。随着牛乳硬化成凝胶和牛乳蛋白质的交联，向后散射的光会不断增加。也就是说，随着粒子尺寸的增加，光与粒子碰撞并因此向后散射的可能性增加。如图 12.2 所示，通过一根光纤将光引导到牛乳样品中，另一根光纤用于接收向后散射的光（称为后向散射）。通过测量后向散射光的增量就可以监测凝结（或交联）程度。

目前，已经将光纤传感器用于监测牛乳酶促凝结和白干酪培养过程中后向散射的变化。当反射率变化时，这些光纤传感器就可以很好地提供所需的信息。但是，上面提到的反射率传感器的局限性在于它们的输出不是样品的物理量，而是以伏特为单位的光能的相对量，其值取决于光纤的大小、放大器的增益等。在某些情况下，可以用物理量（例如脂肪含量）对这些反射率传感器进行校准。

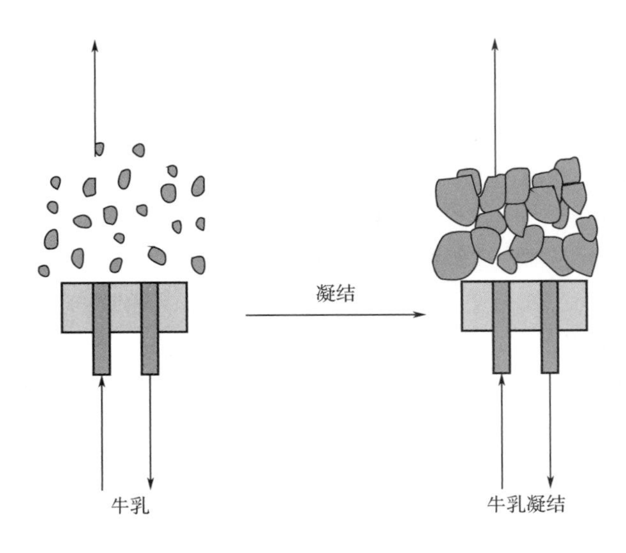

图 12.2　一个典型的后向散射传感器的方向（说明凝结前的牛乳和凝结后的牛乳凝胶中光的传输和后向散射的相对量）

目前，已经证明基于光后向散射或透射的光学传感器技术是监测牛乳凝结的成功手段。有一种基于光纤的后向散射传感器——CoAguLite，是一种成熟的、用于检测凝结和牛乳脱水收缩过程的在线传感器技术，它可以用于预测凝结和切割时间。

为了进一步改善 CoAguLite 传感器的性能，Fagan 等研发了一种在线光学传感器。相对于凝乳颗粒，该传感器具有大的视野，可以用于检测光的后向散射，以监测乳酪制作过程中的凝结和脱水收缩。结果表明，这种大视野传感器对酪蛋白胶束的聚集和凝乳的形成非常敏感，其在脱水收缩期间的响应与凝乳水分和乳清脂肪含量的变化有关。

已经将近红外光散射技术应用于监测牛乳凝结和预测牛乳混合物（牛、绵羊乳和山羊乳）的切割时间。可以使用近红外光纤后向散射传感器和小振幅振荡流变仪（SAOR）测量牛乳的凝结时间。Abdelgawad 等成功建立了预测切割时间的模型。

国际乳业联合会（International Dairy Federation，IDF）规定通过肉眼判断 Berridge 凝结时间（即在旋转的试管壁上凝结标准乳基质出现的时间）测量凝乳活性。该标准比较主观，因为其结果取决于操作员的技能，要求他们能以一致的标准识别牛乳的絮凝。使用光学方法会降低主观性并改善测量过程。Tabayehnejad 等基于 880nm 处近红外光的后向散射研究检测牛乳凝结时间的替代方法。基于该客观的光学检测方法得到的凝结时间与主观得到的 Berridge 凝结时间无显著性差异。

Lyndgaard 等基于近红外光谱（2000～2500nm）开发了一种确定自动切割时间的算法。应用主成分分析方法对整个凝结过程的数据进行了分析，结果表明牛乳凝结过程可以分为三个阶段，分别是 α－酪蛋白水解、胶束聚集和网络形成。他们构建了两个用于实时检测的模型，一个用于整个混凝过程，另一个用于复合的三个阶段。将两个模型与实验得到的近红外光谱数据进行比较，发现两个模型都与实验数据非常吻合（$R^2>0.99$），并均可作为仿真模型的第一步。

Castillo 等采用红外光后向散射和动态 SAOR 监测了白干酪的凝胶形成过程。利用近红外光后向散射传感器 CoAguLite（Reflectronics，Inc.，Lexington，Kentacky）测量了凝结过程中 880nm 处的后向散射光。该传感器由 2 根光纤组成，其中一根用于向牛乳中发射光，另一根用于将牛乳中的后向散射光传输到光电探测器。使用数据采集系统和自行开发的算法采集、保存和分析数据，分别基于反射率（R）及其一阶和二阶导数（t_{max}和 t_{2max}）确定光学时间参数。进而，使用动态 SAOR 研究温度对凝胶黏弹性的影响。通过在凝胶上施加正弦变化的应变，以及在 ThermoHaakeRS1 流变仪（ThermoHaake GMBh，Karlsruhe，Germany）中使用 Couette（库艾特）几何测量法对所产生的应力进行分析。该研究对弹性模量（G'）、黏性模量（G''）和损耗角正切（$\tan\delta = G''/G'$）的变化进行了监测。凝结时间的参考流变参数由 Rheowin 软件确定。

光的后向散射特征可解释为由酪蛋白胶束聚集、凝乳凝结和胶束的复杂结合引起的。后向散射二阶导数的第二个最小值与流变胶凝时间高度相关，但无显著差异，表明它们都与凝胶的初始状态相关。

Mateo 等采用单波长（980nm）、宽光谱和颜色坐标监测了干酪制作过程中的脱水收缩。利用在线可见 - 近红外光学传感器实现测量。基于单波长近红外和可见光光谱（颜色坐标）以及其他参数所建立的模型能成功地预测凝乳的水分含量。宽光谱在检测乳清中固形物方面具有良好的潜力。

为了预测在各种搅拌速度和切割程序下乳清的产量、凝乳的水分含量以及脂肪的损失，Mateo 等采用带有大视野的近红外反射传感器及与光谱仪连接的测量 980nm 处光后向散射的光纤在线监测乳酪制作过程中的脱水收缩。所建立的预测乳清产量（涉及光的后向散射、乳脂和剪切强度）的模型是最准确的。

Ruiz 等使用光子密度波（PDW）光谱研究了均质化鲜乳在不同温度下的乳脂融化和结晶。PDW 光谱技术是一种基于辐射传输理论的光学在线过程分析技术。通过将强的调制光（即激光二极管）插入混沌但吸收率低的材料中而产生 PDW。波的振幅和相位以材料的吸收和散射特性为特征。通过分别表征材料化学成分和物理成分特性的吸收系数（μ_a）和约化散射系数（μ_s'）对 PDW 进行量化。正如 Ruiz 等的研究所证实的，吸收系数反映了乳脂肪含量的变化，而约化散射系数反映了牛乳在冷却和加热过程中与脂肪的相变相一致的脂肪滴和酪蛋白胶束的物理变化。对吸收系数和散射系数的连续测量结果表明，乳脂的结晶在等温条件下可持续几个小时。

12.6 食品质量和安全

除了用光检测脂肪和蛋白质的大小、数量和交联以外，还可以将其用于检测由于变性导致的蛋白质结构的污染和变化。牛乳由于营养价值高且消费量大成为用廉价物质进行掺假的食品之一。基于光学的快速无损检测技术能够将蓄意掺假和无意污染降至最低。

Lamb 等采用可见光后向散射传感器监测 80℃ 热处理过程中 β - 乳球蛋白的变性。结果表明，基于该技术得到的变性乳清蛋白的一阶响应（$P < 0.0001$）（R^2 约为 0.80）

与采用典型生物技术研究定量变性得到的结果相当。

12.7 小结

光的散射为表征复杂的生物流体（如牛乳）提供了非常有用的手段。光学技术的持续微型化将使其可靠性得以提高，成本得以降低，并使其适用于许多不同的光学检测配置。而开发更复杂的数据分析技术，就可以从不断增加的数据量中获取更有用的信息。以上两个方面的发展将推动光散射在未来的应用。此外，荧光技术和拉曼光谱技术将在未来得到越来越多的关注。在食品加工中，光散射技术将为加工操作提供更严格的控制手段，并不断促进和提高产品的一致性。

参考文献

[1] Abdelgawad, A. R., B. Guamis, and M. Castillo. Using a fiber optic sensor for cutting time prediction in cheese manufacture from a mixture of cow, sheep and goat milk. Journal of Food Engineering, 2014, 125: 157 - 168.

[2] Anderson, M., M. C. A. Griffin, and C. Moore. Fixation of bovine casein micelles for chromatography on controlled pore glass. Journal of Dairy Research, 1984, 51 (4): 615 - 622.

[3] Attaie, R. and R. L. Ritcher. Size distribution of fat globules in goat milk. Journal of Dairy Science 83 (5), 2000: 940 - 944.

[4] Attaie, R. and R. L. Ritcher. Size distribution of fat globules in goat milk. Journal of Dairy Science, 2000, 83 (5): 940 - 944.

[5] Ben - Gera, I. and K. H. Norris. Influence of fat concentration on the absorption spectrum of milk in the near - infrared region. Israel Journal of Agricultural Research, 1968, 18: 117 - 124.

[6] Bogomolov, A., S. Dietrich, B. Boldrini, and R. W. Kessler. Quantitative determination of fat and total protein in milk based on visible light scatter. Food Chemistry, 2012, 134 (1): 412 - 418.

[7] Bolt, R. A. and J. J. ten Bosch. Method for measuring position - dependent volume reflection. Applied Optics, 1993, 32 (24): 4641 - 4645.

[8] Bonner, R. F., R. Nossal, S. Havlin, and G. H. Weiss. Model for photon migration in turbid biological media. Journal of the Optical Society of America A, 1987, 4 (3): 423 - 432.

[9] Brooker, B. E. and C. Holt. Natural variation in the average size of bovine casein micelles: III. Studies on colostrum by electron by microscopy and light scattering. Journal of Dairy Research, 1978, 45 (3): 355 - 362.

[10] Castillo, M., J. A. Lucey, and F. A. Payne. The effect of temperature and inoculum concentration on rheological and light scatter properties of milk coagulated by a combination of bacterial fermentation and chymosin. Cottage cheese - type gels. International Dairy Journal, 2006, 16 (2): 131 - 146.

[11] Castillo, M., F. A. Payne, C. L. Hicks, and M. B. Lopez. Predicting cutting and clotting time of coagulating goat's milk using diffuse reflectance: Effect of pH, temperature and enzyme concentration. International Dairy Journal, 2000, 10 (8): 551 - 562.

[12] Crofcheck, C. L., F. A. Payne, C. L. Hicks, M. P. Mengüç, and S. E. Nokes. Fiber optic sensor response to low levels of fat in skim milk. Journal of Food Process Engineering, 2000, 23: 163 - 175.

[13] Crofcheck, C. L., F. A. Payne, and S. E. Nokes. Predicting the cutting time of cottage cheese using backscatter measurements. Transactions of the ASAE, 1999, 42 (4): 1039 - 1045.

[14] Crofcheck, C. L., J. Wade, J. N. Swamy, M. M. Aslan, and M. P. Mengüç. Effect of fat and casein particles in milk on the scattering of elliptically - polarized light. Transactions of the ASAE, 2005, 48 (3): 1147 - 1155.

[15] Dahm, K. D. and D. J. Dahm. Separating the effects of scatter and absorption using the representative layer. Journal of Near Infrared Spectroscopy, 2013, 21 (5): 351 - 357.

[16] Danao, M. C. and F. A. Payne. Determining product transitions in a liquid piping system using a transmission sensor. Transactions of the ASAE, 2003, 46 (2): 415 - 421.

[17] Dufour, E. Recent advances in the analysis of dairy product quality using methods based on the interactions of light with matter. International Journal of Dairy Technology, 2011, 64 (2): 153 - 165.

[18] Emmons, D. B. and D. C. Beckett. Effect of pH at cutting and during cooking on cottage cheese. Journal of Dairy Science, 1984, 67 (10): 2200 - 2209.

[19] Fagan, C. C., M. Castillo, F. A. Payne, C. P. O' Donnell, M. Leedy, and D. J. O' Callaghan. Novel online sensor technology for continuous monitoring of milk coagulation and whey separation in cheesemaking. Journal of Agricultural and Food Chemistry, 2007, 55 (22): 8836 - 8844.

[20] Haskell, R. C., L. O. Svaasand, T. Tsay, T. Feng, M. S. McAdams, and B. J. Tromberg. Boundary conditions for the diffusion equation in radiative transfer. Journal of the Optical Society of America A, 1994, 11 (10): 2727 - 2741.

[21] Holt, C., D. G. Dalgleish, and T. G. Parker. Particle - size distributions in skim milk. Biochimica Biophysica Acta, 1973, 328 (2): 428 - 432.

[22] Holt, C., T. G. Parker, and D. G. Dalgleish. Measurement of particle sizes by elastic and quasielastic light scattering. Biochimica Biophysica Acta, 1975, 400 (2): 283 - 292.

[23] Ishimaru, A. Theory and application of wave propagation and scattering in random media. Proceedings of IEEE, 1977, 65 (7): 1030 - 1061.

[24] Ishimaru, A. and Y. Kuga. Attenuation constant of a coherent field in a dense distribution of particles. Journal of the Optical Society of America, 1982, 72 (10): 1317 - 1320.

[25] Jankovska, R. and K. Sustova. Analysis of cow milk by near - infrared spectroscopy. Czech Journal of Food Sciences, 2003, 21 (4): 123 - 128.

[26] Kalinin, A., V. Krasheninnikov, S. Sadovskiy, and E. Yurova. Determining the composition of proteins in milk using a portable near infrared spectrometer. Journal of Near Infrared Spectroscopy, 2013, 21 (5): 409 – 415.

[27] Konokhova, A. I., A. A. Rodionov, K. V. Gilev, I. M. Mikhaelis, D. I. Strokotov, A. E. Moskalensky, M. A. Yurkin, A. V. Chernyshev, and V. P. Maltsev. Enhanced characterisation of milk fat globules by their size, shape and refractive index with scanning flow cytometry. International Dairy Journal, 2014, 39 (2): 316 – 323.

[28] Lamb, A., F. A. Payne, Y. L. Xiong, and M. Castillo. Optical backscatter method for determining thermal denaturation of beta – lactoglobulin and other whey proteins in milk. Journal of Dairy Science, 2013, 96 (3): 1356 – 1365.

[29] Lin, S. H. C, R. K. Dewan, V. A. Bloomfield, and C. V. Morr. Inelastic light – scattering study of size distribution of Bovine milk casein micelles. Biochemistry, 1971, 10 (25), 4788 – 4793.

[30] Luginbuhl, W. Evaluation of designed calibration samples for casein calibration in Fourier transform infrared analysis of milk. Lebensmittel – Wissenschaft Und – Technologie – Food Science and Technology, 2002, 35 (6): 554 – 558.

[31] Lyndgaard, C. B., S. B. Engelsen, and F. W. J. van den Berg. Real – time modeling of milk coagulation using in – line near infrared spectroscopy. Journal of Food Engineering, 2012, 108 (2): 345 – 352.

[32] Ma, Y. and D. M. Barbano. Gravity separation of raw bovine milk: Fat globule size distribution and fat content of milk fractions. Journal of Dairy Science, 2000, 83 (8): 1719 – 1727.

[33] Mateo, M. J., D. J. O'Callaghan, C. D. Everard, M. Castillo, F. A. Payne, and C. P. O'Donnell. Evaluation of on – line optical sensing techniques for monitoring curd moisture content and solids in whey during syneresis. Food Research International, 2010, 43 (1): 177 – 182.

[34] Mateo, M. J., D. J. O' Callaghan, C. D. Everard, C. C. Fagan, M. Castillo, F. A. Payne, and C. P. O' Donnell. Influence of curd cutting programme and stirring speed on the prediction of syneresis indices in cheese – making using NIR light backscatter. LWT—Food Science and Technology, 2009, 42 (5): 950 – 955.

[35] McGann, T. C. A., R. D. Kearney, and W. J. Donnelly. Developments in column chromatography for the separation and characterization of casein micelles. Journal of Dairy Research, 1979, 46 (2): 307 – 311.

[36] McMahon, D. J. and R. J. Brown. Composition, structure, and integrity of casein micelles: A review. Journal of Dairy Science, 1984, 67 (3): 499 – 512.

[37] Milne, J. L. S., M. J. Borgnia, A. Bartesaghi, E. E. H. Tran, L. A. Earl, D. M. Schauder, J. Lengyel, J. Pierson, A. Patwardhan, and S. Subramaniam. Cryo – electron microscopy: A primer for the non – microscopist. FEBS Journal, 2013, 280 (1): 28 – 45.

[38] Moore, J. C., J. Spink, and M. Lipp. Development and application of a database of food ingredient fraud and economically motivated adulteration from 1980 to 2010. Journal of

Food Science, 2012, 77 (4): R118 – R126.

[39] Mulder, H. and P. Walstra. The Milk Fat Globule. Wageningen: Pudoc, 1974.

[40] Muniz, R., M. A. Perez, C. de la Torre, C. E. Carleos, N. Corral, and J. A. Baro. Comparison of principal component regression (PCR) and partial least square (PLS) methods in prediction of raw milk composition by VIS – NIR spectrometry. Application to development of on – line sensors for fat, protein and lactose contents. XIX IMEKO World Congress Fundamental and Applied Metrology, Lisbon, Portugal, 2009.

[41] Nakai, S. and F. van De Voort. Application of multiple regression analysis to sedimentation equilibrium data of αs1 – and κ – casein interactions for calculation of molecular weight distributions. Journal of Dairy Research, 1979, 46 (2): 283 – 290.

[42] Payne, F. A. Automatic control of coagulum cutting in cheese manufacturing. Applied Engineering in Agriculture, 1995, 11 (5): 691 – 697.

[43] Payne, F. A., C. L. Hicks, and P. – S. Shen. Predicting optimal cutting time of coagulating milk using diffuse reflectance. Journal of Dairy Science, 1993, 76: 48 – 61.

[44] Payne, F. A., Y. Zhou, R. C. Sullivan, and S. E. Nokes. Radial backscatter profiles in milk in the wavelength range of 400 to 1000nm. ASAE Paper No. 97 – 6097, ASAE, St. Joseph, Michigan, 1997.

[45] Perry, C. A. and P. A. Carroad. Influence of acid related manufacturing practices on properties of cottage cheese curd. Journal of Food Science, 1980, 45 (4): 794 – 797.

[46] Qin, J. and R. Lu. Measurement of the absorption and scattering properties of turbid liquid foods using hyperspectral imaging. Applied Spectroscopy, 2007, 61 (4): 388 – 396.

[47] Ruettiman, K. W. and M. R. Ladisch. Casein micelles: Structure, properties and enzymatic coagulation. Enzyme Microbiology Technology, 1987, 9 (10): 578 – 589.

[48] Ruiz, S. V., R. Hass, and O. Reich. Optical monitoring of milk fat phase transition within homogenized fresh milk by photon density wave spectroscopy. International Dairy Journal, 2012, 26 (2): 120 – 126.

[49] Schmidt, D. G., P. Both, B. W. Van Markwijk, and W. Buchheim. The determination of size and molecular weight of casein micelles by means of light – scattering and electron microscopy. Biochimica Biophysica Acta, 1974a, 365 (1): 72 – 79.

[50] Schmidt, D. G., J. Koops, and D. Westerbeek. Properties of artificial casein micelles. 1. Preparation, size distribution and composition. Netherlands Milk Dairy Journal, 1977, 31: 328 – 341.

[51] Schmidt, D. G., C. A. Van Der Spek, W. Buchheim, and A. Hinz. On the formation of artificial casein micelles. Milchwissenschaft, 1974b, 29: 455 – 459.

[52] Swapp, S. Scanning Electron Microscopy (SEM). Accessed on May 8, 2015. http: //serc. carleton. edu/research_ education/geochemsheets/techniques/SEM. html.

[53] Slattery, C. W. Model calculations of casein micelle size distributions. Biophysical Chemistry, 1977, 6 (1): 59 – 64.

[54] Tabayehnejad, N., M. Castillo, and F. A. Payne. Comparison of total milk - clotting activity measurement precision using the Berridge clotting time method and a proposed optical method. Journal of Food Engineering, 2012, 108 (4): 549 -556.

[55] Walstra, P. Studies on milk fat dispersion. II. The globule - size distribution of cow's milk. Netherlands Milk Dairy Journal, 1969, 23: 99 -110.

[56] Walstra, P. Effect of homogenization of the fat globule size distribution in milk. Netherlands Milk Dairy Journal, 1975, 29: 279 -294.

[57] Walstra, P. and R. Jenness. Dairy Chemistry & Physics. New York: Wiley, 1984.

[58] Walstra, P., H. Oortwijn, and J. J. de Graaf. Studies on milk fat dispersion. I. Methods for determining globule - size distributions. Netherlands Milk Dairy Journal, 1969, 23: 12 -36.

[59] Zbikowska, A., J. Dziuba, H. Jaworska, and A. Zaborniak. The influence of casein micelle size on selected functional properties of bulk milk proteins. Polish Journal of Food and Nutrition Sciences, 1992, 1 (1): 23 -32.

13 动态光散射法测定食品的微观结构和流变性

Fernando Mendoza，Renfu Lu

13.1 引言

目前，黏弹性食品的微观结构和动力学行为引起了食品设计者和开发者的极大关注，人们试图将食品的微观结构与食品的局部或整体结构、食品特性与稳定性联系起来（即粒子作用力和粒子间的相互作用）。了解和表征粒子的尺寸分布、微观结构、流变性能及其在复杂流体（如胶体聚集体、表面活性剂溶液、聚合物共混物）中的变化，是更好地理解、制造和控制软质材料结构形成的基础。在食品材料中，胶体失稳过程中发生的变化可能对最终基质的结构特征产生重要影响，从而影响最终的质地、感官和消费者对食品的接受程度。例如胶体悬浮液中配方不稳定性的一个典型表现是由于单个化合物或颗粒的聚集而使粒径增大，使得活性表面积减小，并最终导致粒子分散的效率减弱。

常规流变学用于研究材料在应力条件下随时间的变形，它是研究软质材料的力学和流动特性的重要工具，这些特性对于食品胶体尤其重要。然而，大量的流变测量仅仅从宏观尺度上描述材料的力学和流动特性；结构和流变的微观差异性被平均在某种宏观尺度上。宏观尺度上的力学和流动特性不提供任何微观结构局部变化及其对材料整体流变行为的贡献的信息。因此，在食品的设计、开发和质量控制中，必须建立微观和纳米尺度下的粒子作用力和粒子间的相互作用与食品整体力学和流动特性之间的关联。因此，有必要在较短的长度范围内探测食品的流变学。总之，复杂的食品胶体和液体的黏弹性响应取决于其长度和时间尺度，包含了内在动力学相关性和分子、中观和宏观尺度的结构信息。

动态光散射（DLS）是一种非侵入分析技术，用于确定悬浮液中的小颗粒或聚合物的尺寸分布曲线，这些尺寸通常为亚微米级。DLS 用于测量由流体中悬浮颗粒的布朗运动导致的散射光强度波动。布朗运动是指悬浮在流体或气体中的颗粒的随机运动，这些随机运动是由流体或气体中的原子或分子碰撞产生的。DLS 可以提供散射介质的动力学详细信息，该技术已被成功地应用到分析具有多次强散射的不透明介质中。目前，DLS 已被应用于表征各种食物颗粒的大小，包括蛋白质、聚合物、胶束、碳水化合物和纳米颗粒；它还可用于在短长度尺度上探测诸如浓缩聚合物溶液和配方等复杂流体的流变行为。DLS 通常与其他技术结合使用，以同时获得更为完整的黏弹性行为信息或结构信息，这些信息无法单独通过 DLS 进行评估。一个例子是利用光学微流变学研究长度远低于宏观尺度的软材料的变形和流动，它通常涉及使用具有 DLS 方案的胶体探针颗粒来测量胶体长度尺度下的局部流变学。

DLS 被认为是科学研究和工业应用中的标准实验技术。DLS 仪器已应用于制药、涂料、土料、粉末和食品工业领域，甚至应用于体液病理状态诊断。DLS 在食品工业和食品开发中的普及归因于其可以测量的样品尺寸和浓度范围广泛，且需要的样品量小。DLS 适用于较宽的浓度范围（每毫升约 $10^8 \sim 10^{12}$ 个颗粒）和 $10 \sim 1000$nm 的粒度范围。

需要说明的是，术语“动态光散射”涵盖了用于测量粒子尺寸的不同技术，这些技术都基于测量散射光强度的动态变化。目前广泛使用的名称是商业仪器中常用的光子关联光谱学。在过去，准弹性光散射（QELS）是描述粒子和光之间相互作用的常用名称。作为传统 DLS 方案的扩展，扩散波光谱技术（DWS）被应用于浓缩分散体（由于多次散射，浓缩分散体中的光是漫射传播的）测量。DLS 依赖于对多次散射的抑制；与此相反，DWS 只能在多次散射非常强的条件下工作，其扩散模型可用于描述光在样品中的传播。

13.2 静态与动态光散射

光散射是光与粒子或小分子的电场相互作用的结果。这种相互作用会在粒子电场中产生一个偶极子，它以与入射光相同的频率振荡。振荡偶极子的固有特性是电荷的加速，这会导致能量以散射光的形式释放。因此，根据系统的光学参数，当光通过含有颗粒或分子的溶液时，部分光将被散射。该散射光可以根据其强度即静态方案，或者根据其波动即动态方案进行分析。

静态光散射（SLS）测量的是由在不同空间位置处光粒子的相互作用引起的散射强度（即作为在光波长不变时的散射角的函数）。SLS 表示在大约 1s 的持续时间内散射光的时间平均强度。使用该技术得到的参数是颗粒悬浮液（直径 >10nm）和聚合物相对分子质量（M_w，或平均摩尔质量）的大小，精确度约为 5%。另外，通过测量多个角度的散射强度（多角度光散射或 MALS 技术）可以计算出均方根半径，也称为回转半径（R_g）。通过测量各种浓度的样品的散射强度，还可以计算第二维里系数（B_{22}），即测量生物制剂中相邻颗粒之间的成对相互作用势。然而，在 SLS 中，对于所有半径大于入射波长的 1% ~2% 的大分子，要获得它们的相对分子质量和尺寸的精确测量值，还需要角度的相关信息。在许多生物分子（ <20nm）中，它们的回转半径不易于测量，这是因为它们的强度只有微小的角度变化。这意味着如果已知浓度和折射率，就可以以单一角度进行测量。尽管如此，平均 M_w 也可由平均散射强度确定。SLS 实验需要制备几种已知浓度的样品，且样品必须保持相对清洁且无尘。

动态光散射（DLS）是指对在微秒时间尺度上散射光的强度波动的测量和解释。从这些波动的分析中可以获得扩散系数和粒度信息。当单分散样品的不确定度约为 10% 时，可推导出平移扩散系数（D_T）和流体动力学半径（R_h 或斯托克斯半径）这两个参数。D_T 表示经历了布朗运动的粒子的速度性能，R_h 是指与粒子有着相同平移扩散系数的球体的直径。此外，Z 平均流体动力学半径和多分散指数大致是在给定散射角的情况下使用累积分析法或拉普拉斯变换法而得到的。在 20 世纪 60 年代发明了激光——一个连贯的、准直的、稳定的和高强度的光源——之后，DLS 才得以实现，主要以批处理模式进行测量，但也可以在串联模式下与分馏步骤结合进行，如尺寸排阻色谱法或流场分馏法。在可以直接用黏弹性流体样品进行检测的光学技术中，DLS 及其改进方案的使用是最为广泛的。

总的来说，SLS 用于提供样本平均结构的信息，而 DLS 用于分析散射光的时间波动，并且可以提供样本的动态信息，典型的有布朗运动。图 13.1 描绘了 SLS 和 DLS 的示意图，它显示了由平均强度 I 表示的 SLS，且 I 反映了大分子的相对分子质量，以及由强度波动表示的 DLS，其特征波动时间（τ）反映了分子的扩散系数。对于透明或稀释的样品，材料的性质与散射光的强度和时间波动之间存在直接且相对简单的关系。尽管 SLS 和 DLS 都易于使用、速度快且成本相对较低，并且非常适合单一尺寸（即单分散）的纳米颗粒样品，但当它们用于分析不同尺寸颗粒的样品时，会产生误导性结果。如果将 SLS 实验与新的互相关 DLS 结合起来，那么也可以在混浊的悬浮液上进行 SLS 实验。表 13.1 总结了这两种技术的性能和局限。

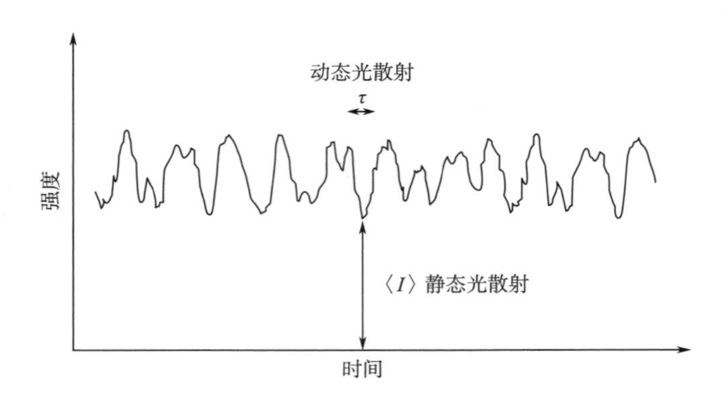

图 13.1　从大分子溶液中得到的散射光的示意图

表 13.1　静态与动态光散射的性能和局限

项目	SLS	DLS
性能	①快速准确地测定大分子尺寸（直径 > 10nm），聚合物相对分子质量（M_w），回转半径（R_g）和第二维里系数（B_{22}）以及形状； ②单次测量应足以确定 M_w； ③可以确定修饰多肽的寡聚状态（糖基化蛋白与聚乙二醇、蛋白质 - 脂质 - 去污剂复合物和蛋白质 - 核酸复合物）； ④仪器相对便宜且体积相对较小，并且测量很快	①在 1min 或 2min 内进行准确、可靠和可重复的粒度分析，适用于大分子尺寸（尺寸 < 1nm 且 M_w < 1000 的分子）； ②允许在材料的原生环境中进行测量，需要简单的样品制备或无需样品制备，可以在高浓度、混浊的样品中进行测量； ③较低的体积要求（约 2μL），适用于检测痕量聚合物，在水浴模式下，可以非常快速地确定颗粒尺寸和检测聚集体，并评估具有很大动态范围的样品分散度； ④非常适合用以研究聚集动力学； ⑤通过读板器设置，可以进行大批量的分析
局限	①需要提前知道质量浓度 c 和折射率增量 dn/dc； ②测量平均的 M_w 值需要分馏以解析不同的寡聚状态或将数据拟合到关联模型中； ③尺寸范围有限（10 ~ 1000nm）； ④过滤和分馏过程中可能会损失样品； ⑤限制溶剂的选择； ⑥对吸收激光（633nm）的样品需要进行额外的硬件修改； ⑦样品的制备和比色皿的清洁对于避免灰尘至关重要	①需要了解测量温度（T）下溶剂的黏度（η）以进行平均尺寸估算； ②自相关函数不能用单指数（累积拟合）来描述； ③流体动力学半径（R_h）的测量受形状和聚合的影响； ④无法区分形状效应和低聚物状态的变化，也就是说，非球形形状模拟了低聚效应； ⑤需要分馏以分解混合物中的低聚物

13.3 DLS 测量原理

溶液中的粒子和大分子会经历布朗运动，这是由粒子和溶剂分子之间的碰撞产生的。由于这种粒子运动，从粒子系散射的光将随时间波动。在 DLS 中，在给定的角度下测量一组粒子散射光的强度并将其作为时间的函数。分散粒子的布朗运动决定了散射光强度的变化率。较大的粒子传播较慢，而较小的粒子传播较快。小颗粒比大颗粒移动得更快，这是因为它们的驱动力是相同的（即与溶剂分子发生碰撞），但大颗粒遇到的周围溶剂的阻滞力（摩擦力）更大。因为粒子可以非常快速地短距离移动，因此为了捕获强度的波动，通常需要以非常短的时间间隔来测量散射强度，时间间隔通常为每秒 5000000 次。

当粒子穿过悬浮液时，它们会穿过激光束，这会导致一些光发生散射，之后再将时间强度的变化转换为平均平移扩散系数（或一组扩散系数，见 13.5.1 节）。快速的强度变化与相关函数的快速衰减和较大的扩散系数有关。然后借助斯托克斯－爱因斯坦方程将扩散系数转换为粒径。根据斯托克斯定律，当一个完美的球体在黏性液体中传播时，球体会感受到与摩擦系数成比例的阻力。球形颗粒的扩散系数（DT）与其流动性成正比；用液体黏度和球体半径代替斯托克斯定律中的完美球体的摩擦系数，就可以得到斯托克斯－爱因斯坦方程。

因此，对于这种转化，假定粒子是球形的并且彼此之间没有相互作用。

然而，液体分散体中的胶体颗粒含有附着的离子层和来自分散介质的分子，它们与颗粒一起移动。因此，它们的流体动力学粒径略大于粒子的大小。

DLS 可以在没有准确了解样品浓度的情况下工作，并且已在结构生物学、化学和物理学中成功使用。唯一的要求是必须散射足够的光以获得相关函数所需的足够的统计精度。散射矢量（q，或动量传递）是 DLS 中最重要的参数。波矢量决定了检测分子运动的长度大小。这被定义为入射波和散射波向量之间的差分，并由式（13.1）表示。

$$|q| = \frac{4\pi n}{\lambda}\sin\left(\frac{\theta}{2}\right) \tag{13.1}$$

式中　q——散射矢量

θ——散射角

n——介质（溶液）的折射率

λ——光束的波长

13.4 仪器设置

DLS 仪器的典型的设置如图 13.2 所示，展示了探测器固定在光束的 20°和 90°处（雪崩光电二极管探测器，APD）的典型配置。观察 DLS 过程的设备的基本要素是光源、比色皿样品架、数字相关器和检测器。在大多数 DLS 仪器中，使用具有 633nm 固定波长的单色、垂直偏振的相干氦氖（HeNe）激光器作为光源，并且通常使用光学透镜将光束聚焦到测量区域中。通常使用 2 ~ 5mW 的激光功率输出；但考虑到它们的散射性能较差，建议使用更高的功率（最高约 25mW）来测量非常小的颗粒。准直的光束使散射方向得以精确建立；在不同条件下比较样品时，光源的稳定性始终很重要。在窄线宽或波长范围内的发射是激光光源的可以精确定义波矢量的重要属性。

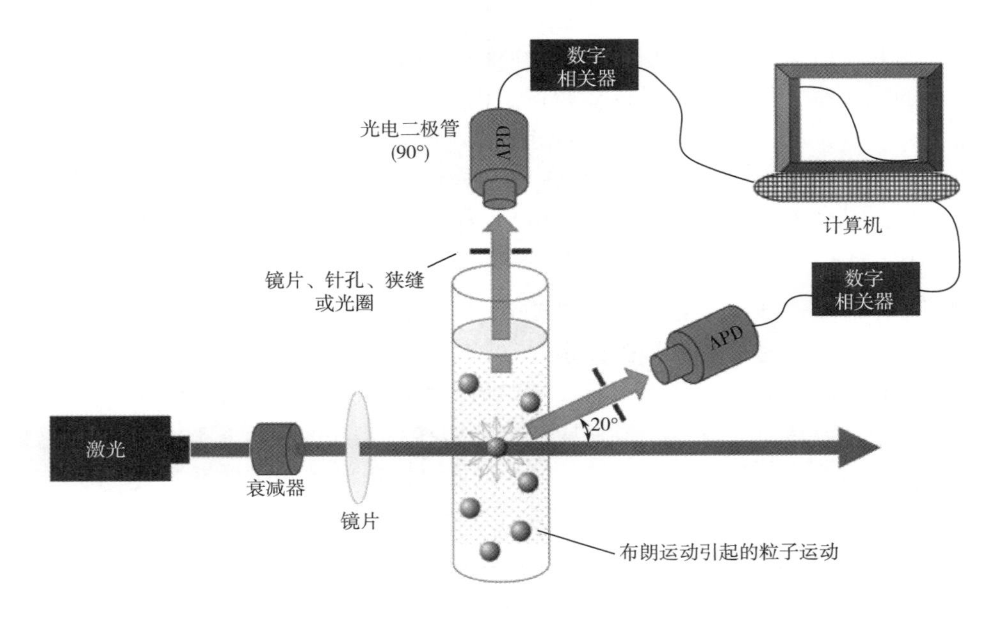

图 13.2　DLS 仪器的设置

样品位于约 1cm 路径长度的圆形或方形的测量比色皿中，在温控环境（±0.3℃）中进行调节。在一些仪器中，比色皿被折射率匹配的液体包围，以补偿细胞壁与其周围环境之间的折射率的差值。光源应该聚焦在这个比色皿的中心。散射体的大小应适用于 DLS 方案。在传统的 DLS 方案中，散射体的体积分数应足够低，以确保仅发生单次散射，即在探测器处接收到的任何光子在通过比色皿时仅被散射一次以避免多次散射。

最后，放置在比色皿后面的光检测器由一个透镜和一组针孔、狭缝或相对于透射光束成一定角度的膜片构成。探测器将散射的光强度（每次的光子数）转换成电信号。DLS 仪器中使用的典型的检测器是雪崩光电二极管探测器（APD）或光电倍增管。虽然光在各个角度都被粒子散射，但 DLS 仪器通常只能检测一个角度的散射光，该角度通常为 90°；在某些情况下，通过使用测角仪或光纤，检测角度可在 20° ~ 160°的范围内变化。在 DLS 仪器中，使用集成数字相关器来执行相关求和运算，且该集成数字相关器是一个包含运算放大器的逻辑板，这些运算放大器不断地相加并乘以所测的散射强度的短时间尺度波动，以生成样本的相关曲线。

13.5　自相关函数和 DLS 数据分析

在数据采集之后，使用计算机分析基于相关函数的光谱，然后将该相关函数的特征衰减转换为扩散系数分布和粒度分布。该分析程序将在后文中说明。

13.5.1 自相关函数

自相关函数（对于均匀间隔的数据）是测量随机数据集中的非随机性程度的二阶统计量。当聚焦的激光束穿过样品细胞时，悬浮颗粒在所有方向上散射入射的激光束。由于粒子的布朗运动，散射光的强度随时间波动。

在 DLS 中，数字相关器不断地相加并乘以在测量的散射强度中的这些短时间尺度波动，从而得到自相关函数。在 DLS 实验中根据这些强度波动计算得到的典型量是由式（13.2）给出的强度自相关函数：

$$g'_2(\tau) = \langle I(t) \cdot I(t+\tau) \rangle = \int_0^{\infty} I(t) \cdot I(t+\tau) \cdot \mathrm{d}t \tag{13.2}$$

式中 I（t）——时变测量散射强度

τ——可变滞后时间

t——时间

其中尖括号表示整体平均值（相当于描述动力系统的时间平均值），并且抑制了散射矢量 q 的依赖性。自相关过程如图 13.3（1）所示，其中将波动的光散射强度 I（t）绘制为 t 的函数（j 是延迟通道的数量，N 是相关器中可用的数量，τ 是假设线性通道的每个通道的时间跨度）。因此，将自相关函数计算为按时间间隔 τ 测得的强度乘积之和，即 I（0）·I（$t=\tau$），I（0）·I（$t=2\tau$），I（0）·I（$t=3\tau$），…，I（0）·I（$t=N\tau$），在一段时间（几分钟到几小时）内重复此过程并累积自相关函数 g'_2（τ）。因此，在完成一个周期之后，时间网格将向上移动一个通道（1 变为 0，2 变为 1，以此类推），并且重复该循环。通常，g'_2（τ）由大约 300 个不同的 τ 值计算得到（每秒约 5000000000 次强度测量）。该过程必须与强度测量同时进行，这就意味着每秒必须进行大约 1500000000 次乘法和 1500000000 次加法。g'_2（τ）是一个单调递减函数，它从一个等于强度平方的时间平均值 $\langle I^2 \rangle$ 的初始值，衰减到平均强度的平方 $\langle I \rangle^2$，这些强度波动的差值（$\langle I^2 \rangle - \langle I \rangle^2$）就是相关函数的振幅。

然后将相关系数归一化，并且自相关函数的衰减率与粒子的扩散系数 D_T 相关。使用 Siegert 关系拟合单分散粒子的自相关函数，归一化自相关函数写为式（13.3）：

$$g_2(\tau) = \frac{\langle I(t) \cdot I(t+\tau) \rangle}{\langle I(t) \rangle^2} = B + \beta[g_1(\tau)]^2 \tag{13.3}$$

式中 B——基线

β——仪器设置中的相干因子

因此，自相关函数或动态结构函数域描述了散射体积内样本的特定方向的时间衰减。在短时间内，系统几乎是静止的，因此相关函数的值近似等于 1，也就是说，粒子没有足够的时间从它们的初始位置移动很远，因此强度信号非常相似。由于布朗运动对系统施加的力的随机性，系统在时间 τ 与初始状态的相关性在较长时间内趋于零［图 13.3（2）］。

对于单分散粒子溶液，相关函数的衰减率可以近似为单个指数，如式（13.4）所示：

$$g_1(\tau) = \mathrm{e}^{-\Gamma\tau} \tag{13.4}$$

指数衰减常数由式（13.5）给出：

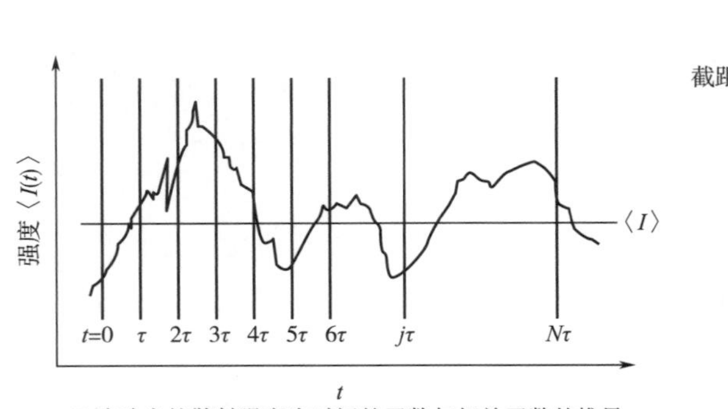

(1)波动光的散射强度为时间的函数与相关函数的推导
[在完成一个循环之后，时间网格向上移动一个
通道（1变为0，2变为1等）并重复循环]

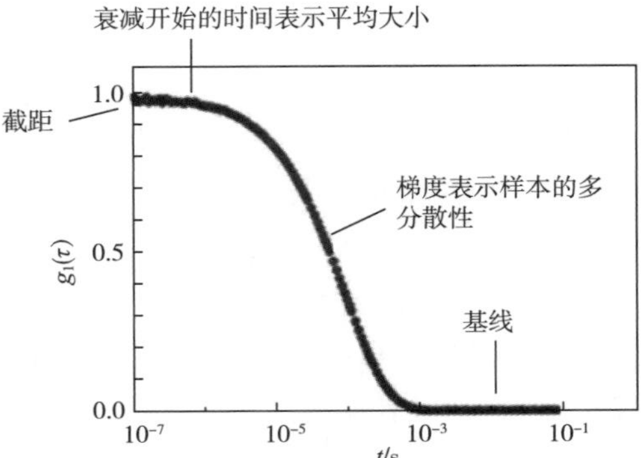

(2)通过DLS测量的散射光的典型相关函数
$g_1(\tau)$的形状[这些函数直接由检测到
的（单个）散射光子强度的波动产生]

图 13.3　自相关函数的示意图

$$\Gamma = q^2 D_T \tag{13.5}$$

式中　D_T——扩散系数

q——式（13.1）中定义的散射矢量的已知值

因此，关于溶液中颗粒的运动或扩散的所有信息都体现在测量的相关曲线内。这些强度的波动可以提供有关悬浮颗粒的尺寸和尺寸分布的信息（具体细节参见后文），或者如果已知颗粒尺寸，就可以提供有关样品黏度的信息。典型的 DLS 自相关函数示例如图 13.3（2）所示。

13.5.2　流体动力学尺寸

流体动力学尺寸也称为流体动力学半径［R_h］或流体动力学直径［D_h］，被定义为以与检测中的颗粒相同的速率扩散的硬球体的半径（或直径）。对于由单个粒度组组成的单分散样品，相关曲线可拟合为单个指数形式，如式（13.4）所示。然后，对于经历了布朗运动而没有与其他粒子相互作用的球形粒子，可由 Stokes－Einstein 方程将粒子的平移扩散系数 D_T与粒子的流体动力学半径 R_h关联起来，如式（13.6）所示：

$$R_h = \frac{k_b T}{6\pi\eta D_T} \tag{13.6}$$

式中　k_b——玻尔兹曼常数（$1.38 \cdot 10^{-23}$J/mol）

T——绝对温度

η——悬浮介质的动态黏度

在溶液中使用这种简单的粒子运动模型，如果已知悬浮介质的黏度，则指数衰减可直接与散射粒子的流体动力学半径相关联。

应当注意的是，流体动力学半径与通过其他手段——如透射电子显微镜——测量的半径不同，这是因为在测试溶液中在颗粒周围形成的表面活性剂或双层溶剂将影响颗粒的扩散运动。如果粒子是非球形的，则可计算具有相同 D_T球体的等效或表观半径。因为通过 DLS 得到的参数是散射体的集体扩散系数，涉及颗粒在其分散介质中的运动，所以会有一层溶剂分子与颗粒一起移动，特别是在表面粗糙或有凸出部分或部分排水的情况下。因此，使用 DLS 测量散射体的表观流体动力学半径。图 13.4 描绘了表观流体动力学半径的示例。

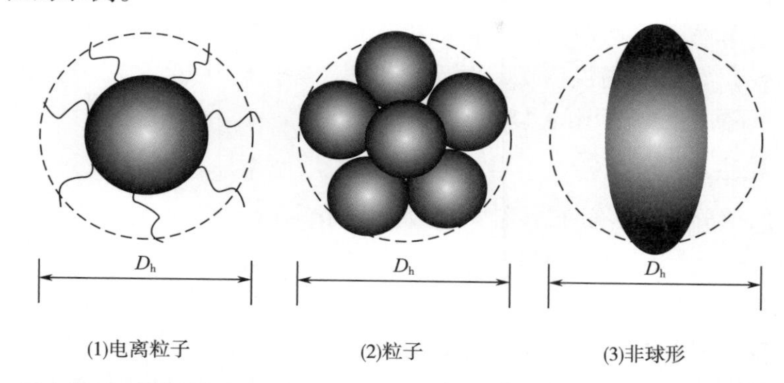

图 13.4 具有相同平移扩散系数（D_T）的粒子的流体动力学尺寸（D_h），由于电离粒子和粒子的相互作用而呈现出聚集和非球形的形态

13.5.3 多分散样品

在大多数情况下，人们关注的那些样品不是单分散的，而是包含了各种尺寸的。牛乳、酸乳、果汁和其他胶体乳液之类的样品含有尺寸范围有限的散射体。在 DLS 实验中，该多分散性表现为相关函数中的衰减时间范围，其中每个尺寸各自的作用效果由其在系统中的强度加权质量分数确定，并且在强度相关曲线中产生一个非线性衰减。较小的粒子会导致更快的衰减，而较大的粒子引入更慢的衰减。因此，在式（13.4）中定义的单指数的相关函数不适用于多分散粒子，并且系统必须被建模为指数衰减的积分。在这种情况下，式（13.4）变为对所有尺寸的强度加权的求和，并且对于连续分布，该求和可以用式（13.7）的指数衰减的积分代替：

$$g_1(\tau) = \int_0^{\infty} G(\Gamma)\mathrm{e}^{-\Gamma\tau} \cdot \mathrm{d}\Gamma \tag{13.7}$$

式中 Γ——衰减常数

其中 $G(\Gamma)$的积分是通常归一化为 1 的衰减常数的强度加权分布，必须确定该衰减常数以获得基础粒度分布。然而，这种积分用于解决粒径分布的问题时，它的求逆条件很差，这意味着它在从实验结果估计系数或常数时会带来特殊的问题。因此，这个数学解决方案非常不稳定。因此需要各种方法和边界条件用于从自相关函数中提取大小分布信息，这将在后文中介绍。

样品的整体多分散度是根据粒度分布宽度来定义的。如果 DLS 的数据分析假定粒子的高斯分布以单峰形式给出，则样品的多分散度是其高度的一半处的峰宽。因此，多分散度的百分比可以由多分散度除以平均流体动力学半径（R_h）来计算，并将其表示为百分比。多分散度低于 20% 的蛋白质样品被认为是单分散的。

13.5.4 计算尺寸分布的方法

通过使用各种数学算法从相关函数获得尺寸分布。人们投入了很多的精力来开发一些精确的方法，用于分析由 DLS 方法获得的自相关函数，尤其是在对式（13.7）中的积分方程进行反卷积或求逆的问题上。事实上，大多数 DLS 设备制造商都为此提供了特定的软件应用程序。此外，许多目前提出的用于粒度分析的方法仅适用于特定类型的样品和（或）它们不提供有关粒度分布的完整信息。因此，需要谨慎解释和使用它们的结果。下面讨论最常用的几种方法的特性。

13.5.4.1　累积法

对于表观的单分散粒径分布系统（例如多分散性 <20% 的蛋白质样品），最可靠、最直接的拟合策略是使用累积法。最常用的累积法是从式（13.4）中获取衰减常数分布从而计算出粒径。相关曲线的这种单指数或累积的拟合过程是国际标准组织所建议的。尺寸分布是根据各种尺寸级别粒子的散射光的相对强度而得到的，因此被称为强度尺寸分布。该方法使用了矩母函数，且此函数通过将函数表示为泰勒级数展开来对分布的平均指数衰减（一阶矩）、方差（二阶矩）、偏移（三阶矩）等进行建模。矩母函数的对数以及累积拟合由式（13.8）给出：

$$\ln[g_2(\tau)-1]=\ln\left(\frac{\beta}{2}\right)-\overline{\Gamma}\tau+\frac{\kappa_2}{2!}\tau^2-\frac{\kappa_3}{3!}\tau^3 \tag{13.8}$$

式中　$\overline{\Gamma}$——平均衰减量

κ_2——第二累积量（等于二阶矩）

κ_3——第三累积量（等于三阶矩）

累积量的方法简单易行，且广泛应用于表征合理的窄分布而无需迫使 $G(\Gamma)$ 满足一个固定的函数形式。然而，当 $G(\Gamma)$ 是宽分布或双峰分布时（例如当存在“粉尘”或其他污染物时），由于累积扩展的缓慢收敛或实际分散，（使用累积法）可能会产生一些问题。此外，在泰勒级数中如果包含超过 κ_3 的矩则可能导致数据过拟合，使得 $\overline{\Gamma}$、方差和偏移量参数不太精确。

使用该方法获取的流体动力学尺寸是一个平均值，由粒子散射强度加权。因为是强度加权，所以将累积量的大小定义为平均流体动力学半径（R_h）或 Z 平均直径。因此，该方法给出了平均扩散系数（$\overline{D_T}$）和由式（13.9）定义的多分散指数：

$$多分散指数=\frac{\kappa_2}{\overline{\Gamma}^2} \tag{13.9}$$

光散射区域中的多分散性用于描述粒度分布的宽度。测量取决于颗粒核的大小、表面结构的大小、颗粒浓度和介质中离子的类型。

13.5.4.2　拉普拉斯变换或连续算法

对于多峰或多分散颗粒溶液，来自 DLS 的尺寸分布是从样品的测量强度自相关函数的反卷积中得出的。通常，这种反卷积使用常用算法，例如称为 CONTIN 的拉普拉斯逆算法或使用非负约束最小二乘（NNLS）拟合算法。一般来说，使用 Provencher 开发的 CONTIN 算法可以最为准确地为复杂的尺寸分布建模。然而，在使用该方法时需要格外小心，因为它使用了不明确的数值拉普拉斯变换和关于粒子群的物理和光学性质的假设。在式（13.7）中的对积分方程进行反卷积或求逆问题是一个挑战。这些求逆问题的条件不足，解决方法不一定是唯一的，任何特定的选择都应该使用尽可能多的独立先验知识来证明其正确性。用这种方法可以准确地确定多分散的粒度分布，而累积量分析法则不能。CONTIN 算法解决了不适定的拉普拉斯求逆问题，它使用正则化的 NNLS 方法从测量的相关函数中获得扩散系数分布。

了解胶体悬浮液、粉末系统和软质材料的粒径和粒度分布是大多数的生产和加工操作的前提。粒径和粒度分布对食品成品的机械强度、密度、电性能和热性质有着显著的影响。

13.6　浓度影响

尽管存在上述数学考虑，DLS 现在仍被广泛用作获取生物材料中粒子尺寸的便捷且无损的方法。该技术适用于表征从几纳米到几微米（即从 1nm 到 1μm 的范围）的各种尺寸的胶体颗粒和制剂。然而，由于它具有非常强的多重散射效应，使得其在研究浓缩和（或）强相互作用的胶体悬浮液和流体食品的动力学行为的应用中经常被认为是复杂的。因此，除了粒子间的相互作用之外，多重散射成为使 DLS 实验无效的主要原因。

13.6.1　多重散射

随着样品浓度的增加，散射光子与另一个粒子或分子相互作用并再次散射的可能性将大大增加，特别是对于具有较大颗粒和具有高折射率对比度的流体。这种再散射效应称为多重散射。多重散射是指光被一系列粒子散射多次的过程，它因此而改变了所收集的光强度数据。在高浓度溶液中使用 DLS 进行测量可能会破坏所测得的相关函数。多重散射过程及其对散射强度关于时间的函数的影响如图 13.5 所示。

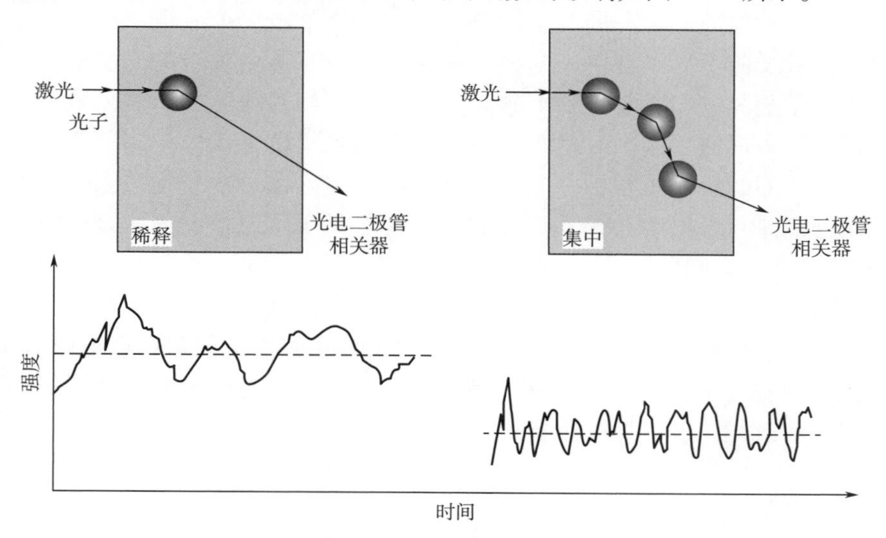

图 13.5　在稀释的溶液中单光散射和多重光散射的示意图
（其中光子在检测之前被粒子多次散射）

当样品浓度增加时，可以从相关曲线中识别出强度波动的三个典型变化：①散射强度减小，这是因为每次重新散射时，在检测器方向上散射的光会减少；②由于测得的散射强度减小，相关曲线的截距减小；③由于多重散射事件的随机性，相关曲线最初衰减得较快，但通常具有较小的斜率。因此，对于表现出多重散射的样品，尺寸测量的估计值会受到显著的影响，这是因为样品浓度的增加将导致平均尺寸的明显减小，并且多分散度或分布宽度通常会有明显的增加。

发生多次散射的浓度还取决于被测粒子的大小以及所研究的粒子或分子产生的过多的散射光的量。然而，在仅表现出单次散射和多重散射的样品之间没有清晰的界限，而是在一个区域时，多重散射的大小对散射测量和尺寸计算的影响变得更为重要。多重散射的扩散极限由光子平均自由程或平均光子在遇到散射粒子之前在样品中传播的距离控制。使用米氏理论，可以在已知粒径、粒子和分散剂的折射率、激光波长和样品浓度的情况下计算平均自由程。平均自由程的测量值定义了单次散射样品的浓度和尺寸相关的最小颗粒的间距。

在生物学材料中，传统上使用的克服多重散射问题的方法是稀释混浊的样品或对比变化，其目的在于避免光的多重散射。然而，这些方法会导致样品成分发生变化。因为对于许多系统而言，样品的性质取决于样品的组成和浓度，因此总是存在测量伪影的风险。其他令人感兴趣的方法旨在使用互相关技术、双色 DLS 和三维（3D）互相关技术，去充分抑制从测量的光子的相关数据中得到的多重散射的作用。其中的三维互相关技术的总体思路是隔离 DLS 实验中的单个散射光并抑制多重散射的不良作用。其他可解决该问题的方法是光纤 QELS 和 DWS，但它们在获得有用信息方面受到限制，并且通常不能提供重要的特性信息，例如颗粒的多分散性。

13.6.2　互相关 DLS

在互相关 DLS 中，在相同的散射体积和相同的散射波矢量（q）下同时进行两个散射实验，但将探测器放置在不同的空间位置，这些位置由单个散斑的特征长度标度分隔。从理论上和实验上已经证明，当强度相关时，只有单个散射的光子对相关函数会有影响作用。不相关的多重散射光子的作用是根据其相对强度成比例地减少相关函数的截距。因此，可以通过减小截距减小单个散射的光子的强度。抑制的产生是因为多重散射发生在空间的较大体积中，因此在远场中产生的散斑小于检测器的间距。这种方法的主要缺点是它产生的互相关信号的幅度明显低于理想情况的幅度，并且信号在中度混浊系统中会迅速衰减。

Nicolai 等在用光散射研究 β - 乳球蛋白的混浊蛋白凝胶的结构因子时，表明即使单个散射光的透射或分数仅为 1%，DLS 也能有效地校正多重散射对散射光强度的影响。尽管该方法被开发用于抑制 DLS 的多重散射，但是它也已显示出对中度浓缩混浊样品的 SLS 测量是有效的。

13.6.3　双色 DLS

双色 DLS 也是抑制光信号中多重散射影响的一种方法。该技术采用了一个更标准的基于测角仪的测量装置，它可提供大范围的可测量散射矢量。在这种情况下，该技术使用两个工作在不同波长下的激光器和两个具有不同带通滤波器的探测器来捕获每个激光器的散射信息。尽管已证明双色技术可有效地从高度混浊的系统中提取单散射信息，但要获得并保持照明和检测光学器件的精确对准，在技术上仍具有挑战性，尤其是在散射矢量变化的情况下，会使得它的实施和操作变得繁琐而困难。

13.6.4　3D 互相关 DLS

用于抑制多重散射的一种特别有效的技术是3D 互相关 DLS（3D－DLS）。该技术依赖于两次测量的互相关技术，从相同的散射体积和相同的标称散射矢量中提取单散射信息。几个研究小组证明了这种实验的可行性，并清楚地表明 DLS 不必局限于小颗粒的稀释悬浮液，而是可以成功地用于表征极其混浊的软物质，如未稀释的脱脂牛乳或混浊的热固蛋白凝胶。

在该方案中，单散射信息对于两种测量来说是共有的，而多重散射信息是不相关的，从而导致有效抑制。然而，3D 技术的一个重要缺点是一个光子探测器测量所需散射矢量处的散射光强度的同时，还在第二不需要的散射矢量处受到由相对几何形状给予的对相同波长处工作的第二照射光束的作用。

通过临时调制两个入射激光束并以超过系统动力学时间尺度的频率选定探测器输出，可以实现对该方法的重大改进。这种具有鲁棒性的调制方案消除了两个光束探测器对之间的串扰，并使3D 互相关截距提高了四倍。利用高速的强度调制器交替激活照明光束，并且同步选定探测器，调制后的3D 硬件和方法的示意图如图13.6所示。

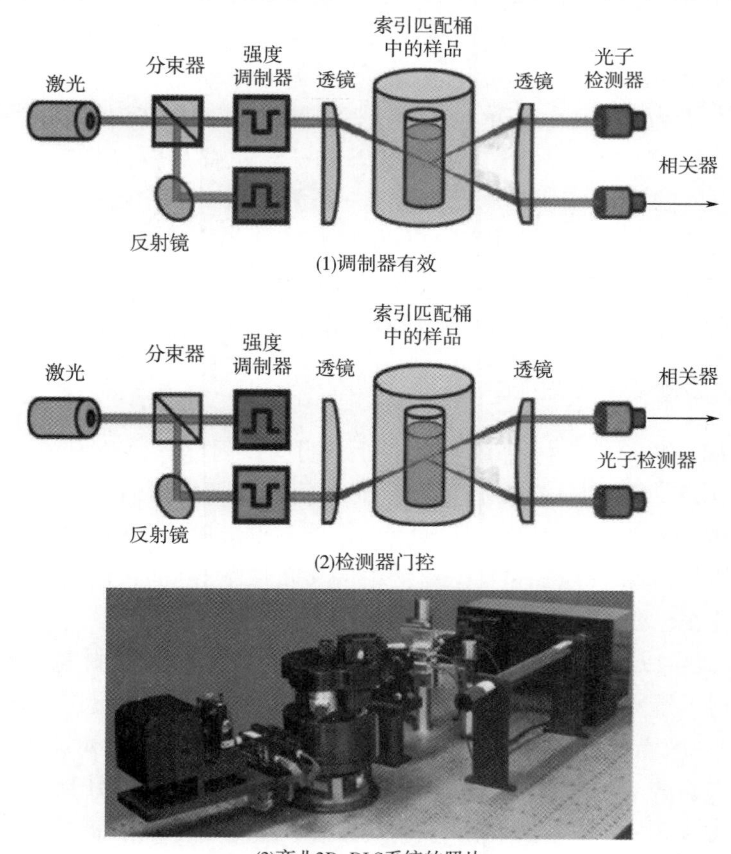

图13.6　调制3D 互相关光学仪器的示意图

［资料来源：Block，I. D.，and Scheffold，F. Rev. Sci. Instrum，2010，81：123107.］

13.7 食品中的微观结构和流变性测量

凝胶和浓缩聚合物溶液的食品材料可以具有典型的或特定长度和时间尺度的复杂结构，剪切应变响应是表征和理解其结构和流变性能的重要方式。由于其固有的微观结构特征，许多食品材料在受到剪切作用时具有部分贮存和消散能量的能力。这些材料称为黏弹性材料。黏弹性材料可以用应力松弛模量（或复剪切量）$G^{*}(t)$ 来表征，它描述了在阶跃剪切应变之后散料中的应力松弛到固定应变的大小和时间尺度。这些模量的傅里叶变换是频率相关的复数剪切模量 $G^{*}(\omega)$。复数模量的实部 $G'(\omega)$ 测量介质对振荡应变同相响应从而给出关于材料的弹性（贮存）特性的信息；异相响应由点数模量的虚部 $G''(\omega)$ 给出，该虚部与材料的黏性行为（损失）有关。

传统上通过机械流变仪测量食品的黏弹性。然而，计算得到的应力松弛特性是复合系统的整体测量的结果，其结构和流变非均质性在一定长度范围内是平均的。黏弹性食品的流变性质源于各种微观和分子成分的组成和物理特性，更重要的是来自这些成分的结构排列或结构。因此，需要在微米或纳米尺度上进行分析，以更准确和更真实地表征黏弹性材料。如今，在胶体聚合、稳定性和宏观力学行为方面将宏观和微观流变参数 $G'(\omega)$ 和 $G''(\omega)$ 与食品微观结构相关联，这一实验过程在食品研究和产品开发中是必不可少的。

DLS 是胶体悬浮液研究中最受欢迎的实验技术之一，它在测量胶体系统动态特性的近期的进展中发挥了重要作用。然而，DLS 的一个重要局限性是它缺乏将其应用于表现出强多重散射的系统的一般方案。通过一系列实验，DLS 已经被扩展到研究具有高度多重散射的流体材料。传统 DLS 的两个相对较新的应用已经证明了其确定复杂软材料中的复数剪切模量 $G^{*}(\omega)$ 的能力；他们是 DWS 和 DLS 或基于 DWS 的微流变学，它们都已开始在表征复杂食物系统中发挥重要作用。

13.7.1 扩散波谱（DWS）

在传统的 DLS 实验中，样品必须是接近透明的，因此样品通常需要被高度稀释，DWS 将传统的 DLS 扩展到具有强多重散射的介质，将光的传输作为漫反射过程处理。DWS 利用了光在强散射介质中的扩散特性，并将多重散射光的时间波动与散射体的运动联系起来。换句话说，DWS 测量悬浮液中的多重散射光的特性，在该悬浮液中，所有检测到的照片都已知它们是多重散射的。

自 1987 年诞生以来，DWS 的理论和方法在各种复杂的软质材料（包括食品）方面的应用已取得了重大进展。DWS 通常使用两种不同的实验设置：传输和后向散射。在传输 DWS 中，激光从一侧入射到样品上，而在另一侧收集散射光。在后向散射 DWS 中，在同一侧收集散射光与入射激光。这两种设置的图形表示如图 13.7 所示。图 13.7（1）为前向散射实验，其中光被分开并传递到两个 APD 中然后被交叉相关以去除噪声；图 13.7（2）为后向散射实验，其中光被光纤引导和收集，然后被传递给探测器和数字相关器。通过这两种设置，可以检测单重和多重散射光。根据实验条件，可采用两种技术同时进行 DWS 和流变学实验，然而，为了避免获得错误或误导性的测量和解释，需要清楚地理解在剪切流动下的光散射理论。

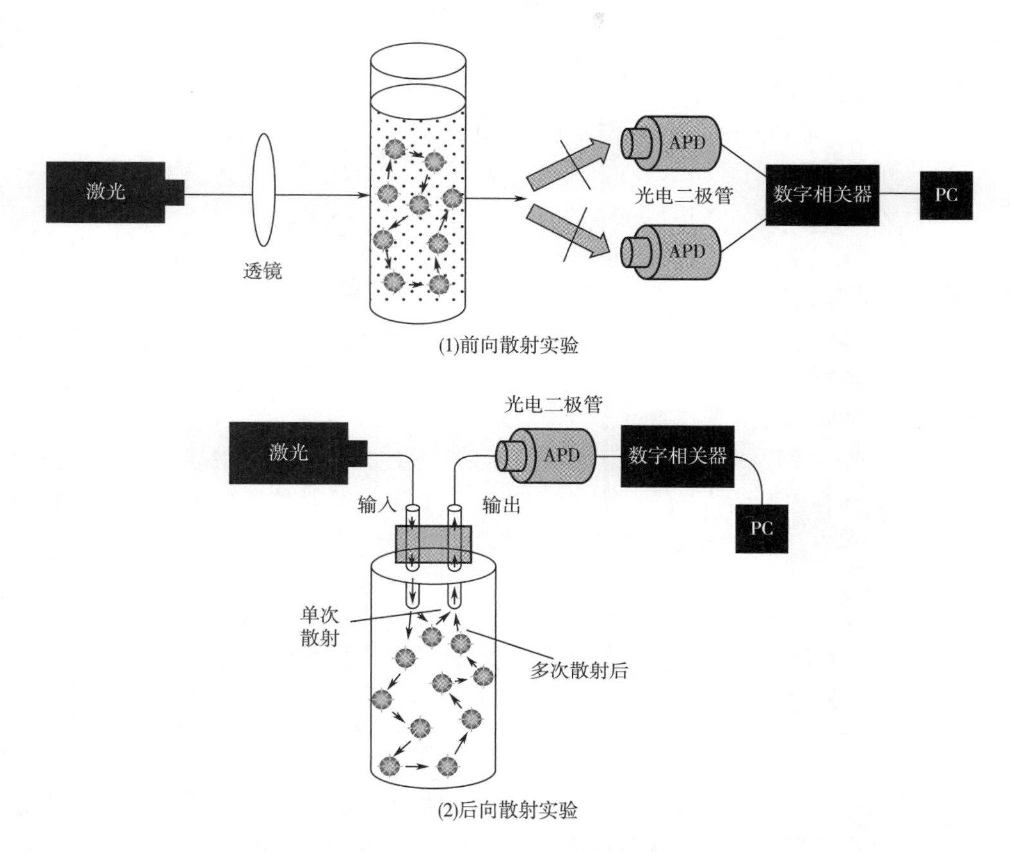

图 13.7　两个 DWS 设置的示意图

［资料来源：Alexander，M.，Dalgleish，D. G. Food Biophys，2006，1：2－13.］

13.7.1.1　DWS 原理

DWS 用于描述在多重散射介质中的光的传播的扩散近似，通过这种方法，可以忽略介质中散射波的相位相关性，而只需考虑散射强度。因此，单个光子所遵循的路径可以被描述为随机游动。

在强散射介质中，可以将光的传播视为扩散过程，即假设每个检测到的光子都经过了悬浮液中的随机游动。因为所有这些路径都是采样得到的，所以获得的整体相关函数明显是非指数的。因此，为了获得相关函数，将来自所有路径的作用相加，每个路径由光跟随该路径或经历随机游动的概率加权。这是扩散近似起作用的地方，因为它允许求和（即积分）的问题被简化为由实验几何形状设定的边界条件下的光的扩散方程的解。样品、光源和检测器的大小、形状和位置是实验设置中的重要因素。

后向散射光强度的波动可以通过式（13.3）进行关联和描述。对于无限厚度的黏性流体样品的层流和在布朗运动不受层流剪切影响的剪切速率范围内，由粒子扩散和对流剪切作用引起的相对运动将被解耦。后向散射自相关函数具有如式（13.10）所示的表达式：

$$g_1(\tau)=\frac{1}{1-\gamma}\frac{\sinh[L/l^*(6[\tau/\tau_B+(\tau/\tau_S)^2])^{1/2}(1-\gamma l^*/L)]}{\sinh[L/l^*(6[\tau/\tau_B+(\tau/\tau_S)^2])^{1/2}]} \tag{13.10}$$

式中　L——样品池的宽度

l^*——光子传输平均自由程

γ——光子完全去相关所须移动的最小距离

τ_B——对应于布朗运动的衰减时间

τ_S——对应于对流剪切的衰减时间

τ——衰减时间

$\sinh$——双曲正弦函数

式（13.10）由两个完全独立的衰减时间组成，在 $\tau_s \to 0$ 的情况下，相关函数恢复为随机运动的典型衰减函数特性。相反地，如果 $\tau_s \gg \tau_B$，则布朗运动可以忽略，并且相关函数具有对流运动的衰减特性。

类似地，在传输模式中散射光强度的波动可以用式（13.3）来表示，这是因为对于 DLS 而言，当在厚度为 $L \gg l^*$（即 $L/l^* \gg 10$）（其中 l^* 是传输平均自由程）和相关时间 $t \ll \tau$ 的样本中，传输的相关函数可以用式（13.11）描述：

$$g_1(\tau)\approx\frac{[(L/l^*)+(4/3)]\sqrt{6t/\tau}}{[1+(8t/3\tau)]\sinh(L/l^*\sqrt{6t/\tau})+(4/3)\sqrt{6t/\tau}\cosh(L/l^*\sqrt{6t/\tau})} \tag{13.11}$$

其中所有变量已在前文给出定义。假设粒子运动是完全扩散的，那么该相关函数在时间上几乎是指数的，其衰减时间见式（13.12）：

$$\tau=\tau_0\left(\frac{l^*}{L}\right)^2 \tag{13.12}$$

尽管 DWS 可以提供有关样本中粒子平均大小的信息，但它无法提供有关大小分布的信息。由于光子路径具有多重散射和随机游动的特性，所以散射样本中的所有粒子都可能会影响每个散射路径的强度。这意味着在任何给定的 q 处，如果没有特定的信息，则仅可能对引起散射光的粒子有一般的了解。因此，样本中的大小分布是不可测量的。

13.7.1.2　在食品材料中的应用

DWS 最近用于研究大豆蛋白组成（特定大豆球蛋白和 β－伴大豆球蛋白亚基）对酸化过程中豆浆的流变特性的影响。Nik 等表明，将传输 DWS 和传统流变学相结合能够描述豆浆粒子聚集的开始阶段，并且还可以通过测量两个参数监测其酸凝胶化：逆光子传输平均自由程或浊度参数（$1/l^*$）提供了溶胶－凝胶转变早期阶段的结构信息，并且从中可推导出流体动力学尺寸或表观半径（R_h）的扩散系数。结论是通过在不同的大豆样品系上使用 DWS，尽管没有观察到凝胶 pH 的大的差异，但大豆的大豆球蛋白和 β－伴大豆球蛋白亚基对凝胶结构的形成具有显著的影响。

最近，Alexander 和 Corredig 设计了一种新颖的装置，它在后向散射模式中使用流变仪并与 DWS 结合，以用于研究基于乳制品的胶体模型的胶凝动力学。Rheo－DWS 装置（图 13.8）被连接到一个受商业控制应力的流变仪上。在实验中，HeNe 激光器（波长 632.5nm，功率 150mW）照射在流变仪的同心圆柱几何形状（Bob－and－Cup 比色皿）的一侧，该流变仪被包裹在一个带有开口的不锈钢圆柱形夹套中，可以让激光束通过。不锈钢夹套是中空的，并被连接到外部的水浴控制器上，以使样品保持在30℃。反向散射光采集装置使用单个光纤分叉并配以两个匹配的光电倍增管以分析数据。在该项研究中，脱脂乳和添加了凝乳酶的浓缩（4×）脱脂乳的光散射和流变学参数是按其为时间的函数测得的。

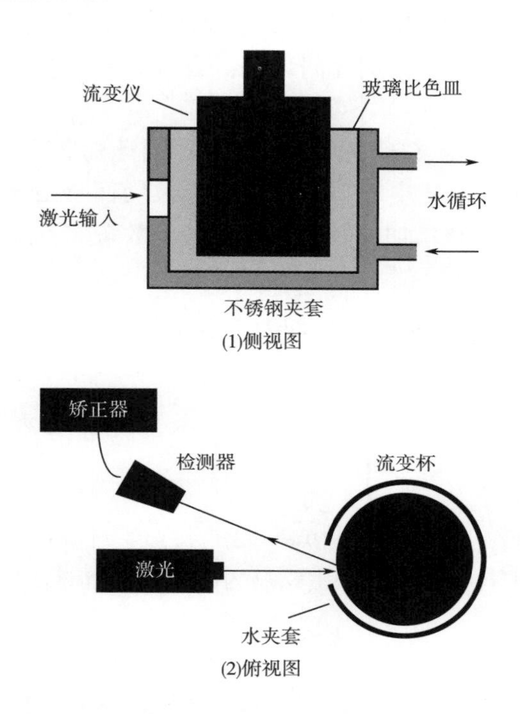

图 13.8 Alexander 和 Corredig 开发的 Rheo－DWS 设备的侧视图和俯视图

注：本图为温度夹套和允许激光通过的窗口示意图。将样品（8 mL）在30℃的条件下在一个有着特别构造的同心圆筒（1mm 固定间隙）中进行孵育，在0.01的受控应变和1.0Hz的频率下进行时间扫描，溶胶－凝胶的转变被定义为 G'（贮能模量）和 G''（损耗模量）的值相等的时刻。

结果表明，由传输 DWS 法和 Rheo－DWS 法测得的凝胶点在这两种实验方法中相等并且与传统的流变学的测量结果非常吻合。该结果也与其他报道的研究一致。Alexander 和 Corredig 的研究证明，所提出的这一装置具有潜在的能力，也就是它能够跟踪胶体失稳和原位结构形成的动力学，同时对其进行同步流变测量。此外，需要继续开发和应用这种以及其他更新颖的 DWS 设置，以研究动态演变的食品结构。与传统流变学相比，DWS 可以显著地增加可达频率的范围，从而为研究多种复杂材料开辟了新的可能性。

13.7.2 微观流变

13.7.2.1 基本概念

DLS 或 DWS 在基础软材料研究以及食品科学中的一个特别有趣的应用是光学微流变学。微流变学技术通常分为两大类：需要通过外力粒子操纵粒子的主动技术和基于嵌入粒子的热波动的被动技术。在基于DLS或DWS的光学微流变学中，没有向示踪微粒施加外部驱动力，并且局部粒子的运动仅由热能k_bT产生的布朗力驱动；也就是说，粒子在没有外力的情况下通过与其他分子的碰撞而产生随机位移。悬浮在复杂流体（如蛋白质溶液）中的胶体颗粒的热驱动运动与悬浮液的流变特性密切相关。因此，其基本思想是研究嵌入在研究系统中的小（胶体）颗粒的热响应。通过分析粒子的热运动，有可能可以在扩展的频率范围内获得关于损耗和贮能模量$G'(\omega)$和$G''(\omega)$的定量信息。由于DWS可以访问广泛的时间尺度，因而使得基于DWS的光学微流变学覆盖了前所未有的频率范围。

嵌入或分散在介质中的颗粒经历了布朗运动，因此随着时间的推移，它们会从其原始位置移位。由于纯黏性（牛顿）流体中的热波动而自由移动的粒子的均方位移（MSD）随时间线性增加。该增加的斜率与颗粒的扩散系数D_T直接相关。对于纯扩散运动，d维MSD由式（13.13）给出：

$$\langle \Delta r^2(\tau) \rangle = 2dD_T\tau = 2d\left(\frac{k_BT}{6\pi\eta R}\right)\tau \tag{13.13}$$

式中　d——测量的d维MSD

R——粒子半径

由此得出流体黏度，见式（13.14）：

$$\eta = \frac{2dk_BT}{6\pi R}\frac{\tau}{\langle \Delta r^2(\tau) \rangle} \tag{13.14}$$

当黏弹性材料的MSD在双对数图上绘制为时间的函数时，它由式（13.15）给出：

$$\langle \Delta r^2(\tau) \rangle \propto \tau^p \tag{13.15}$$

其中斜率p见式（13.16）：

$$p = \frac{d\lg\langle \Delta r^2(\tau) \rangle}{d\lg\tau} \tag{13.16}$$

在黏弹性材料中，斜率p位于黏性极限（$p=1$）和弹性极限（$p=0$）之间。当$0<p<1$时，在非常短的滞后时间里，嵌入的粒子表现出牛顿响应并且MSD呈扩散上升趋势。然而，在中间的滞后时间里，MSD达到平稳状态，这表明颗粒受到了约束且弹性占优势。平稳高度越低，弹性越强。在更长的滞后时间里，颗粒可能在某些情况下从受限空间（笼）中逃逸（扩散出），这是因为网络松弛了应力，并且MSD随时间呈线性增长，表现出了扩散行为。在长位移下估计的黏度可能与宏观（体积）黏度有关。

13.7.2.2　DLS微观流变

在光学微流变学中，使用DLS或其扩展DWS去跟踪分散的探针粒子集合的平均移动。该技术在测量低黏度、弱结构样品（如聚合物和蛋白质溶液）方面具有巨大的潜力，因为它可以达到非常高的频率以满足测量这些系统的临界短时间尺度动态性能的要求。光学微流变学的另一个好处是它能够处理比机械旋转流变仪通常所需的样品体积小得多的样品。

颗粒的MSD由介质的黏弹性决定。因此，只要已知分散颗粒的大小，测量MSD就可以提供关于待提取样品的黏弹性的信息。在DLS实验中，散射光的自相关函数$[g_1(\tau)]$可以写成散射体Δr^2的MSD的时间函数，其中q是散射矢量，见式（13.17）：

$$g_1(\tau) \propto e^{-q^2\langle \Delta r^2(\tau) \rangle} \quad (13.17)$$

或

$$g_1(\tau) = g_1(0) \cdot e^{-(1/6)q^2\langle \Delta r^2(\tau) \rangle} \quad (13.18)$$

式中 $g_1(0)$——在零时刻的相关值或者是截距，由于光学效应，它的值低于1

介质的复数剪切模量作为角频率 $G^*(\omega)$ 的函数，可以通过DLS实验并使用广义Stokes－Einstein关系对MSD进行单边拉普拉斯变换来获得，见式（13.19）：

$$G^*(\omega) = \frac{k_B T}{\pi R i\omega \langle \Delta r^2(i\omega) \rangle} \quad (13.19)$$

式（13.19）中弹性模量 $G'(\omega)$ 和黏性模量 $G''(\omega)$ 是使用欧拉关系推导得到的。可以使用式（13.20）表示作用的相对黏度（η_r）：

$$\eta_r = \frac{\eta}{\eta_s} \quad (13.20)$$

式中 η_s——溶剂黏度

η——溶液黏度

Amin等说明了用于确定稀释蛋白质溶液（在热应力的影响下开始形成不溶性聚集体时）的流变效应的基于DLS的光学微流变学，还展示了该技术在蛋白质溶液中快速测量黏度的能力。对于浓度在10～100mg/mL的牛血清白蛋白（BSA）溶液，将由DLS微流变学计算得到的溶液的相对黏度与从商用多毛细管黏度计（Viscotek DVS，Malvern Instruments Ltd.，Worcestershire，UK）中得到的相对黏度进行比较，二者结果一致。因此，DLS微流变学可用于快速准确地测量蛋白质溶液。

Amin等还评估了在一定温度范围内10mg/mL BSA溶液的弹性模量 $G'(\omega)$ 随温度的变化。在70℃下观察到有较弱的弹性响应，但在80℃下的响应增加了一个数量级以上。此外，随着温度的升高，$G'(\omega)$ 的频率依赖性变弱。幂律（p）显示在70℃时 $G'(\omega)$ 的拟合度相对较差，因为在此温度下存在非常弱的弹性而导致数据有噪声，但随着弹性增加到80℃时有所改善。该研究表明，从基于DLS的光学微流变学中获得的MSD对聚集的稀溶液中弱黏弹性的变化非常敏感。人们发现BSA的浓度对黏弹性的响应有很大的影响，2mg/mL样品几乎没有表现出可检测到的弹性响应，而10mg/mL样品随着聚集过程的进行，其弹性随温度的变化增强。因此，该技术可以有效地用于探索相关条件（浓度，电解质，pH等）如何影响黏弹性响应的演变。

13.8 小结

现代DLS的发展已取得重大进展。事实证明，DLS是研究和测试简单和复杂流体动力学过程的有力工具。将DLS与互补光散射技术和其他表征技术（如微流变学）相结合，就可以获得有关复杂软材料的更完整的信息，否则仅使用DLS无法对其进行评估。多年来，DLS已经在实验室和工业中的复杂软材料和食品基质的不同应用中得到了广泛的研究、改进和扩展。DLS是一种快速、无创地测定蛋白质大小的方法。然而，与其他粒度测量技术一样，DLS也有其缺点。如果要获得有意义的结果，那么使用DLS时就要先掌握所研究材料的成分和物理相互作用的知识，这一点尤其重要。如今，DLS在跟踪胶体失稳和原位结构形成的动力学并同时对它们进行流变学测量的潜力已经在各种食品材料检测中得到了广泛的证明。

命名法：

Γ——衰减常数；

D_T——扩散系数；

$g(\tau)$ ——相关函数；

$G^*(t)$ ——应力松弛模量；

$G'(\omega)$ ——复数模量的实部，用于衡量材料的弹性；

$G''(\omega)$ ——复数模量的虚部，与材料的黏度有关；

k_b——玻尔兹曼常数；

n——折射率；

q——散射矢量；

η——黏度；

R_h——流体动力学半径；

λ——波长；

θ——散射角。

参考文献

[1] Alexander, M. and Corredig, M. On line diffusing wave spectroscopy during rheological measurements: A new instrumental setup to measure colloidal instability and structure formation in situ. Food Research International, 2013, 54: 367 - 72.

[2] Alexander, M. and Dalgleish, D. G. Application of transmission diffusing wave spectroscopy to the study of gelation of milk by acidification and rennet. Colloids and Surface B: Biointerfaces, 2004, 38: 83 - 90.

[3] Alexander, M. and Dalgleish, D. G. Dynamic light scattering techniques and their applications in food science. Food Biophysics, 2006, 1: 2 - 13.

[4] Amin, S., Rega, C. and Jankevics, H. Detection of viscoelasticity in aggregating dilute protein solutions through dynamic light scattering - based optical microrheology. Rheologica Acta, 2012, 51: 1 - 14.

[5] Bancarz, D., Huck, D., Kaszuba, M., Pugh, D. and Ward - Smith, S. Particle sizing in the food and beverage industry. In Irudayaraj, J. and Reh, C. (eds.), Nondestructive Testing of Food Quality. Oxford, UK: Blackwell Publishing Ltd, 2008: 165 - 96.

[6] Bergfords, T. Dynamic light scattering. In Bergfords, T. (ed.), Protein Crystallization: Strategies, Techniques and Tips. La Jolla, California: International University Line, 1999: 29 - 38.

[7] Berne, B. and Pecora, R. Dynamic Light Scattering: With Applications to Chemistry, Biology, and Physics. New York: Dover Publications, Inc., 2000.

[8] Bicout, D. and Maynard, R. Diffusing wave spectroscopy in inhomogeneous flows. Physica A, 1993, 199: 387 - 411.

[9] Block, I. D. and Scheffold, F. Modulated 3D cross - correlation light scattering:

Improving tur - bid sample characterization. Review of Scientific Instruments, 2010, 81: 123107.

[10] Brar, S. K. and Verma M. Measurement of nanoparticles by light - scattering techniques. Trends in Analytical Chemistry, 2011, 30: 4 - 17.

[11] Calzolai, L., Gilliland, D. and Rossi, F. Measuring nanoparticles size distribution in food and consumer products: A review. Food Additives and Contaminants, 2012, 29: 1183 - 93.

[12] Chen, D. T. N., Wen, Q., Janmey, P. A., Crocker, J. C. and Yodh, A. G. Rheology of soft materi - als. Annual Review of Condensed Matter Physics, 2010, 2: 301 - 22.

[13] Chu B. Dynamic light scattering. In Borsali, R. and Pecora, R. (eds.), Soft Matter Characterization. New York, NY, USA: Springer, 2008: 335 - 369.

[14] Dasgupta, B. R., Tee, S. - Y., Crocker, J. C., Frisken, B. J. and Weitz, D. A. Microrheology of polyethylene oxide using diffusing wave spectroscopy and single scattering. Physical Review E, 2002, 65: 051505 - 1 - 10.

[15] Frisken, B. J. Revisiting the method of cumulants for the analysis of dynamic light scattering data. Applied Optics, 2001, 40: 4087 - 91.

[16] Gisler, T. and Weitz, D. A. Tracer microrheology in complex fluids. Current Opinion in Colloid & Interface Science, 1998, 3: 586 - 92.

[17] Hassan, P. A. and Kulshreshtha, S. K. Modification to the cumulant analysis of polydispersity in quasielastic light scattering data. Journal of Colloid and Interface Science, 2006, 300: 744 - 8.

[18] Horne, D. S. Analytical methods light scattering techniques. In Fuquay, J. W., Fox, P. F., and McSweeney, P. L. H. (eds.), Encyclopedia of Dairy Sciences, 2nd Edn. Amsterdam, Netherlands: Academic Press, 2011: 133 - 40.

[19] Jillavenkatesa, A., Dapkunas, S. J. and Lum, L. - S. H. Particle size characterization, NIST Recommended Practice Guide. Special Publication. Washington, DC: US Government Printing Office, 2001.

[20] Koppel, D. E. Analysis of macromolecular polydispersity in intensity correlation spectroscopy: The method of cumulants. The Journal of Chemical Physics, 1972, 57: 4814 - 21.

[21] Khurshid, S., Saridakis, E., Govada, L. and Chayen, N. E. Porous nucleating agents for protein crystallization. Nature Protocols, 2014, 9: 1621 - 33.

[22] Lederer, A. and Schöpe, H. J. 2012. Easy - use and low - cost fiber - based two - color dynamic light - scattering apparatus. Physical Review E, 2012, 85: 031401 - 1 - 8.

[23] Malvern Instruments Limited. Application of Dynamic Light Scattering (DLS) to Protein Therapeutic Formulations: Principles, Measurements and Analysis—2. Concentration Effects and Particle Interactions. Malvern Instruments Limited, Worcestershire, UK. Accessed Jan 22, 2016. http://www.copybook.com/pharmaceutical/malvern - instruments - ltd/articles/application - of - dls - to - proteintherapeutic - formulations - 2).

[24] Mason, T. G. Estimating the viscoelastic moduli of complex fluids using the generalized Stokes - Einstein equation. Rheologica Acta, 2000, 39: 371 - 8.

[25] Mason, T. G. and Weitz, D. A. Optical measurements of frequency dependent linear viscoelastic moduli of complex fluids. Physical Review Letters, 1995, 74: 1250 –3.

[26] Mattison, K. , Morfesis, A. and Kaszuba, M. A primer on particle sizing using dynamic light scattering. American Biotechnology Laboratory, 2003, 21: 20 –2.

[27] Maurer, E. and Pittendreigh, C. Dynamic light scattering for in vitro testing of body fluids. U. S. Patent 8323922 B2, 2012.

[28] Merkus, H. G. Particle Size Measurements. The Netherlands: Springer Science + Business Media B. V. , 2009.

[29] Mezzenga, R. , Schurtenberger, P. , Burbidge, A. and Michel, M. Underst-anding foods as soft materials. Nature Materials, 2005, 4: 729 –40.

[30] Miller, C. C. The Stokes – Einstein law for diffusion in solution. Proceedings of the Royal Society of London. Series A, Containing Papers of a Mathematical and Physical Character, 1924, 106: 724 –49.

[31] Moschakis, T. Microrheology and particle tracking in food gels and emulsions. Current Opinion in Colloid & Interface Science, 2013, 19: 311 –23.

[32] Nicolai, T. , Urban, C. and Schurtenberger, P. Light scattering study of turbid heat – set globular protein gels using cross – correlation dynamic light scattering. Journal of Colloid and Interface Science, 2001, 240: 419 –24.

[33] Nigro, V. , Angelini, R. , Bertoldo, M. , Castelvetro, V. , Ruocco, G. and Ruzicka, B. Dynamic light scattering study of temperature and pH sensitive colloidal microgels. Journal of Non – Crystalline Solids, 2015, 407: 361 –6.

[34] Nik, A. M. , Alexander, M. , Poysa, V. , Woodrow, L. and Corredig, M. Effect of soy protein subunit composition on the rheological properties of soymilk during acidification. Food Biophysics, 2011, 6: 26 –36.

[35] Nobbmann, U. , Connah, M. , Fish, B. , Varley, P. , Gee, C. , Mulot, S. , Chen, J. et al. Dynamic light scattering as relative tool for assessing the molecular integrity and stability of monoclonal antibodies. Biotechnology and Genetic Engineering Reviews, 2007, 24 (1): 117 –28.

[36] Øgendal, L. Light Scattering—A Brief Introduction. University of Copenhagen, September 16, 2013. Accessed May 10, 2015. http: //igm. fys. ku. dk/ ~ lho/personal/lho/LS_ brief_ intro. pdf.

[37] Pine, D. J. , Weitz, D. A. , Zhu, J. X. and Herbolzheimer, E. Diffusing – wave spectroscopy: Dynamic light scattering in the multiple scattering limit. Journal of Physics France, 1990, 51: 2101 –27.

[38] Popescu, G. , Dogariu, A. and Rajagopalan, R. Spatially resolved microrheology using localized coherence volumes. Physical Review E, 2002, 65: 041504 –1 –8.

[39] Provencher, S. W. Inverse problems in polymer characterization: Direct analysis of polydispersity with photon correlation spectroscopy. Macromolecular Chemistry and Physics,

1979, 180: 201 -9.

[40] Provencher, S. W. CONTIN: A general purpose constrained regularization program for inverting noisy linear algebraic and integral equations. Computer Physics Communications, 1982, 72: 229 -42.

[41] Pusey, P. Suppression of multiple scattering by photon cross - correlation techniques. Current Opinion Colloid Interface Science, 1999, 4: 177 -85.

[42] Rao, M. A. Rheology of Fluid, Semisolid, and Solid Foods, 3rd edn. New York: Springer, 2014.

[43] Sandra, S., Cooper, C., Alexander, M. and Corredig, M. Coagulation prop-erties of ultrafiltered milk retentates measured using rheology and diffusing wave spectroscopy. Food Research International, 2011, 44: 951 -6.

[44] Sapsford, K. E., Tyner, K. M., Dair, B. J., Deschamps, J. R. and Medintz, I. L. Analyzing nanomaterial bioconjugates: A review of current and emerging purification and characterization techniques. Analytical Chemistry, 2011, 83: 4453 -88.

[45] Sartor, M. Dynamic Light Scattering to Determine the Radius of Small Beads in Brownian Motion in a Solution. San Diego, California: UCSD, University of California. Accessed May 1, 2015. http: //physics. ucsd. edu/neurophysics/courses/physics _ 173 _ 273/dynamic _ light_ scattering_ 03. pdf.

[46] Schätzel, K. Suppression of multiple - scattering by photon cross - correlation techniques. Journal of Modern Optics, 1991, 38: 1849 -65.

[47] Scheffold, F., Romer, S., Cardinaux, F., Bissig, H., Stradner, A., Rojas - Ochoa, L. F., Trappe, V. et al. New trends in optical microrheology of complex fluids and gels. Progress in Colloid and Polymer Science, 2004, 123: 141 -6.

[48] Scheffold, F. and Schurtenberger, P. Light scattering probes of viscoelastic fluids and solids. Soft Materials, 2003, 1: 139 -65.

[49] Segrè, P. N., Van Megen, W., Pusey, P. N., Schatzel, K. and Peters, W. J. Two - colour dynamic light scattering. Journal of Modern Optics, 1995, 42: 1929 -52.

[50] Siegert, A. J. F. On the fluctuations in signals returned by many independently moving scatters. Report 465, Massachusetts Institute of Technology Radiation Laboratory, 1943.

[51] Sonn - Segev, A., Bernheim - Groswasser, A., Diamant, H. and Roichman, Y. Viscoelastic response of a complex fluids at intermediate distances. Physical Review Letters, 2014, 112: 088301 -1 -5.

[52] Sun, Y. Investigating static and dynamic light scattering. Cornell University Lib-rary, eprint arXiv: 1110. 1703v1 [physics. chem - ph], 2011. Accessed Jan 22, 2016. http: // arxiv. org/pdf/1110. 1703. pdf.

[53] Urban, C. and Schurtenberger, P. Characterization of turbid colloidal suspensions using light scattering techniques combined with cross - correlation methods. Journal of Colloid and Interface Science, 1998, 207: 150 -8.

[54] Urban, C. and Schurtenberger, P. Application of a new light scattering technique to avoid the influence of dilution in light scattering experiments. Physical Chemistry Chemical Physics, 1999, 1: 3911 -5.

[55] Waigh, T. A. Microrheology of complex fluids. Reports on Progress Physics, 2005, 68: 685 -742.

[56] Weitz, D. A. and Pine, D. J. Diffusing - wave spectroscopy. In Brown, W. (ed.), Dynamic Light Scattering: The Method and Some Applications. Oxford: Oxford University Press, 1993: 652 -720.

[57] Wu, X. L., Pine, D. J., Chaikin, P. M., Huang, J. S. and Weitz, D. A. Diffusing wave spectroscopy in a shear flow. Journal of Optical Society of America B, 1990, 7: 15 -20.

[58] Xu, C., Cai, X., Zhang, J. and Liu, L. Fast nanoparticle sizing by image dynamic light scattering. Particuology, 2015, 19: 82 -5.

[59] Xu, R. Light scattering: A review of particle characterization applications. Particuology, 2015, 18: 11 -21.

[60] Zakharov, P., Bhat, S., Schurtenberger, P. and Scheffold, F. Multiple - scattering suppression in dynamic light scattering based on a digital camera detection scheme. Applied Optics, 2006, 45: 1756 -64.

14　基于生物散斑技术的果蔬品质评价

Artur Zdunek，Piotr Mariusz Pieczywek，Andrzej Kurenda

14.1 生物散斑现象

当激光照射在粗糙物体上时，由于多重后向散射电磁波的光学干扰，在观察平面上会形成一个散斑图样。由于波的叠加，散斑图样由暗点和亮点组成，这对于非生物物质来说是静态的。当激光照射在生物样品上时，由于样品内部发生的物理反应和化学反应过程，散斑图样不再稳定。这种现象被称为动态激光散斑或生物样本的生物散斑。分析散斑的运动以表征生物散斑的活性，激光可以穿透生物组织（特别是在红光范围内），因此，生物散斑的活性携带了一些与激光穿透组织有关的深度取样的样本的信息。

对于如水果和蔬菜这样的植物材料而言，表观的生物散斑活性的来源是布朗运动，它是悬浮在流体（液体或气体）中的粒子与气体或液体中快速移动的原子或分子碰撞而产生的随机运动，来源还包括生物过程，如胞质环流、生长、传输等，并且这种活性受色素、病原体感染或其他机械和生理缺陷的影响。几种不同的应用已经可以用于监测水果和蔬菜的老化、成熟和器官发育。生物散斑的活性还受到组织色素的光吸收和组织中存在的如病原体、表面疾病等紊乱的影响。因此，生物散斑法可以提供大量的有关水果和蔬菜的生长过程的信息。由于使用的是低功率激光，生物散斑法对植物而言是非破坏性的。此外，用于生物散斑测量的典型系统相对简单且便宜（图 14.1）。这些特点使得该方法在许多快速且无损采样的应用上具有潜力。

大多数用于生物散斑评估的系统由红色 HeNe 激光器或二极管激光器、带有图像采集卡的相机、一些光学组件（用于光束扩展，设定关注区域或光的偏振）和用于生物散斑活性评估的软件组成（图 14.1）。记录生物散斑的实验过程通常包括三个步骤：①用激光照射样品，且该激光可以延伸到或对准选定的关注区域；②记录生物散斑的视频或图像堆栈，大多数情况下，采用两种方法——收集具有已知滞后时间的整个帧或收集具有已知滞后时间的单行以构建时程矩阵；③从时程散斑帧评估生物散斑的活性。

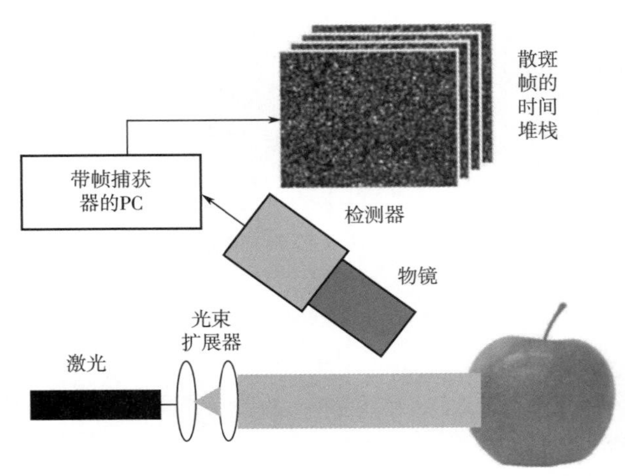

图 14.1　用于生物散斑评估的典型系统

由于该技术从硬件的角度来看并不复杂，因此，目前主要研究内容在于分解信号并跟踪或量化某个感兴趣的过程。这需要两个必不可少的步骤：解释生物散斑现象的生物和物理来源，以及开发用于评估生物活性的图像分析方法。

14.2 生物散斑现象的生物学来源

在以时空不稳定性为特征的材料中观察到动态散斑图样。由于生物材料存在着许多的生理过程，因而它是一组特殊的干涉图样生成对象，且在大多数情况下是动态光散射的主要来源，可以在每个生物体中记录生物散斑的现象，然而，生物体的多样性、各种生理过程或形状和结构的差异都会导致有多种可能的现象来源。因为生物的生理状态在不断变化，所以生物散斑动力学还取决于发育阶段、健康状况、散射中心或光衰减色素的瞬时含量等，其在时间上是可变的。因此，一方面对观察到的生物散斑现象变化进行解释是困难的，因为这需要关于对象的特定知识；另一方面，它在光学技术对评估所有种类生物体的各种生理参数方面的应用上存在巨大的潜力。

在有机生物体中，除了生理活动之外，还会发生如布朗运动和扩散之类的物理过程，因此生物散斑的活性包含了源自这些生理和物理过程的成分。因此，散斑“特征”包含关于生物状态的信息，该信息可以干涉图像中散斑强度的频率波动的形式编码。

当生理过程与运动相关时，它们就成为生物散斑的主要来源。可以将所有的生理运动——产生与生物散斑有关的有机体或内部有机体的运动——的过程分为四组：①微生物的独立活性运动；②器官或组织形状的变化；③细胞、粒子和液体在生物体内的二次运输；④以及在单个细胞尺度上的细胞器和粒子的运输。

微生物的活性运动作为生物散斑活性的来源，已被用于检测液体培养基中的细菌、配子的存活率、豆类种子里的真菌、线虫、寄生虫在不同驱虫药作用下的运动，以及不同温度下海洋甲壳类动物的运动。

由器官和组织的表面变化引起的生物散斑的活性的变化主要应用于医学和植物生理学。在医学中通过对人体皮肤和肌肉组织的生物散斑活性的分析研究血流速率和人肱二头肌的功能状态。在植物研究中，使用动态散斑跟踪器官的运动和生长速度以作为测量器官位移和因伸长而引起的器官表面形状的局部变化的手段。

通过分析直接从不同器官的血管中获得的生物散斑图样，由长距离传输的细胞、颗粒或流体引起的动态光散射被用于血流速度的测量。对于植物而言，水和营养在维管束中的运输是类似于血液循环的过程。木质部中水的传输速度以 mm/s 为单位进行测量；然而，在适宜的条件下，在一些植物物种中，水的传输速度可能是以 m/s 为单位的。由于空化作用，水的传输速度足以引起导电元件和周围组织的振动，从而可以进行生物散斑活性分析。因此，生物散斑可能是一种分析植物器官中水分传输速度的非接触式方法。

细胞代谢过程，包括细胞器和粒子的主动运输，是产生生物散斑动力学的最常见的因素组（图 14.2）。实验表明，生物散斑活性与植物新陈代谢速率之间存在着直接的关系，这表明它们对温度具有依赖性。苹果组织的温度从30℃降至5℃，使苹果的代谢减慢，从而导致生物散斑的活性降低了约50%，在经受了高静水压力的苹果中取得了类似的效果。在施加静水压力后，通过破坏细胞抑制代谢过程会导致生物散斑活性的短暂降低。随后的受到压力处理和经过贮存的苹果中的生物散斑活性的增加可能是由于自溶酶促反应速率的增加而导致颗粒的动力增加，从而导致组织褐变和分解。

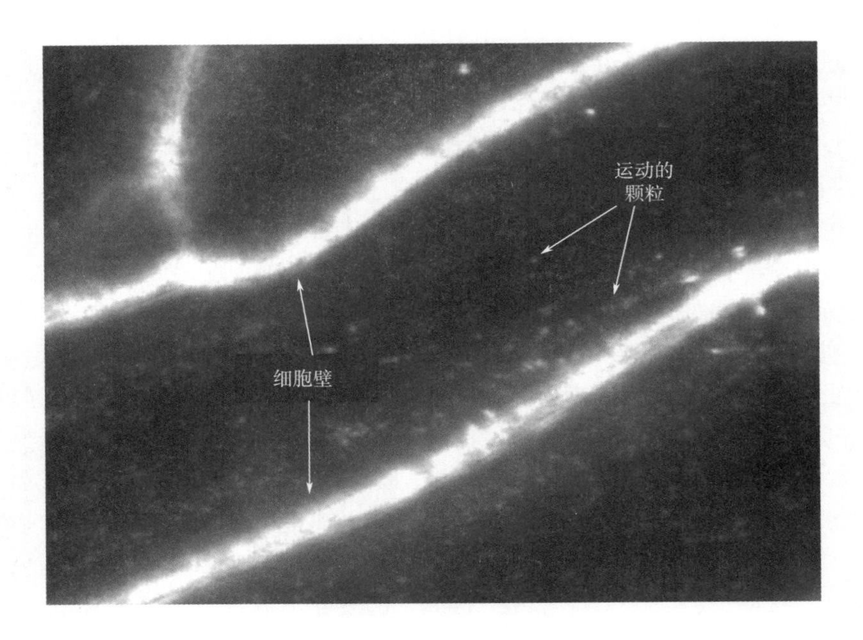

图 14.2　洋葱细胞内循环

注：细胞器和粒子在细胞周围移动，从而产生动态激光散斑图样（生物散斑）。

细胞主要的代谢过程是生物散斑活性的来源，可使用选定的生理过程抑制剂对它做识别。肌动蛋白、细胞骨架重建和离子通道的抑制剂分别使生物散斑活性降低了约20%和40%。该结果表明，依赖于肌动蛋白、运动蛋白和跨膜离子转运的活性细胞内运动的过程组是细胞规模上动态光散射的最重要的发生器之一。

上述信息证实了Briers在开创性工作中提出的假设，他认为动态光散射主要是叶绿体运动的结果，因为根据散射理论，这些细胞器的大小和颜色与所使用的激光波长为最佳对应。事实上，叶绿体、其他细胞器、大分子、细胞质流、细胞结构组织和细胞壁形成的运动都取决于运动蛋白的功能。

细胞质流是细胞质和细胞器的定向流动，它的速度可达到100μm/s。小的细胞器和随流移动的溶解的颗粒充当散射中心，并且可以动态地散射激光，其他基于肌动蛋白的过程，例如囊泡转运、细胞骨架空间重组、酶的排泄以及细胞壁成分转移进入细胞外空间也有助于整体生物散斑活性的增加。

间接影响光散射的过程还与跨膜离子传输有关。离子通道和质子泵调节细胞内无机离子的含量，从而调节细胞膨胀和细胞内结构的密度，并产生用于特定大分子的二次跨膜运输的离子梯度。分子的运动、细胞水化的变化、隔室的密度以及细胞膜和细胞壁的张力进一步增强了光散射的动力学。

光散射动力学的变化不仅可以通过细胞内组分的速度变化获得，还可以通过它们的数量和物理性质，特别是它们的光吸收能力获得。在苹果中观察到的生物散斑活性和淀粉颗粒含量的增加表明，细胞中移动的散射中心的数量的增加可以增强动态光散射。老化或损伤期间的细胞壁酶降解是一种细胞外过程，也可能增加植物组织中散射中心的数量。研究表明，胡萝卜细胞壁的生理降解增加了果胶和半纤维素寡糖的数量，它们可以在细胞外空间中被动地移动。反过来，随着苹果中叶绿素含量的增加，生物散斑的活性降低，这表明红色激光的吸收可能会减少后向散射的光量，缩短苹果组织中的光子路径，减少移动细胞元素内部反射的数量，最终减少动态散射。

上述信息表明，在代谢率高的组织中，动态光散射相对较高，而在代谢率低或色素含量高的器官中，动态光散射相对较低。生物散斑活性的空间分析证实了这一观点。苹果的空间分析显示，在使用了代谢抑制剂的地方，生物散斑的活性有着显著的局部降低，而受到触须影响的根部，生物散斑活性出现了局部的增加。

生物体内的多种代谢过程可能潜在地影响着生物散斑的活性，这表明该技术可能应用于评估不同类型生物体中的各种生理参数。然而，现有的图像分析方法仅可以评估生物体的整体生理状况。这个问题可以通过研发生物散斑图样分析的新方法和生物散斑活性的特定成分与相应的生理过程之间关系的新模型解决。

14.3 用于评估生物散斑活性的图像分析

14.3.1 全局活性测量

14.3.1.1 散斑对比度

首次提出测量散斑图样活性方法的是 Briers，他观察到，当在拍摄散斑图样时，如果曝光时间能够按波动周期的顺序进行，那么散斑图样的对比度将与散斑强度的波动密切相关。在单曝光激光摄影中，散斑图样的高波动区域是模糊的，因此对比度降低了，而在静止图像的区域中，对比度仍然很高。他认为对于生物介质，散斑图样由两个独立的部分组成，一个由静止的散射体产生，另一个由移动的散射体产生。基于这种所谓的散斑对比度，定义了来自移动散射体的光的平均强度与散射光的总强度之比。他提出了两种散斑对比度。第一种涉及对波动的一阶时间统计量的测量，然后进行空间平均处理，即空间对比度，由式（14.1）表示：

$$\rho = 1 - \frac{\sigma}{\langle I \rangle} \tag{14.1}$$

式中 ρ——空间对比度

σ——像素强度的空间方差或标准偏差

$\langle I \rangle$——散斑图样的平均强度

第二种称为时间对比度，即先测量波动散斑图样的时间平均值，再测量一阶空间统计量，它表示为式（14.2）：

$$\rho = 1 - \left[1 - \frac{\langle \sigma_t^2(x,y) \rangle_{x,y}}{\langle I \rangle^2}\right]^{1/2} \tag{14.2}$$

式中　σ_t^2（x，y）——散斑图样的点（x，y）处的强度波动的时间方差

$\langle\sigma_t^2$（x，y）$\rangle_{x,y}$——空间平均值

$\langle I \rangle$——时间和空间域中散斑图样的平均强度

波动散斑图样的这两个时间统计量均提供了关于静止和移动散射体对散斑图样的相对作用的信息。尽管这两种测量都与速度有关，但它们并不提供有关移动散斑速度或波动强度的频率分量的直接信息，它们可以被视为散斑波动的相对估计。

14.3.1.2　基于时空散斑或时程散斑的测量方法

有一种分析散斑图样的时间演变的方法基于对时空散斑（STS）图样特性的研究，也被称为时间历史散斑图样（THSP）。THSP是由许多动态散斑现象的连续图像组成的矩阵。THSP是利用从每个图像中提取的选定线来创建的，并作为列向量并排放置。这些线按时间顺序依次排列。THSP矩阵的水平方向对应于时间尺度的散斑波动强度，而垂直方向则表示采样点沿选定线的空间位置。

Arizaga等，提出了一种用于表征散斑时间演化的方法，该方法基于由THSP计算得到的共生矩阵的惯性矩（IM）。共生矩阵是$N \times N$矩阵，其中N是THSP图像可能的灰度级的数量。该矩阵的每一项ij都表示沿着THSP的水平时间方向出现的灰度级i和跟随i的灰度级j的次数。散斑波动的低活性表现为对角线周围的高浓度值，而高活性则表现为共生矩阵的值散布在对角线外部，从而形成云状。共生矩阵的IM被定义为矩阵值之和乘以与主对角线的距离的平方（以行和列索引表示）。

对散斑图样的数值模拟的研究表明，IM对散斑颗粒的平均长度敏感。IM值随着THSP图像中散斑长度的增加而减小，这是因为远离对角线的共生矩阵的区域变得越来越少。此外，当粒子长度与时间窗口的宽度的比率（THSP在水平方向上的总长度）大于或等于三分之一时，IM达到饱和状态。这表明IM对强度的突然的跃变很敏感，从而导致IM值的增加。因此，为了进行比较，在测量过程中样品的照明应保持恒定。在IM的计算过程中执行的平方运算会引起对共生矩阵值的非线性加权，这样一来，远离对角线的输入就更加突出了。这意味着IM在分析高频方面更有效。

为了克服这一局限性，引入了差值绝对值（AVD）作为常规IM方法的替代方法。该方法基于计算共生矩阵的每个输入与主对角线的距离的绝对值。与标准IM方法相比，AVD对整个光谱的成分表现出更好的灵敏度，并且在监测生物散斑过程方面呈现出了更好的结果。

利用来自交叉谱的相干函数分析了THSP谱的光谱含量。该技术用于获得在相同THSP的两线之间和在THSP对之间编码的不同频率范围内的光谱信息。由模拟和实验数据得到的结果表明，交叉谱分析对散斑波动强度的较低频率更为敏感。该分析还对在THSP图像中使用较少数量线的可靠性提出了质疑，因为在相同THSP内的不同线中显示出不同的频谱内容。交叉谱分析被认为是IM方法的补充措施。

Passoni 等提出了小波熵（WE）作为测量动态散斑活性的度量。基于小波的熵能够分析复杂信号的有序/无序程度。使用这种方法分析散斑时间演变的基本概念是将小波变换应用于 THSP 的每一行，并将其划分为等长的时间窗口。对每个时间窗口都计算其相对小波能量，然后计算香农熵。在对静态过程的分析中，对图像的每一行都计算其 WE 值，并且从所有图像的行中求取平均值以便获得单个图像的描述符。对于非平稳过程，需要考虑整个行集来计算对应于每个时间段的熵平均值。据报道，与其他 THSP 分析方法相比，该技术可以在更短的时间内进行定性和定量估计，同时所需的数据更少。但是与 IM 相比，小波变换需要较为复杂的计算操作，且这些操作易受一些随意选择的影响，如母小波的选择。

建立直方图差值法分析单个 THSP 图像的结构，以对种子样本进行分类。差分直方图（DH）是由辅助图像计算得到的，而辅助图像是通过减去其移位复制的原始 THSP 图像而获得的。计算出的直方图包含有关表征其结构的原始图像的二阶统计信息。可以任意选择位移值以获得最佳结果。通过贝叶斯决策准则和直方图值的多项式分布的假设对 DH 进行分类。直方图差值法被认为是一种适合对种子分类的方法，并且一般适用于那些平均散斑寿命可以作为样品生物活性的重要指标的任何其他类型的样本。

14.3.1.3 时空相关技术

当在短时间间隔内拍摄两个动态散斑图样时，这些图像的相应局部区域显示出高度的相关性。当分开的两个图像之间的间隔增大时，相应的局部区域去相关，即随着时间的推移，散斑图样从初始状态退化。对于均匀的生物散斑图样，每个区域中的散斑强度波动相等，因此所有位置的相关峰值在时间上显示出相似程度的生物散斑图样退化。在这种情况下，一组局部相关的峰值可以由一个平均值代替，该平均值等于在两个图像之间计算的相关值。这一观察结果已经在时空相关技术中得到了应用。该技术基于对两个或多个散斑图样的相关性的分析，其中一个被认为是参考状态的图像。当按给定的时间顺序捕获图像时，这些系数就可以表示为生物散斑图样移动速度的函数。每个这样的依赖性都等价于相关峰值的时间的减少。

可以通过计算相关系数 $C^{k\tau}$ 的时间变化评估生物散斑活性的演变，其中 k 是帧数，τ 是帧之间的滞后时间。实际上，$C^{k\tau}$ 是作为数据矩阵的相关系数来计算的，它由第一帧的像素强度和后续的生物散斑帧的数据矩阵组成。通常，滞后时间受探测器性能的限制，通常约为（1/15）s。$C^{k\tau}$（更大的去相关）更为明显地减小反映了更高的生物散斑活性，因此使用值 $BA = 1 - C^{k\tau}$ 为更有意义的表示。为了简化实际应用中的分析过程，仅需对生物散斑进行两次有着几秒钟延迟的快照，并计算它们之间的相关系数。这种“更长”的滞后时间适用于某些生物样品，并且可以用作测量时间和生物散斑去相关比之间的折中。

14.3.2 生物散斑空间活性分析

14.3.2.1 Fujii 法

对生物散斑活性的全局测量适用于监测在同一对象的不同区域中显示相似活性水

平的空间同质过程。然而，在生物样品中，同一对象的不同区域的活性可能存在差异。当照射足够大的区域时，散斑图样将描述对应于基础动态过程的散斑波动的空间可变性。该散斑的活性可以用空间活性图来表示，且该空间活性图是分配给特定位置的局部计算的度量。

最早的用于评估散斑空间活性的方法之一是 Fujii 指数，它用于观察血流量。Fujii 法基于对动态散斑图样的时间序列中每个像素灰度强度的绝对差值的加权和的计算。Fujii 指数在指定位置处的值定义由式（14.3）给出：

$$F(x,y) = \sum_k \frac{|I_k(x,y) - I_{k+1}(x,y)|}{I_k(x,y) + I_{k+1}(x,y)} \tag{14.3}$$

式中　k——来自时间序列 $k = 1,\cdots,N$ 的图像索引

I_k 和 I_{k+1}——在给定坐标 x 和 y 位置处的像素的强度值

在 Fujii 指数的分母中加权因子的存在导致了非线性响应，该响应强调大的差值和涉及来自检测器的动态范围极限值的小的差值，这是该方法的主要缺点之一。由于加权项的存在，分母中的相同值可以以完全不同的方式处理。例如，灰度级从 0 到 1 的转变给出了 Fujii 指数的最大值，而从 254 到 255 的同样的绝对转变给出了可能的最小非零值。实际上，这会导致在散斑图样的较暗、照明较少的区域中由检测器噪声产生虚假的散斑活性。

解决此问题的一种可能的方法是使用一个替代方法，即参数化 Fujii 法。该方法由式（14.4）给出：

$$F_p(x,y,g_r) = \sum_k [(|I_k(x,y) - I_{k+1}(x,y)|)(255 - |g_r - I_k(x,y)| + 255 - |g_r - I_{k+1}(x,y)|)] \tag{14.4}$$

式中　k——来自时间序列 $k = 1,\cdots,N$ 的图像索引

I_k 和 I_{k+1}——在给定坐标 x 和 y 位置处的像素的强度值

g_r——参考灰度级

在计算中引入参考灰度级的新加权项，它可以调整突出的散斑强度值的范围。当参考灰度级上升时，较高值更明显，而对较低值的影响则受到限制。对于较低的参考灰度级，仅计数从相对较低的参考灰度级到较低像素强度的转变。

可能克服原始 Fujii 法缺点的另一种方法是利用小波变换进行频率分解，以从原始信号中滤除所有的冗余频率。

14.3.2.2　广义差分法

人们还提出了 Fujii 法的一种简化形式，称之为广义差分法（GD）。这两种方法之间的主要区别在于后者取消了加权过程和后续连续帧的时间顺序。因此，GD 被定义为所有可能的帧组合中像素强度之间的绝对差的总和，可以写成式（14.5）：

$$\mathrm{GD}(x,y) = \sum_{k=1}^{N-1}\sum_{l=k+1}^{N} |I_k(x,y) - I_l(x,y)| \tag{14.5}$$

式中　k、l——帧索引值

I_k——在坐标 x 和 y 处像素的强度值

缺少时间顺序意味着该算法包括了非连续帧的像素值之间的差值，因此该方法不

会保留任何关于信号频率的信息。

对于静态散斑图样，其像素的值在时间窗口上不发生变化，GD 等于零。对于由等于动态范围上限值的一半的像素强度值而等于下限值的后一半的像素强度值组成的信号，GD 达到最大值。对于这种情况，由于缺少时间顺序，所以无论这些值的出现频率（它们的时间顺序）如何，GD 都将达到它的最大值。

与 Fujii 法相比，由该方法得到的活性图显示出检查对象较少的可见轮廓。该算法也更耗时。在 Saúde 等提出的 GD 算法的变差中，像素强度差分的模量由差分的平方值代替。由 GD*表示的此度量定义如式（14.6）所示：

$$GD^*(x,y) = \sum_{k=1}^{N-1}\sum_{l=k+1}^{N}[I_k(x,y) - I_l(x,y)]^2 \tag{14.6}$$

与标准 GD 相比，由 GD*算法生成的生物散斑活性图像具有更高的对比度。尽管具有定性的相似性，但这两种方法并不能直接作比较。但是这两种方法都只包含了值的扩展，都只显示出了与方差的定性关系。在加权广义差分（WGD）算法中引入了一个附加的加权项，该加权项的值会根据时间尺度在每次求和时发生变化，从而消除了部分的限制。将该测量方法定义为式（14.7）：

$$WGD(x,y) = \sum_{k=1}^{N-1}\sum_{l=k+1}^{N}|I_k(x,y) - I_l(x,y)|w_p \tag{14.7}$$

其中 $p=l-k$ 是距参考帧 k 的时间距离。

权重值随时间距离 p 的变化而变化，从而强调了散斑强度的快速或缓慢变化。

14.3.2.3 激光散斑对比度分析

激光散斑对比度分析（LASCA）是散斑图样分析中最常用的在线常规方法之一。最初，它是作为 Briers 对比方法的局部版本开发的，并用于监测毛细血管的血流量。到目前为止，一些原始算法的变差已经被开发了出来。在最基本的形式中，LASCA 被计算为标准偏差与单个图像的局部方形窗口中每个像素获得的强度平均值的比率（C），可以表示为式（14.8）：

$$C \equiv \frac{\sigma}{\langle I\rangle} = \frac{\sqrt{\langle I^2\rangle - \langle I\rangle^2}}{\langle I\rangle} \tag{14.8}$$

式中　$\langle I\rangle$——在局部方形窗口中计算的像素强度的平均值

$\langle I\rangle^2$——像素强度平方的平均值

此版本的算法也被称为空间衍生对比度。最常用的窗口尺寸是 3×3，5×5，7×7 像素。连续和重叠的窗口用于生物散斑图样的映射。两种类型的窗口都将空间分辨率降低了一个等于窗口边缘长度的因数。根据散斑的大小对窗口大小进行调整，以便在保持合理的空间分辨率的同时提供尽可能高的统计有效性。

Dunn 等利用时间帧平均化（sLASCA）改进了标准空间的衍生对比度。创新之处在于修改后的算法可对预定数量的原始散斑图样进行操作。使用基本的 LASCA 来处理每个图像，然后在所有获得的散斑时间帧上对局部对比度值做进一步的平均化处理。

动态散斑图样（tLASCA）的一阶时间统计量的时间积分的变差被称为时间衍生的对比度，并且使用散斑现象的多个图像做类似的计算。对比度的定义与标准 LASCA 定义的情况相同，不同之处在于要从所有采集的帧中为每个像素单独计算其标准偏差和平均强度。因此保持了原始图像的有效空间分辨率。为了获得更好的视觉效果，使用平均化处理或高斯核方法过滤最终的图像以使其平滑。在该方法中，空间分辨率越高，所需的时间分辨率越低。

与 Fujii 方法和其他基于强度的方法一样，样品光照的不均匀和环境光的变化也会影响整体性能和区分不同活性区域的能力。该方法的处理时间相对较短，尽管会降低图像质量，但可以进行实时观察。

14.3.2.4 改进的激光散斑成像

人们提出了一种技术，可以由时间平均散斑图样的一阶时间统计量获得在散斑图样中编码的速度信息。通过改进的激光散斑成像（mLSI）技术获得的活性图可以以式（14.9）计算：

$$\mathrm{mLSI}(x,y) = \frac{\langle I^2_{x,y,t}\rangle_N - \langle I_{x,y,t}\rangle^2_N}{\langle I_{x,y,t}\rangle^2_N} \tag{14.9}$$

式中 $I_{x,y,t}$、$I^2_{x,y,t}$——第 t 帧在 x 轴和 y 轴坐标处像素的瞬时强度和瞬时平方强度

$\langle I_{x,y,t}\rangle_N$、$\langle I^2_{x,y,t}\rangle_N$——在 N 个连续帧上的（x，y）坐标处像素的平均强度和平方强度的平均值

mLSI 值与散射颗粒的速度成反比。与 LASCA 相比，通过 mLSI 获得的血流图具有更高的空间分辨率，并提供了关于小血管中血液灌注变化的额外的信息。该方法还显示出对由静止散斑引起的伪影的较低的敏感性。mLSI 的一个基本缺点是它没有考虑相机的曝光时间。此外，对多个连续帧进行平均化处理会降低时间分辨率。

然而，实验结果表明，这是一种无需扫描即可对整个血流场成像的合适的方法，与其他成像方法相比，它能够提供相对较高的空间分辨率。

14.3.2.5 时差法

Fujii 法和 GD 法有一个共同的缺点，即所得到的矩阵描述了在观察间隔期间整体散斑的活性，但是忽略了活性的变化（时间分辨率）。为了及时描述散斑的活性，提出一系列由时间间隔分隔的矩阵序列作为统计描述符。在时间差分法中，将对象的按时间间隔隔开的两个散斑图样彼此相减以检测散斑结构是否已经改变。这种方法可以对测量结果做简单的解释，且计算成本介于低等和中等之间。初步测试表现出了令人满意的结果，并有可能将此方法转变为标准的实验室方法。

14.3.2.6 运动历史图像法

运动历史图像（MHI）法是一种时间模板方法，它表示基于运动序列的一组静态图片像素的时间戳的运动。该技术被广泛应用，如在人体运动识别、对象跟踪、运动分析以及其他相关领域中的应用。由于 MHI 与获取的现象的时间特征有关，所以有理由假设该方法能够监测生物散斑的活性。人们提出了基于轮廓的 MHI 变体在在线生物散斑评估中的应用。通过从历史图像的缓冲区中减去两个序列图像生成轮廓图像，这些轮廓图像用于描绘最近的运动。对每个轮廓都应用二进制阈值。最终的 MHI 是根据每个图像的“生命周期”对存贮在缓冲区中的二进制轮廓进行加权而

创建的。MHI 方法在生物和非生物样本上进行了测试，与替代的在线方法 LASCA 相比，MHI 方法表现出更好的结果。MHI 可产生与已知的离线方法（例如 Fujii 法和 GD 法）类似的结果。

14.3.2.7 经验模态分解法

经验模态分解法（EMD）是由筛选优化算法定义的一种方法，它可将数据分解为固有模态函数（IMF）的 n 个经验模块和一个残差。该方法可以分离散斑图样的不同活性水平，并在时频域中对其进行表征。使用 EMD 时，任何给定的时间信号 $I(t)$ 都可以表示为式（14.10）：

$$I(t) = \sum_{j=1}^{n} a_j(t)\cos\phi_j(t) + r(t) \tag{14.10}$$

式中 $r(t)$ ——残差

$a_j(t)$ 和 $\phi_j(t)$ ——通过在 j - IMF 分量上分别使用希尔伯特变换而定义的瞬时幅度和相位

n——模数，根据经验确定

对于动态散斑图样序列的每个像素，将 EMD 沿时间轴应用于强度信号。在包含 N 个像素的窗口上计算的平均瞬时能量和平均瞬时频率被用作散斑空间活性的描述符。该方法仅能在水果的瘀伤区域检测这一有限的应用中得以证明。

14.3.2.8 法向量空间统计法

用于监视散斑图样活性的大多数方法都是基于像素强度变化的测量。这些方法的主要缺点是它们受不同光照条件的严重影响。为解决这一问题，人们提出了一种基于法向量的方法作为时变散斑图样的新描述符。

在这种方法中，散斑图样被视为地形表面，其中高强度值对应于山丘，低值对应于山谷。基于此种假设，借助于局部法向量方向的时间统计量测量特定位置处的散斑图样的动态性能。使用法向量投票方法计算数字散斑图样的局部法向量。散斑图样被认为是一个三角形表面，并且根据特定的像素强度及其相邻像素计算局部法向量。两个像素之间的测地距离用于选择一组相邻的像素。在计算法向量之前，对散斑图样的图像进行表面平滑处理以减少噪声的影响。通过三种算法评估法向量的旋转统计量，这三种算法采用基于强度的动态散斑图样分析——旋转角度 GD、修正近似熵和修正样本熵的方法。所提出的算法能够在不同的外部光照条件下得到一致的结果，并且与大多数基于强度的方法相比性能更好。仿真实验表明，该方法提供的结果不受不均匀的照明和反射、时变环境光或样品与样品之间的变化的环境光的影响。对附着叶的表面活性检测的实验表明，该方法能够监测生物样品中水分状态的变化。此方法的鲁棒性和可靠性使其有着广泛的应用（尤其是在恶劣的外部光照条件下进行测量的情况）。

14.3.2.9 谱域分析法

许多研究表明，生物散斑活性与生物体内的生物过程有关。然而，有许多过程是同时发生的，它们的影响可能与自然现象一致，如水蒸发、扩散和结构的机械变形。上述的基于像素强度的方法不能独立地区分出由各种过程和生物现象引起的不同的活性水平。由于生物材料的复杂性，人们已经研究出了与谱域相关的生物散斑活性分析的替代技术。通常情况下，频率分析包括用离散傅里叶变换或小波变换进行信号分解和仅用选定频率的逆变换来重构信号。其他应用通过统计描述符（如谐波频率的平均幅度值或信号熵等）直接分析频带。

研究表明，使用生物散斑分析法将受人工真菌污染的豆类种子与健康的种子分开是有可能的。使用THSP/STS的IM和THSP信号的频率值对种子进行检测。利用卷积信号的快速傅里叶变换以进行频率分析。这两种用于分析动态生物散斑图样的方法都能够识别种子中是否存在微生物。然而这两种方法都无法确定病原体的类型。结果表明，频率分析可用于补充由类似IM的一些其他的技术提供的信息，以提高生物材料的生物散斑激光成像的整体效果。小波变换可以与传统的生物散斑激光方法—Fujii法，GD和THSP结合起来使用，以识别生物材料，特别是玉米和豆类种子中水分活性的频带。频率分析可以得到活性图，这些活性只在对种子进行操作的相关特定区域的种子的特定频率处出现，例如在胚胎和胚乳中存在的活性。通过对每个独立像素的THSP计算得到的WE分割不同生物活性区的能力，也被证实可用于检测苹果损伤区和测试玉米种子的存活力。

14.3.2.10 多元散斑图样分析法

快速傅里叶变换和小波变换都是在频域中的数据滤波方法，都只可以对信号分解和对所选频带进行分析。类似地，主成分分析（PCA）作为一种多变量统计工具，已被提出作为动态散斑信号的光谱分析的替代方法。这项技术包括将PCA作为生物散斑信号的预处理工具。在预处理期间，散斑图样的图像序列被重组为一个数据矩阵，矩阵中的每个图像都被视为一个单独的变量，并且该图像的每个像素都被作为一个单独的观察点。通过PCA，该数据矩阵被转换为一组在统计量上不相关的坐标，并将其表示在PCA分数域中。此时，我们研究了每个分量的作用，也消除一些主要的分量。然后，应用PCA的逆变换并分析重建数据。与频率分析方法类似，PCA与现有的方法如Fujii法和GD结合使用。基于PCA的方法在真实数据实例中进行测试，具体的例子为玉米胚乳和胚的生物活性图像。结果表明，活性图像的视觉质量有了显著的改善。PCA可以使得特定的主成分与生物现象相关联，从而能够定义样品生物活性的标记。作为一种过滤工具，它提供了一种非参数的、自适应的、可快速计算处理的生物散斑活性区域分解方法。

14.4 果蔬质量评价

1989年报道了首次关于水果上生物散斑的研究，该研究发现苹果、橙子和番茄的时间散斑活性存在差异。不同商品的生物散斑活性如图14.3所示。因为散斑的时间波动程度随着时间的增加而下降，由此可以通过生物散斑监测水果和蔬菜的保质期。在科学文献中就已经提出了几个相关的例子。

一个关于苹果的保质期的实验表明，生物散斑的活性将随着贮藏天数的减少而降低（图14.4），并且这种活性与果实的硬度息息相关。该实验也表明，由于橘子被采摘

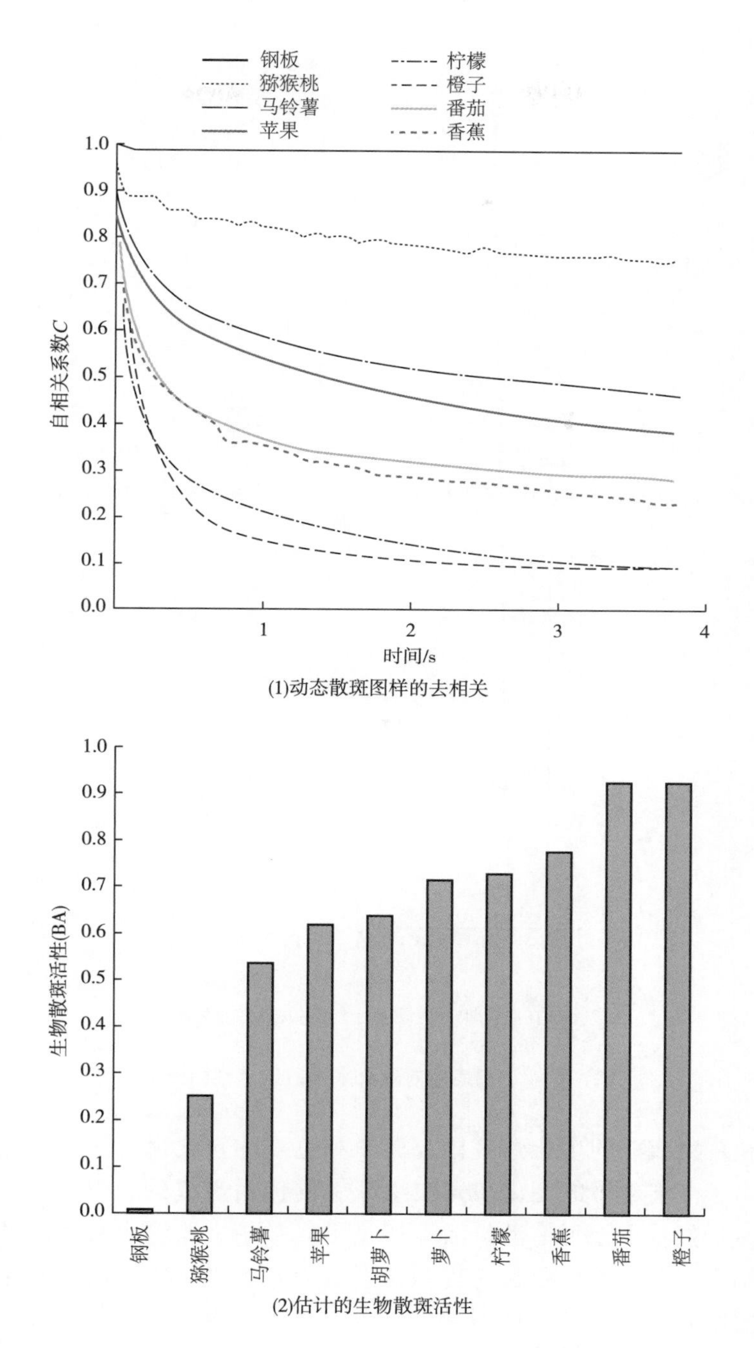

图 14.3　不同商品的生物散斑活性的例子

注：BA = 1 − C（t = 4s），其中 C 是自相关系数，图 14.3 ~ 图 14.15 皆同。

后开始衰老，在它生物变化的过程中还将伴随着生物散斑的产生。此外，从中央甘汞基（顶点）中获得的活性可根据水果的新鲜度来区分橘子。其他水果和蔬菜如马铃薯、萝卜、番茄和大豆也显示出生物散斑的活性随时间的增长而下降的趋势。

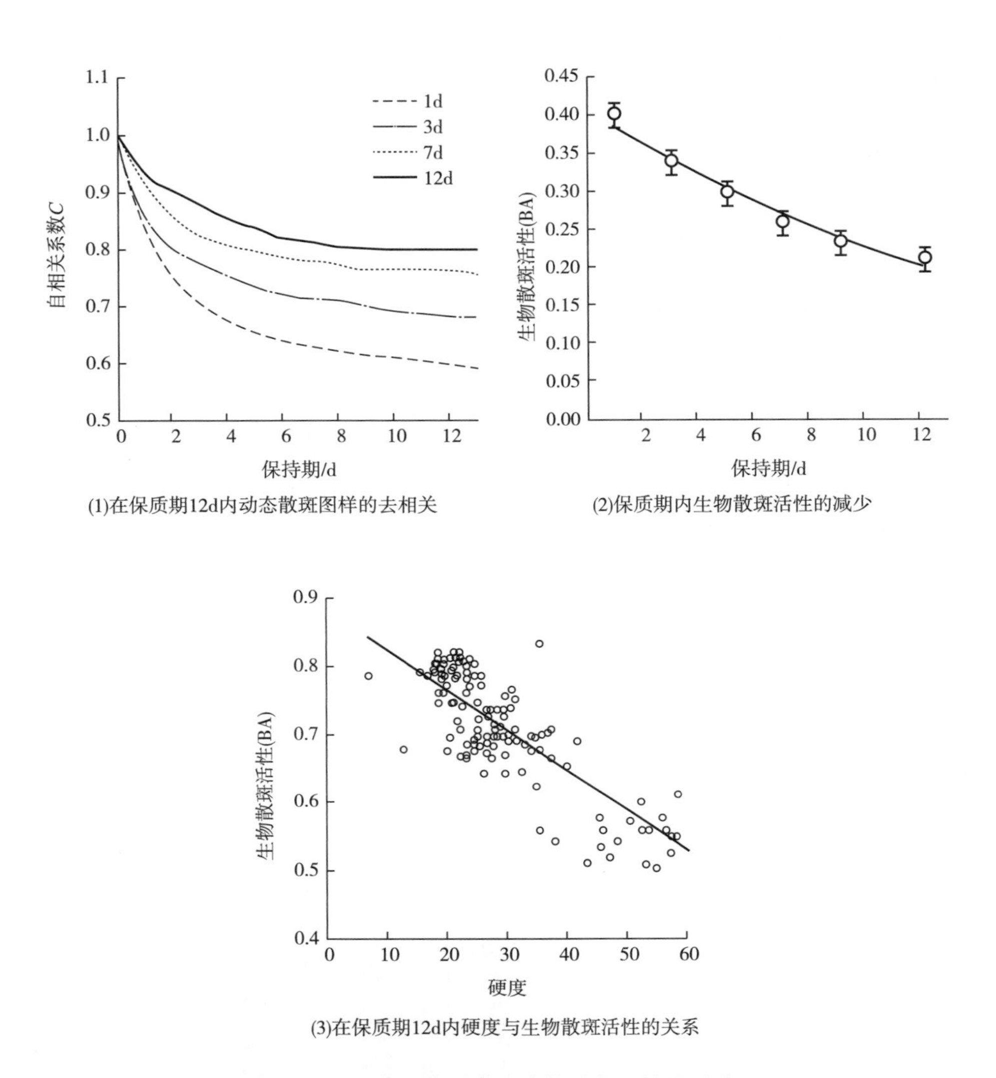

(1)在保质期12d内动态散斑图样的去相关

(2)保质期内生物散斑活性的减少

(3)在保质期12d内硬度与生物散斑活性的关系

图 14.4　保质期对苹果生物散斑活性的影响

在水果和蔬菜成熟的生化过程中，淀粉和色素的转化也可能会改变生物散斑的活性，这是由于散射粒子的变化和光在组织中的传播造成的。因此，尽管有关该主题的研究数量仍然很少，生物散斑活性还是可以被用来监测水果和蔬菜中与代谢相关的变化。结果表明，苹果中由淀粉颗粒降解而导致生物散斑活性显著降低的现象可能是由散射中心数量的减少而引起的。关于苹果叶绿素含量的研究表明，叶绿素在吸收了红光而降解时，生物散斑的活性将会提高。这种吸收可能限制了可以穿透组织的光线数量。在番茄成熟过程中，叶绿素与生物散斑活性之间的关系也得到了相似的结果。

用于研究的材料的温度是影响生物散斑活性测量的关键因素。结果表明，贮藏温度会影响测量的苹果的生物散斑波动。生物散斑的活性随温度下降，如图 14.5 所示。这个现象很容易理解：随着温度的降低，组织代谢和布朗运动减慢，从而导致生物散斑的活性降低。

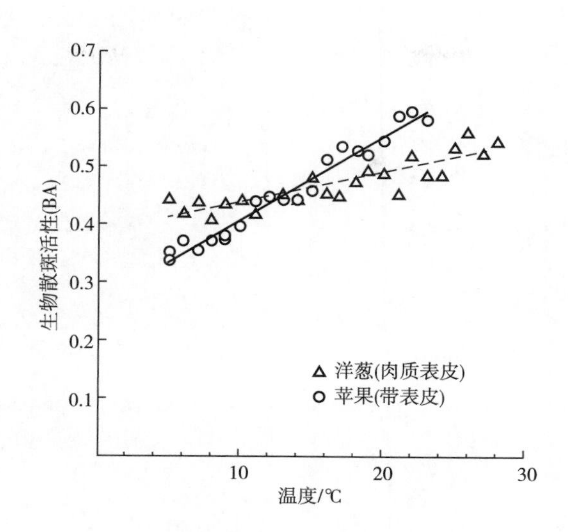

图 14.5　苹果和洋葱的生物散斑活性与温度的关系

在感染后期可以观察到，真菌感染会改变水果组织的结构和生物状态。真菌孢子攻击细胞，使细胞衰老。由于孢子是物理对象，感染会影响组织的新陈代谢，人们可以期望生物散斑法对这种类型的疾病产生效果。这种假设在苹果（图 14.6）和龙眼的腐烂过程中得以证实。在生物散斑活性的三个阶段可以观察到（图 14.7）：首先生物散斑活性降低，然后生物散斑活性显著增加，这时候可以注意到龙眼腐烂感染的最初症状，最后生物散斑活性突然下降，这与组织的大量腐烂有关。有趣的是，在被感染果实表面的健康部位也能观察到生物散斑活性的增加。通过在皮下注射孢子，在被感染的苹果上也可以观察到相同的效果；在这种情况下，生物散斑活性在未被感染的区域也会有所增加。此外，在实验中，在未看到表皮上的症状之前就已经可以观察到生物散斑活性的增加。这两种观察都可以得出一个结论，生物散斑法是一种非常有前景的用于早期发现受感染水果的方法。生物散斑可还用于检测种子中的真菌污染。GD 和 IM 以及 Fujii 法被用于评估豆类种子的生物散斑活性。与对照组相比，接种真菌的豆类种子表现出更高的生物散斑活性，因此污染对豆类种子的影响与先前描述的对苹果的影响相似。此外，生物散斑法能够区分真菌的种类。GD 和 Fujii 法的图像技术还显示了真菌的存在。

生物散斑法相对较新的应用包括监测植物的发育。由于该方法对生长和运动敏感，因此可以监测在细胞发育过程中发生的变化。例如，在苹果在采摘前的发育过程中，生物散斑活性将会增加。通常可以观察到在生物散斑活性、可溶性的固形物含量、淀粉含量和硬度之间存在着明显的相关性，这表明该方法有可能在苹果采摘前针对这些性质进行无损评估。

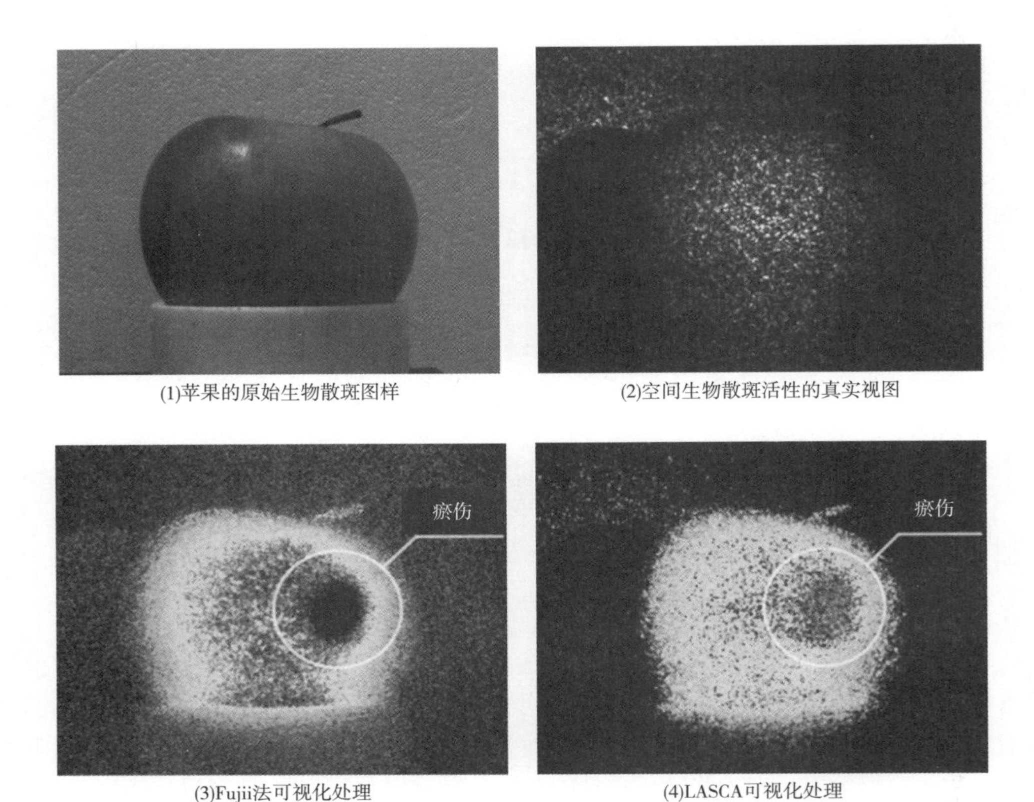

(1)苹果的原始生物散斑图样　　(2)空间生物散斑活性的真实视图

(3)Fujii法可视化处理　　(4)LASCA可视化处理

图 14.6　在苹果中心附近进行了局部机械损伤（瘀伤）处理后，苹果的原始生物散斑图样和空间生物散斑活性的真实视图，通过 Fujii 法和 LASCA 进行可视化处理

注：这个例子表明，虽然在外部看不见水果的损伤，但生物散斑成像可以区分完整和受损的区域（苹果中心附近的黑斑）。

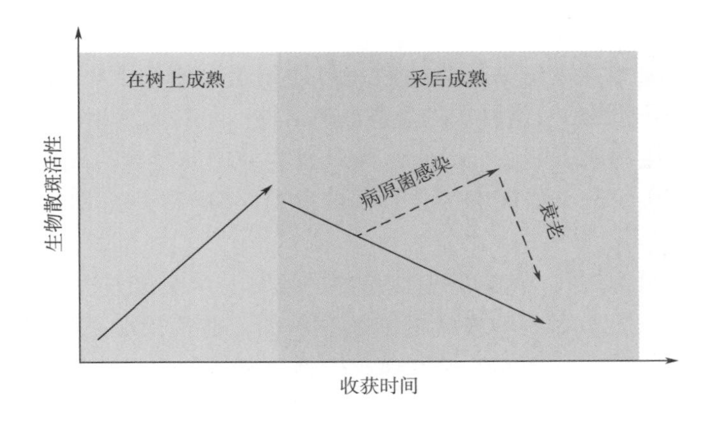

图 14.7　果实成熟过程中生物散斑活性的变化的示意图

注：虚线表示水果可能被病原体感染的情况。

14.5 小结

尽管目前在市场上并没有可获取的商业系统，但由于生物散斑法的非破坏性和对研究材料中与颗粒运动相关的物理和生物过程的混合物的独特的敏感性，它仍被认为是一种很有前景的方法。换而言之，它的设置相对简单且便宜，并且可以用许多数学方法来分析生物散斑活性，而这些方法也可根据所研究的材料和人们感兴趣的问题进行调整。使用可以从生物散斑时间图样中区分出各种过程的频率分析法使得该领域有可能得到进一步的发展。这种方法可用于生物材料的局部或空间评估。从硬件的角度来看，该方法的一个重要的障碍是它对振动的敏感性妨碍了现有系统在嘈杂或振动机器附近的使用。因此，必须在技术上解决这个问题才能使该方法成功地应用于工业环境中。为了进一步开发此方法，多个激光器的使用引起了人们的注意。可以说这是一种生物散斑光谱的复制品，因为它与其他光学方法类似，水果和蔬菜中光的传播（吸收和散射）在很大程度上取决于激光的波长。但是它需要深入解释激光与介质在微观尺度上的关系，因此和其他光谱方法一样需要涉及基础科学。此外，对完整无损的水果和蔬菜进行评估时需要扩大这种解释的范围，还要考虑到与成熟度相关的生物变异性和生理变化。

参考文献

[1] Adamiak, A., Zdunek, A., Kurenda, A., Rutkowski, K. Application of the biospeckle method for monitoring bull's eye rot development and quality changes of apples sub - jected to various storage methods—Preliminary studies. Sensors, 2012, 12: 3215 - 3227.

[2] Aizu, Y., Asakura, T. Bio - speckle phenomena and their application to the evaluation of blood flow. Optics and Laser Technology, 1991, 23: 205 - 219.

[3] Aizu, Y., Asakura, T. Bio - speckle. In: A. Consortini (Ed.), Trends in Optics. Research, Development and Applications, Academic Press, San Diego, California. 1996: 27 - 49.

[4] Arizaga, R., Cap, N., Rabal, H., Trivi, M. Display of the local activity using dynamical speckle patterns. Optics Engineering, 2002, 41: 287 - 294.

[5] Arizaga, R., Trivi, M., Rabal, H. Speckle time evolution characterization by the cooccurrence matrix analysis. Optics and Laser Technology, 1999, 31: 163 - 169.

[6] Braga, R. A., Dupuy, L., Pasqual, M., Cardoso, R. R. Live biospeckle laser imaging of root tissues. European Biophysics Journal, 2009, 38: 679 - 686.

[7] Braga, R. A., Nobre, C. M. B., Costa, A. G., Sáfadi, T., da Costa, F. M. Evaluation of activity through dynamic laser spackle using the absolute value of the differences. Optics Communications, 2011, 284: 646 - 650.

[8] Braga, R. A., Silva, W. S., Sáfadi, T., Nobre, C. M. B. Time history speckle pattern under statistical view. Optics Communications, 2008, 281: 2443 - 2448.

[9] Braga, R. A. Jr, Cardoso, R. R. , Bezerra, P. S. , Wouters, F. , Sampaio, G. R. , Varaschin, M. S. Biospeckle numerical values over spectral image maps of activity. Optics Communications, 2012, 285: 553 –561.

[10] Braga, R. A. Jr, Horgan, G. W. , Enes, A. M. , Miron, D. , Rabelo, G. F. , Barreto Filho, J. B. Biological feature isolation in biospeckle laser images. Computers and Electronics in Agriculture, 2007, 58: 123 –132.

[11] Braga, R. A. Jr, Rabelo, G. F. , Granato, L. R. , Santos, E. F. , Machado, J. C. , Arizaga, R. , Rabal, H. J. , Trivi, M. Detection of fungi in beans by the laser biospeckle technique. Biosystems Engineering, 2005: 91, 465 –469.

[12] Briers, J. D. Wavelength dependence of intensity fluctuations in laser speckle patterns from biological specimens. Optics Communications, 1975a, 13: 324 –326.

[13] Briers, J. D. A note on the statistics of laser speckle patterns added to coherent and incoherent uniform background fields, and a possible application for the case of incoherent addition. Optical and Quantum Electronics, 1975b, 7: 422 –424.

[14] Briers, J. D. The measurement of plant elongation rates by means of holographic interferometry: Possibilities and limitations. Journal of Experimental Botany, 1977, 28: 493 – 506.

[15] Briers, J. D. The statistics of fluctuating speckle patterns produced by a mixture of moving and stationary scatterers. Optical and Quantum Electronics, 1978, 10: 364 –366.

[16] Briers, J. D. Laser Doppler, speckle and related techniques for blood perfusion mapping and imaging. Physiological Measurement, 2001, 22: 35 –66.

[17] Briers, J. D. Laser speckle contrast imaging for measuring blood flow. Optica Applicata, 2007, 37: 139 –152.

[18] Briers, J. D. , Webster, S. Laser speckle contrast analysis (LASCA): A non – scanning, full – field technique for monitoring capillary blood flow. Journal of Biomedical Optics, 1996, 1: 174 –179.

[19] Cardoso, R. R. , Costa, A. G. , Nobre, C. M. B. , Braga, R. A. Frequency signature of water activity by biospeckle laser. Optics Communications, 2011, 284: 2131 –2136.

[20] Carvalho, P. H. A. , Barreto, J. B. , Braga, R. A. Jr, Rabelo, G. F. Motility parameters assessment of bovine frozen semen by biospeckle laser (BSL) system. Biosystems Engineering, 2009, 102: 31 –35.

[21] Cheng, H. , Luo, Q. , Zeng, S. , Chen, S. , Cen, J. , Gong, H. Modified laser speckle imaging method with improved spatial resolution. Journal of Biomedical Optics, 2003, 8: 559 –564.

[22] Cheng, H. , Yan, Y. , Duong, T. Q. Temporal statistics analysis of laser speckle images and its application to retinal blood –flow imaging. Optics Express, 2008, 16: 10214 –10219.

[23] Cole, J. A. , Tinker, M. H. Laser speckle spectroscopy—A new method for using small swimming organisms as biomonitors. Bioimaging, 1996, 4: 243 –253.

[24] Cybulska, J., Zdunek, A., Kozioł, A. The self - assembled network and physiological degradation of pectins in carrot cell walls. Food Hydrocolloids, 2015, 43: 41 - 50.

[25] Davis, S. D., Sperry, J. S., Hacke, U. G. The relationship between xylem conduit diameter and cavitation caused by freezing. American Journal of Botany, 1999, 86: 1367 - 1372.

[26] Draijer, M., Hondebrink, E., van Leeuwen, T., Steenbergen, W. Review of laser speckle contrast techniques for visualizing tissue perfusion. Laser and Medical Science, 2009, 24: 639 - 651.

[27] Dunn, A. K., Bolay, H., Moskowitz, M. A., Boas, D. A. Dynamic imaging of cerebral blood flow using laser speckle. Journal of Cerebral Blood Flow & Metabolism—Nature, 2001, 21: 195 - 201.

[28] Ebersberger, J., Weigelt, G., Li, Y. Coherent motility measurements of biological objects in a large volume. Optics Communications, 1986, 58: 89 - 91.

[29] Federico, A., Kaufmann, G. H. Evaluation of dynamic speckle activity using the empirical mode decomposition method. Optics Communications, 2006, 267: 287 - 294.

[30] Fernández, M., Mavilio, A., Rabal, H., Trivi, M. Characterization of viability of seeds by using dynamic speckles and difference histograms. Progress in Pattern Recognition, Speech and Image Analysis. Lecture Notes in Computer Science, 2003, 2905: 329 - 333.

[31] Fujii, H., Asakura, T., Nohira, K., Shintomi, Y., Ohura, T. Blood flow observed by timevarying laser speckle. Optics Letters, 1985, 10: 104 - 106.

[32] Fujii, H., Nohira, K., Yamamoto, Y., Ikawa, H., Ohura, T. Evaluation of blood flow by laser speckle image sensing. Applied Optics, 1987, 26: 5321 - 5325.

[33] Godinho, R. P., Silva, M. M., Nozela, J. R., Braga, R. A. Online biospeckle assessment without loss of definition and resolution by motion history image. Optics and Laser Engineering, 2012: 50, 366 - 372.

[34] Kurenda, A., Adamiak, A., Zdunek, A. Temperature effect on apple biospeckle activity evaluated with different indices. Postharvest Biology and Technology, 2012, 67: 118 - 123.

[35] Kurenda, A., Pieczywek, P. M., Adamiak, A., Zdunek, A. Effect of cytochalasin b, lantrunculin b, colchicine, cycloheximid, dimethyl sulfoxide and ion channel inhibitors on biospeckle activity in apple tissue. Food Biophysics, 2013, 8: 290 - 296.

[36] Kurenda, A., Zdunek, A., Schlüter, O., Herppich, W. B. VIS/NIR spectroscopy, chlorophyll fluorescence, biospeckle and backscattering to evaluate changes in apples subjected to hydrostatic pressures. Postharvest Biology and Technology, 2014, 96: 88 - 98.

[37] Martí - López, L., Cabrera, H., Martínez - Celorio, R. A., González - Peña, R. Temporal difference method for processing dynamic speckle patterns. Optics Commu-nication, 2010, 283: 4972 - 4977.

[38] Milburn, J. A., Johnson, R. P. C. The conduction of sap. II. Detection of vibrations produced by sap cavitation in Ricinus xylem. Planta, 1966, 69: 43 - 52.

[39] Minz, P. D. , Nirala, A. K. Bio – activity assessment of fruits using generalized difference and parameterized Fujii method. Optik, 2014a, 125: 314 – 317.

[40] Minz, P. D. , Nirala, A. K. Intensity based algorithms for biospeckle analysis. Optik, 2014b. 125: 3633 – 3636.

[41] Murari, K. , Li, N. , Rege, A. , Jia, X. , All, A. , Thakor, N. Contrast – enhanced imaging of cerebral vasculature with laser speckle. Applied Optics, 2007, 46: 5340 – 5346.

[42] Nobel, P. S. Physicochemical and Environmental Plant Physiology, Academic Press, San Diego, California, 1991: 483 – 496.

[43] Nobre, C. M. B. , Braga, R. A. Jr, Costa, A. G. , Cardoso, R. R. , da Silva, W. S. , Sáfadi, T. Biospeckle laser spectral analysis under inertia moment, entropy and cross – spectrum methods. Optics Communication, 2009, 282: 2236 – 2242.

[44] Oulamara, A. , Tribillon, G. , Doubernoy, J. Biological activity measur-ements on botanical specimen surfaces using a temporal decorrelation effect of laser speckle. Journal of Modern Optics, 1989, 36: 165 – 179.

[45] Page, D. L. , Sun, Y. , Koschan, A. F. , Paik, J. , Abidi, M. A. Normal vector voting: Crease detection and curvature estimation on large, noisy meshes. Graphical Models, 2003, 64: 199 – 229.

[46] Pajuelo, M. , Baldwin, G. , Rabal, H. , Cap, N. , Arizaga, R. , Trivi, M. Bio – speckle assess – ment of bruising in fruits. Optics and Laser Engineering, 2003, 40: 13 – 24.

[47] Passoni, I. , Dai Pra, A. , Rabal, H. , Trivi, M. , Arizaga, R. Dynamic speckle processing using wavelets based entropy. Optics Communication, 2005, 246: 219 – 228.

[48] Pomarico, J. A. , Di Rocco, H. O. , Alvarez, L. , Lanusse, C. , Mottier, L. , Saumell, C. , Arizaga, R. , Rabal, H. , Trivi, M. Speckle interferometry applied to pharmacodynamic studies: Evaluation of parasite motility. European Biophysics Journal, 2004, 33: 694 – 699.

[49] Rabelo, G. F. , Braga, R. A. Jr, Fabbro, I. M. D. , Arizaga, R. , Rabal, H. J. , Trivi, M. R. Laser speckle techniques in quality evaluation of orange fruits. Revista Brasileira de Engenharia Agrícola e Ambiental, 2005, 9: 570 – 575.

[50] Rabelo, G. F. , Enes, A. M. , Braga, R. A. Jr, Dal Fabro, I. M. Frequency response of biospeckle laser images of bean seeds contaminated by fungi. Biosystems Engineering, 2011, 110: 297 – 301.

[51] Ribeiro, K. M. , Braga, R. A. Jr, Horgan, G. W. , Ferreira, D. D. , Sáfadi, T. Principal component analysis in the spectral analysis of the dynamic laser speckle patterns. Journal of the European Optical Society—Rapid Publications, 2014, 9: 14009.

[52] Romero, G. G. , Martinez, C. C. , Alanis, E. E. , Salazar, G. A. , Broglia, V. G. , Alvarez, L. Bio – speckle activity applied to the assessment of tomato fruit ripening. Biosystems Engineering, 2009, 103: 116 – 119.

[53] Saúde, A. V. , de Menezes, F. S. , Freitas, P. L. S. , Rabelo, G. F. , Braga,

R. A. On general – ized differences for biospeckle image analysis. Proceedings of the 23rd Conference on Graphics, Patterns and Images (SIBGRAPI), August 30th – September 3rd, Gramado, Brazil, 2010: 209 – 215.

[54] Sendra, H., Murialdo, S., Passoni, L. Dynamic laser speckle to detect motile bacterial response of Pseudomonas aeruginosa. Journal of Physics: Conference Series, 2007, 90: 012064.

[55] Shimmen, T., Yokota, E. Cytoplasmic streaming in plants. Current Opinion in Cell Biology, 2004, 16: 68 – 72.

[56] Szymanska – Chargot, M., Adamiak, A., Zdunek, A. Pre – harvest mon-itoring of apple fruits' development with the use of the biospeckle method. Scientia Horticulturae, 2012, 145: 23 – 28.

[57] Taiz, L., Zeiger, E. Plant Physiology, Chapter 4, 4 edn, Sinauer Associates, Sunderland. Tanin, L. T., Rubanov, A. S., Markhvida, I. V., Dick, S. C., Rachkovsky, L. I. 1993. In: G. von Bally, S. Khanna (Eds), Optics in Medicine, Biology and Environmental Research: Proceedings of the International Conference on Optics within Life Sciences (OWLS I) (149). Amsterdam, The Netherlands: Elsevier Science Publishers B. V., 2006.

[58] Xu, Z., Joenathan, C., Khorana, B. M. Temporal and spatial properties of the timevarying speckles of botanical specimens. Optical Engineering, 1995, 34: 1487 – 1502.

[59] Zdunek, A., Cybulska, J. Relation of biospeckle activity with quality attributes of apples. Sensors, 2011, 11, 6317 – 6327.

[60] Zdunek, A., Frankevych, L., Konstankiewicz, K., Ranachowski, Z. Comparison of puncture test, acoustic emission and spatial – temporal speckle correlation technique as methods for apple quality evaluation. Acta Agrophysica, 2008, 11: 303 – 315.

[61] Zdunek, A., Herppich, W. B. Relation of biospeckle activity with chlorophyll content in apples. Postharvest Biology and Technology, 2012, 64: 58 – 63.

[62] Zdunek, A., Muravsky, L. I., Frankevych, L., Konstankiewicz, K. New non – destructive method based on spatial – temporal speckle correlation technique for evaluation of apples quality during shelf – life. International Agrophysics, 2007, 21: 305 – 310.

[63] Zhao, Y., Wang, J., Wu, X., Williams, F. W., Schmidt, R. J. Point – wise and whole – field laser speckle intensity fluctuation measurements applied to botanical specimens. Optics and Laser Engineering, 1997, 28: 443 – 456.

[64] Zheng, B., Pleass, C., Ih, C. Feature information extraction from dyn-amic biospeckle. Applied Optics, 1994, 33: 231 – 237.

[65] Zhong, X., Wang, X., Cooley, N., Farrell, P., Foletta, S., Moran, B. Normal vector based dynamic laser speckle analysis for plant water status monitoring. Optics Communications, 2014, 313: 256 – 262.

[66] Zhong, X., Wang, X., Cooley, N., Farrell, P., Moran, B. Dynamic laser speckle

analysis via normal vector space statistics. Optics Communications, 2013, 305: 27 – 35.

[67] Zhu, D., Lu, W., Weng, Y., Cui, H., Luo, Q. Monitoring thermal – induced changes in tumor blood flow and microvessels with laser speckle contrast imaging. Applied Optics, 2007, 46: 1911 – 1917.

15　基于拉曼散射的食品品质与安全评估

Jianwei Qin，Kuanglin Chao，Moon S. Kim

15.1 引言

由于食品生产商需要遵守比当地监管机构更加严格的规定，以满足消费者对于食品质量安全的需求，食品品质和安全检查在现代食品生产体系中变得越来越重要。传统的局限于产品的评估方法逐渐被系统化方法取代，系统化方法要求食品材料和成分在生产链的每一个步骤都经过检验，这为传感技术的发展带来了新的机遇和挑战。能够有效且高效地进行检测的新技术对于解决现实世界中的食品质量和安全问题具有重要意义。根据样品分子与电磁辐射相互作用的方式，如X射线、紫外线（UV）、可见光、荧光、拉曼光谱、红外光谱和太赫兹光谱，有多种针对食品品质安全的具有不同优缺点的无损光学传感技术。这些技术的物理原理已经被验证，所以分析不同食品和农产品的进程主要依赖于技术进步，而不是发现新技术。

1928年，印度物理学家C. V. Raman和K. S. Krishnan首次通过实验观察到拉曼散射。拉曼散射自发现以来，经过长期的发展，已成为当今先进的测量技术之一。限制拉曼散射技术推广和常规化的阻碍（如信号弱、荧光干扰、检测效率低和数据处理缓慢）已经被一系列进步技术克服，比如小型二极管激光器、长光纤、傅里叶变换（FT）拉曼光谱仪、电荷耦合器件、高效激光抑制滤波器和小巧且功能强大的计算机。在过去的几十年中，学术界和工业界越来越多的关注，推动拉曼散射技术迅速发展，以满足各种应用的需要。本章介绍了用于食品品质和安全评价的拉曼散射技术，重点介绍和演示了拉曼光谱和成像技术在食品分析中的实际应用，主要内容包括拉曼散射原理、拉曼测量技术［如后向散射拉曼光谱、透射拉曼光谱、空间偏移拉曼光谱（SORS）、表面增强拉曼光谱（SERS）和拉曼化学成像（RCI）］、拉曼仪器（如激发光源、波长分离装置、探测器、测量系统以及数据处理、定量分析和校准方法）。最后，对拉曼光谱和成像技术在食品质量和安全评价中的应用进行了综述。

15.2 拉曼散射原理

拉曼散射是光辐射与分子振动相互作用的一种物理现象。当样品暴露在高能量的单色光束下，例如激光、入射光，在光子与分子相互作用后被吸收和散射。散射光由弹性散射和非弹性散射组成，如图15.1所示。弹性散射光称为瑞利散射，它是与入射辐射频率（或波长）相同的主要散射形式。由于光子和分子之间的能量转移，产生了非弹性散射光。当光子从基态激发到激发态（斯托克斯散射）时，它们要么失去分子的能量，要么以相反的过程从分子中获得能量（反斯托克斯散射）。斯托克斯散射和反斯托克斯散射统称为拉曼散射。拉曼散射的频率随入射光通过光子－分子相互作用产生的振动能量改变而改变。通过分析拉曼散射光的频移，可以得到分子信息。一般来说，基态的分子比激发态的多。斯托克斯散射的强度与从基态激发到激发态的分子数成正比，因此要明显大于反斯托克斯散射的强度。典型的拉曼测量只记录低频（或长波）斯托克斯散射信息。反斯托克斯散射仅用于一些特殊的应用（如相干反斯托克斯拉曼散射)。拉曼散射本质上是非常弱的，因为一个拉曼光子通常是$10^6 \sim 10^8$ 个散射光子中的一个。拉曼散射的强度与入射激光的强度成正比，与激发波长的四次方的倒数成反比。

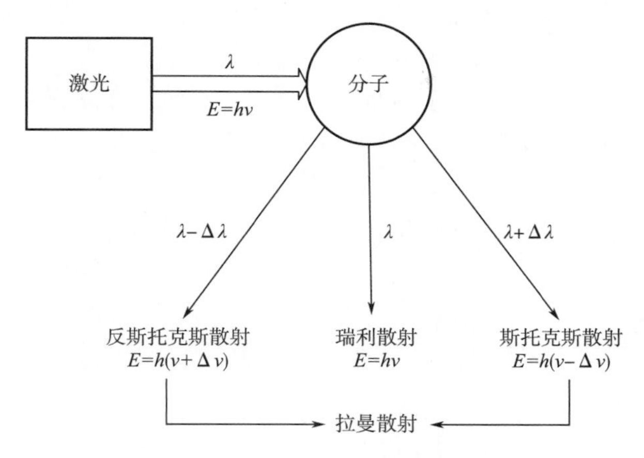

图 15.1　拉曼散射原理

λ—激发波长　$\Delta\lambda$—波长变化　ν—激发频率　$\Delta\nu$—频率变化
h—普朗克常数　E—单个光子的能量

拉曼光谱通常是通过绘制入射光（即拉曼光子数量）的非弹性散射部分的强度与激发光源的频率位移（即拉曼位移）之间的关系表示的。与可见光和红外光谱中常见的宽峰不同，拉曼光谱的特征是一系列窄而尖的峰。每一个峰的位置与某一频率下特定的分子振动相关，可以用来分析样品的组成。拉曼峰的强度与分子浓度成正比这一点可以用于被分析物的定量分析。拉曼位移本质上是相对于激发频率的单位，因此无论激光波长如何，都可以很容易地比较拉曼光谱。拉曼光谱的谱维数传统上表示为波数（即每个单位长度的波数)，单位是cm^{-1} 而不是Δcm^{-1} 。波长和波数可以相互转化。拉曼光谱的波长可以用拉曼位移的波数计算，公式见式（15.1)：

$$\lambda_R = \left(\frac{1}{\lambda_L} - \frac{\tilde{\nu}_R}{10^7}\right)^{-1} \qquad (15.1)$$

式中　λ_R——拉曼光谱的波长，nm

λ_L——激光波长，nm

$\tilde{\nu}_R$——拉曼位移的波数，cm^{-1}

例如波数为 673.0cm^{-1}的拉曼峰被 785.0nm 激光激发，会在波长 828.8nm 处观测到。如果 1064.0nm 激光用来激发相同的峰将会偏移到 1146.1nm。由式（15.1）也可以很容易地推导出拉曼位移为零的波长总是与激光波长相同。

15.3　拉曼测量技术

15.3.1　后向散射拉曼光谱

后向散射的几何模式因简单且便于实验，广泛应用于拉曼散射采集中。几何形状类似于可见光和近红外（NIR）测量中常用的反射模式。在这种模式下，激光和探测器被放置在样品的同一侧。探测器获取激光入射点的后向拉曼散射信号。由于激光一般集中在一个小点上，所以将探测器轴对准入射激光点是非常关键的，因为失准会影响拉曼信号的采集。激光可以正常或者倾斜地投射到样品表面。激光的入射角对有效获取信号也很重要。入射激光的倾斜通常会导致测量系统受样本高度的影响。如图 15.2（1）所示，探测器轴线可能与斜投影在样品表面的激光点重合。然而，样品表面高低会改变激光光斑的位置。因此，探测器将不能与激发点产生的拉曼信号匹配。这种问题可以通过使用基于45°二色分光镜的光学布局解决，该分束器在样品表面提供正常的激光入射［图 15.2（2）］。分束器反射激光波长并穿过较长的拉曼位移波长。因此，无论样品高度如何，探测器轴总是与激光点（或拉曼轴）对齐。因此，探测器可以有效地收集不同高度样品的拉曼信号。基于45°二色分光镜或其变体的结构通常被用于商业拉曼系统（例如拉曼显微镜和光纤拉曼探针）。后向散射几何模式主要用于食品质量和安全评价中的各种拉曼应用。

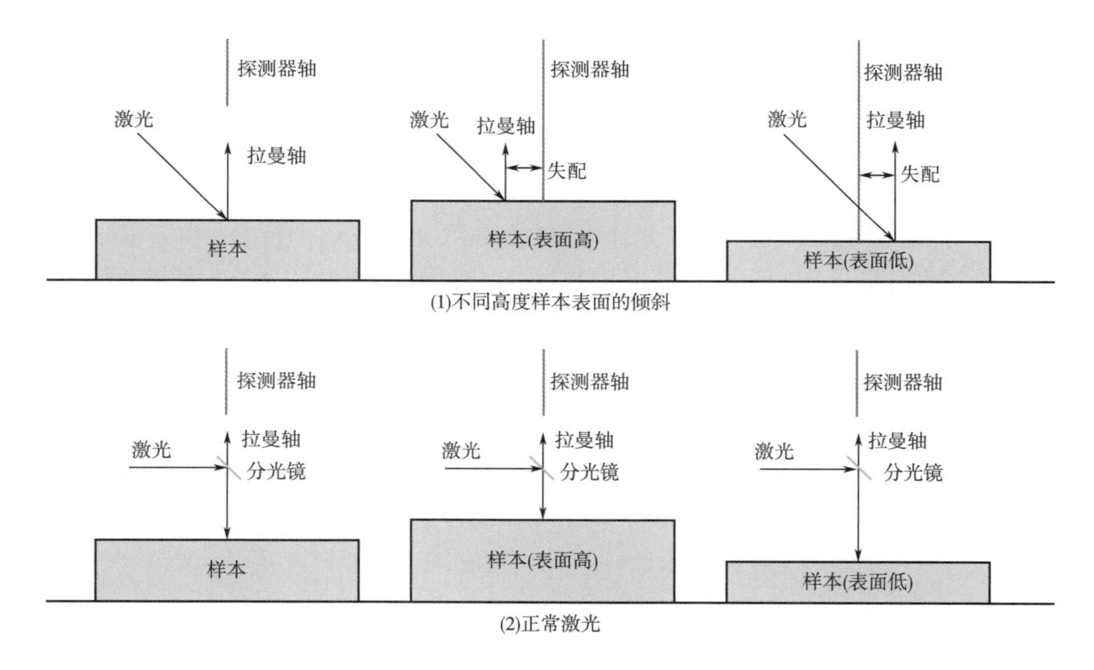

图 15.2　后向散射拉曼光谱的光学结构

15.3.2　透射拉曼光谱

尽管后向散射法在拉曼散射测量中得到了广泛的应用，但它在测量样品内部信息方面存在一定的局限性。后向散射拉曼测量在样品表层检测中占比重比较大，一般不能用来定量非均匀样本的整体体积含量。透射拉曼光谱能够测定样品的体积组成，特别是对具有扩散散射和弱吸收内部条件的小个体样品。在这种模式下，激光和探测器分布在样本的两侧。探测器获取通过样品的前向散射拉曼信号。虽然其几何结构与可见光和近红外光谱中经常进行的透射实验相似，但它们的测量原理却有根本的不同，因为透射拉曼光谱所获得的样品信息是基于前向散射拉曼光子（波长与激光不同）而不是分子的吸收（波长与激光相同）。透射拉曼光谱最近在药物实际应用方面得到改进。该技术极大地抑制了样品表面（如片剂涂层和胶囊外壳）产生的拉曼和荧光信号，使其适合于漫反射和半透明材料的总体成分分析。它还被用于评价颗粒农产品，如单个大豆和玉米粒的成分分析以及稻米产地的区分。

15.3.3 空间偏移拉曼光谱

透射拉曼光谱提供了样品的全部含量信息，而不具备从单个层中分离信息的能力。SORS 技术是一种相对较新的拉曼测量技术，用于从扩散散射介质中无损检索分层物质内部信息。SORS 技术的目的是通过从激发光横向偏移的一系列表面位置，收集拉曼散射信号获取次表层信息（图 15.3）。偏移光谱对表层和次表层拉曼信号表现出不同的灵敏度。随着光源 - 采集位置距离的增加，来自深层的拉曼信号的贡献逐渐大于来自顶层的拉曼信号。通过光谱混合分析技术处理 SORS 光谱矩阵，可以分离出单层纯拉曼光谱。利用分解后的拉曼光谱，可以得到次表面层的化学信息。该技术早期主要应用在生物医学和制药领域，如人体骨骼的无创评估和无损包装验证药物产品。如今 SORS 技术已被用于食品和农产品的评价，如番茄内部成熟度的无损评价和鲑鱼皮的质量分析。

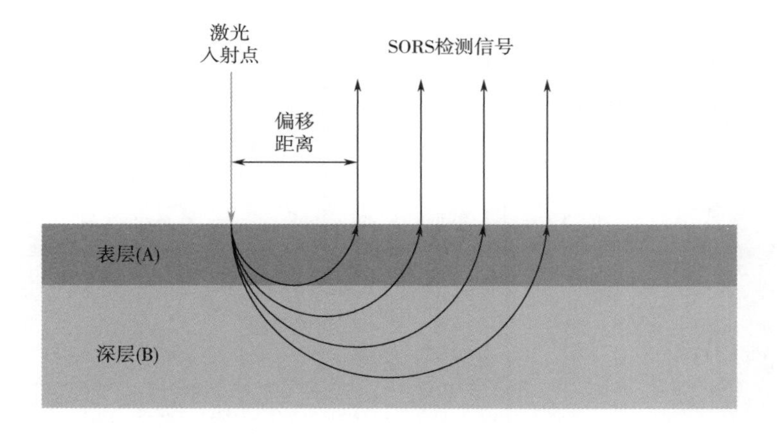

图 15.3 SORS 技术示意图

如图 15.4 所示是一个用于检验番茄外果皮下化学信息的 SORS 技术的测量示例。将一个 10mm 厚的红色番茄果皮［图 15.4（1）］放置在聚四氟乙烯板上，已知具有可识别拉曼峰的聚四氟乙烯板被用作次表层材料。用 785nm 的激光［图 15.4（2）］按照步长 0.2mm 获取偏移距离 0 ~5mm 的拉曼光谱。选取 4 个偏移位置的荧光校正拉曼光谱演示 SORS 数据的一般模式［图 15.4（3）］。番茄果皮下的聚四氟乙烯板的拉曼峰可以在 0 ~5mm 的所有的偏移位置观察到。红色果皮中番茄红素引起的三个拉曼峰（即 1001，1151，1513cm^{-1}）随着偏移距离的增加逐渐减弱。SORS 数据通过自建模混合分析（SMA）提取每层纯成分光谱。红色果皮和聚四氟乙烯板的拉曼光谱成功分离［图 15.4（2）］，分解光谱中红色果皮和聚四氟乙烯板的光谱分别与番茄红素和聚四氟乙烯的参考光谱相似。将 10mm 厚的绿色番茄果皮放置在聚四氟乙烯板上，也得到类似的结果。

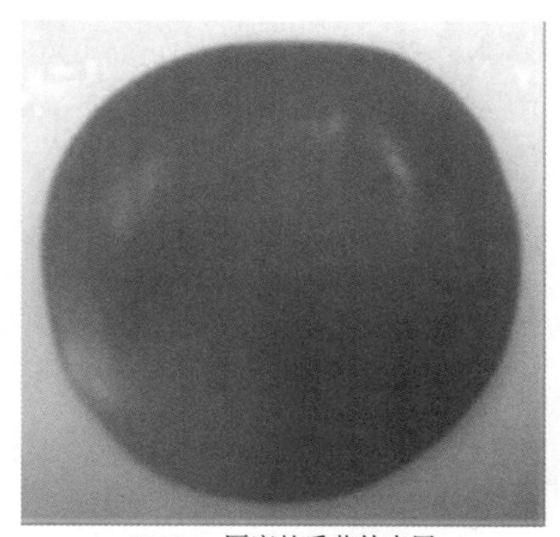

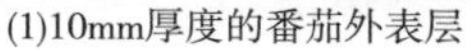

(1)10mm厚度的番茄外表层

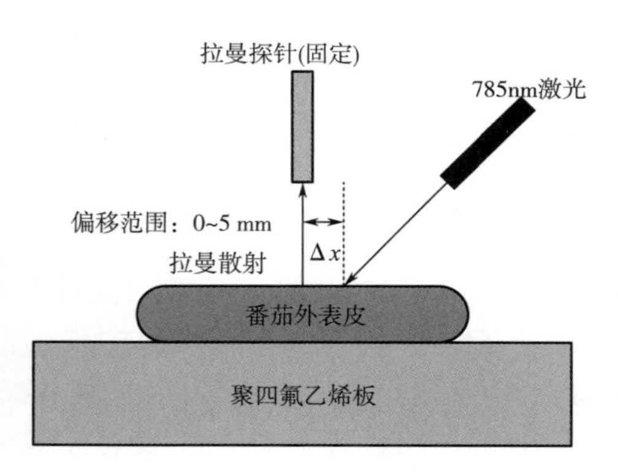

(2)番茄外表皮放置在特氟龙板的SORS测量实验

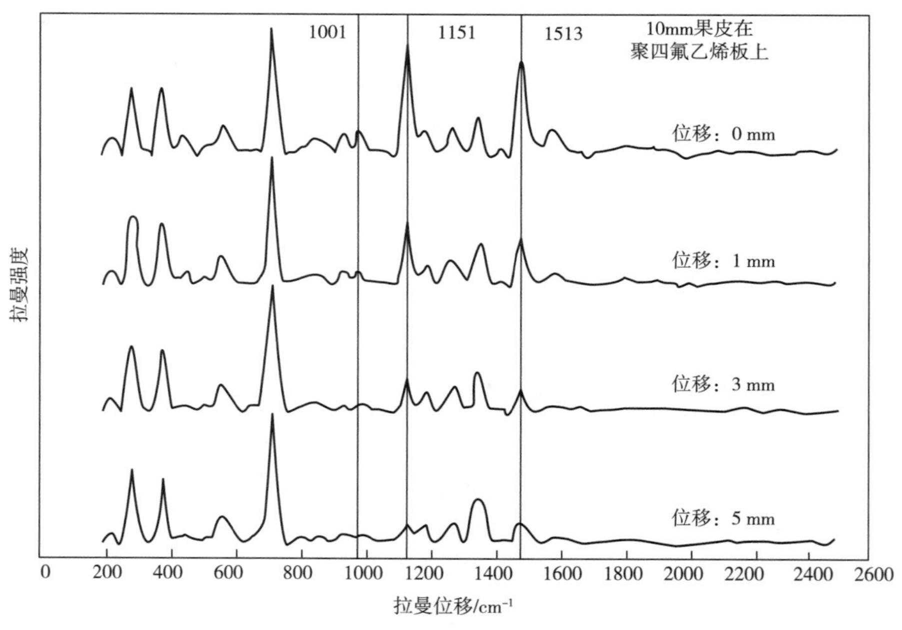

(3)四种位移位置的荧光校正拉曼光谱

图 15.4　用于番茄外表皮的侧表层检测的 SORS 技术

［资料来源：Qin，Jianwei，Kuanglin Chao，Moon S. Kim，Nondestructive evaluation of internal maturity of tomatoes using spatially offset Raman spectroscopy. Postharvest Biology and Technology，2012，71：21－31.］

这些结果表明通过 SORS 技术结合 SMA 可以穿过番茄表皮获得次表层化学信息，这为开发基于 SORS 技术的番茄内部成熟度无损评估方法奠定了基础。

15.3.4 表面增强拉曼光谱

由于10^6~10^8个光子中，只有一个来自拉曼散射，因此普通拉曼散射的强度是十分微弱的。当分子附着在或接近贵金属（如黄金和白银）的颗粒或表面时，可以将普通的拉曼信号放大几个数量级，这就是SERS技术。电磁增强和化学增强是SERS技术增强的两种机制，一般认为电磁效应大于化学效应对信号的放大作用。在普通拉曼光谱测量中使用的激光、光谱仪和检测器可以无差别地使用在SERS测量中。普通拉曼信号和增强拉曼信号的区别在于增强介质在SERS技术中的特殊应用。根据材料的状态，SERS增强介质大致可以分为两类：纳米颗粒的胶体悬浮液和微纹理固体基质。在实际应用中，目标分析物通常溶解在水溶液中。该溶液可以与纳米颗粒悬浮液混合，也可以沉积在固体基质上。增强拉曼信号从吸附在介质上的分析物中收集。SERS技术可以将正常拉曼信号的强度提高到10^{12}倍，使其可以用于痕量检测甚至单分子检测。如此高的灵敏度实现了许多分析应用，特别是在制造基于SERS技术的新方法和新材料中，并引起了业界相当大的研究兴趣。SERS技术在食品和农产品中的应用主要集中在食品安全检测领域。应用的例子包括检测食源性致病菌，人类食品中的三聚氰胺以及果皮上的农药残留。

15.3.5 拉曼化学成像（RCI）

由于激光光斑的自然尺寸，传统的拉曼光谱数据是采集样品表面的一个点，由于点测量尺寸的限制，拉曼光谱数据不能覆盖很大的表面积。传统的拉曼光谱方法无法获得对食品质量和安全检测具有重要意义的空间信息。RCI是一种具有空间信息采集能力的拉曼光谱技术。利用拉曼光谱和空间信息生成的化学图像可以显示感兴趣目标的样品组成、空间分布和形态特征。RCI在生物医学、制药、农业、考古学、法医学、矿物学和威胁检测等领域得到了广泛的应用。目前，大部分RCI的研究和应用使用商业化的拉曼成像仪器，这种仪器利用全面（宽视野）、点和线激光作为激发光源。大多数拉曼显微镜使用全局激发，其中较大的样品区被散焦激光点照亮。利用滤波器（如液晶可调谐滤波器［LCTFs］）收集整个激发区的拉曼光谱，用于波长选择。点激光通常结合傅里叶变换拉曼（FT-Raman）光谱仪和XY定位级组成点扫描成像系统。线激光可以通过扫描镜扩展激光光斑，也可以通过圆柱形的或类似的光学元件扩展激光束，这已经被用于线扫描拉曼显微镜。无论配置如何，目前的商用RCI通常在亚厘米尺度下进行成像测量。被测量的拉曼显微图像的典型尺寸是几百微米。如此小的空间覆盖是食品评估的主要限制因素，因为它们不能用于检测大面积样本。

为了弥补用于食品质量和安全研究的宏观尺度的RCI，人们已经做出了很多努力。比如为此开发了一个台式点扫描拉曼成像系统。大的空间范围（大约为厘米尺度）和高空间分辨率（如0.1mm）的两轴的电动定位台使得该系统可以用于检测大型食品和农产品，如检测番茄成熟过程中番茄横截面番茄红素的变化。图15.5显示了使用该系统同时检测混合在乳粉中的四种掺假物质（即硫酸铵、双氰胺、三聚氰胺、尿素）。使用785nm激光从每种掺假牛乳混合物的25mm×25mm区域获取拉曼图像［图15.5（1）］。每个掺假物的特定拉曼峰都是从它们的参考光谱中确定的［图15.5（2）］。图15.5（3）显示了经荧光校正的5.0%掺假牛乳混合物的拉曼光谱图像。基于图15.5（3）单波段图像生成拉曼化学图像，可视化乳粉中四种掺假颗粒的鉴定和分布［图15.5（2）］。该系统的一个限制是采样时间长，这是由于点扫描图像需采集两个空间维度。通常，扫描时间是用小时来度量的，这是阻碍它执行快速检测任务的瓶颈。最近，在一种新开发的线扫描高光谱系统上实现了高通量宏尺度RCI，该系统采用24cm长的785nm线激光器作为激发源。该系统能够以较短的采样时间（通常以min为单位）对较大的采样区域进行成像，适用于食品质量和安全的快速评估。

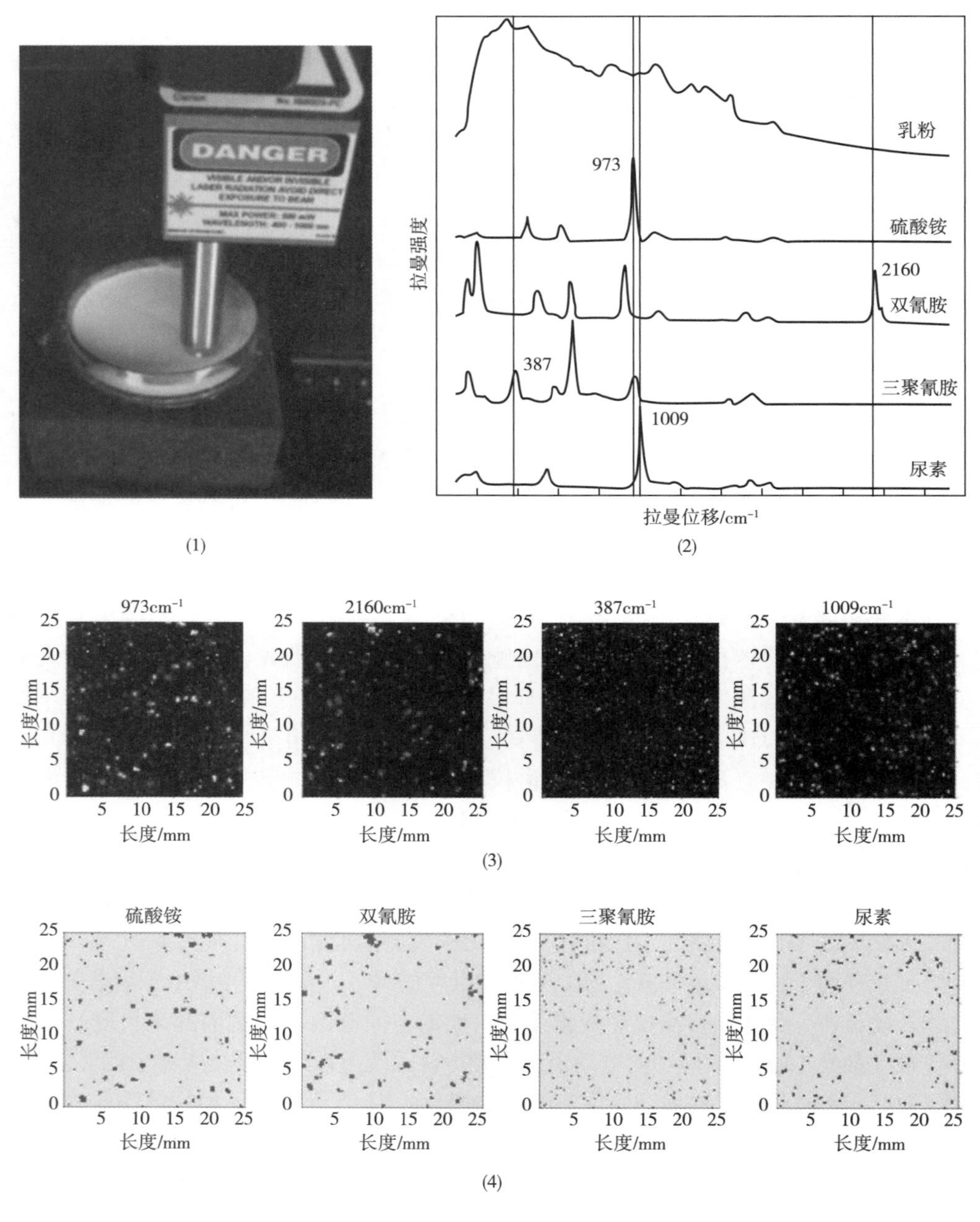

图15.5　用于检测乳粉中多种掺假物的大尺度RCI系统

本节介绍的测量技术具有代表性但不囊括所有。有很多应用于不同目的的拉曼技术也得到发展，比如利用望远镜远程探测 66m 以下矿物的拉曼光谱，相干反斯托克斯拉曼散射用于活体小鼠组织成像的视频速率，和偏移激发拉曼光谱法测定肉类样品的荧光排斥反应。同时，新的拉曼技术不断涌现，创造了现有方法无法实现的新的检测可能性。比如 SORS 技术、SERS 技术和对峙拉曼光谱结合产生两种新的技术：表面增强 SORS 技术和对峙 SORS 技术。因此，将 SORS 技术的次表层检测能力扩展到 SERS 技术的增强探测和对峙拉曼光谱的远程探测。这种组合使得 SERS 测量可以在深层组织中或通过骨骼进行，并检测隐藏在远处不透明容器的化学物质。采用现有和新开发的拉曼技术在食品质量和安全方面的应用有可能在不久的将来得到发展。

15.4　拉曼仪器

15.4.1　拉曼系统的主要组成

拉曼系统的关键部件一般包括激发源、波长分离装置和检测器。以下将介绍这些组件。

15.4.1.1　激发源

激光具有能量高度集中、方向性好、单色发射等优点，是一种广泛应用于拉曼激发态的强光源。来自激光的光通过受激发射产生，通常发生在充满增益介质（如气体、染料溶液、半导体和晶体）的谐振光学腔内。根据输出的时间连续性，它们可以在连续波模式或脉冲模式下工作。由于拉曼散射强度与激光强度成正比，且与激光波长的四次方成反比（即 $1/\lambda^4$），因此激光的选择是装配高效拉曼测量系统的关键。拉曼信号可以通过提高激光强度或降低激发波长增强。然而，高激光强度和短激发波长通常与样品的降解/燃烧和强荧光有关。因此，在实际应用中，激光选择通常是在最大化拉曼信号强度、最小化样品降解风险、减小荧光干扰、优化探测器灵敏度等因素之间的折中。食品和生物材料通常在可见光（如 488，532，633nm）激发下产生强烈的荧光信号。工作在 785nm 和 830nm 的二极管激光器（通常功率为几十到几百毫瓦），通常用来减弱荧光。在傅里叶变换拉曼（FT－Raman）系统中得到了广泛的应用的 Nd:YAG 激光器工作在 1064nm，可以最大限度地减小荧光干扰。然而，拉曼强度在很大程度上会同时降低。激光功率通常需要调整到 1W 以上，以补偿拉曼强度的损失。紫外线激光器和超短脉冲激光器也可以通过引入拉曼光谱和荧光信号之间的时间间隔消除荧光干扰。但紫外线激发对样品的高损伤风险和时间滤波仪器的高成本和复杂性限制了它们的广泛应用。

由于观测到的拉曼带的线宽是激光线宽与振动带固有线宽卷积的结果，所以使用窄线宽激光器进行激励是非常重要的。用宽线宽激发源产生的拉曼光谱将显示宽的、分辨率较低的峰。一般来说，超过 $1cm^{-1}$ 的激光线宽［定义为最大宽度的一半（FWHM）］足以用于大多数拉曼激发。在 785nm 处，$1cm^{-1}$ 的线宽可以转换成约 0.06nm 波长。在实际应用中，FWHM 线宽小于 0.1nm 的激光器广泛用于各种拉曼应用中。除了激光，窄带发光二极管已经开始用于拉曼激发，尽管目前它们不能与作为常规拉曼激发源的激光竞争，因为它们的强度较低，线宽更宽（如几个纳米）。同时，激光中心波长以外的输出光会产生瑞利散射，干扰微弱的拉曼散射信号。因此，有效去除激光的外来辐射对于获得高质量的拉曼信号也很重要。干涉带通滤波器通常用于通过阻断离线波长清除激光输出。这种带通滤波器在商业上可以买到，光密度可达6（即滤光片中心波长以外的波长的光衰减因子为10^6），这对于大多数拉曼应用来说已经足够了。

15.4.1.2 波长分离装备

波长分离装置将拉曼散射光分散为不同波长，并将散射光投射到探测器上。这种器件可分为三类：色散拉曼光谱仪、傅里叶变换拉曼（FT－Raman）光谱仪和电子可调滤波器。

色散拉曼光谱仪是建立在衍射光栅的基础上的，它在空间上将入射光分离成不同的波长。色散程度与光栅表面沟槽间距有关。槽间距越窄，入射光的色散（或分辨率）越高。衍射光栅主要有两种类型：透射光栅和反射光栅。一个基于反射光栅的色散拉曼光谱仪如图15.6（1）所示。基本结构包括一对球面镜与凸反射光栅耦合。较低的镜子将光线从入口狭缝引导到反射光栅，在那里光束被分散到不同的波长。然后上面的镜子将分散的光反射到探测器上，在那里形成一个连续的拉曼光谱。基于透射光栅的光谱仪的工作原理与此类似，只是光通过光栅后会被分散。色散光谱仪具有成本低、无运动部件、体积小、结构简单等优点，在单点拉曼光谱测量中得到了广泛的应用。还为拉曼成像应用开发了具有获取空间信息能力的色散光谱仪。色散拉曼光谱仪的工作波长范围（如770～980nm）比可见光和近红外光谱仪（如400～1000nm和900～1700nm）窄得多。在CCD相机像素相同的情况下，色散拉曼光谱仪的光谱分辨率远高于可见光和近红外光谱仪。如此高的分辨率是必要的，因为拉曼光谱通常以尖峰为特征，这在应用于食品和生物材料的相对较宽的可见光/近红外和荧光光谱中是不常见的。

傅里叶变换拉曼（FT－Raman）光谱仪除了将光分散到不同的波长之外，还以干涉图的形式采集光信号，这种干涉图携带着宽带光的光谱信息。图15.6（2）为基于迈克尔逊干涉仪的FT－Raman光谱仪。它由一个分束器和两个互相垂直的平面镜（固定镜和移动镜）组成。在分束器上，来自样品的光被分成两束。光部分反射到固定镜上，部分通过分束器传输到移动镜上，移动镜沿与入射光平行的方向运动。从两个反射镜反射回来的光束被分束器重新组合。运动镜引入了两束光之间的光程差。然后由检测器生成并收集干涉图。干涉图的逆FT可以在宽光谱区准确地显示光的波长。FT－Raman光谱仪的光谱分辨率是由移动镜所走的距离决定的，一般比色散光谱仪高。FT－Raman光谱仪使用1064nm激光器作为常见的激发源，可以显著降低荧光信号，特别是对食品和生物样品。然而，随着新的紧凑型1064nm激光器和用于色散拉曼系统的近红外敏感探测器的引入，这种优势已经逐渐减弱。

除了色散拉曼光谱仪和FT－Raman光谱仪，电子可调滤波器也可以用来分离波长。电子可调滤波器主要有两种类型：声光可调滤波器（AOTFs）和LCTFs。基于晶体中光与声的相互作用，AOTFs［图15.6（3）］从宽带光中分离出一个波长。声波换能器产生高频声波，改变晶体的折射率，使光衍射成两束一阶光束。零阶光束和不需要的衍射光束被光束停止器阻挡。AOTFs在同一时间以特定波长衍射光，通过改变射频源的

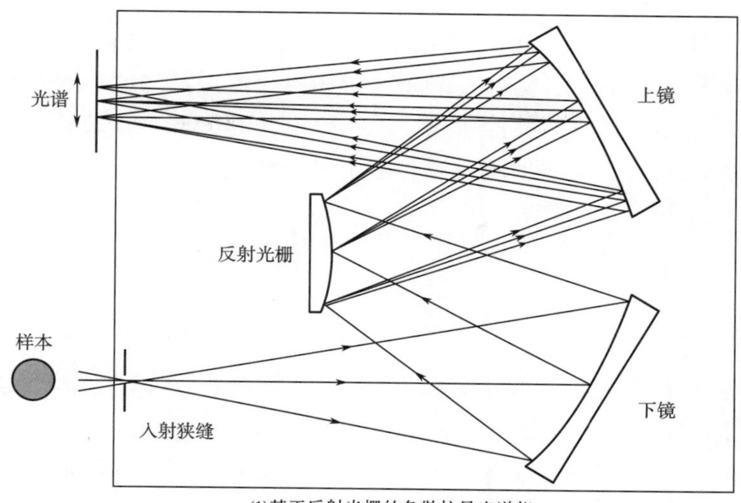

(1)基于反射光栅的色散拉曼光谱仪

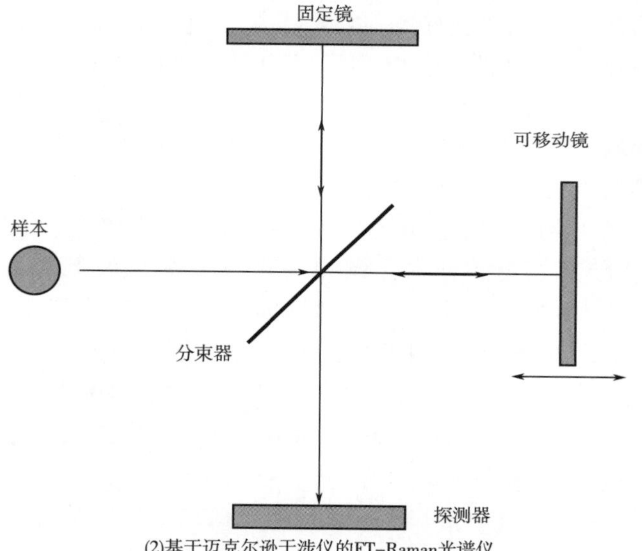

(2)基于迈克尔逊干涉仪的FT-Raman光谱仪

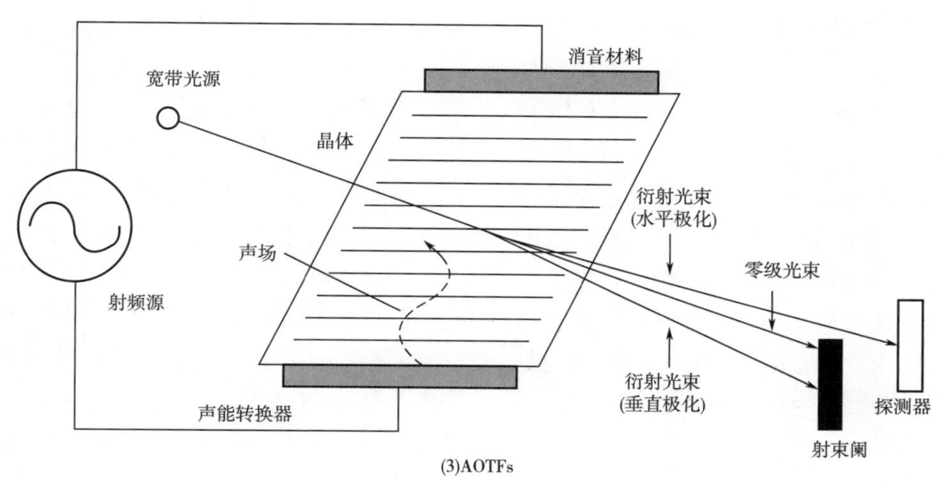

(3)AOTFs

图 15.6　拉曼测量系统的波长分离装置

频率控制通过的波长。LCTF 利用电子控制的液晶细胞来传输特定波长的光。LCTF 由一系列光学堆叠构成，每个堆叠由一个缓速器和两个偏振器之间的液晶层组成。每个阶段都以波长的正弦函数的形式传输光，所有阶段一起传输一个波长。该控制器可以通过向液晶层施加电场改变窄带通区域。电子可调滤波器具有体积小、孔径大、随机波长可达性好、控制灵活等优点。但其光谱分辨率普遍低于色散拉曼光谱仪和 FT - Raman 光谱仪。AOTFs 和 LCTFs 已被用于构建不同的拉曼光谱系统，特别是便携式拉曼光谱和显微镜系统。

15.4.1.3 检测器

考虑到拉曼散射的弱点，利用敏感的低噪声探测器采集散射信号至关重要。目前，CCD 传感器是用在拉曼测量系统中主流的探测器。自从 20 世纪 80 年代中期首次用于拉曼应用以来，CCD 传感器已经取代了几乎所有其他检测器，如单通道检测器（如光电倍增管）和早期多通道检测器（如增强光电二极管阵列）。CCD 传感器由许多由感光材料制成的小型光电二极管（像素）组成。每个光电二极管将入射光子转换成电子，产生与总曝光量成比例的电信号。所述矩形 CCD 传感器的一个维度平行于波长色散方向，另一个维度平行于大多数色散光谱仪的入口狭缝，可用于各种读出模式（如全垂直对焦、单轨、多轨、成像）。在拉曼系统中使用的 CCD 传感器通常要求高量子效率（QE）和低暗噪声，以最大限度地提高拉曼信号的质量。

QE 用于量化 CCD 传感器的光谱响应，它主要由用于制作光电二极管的基片材料控制。硅被广泛用作传感器材料，用于制作在可见光和短波近红外区域（如 400 ~ 1000nm）工作的 CCD 传感器。硅 CCD 传感器的典型定量宽松曲线为钟形曲线，定量宽松值向紫外区和近红外区均呈下降趋势。硅 CCD 传感器通常用于可见光激光器（如 488，532，633nm）。深耗 CCD 传感器是利用受控掺杂硅提高光谱对光谱红端响应，可以用于波长较长的激光器（如 785nm 和 830nm），对于 NIR 区域，砷化铟镓（InGaAs）是砷化铟（InAs）与砷化镓（GaAs）的合金，是 CCD 传感器的常用基片材料。标准的 InGaAs CCD 传感器在 900 ~ 1700nm 的光谱范围内具有相当平和高的 QE。通过改变用于制造传感器的 InAs 和 GaAs 的比例，可以实现更大的波长范围（例如 1100 ~ 2600nm）。InGaAs CCD 传感器通常用于收集近红外激光器（如 1064nm）激发的拉曼信号。

除了高 QE 之外，还要将 CCD 传感器的暗噪声降至最低，以确保拉曼信号的信噪比（SNR）达到最佳。通过降低 CCD 传感器的温度，可以降低传感器表面光电二极管产生的暗噪声。一般来说，较长的波长检测会产生较高的暗噪声。因此，工作温度必须低，以防止微弱的拉曼信号被淹没在暗噪声之中，特别是在近红外区域。通过空气冷却的 CCD 传感器典型温度在 -70 ~ -20℃。采用水冷却和冷却剂进行液体冷却可以进一步将温度降低到 -100℃。通过改变 CCD 传感器的读出方式也可提高拉曼信号的信噪比。图 15.7 展示了一个使用单轨道模式进行拉曼光谱采集的例子。使用这种方法，在 CCD 传感器上定义一个矩形区域，只包含被入射光照亮的像素［本例中为 256 × 1024 像素的 CCD 中的 27 × 1024 像素，图 15.7（1）］。指定区域内的所有行都垂直排列在一起。因此，每次测量都得到一个单一的拉曼光谱。27 个拉曼光谱在限定区域内的最高强度（CCD计数）小于1500［图15.7（2）］。在垂直排列后，最终的拉曼光谱强度［图15.7（3）］至少比单个光谱的强度高出一个阶。通过排除非照亮区域的像素，使得暗噪声的贡献最小化。使用高性能的CCD传感器，如电子倍增CCD传感器和增强CCD传感器，可以进一步增强拉曼散射。

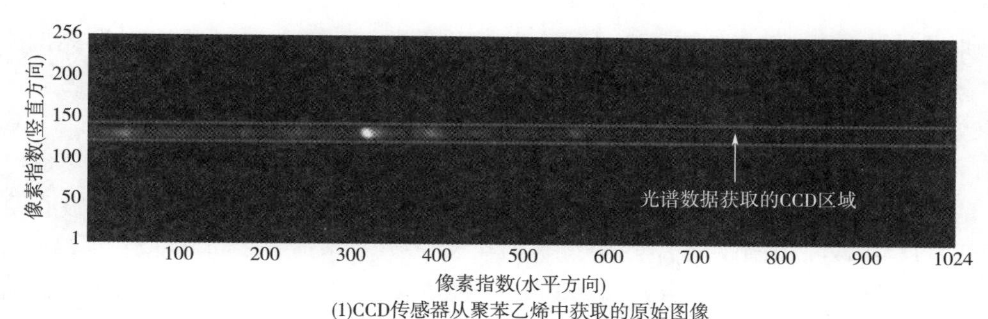

(1)CCD传感器从聚苯乙烯中获取的原始图像

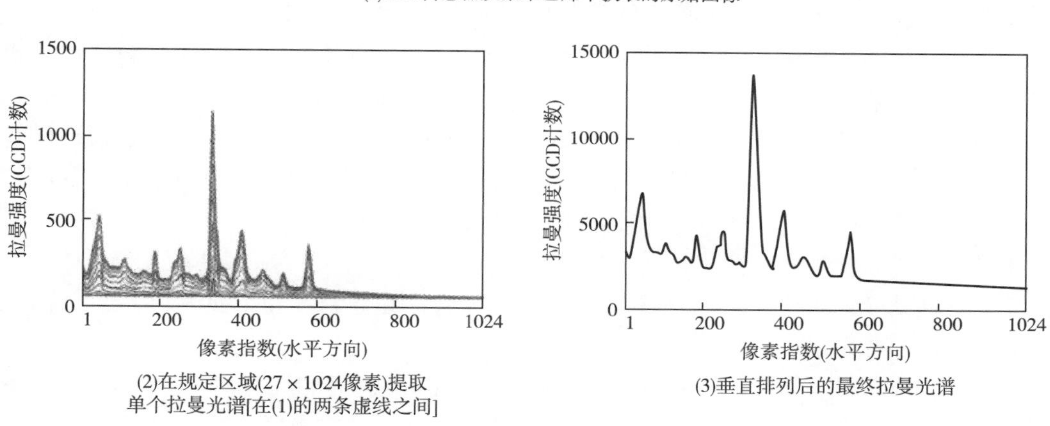

(2)在规定区域(27×1024像素)提取单个拉曼光谱[在(1)的两条虚线之间]

(3)垂直排列后的最终拉曼光谱

图15.7　拉曼光谱采集的单轨读出模式

［资料来源：Qin，J.，K. Chao，M. S. Kim，Trans. ASABE，2010，53（6）：1873－82.］

15.4.2　拉曼测量系统

在学术界和工业界日益增长的兴趣的推动下，拉曼仪器和测量系统得到了迅速的发展，以满足各种应用的需求。各种各样的集成系统和模块组件现在可以用于不同的商业用途，例如实验室中使用的研究级拉曼系统、现场使用的便携式拉曼系统以及不同行业中使用的过程监控系统。由于现有学科和新学科的需求不断增加，以及拉曼系统主要部件（如激光器、滤波器、光谱仪和CCD传感器）制造成本不断下降，商业拉曼系统的总成本已从数十万美元逐渐下降到数万美元。这种价格下降有助于扩大它们在学术和工业领域的适用性。综合台式拉曼系统（如FT－Raman光谱仪和拉曼显微镜）为定义明确的应用提供了解决方案，在许多研究实验室中经常使用。市场上不断出现新的仪器，如微型拉曼光谱仪和电池供电的手持仪器都是以点采集方式操作。专门设计的系统使用模块化的组件，如激光、过滤器、光谱仪、CCD传感器和样品处理单元，通常能够提供比集成的商业系统更大的灵活性和多功能性，因为很多方面的模块化系统（例如激发波长滤波器带宽、光谱仪分辨率、CCD 传感器和样品控制）可以为特定的应用程序定做和优化。开发和使用新颖的定做的系统通常会带来新的研究可能和机会。

图 15.8（1）展示了一个定做的拉曼系统。系统采用线宽为 0.1nm、最大功率为 350mW 的 785nm 激光器作为激励源。利用光纤拉曼探头将激光聚焦到样品表面，获得拉曼散射信号。采用分叉光纤束将激光传输到探头，并将采集到的拉曼信号传输到检测模块。采用 1024×256 像素且 800nm 处的 QE >90% 的 16 位 CCD 相机获取拉曼信号。在光谱采集过程中，CCD 传感器被热电冷至 -70℃，以最大限度地降低暗噪声。一个基于反射光栅的拉曼成像光谱仪安装在相机上。光谱仪通过 5mm×100μm 的输入狭缝接收光，并检测到光谱分辨率为 $3.7cm^{-1}$ 的拉曼位移范围为 $-98 \sim 3998cm^{-1}$（或波长范围为 799～1144nm）。采用两轴电动定位台，在两个垂直方向上移动试样，在 127mm×127mm 的面积上，位移分辨率为 6.35μm。将拉曼探头、定位台和试样材料置于封闭的黑箱中，以避免环境光的影响。利用 LabVIEW 开发系统软件（National Instruments，Austin，Texas），实现相机控制、数据采集、样品移动和同步等功能。拉曼数据以像素交织的波段格式存贮，可以通过 ENVI [（Exelis Visual Information Solutions，Boulder，Colorado and MATLAB®（MathWorks，Natick，Massachusetts）] 等商用软件包进行分析。

该系统主要是针对不同食品和农产品的宏尺度 RCI 开发的，如番茄成熟过程中检测番茄截面番茄红素的变化 [图 15.8（2）] 并筛选出多种掺假乳粉。除了成像，该系统还可以配置为常规光谱测量模式，如番茄内部成熟度的无损评估 [图 15.8（3）] 和温度依赖性拉曼光谱研究硫丹异构化机理。这种成像和光谱测量的灵活性通常无法从集成的商业拉曼系统中获得。

在获得有意义的数据之前，定做的系统通常需要适当的光谱和空间校准。光谱校准是通过所获得的数据的光谱维数定义像素的波长（或波数），这些波长通常用于光谱和成像系统。校准结果可用于确定光谱数据的范围和区间。对于拉曼系统，使用波数作为参考比使用通常用于绝对光谱校准的波长更有用。通常，用窄线宽单波长激光器和已知相对波数位移的化学物质来校准拉曼系统。美国测试与材料学会（ASTM）国际标准已经制定了拉曼位移标准指南，其中提供了八种标准化学品的拉曼位移波数（即 $85 \sim 3327cm^{-1}$），涵盖了较宽的波数范围。空间标定是为了确定空间信息的距离和分辨率，通常只需要成像系统。标定结果对调节视场和估计空间检测限有一定的参考价值。

图 15.9 显示了一个自定义设计的拉曼系统的光谱和空间校准示例，如图 15.8（1）所示。光谱校准使用 785nm 激光和两个拉曼位移标准（聚苯乙烯和萘）。在确定两种化学物质 [图 15.9（1）] 中 12 个选定拉曼峰的像素位置和对应的波数后，建立二次回归模型确定光谱维数。该系统的波数范围为 $102 \sim 2538cm^{-1}$。空间标定采用点扫描法对标准测试图进行成像，两个扫描方向 [图 15.9（2）] 的步长均为 0.1mm。中心区域最小点的直径为 0.25mm，相邻点之间的距离为 0.50mm。最外层的大点位于一个 50mm×50mm 的正方形内。由于扫描图像所用的步长较小，没有观察到图像畸变，0.25mm 的点可以清晰地分辨出来。

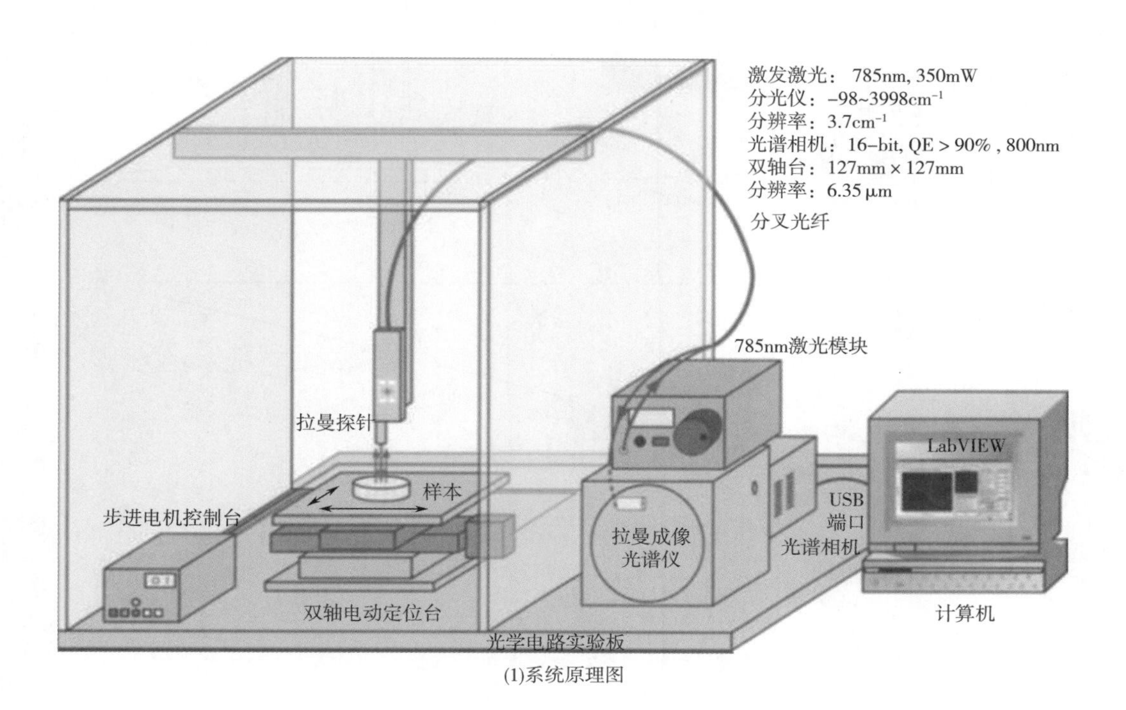

(1)系统原理图

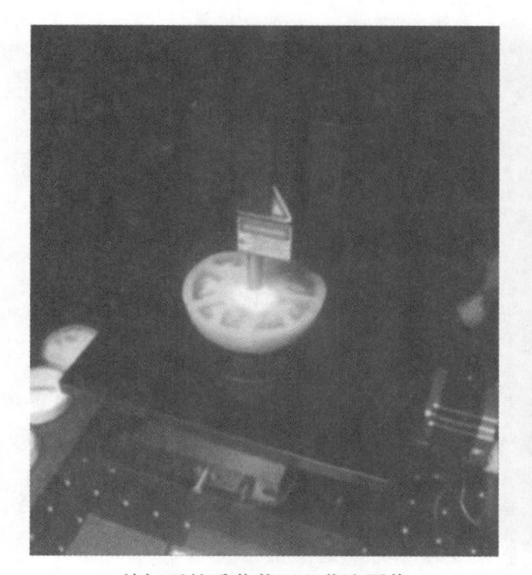
(2)从切开的番茄截面上获取图像，用于番茄红素的检测

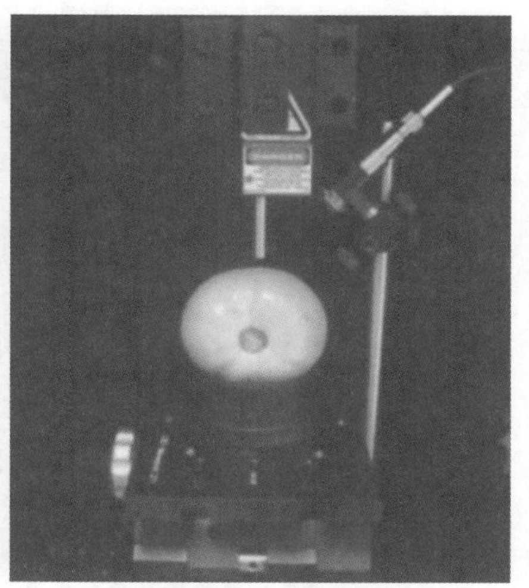
(3)SORS技术测量完整番茄内部成熟度

图 15.8　定制的用于宏观化学成像和弹性光谱测量的拉曼系统

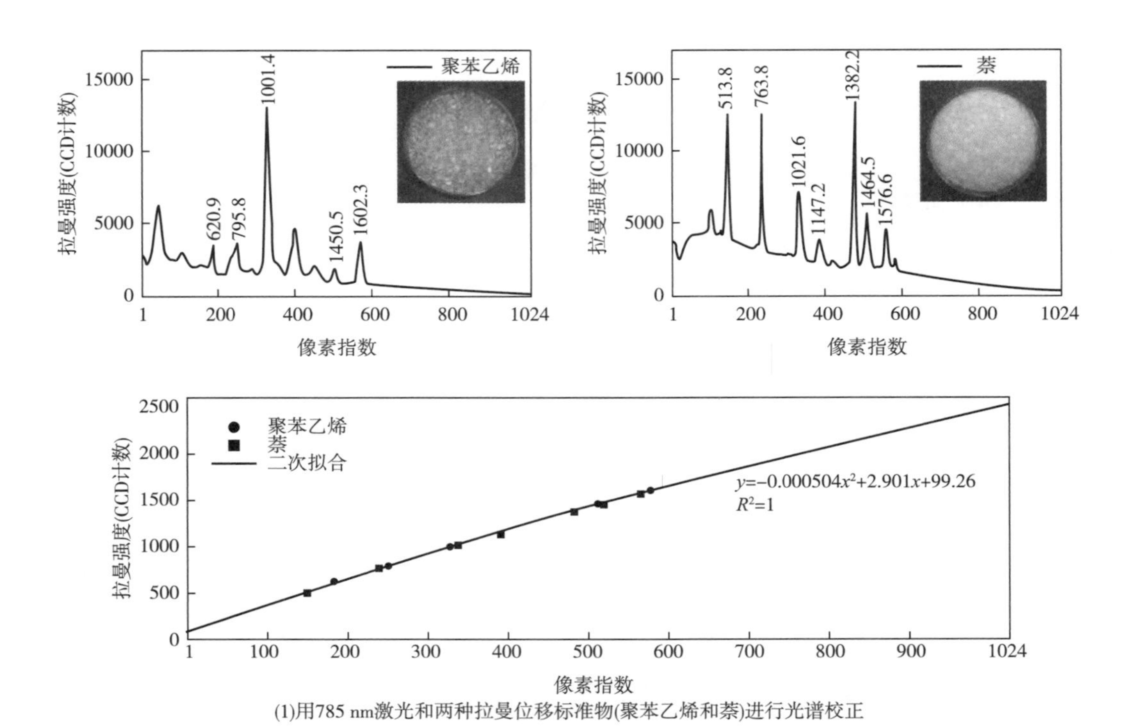

(1)用785 nm激光和两种拉曼位移标准物(聚苯乙烯和萘)进行光谱校正

	大	中	小
平方长度/mm	50.00	25.00	12.50
点间距/mm	1.00	0.50	0.25
点直径/mm	2.00	1.00	0.50

(2)通过对两个扫描方向的步长为0.1mm的分辨率测试图成像进行空间校准

图 15.9　定制拉曼系统的校正

15.5　拉曼数据分析技术

15.5.1　数据预处理

数据预处理的目的是消除由于测试环境和测量系统组件的缺陷而产生的噪声、伪影和无用信号。在拉曼散射测量中，荧光信号通常在激光与样品相互作用过程中产生，特别在食品和生物材料中。荧光强度一般比拉曼散射强几个数量级，容易淹没对样品评价有价值的微弱信号。因此，去除荧光是拉曼光谱在食品质量安全检测中应用的一个重要预处理过程。针对拉曼光谱数据中潜在荧光基线的去除，目前已开发出许多方法，这些方法可分为两大类：硬件校正方法和软件校正方法。硬件校正方法是利用特殊的仪器或元件根据荧光的物理性质来抑制荧光。例如荧光是在瞬间产生拉曼散射后，以 ns 为单位测量的短时间内产生的。这种延迟可以用超短脉冲激光器的时间门控方法在时域分离拉曼信号和荧光信号。其他基于仪器的校正方法包括紫外线激发方法、移位激发方法、使用特殊光学元件和配置的方法等。硬件校正方法通常需要额外的仪器或部件，这将增加测量系统的总体成本。软件校正方法根据荧光的数学性质，采用多种算法消除荧光。例如，多项式曲线拟合提供了一种简单有效的校正方法，它基于大多数荧光基线可以用不同程度的多项式函数来建模。其他基于算法的校正方法包括最小二乘法、小波变换、傅里叶变换、导数等。

图 15.10 展示了拉曼数据的荧光背景校正示例，拉曼数据是使用图 15.8（2）所示的成像系统从切开番茄的横截面获取的，以改进的多项式曲线拟合方法作为校正，这种方法采用迭代比较的方式来识别和避免曲线拟合过程中出现拉曼峰。这种方法在保持拉曼特征的同时有效消除了荧光背景。为了减小原始数据中的高频噪声，首先对光谱进行了一阶 Savitzky – Golay 滤波。经过平滑处理后，对所有拉曼光谱采用八阶多项式曲线拟合方法。然后从原始光谱中减去每个高光谱像素处的拟合基线，得到背景接近平坦的拉曼光谱。如图 15.10（1）所示，该方法对高、低强度下的荧光背景都有很好的拟合效果。从“红色”和“破碎”番茄的房室组织的校正光谱中可以看到，荧光基线被剔除并增强了拉曼峰。为了进行比较，图 15.10（2）中绘制的校正后的种子光谱几乎完全平坦，没有明显的拉曼光谱特征。在图 15.10（3）中，使用了四个番茄成熟阶段的四个波数（对应于番茄红素的四个拉曼峰）的单波段图像，对图像进行了校正。原始的拉曼光谱图像以番茄种子和邻近区域的强荧光为主。校正后，种子荧光的影响大大减小，房室组织和外果皮成为主要特征。修正后的图像中番茄横切面的亮度模式一般反映了番茄采后成熟过程中番茄红素含量的变化。荧光校正为以纯番茄红素为参照的光谱匹配法检测番茄红素奠定了基础。

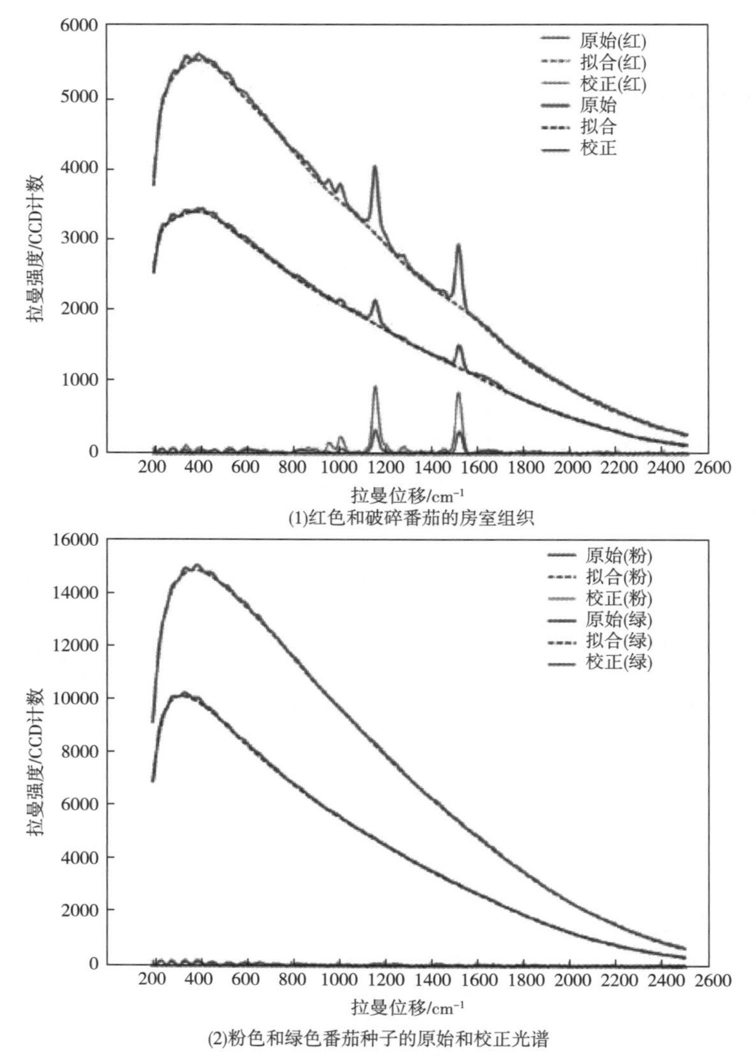

(1)红色和破碎番茄的房室组织

(2)粉色和绿色番茄种子的原始和校正光谱

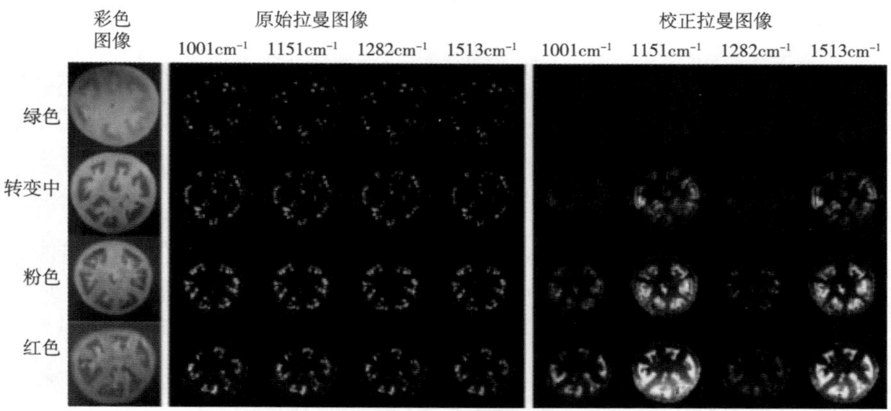

(3)番茄在选定成熟阶段的原始和校正的单幅图像

图 15.10 横切番茄的截面的拉曼光谱和图像的荧光背景校正

[资料来源：Qin，Jianwei，Kuanglin Chao，Moon S. Kim.，Investigation of Raman chemical imaging for detection of lycopene changes in tomatoes during postharvest ripening，Journal of Food Engineering，2011，107（3－4）：277.]

除了上面讨论的荧光基线校正外，还可以对拉曼光谱和图像应用许多其他预处理方法，使数据独立于测量系统和测试条件，如暗电流减法、光谱平滑、峰去除、光谱归一化、图像掩蔽和空间滤波。这些预处理方法可用于光谱或空间域，为原始拉曼数据的定性和定量分析奠定基础。

15.5.2 定性分析

定性分析是根据物质的拉曼特征来识别物质，通常包括提取纯组分的拉曼特征，并将提取的光谱与参考光谱进行比较，对组分进行分类。SMA 是一种从混合物中提取不同组分纯拉曼信号的有效方法。SMA 使用带有附加约束的交替最小二乘法将数据矩阵分解为纯组分光谱（或因子）和贡献（或分数）的外积。它是一个分解由未知个体成分光谱信息组成的混合化合物的有用工具。SMA 运行需要预先定义纯组件的数量。对于含有未知数量组分的混合物，最好高估该组分的数量，然后检查分离光谱来确定合适的纯组分数量。SMA 通常对一组光谱进行处理，这些光谱不同组成具有不同的光谱贡献。对于高光谱图像数据，需要在空间域中展开超立方体，使每个单波段图像成为一个矢量。因此，三维图像数据被转换成二维（2D）矩阵，在这个矩阵上，SMA 可以按照与常规光谱数据相同的方式执行。在 SMA 之后，将所选纯分量的每个评分向量折叠回去，形成与单波段图像尺寸相同的二维贡献图像。

在混合分析中提取纯组分光谱后，通常使用光谱匹配算法对已分辨光谱与先前保存在光谱库中的参考光谱进行统计比较。为了目标检测和光谱分类，已经开发了各种光谱相似性度量，如光谱角映射器（SAM）、光谱相关映射器（SCM）、欧氏距离（ED）和光谱信息发散（SID）。SAM、SCM、ED 和 SID 分别计算两个光谱之间的角度、相关性、距离和散度。这些度量值越小，两个光谱之间的差异就越小，通常用全谱计算上述相似度指标。由于拉曼光谱的特征是一系列尖锐的峰，所以在选定的拉曼位移位置时，也可以使用潜在成分的独特拉曼峰进行识别。基于全谱的识别方法通常用于离线数据分析，其结果比几个选定的拉曼峰的识别结果更准确。然而，基于少数独特拉曼峰的分类算法通常比基于全谱的分类算法更快、更简单，适合于快速筛选和实时应用。在选择独特的峰时应谨慎，因为潜在目标中的临近峰可能导致分类错误。

图 15.11 是一个 SMA 用在混合了四种化学掺假物的例子。之前在乳粉中发现的硫酸铵、双氰胺、三聚氰胺和尿素各占 1/4。如图 15.11（1）所示的成像系统扫描了放置在直径为 47mm 的培养皿中的 25mm × 25mm 的混合物区域，得到了 100 × 100 × 1024 个超立方体（1024 个波段）。所有 10000 个光谱图如图 15.11（1）所示，其中可以观察到单个化学物质的拉曼峰。图 15.11（2）为预设定 8 组分 SMA 提取的前四种纯组分光谱。每个分解光谱的识别是基于其相对于参考的化学物质拉曼光谱的 SID 值。例如第一次提取的光谱与硫酸铵、双氰胺、三聚氰胺和尿素的参考光谱之间的 SID 值分别为 0.17，0.99，1.13，1.27。因此，这个光谱被确定为硫酸铵，因为它与硫酸铵的光谱差异最小。与参考光谱相比，提取的光谱几乎检索了每种化学物质的所有光谱特征（如拉曼峰位置和强度）。除了 8 个分量外，同样的数据在 SMA 中也尝试了 3 ~ 7 个分量。前 4 个四分量到第 7 个分量的分解谱与第 8 个分量的相似。然而，当只使用三种组

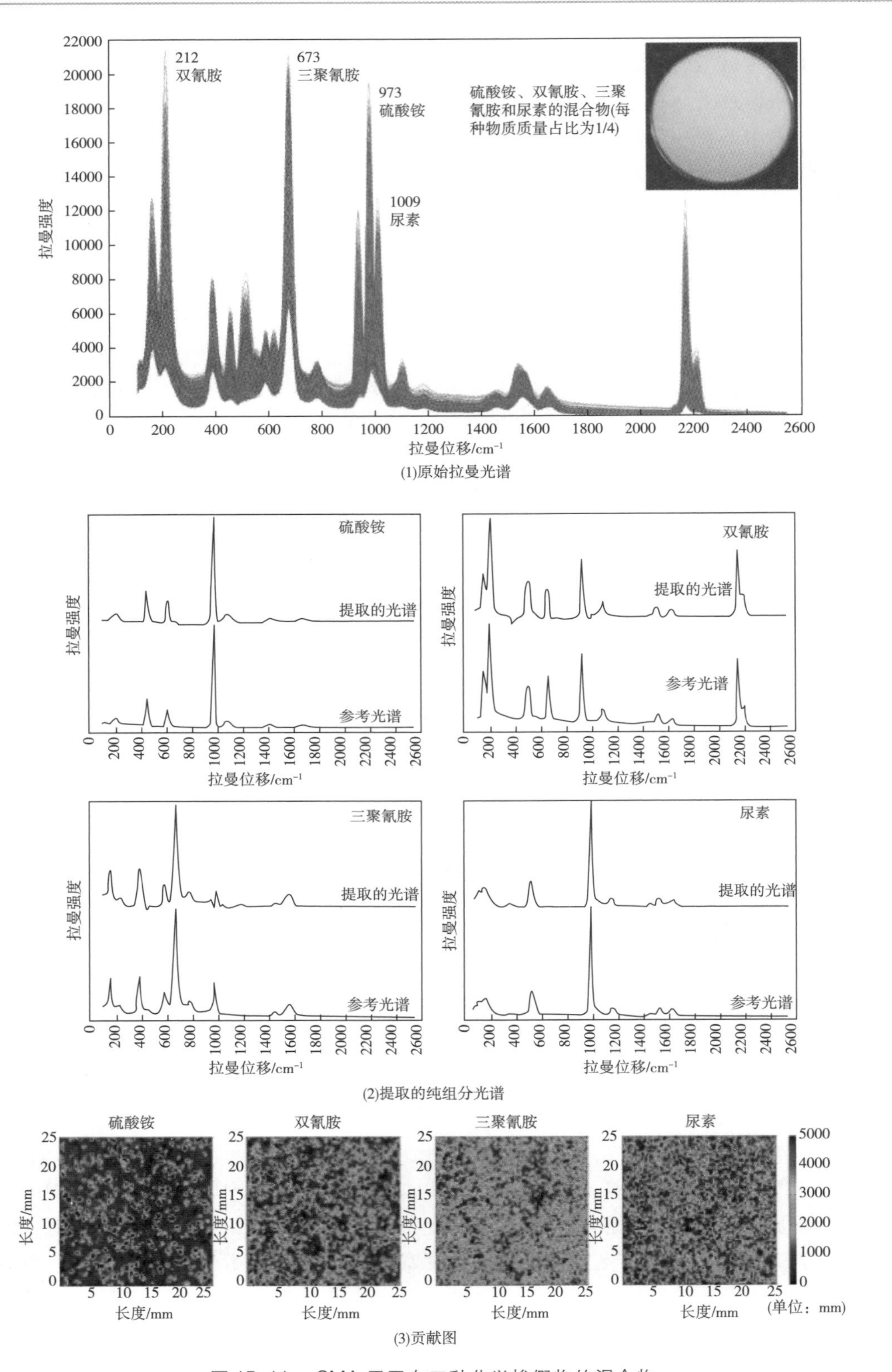

图 15.11　SMA 用于有四种化学掺假物的混合物

［资料来源：Qin，Jianwei，Kuanglin Chao，Moon S. Kim.，Simultaneous detection of multiple adulterants in dry milk using macro - scale Raman chemical imaging，Food Chemistry，2013，138（2 - 3）：998 - 1007.］

分时，单个化合物的光谱开始相互混合，这表明SMA需要足够多的纯组分才能有效地识别混合物中的所有可能成分。图15.11（3）显示了每种识别化学物质的贡献图。贡献图像中的分数值与每种化学物质的浓度成正比。因此，光强高的像素很可能代表每张图中的化学颗粒。上述结果表明，SMA能够根据混合物独特的拉曼特性识别和定位混合物中各组分。

15.5.3 定量分析

定量分析的目的是根据拉曼光谱信息确定待分析物的含量或浓度。拉曼散射强度与被采样分子的数量成正比，它可以与分析物浓度有关，使用一个类似于朗伯定律的方程来进行光吸收测量。散射强度与被分析物浓度成正比关系，为定量拉曼分析奠定了基础。对于溶解在液体中的分析物，由于分析物在溶液中均匀分布，因此线性叠加原理可以用于定量分析。溶液的拉曼光谱是液体混合物中所有组分拉曼光谱的加权叠加。各组分的质量与它们在样品中的浓度有关。可以建立单变量或多元回归模型（如多元线性回归分析和偏最小二乘法）来定量分析物的浓度。线性叠加通常不适用于固体或粉末样品的混合物，因为分析物在混合物中分布不均匀。用传统的拉曼光谱技术测量被测物的空间变化是不现实的。RCI通常用于定量分析固体或粉末混合物中的成分。化学图像可用于对感兴趣的目标的样品组成、空间分布和形态特征进行可视化。感兴趣目标的像素数可以用来估计分析物的浓度。

图15.12展示了一个使用拉曼化学图像定量分析粉末混合物的例子。在脱脂乳粉中加入硫酸铵、双氰胺、三聚氰胺和尿素作为化学掺假剂，掺假浓度为0.1%~5.0%。使用图15.5（1）所示的成像系统，获取每种牛乳加四种掺假混合物的25mm×25mm区域拉曼图像。图15.12（1）所示的化学图像是通过组合每种浓度三等份掺假物的二值图像［图15.5（2）］产生的。在乳粉的背景中清晰地显示了多种掺假物质的鉴别和分布。化学像素的数目一般随掺杂物浓度的增加而增加。为了研究掺假像素数与掺假浓度之间的关系，对各浓度下掺假像素总数和掺假浓度进行线性回归分析。在图15.12（2）所示的结果中观察到高度线性关系。掺假浓度与硫酸铵、双氰胺、三聚氰胺、尿素像素值的相关系数（r）分别为0.994，0.995，0.994，0.996，这种高相关性表明，利用化学图像定量评估乳粉中掺假浓度具有很大的潜力。

15.6 在食品质量与安全中的应用

拉曼散射技术适用于测量固体、水和气体样品，它可以根据拉曼光谱和图像数据中的峰位置和散射强度检测细微的化学和生物变化。拉曼光谱技术在分析化学和生物材料方面具有特异性高、无损检测、对水不敏感、样品制备少、通过玻璃或聚合物包体检测能力强、对红外光谱技术的补充等优点。拉曼光谱和成像技术已应用于食品质量和安全评价。食品和农产品是一个复杂的系统，从化学角度看，它可以看作是不同类型分子的混合物。拉曼指纹信息可用于研究复杂食物基质中的分子。适用于拉曼分析的分析物包括食品的内在主要成分（如蛋白质、脂肪和碳水化合物）和次要成分

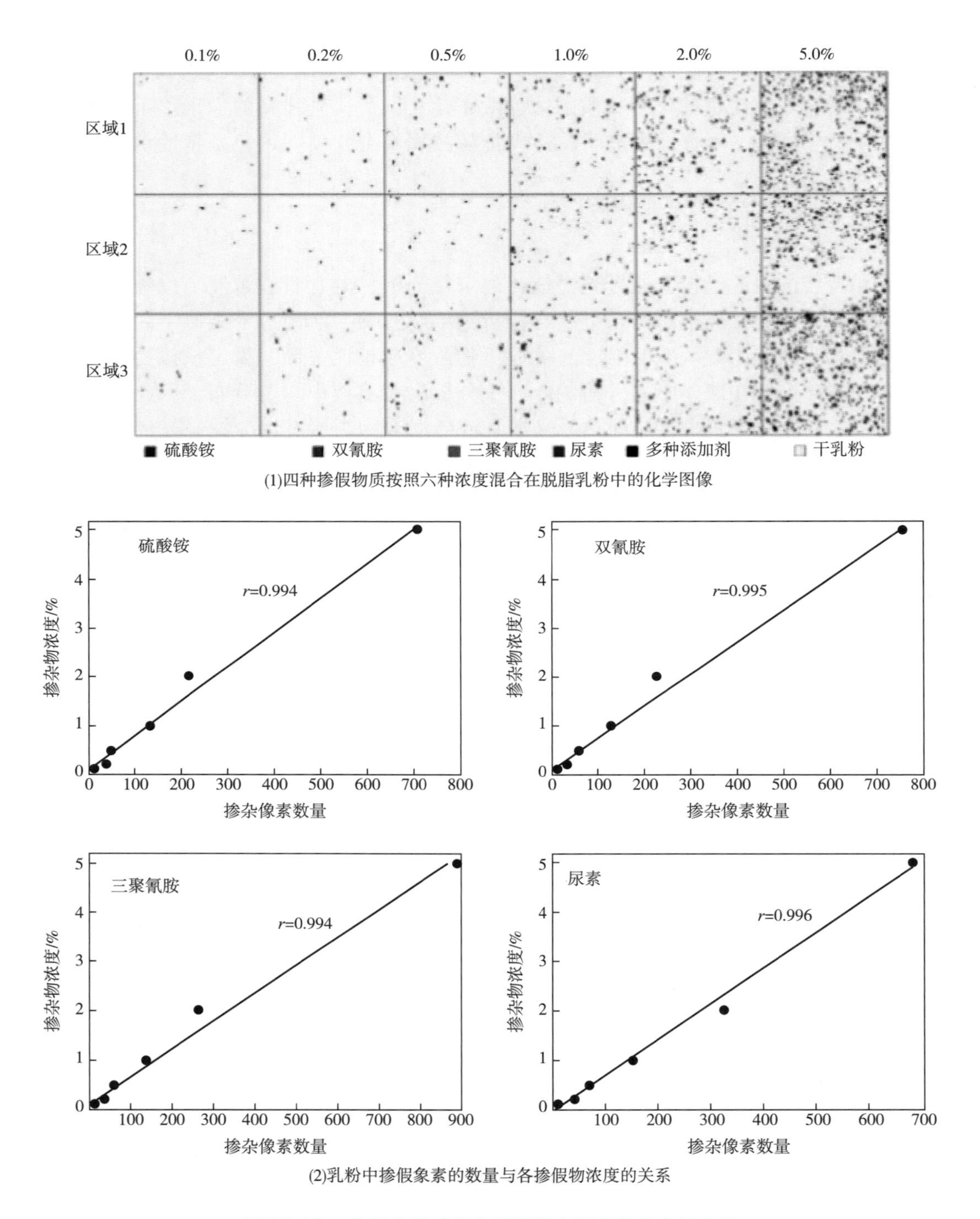

(1)四种掺假物质按照六种浓度混合在脱脂乳粉中的化学图像

(2)乳粉中掺假象素的数量与各掺假物浓度的关系

图 15.12　拉曼化学成像应用于粉末混合物的定量分析

[资料来源：Qin，Jianwei，Kuanglin Chao，Moon S. Kim，Hoyoung Lee，Yankun Peng. Development of a Raman chemical imaging detection method for authenticating skim milk powder. Journal of Food Measurement and Characterization，2014，8（2）：122 –31.]

（如类胡萝卜素、脂肪酸和无有机物）以及外在成分（如细菌和掺假物）。在过去的几十年里，拉曼散射技术被广泛应用于分析各种食品和农产品的物理、化学和生物特性。已经报道了分析固体和液体食品的各种应用，这些食品包括水果和蔬菜、肉类、谷物、食品粉末、饮料、油脂和食源性致病菌。

表 15.1 总结了拉曼光谱和成像技术在食品和农产品质量安全评价中的代表性应用。如表所示，反向散射拉曼光谱是检测不同类型外部特征的各种应用中最主要的测量模式，如橄榄的质量评估，相似肉的鉴别（如牛肉和马肉的鉴别，鸡肉和火鸡肉的鉴别），大麦中脱氧雪腐镰刀菌烯醇的检测，乳粉的营养分析，运动饮料的葡萄糖量化等。在评价内部属性时，通常使用透射拉曼光谱和 SORS 技术分别提供整体含量信息和分层的内部信息。应用的例子包括利用透射拉曼光谱分析单个大豆和玉米籽粒的成分，以及利用 SORS 技术对番茄内部成熟度进行无损评价和通过表皮对鲑鱼进行质量分析。

图 15.13 展示了通过 SORS 技术评估番茄内部成熟度的例子。利用图 15.13（3）所示的拉曼光谱系统采集 160 个番茄在 7 个成熟阶段的空间偏移光谱。空间偏移的源和检测点距离从 0mm 到 5mm，步长是 0.2mm。图 15.13（2）为自建模混合分析结果的代表性纯组分谱。番茄中的类胡萝卜素引起的三个拉曼峰在成熟的绿色阶段开始显现。$1001cm^{-1}$和 $1151cm^{-1}$的峰同时出现，由于叶黄素和类胡萝卜素和番茄成熟期间番茄红素的积累，第三个峰从 $1525cm^{-1}$（叶黄素处于成熟的绿色阶段）转移到 $1513cm^{-1}$（番茄红素在红色阶段）。以纯番茄红素为参照，采用 SID 法定量测定拉曼峰的变化。SID 值从未成熟的绿色番茄逐渐下降到红色番茄［图 15.13（3）］，说明光谱差异相对于纯番茄红素呈下降趋势。SID 值的分布可以用来评价番茄的内部成熟度。例如由于番茄的表面颜色一般都是绿色的，所以从外观上很难区分番茄在绿色未成熟、绿色成熟和破碎阶段的成熟度状态，可以根据这三种状态的 SID 值应用适当的阈值来分隔它们，这些信息可以用来确定番茄的适当收割时间。

SERS 技术主要用于食品安全检测领域。SERS 技术的高灵敏度使其能够用于多种食品和农产品中痕量分析物的检测，如果皮农药残留检测、鸡肉肌肉中的恩诺沙星、麦麸中的三聚氰胺、酒精饮料中的氨基甲酸乙酯等。SERS 技术也被用于检测和鉴别各种食源性致病菌，如弯曲杆菌、大肠杆菌、李斯特菌和沙门菌。当空间信息对食品质量和安全应用具有重要意义时，RCI 通常用于利用拉曼光谱和空间信息对感兴趣的目标样品组成、空间分布和形态特征进行可视化。RCI 技术消除了传统拉曼光谱技术对点测量的尺寸限制，并开始寻找应用程序评估食品和农产品，如伞形科蔬菜中的聚乙炔分析，检测番茄在成熟过程中番茄红素的变化截面，调查小麦内核蛋白质分布，筛选混合到乳粉、巧克力中的多种添加剂等。

从表 15.1 还可以看出，在保证最小化荧光背景条件下，激发食品样本的主要源是典型输出波段 785nm 和 1064nm 的近红外激光。集成的商业拉曼系统和定制设计的拉曼系统用于满足不同的测量需求。785nm 半导体激光器的色散拉曼光谱仪和 FT－Raman 光谱仪与 1064nm Nd:YAG 激光拉曼是应用在食品质量和安全评估领域的主要工具，同时当荧光信号比较微弱时，可见激光（如 514，532，633，671nm）也在一些特定的情况下被使用（例如液体食品样品和 SERE 技术应用）。

表 15.1　食品质量和安全的代表性拉曼散射应用

种类	产品	应用	检测技术	激光/nm	数据来源
水果和蔬菜	伞形科蔬菜	聚乙炔的分析	拉曼化学成像	1064	Roman，等
	苹果	毒死蜱检测	反向散射拉曼光谱	785	Roman，等
	杏	苦杏仁苷在种子中的分布	拉曼化学成像	785	Krafft，等
	香蕉	噻苯咪唑检测	表面增强拉曼光谱	532，1064	Müller，等
	柑橘	水果分级	反向散射拉曼光谱	514	Feng，等
	胡萝卜	类胡萝卜素和聚乙炔评价	反向散射拉曼光谱	785，830，1064	Killeen，等
	水果	农药残留检测	表面增强拉曼光谱	532	Liu，等
	芒果	表皮蜡质表征	反向散射拉曼光谱	514	Prinsloo，等
	橄榄	质量评估	反向散射拉曼光谱	1064	Muik，等
	番茄	番茄红素和类胡萝卜素评价	反向散射拉曼光谱	1064	Baranska，等
	番茄	质量评估	反向散射拉曼光谱	785	Nikbakht，等
	番茄	番茄红素生成模式	拉曼化学成像	785	Qin，等
	番茄	内部成熟度评价	空间偏移拉曼光谱	785	Qin，等
	蔬菜	甲胺磷检测	表面增强拉曼光谱	785	Xie，等
肉类	牛肉	感官质量评价	反向散射拉曼光谱	785	Beattie，等
	鸡肉	恩诺沙星检测	拉曼化学成像	785	Xu，等
	鱼肉	质量评估	反向散射拉曼光谱	785	Marquardt，Wold
	马肉	牛肉和马肉的鉴别	反向散射拉曼光谱	671	Ebrahim，等
	羊肉	剪切力和蒸煮损失评估	反向散射拉曼光谱	671	Schmidt，等
	肉	肉的物种分化	移位激发拉曼差分光谱	671，783	Sowoidnich，Kronfeldt
	猪肉	感官质量评价	反向散射拉曼光谱	780	Wang，等
	三文鱼	脂肪酸和类胡萝卜素评估	空间偏移拉曼光谱	830	Afseth，等
	虾	白点分析	反向散射拉曼光谱	1064	Careche，等
	火鸡	鸡肉和火鸡的鉴别	反向散射拉曼光谱	785	Ellis，等
谷物	大麦	脱氧雪腐镰刀菌烯醇检测	反向散射拉曼光谱	1064	Liu，等
	玉米	蛋白质评价	透射拉曼光谱	785	Shin，等
	燕麦	球蛋白构象	反向散射拉曼光谱	1064	Ma，等

续表

种类	产品	应用	检测技术	激光/nm	数据来源
	大米	产地溯源	透射和反向散射拉曼光谱	785	Hwang，等
	大豆	蛋白质和油的评价	透射拉曼光谱	785	Schulmerich，等
	小麦	蛋白质分布	拉曼化学成像	633	Piot，等
粉末	辣椒粉	苏丹染料检测	反向散射拉曼光谱	1064	Haughey，等
	乳粉	混淆检测	拉曼化学成像	785	Qin，等
	乳粉	三聚氰胺检测	反向散射拉曼光谱	785	Okazaki，等
	乳粉	营养分析	反向散射拉曼光谱	1064	Moros，等
	淀粉	直链淀粉量化	反向散射拉曼光谱	1064	Almeida，等
	小麦粉	偶氮二甲酰胺检测	拉曼化学成像	785	Qin，等
	面筋粉	三聚氰胺检测	表面增强拉曼光谱	785	Lin，等
饮料类	苹果汁	酵母检测	反向散射拉曼光谱	785	Mizrach，等
	咖啡	咖啡品种鉴别	反向散射拉曼光谱	1064	Rubayiza，Meurens
	酒	氨基甲酸乙酯的检测	表面增强拉曼光谱	633	Yang，等
	运动饮料	葡萄糖量化	反向散射拉曼光谱	633	Delfino，等
	茶	甲巯咪唑检测	表面增强拉曼光谱	785	Yao，等
	番茄汁	质量评定	表面增强拉曼光谱	532	Malekfar，等
油类	柑橘油	成分分析	反向散射拉曼光谱	1064	Schulz，等
	食用油	油种鉴别	反向散射拉曼光谱	633	Yang，等
	食用油	未饱和程度评价	相干反斯托克斯拉曼光谱	800	Kim，等
	榛果油	榛子和橄榄油的区别	反向散射拉曼光谱	780	López－Díez，等
	橄榄油	混淆检测	反向散射拉曼光谱	1064	Baeten，等
	植物油	脂质氧化监控	反向散射拉曼光谱	1064	Muik，等
细菌	细菌	食源性细菌检测	反向散射拉曼光谱	1064	Yang，Irudayaraj
	细菌	食源性细菌检测	表面增强拉曼光谱	785	Chu，等
	弯曲杆菌	弯曲杆菌检测	反向散射拉曼光谱	514，532	Lu，等
	大肠杆菌	大肠杆菌检测	表面增强拉曼光谱	785	Temur，等
	李斯特菌	李斯特菌检测	反向散射拉曼光谱	785	Oust，等
	沙门菌	沙门菌检测	表面增强拉曼光谱	785	Assaf，等
其他	黄油	人造黄油和黄油的区别	反向散射拉曼光谱	785	Uysal，等
	巧克力	成分分析	拉曼化学成像	532，785	Larmour，等
	脂肪	脂肪鉴别	反向散射拉曼光谱	1064	Abbas，等
	蜂蜜	植物的起源分化	反向散射拉曼光谱	780	Goodacre，等
	糖浆	混淆检测	反向散射拉曼光谱	1064	Paradkar，等

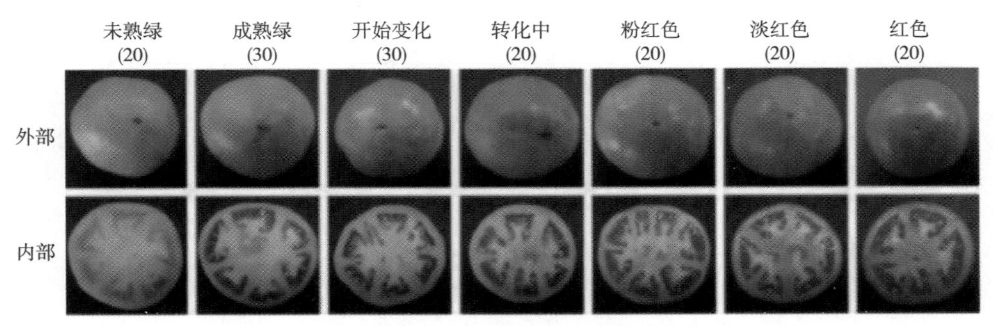

(1)不同成熟阶段的番茄样本(在每个阶段测试的样本数用括号标出)

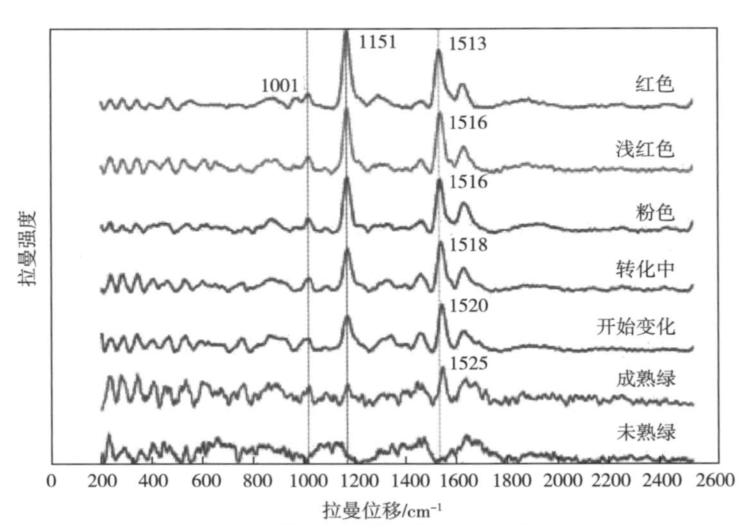

(2)对源-探测器0~5 mm获得的SORS数据进行自建模混合分析，得到具有代表性的纯组分光谱

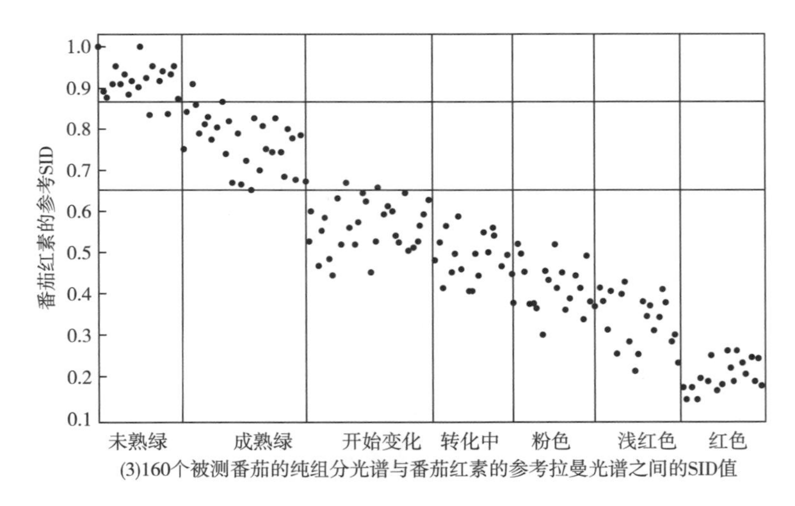

(3)160个被测番茄的纯组分光谱与番茄红素的参考拉曼光谱之间的SID值

图 15. 13　SORS 技术用于番茄内部成熟度无损评估

［资料来源：Qin，Jianwei，Kuanglin Chao，Moon S. Kim.，Nondestructive evaluation of internal maturity of tomatoes using spatially offset Raman spectroscopy. Postharvest Biology and Technology，2012，71：21 –31.］

15.7 小结

本章介绍了拉曼散射技术在食品和农产品质量安全评价中的应用，重点介绍和演示了用于食品分析的拉曼光谱和成像技术，包括拉曼散射原理、拉曼测量技术、拉曼仪器和拉曼数据分析技术。综述了食品质量安全评价的常用方法和应用，阐述了拉曼散射技术的研究现状。在学术界和工业界日益增长的需求推动下，拉曼散射技术在过去几十年里发展迅速。新的拉曼测量技术不断涌现，创造了现有方法无法实现的新的检测可能性。不断引入改进的和新的硬件组件来构建高性能的拉曼光谱和成像系统。计算机快速增长的计算能力将满足处理大型数据集和处理快速在线应用的拉曼光谱和图像的挑战。测量技术、拉曼仪器和数据分析技术的进步将推动拉曼散射技术的进一步发展，并将拓宽其在食品质量和安全评价中的应用。

参考文献

[1] Abbas, Ouissam, Juan A. F. Pierna, Rafael Codony, Christoph von Holst, and Vincent Baeten. Assessment of the discrimination of animal fat by FT - Raman spectroscopy. Journal of Molecular Structure, 2009, 924 - 926: 294 - 300.

[2] Adami, Renata, and Johannes Kiefer. Light - emitting diode based shifted - excitation Raman difference spectroscopy (LED - SERDS). 2013, Analyst 138 (21): 6258 - 61.

[3] Afseth, Nils Kristian, Matthew Bloomfield, Jens Petter Wold, and Pavel Matousek. A novel approach for subsurface through - skin analysis of salmon using spatially offset Raman spectroscopy (SORS). Applied Spectroscopy, 2014, 68 (2): 255 - 62.

[4] Almeida, Mariana R., Rafael S. Alves, Laura B. L. R. Nascimbem, Rodrigo Stephani, Ronei J. Poppi, and Luiz Fernando C. de Oliveira. Determination of amylose content in starch using Raman spectroscopy and multivariate calibration analysis. Analytical and Bioanalytical Chemistry, 2010, 397 (7): 2693 - 701.

[5] Assaf, Ali, Christophe B. Y. Cordella, and Gerald Thouand. Raman spectroscopy applied to the horizontal methods ISO 6579: 2002 to identify Salmonella spp. in the food industry. Analytical and Bioanalytical Chemistry, 2014, 406 (20): 4899 - 910.

[6] ASTM Standards. E1840 - 96: Standard Guide for Raman Shift Standards for Spectrometer Calibration. West Conshohocken, Pennsylvania: ASTM, 2007.

[7] Baeten, Vincent, Marc Meurens, Maria T. Morales, and Ramon Aparicio. Detection of virgin olive oil adulteration by Fourier transform Raman spectroscopy. Journal of Agricultural and Food Chemistry, 1996, 44 (8): 2225 - 30.

[8] Baranska, Malgorzata, Wolfgang Schütz, and Hartwig Schulz. Determination of lycopene and beta - carotene content in tomato fruits and related products: Comparison of FT - Raman, ATR - IR, and NIR spectroscopy. Analytical Chemistry, 2006, 78 (24): 8456 - 61.

[9] Beattie, Rene J., Steven J. Bell, Linda J. Farmer, Bruce W. Moss, and Desmond

Patterson. Preliminary investigation of the application of Raman spectroscopy to the prediction of the sensory quality of beef silverside. Meat Science, 2004, 66 (4): 903 -13.

[10] Careche, Mercedes, Ana Herrero, and Pedro Carmona. Raman analysis of white spots appearing in the shell of argentine red shrimp (Pleoticus muelleri) during frozen stor - age. Journal of Food Science, 2002, 67 (8): 2892 -5.

[11] Carron, Keith, and Rick Cox. Qualitative analysis and the answer box: A perspective on portable Raman spectroscopy. Analytical Chemistry, 2010, 82 (9): 3419 -25.

[12] Chang, Chein - I. An information theoretic - based approach to spectral variability, similarity and discriminability for hyperspectral image analysis. IEEE Transactions on Information Theory, 2000, 46 (5): 1927 -32.

[13] Christensen, Kenneth A., and Michael D. Morris. Hyperspectral Raman microscopic imaging using Powell lens line illumination. Applied Spectroscopy, 1998, 52 (9): 1145 -7.

[14] Chu, Hsiaoyun, Yaowen Huang, and Yiping Zhao. Silver nanorod arrays as a surface - enhanced Raman scattering substrate for foodborne pathogenic bacteria detection. Applied Spectroscopy, 2008, 62 (8): 922 -31.

[15] Cooper, John B., Mohamed Abdelkader, and Kent L. Wise. Sequentially shifted excitation Raman spectroscopy: Novel algorithm and instrumentation for fluorescence - free Raman spectroscopy in spectral space. Applied Spectroscopy, 2013, 67 (8): 973 -84.

[16] Cormack, Iain G., Michael Mazilu, Kishan Dholakia, and C. Simon Herrington. Fluorescence suppression within Raman spectroscopy using annular beam excitation. Applied Physics Letters, 2007, 91 (2): 023903.

[17] Craig, Ana Paula, Adriana S. Franca, and Joseph Irudayaraj. Surface - enhanced Raman spectroscopy applied to food safety. Annual Review of Food Science and Technology, 2013, 4: 369 -80.

[18] Delfino, Ines, Carlo Camerlingo, Marianna Portaccio, Bartolomeo Della Ventura, Luigi Mita, Damiano G. Mita, and Maria Lepore. Visible micro - Raman spectroscopy for determining glucose content in beverage industry. Food Chemistry, 2011, 127 (2): 735 -42.

[19] Dhakal, Sagar, Yongyu Li, Yankun Peng, Kuanglin Chao, Jianwei Qin, and Langhua Guo. Prototype instrument development for non - destructive detection of pesticide residue in apple surface using Raman technology. Journal of Food Engineering, 2014, 123: 94 - 103.

[20] Ebrahim, Halah A., Kay Sowoidnich, and Heinz - Detlef Kronfeldt. Raman spectroscopic differentiation of beef and horse meat using a 671nm microsystem diode laser. Applied Physics B: Lasers and Optics, 2013, 113 (2): 159 -63.

[21] Efremov, Evtim V., Freek Ariese, and Cees Gooijer. Achievements in resonance Raman spectroscopy review of a technique with a distinct analytical chemistry potential. Analytica Chimica Acta, 2008, 606 (2): 119 -34.

[22] Eliasson, Charlotte, and Pavel Matousek. Noninvasive authentication of pharmace-

utical products through packaging using spatially offset Raman spectroscopy. Analytical Chemistry, 2007, 79 (4): 1696 – 701.

[23] Ellis, David I. , David Broadhurst, Sarah J. Clarke, and Royston Goodacre. Rapid identification of closely related muscle foods by vibrational spectroscopy and machine learning. Analyst, 2005, 130 (12): 1648 – 54.

[24] Evans, Conor L. , Eric O. Potma, Mehron Puoris'haag, Daniel Côté, Charles P. Lin, and X. Sunney Xie. Chemical imaging of tissue in vivo with video – rate coherent anti – Stokes Raman scattering microscopy. PNAS, 2005, 102 (46): 16807 – 12.

[25] Fan, Meikun, Gustavo F. S. Andrade, and Alexandre G. Brolo. A review on the fabrication of substrates for surface enhanced Raman spectroscopy and their applications in analytical chemistry. Analytica Chimica Acta, 2011, 693 (1 – 2): 7 – 25.

[26] Feng, Xinwei, Qinghua Zhang, and Zhongliang Zhu. Rapid classification of citrus fruits based on Raman spectroscopy and pattern recognition techniques. Food Science and Technology Research, 2013, 19 (6): 1077 – 84.

[27] Goodacre, Royston, Branka S. Radovic, and Elke Anklam. Progress toward the rapid nondestructive assessment of the floral origin of European honey using dispersive Raman spectroscopy. Applied Spectroscopy, 2002, 56 (4): 521 – 7.

[28] Haughey, Simon A. , Pamela Galvin – King, Yen – Cheng Ho, Steven E. J. Bell, and Christopher T. Elliott. The feasibility of using near infrared and Raman spectroscopic techniques to detect fraudulent adulteration of chili powders with Sudan dye. Food Control, 2015, 48: 75 – 83.

[29] Hwang, Jinyoung, Sukwon Kang, Kangjin Lee, and Hoeil Chung. Enhanced Raman spectroscopic discrimination of the geographical origins of rice samples via transmission spectral collection through packed grains. Talanta, 2012, 101: 488 – 94.

[30] Killeen, Daniel P. , Catherine E. Sansom, Ross E. Lill, Jocelyn R. Eason, Keith C. Gordon, and Nigel B. Perry. Quantitative Raman spectroscopy for the analysis of carrot bioactives. Journal of Agricultural and Food Chemistry, 2013, 61 (11): 2701 – 8.

[31] Kim, Jinsun, Jang H. Lee, and Do – Kyeong Ko. Determination of degree of unsaturation in edible oils using coherent anti – Stokes Raman scattering spectroscopy. Journal of Raman Spectroscopy, 2014, 45 (7): 591 – 5.

[32] Krafft, Christoph, Claudia Cervellati, Christian Paetz, Bernd Schneider, and Jürgen Popp. Distribution of amygdalin in apricot (Prunus armeniaca) seeds studied by Raman microscopic imaging. Applied Spectroscopy, 2012, 66 (6): 644 – 9.

[33] Larmour, Iain A. , Karen Faulds, and Dunca Graham. Rapid Raman mapping for chocolate analysis. Analytical Methods, 2010, 2 (9): 1230 – 2.

[34] Le Ru, Eric C. , Evan Blackie, Matthias Meyer, and Pablo G. Etchegoin. Surface enhanced Raman scattering enhancement factors: A comprehensive study. Journal of Physical Chemistry C, 2007, 111 (37): 13794 – 803.

[35] Le Ru, Eric C., Lina C. Schroeter, and Pablo G. Etchegoin. Direct measurement of resonance Raman spectra and cross sections by a polarization difference technique. Analytical Chemistry, 2012, 84 (11): 5074 - 9.

[36] Li - Chan, Eunice C. Y. The applications of Raman spectroscopy in food science. Trends in Food Science & Technology, 1996, 7 (11): 361 - 70.

[37] Lieber, Chad A. and Anita Mahadevan - Jansen. Automated method for subtraction of fluorescence from biological Raman spectra. Applied Spectroscopy, 2003, 57 (11): 1363 - 7.

[38] Lin, Mengshi, Lili He, Joseph Awika et al. Detection of melamine in gluten, chicken feed, and processed foods using surface enhanced Raman spectroscopy and HPLC. Journal of Food Science, 2008, 73 (8): T129 - 34.

[39] Liu, Bianhua, Guangmei Han, Zhongping Zhang et al. Shell thickness - dependent Raman enhancement for rapid identification and detection of pesticide residues at fruit peels. Analytical Chemistry, 2012, 84 (1): 255 - 61.

[40] Liu, Yongliang, Kuanglin Chao, Moon S. Kim, David Tuschel, Oksana Olkhovyk, and Ryan J. Priore. Potential of Raman spectroscopy and imaging methods for rapid and routine screening of the presence of melamine in animal feed and foods. Applied Spectroscopy, 2009a, 63 (4): 477 - 80.

[41] Liu, Yongliang, Stephen R. Delwiche, and Yanhong Dong. Feasibility of FT - Raman spectroscopy for rapid screening for DON toxin in ground wheat and barley. Food Additives and Contaminants, 2009b, 26 (10): 1396 - 401.

[42] López - Díez, E. Consuelo, Giorgio Bianchi, and Royston Goodacre. Rapid quantitative assessment of the adulteration of virgin olive oils with hazelnut oils using Raman spectroscopy and chemometrics. Journal of Agricultural and Food Chemistry, 2003, 51 (21): 6145 - 50.

[43] Lu, Xiaonan, Qian Huang, William G. Miller et al. Comprehensive detection and discrimi - nation of Campylobacter species by use of confocal micro - Raman spectroscopy and multilocus sequence typing. Journal of Clinical Microbiology, 2012, 50 (9): 2932 - 46.

[44] Ma, Ching - Yung, Manoj K. Rout, Wing - Man Chan, and David L. Phillips. Raman spectro - scopic study of oat globulin conformation. Journal of Agricultural and Food Chemistry, 2000, 48 (5): 1542 - 7.

[45] Malekfar, Rasoul, Ali M. Nikbakht, Sara Abbasian, Fatemeh Sadeghi, and M. Mozaffari. Evaluation of tomato juice quality using surface enhanced Raman spectroscopy. Acta Physica Polonica A, 2010, 117 (6): 971 - 3.

[46] Markwort, Lars, Bert Kip, Edouard Da Silva, and Bernord Roussel. Raman imaging of heterogeneous polymers: A comparison of global versus point illumination. Applied Spectroscopy, 1995, 49 (10): 1411 - 30.

[47] Marquardt, Brian J. and Jens Petter Wold. Raman analysis of fish: A potential method for rapid quality screening. Lebensmittel - Wissenschaft & Technologie, 2004, 37 (1): 1 - 8.

[48] Matousek, Pavel, Edward R. C. Draper, Allen E. Goodship, Ian P. Clark, Kate

L. Ronayne, and Anthony W. Parker. Noninvasive Raman spectroscopy of human tissue in vivo. Applied Spectroscopy, 2006, 60 (7): 758 – 63.

[49] Matousek, Pavel, Ian P. Clark, Edward R. C. Draper et al. Subsurface probing in diffusely scattering media using spatially offset Raman spectroscopy. Applied Spectroscopy, 2005, 59 (4): 393 – 400.

[50] Matousek, Pavel, and Michael D. Morris. Emerging Raman Applications and Techniques in Biomedical and Pharmaceutical Fields. New York: Springer, 2010.

[51] Matousek, Pavel, and Anthony W. Parker. Bulk Raman analysis of pharmaceutical tablets. Applied Spectroscopy, 2006, 60 (12): 1353 – 7.

[52] Matousek, Pavel, Michael Towrie, A. Stanley, and Anthony W. Parker. Efficient rejection of fluorescence from Raman spectra using picosecond Kerr gating. Applied Spectroscopy, 1999, 53 (12): 1485 – 9.

[53] McCreery, Richard L. Raman Spectroscopy for Chemical Analysis. New York: John Wiley and Sons, 2000.

[54] Mizrach, Amos, Ze'ev Schmilovitch, Raya Korotic, Joseph Irudayaraj, and Roni Shapira. Yeast detection in apple juice using Raman spectroscopy and chemometric methods. Transactions of the ASABE, 2007, 50 (6): 2143 – 9.

[55] Moros, Javier, Salvador Garrigues, and Miguel de la Guardia. Evaluation of nutritional parameters in infant formulas and powdered milk by Raman spectroscopy. Analytica Chimica Acta, 2007, 593 (1): 30 – 8.

[56] Morris, Hannah R., Clifford C. Hoyt, and Patrick J. Treado. Imaging spectrometers for fluorescence and Raman microscopy: Acousto – optic and liquid – crystal tunable filters. Applied Spectroscopy, 1994, 48 (7): 857 – 66.

[57] Morris, Hannah R., Clifford C. Hoyt, and Patrick J. Treado. Liquid crystal tunable filter Raman chemical imaging. Applied Spectroscopy, 1996, 50 (6): 805 – 11.

[58] Muik, Barbara, Bernhard Lendl, Antonio Molina – Diaz, and Maria J. Ayora – Canada. Direct monitoring of lipid oxidation in edible oils by Fourier transform Raman spectroscopy. Chemistry and Physics of Lipids, 2005, 134 (2): 173 – 82.

[59] Muik, Barbara, Bernhard Lendl, Antonio Molina – Diaz, Domingo Ortega – Calderon, and Maria J. Ayora – Canada. Discrimination of olives according to fruit quality using Fourier transform Raman spectroscopy and pattern recognition techniques. Journal of Agricultural and Food Chemistry, 2004, 52 (20): 6055 – 60.

[60] Mukhopadhyay, Rajendrani. Raman flexes its muscles. Analytical Chemistry, 2007, 79 (9): 3265 – 70.

[61] Müller, Csilla, Leontin David, Vasile Chis, and Simona C. Pinzaru. Detection of thiabendazole applied on citrus fruits and bananas using surface enhanced Raman scattering. Food Chemistry, 2014, 145: 814 – 20.

[62] Nikbakht, Ali M., Teymour T. Hashjin, Rasoul Malekfar, and Barat Gob-

adian. Nondestructive determination of tomato fruit quality parameters using Raman spectroscopy. Journal of Agricultural Science and Technology, 2011, 13 (4): 517 –26.

[63] Okazaki, Shigetoshi, Mitsuo Hiramatsu, Kunio Gonmori, Osamu Suzuki, and Anthony T. Tu. Rapid nondestructive screening for melamine in dried milk by Raman spectroscopy. Forensic Toxicology, 2009, 27 (2): 94 –7.

[64] Oust, Astrid, Trond Moretro, Kristine Naterstad et al. Fourier transform infrared and Raman spectroscopy for characterization of Listeria monocytogenes strains. Applied and Environmental Microbiology, 2006, 72 (1): 228 –32.

[65] Paradkar, Manish M., Joseph Irudayaraj, and Sivakesava Sakhamuri. Discrimination and classification of beet and cane sugars and their inverts in maple syrup by FT – Raman. Applied Engineering in Agriculture, 2002, 18 (3): 379 –83.

[66] Pelletier, Michael J. Quantitative analysis using Raman spectrometry. Applied Spectroscopy, 2003, 57 (1): 20A –42A.

[67] Piot, Olivier, Jean C. Autran, and Michel Manfait. Spatial distribution of protein and phenolic constituents in wheat grain as probed by confocal Raman microspectroscopy. Journal of Cereal Science, 2000, 32 (1): 57 –71.

[68] Prinsloo, Linda C., Wilma du Plooy, and Chris van der Merwe. Raman spectroscopic study of the epicuticular wax layer of mature mango (Mangifera indica) fruit. Journal of Raman Spectroscopy, 2004, 35 (7): 561 –7.

[69] Qin, Jianwei, Kuanglin Chao, and Moon S. Kim. Raman chemical imaging system for food safety and quality inspection. Transactions of the ASABE, 2010, 53 (6): 1873 –82.

[70] Qin, Jianwei, Kuanglin Chao, and Moon S. Kim. Investigation of Raman chemical imaging for detection of lycopene changes in tomatoes during postharvest ripening. Journal of Food Engineering, 2011, 107 (3 –4): 277 –88.

[71] Qin, Jianwei, Kuanglin Chao, and Moon S. Kim. Nondestructive evaluation of internal maturity of tomatoes using spatially offset Raman spectroscopy. Postharvest Biology and Technology, 2012, 71: 21 –31.

[72] Qin, Jianwei, Kuanglin Chao, and Moon S. Kim. Simultaneous detection of multiple adulterants in dry milk using macro – scale Raman chemical imaging. Food Chemistry, 2013, 138 (2 –3): 998 –1007.

[73] Qin, Jianwei, Kuanglin Chao, and Moon S. Kim. A line – scan hyperspectral system for highthroughput Raman chemical imaging. Applied Spectroscopy, 2014a, 68 (6): 692 –5.

[74] Qin, Jianwei, Kuanglin Chao, Byound – Kwan Cho, Yankun Peng, and Moon S. Kim. Highthroughput Raman chemical imaging for rapid evaluation of food safety and quality. Transactions of the ASABE, 2014b, 57 (6): 1783 –92.

[75] Qin, Jianwei, Kuanglin Chao, Moon S. Kim, Hoyoung Lee, and Yankun Peng. Development of a Raman chemical imaging detection method for authenticating skim milk powder. Journal of Food Measurement and Characterization, 2014c, 8 (2): 122 –31.

[76] Roman, Maciej, Rafal Baranski, and Malgorzata Baranska. Nondestructive Raman analysis of polyacetylenes in Apiaceae vegetables. Journal of Agricultural and Food Chemistry, 2011, 59 (14): 7647 – 53.

[77] Rubayiza, Aloys B., and Marc Meurens. Chemical discrimination of arabica and robusta coffees by Fourier transform Raman spectroscopy. Journal of Agricultural and Food Chemistry, 2005, 53 (12): 4654 – 9.

[78] Sakamoto, Akira, Shukichi Ochiai, Hisamitsu Higashiyama et al. Raman studies of Japanese art objects by a portable Raman spectrometer using liquid crystal tunable filters. Journal of Raman Spectroscopy, 2012, 43 (6): 787 – 91.

[79] Schlücker, Sebastian. Surface Enhanced Raman Spectroscopy: Analytical, Biophysical and Life Science Applications. Weinheim, Germany: Wiley – VCH, John Wiley and Sons, 2011.

[80] Schmidt, Heinar, Rico Scheier, and David L. Hopkins. Preliminary investigation on the relationship of Raman spectra of sheep meat with shear force and cooking loss. Meat Science, 2013, 93 (1): 138 – 43.

[81] Schmidt, Walter F., Cathleen J. Hapeman, Laura L. McConnell et al. Temperature – dependent Raman spectroscopic evidence of and molecular mechanism for irreversible isomeriza – tion of β – endosulfan to α – endosulfan. Journal of Agricultural and Food Chemistry, 2014, 62 (9): 2023 – 30.

[82] Schulmerich, Matthew V., Michael J. Walsh, Matthew K. Gelber et al. Protein and oil composition predictions of single soybeans by transmission Raman spectro-scopy. Journal of Agricultural and Food Chemistry, 2012, 60 (33): 8097 – 102.

[83] Schulz, Hartwig, Malgorzata Baranska, and Rafal Baranski. Potential of NIR – FT – Raman spectroscopy in natural carotenoid analysis. Biopolymers, 2005, 77 (4): 212 – 21.

[84] Schulz, Hartwig, Bernhard Schrader, Rolf Quilitzsch, and Boris Steuer. Quantitative analysis of various citrus oils by ATR/FT – IR and NIR – FT Raman spectroscopy. Applied Spectroscopy, 2002, 56 (1): 117 – 24.

[85] Schulze, Georg, Andrew Jirasek, Marcia M. L. Yu, Arnel Lim, Robin F. B. Turner, and Michael W. Blades. Investigation of selected baseline removal techniques as candidates for automated implementation. Applied Spectroscopy, 2005, 59 (5): 545 – 74.

[86] Sharma, Shiv K., Paul G. Lucey, Manash Ghosh, Hugh W. Hubble, and Keith A. Horton. Standoff Raman spectroscopic detection of minerals on planetary surfaces. Spectrochimica Acta Part A: Molecular and Biomolecular Spectroscopy 2003, 59 (10): 2391 – 407.

[87] Sharma, Bhavya, Ke Ma, Mattew R. Glucksberg, and Richard P. Van Duyne. Seeing through bone with surface – enhanced spatially offset Raman spectroscopy. Journal of the American Chemical Society, 2013, 135 (46): 17290 – 3.

[88] Shin, Kayeong, Hoeil Chung, and Chul – won Kwak. Transmission Raman measurement directly through packed corn kernels to improve sample representation and

accuracy of compositional analysis. Analyst, 2012, 137 (16): 3690 – 6.

[89] Smith, Ewen, and Geoffrey Dent. Modern Raman Spectroscopy—A Practical Approach. Chichester, UK: John Wiley and Sons, 2005.

[90] Sowoidnich, Kay, and Heinz – Detlef Kronfeldt. Shifted excitation Raman difference spectroscopy at multiple wavelengths for in – situ meat species differentiation. Applied Physics B: Lasers and Optics, 2012, 108 (4): 975 – 82.

[91] Stewart, Shona, Ryan J. Priore, Matthew P. Nelson, and Patrick J. Treado. Raman imaging. Annual Review of Analytical Chemistry, 2012, 5: 337 – 60.

[92] Stone, Nicholas, Marleen Kerssens, Garvin R. Lloyd, Karen Faulds, Duncan Graham, and Pavel Matousek. Surface enhanced spatially offset Raman spectroscopic (SESORS) imaging—The next dimension. Chemical Science, 2011, 2 (4): 776 – 80.

[93] Sun, Da – Wen. Modern Techniques for Food Authentication. San Diego, California: Academic Press, Elsevier, 2008.

[94] Temur, Erhan, Ismail H. Boyaci, Ugur Tamer, Hande Unsal, and Nihal Aydogan. A highly sensitive detection platform based on surface – enhanced Raman scattering for Escherichia coli enumeration. Analytical and Bioanalytical Chemistry, 2010, 397 (4): 1595 – 604.

[95] Uysal, Reyhan S., Ismail H. Boyaci, Huseyin E. Genis, and Ugur Tamer. Determination of butter adulteration with margarine using Raman spectroscopy. Food Chemistry, 2013, 141 (4): 4397 – 403.

[96] Wang, Qi, Steven M. Lonergan, and Chenxu Yu. Rapid determination of pork sensory quality using Raman spectroscopy. Meat Science, 2012, 91 (3): 232 – 9.

[97] Windig, Willem, and Jean Guilment. Interactive selfmodeling mixture analysis. Analytical Chemistry, 1991, 63 (14): 1425 – 32.

[98] Xie, Yunfei, Godelieve Mukamurezi, Yingying Sun, Heya Wang, He Qian, and Weirong Yao. Establishment of rapid detection method of methamidophos in vegetables by surface enhanced Raman spectroscopy. European Food Research and Technology, 2012, 234 (6): 1091 – 8.

[99] Xu, Ying, Yiping Du, Qingqing Li et al. Ultrasensitive detection of enrofloxacin in chicken muscles by surface – enhanced Raman spectroscopy using amino – modified glycidyl methacrylate – ethylene dimethacrylate (GMA – EDMA) powdered porous material. Food Analytical Methods, 2014, 7 (6): 1219 – 28.

[100] Yan, Fei, and Tuan Vo – Dinh. Surfaceenhanced Raman scattering detection of chemical and biological agents using a portable Raman integrated tunable sensor. Sensors and Actuators B, 2007, 121 (1): 61 – 6.

[101] Yang, Danting, and Yibin Ying. Applications of Raman spectroscopy in agricultural products and food analysis: A review. Applied Spectroscopy Reviews, 2011, 46 (7): 539 – 60.

[102] Yang, Danting, Haibo Zhou, Yibin Ying, Reinhard Niessner, and Christoph

Haisch. Surface – enhanced Raman scattering for quantitative detection of ethyl carbamate in alcoholic beverages. Analytical and Bioanalytical Chemistry, 2013, 405 (29): 9419 – 25.

[103] Yang, Hong, and Joseph Irudayaraj. Rapid detection of foodborne microorganisms on food surface using Fourier transform Raman spectroscopy. Journal of Molecular Structure, 2003, 646 (1 – 3): 35 – 43.

[104] Yang, Hong, Joseph Irudayaraj, and Manish M. Paradkar. Discriminant analysis of edible oils and fats by FTIR, FT – NIR and FT – Raman spectroscopy. Food Chemistry, 2005, 93 (1): 25 – 32.

[105] Yao, Chaoping, Fansheng Cheng, Cong Wang et al. Separation, identification and fast determination of organophosphate pesticide methidathion in tea leaves by thin layer chro – matography – surface – enhanced Raman scattering. Analytical Methods, 2013, 5 (20): 5560 – 4.

[106] Zachhuber, Bernhard, Christoph Gasser, Engelene T. H. Chrysostom, and Bernhard Lendl. Stand – off spatial offset Raman spectroscopy for the detection of concealed content in distant objects. Analytical Chemistry, 2011, 83 (24): 9438 – 42.

[107] Zhang, Zhimin, Shan Chen, and Yizeng Liang. Baseline correction using adaptive iteratively reweighted penalized least squares. Analyst, 2010, 135 (5): 1138 – 46.

16 基于光散射的食源性病原体检测

Pei - Shih Liang，Tu San Park，Jeong - Yeol Yoon

16.1 引言

目前用于检测食源性病原体的方法主要是破坏性的（即样品需要预处理），并且需要时间、人员和实验室以进行分析。在2003—2013年，食品安全监管标准得到了提高，对食品生产的每一步都需要得到质量的保证。食品检验频率的增加加大了对现场可部署和便携式检测设备的需求，并且朝着实时在线监测方法这一最终目标迈进。显然，目前的方法，包括平板计数法（菌落总数）、免疫测定和聚合酶链反应（PCR）在内，都不能满足这些要求。食品病原体的延迟识别可能导致更大规模的食品安全问题和食品召回事件，从而导致更大的经济损失。

当今包括基于光散射的技术在内的光学方法因其快速性和非破坏性而受到了很多关注。而（表面增强的）拉曼散射是基于光散射的食品病原体检测技术之一（见第15章），在本章中，我们将描述基于米氏散射的检测方法。具体而言，就是用于检测食源性病原体的乳胶颗粒免疫凝集测定和随后的米氏散射检测（即颗粒增强光散射免疫测定）将成为比直接散射检测更敏感、更便携的方法。除此之外，折射模式成像和光散射模式分析也将作为无标记方法用于检测、量化、鉴定病原体，还将介绍手表式或手持式（特别是基于智能手机）设备的检测方法。

米氏散射理论是指对球形物体上的散射问题的米氏解决方案，并描述散射了多少光以及散射强度如何根据散射角度而改变。基于入射光波长（λ）和粒径（d）的比，分子和粒子对光的弹性散射可以分为瑞利散射和米氏散射两种类型。当$d \ll \lambda/10$时，弹性散射为瑞利散射，其中散射光和入射光的比是波长、散射角、粒子折射率和粒径的函数［图16.1（1）］。随着d的增加（d约等于或大于$\lambda/10$），则可以使用米氏散射模型预测散射光的强度，其中强度较少依赖于波长，而更多依赖于其他三个参数［即粒径、折射率和散射角，见图16.1（2）］。

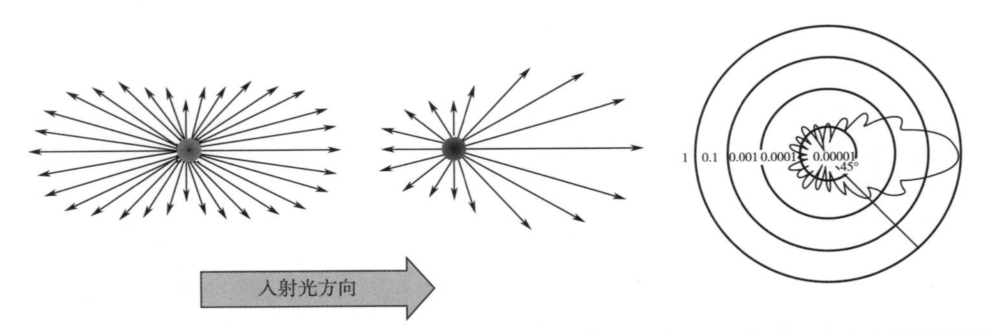

(1)分散的瑞利散射　(2)随角度变化的米氏散射的示意图案　(3)极坐标对数图上的米氏散射计算的结果

图16.1　瑞利散射和米氏散射示意图

［资料来源：Angus. S. V.，Kwon. H. - J.，Yoom，J. - Y. Field - deployable and near - real - time optical microfluidic biosensors for single - oocyst - level detection of Cryposporidium parvum from field water samples. Journal of Environmental Monitoring，2012，14：3295 - 3304. Reproduced by permission of The Royal Society of Chemistry.］

米氏散射强度可以使用几个免费软件程序计算（如 Mie Plot 和 Mie Scattering Calculator），需要输入粒子的大小、入射光的波长以及粒子和介质的折射率（真空时为 1.0），并且可以生成米氏散射强度图作为散射角的函数［图 16.1（3）］。

16.2　抗体 – 抗原复合物的透射比浊法和散射比浊法检测

光散射免疫分析法是一种利用抗体的测定方法，它利用免疫沉淀反应［图 16.2（1）］中散射比浊法或透射比浊法的变化来测量抗原（在这种情况下指的是食物的病原体）的数量。首先，抗体和可能含有抗原的标本混合，抗体 – 抗原复合物形成并开始沉淀，并通过光散射（透射和散射比浊法）定量沉淀。抗原与抗体量的比例决定沉淀的程度。正如 Heidelberger – Kendall 曲线所证明的，当抗原和抗体量接近相等时，沉淀程度最大，而过高或过低的比例都会导致沉淀程度降低［图 16.2（2）］。

具体而言，透射比浊法是测量入射光束通过溶液后强度降低的测量值，而散射比浊法测量的是在被溶液散射后从与入射光束成一定角度（通常是 30° 或 90°）的方向收集的光的测量值。尽管它们的检测原理有些不同，但这两种比浊法的检测在量化抗体 – 抗原结合（由此造成免疫沉淀）方面都显示出了类似的趋势，并且可以确定样品中的目标浓度。这些检测长期以来一直用于各种类型的抗原检测（以及随后的抗体检测）。

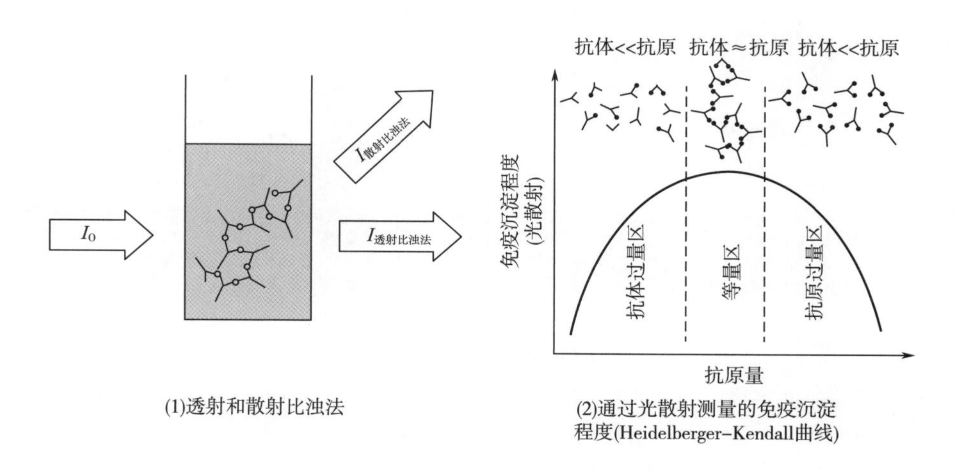

图 16.2　免疫沉淀反应

遗憾的是，这种“直接”定量的检测的灵敏度并不令人满意（检测限度约为 10^7 个细胞/ mL，可能低至 10^6 个细胞/ mL）。人们已经提出使用微米聚合物颗粒（胶乳颗粒）来放大光的散射强度，并称之为颗粒增强光散射免疫测定。

16.3 颗粒增强光散射免疫测定

为了扩增来自抗体－抗原复合物的散射信号，一种方法是使用具有高折射率的微米级聚合物颗粒（通常是羧基聚苯乙烯颗粒或有时称为羧化胶乳颗粒）。抗体与这些聚合物颗粒（利用颗粒上的羧基）产生化学连接，抗体－抗原结合（“免疫”）使颗粒彼此“黏合”或免疫凝集［图 16.3（1）］。这种类型的测定被称为颗粒增强光散射免疫测定或胶乳颗粒免疫凝集测定。由于这些颗粒比抗体或抗原分子（几十纳米）大得多（1～10μm），所以实质上产生的光散射应该更强。另外，由于颗粒的折射率高于抗体和抗原的折射率，所以散射或阻挡光的变化理应更大。最近，亚微米聚苯乙烯颗粒已经显示出在检测病原体方面的进一步改善的性能（检测限为 10 个细胞/ mL）。该颗粒增强的光散射免疫分析法遵循米氏散射模型，因为该粒子的尺寸（在亚微米粒子的情况下d＝0.1～1μm）与可见光的波长（400～750nm）相当。如图 16.3（2）所示，散射强度相对于角度非单调变化，并产生许多不同散射强度的局部最大值。

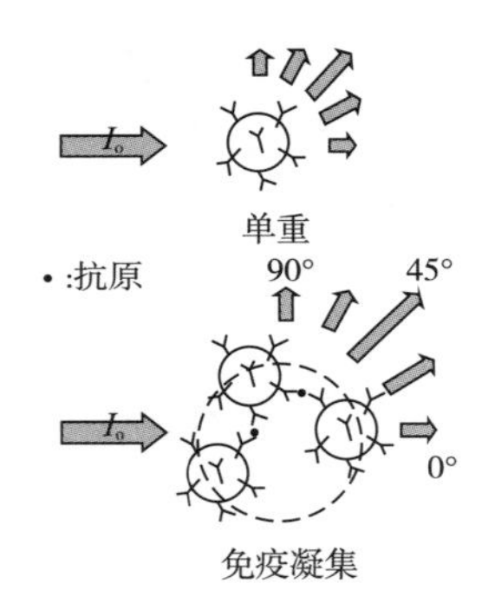

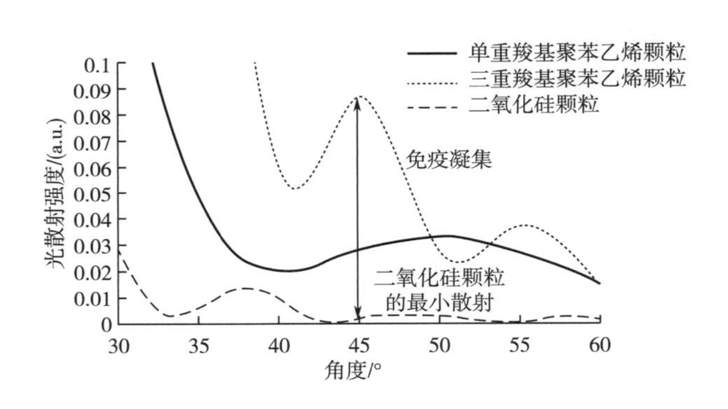

(1)羧基聚苯乙烯颗粒与抗体(Y形)结合至靶病原体它们通过抗体–抗原结合而凝集在一起，这会改变颗粒形态和有效直径，从而导致米氏散射强度的变化(在这种情况下增加了45° 测量。)

(2)单重羧基聚苯乙烯颗粒(920nm，非免疫凝集)，三重羧基聚苯乙烯颗粒的米氏散射模拟结果(免疫凝集)和二氧化硅颗粒(5μm,样品基质中的土壤颗粒污染物)(在45° 处米氏散射强度显示出最大的变化，并且二氧化硅颗粒显示出最小的背景散射。)

图 16.3 免疫凝集测定

［资料来源：Angus. S. V.，Kwon，H. －J.，Yoon. J. －Y. Field － deployable and near － real － time optical microfluidic biosensors for sin － gle － oocyt － level detection of Cryptosporidium parvum from field water sample. Journal of Environmental Monitoring，2012，14：3295 －3304.］

粒子的若干参数有助于颗粒增强光散射测定的性能，如材料的种类、尺寸、类型、表面官能团的密度以及贮存条件等。粒子的材料选择与其折射率相关联，会产生不同的光散射行为和不同的米氏散射检测的最佳角度。羧基聚苯乙烯颗粒因其与水（n＝1.33）和样品基质（通常为蛋白质，n＝1.38～1.40）相比具有较高的折射率（在典型的可见波长情况下 n＝1.59），而使用广泛。可以考虑具有高得多的折射率的其他颗粒，例如二氧化钛颗粒（在红光下 n＝2.37）。然而，必须考虑颗粒的密度，因为颗粒必须悬浮在培养基（水）中，并且不应在没有目标存在或在抗体结合过程中的情况下沉淀。

羧基聚苯乙烯的密度为 1.05g/cm ^{3}(接近水的密度)，而二氧化钛的密度约为 4g/cm^3。粒子的尺寸在米氏散射特性中也很重要。Heinze 和 Yoon 研究了在大肠杆菌的颗粒增强光散射测定中粒径对测定结果的影响（图 16.4）。此项研究使用了三种不同尺寸的颗粒，直径分别为 10，100，920nm。10nm 的粒子测定显示出了最佳的线性度但是散射强度的变化最小［图 16.4（1）］，而 100nm 的颗粒测定显示出了散射强度的更大的变化和最低的检测限度（1CFU/mL），但它不是线性的（是钟形）［图 16.4（2）］。但是，920nm 粒子的测定产生了更大的散射强度变化却具有非单调关系［图 16.4（3）］。

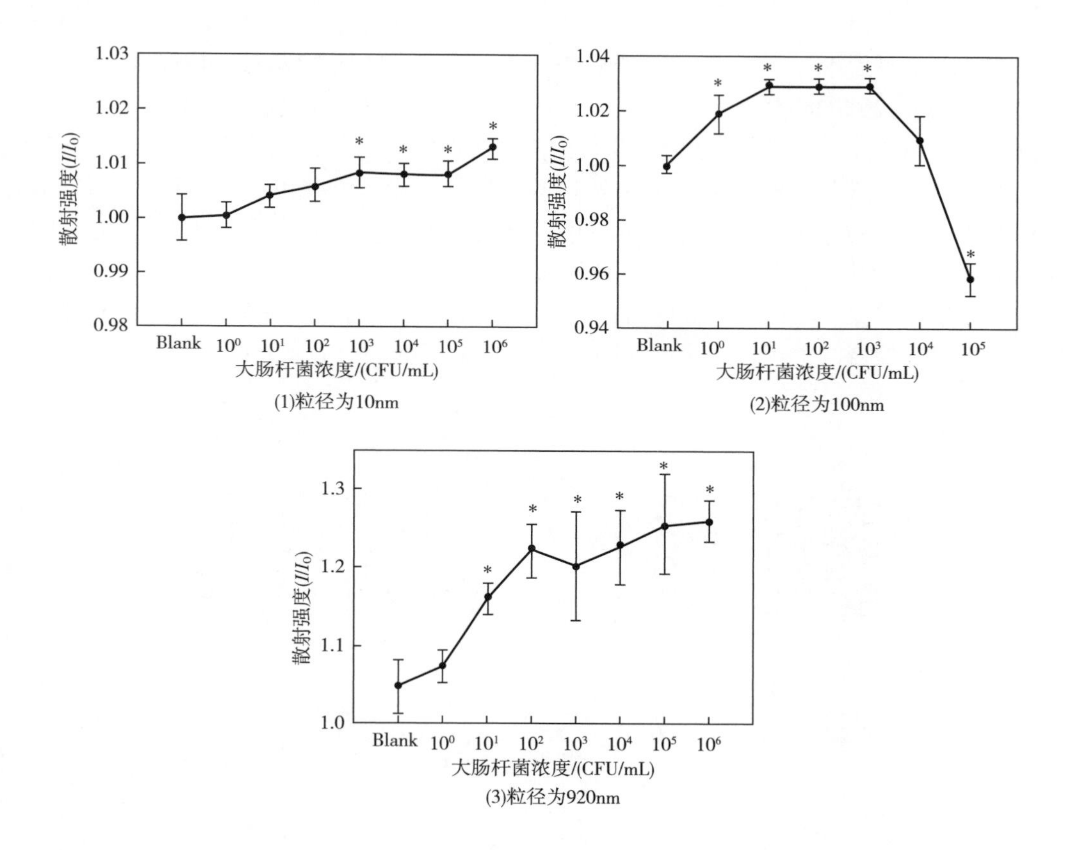

图 16.4 大肠杆菌的颗粒增强光散射免疫测定

注：标准曲线是通过大肠杆菌和 10，100，920nm 大肠杆菌结合颗粒的光散射强度测量产生的，与入射光成 45°获取数据；* 表示与空白有着显著差异（$p<0.05$）。

［资料来源：Heinze. B. C.，Yoon. J. – Y.，Nanoparticle immunoagglutination Rayleigh scatter assay to complement microparticle immunoagglutination Miescatter assay in a microfluidic device. Colloids and Surfaces B：Biointerfaces，2011，85：168 – 173.］

考虑到颗粒的折射率和尺寸，通常使用直径为 700 ~ 1000nm 的羧基聚苯乙烯颗粒。对于这种尺寸的羧基聚苯乙烯颗粒，离心/洗涤和显微镜观察（抗体结合所必需的）也是很方便的。羧基聚苯乙烯颗粒通常用于与抗体的氨基共价偶联。这种共价偶联还可以使抗体结合的颗粒长期稳定，在 4℃ 的液体悬浮液中长达 4 ~ 8 周，或在室温下作为冻干粉末保存。

颗粒增强的光散射测定本质上是一个单步过程并且相对容易实现自动化，但是有产生假阳性读数的潜在的危险，这是由不太稳定的颗粒的非特异性聚集引起的。该测定已在许多不同的平台中开发过，包括双孔和多孔载玻片、基于聚二甲基硅氧烷（PDMS）的微流体和纸微流体。可以使用光谱仪设置（在微流体上具有光纤或光波导通道）或智能手机设置（塑料附件和软件应用）来进行光散射检测。

早期的研究使用双孔或多孔玻片作为这些测定的平台，将样品溶液和抗体结合颗粒的液体悬浮液预先混合并倒进每个孔中，或直接加到孔中，使其仅通过扩散进行混合。在这两个平台中，入射光从载玻片的一侧（通常是底侧）进入，并且将朝向一定角度（由前面提到的参数来确定）的检测器（通常是光纤和光谱仪）设置在另一边。在测定时，两个孔是并排的，用于比较样品和阴性对照，而多孔玻片用于之后的减少试剂量（比两孔玻片中的孔更小）和处理多个样品，尤其是在生成连续稀释的目标浓度标准曲线时特别有用［图 16.5（1）］。尽管这些平台很容易建设和运营，但仍难以实现必要的重复性——通常，由于扩散混合和抗体 - 抗原结合的程度不同，标准曲线中的误差带非常大。最近的研究已将微流体装置（也称为芯片实验室）纳入改进平台，以进一步提高检测的重复性、灵敏度和检测限度［图 16.5（2）］。

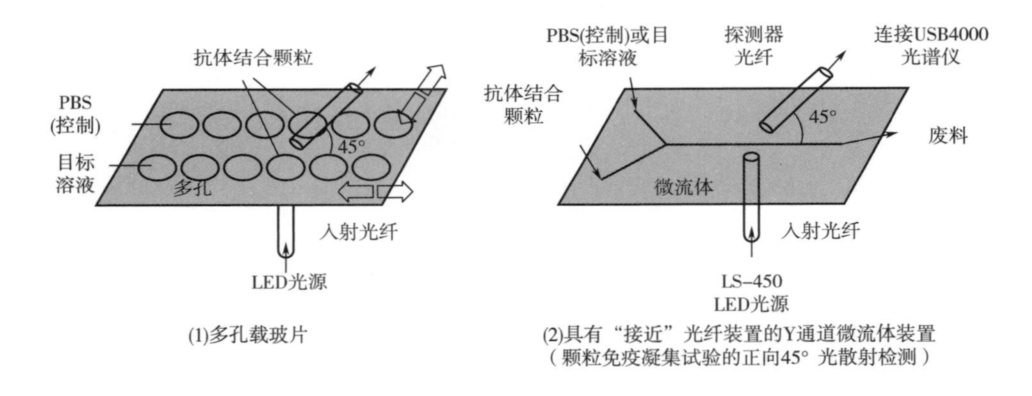

图 16.5　对微粒免疫凝集分析进行前向 45°光散射检测

［资料来源：Song. J. – Y. et al.，Sensitive Mie scattering immunoagglutination assay of porcine reproductive and respiratory syndrome virus（PRRSV）from lung tissue samples in a microfluidic chip，Journal of Virological Methods.，2011，178：31 –38.］

微流体装置是蚀刻在聚合物、硅或玻璃基板上的孔和通道的网络，并被设计用于在微型尺寸上进行化学和生物学实验。样品和试剂溶液由压力或电动力以高度可控的方式驱动。这种增强的微流体控制为颗粒增强光散射分析带来了更多的好处，因为扩散混合和抗体 - 抗原结合的范围可以在严格的层流条件下得到精确的控制，从而实现了高水平的重复性、更高的信噪比和更低的检测下限。体积减小也有助于降低试剂成本和减少反应时间（更快混合）（图 16.6）。

微流体装置还有一个已普及的平台是纸微流体，它展示出了颗粒增强的光散射测

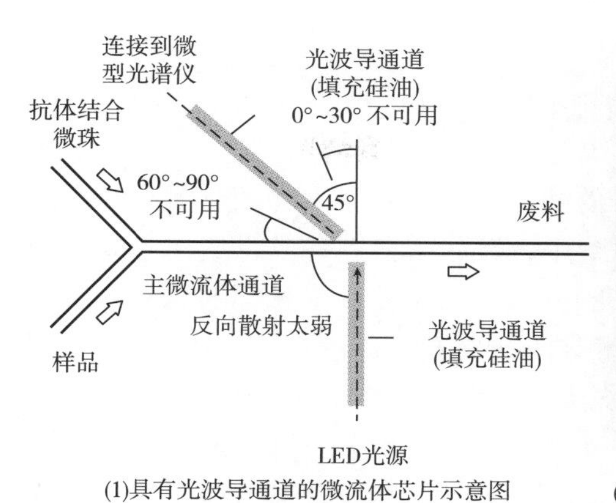

(1)具有光波导通道的微流体芯片示意图

(2)实验装置包括了显示光源（左下）、微流体装置和托盘（右）以及微型光谱仪（左上）

图 16.6　微流体装置

［资料来源：Angus. S. V.，Kwon. H. – J.，Yoon，J. – Y. Field – deployable and near – real – time optical microfluidic biosensors for singlo – oocyst – level deiection of *Cryptosporidium parvun* from field water samples. Journal of Environmental Monitoring，2012，14：3295—3304.］

定法。纸微流体最近因其简单且制造成本低而获得了极大的普及。纸（纤维素）纤维还可以作为各种样品基质（如土壤颗粒、植物和动物的组织碎片、细菌的菌落、粪便物质、食品材料等）的过滤器。然而，需要仔细地优化以选择性地检测来自抗体结合颗粒的米氏散射，同时最小化来自纸（纤维素丢失）纤维的背景散射。Park 等开发了一种多通道纸质微流控芯片，它可以利用智能手机作为光学检测器来量化沙门菌。智能手机的应用程序促使用户将智能手机定位在与多通道纸微流体的最佳角度和距离处，从而可以进行最佳的散射检测。其检测的极限与先前使用光谱仪和 PDMS 微流体的研究相当（图 16.7）。

(1)用于从多通道微流体装置检测沙门菌的智能手机应用程序

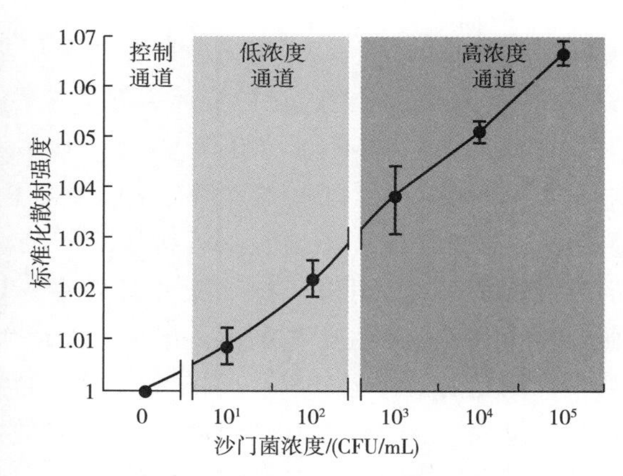

(2)标准曲线由三个独立通道的读出构建，且需在环境光下使用智能手机的应用

图 16.7　利用智能手机检测沙门菌

［资料来源：Park，T. S. et al. Smartphone quantifies *Salmonella* from paper microfluidics. Lab on a Chip，2013，13：4832 – 4840.］

16.4 用光散射免疫分析法测试的食品样本

已有大量研究检测来自各种食物样本的病原体，特别是在微流体平台中使用颗粒增强的光散射免疫分析，在这些微流体平台中，样品需要制备成以液体形式。图16.8为将新鲜的产品样品（可能被病原体如大肠杆菌等污染）制备成这种液体形式样品的一些实例。在图16.8（1）中，使用研钵和研杵研磨卷心莴苣样品，并加入适当的溶液[去离子水和（或）蒸馏水或磷酸盐缓冲盐水(PBS)]，较大的食物残渣将被动地沉淀并因此而被移除；或者可以另外使用一个过滤器，从而产生相对均匀的溶液[图16.8(2)]；或者可将卷心莴苣与洗涤缓冲液一起置于管内，并用手摇动从而从卷心莴苣表面分离出病原体[图16.8（3）]。使用这两种方法，You等在PDMS微流体平台上用颗粒增强光散射免疫分析法进行了来自卷心莴苣的10个细胞/mL的大肠杆菌检测。

(1)使用研钵和研杵研磨卷心莴苣

(2)添加到PBS中的新鲜农产品样品，可用于光散射免疫分析而无需做进一步的稀释

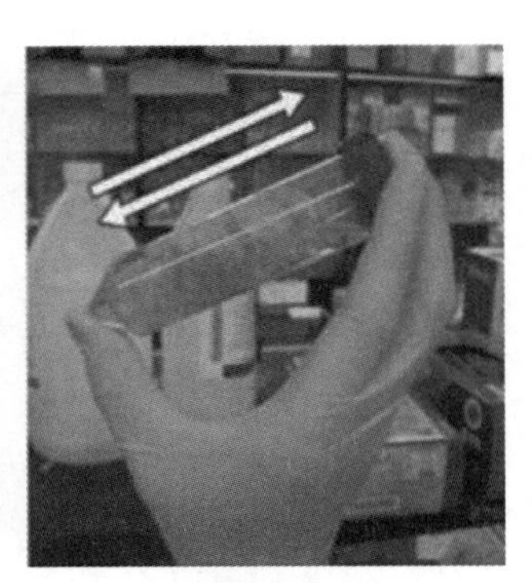
(3)在管中用PBS洗涤卷心莴苣

图16.8 制备液体样品

粪便样品和野外水样也可以用光散射免疫分析法进行测试。图16.9（1）显示了1%的鸡粪在PBS中的悬浮液，在微流体装置上进行相同的颗粒增强光散射免疫分析，检测限为1pg/mL的禽流感抗原。图16.9（2）显示了几种不同的野外水样（未稀释），并在其中对大肠杆菌进行了相同的检测，检测限为10个细胞/mL。

肉类样品也可以用于光散射免疫分析法的测试。虽然研磨或洗涤方法（图16.8）也可用于肉类样品，但还有另一种方法可以从肉类中获取液体样品：包装的肉类产品通常会随着时间的推移产生一些液体，这种天然产生的液体可以在光散射免疫测定中使用（通常在测定前稀释至10%，见图16.10）。同样的，使用与上述相同的方法，可证明来自家禽包装的沙门菌的10个细胞/ mL的检测限度。

为了将上述食物样品用于光散射免疫分析，必须在测定之前优化光学参数，使得食物样品的吸收和散射不会破坏来自抗体-抗原反应的光散射信号。由于大多数食物样品表现出一些色彩，因此可以优化波长以最小化食物样品的吸收和散射（统称为消光）并最大化来自抗体-抗原复合物和（或）抗体结合的光散射信号粒子。此外，还可以优化散射检测的角度，以最大限度地减少食物样品的散射，并最大限度地提高抗

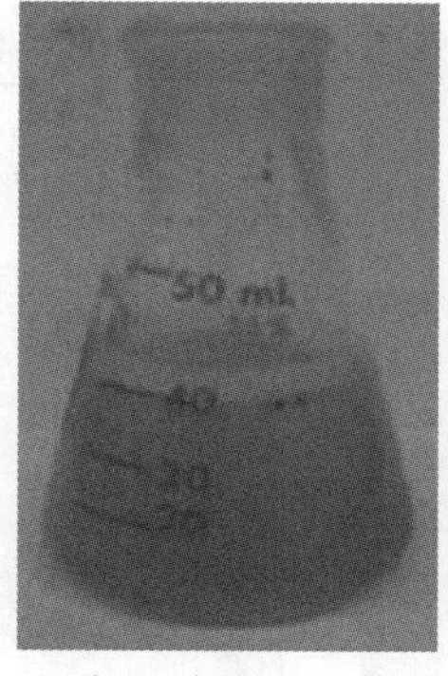

(1)在PBS中的10g/L鸡粪

(2)各种含有藻类，尘埃和土壤颗粒的野外水样

图 16.9　粪便样品和野外水样

［资料来源：Heinze，B. C. et al，Microfluidic immunosensor with integrated liquid core waveguides for sensitive Mie scattering detection of avian influenza antigens in a real biological matrix. Analytical and Bionanalytical Chemistry，2010，398：2693－2700. ］

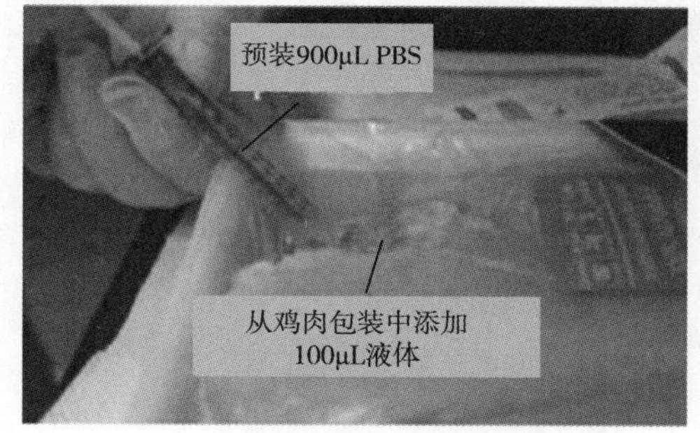

(1)一次性注射器（预装900 mL PBS，从家禽包装中取出100 mL液体，然后稀释至10%）

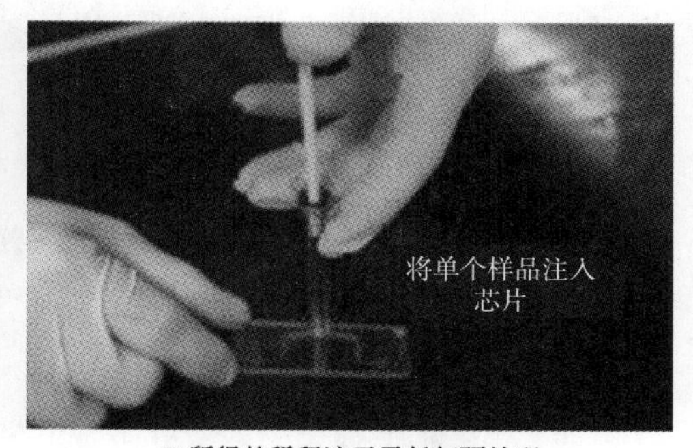

(2)所得的稀释液无需任何预处理即可直接应用于微流控芯片的共用入口

图 16.10　肉类样品

［资料来源：Fronczek，C. F.，You，D. J.，Yoon，J.－Y.，Singlepipetting microfluidic assay device for rapid detection of Salmonella from poultry package. Biosensors and Bioelectronics，2013，40：342－349. ］

体－抗原复合物和（或）抗体结合的颗粒的散射。Fronczek 等和 You 等已成功证实了这些优化措施。

16.5　使用光散射折射模式成像识别病原体

传统上细菌检测的标准方法是在培养平板上培养样品。这种常规的培养方法需要稀释样品，然后将样品分配到合适的琼脂平板上，细菌细胞就是在此琼脂平板上生长并形成菌落。然而，为了鉴定细菌种类，需要做进一步的测试，例如代谢或遗传指纹，免疫测定或 PCR 测定。作为替代方案，可以利用培养平板上的细菌菌落的光散射折射图像进行无标记的细菌物种的检测和鉴定。该方法基于识别培养平板上生长的不同细菌菌落的折射模式，每种细菌根据其代谢和基因的组成产生不同大小、形状和成分的菌落，菌落的微观和宏观特性有助于产生独特的、特征性的前向散射模式。另外，由不同的细菌培养以及不同的细胞排列产生的细胞外物质可能提供的特征以区分光散射模式（图 16.11）。

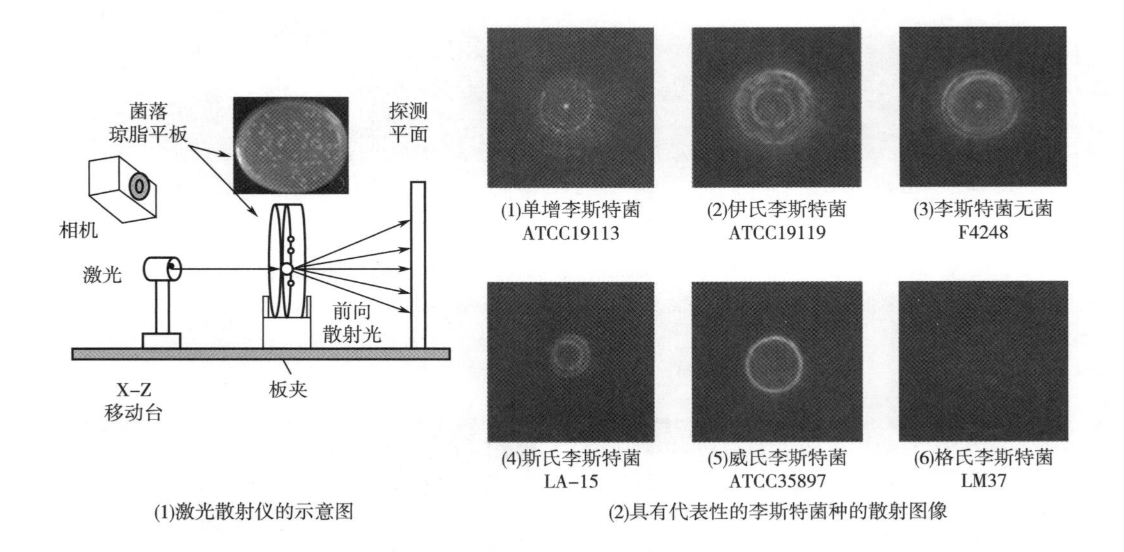

(1)激光散射仪的示意图

(2)具有代表性的李斯特菌种的散射图像

图 16.11　光散射检测细菌菌落

［资料来源：Banada，P. P. et al.，Optical forward - scattering for detection of Listeria monocytogenes and other Listeria species，Biosensors and Bioelectronics，2007，22：1664 - 1671.］

Banada 等建立了各种细菌培养平板的散射图像数据库。从真实的食物材料（菠菜、碎牛肉、热狗、鸡肉等）中收集所有的细菌样品，并将其涂布在脑心浸液（BHI）或其他琼脂平板上，它们表现出高达 100% 的特异性，并且达到了每 25g 样品 1 个细胞的检测限。这种方法的唯一缺点是需要 12 ~ 30h 才能得到一定大小的菌落（因此不是快速方法）（图 16.12），而具体的时间取决于细菌的种类。为了减少培养时间，Marcoux 等开发了一种微观光散射折射图像采集系统，用于收集和分析在微菌落大小（在大肠杆菌情况下培养 6h）内生长的细菌的图像。但是，细菌的生长速度仍然不快，所用器械也不便携。

最近有另一个证据证明可将微流体装置与折射模式成像结合起来用于检测和量化大肠杆菌。该研究利用微滴（$d = 60\mu m$），632.8nm 的激光作为入射光，以及两个电荷耦合器件（CCD）相机进行成像。在该研究中显示，随着大肠杆菌浓度的增加，液滴中的多次反射和折射程度相应增大，并且通过对散射图像的分析，可以实现在单细胞水平上检测大肠杆菌，尽管由于其液滴的尺寸较小，等效检测限度仍然相当高（10^7个细胞/ mL）。该研究显示了折射模式成像技术的不同实施方法，并且可以进一步研究对食物病原体的敏感检测。

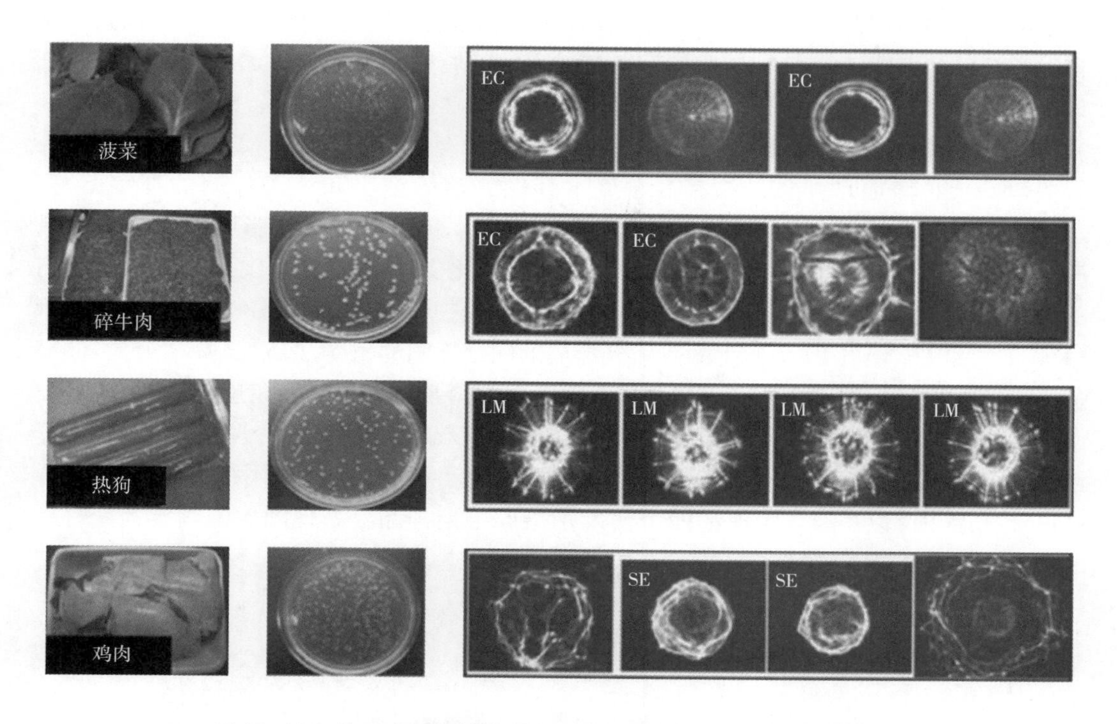

图 16.12 使用光学散射技术进行食品样本中细菌菌落的快速检测

注：在分析之前将每种食物样品加标，菠菜和碎牛肉加标为大肠杆菌 O157：H7（EC）EDL933，热狗加标为单增李斯特菌（LM）F4244，鸡肉加标为肠炎沙门菌（SE）PT1，样品应富含相应的选择性增菌液，并在 BHI 或选择性培养基琼脂板表面铺板。图中给出了代表性菌落的散射图像，有缩写标记的图像可便于从数据库中识别出来，而剩下的则是未知的背景微生物群。

[资料来源：Banada，P. P. et al.，Label - free detection of multiple bacterial pathogens using light - scattering sensor，Biosensors and Bioelectronics，2009，24：1685 - 1692.]

16.6 从食品样本中直接进行米氏散射检测

尽管已经使用抗体结合的颗粒进行了许多的病原体的米氏散射检测，但仍有可能直接检测由病原体引起的米氏散射。例如，大肠杆菌的折射率为 1.388，它高于水的折射率（1.33）；因此，当浓度较高（10^5个细胞/ mL 或更多）时，有可能可以测量由大肠杆菌菌落引起的米氏散射强度。

然而，由于缺乏形态特征且折射率存在微小的差异，这种直接测量在较低浓度下是难以实现的，因此它在快速检测食物病原体方面是没有用处的（即检测限往往很高）。人们发现来自病原体菌落的散射图像可以有效地鉴定病原体的菌株，但是菌落必须完全在培养平板上生长（因此不是很快）。在没有标记的情况下区分食物病原体菌株的病原体检测的方法已在 16.4 节中详细讨论过。

还有一种尝试从食物样本表面检测病原体的方法：Liang 等证明了一种利用大肠杆菌的疏水性对碎牛肉中的动物脂肪进行检测的方法。许多食源性病原体，包括大肠杆菌，在其膜表面都是疏水的，因此它们倾向于优先附着于脂肪表面（也是疏水的）。来自大肠杆菌的细胞碎片和蛋白质与碎牛肉样品中的脂肪相互作用并聚集在其周围，形成假菌落。

随着大肠杆菌浓度的增加，大肠杆菌－脂肪复合物（假菌落）的形态发生变化：假菌落的大小增加，并且最终在高浓度下存在完整的细胞和大肠杆菌的真实菌落。这里形成的假菌落具有比水稍高的折射率（大约 1.40，来自动物脂肪细胞）并且具有更复杂的形态。由于假菌落和真菌落的大小和比例随浓度而变化，因此米氏散射的最佳角度也会发生变化。在这种论证中，通过扫描相对于由 880nm 发光二极管（LED）[图 16.13（1）] 产生的入射光形成的四个不同的角度（15°，30°，45°，60°）进行检测。通过找到四个角度中的最佳角度（具有最高散射强度的角度），可以确定研磨牛肉样品上的大肠杆菌浓度范围（$10 \sim 10^2$个细胞/mL，$10^3 \sim 10^6$个细胞/mL 或 10^8个细胞/mL）[图 16.13（2）]。检测也可集成到智能手机的应用程序中，通过简单的界面设计，用户可以从固定距离的四个角度拍摄碎牛肉样品，处理图像并确定大肠杆菌的浓度范围（图 16.14）。

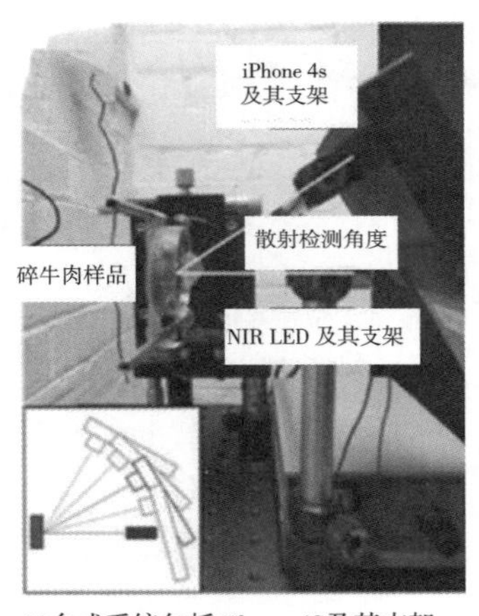

(1)台式系统包括iPhone 4S及其支架，近红外发光二极管(NIR LED)及其支架，碎牛肉样品及其支架（散射检测的角度是指iPhone相机和NIR LED光源之间的角度）

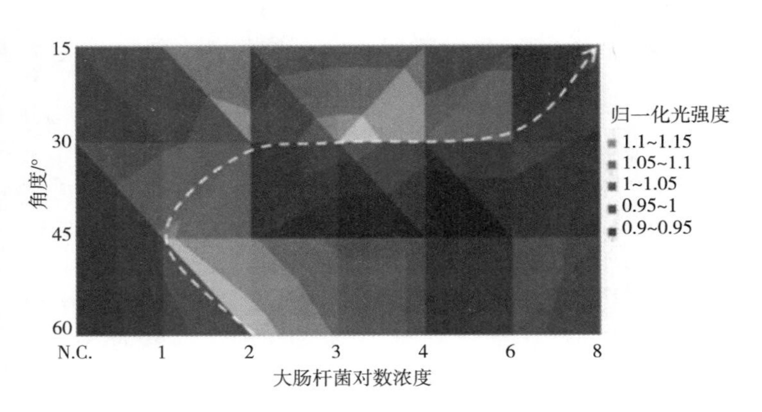

(2)结合归一化光强度，散射检测的角度和大肠杆菌对数浓度的表面图

图 16.13　检测大肠杆菌浓度范围的一种方法

[资料来源：Liang，P. S.，Park，T. S.，Yoon，J. –Y.，Sci. Rep.，2014，4：5953.]

该方法不需要使用抗体，因此牺牲了特异性（即不能区分菌株），并且没有标准曲线来确定病原体的确切浓度；然而，该方法完全由手持工具完成（尤其是对于智能手机的应用），速度快并且可以用来作为监控肉类产品污染和帮助保护公共食品安全的重要初步筛选工具。

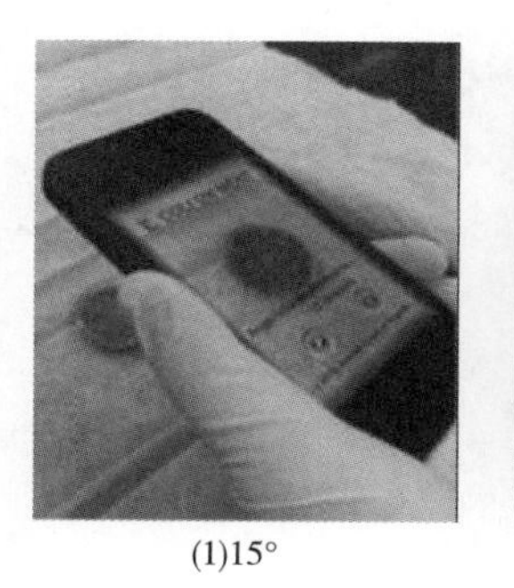
(1)15°

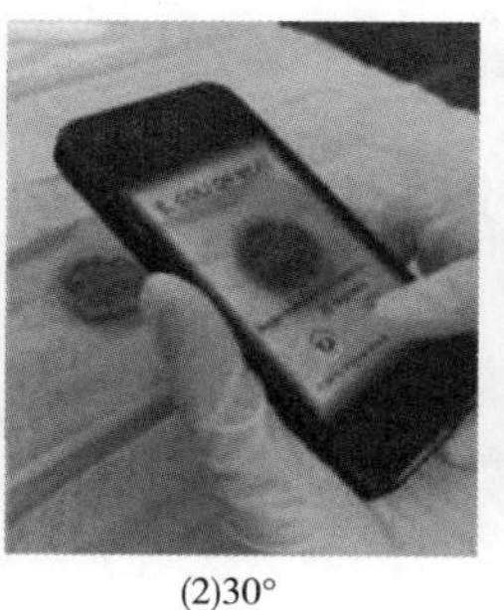
(2)30°

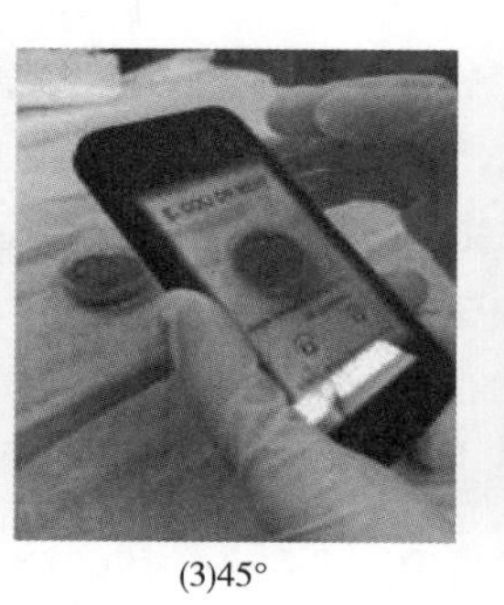
(3)45°

(4)60°

图 16. 14 照片显示了智能手机应用在四个特定散射检测角度下的操作
［资料来源：Liang，P. －S.，Park，T. S.，Yoon，J. －Y.，Sci. Rep.，2014，4：5953.］

16.7 小结

颗粒增强光散射免疫分析从抗体－抗原复合物的浊度检测发展而来，已经发展成为对食品病原体的各种灵敏、快速和便携的检测方法。在微流体装置的帮助下，样品体积和反应时间都减少了。借助智能手机技术，该分析不再需要光谱仪，甚至不需样品预处理且有非常低的检测限。然而，有一些因素需要严格控制，如制备相当数量的稳定的抗体结合颗粒，确定用于测量来自颗粒和样品基质的最佳的散射光的角度等。除了这些之外，同时对多种病原体进行检测（即多重检测）会使该方法复杂化，并且以后需要做额外的工作以获得更有效的方式来更好地检测多种食源性病原体。

如今已经证明了不管样品基质如何，细菌菌落的折射图像分析都能够以高特异性识别培养基板上生长的细菌的种类和菌株。细菌菌落生长到一定程度以获得适当图像所需的时间有些长（通常是培养过夜），但会随着成像系统的改进而变短。如今随着计算机程序的发展和图像模式识别的数据库累积，该方法可以成为一种识别未知病原体的非常有前景的替代方法。

直接的米氏散射检测方法使食品样品细菌检测进入了一个新时代，这种方法具有非破坏性、无需样品预处理且快速的特点。简单地从不同角度拍摄样品图像就可以了解到细菌污染的程度，但这种无试剂方法牺牲了便携性和快速性的特异性，因此更适合作为初步筛选工具。

参考文献

［1］ Angus，S. V.，Kwon，H. －J.，Yoon，J. －Y. Field －deployable and near －real －time optical microfluidic biosensors for single －oocyst －level detection of Cryptosporidium parvum from field water samples. Journal of Environmental Monitoring，2012，14：3295 －3304.

［2］ Banada，P. P.，Guo，S.，Bayraktar，B.，Bae，E.，Rajwa，B.，Robinson，J. P.，Hirleman，E. D.，Bhunia，A. K. Optical forward －scattering for detection of Listeria mon-ocytogenes and other Listeria species. Biosensors and Bioelectronics, 2007, 22: 1664 – 1671.

[3] Banada, P. P., Huff, K., Bae, E., Rajwa, B., Aroonnual, A., Bayraktar, B., Adil, A., Robinson, J. P., Hirleman, E. D., Bhunia, A. K. Label – free detection of multiple bacterial pathogens using light – scattering sensor. Biosensors and Bioelectronics, 2009, 24: 1685 – 1692.

[4] Bangs Laboratories. Tech Note #304: Light Scattering Assays. Fishers, Indiana: Bangs Laboratories, 2008. accessed December 16, 2014, Available at http://www.bangslabs.com/technotes/304.pdf.

[5] Blume, P., Greenberg, L. J. Application of differential light scattering to the latex agglutination assay for rheumatoid factor. Clinical Chemistry, 1975, 21: 1234 – 1237.

[6] Craig, A. P., Franca, A. S., Irudayaraj, J. Surface – enhanced Raman spectroscopy applied to food safety. Annual Review of Food Science and Technology, 2013, 4: 369 – 380.

[7] Fronczek, C. F., You, D. J., Yoon, J. – Y. Single – pipetting microfluidic assay device for rapid detection of Salmonella from poultry package. Biosensors and Bioelectronics, 2013, 40: 342 – 349.

[8] Gosling, J. P. A decade of development in immunoassay methodology. Clinical Chemistry, 1990, 36: 1408 – 1427.

[9] Heinze, B. C., Gamboa, J. R., Kim, K., Song, J. – Y., Yoon, J. – Y. Microfluidic immunosensor with integrated liquid core waveguides for sensitive Mie scattering detection of avian influenza antigens in a real biological matrix. Analytical and Bioanalytical Chemistry, 2010, 398: 2693 – 2700.

[10] Heinze, B. C., Yoon, J. – Y. Nanoparticle immunoagglutination Rayleigh scatter assay to complement microparticle immunoagglutination Mie scatter assay in a microfluidic device. Colloids and Surfaces B: Biointerfaces, 2011, 85: 168 – 173.

[11] Hirleman, E. D., Guo, S., Bhunia, A. K., Bae, E. System and method for rapid detection and characterization of bacterial colonies using forward light scattering. US Patent No. 7465560 B2, 2008.

[12] Kwon, H. – J., Dean, Z. S., Angus, S. V., Yoon, J. – Y. Lab – on – a – chip for field Escherichia coli assays: Long – term stability of reagents and automatic sampling system. JALA—Journal of Laboratory Automation, 2010, 15: 216 – 223.

[13] Liang, P. – S., Park, T. S., Yoon, J. – Y. Rapid and reagentless detection of microbial contamination within meat utilizing a smartphone – based biosensor. Scientific Reports, 2014, 4: 5953.

[14] Marcoux, P. R., Dupoy, M., Cuer, A., Kodja, J. – L., Lefebvre, A., Licari, F., Louvet, R., Narassiguin, A., Mallard, F. Optical forward – scattering for identification of bacteria within microcolonies. Applied Microbiology and Biotechnology, 2014, 98: 2243 – 2254.

[15] Martinez, A. W., Phillips, S. T., Wiley, B. J., Gupta, M., Whitesides, G. M.

FLASH: A rapid method for prototyping paper - based microfluidic devices. Lab on a Chip, 2008, 8: 2146 -2150.

[16] Park, T. S., Li, W., McCracken, K. E., Yoon, J. - Y. Smartphone quantifies Salmonella from paper microfluidics. Lab on a Chip, 2013, 13: 4832 -4840.

[17] Park, T. S., Yoon, J. - Y. Smartphone detection of Escherichia coli from field water samples on paper microfluidics. IEEE Sensors Journal, 2015, 15: 1902 -1907.

[18] Song, J. - Y., Lee, C. - H., Choi, E. - J., Kim, K., Yoon, J. - Y. Sensitive Mie scattering immunoagglutination assay of porcine reproductive and respiratory syndrome virus (PRRSV) from lung tissue samples in a microfluidic chip. Journal of Virological Methods, 2011, 178: 31 -38.

[19] Spencer, K., Prince, C. P. Kinetic immunoturbidimetric measurement of thyroxine binding globulin. Clinical Chemistry, 1980, 26: 1531 -1536.

[20] Stevens, C. D. Clinical Immunology and Serology: A Laboratory Perspective, 3rd edn, Philadelphia, Pennsylvania: F. A. Davis Company, 2010.

[21] Van de Hulst, H. C. Rigorous scattering theory for spheres of arbitrary size. In Light Scattering by Small Particle. Chapter 9, Mineola, New York: John Wiley and Sons, 1983.

[22] Van Munster, P. J. J., Hoelen, G. E. J. M., Samwel - Mantingh, M., Holtman - van Meurs, M. A turbidimetric immune assay (TIA) with automated individual blank compensation. Clinica Chimica Acta, 1977, 76: 377 -388.

[23] Yoon, J. - Y., Kim, B. Lab - on - a - chip pathogen sensor for food safety. Sensors, 2012, 12: 10713 -10741.

[24] You, D. J., Geshell, K. J., Yoon, J. - Y. Direct and sensitive detection of foodborne pathogens within fresh produce samples using a field - deployable handheld device. Biosensors and Bioelectronics, 2011, 28: 399 -406.

[25] Yu, J. Q., Huang, W., Chin, L. K., Lei, L., Lin, Z. P., Ser, W., Chen, H. et al. Droplet optofluidic imaging for λ - bacteriophage detection via co - culture with host cell Escherichia coli. Lab on a Chip, 2014, 14: 3519 -3524.